Entwicklung und Veränderung kognitiver Strukturen

Europäische Hochschulschriften
Publications Universitaires Européennes
European University Studies

Reihe VI
Psychologie

Série VI Series VI
Psychologie
Psychology

Bd./Vol. 60

PETER D. LANG
Frankfurt am Main · Bern · Cirencester/U.K.

Roland Arbinger

Entwicklung und Veränderung kognitiver Strukturen

PETER D. LANG
Frankfurt am Main · Bern · Cirencester/U.K.

CIP-Kurztitelaufnahme der Deutschen Bibliothek

Arbinger, Roland:

Entwicklung und Veränderung kognitiver Strukturen /
Roland Arbinger. - Frankfurt am Main, Bern,
Cirencester/U.K. : Lang, 1980.
(Europäische Hochschulschriften : Reihe 6,
Psychologie ; Bd. 60)
ISBN 3-8204-6784-X

ISBN 3-8204-6784-X

Druck: fotokop Wilhelm Weihert KG, Darmstadt

INHALTSVERZEICHNIS

Seite

1. EINLEITUNG: ZIELE DER ARBEIT UND DEREN BEGRÜNDUNG

In dieser Arbeit soll versucht werden, anhand einer komplexen Fragestellung aus dem Bereich *schulischen Lernens* verschiedene Forschungsrichtungen und Forschungstraditionen in der Psychologie miteinander in Beziehung zu setzen und evtl. zu integrieren.

Die Fragestellung der nachfolgenden Arbeit läßt sich etwa folgendermaßen umreißen:

> Unter eher *entwicklungspsychologischem* Gesichtspunkt sollen zunächst die "naiven" kognitiven Strukturen von Kindern und Jugendlichen in bezug auf *physikalisch-technische Phänomene* analysiert werden. Hiermit hängt eng ein eher *diagnostischer* Aspekt zusammen: es gilt, Methoden zu entwickeln, die eine differenzierte Beschreibung der kognitiven Strukturen von Personen ermöglichen.
>
> Bei einer - wenn auch differenzierten - Beschreibung kognitiver Strukturen soll allerdings nicht halt gemacht werden: es sollen außerdem Methoden und Strategien entwickelt und erprobt werden, die eine *Veränderung kognitiver Strukturen* in eine gewünschte Richtung erwarten lassen.

Aus dieser Kurzcharakterisierung der Fragestellung der Arbeit ergeben sich beinahe zwangsläufig die Anknüpfungspunkte an bestimmte Forschungsrichtungen innerhalb der Psychologie. Diese Anknüpfungspunkte stellen sich mir folgendermaßen dar:

Über die *Entwicklung kognitiver Strukturen* wird man heute schlechterdings nicht mehr schreiben können, ohne auf "PIAGET" einzugehen, wobei hier mit "PIAGET" nicht nur (natürlich aber auch) die Person Jean PIAGET gemeint ist, sondern die gesamte von PIAGET ausgehende und daran anknüpfende Forschungsrichtung. Da sich diese Forschungsrichtung auch von der inhaltlichen Seite her sehr intensiv mit dem Erwerb mathematisch-naturwissenschaftlicher Begriffe beschäftigt und beschäftigt hat, liegt es nahe, hierauf Bezug zu nehmen.

Über die Entwicklung, d.h. Veränderung kognitiver Strukturen, wird man nur dann vernünftige Aussagen machen können, wenn es gelingt, eine präzise Beschreibung von kognitiven Strukturen zu bestimmten Zeitpunkten zu liefern. Erst dann kann man trivialerweise angeben, was sich überhaupt und in welcher Richtung verändert hat.

Mir scheint, daß an dieser Stelle ein Bezug zu verschiedenen Versuchen der Beschreibung von Strukturen des semantischen Gedächtnisses (z.B. NORMAN, RUMELHART + LNR-Group 1978) unerläßlich ist. Diese Forschungsrichtung nimmt sich am ehesten der Frage an, in welcher Weise bestimmte Sachstrukturen im Gedächtnis als kognitive Strukturen, d.h. als Netze von Begriffen und deren Beziehungen, repräsentiert sind.

Wenn es gelingt, kognitive Strukturen präzise und differenziert zu beschreiben, dann ist meiner Meinung nach auch eine Schwachstelle einer Theorie überwunden, die sich - wie kaum eine andere - für eine gezielte Beeinflussung kognitiver Strukturen anbietet, nämlich AUSUBELs Theorie des sinnvollen verbalen Lernens. Ausgehend von und anknüpfend an diese Theorie sollen unterrichtliche Maßnahmen geplant und durchgeführt werden, die sich möglicherweise in bezug auf das angestrebte Ziel der Veränderung kognitiver Strukturen in eine gewünschte Richtung als günstig erweisen.

In diesem Zusammenhang werden dann auch alternative Konzeptionen der Beeinflussung kognitiver Strukturen angesprochen werden müssen.

Die angeführten, recht verschiedenen Anknüpfungspunkte an bestimmte Forschungsrichtungen scheinen mir bereits Begründung genug zu sein für die kurz skizzierte Fragestellung. Gerade dieses Angesiedeltsein im Spannungsfeld verschiedenster Forschungsrichtungen macht auch für mich den Reiz dieser Arbeit (natürlich auch die Gefahr) aus.

Zusätzlich zu der Tatsache, daß in dieser Arbeit Beziehungen zwischen bisher weitgehend unverbundenen Forschungsrichtungen hergestellt werden sollen, gibt es eine Reihe anderer Gründe - mehr oder weniger wichtig und auch von der Qualität her recht verschieden -, die die Bearbeitung der obigen Fragestellung rechtfertigen:

- Da gibt es zunächst einmal die vielbeschworene "kognitive Wende" in der Psychologie, die im Sinne von KUHN (1967) zum gegenwärtigen Zeitpunkt den Status eines *Paradigmas* angenommen hat.

- Zusätzlich zu dieser eher wissenschaftshistorischen Begründung gibt es eine Reihe von Gründen, die eher die eigene Historie bzw. die gegenwärtige Situation betreffen: Ausgangspunkt war die Arbeit in einem von der Stiftung Volkswagenwerk finanzierten Forschungsprojekt, in dem die "Interessen Jugendlicher an Problemen der Biologie und Physik" untersucht wurden. In diesem Rahmen wurde ich zum erstenmal auf die hier zu behandelnden Probleme aufmerksam und entwickelte ein Interesse an deren Untersuchung.

  Eine beinahe logische Fortsetzung stellt meine gegenwärtige Mitarbeit (im Sinne einer wissenschaftlichen Beratung) an einem von Bund und Land Hessen finanzierten Projekt im Bereich des Physikunterrichtes dar. In diesem Rahmen ergeben sich auch die notwendigen institutionellen und finanziellen Möglichkeiten, die heute zur Durchführung größerer empirischer Untersuchungen notwendig sind.

- Zu diesen eher äußerlichen Begründungen kommt die Tatsache hinzu, daß die oben erwähnten verschiedenen theoretischen Konzeptionen bisher nur unzureichend im Bereich schulischen Lernens untersucht wurden. So wurde z.B. die Theorie AUSUBELs bisher kaum in ihrer Gesamtheit überprüft. Lediglich bestimmte Aspekte (z.B. Problem des "advance organizer") sind einigermaßen gut überprüft. (Darauf wird noch einzugehen sein.) Auch die verschiedenen Vorstellungen über die Struktur des menschlichen (Langzeit-) Gedächtnisses fanden bisher, von Ansätzen abgesehen (z.B. KLAHR 1976) keine Anwendung auf schulisches Lernen. In dieser Arbeit soll - zumindest in Ansätzen - versucht werden, hierzu einen Beitrag zu leisten.

- Eine Reihe von empirischen Befunden (z.B. ZIETZ 1969) legen den Verdacht nahe, daß unter "normalen" Bedingungen in der Schule kaum strukturiertes Wissen erworben wird. Das was im Unterricht gelernt wird, scheint sich eher um unzusammenhängende, erratische Wissensstücke zu handeln als um einen geordneten, anwendbaren und übertragbaren Wissensbestand. Speziell für den Bereich Physik scheint es so zu sein, daß die "ursprüngliche kindliche Gedankenwelt unter einer Schicht verbalen Wissensgutes ungestört weiterlebt". Aufgabe des Unterrichtes wäre es aber - anknüpfend an diese kindliche Gedankenwelt - dafür zu sorgen, daß diese ursprünglichen "naiven" Strukturen in entsprechender Weise verändert werden. Genau dies ist auch ein zentrales Anliegen der folgenden Arbeit.

Die oben angeführten Begründungen mögen genügen, um eine Beschäftigung mit der eingangs skizzierten Fragestellung zu rechtfertigen.

An dieser Stelle sei noch ein knapper Abriß der Vorgehensweise gestattet:
In einem ersten Teil (Theorieteil) soll versucht werden, einen Bezugsrahmen zu entwickeln, der es gestattet, die erwähnten verschiedenen Forschungsrichtungen miteinander in Beziehung zu set-

zen. Auf dem Hintergrund dieses Bezugsrahmens sollen dann überblicksartig die relevanten empirischen Untersuchungen dargestellt werden.

In einem zweiten Teil (Empirieteil) soll versucht werden, einige Fragestellungen konkret anzugehen. Entsprechend dem unterschiedlichen Charakter dieser Fragestellungen wird dabei auch die Vorgehensweise recht unterschiedlich sein: Sie reicht von einem rein deskriptiven Ansatz (Querschnittsuntersuchung an Schülern der Klassen 7 bis 9) über einen Ansatz, der sich mit dem Stichwort "Handlungsforschung" umreißen läßt (Unterrichtsbegleitung in drei Klassen), bis hin zu einem eher experimentellen Ansatz (Vergleich verschiedener Lehrprogramme).

2. Entwicklung eines theoretischen Bezugsrahmens

Da die in der Einleitung erwähnten verschiedenen Forschungsrichtungen relativ unabhängig und zum größten Teil ohne Kenntnis voneinander arbeiteten, existieren naturgemäß auch kaum Bemühungen zu deren Integration. Es gibt ein Modell, das sich - wenn auch mit etwas eingeschränkterer Zielrichtung - explizit um die Integration verschiedener Ansätze bemüht. Es handelt sich um ein *Modell des Begriffslernens und der Begriffsentwicklung* (KLAUSMEIER, GHATALA + FRAYER 1974). Obwohl sich dieses Modell nur auf Begriffe im engeren Sinne bezieht und Beziehungen zwischen Begriffen im Sinne von Begriffsstrukturen kaum oder nur am Rande behandelt (eine nähere Kritik dieses Modells wird noch erfolgen), liefert es doch zumindest für diesen Bereich Ansätze einer integrierenden Betrachtungsweise. In allgemeinster Form hat dieses Modell etwa folgende Eigenschaften:

- Es beschreibt die Bedingungen des Erwerbs von Begriffen sowohl über kürzere als auch über längere Zeitintervalle. Seine Reichweite geht damit von der traditionellen labormäßigen Begriffsbildungsforschung über das Lernen von Begriffen im schulischen Kontext bis zu einer entwicklungspsychologischen Betrachtung des Begriffserwerbs.

- Eng auf das Modell bezogen wird ein *Diagnostikum* entwickelt, das eine differenzierte Analyse des Standes des Erwerbs eines bestimmten Begriffs erlaubt.

- Schließlich lassen sich aus dem Modell (dies leisten KLAUSMEIER et al. allerdings noch nicht explizit) *konkrete Handlungsanweisungen* für die Vermittlung von Begriffen im *Unterricht* ableiten.

In seinen Grundintentionen entspricht dieses Modell damit durchaus den eigenen in der Einleitung skizzierten Fragestellungen.

Dieses Modell soll daher im folgenden eingehender beschrieben werden. Es soll dann im einzelnen einer Kritik unterzogen werden, und es soll um einige Aspekte erweitert werden. Das Ergebnis dieser Bemühungen wird dann - so ist zu hoffen - ein brauchbarer theoretischer Bezugsrahmen für diese Arbeit sein.

2.1 Das Modell des Begriffslernens und der Begriffsentwicklung

Die vorläufig umfassendste Darstellung ihres Modells geben KLAUSMEIER und seine Mitarbeiter in ihrem 1974 erschienenen Buch "Conceptual Learning and Development: A Cognitive View". Dieses Buch setzt sich zum Ziel, die vielfältigen Bemühungen theoretischer, methodischer und empirischer Art zusammenzufassen, die am Wisconsin Research and Development Center for Cognitive Learning bis zu diesem Zeitpunkt stattgefunden haben. In diesem Sinne ist das Modell auch aus der Sicht der Autoren nur als vorläufig zu betrachten. Das Modell soll zwar Forschung und Theoriebildung im Bereich des Begriffslernens und der Begriffsentwicklung steuern, es soll aber auch aufgrund empirischer Befunde veränderbar sein. Dies wird in dieser Arbeit schon zu geschehen haben.

Die Grundstruktur des Modells zeigt Abb. 1.

Abb. 1: Modell des Begriffslernens und der Begriffsentwicklung

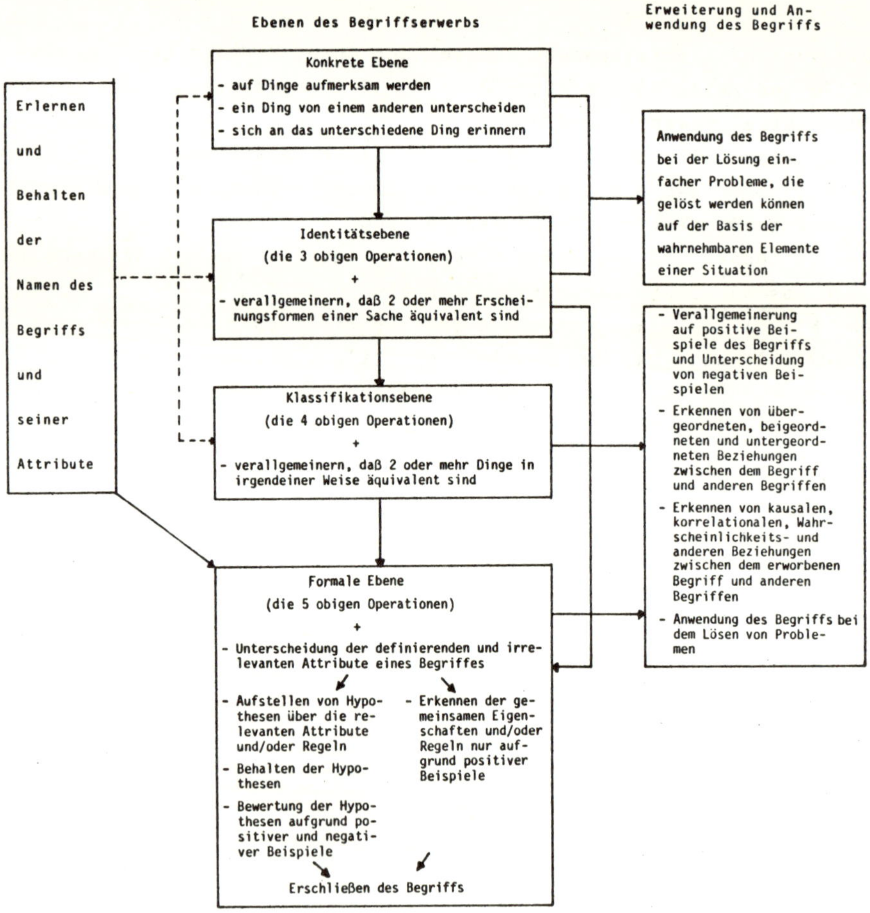

Das abgebildete Modell des Begriffslernens[1] und der Begriffsentwicklung[1] besitzt folgende grundlegende Merkmale, auf die noch im einzelnen eingegangen werden soll:

- Ein und derselbe Begriff kann auf vier zunehmend höheren Ebenen erworben werden. In Abhängigkeit von der Höhe der Ebene wird der Begriff zunehmend brauchbarer und valider ("Validität" bezieht sich auf die Übereinstimmung von "Experten" bei der Definition eines Begriffs).

- Auf jeder Ebene kommen beim Erwerb eines Begriffes ganz bestimmte kognitive Operationen zur Anwendung. Die Zahl der beteiligten Operationen wird von Ebene zu Ebene größer, wobei die Operationen einer Ebene jeweils auf der nächsthöheren Ebene wieder übernommen werden. Obwohl auf den verschiedenen Ebenen zum Teil gleiche Operationen auftreten, ergeben sich doch Unterschiede dadurch, daß sich diese Operationen auf zunehmend differenziertere und abstraktere Stimuluseigenschaften beziehen.

- Erworbene Begriffe können auf allen Ebenen in verschiedener Weise erweitert und angewandt werden. Art und Ausmaß der Anwendung gelernter Begriffe bei der Lösung von Problemen, bei der Herstellung von Beziehungen zu anderen Begriffen, bei der Generalisierung auf neue Begriffsvertreter usw. hängen vom Niveau des Begriffserwerbs ab.

- Auf allen vier Ebenen können die sprachlichen Bezeichnungen der Begriffe und der Begriffsattribute erworben werden. Der Erwerb von Begriffen auf den ersten drei Ebenen ist allerdings auch ohne Sprache möglich. Erst auf der sog. formalen Ebene wird Sprache notwendig.

---

[1] *Der Terminus "Begriff" soll hier zunächst unerklärt, d.h. mehr oder weniger in seiner alltagssprachlichen Bedeutung, gebraucht werden. Auf die verschiedenen Möglichkeiten einer Definition von "Begriff" wird noch ausführlich einzugehen sein.*

Bevor näher auf diese Merkmale eingegangen wird, muß noch eine wichtige *Einschränkung* im Geltungsbereich dieses Modells erwähnt werden: Das Modell *als ganzes* (d.h. mit allen vier Ebenen) bezieht sich nur auf solche Begriffe, die mit Hilfe von Attributen definierbar sind und die tatsächlich wahrnehmbare oder zumindest darstellbare Begriffsvertreter besitzen. Es gibt eine Reihe von Begriffen, die nicht auf allen vier sondern nur auf ganz bestimmten Ebenen erworben werden können. Hierzu zählen Begriffe mit nur einem Vertreter (z.B. "Albert Einstein"), Begriffe geringer Validität (z.B. "Schönheit") und Begriffe ohne wahrnehmbare Vertreter (z.B. "Relativität", "Unendlichkeit"). Die Gültigkeit des gesamten Modells ist außerdem nur dann gewährleistet, wenn ein Individuum bereits seit der frühen Kindheit Erfahrungen mit Beispielen eines Begriffes sammelt. Andernfalls erfolgt wohl der "Einstieg" in dieses Modell auf einer höheren Ebene.

Im folgenden soll auf die grundlegenden Merkmale des obigen Modells näher eingegangen werden. Die Darstellung wird dabei zunächst eng an KLAUSMEIER et al. (1974) angelehnt sein.

2.1.1. Verwendung des Ausdruckes "Begriff" bei KLAUSMEIER et al. (1974)

Das in Abb. 1 dargestellte Modell des Begriffslernens und der Begriffsentwicklung kann nur dann voll verstanden und gewürdigt werden, wenn man sich vor Augen hält, was die Autoren unter dem Ausdruck "Begriff" verstehen. Dieser in der Psychologie recht schillernde Ausdruck[1] wird von KLAUSMEIER et al. (1974, S. 4) folgendermaßen definiert:

"Wir definieren einen Begriff als die geordnete Information über die Eigenschaften eines oder mehrerer Dinge (Objekte, Ereignisse, Prozesse), welche es ermöglicht, jedes beliebige Ding oder jede

---

[1] *Auf die Vielfalt der Definitionen von "Begriff" wird noch einzugehen sein.*

beliebige Klasse von Dingen von anderen Dingen oder Klassen von Dingen sowohl zu unterscheiden als auch damit in Beziehung zu setzen." (eigene Übers.)

Auf dem Hintergrund dieser recht allgemeinen Definition unterscheiden die Autoren zwei verschiedene Verwendungszusammenhänge des Ausdruckes "Begriff". Ein "Begriff" kann sich zum einen auf ein geistiges Konstrukt eines Individuums beziehen, das dessen einzigartige Lerngeschichte widerspiegelt. Zum anderen ist ein "Begriff" auch eine öffentliche Einheit, die der allgemein akzeptierten *Bedeutung* eines *Wortes* entspricht. In genau dieser Weise verwendet auch CARROLL (1964) in seinem bekannten Artikel die Ausdrücke "Begriff", "Wort", "Bedeutung".

Die obige allgemeine Definition von "Begriff" wird von den Autoren im folgenden weiter ausdifferenziert. Es werden hierbei eine Reihe von Attributen unterschieden, die verschiedenen Begriffen in recht verschiedener Weise zukommen können. Diese Attribute sind: Lernbarkeit, Brauchbarkeit, Validität, Allgemeinheitsgrad, Mächtigkeit, Struktur, Grad der Wahrnehmbarkeit der Begriffsvertreter, Anzahl der Begriffsvertreter.

- *Lernbarkeit*

  "Lernbarkeit" bezieht sich auf die einfache Tatsache, daß manche Begriffe leichter , andere Begriffe schwerer zu lernen sind (bezogen auf eine bestimmte Gruppe vergleichbarer Individuen). So mag es z.B. leicht einleuchten, daß Begriffe mit ganz konkreten Begriffsvertretern, wie z.B. "Hund", "Baum", "Auto" usw., leichter zu lernen sind als z.B. Begriffe wie "Atom", "Ewigkeit" usw.
  Der Grad der Lernbarkeit eines bestimmten Begriffs bezogen auf eine bestimmte Personengruppe kann empirisch bestimmt werden.

- *Brauchbarkeit*

Die "Brauchbarkeit" von Begriffen richtet sich nach der Häufigkeit, mit der sie bei der Aufstellung von Prinzipien und beim Lösen von Problemen benutzt werden. So kann man z.B. annehmen, daß der Begriff "Energie" innerhalb der Physik häufiger benutzt wird als etwa der Begriff "Drehmoment".
Bezogen auf Begriffe als geistige Konstrukte von Individuen nimmt die Brauchbarkeit mit jeweils höherer Ebene (im Modell der Abb. 1) zu. Diese zunehmende Brauchbarkeit wird im obigen Modell in vierfacher Weise näher bestimmt.

- *Validität*

Die "Validität" eines Begriffes richtet sich nach dem *Grad der Übereinstimmung* von Experten in bezug auf die Definition dieses Begriffes. Das Ausmaß an Übereinstimmung wird dabei naturgemäß bei manchen Begriffen - hauptsächlich z.B. in den Naturwissenschaften - sehr groß sein (z.B. bei Begriffen wie "Temperatur", "Dichte", "Beschleunigung" usw.); bei anderen Begriffen - z.B. auch in der Psychologie - wird es geringer sein (z.B. bei Begriffen wie "Intelligenz", "Motivation", "Lernen" usw.). Bezogen auf *individuelle* Begriffe gibt "Validität" an, in welchem Maße sich ein Individuum an Begriffe von Experten annähert. So wäre z.B. die kindliche Auffassung von "Wahrnehmung", die beinhaltet, daß die Gegenstände der Umwelt von Sehstrahlen, die das Auge aussendet, abgetastet werden, sicher von sehr geringer Validität d.h. sie wäre noch sehr weit von dem "richtigen" Begriff "Wahrnehmung" entfernt.

- *Allgemeinheitsgrad*

Ein Begriff ist um so "allgemeiner", je mehr Unterbegriffe er einschließt. Am klarsten ist dieser Sachverhalt z.B. an den zahlreichen taxonomischen Systemen in der Biologie zu demonstrieren. Hier könnte man z.B. folgende Reihe von Begriffen mit abnehmendem Allgemeinheitsgrad aufstellen: Lebewesen, Tier, Wirbeltier, Säugetier, Mensch. Hierbei gilt außerdem, daß ein allgemeiner Begriff durch *weniger* Attribute definiert wird als ein weniger allgemeiner Begriff, da eine Unterscheidung zwischen Unterbegriffen immer ein oder mehrere zusätzliche Attribute erfordert, die im Oberbegriff noch nicht enthalten waren.

- *Mächtigkeit*

  "Mächtigkeit" bezieht sich auf das Ausmaß, in dem ein bestimmter Begriff für den Erwerb anderer Begriffe wesentlich oder förderlich ist. Am klarsten wird dieser Gedanke in den verschiedenen Versuchen verfolgt, die "fundamentalen" Konzepte oder die "big ideas" der verschiedenen Disziplinen zu bestimmen (vgl. z.B. BRUNER 1960). Diese "mächtigen" Begriffe sollen auch in der Schule an erster Stelle gelehrt werden, da sie es erlauben, andere weniger "mächtige" Begriffe und Einzelfakten sinnvoll auf sich zu beziehen.
  In ähnlicher Form taucht dieser Gedanke auch in AUSUBELs Theorie des sinnvollen Lernens auf. Auf beide Autoren wird noch ausführlich einzugehen sein.

- *Struktur*

  Die "Struktur" eines Begriffes gibt an, in welcher Weise die den Begriff definierenden Attribute in Beziehung stehen. Innerhalb der "labormäßigen" Begriffsbildungsforschung ist besonders der Versuch von BOURNE (1970) bekanntgeworden, hier eine Systematik zu entwickeln. Ausgehend von dem einfachen Fall zweier definierender Attribute und gestützt auf die bekannten Regeln der Aussagenlogik unterscheidet er 16 mögliche Begriffsstrukturen. Ohne hierauf im einzelnen einzugehen, seien zwei typische Begriffsstrukturen herausgegriffen (denen im übrigen in der labormäßigen Begriffsbildungsforschung auch die größte Aufmerksamkeit gewidmet wurde):

  - konjunktive Begriffe: Begriffe, die durch das *gemeinsame* Auftreten (hier: zweier) Merkmale definiert werden
    Bsp.: "Witwe"; weiblich *und* Ehemann tot

- disjunktive Begriffe: Begriffe, die durch das Auftreten eines von zwei oder auch durch das gemeinsame Auftreten von zwei Merkmalen definiert werden.
  Bsp.: Eine Person hat folgenden "Begriff" von Spielfilm "spannend und/oder witzig."

- *Grad der Wahrnehmbarkeit der Begriffsvertreter*

  Begriffe unterscheiden sich nach dem Ausmaß, in dem Vertreter eines Begriffes wahrgenommen werden können. So rangieren an einem Pol der Skala Begriffe mit ganz konkreten Vertretern, die man anfassen, sehen, hören, riechen kann; am anderen Ende stehen Begriffe, die keinerlei wahrnehmbare Vertreter besitzen z.B. "Ewigkeit". Zwischen diesen Polen liegen Begriffe, deren Vertreter durch Zeichnungen und andere Veranschaulichungshilfen mit unterschiedlicher Genauigkeit repräsentiert werden können. So kann man z.B. die geometrischen Begriffe "Punkt", "Gerade" oder den physikalischen Begriff "Lichtstrahl" zwar zeichnerisch darstellen, wahrnehmbare Begriffsvertreter lassen sich allerdings nicht beschaffen.

- *Anzahl der Begriffsvertreter*

  Die Anzahl der Begriffsvertreter kann je nach Begriff zwischen 1 und unendlich variieren. So besitzt z.B. der Begriff "Albert Einstein" nur einen Vertreter, der Begriff "Bundesländer" eine geringe Anzahl, der Begriff "Mensch" eine sehr große Anzahl und der Begriff "Zahl" eine unendliche Anzahl.

  Die Anzahl und auch Art der Begriffsvertreter eines bestimmten Begriffs kann auch von Individuum zu Individuum variieren. Bekannt ist etwa das Beispiel von WHORF (1956, dt. 1963 zit. nach HÖRMANN 1970), der die unterschiedlichen Kategorisierungen bezüglich des Begriffs "Schnee" bei Eskimos und Europäern beschreibt. So gehören in unserer Sprache zu dem Begriff "Schnee" die Begriffsvertreter "fallender Schnee", "Schnee auf dem Boden", "wäßriger Schnee" usw., während hierfür in der Exkimosprache verschiedene Begriffe existieren.

Aus der kurzen Beschreibung dieser von KLAUSMEIER et al. (1974) angenommenen Dimensionen, auf denen Begriffe variieren können, dürfte wohl auch deutlich geworden sein, daß diese Dimensionen nicht ganz unabhängig voneinander sind. So dürfte z.B. unmittelbar einleuchten (auf entsprechende empirische Befunde wird noch eingegangen), daß Begriffe, die eine komplexere logische Struktur besitzen, auch schwerer zu lernen sind als etwa vergleichsweise einfache konjunktive Begriffe. Außerdem könnte man annehmen, daß "mächtigere" Begriffe auch eher "brauchbarer" und wohl auch "allgemeiner" sind. Weiterhin wird die "Validität" eines Begriffes sicher wesentlich durch den Grad der Wahrnehmbarkeit der Begriffsvertreter beeinflußt. Weitere Abhängigkeiten sind sicher denkbar. Hierauf soll allerdings erst bei einer Kritik des Modells von KLAUSMEIER et al. (1974) eingegangen werden.

2.1.2 Operationen, die beim Erwerb von Begriffen auf den verschiedenen Ebenen benutzt werden

Es wurde schon erwähnt, daß beim Erwerb eines Begriffes in Abhängigkeit von der jeweiligen Ebene ganz bestimmte kognitive Operationen zur Anwendung kommen. Die Zahl der Operationen nimmt dabei mit jeweils höherer Ebene zu; höhere Ebenen schließen außerdem die Operationen der tieferen Ebenen mit ein. Operationen, die auf einer höheren Ebene erneut auftauchen, ändern sich aber qualitativ dadurch, daß sie auf differenziertere und abstraktere Sachverhalte angewandt werden.

Die einzelnen Ebenen des in Abb. 1 dargestellten Modells sollen im folgenden im Hinblick auf diese kognitiven Operationen näher beschrieben werden.

2.1.2.1. *Operationen auf der konkreten Ebene*

"Ein Individuum hat einen Begriff auf der konkreten Ebene erworben, wenn es ein Objekt wahrgenommen und von ihm eine interne Repräsentation gebildet hat, so daß das gleiche Objekt wiedererkannt und von anderen, mehr oder weniger ähnlichen Objekten unterschieden werden kann." (KLAUSMEIER et al. 1974, S. 30; eigene Übers.)

Die hierbei involvierte grundlegendste Operation (grundlegend für Begriffslernen und wohl jede Art von Lernen überhaupt) ist die des *Aufmerksamwerdens* auf ein Objekt (etwa im Sinne einer Orientierungsreaktion). Wenn ein Individuum einem bestimmten Objekt seine Aufmerksamkeit[1] zuwendet, muß es aber gleichzeitig dieses Objekt von anderen Objekten *unterscheiden*. Aufmerksamwerden und Diskrimination sind also in diesem Sinne untrennbar miteinander verbunden. Verschiedene Objekte der Umwelt können aber nur in den seltensten Fällen auf der Grundlage eines einzigen globalen Merkmals unterschieden werden. In der Regel gibt es eine ganze Reihe von *Unterscheidungsmerkmalen*, bei denen die Objekte tatsächlich Unterschiede zeigen. Aus der Vielzahl der Merkmale, die Objekten zukommen, müssen also ganz bestimmte, nämlich die Unterscheidungsmerkmale, entdeckt werden (d.h. die Aufmerksamkeit muß sich genau auf diese Merkmale richten). Diese Unterscheidungsmerkmale werden in Abhängigkeit von den zu unterscheidenden Objekten recht unterschiedlicher Art sein. Art und Zahl der Unterscheidungsmerkmale sind auch (selbstverständlich) abhängig vom Individuum, das Unterscheidungen vornimmt. So wird ein Kind anfänglich nur aufgrund relativ grober Merkmale (wie z.B. Farbe, Form, Größe usw.) Diskriminationen zwischen Objekten vornehmen. Wenn es älter wird, wird es sowohl feinere Unterscheidungen auf diesen Merkmalsdimensionen vor-

---

[1] *Auf die unterschiedlichen Bedeutungen dieses Begriffs soll hier nicht eingegangen werden. Unter "Aufmerksamkeit" sei hier etwa verstanden: "Selektive Aktivität der kognitiven Funktionen" (vgl. DREVER + FRÖHLICH 1968, 1975[9]).*

nehmen als auch andere evtl. weniger offensichtliche Dimensionen zur Unterscheidung heranziehen können.

Wenn ein Individuum auf die oben beschriebene Weise ein Objekt von anderen diskriminiert hat und dasselbe Objekt zu einem späteren Zeitpunkt wiedererkennt, wenn es damit demonstriert, daß es eine interne Repräsentation[1] des Objektes besitzt, dann hat das Individuum einen Begriff auf der konkreten Ebene erworben.

Es gibt Hinweise darauf, daß Begriffsbildungen auf der konkreten Ebene nicht nur an reale Objekte gebunden sind. Auf dieser Ebene können auch Begriffe von *verbalen* Reizen gebildet werden. So können z.B. Buchstaben des Alphabets und Phoneme der Sprache aufgrund orthografischer und akustischer Merkmale diskriminiert und intern repräsentiert werden, so daß sie später wiedererkannt werden.

2.1.2.2. *Operationen auf der Identitätsebene*

Der Erwerb eines Begriffes auf der Identitätsebene erfordert, daß ein Individuum eine Sache als dieselbe wiedererkennt trotz bestimmter irrelevanter Veränderungen in deren Aussehen. KLAUSMEIER et al. (1974) führen hier ein Beispiel von PIAGET (1954) an, der bei seinem Sohn folgende Beobachtung machen konnte: mit 7 1/2 Monaten war dieser in der Lage, sein Milchfläschchen in jeder räumlichen Lage wiederzuerkennen; nur wenn das Fläschchen total gedreht wurde, so daß der Säugling nur den Flaschenboden sehen konnte, gelang dieses Wiedererkennen nicht. Dies war erst mit ca. 9 Monaten der Fall.

Die wichtige *neue* Operation, die hier eine Rolle spielt, ist die der Verallgemeinerung oder *Generalisierung*. Ein Individuum muß ver-

---

[1] *Über die Art der Repräsentation seien hier zunächst keine Aussagen gemacht.*

allgemeinern, daß verschiedene Erscheinungsformen ein und derselben Sache äquivalent sind. Um zu einem solchen Äquivalenzurteil zu kommen, muß es auf diejenigen Merkmale einer Sache aufmerksam werden, die für die Identität einer Sache potentiell relevant sind, d.h. es muß eine gewisse Unterscheidung (Diskrimination) zwischen in bezug auf Identität relevanten und irrelevanten Attributen vornehmen. Diese Attribute werden wohl auf dieser Ebene ausschließlich *wahrnehmungsmäßige* (also z.B. Form, Farbe, Größe, Geruch usw.) sein.

Bezogen auf obiges Beispiel würde das folgendes bedeuten: der Säugling muß erkennen, daß Veränderungen im Attribut "Form" für die Identität des Objektes als "Milchflasche" irrelevant sind, d.h. die Milchflasche wird weiter als solche erkannt, auch wenn sie wahrnehmungsmäßig im Extremfall nur noch als Kreis (Flaschenboden) zu sehen ist. Ein relevantes Attribut, das bei seiner Veränderung bewirken würde, daß das Objekt nicht mehr mit dem Begriff "Milchflasche" belegt wird, könnte vielleicht (?!) "Farbe" sein. Die Ausprägung "weiß" (bewirkt durch den Flascheninhalt) ist unter Umständen für den Säugling wichtig. In der hier benutzten Terminologie erfolgt also in der Dimension "Farbe" eine Diskrimination, während auf der Dimension "Form" eine Generalisierung erfolgt.

Außer der Generalisierung in bezug auf die wahrgenommene Form eines Objektes wurden im Säuglingsalter noch weitere Generalisierungsprozesse untersucht, so z.B. Generalisierung in bezug auf die wahrgenommene *Größe* eines Objektes ("Größenkonstanz") und Generalisierung über verschiedene *Sinnesmodalitäten* (d.h. Verallgemeinerung, daß z.B. ein bestimmtes visuelles und ein bestimmtes akustisches Muster zu demselben Objekt gehören). Auf derartige Befunde soll hier aber nicht eingegangen werden.

Bisher unerwähnt blieb die vierte Operation auf der Identitätsebene, nämlich die *interne Repräsentation* des Begriffes. Nach KLAUSMEIER et al. existieren aber so gut wie keine empirischen Befunde über Gedächtnisprozesse auf dieser Ebene. Aufgrund einer eigenen Analyse kommen die Autoren zu dem Schluß, daß der Hauptunterschied zur konkreten Ebene darin besteht, daß auf der Identitätsebene eine *abstraktere*[1] Repräsentationsform vorhanden sein muß. Auf der konkreten Ebene bezog sich die interne Repräsentation noch auf ein ganz spezifisches Objekt in einem ganz spezifischen Kontext. Auf der Identitätsebene werden solche spezifischen Gedächtnisbilder[2], die aus wiederholten Erfahrungen mit einem Objekt in verschiedenen Kontexten, Sinnesmodalitäten usw. resultieren, zu einem abstrakteren Gedächtnisbild dieses Objektes zusammengefaßt.

2.1.2.3. *Operationen auf der Klassifikationsebene*

Die Beherrschung eines Begriffes auf der Klassifikationsebene erfordert, daß ein Individuum in der Lage ist, mindestens zwei Vertreter einer bestimmten Klasse als äquivalent zu betrachten. Hierbei kommt es nicht darauf an, daß das Individuum in der Lage ist, die Grundlage seines Äquivalenzurteils anzugeben. So würde z.B. ein Kind, das den Hund der Familie und die Katze des Nachbarn mit "wau-wau" bezeichnet, über einen (allerdings nicht adäquaten) Klassifikationsbegriff verfügen, obwohl es mit ziemlicher Sicherheit nicht angeben könnte, aufgrund welcher Attribute (z.B. 4 Beine, Fell usw.) die gemeinsame Reaktion "wau-wau" erfolgte. Die Nichterfüllung genau dieses Kriteriums - Präzise Beschreibung der Klassifikationsregel in Termini von Attributen - gibt an, daß ein Begriff vorerst nur auf der Klassifikationsebene erworben ist, auch wenn ein Individuum eine große Zahl von Fällen richtig als Vertreter oder Nicht-Vertreter eines Begriffes klassifizieren kann.

---

[1] *"Abstrakt" bezieht sich hier nur auf die Tatsache, daß bestimmte Attribute eines Objektes herausgegriffen und als relevant für die Identität erkannt werden.*

[2] *"Bild" soll hier keine bestimmte Vorstellung von Gedächtnis auf dieser Ebene suggerieren. Unter Gedächtnisbild sei hier irgendeine Form der internen Repräsentation verstanden.*

Die *neue* Operation, die auf der Klassifikationsebene zu den bereits bekannten hinzutritt, besteht also darin, daß ein Individuum über verschiedene Fälle hinweg auf der Basis gewisser Gemeinsamkeiten *generalisiert*. Der Generalisierungsprozeß bezieht sich also hier nicht wie auf der Identitätsebene auf verschiedene Ausprägungen eines (irrelevanten) Attributs *innerhalb* eines Objektes sondern auf gemeinsame Attribute *zwischen* verschiedenen Objekten.

Auf der Klassifikationsebene müssen *nicht* notwendigerweise *alle* Attribute, die für einen bestimmten Begriff relevant sind und die als Grundlage für eine Generalisierung dienen können, erkannt d.h. diskriminiert sein. Es gibt auch eine Reihe von Hinweisen, daß sich die *Art* der Attribute, die für eine Generalisierung herangezogen werden, im Laufe der Entwicklung ändern kann. So führen z.B. BRUNER et al. (1966) an, daß jüngere Kinder eher auf der Basis wahrnehmungsmäßiger Attribute (z.B. Farbe, Größe, Form) klassifizieren, während ältere Kinder auch nicht-wahrnehmungsmäßige Attribute (z.B. Funktion von Objekten) heranziehen.

Ähnlich wie auf der Identitätsebene gibt es auf der Klassifikationsebene kaum Befunde über die gedächtnismäßige Repräsentation der Begriffe. Es kann allerdings angenommen werden, daß zumindestens einige diskriminierte Attribute gespeichert sein müssen, da adäquate Generalisierungen auch dann zu beobachten sind, wenn die zu klassifizierenden Fälle nicht gleichzeitig dargeboten werden. Die Art der internen Repräsentation der Fälle bzw. des Begriffs kann auf dieser Ebene wahrscheinlich sowohl bildhafter als auch symbolischer Natur sein. Auch dies wird wohl vom Alter des Kindes abhängig sein.

2.1.2.4. *Operationen auf der formalen Ebene*

Die Beherrschung eines Begriffes auf der formalen Ebene wird dann angenommen, wenn ein Individuum zu folgenden Leistungen in der Lage ist: es kann den Namen des Begriffes angeben; es kann die definierenden Attribute nennen; es kann genau entscheiden, ob ein gegebener Fall ein Vertreter des Begriffes ist oder nicht; es kann eine Begründung für seine Klassifikation mit Hilfe der definierenden Attribute abgeben.

Wesentliche Voraussetzung für diese Leistungen ist zunächst einmal - und hier zeigt sich die bereits erwähnte qualitative Veränderung bereits bekannter Operationen -, daß das Individuum in der Lage ist, vorgegebene Stimuli in Termini von Attributen zu analysieren und diese zu codieren; d.h. das Individuum muß zuerst auf die verschiedenen Attribute (z.B. Form, Farbe, Größe usw.) und deren Ausprägungsgrade aufmerksam werden und sie diskriminieren und muß außerdem diese Attribute in symbolischer (sprachlicher) Form im Gedächtnis repräsentieren können. Die erste *neue* und wesentliche Operation auf der formalen Ebene besteht darin, daß die verschiedenen diskriminierten Attribute in für den bestimmten Begriff *relevante* und *irrelevante* Attribute eingeteilt werden müssen. Dies kann nach der Auffassung von KLAUSMEIER et al. prinzipiell auf zwei verschiedenen Wegen erfolgen:

- Ein Weg impliziert, daß das Individuum *Hypothesen* darüber aufstellt, welche der diskriminierten Attribute für den zu lernenden Begriff *relevant* sind und durch welche *Regel* diese relevanten Attribute verbunden sind (d.h. welche "Struktur" der Begriff besitzt). Diese Hypothesen - oder zumindest ein Teil davon - werden im Gedächtnis gespeichert. Diese Hypothesen werden dann aufgrund der Erfahrungen mit Vertretern und Nicht-Vertretern des zu lernenden Begriffes *bewertet* und u.U. revidiert, bis der Begriff in Termini von Attributen und deren Verknüpfung erschlossen ist.

- Ein zweiter Weg besteht darin, daß der zu lernende Begriff aufgrund der *gemeinsamen* Eigenschaften (und deren jeweils gleiche Verknüpfung) von Begriffsvertretern erschlossen wird.

Welcher der beiden Wege gewählt wird, ist von einer Reihe von Faktoren abhängig, so z.B. von dem *Alter* der Kinder (es gibt Hinweise darauf, daß jüngere Kinder nicht in der Lage sind, Begriffe aufgrund von Hypothesen zu erschließen); von der vorgegebenen *Instruktion* oder von der Art der verfügbaren Begriffs*vertreter* oder -Nichtvertreter.

KLAUSMEIER et al. (1974) beschäftigen sich in der Folge sehr ausführlich mit den genannten Operationen auf der formalen Ebene. Sie gehen dabei recht breit auf theoretische Konzeptionen und empirische Befunde zum Begriffslernen ein. Eine breitere Darstellung in dieser Hinsicht soll hier zunächst unterbleiben. Es soll hier nur angedeutet werden, mit welchen Problemen sich die Autoren dabei auseinandersetzen:

- Die für die formale Ebene grundlegende Operation bestand in der Analyse einer vorgegebenen Stimulussituation in verschiedene Attribute. Die Entscheidung, *welche* Attribute herangezogen werden, wird dabei durch verschiedene Faktoren beeinflußt. Hier wären etwa zu nennen: vorangegangene *Erfahrungen* des Lernenden und damit einhergehend bestimmte Attributspräferenzen (z.B. konnten SUCHMAN + TRABASSO 1966 zeigen, daß jüngere Kinder das Attribut *Farbe* dem Attribut *Form* vorziehen); *kognitiver Stil* des Lernenden (hier wäre wahrscheinlich die Dimension "analytisch-global" nach KAGAN et al. 1963 wichtig, die angibt, in welchem Differenzierungsgrad eine Stimulussituation analysiert wird); *Stimulus*variablen wie z.B. Heraushebung eines Attributs gegenüber anderen, Betonung unterschiedlicher Ausprägungsgrade eines relevanten Attributs, explizites Aufmerksammachen (durch Hinweise oder Instruktion) auf bestimmte Attribute.

- Der Erwerb von Begriffen auf der formalen Ebene beinhaltet auch eine gedächtnismäßige Repräsentation für zwei Arten von Informationen, nämlich einmal für spezifische *Vertreter* und *Nicht-Vertreter* des Begriffes und zum anderen für *Hypothesen* (dies allerdings nur beim ersten Weg).[1)]

Das Behalten spezifischer *Stimulusinformation* kann unter bestimmten günstigen Umständen für den Erwerb eines Begriffes relativ unwichtig sein. So konnten z.B. BRUNER et al. (1956) in ihrer klassischen Untersuchung zeigen, daß die Wahl einer guten Strategie beim Begriffslernen die Belastung für das Gedächtnis beträchtlich reduzieren kann. So erwies sich z.B. unter der Bedingung der sukzessiven Darbietung von Begriffsvertretern bzw. Nicht-Vertretern eine "ganzheitliche Strategie" (wholist strategy) als optimal. Bei dieser Strategie wählt der Lernende den ersten Begriffsvertreter als ganzes als Hypothese. Diese Hypothese wird im folgenden in der Weise modifiziert, daß nur die Attributsausprägungen der Begriffsvertreter (Nicht-Vertreter werden ignoriert) beibehalten werden. Auf diese Weise enthält die augenblickliche Hypothese auf jeden Fall die richtige Hypothese d.h. den zu lernenden Begriff. Unter weniger idealen Bedingungen wird diese Strategie kaum anwendbar sein, da z.B. unter "normalen" Umständen kaum mit einer wohlgeordneten Abfolge von Begriffsvertretern und Nicht-Vertretern zu rechnen ist. Verschiedene Untersuchungen konnten zeigen, daß dann das Behalten früherer Stimulusinformation den Erwerb des Begriffes wesentlich erleichtert.

[1)] *An dieser Stelle sei erwähnt, daß es auch Theorien gibt, die keine oder nur eine sehr begrenzte gedächtnismäßige Repräsentation während des Begriffslernens postulieren (z.B. BOWER + TRABASSO 1964, RESTLE 1962). Diese mathematischen Modelle besitzen aber - wenn überhaupt - nur eine sehr eingeschränkte Gültigkeit. Auf sie wird deshalb hier nur hingewiesen.*

KLAUSMEIER et al. (1974) diskutieren dann verschiedene Modellvorstellungen über die *Art* der Speicherung von Stimulusinformation im Gedächtnis und über den *Vorgang* des Speicherns und Wiederfindens (storage and retrieval) von Information. Hierauf soll aber nicht näher eingegangen werden.

Das Behalten von *Hypothesen* erfüllt in dem Modell des Begriffslernens und der Begriffsentwicklung hauptsächlich zwei Funktionen: zum einen behält der Lernende seine gegenwärtige Hypothese im Gedächtnis und nimmt auf der Basis dieser Hypothese so lange Klassifikationen vor, bis er zu einer falschen Klassifikation gelangt; zum anderen ist das Behalten früherer Hypothesen dann wichtig, wenn die gegenwärtige Hypothese widerlegt wurde und eine neue Hypothese ausgewählt werden muß.

- KLAUSMEIER et al. (1974) beschreiben im weiteren noch ausführlicher die Prozesse, die beim Aufstellen, Überprüfen und Verändern von Hypothesen ablaufen. Da die angeführten empirischen Befunde hierzu ausschließlich aus Laborexperimenten stammen (dies wäre bereits ein vorweggenommener Kritikpunkt), soll hier nicht näher darauf eingegangen werden.

2.1.3. Die Rolle der Sprache beim Begriffserwerb

Um die Rolle der Sprache beim Begriffserwerb zu verdeutlichen, greifen KLAUSMEIER et al. (1974) die bereits zitierte Abgrenzung der Ausdrücke "Begriff", "Wort" und "Bedeutung" von CARROLL (1964) auf. Danach kann man unter der *Bedeutung* eines *Wortes* einen in einer Gemeinschaft standardisierten *Begriff* verstehen. Bezogen auf das Modell des Begriffslernens und der Begriffsentwicklung würde das bedeuten, daß auf den tieferen Ebenen des Modells ein Begriff eines Individuums in bestimmter Weise von dem Begriff einer Gemeinschaft abweicht. Der Übergang von einer tieferen auf eine höhere Ebene kann auch gesehen werden als eine zunehmende Übereinstimmung zwischen dem Begriff eines Individuums und der

Bedeutung des Wortes, welches die Gemeinschaft zur Bezeichnung des Begriffes benutzt. Dieser Prozeß der Annäherung kann nach Meinung der Autoren mehr oder weniger an sprachliche Prozesse gebunden sein.

Es wurde bereits erwähnt, daß Begriffe mit wahrnehmbaren oder leicht darstellbaren Vertretern auf den unteren drei Ebenen auch unabhängig von Sprache erworben werden können. Dies bedeutet aber nicht, daß Sprache hier keine Rolle spielt. Es wird im Gegenteil zu untersuchen sein, in welcher Weise Sprache den Begriffserwerb auf diesen Ebenen beeinflußt.

Auf der formalen Ebene ist der Erwerb eines Begriffes (entsprechend der Definition dieser Ebene in Abb. 1) nicht mehr ohne Sprache möglich, da das Individuum in der Lage sein muß, die Namen des Begriffs und der Attribute anzugeben und eine Definition des Begriffs in Termini dieser Attribute zu liefern.

Über die unterschiedliche Bedeutung der Sprache auf den einzelnen Ebenen hinaus gibt es noch einen weiteren Aspekt der Beziehung zwischen Sprache und Begriffserwerb: Trotz der prinzipiellen Möglichkeit, bestimmte Begriffe auch ohne sprachliche Beteiligung zu lernen, kann doch festgehalten werden, daß die meisten Begriffe aufgrund sprachlicher Erfahrungen gelernt werden. Bei Begriffen ohne wahrnehmbare oder darstellbare Begriffsvertreter ist dies unmittelbar einleuchtend, da hier Sprache das einzige Mittel ist, Beispiele für den zu lernenden Begriff anzugeben. Aber selbst bei Begriffen mit wahrnehmbaren Vertretern findet z.B. im Schulunterricht die Vermittlung dieses Begriffes vornehmlich mit Hilfe einer verbalen Erklärung der Bedeutung eines Wortes statt. Auf diese Art der Vermittlung von Begriffen, die in AUSUBELs Theorie des sinnvollen verbalen Lernens präzisiert und propagiert wird, wird im übrigen noch ausführlich eingegangen.

- *Sprache und konkrete Ebene*

Die konkrete Ebene des Begriffserwerbs war durch drei kognitive Operationen gekennzeichnet: auf einen Stimulus aufmerksam werden, ihn dabei von anderen Stimuli diskriminieren und diesen diskriminierten Stimulus im Gedächtnis speichern. Sprache kann auf der konkreten Ebene in unterschiedlicher Weise bei diesen Operationen ansetzen. So kann z.B. Sprache, in Form verbaler Hinweise oder Instruktionen, die Aufmerksamkeit eines Individuums auf ein bestimmtes Objekt richten (z.B. "Schau, hier ist ein Hund").

Es gibt außerdem Befunde, die darauf hindeuten, daß das Erlernen unterschiedlicher Bezeichnungen für Stimuli den späteren Erwerb unterschiedlicher Reaktionen auf diese Stimuli begünstigt, d.h. eine Diskrimination zwischen Stimuli wird durch Kenntnis der Namen der Stimuli verbessert.

Zur Frage, ob die Kenntnis der Namen von Stimuli auch das Behalten verbessert, gibt es kein abschließendes Urteil. Unter bestimmten Bedingungen (z.B. leichte Verfügbarkeit von Bezeichnungen, schlechtes visuelles Gedächtnis des Individuums, sehr komplexer Stimulus) scheint es zu einer Verbesserung des Behaltens zu kommen; unter anderen Bedingungen (z.B. gutes visuelles Gedächtnis des Individuums; Stimuli sind einfache oder vertraute Objekte, die als Bilder gespeichert werden können; eine verbale Bezeichnung ist im Repertoire der Person nicht leicht verfügbar, etwa bei sinnlosen Silben als Bezeichnungen) ist die Bezeichnung der Stimuli zumindestens nicht notwendig. Diese Aussage weist eigentlich nur darauf hin, daß es offensichtlich auch eine nicht-sprachlich-gebundene ("bildhafte") Form des Gedächtnisses gibt, was eigentlich vom Alltagsverständnis her kaum überrascht. Auf "Gedächtnis" wird im übrigen noch ausführlich einzugehen sein.

- *Sprache und die Ebenen Identität sowie Klassifikation*

Die Identitäts- und Klassifikationsebene werden von KLAUSMEIER et al. (1974) zusammen abgehandelt, da sie der Auffassung sind, daß der Einfluß von Sprache (präziser: Einfluß der Benennung von Stimuli) auf beiden Ebenen in gleicher Weise erfolgt; außerdem liegen direkt zur Identitätsebene keine Befunde über sprachliche Einflüsse vor, die Autoren sind hier auf Ergebnisse aus Klassifikationsexperimenten angewiesen. Wesentliches Kennzeichen der Identitätsebene war, daß das Individuum lernen muß, einen Stimulus unabhängig von Veränderungen in irrelevanten Merkmalen (z.B. Perspektive, Kontext usw.) als solchen wiederzuerkennen, d.h. es müssen relevante von irrelevanten Merkmalen eines Stimulus unterschieden werden. Wesentliches Kennzeichen der Klassifikationsebene war, daß ein Individuum zwei oder mehr Stimuli aufgrund bestimmter Gemeinsamkeiten in dieselbe Klasse einordnen muß, d.h. es müssen bestimmte gemeinsame Merkmale als relevant erkannt werden und irrelevante Merkmale ignoriert werden.

Diese Ähnlichkeit zwischen den zwei Ebenen rechtfertigt wahrscheinlich auch, daß die für die Klassifikationsebene existierenden Befunde auf die Identitätsebene übertragen werden (jedenfalls sehen das KLAUSMEIER et al. so). Die Rolle der Sprache auf diesen beiden Ebenen wird von den Autoren folgendermaßen zusammengefaßt:

- Der Erwerb einer gemeinsamen Bezeichnung für Stimuli verbessert die Fähigkeit des Lernenden, diese Stimuli in die gleiche Klasse zu plazieren. Unterschiedliche Klassen sollten allerdings auch unterschiedliche Bezeichnungen erhalten.

- Die Bezeichnungen sollten vertraute Worte sein; unbekannte Worte oder auch sinnlose Silben zeigen nur dann eine positive Wirkung, wenn sie vorher intensiv gelernt wurden.

- Die positive Wirkung einer Benennung der Stimuli kann vielleicht auf zwei verschiedene Gründe zurückgehen: Zum einen führen gemeinsame Bezeichnungen dazu, daß der Lernende darauf aufmerksam gemacht wird, nach Gemeinsamkeiten zu suchen; bei unterschiedlichen Bezeichnungen wird er veranlaßt, nach Unterschieden zu suchen; zum anderen können gemeinsame Bezeichnungen den Lernenden veranlassen, die gestellte Aufgabe auf einer "begrifflichen Ebene" anzugehen, d.h. es wird quasi darauf hingewiesen, daß überhaupt ein zu lernender Begriff existiert.

- Wie vorher bereits erwähnt ist es auch möglich, Klassifikationsbegriffe auf rein nichtverbaler Grundlage zu lernen. Der Erwerb von Begriffen auf der Klassifikationsebene wird aber zweifellos durch angemessene Bezeichnungen beschleunigt.

- *Sprache und formale Ebene*

Wie bereits erwähnt ist Sprache auf der formalen Ebene per definitionem eine notwendige Bedingung für den Erwerb von Begriffen; ein erworbener Begriff muß dabei in Termini von Attributen definierbar sein, und diese Definition muß sprachlich (oder in einer anderen symbolischen Form) mitteilbar sein.

Sprache spielt allerdings auf der formalen Ebene auch in der Weise eine Rolle, als sie die bei der Erschließung von Begriffen beteiligten kognitiven Operationen günstig beeinflussen kann.

In bezug auf die Operation *"Diskrimination relevanter und irrelevanter Attribute"* kann man aufgrund der vorliegenden Befunde etwa folgendes schließen: Die *Benennung* von Attributen erleichtert die Diskrimination dieser Attribute und damit auch nachfolgendes Begriffslernen. Dieser Effekt scheint aber empirisch nur dann nachweisbar zu sein, wenn als zu lernende Begriffe solche ausgewählt werden, bei denen die Attribute nicht zu offensichtlich und nicht zu leicht benennbar sind. Es ist außerdem wichtig, daß *sinnvolle* Bezeichnungen (nicht etwa sinnlose Silben) für die

Attribute gewählt werden.

Im Hinblick auf die beiden unterschiedlichen Wege des Erschließens von Begriffen (vgl. Abb. 1) kann man nur für den Hypothesen-Ansatz einige Aussagen machen. Es scheint nämlich so zu sein, daß beim Erschließen eines Begriffes aufgrund gemeinsamer Attribute die Rolle der Sprache weitgehend unklar, evtl. auch weniger wichtig ist. Beim Aufstellen und Überprüfen von Hypothesen dagegen scheint Sprache unerläßlich zu sein (obwohl KLAUSMEIER et al. hierfür nur plausible aber keine empirischen Belege vorweisen). Die Bedeutung der Sprache kann sich dabei zum einen darin zeigen, daß ein zu klassifizierender Fall aufgrund einer Serie von Entscheidungen als Begriffsvertreter oder Nicht-Vertreter behandelt wird. Bei diesen Entscheidungen stellt sich das Individuum sozusagen selbst *Fragen* bezüglich der Übereinstimmung zwischen seiner Hypothese (die in Termini von ganz bestimmten Attributsausprägungen formuliert ist) und den Attributsausprägungen des vorliegenden Falles. Je nachdem wie das Individuum diese eigenen Fragen beantwortet, wird eine Klassifizierung in Vertreter oder Nicht-Vertreter vorgenommen. Es ist zwar denkbar, daß bei dieser Art von sukzessiver Informationsverarbeitung auch andere als sprachliche Codierungen vorgenommen werden, Sprache scheint aber hierfür das effektivste Instrument zu sein.

Nachdem auf oben beschriebene Weise die Hypothese eines Individuums zu einer Klassifikation des Falles geführt hat, erfolgt in der Regel (in Laborexperimenten durch den Versuchsleiter) eine Rückmeldung darüber, ob die Klassifikation richtig oder falsch war. Diese Rückmeldung kann das Individuum benutzen, um seine augenblickliche Hypothese zu bewerten und evtl. zu verändern. Dieser Bewertungsprozeß ist wahrscheinlich dann am effektivsten, wenn das Individuum *logische Schlußregeln* benutzt. Ein Beispiel wäre etwa: "Wenn diese *große* Figur und diese *kleine* Figur beide *Dreieck* genannt werden, dann kann *Größe* für die Definition des Begriffes "Dreieck" nicht relevant sein. Auch hier erscheint es zwar denkbar, daß ähnliche Schlußfolgerungen auch auf anderem als sprachlichem Wege gezogen werden können, eine sprachliche Codierung erscheint aber auch hier am effektivsten.

Über alle vier Ebenen des Modells hinweg kann die Bedeutung der Sprache etwa folgendermaßen *zusammengefaßt* werden:
Der Erwerb sprachlicher Bezeichnungen für Stimuli oder für deren Attribute erleichtert die Diskrimination zwischen ihnen, verbessert unter bestimmten Umständen deren Behalten, lenkt die Aufmerksamkeit des Individuums auf gemeinsame Attribute bei einer Gruppe von Objekten und macht das Individuum darauf aufmerksam, daß überhaupt ein zu lernender Begriff existiert. Außerdem ist auf der formalen Ebene der Hypothesen-Ansatz eng mit der verbalen Codierung der Stimuli und mit verbalem schlußfolgerndem Denken verknüpft.

Die Beherrschung sprachlicher Bezeichnungen für Attribute und/oder Stimuli gewinnt auf jeweils höheren Ebenen des Begriffserwerbs zunehmend an Bedeutung. Dies ist deshalb der Fall, weil zum einen Sprache ein sehr mächtiges Instrument ist, um begriffliche oder abstrakte Erfahrungen (im Gegensatz zu wahrnehmungsmäßig-konkreten Erfahrungen) zu repräsentieren und weil zum anderen auf jeder höheren Ebene die beteiligten Operationen auf zunehmend abstrakte Eigenschaften von Stimuli angewandt werden.

2.1.4. Erweiterungen und Anwendungen eines gelernten Begriffes

Entsprechend dem in Abb. 1 dargestellten Modell des Begriffslernens und der Begriffsentwicklung kann ein auf der Klassifikations- oder formalen Ebene erworbener Begriff in vierfacher Weise benutzt werden:

- bei der korrekten Identifizierung *neuer* Vertreter oder Nicht-Vertreter des Begriffs
- beim Verständnis von hierarchischen Beziehungen zwischen Begriffen
- beim Verständnis von kausalen und anderen Beziehungen zwischen Begriffen
- bei der Lösung von Problemen

Bevor diese vier Anwendungsgesichtspunkte im folgenden kurz beschrieben werden, sei noch auf eine grundlegende Annahme von KLAUSMEIER et al. hingewiesen. Die Autoren nehmen an - und diese Annahme ist sicher plausibel, wenn auch kaum überprüft -, daß die Anwendung eines Begriffes auf das Verständnis dieses Begriffes selbst wieder zurückwirkt, d.h. das Verständnis des Begriffes und damit auch dessen "Validität", "Brauchbarkeit" und "Mächtigkeit" (vgl. Abschnitt 2.1.1.) würden erhöht. (Diese Rückwirkung ist im übrigen im Modell der Abb. 1 nicht explizit vorhanden.)

2.1.4.1. *Identifizierung neuer Vertreter bzw. Nicht-Vertreter eines Begriffs*

Ein (richtig) gelernter Begriff bietet die Möglichkeit bei *beliebigen neuen* Fällen zu entscheiden, ob sie Vertreter dieses Begriffes sind oder nicht. Diese Tatsache macht deutlich, warum ein gelernter Begriff ein so wichtiges und mächtiges Instrument des Denkens sein kann. Er bietet nämlich die Möglichkeit, in bestimmtem Ausmaß mit *neuen* Situationen aufgrund verfügbaren Wissens in effektiver Weise umzugehen.

Eine adäquate Generalisierung eines gelernten Begriffes auf bisher nicht bekannte Vertreter des Begriffes und eine Diskrimination von Nicht-Vertretern kann allerdings nur dann erwartet werden, wenn beim Erlernen bzw. Vermitteln des Begriffes eine geeignete Auswahl von Beispielen von Vertretern und Nicht-Vertretern vorgenommen wird. Diese "geeignete Auswahl" - die noch näher zu bestimmen wäre - soll verhindern, daß der gelernte Begriff fehlerhaft bei der Klassifizierung *neuer* Fälle benutzt wird. Nach MARKLE + TIEMANN (1969, zit. nach KLAUSMEIER et al. 1974, S. 161) kann man drei Typen von Klassifikationsfehlern unterscheiden: *Übergeneralisierung* (ein Nicht-Vertreter wird fälschlicherweise als Vertreter eines Begriffes behandelt); *Untergeneralisierung* (ein Begriffsvertreter wird fälschlicherweise als Nicht-Vertreter behandelt); *Fehlauffassung* (engl.: misconception; die Klassifikation erfolgt auf der Basis eines *irrelevanten* Attributs). In einer Untersuchung von TENNYSON, WOOLLEY + MERRILL (1972) konnte gezeigt werden, daß diese Fehlertypen erheblich reduziert werden können, wenn vorher eine "geeignete Auswahl" von Beispielen dargeboten wurde. MERRILL + TENNYSON (1977) geben im übrigen ganz konkrete Anleitungen - die an dieser Stelle nicht aufgeführt werden sollen -, in welcher Weise eine solche "geeignete Auswahl" von Beispielen vorgenommen werden kann. Im Rahmen ihrer Konzeption einer Vermittlung von Begriffen nimmt dieser Punkt eine zentrale Position ein. Auf die Konzeption von MERRILL + TENNYSON (1977) wird später noch einzugehen sein.

2.1.4.2. *Erfassen von hierarchischen Beziehungen zwischen Begriffen*

Ein gelernter Begriff bleibt in der Regel nicht isoliert bestehen, sondern er wird mit anderen Begriffen in Beziehung gebracht. Als eine Art der möglichen Beziehungen soll hier die *hierarchische* betrachtet werden. Begriffshierarchien sind dadurch gekennzeichnet, daß Begriffe unterschiedlichen Allgemeinheitsgrades in einem Verhältnis der Über- bzw. Untergeordnetheit stehen. Ein übergeordneter Begriff (genauer: die durch diesen Begriff repräsentierte Klasse von Objekten) schließt dabei die darunterliegenden Klassen ein (Inklusivität).

In Abschnitt 2.1.1. wurde bereits ein Beispiel angeführt, das hier noch etwas erweitert werden soll:

Abb. 2: Beispiel einer Begriffshierarchie

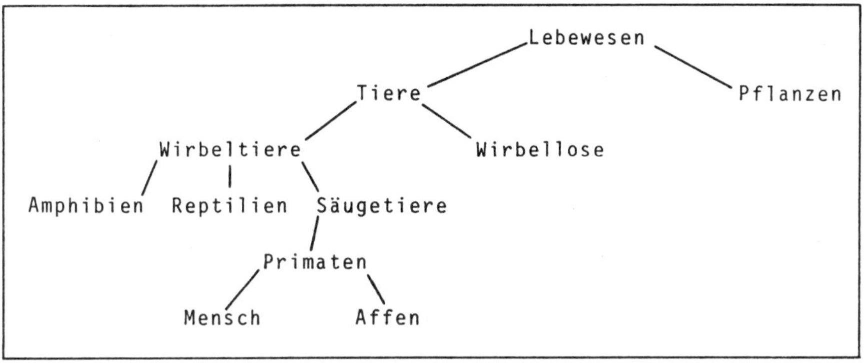

In der abgebildeten Begriffshierarchie gelten z.B. folgende Beziehungen: "Tiere" sind eine Unterklasse von "Lebewesen", der Begriff "Tier" ist also dem Begriff "Lebewesen" untergeordnet. Es gilt daher: Alle Tiere sind Lebewesen (Inklusivität). Allgemein gilt, daß die in der Hierarchie höherstehenden Klassen die tieferstehenden einschließen bzw. daß die jeweils höherstehenden Begriffe Oberbegriffe zu den darunterliegenden darstellen. Begriffe auf der gleichen Ebene (z.B. Amphibien, Reptilien, Säugetiere) werden als nebengeordnete Begriffe bezeichnet.

Die Frage, in welcher Weise sich das Verständnis für derartige hierarchische Beziehungen entwickelt, wurde besonders von INHELDER + PIAGET (1964) untersucht. Die von beiden Autoren postulierte Entwicklungssequenz im Klassifikationsverhalten wurde in einer bekannten Untersuchung von KOFSKY (1966) überprüft. Aufgrund ihrer Ergebnisse unterscheidet KOFSKY sechs verschiedene Ebenen des Klassifikationsverhaltens, wobei die unterste Ebene in etwa der Klassifikationsebene im Modell von KLAUSMEIER et al. (1974) entspricht (d.h. Gruppierung von Objekten auf der Basis von wahrnehmbaren Attributen) und die oberste Ebene eine vollständige Beherrschung der Klasseninklusion beinhaltet. Eine solche Beherrschung verbessert im übrigen auch die "Validität" und "Brauchbarkeit" (im vorher definierten Sinne) eines gelernten Begriffes.

2.1.4.3. *Erfassen von kausalen und anderen Beziehungen zwischen Begriffen*

Ein wesentlicher Teil dessen, was ein Individuum weiß, kann in Form von Aussagen, die bestimmte Beziehungen zwischen Begriffen enthalten, dargestellt werden. Solche Aussagen werden oft als "Prinzipien", "Regeln" oder "Gesetze" bezeichnet. Für einige Arten von solchen Beziehungen sollen hier kurz Beispiele angeführt werden:

- *kausale* Beziehungen	(Tuberkulose wird durch Tuberkelbazillen verursacht. Wenn ein Körper in eine Flüssigkeit eingetaucht wird, erleidet er eine scheinbare Gewichtsverminderung, die man als Auftrieb bezeichnet.)
- *Wahrscheinlichkeits*beziehungen	(Die Wahrscheinlichkeit bei einem beliebigen Münzwurf "Kopf" zu erhalten, beträgt .50. Die Wahrscheinlichkeit, daß sich der Intelligenzquotient einer beliebigen Person zwischen 90 und 110 befindet, beträgt .67 (bei s = 10)
- *korrelative Beziehungen*	(Die Korrelation zwischen den Intelligenztestwerten von getrennt aufgezogenen eineiigen Zwillingen beträgt .85. Die Zahl der Frauen, die an Lungenkrebs sterben, nimmt ständig zu; die Zahl der Raucher unter den Frauen nimmt ebenfalls zu.)
- *Axiome und Festsetzungen*	(Unter der Leistung P versteht man den Quotienten aus der verrichteten Arbeit W und der dazu benötigten Zeit t. Eine Geschwindigkeit heißt gleichförmig, wenn der Geschwindigkeitsvektor sich nicht verändert.)

Die Kenntnis derartiger Beziehungen erlaubt zum einen die Vorhersage bestimmter Konsequenzen aus bekannten Bedingungen, zum anderen auch die Erklärung von Phänomenen, denen man zum erstenmal begegnet.

So kann man z.B. mit Hilfe des Prinzips "Auftrieb" *erklären*, warum man einen schweren Stein, den man normalerweise nicht heben kann, unter Wasser relativ mühelos halten kann bzw. man könnte sogar *vorhersagen*, daß man dazu in der Lage sein wird. Es ist sicher plausibel anzunehmen, daß Begriffe, die in derartigen Beziehungen zu anderen Begriffen stehen, erheblich an "Mächtigkeit" (im oben definierten Sinn) gewinnen. KLAUSMEIER et al. (1974) nehmen außerdem an, daß Prinzipien, Regeln, Gesetze usw. nicht eher verstanden werden können, bevor die dabei beteiligten Begriffe gelernt worden sind. Mit dieser Annahme stimmen die Autoren z.B. auch mit GAGNÉs Auffassung von Lernen als einem kumulativen Prozeß überein. Diese Auffassung sowie auch die AUSUBELsche Konzeption des "subsumptiven" Lernens[1)]werden im übrigen von KLAUSMEIER et al. in diesem Zusammenhang ausführlich referiert. Da besonders auf AUSUBELs Konzeption noch gründlich eingegangen werden wird, soll hier eine Darstellung unterbleiben.

2.1.4.4. *Lösen von Problemen*

Die Analyse dieses Anwendungsaspektes von Begriffen wird von KLAUSMEIER et al. erneut anhand der GAGNÉschen Konzeption des kumulativen Lernens vorgenommen. Nach dieser Auffassung sind zur Lösung von Problemen bestimmte Regeln - die wiederum aus Begriffen aufgebaut sind (s.o.) - notwendig. Am Beispiel der bekannten Umschüttaufgabe von PIAGET (Eine Flüssigkeit wird von einem hohen schmalen Behälter in einen niedrigen breiten Behälter umgefüllt) glaubt GAGNÉ zeigen zu können, daß ein Scheitern bei einer solchen Aufgabe nicht auf die

---

[1)] *Die AUSUBELsche Konzeption des subsumptiven Lernens wird hier meiner Meinung nach nicht ganz zu Recht als Beleg dafür angeführt, daß das Verständnis für Regeln usw. die Beherrschung der einzelnen beteiligten Begriffe erfordert.*

Unfähigkeit zur Ausübung bestimmter logischer Prozesse (z.B. Reversibilität) zurückgeht, sondern daß hier ganz spezielle Voraussetzungen fehlen (z.B. die Regel: Das Volumen einer Flüssigkeit kann mit Hilfe von Länge, Höhe und Durchmesser des Behälters bestimmt werden).

Inwieweit eine solche Auffassung haltbar ist, soll hier zunächst offen bleiben bzw. ist wohl auch noch eine offene Frage. Ähnlich ungeklärt ist im übrigen die zentrale Frage, unter welchen *Bedingungen* Individuen in der Lage sind, bereits gelernte Begriffe und Regeln (in einer bestimmten Auswahl und in bestimmter Weise verknüpft) bei der Lösung von Problemen einzusetzen.

2.1.5. Bedingungen des Begriffserwerbs

Bei der bisherigen Diskussion des Modells des Begriffslernens und der Begriffsentwicklung wurde davon ausgegangen, daß verschiedene Grade (Ebenen) der Beherrschung von Begriffen und zugehörige spezifizierbare kognitive Operationen existieren. Es wurde aber bisher noch nicht darauf eingegangen, welche *Bedingungen* den Erwerb von Begriffen beeinflussen bzw. präziser: welche Bedingungen darüber entscheiden, welchen Grad an Begriffsbeherrschung ein Individuum erreicht. Implizit wurde bisher davon ausgegangen, daß das chronologische *Alter* eines Individuums eine der wesentlichen Bedingungen darstellt. Es bleibt allerdings die Tatsache, daß Individuen gleichen Alters sehr unterschiedliche Grade der Beherrschung eines Begriffs aufweisen können. Es bleibt also die Frage nach *anderen* Bedingungen, die den Erwerb von Begriffen beeinflussen.

Bei der folgenden Darstellung solcher Bedingungen wird nicht auf jede einzelne Ebene des Modells Bezug genommen werden können, da die weitaus meisten Untersuchungen zum Begriffserwerb etwa der Klassifikationsebene entsprechen. Die Darstellung der Bedingungen soll außerdem eher aufzählenden Charakter haben, da (aufgrund der eben gemachten Einschränkung) nur die wenigsten Befunde für die Zielsetzung der vorliegenden Arbeit von Interesse sind.

KLAUSMEIER et al. (1974) teilen die Bedingungen des Begriffserwerbs in *drei* Gruppen ein:

- Merkmale des Lernenden
- Merkmale der Instruktionsphase
- Merkmale des zu lernenden Begriffs.

Die hierzu gehörenden Bedingungen sollen im folgenden kurz vorgestellt werden:

2.1.5.1. *Merkmale des Lernenden*

1) chronologisches Alter: Wie kaum anders zu erwarten, zeigen eine Reihe von Untersuchungen, daß die Leistungen bei Begriffserwerbsaufgaben mit dem Alter zunehmen. Eine in diesem Zusammenhang wichtige Untersuchung von KOFSKY (1966) wurde bereits erwähnt. Sie konnte u.a. zeigen, daß nur 43% der 4jährigen Kinder in der Lage waren, eine Menge von Objekten nach einem bestimmten Attribut *vollständig* zu sortieren. Bei den 9jährigen Kindern waren dies bereits 90%. Eine Untersuchung von OLVER + HORNSBY (1966) zeigt einen vergleichbaren Alterszuwachs bei dieser Art des Klassifikationsverhaltens (wenn auch die Bezeichnung dafür und die Prozentangaben auf den einzelnen Altersstufen etwas unterschiedlich sind).

Bezüglich den auf der *formalen* Ebene des Begriffserwerbs geforderten Leistungen des Unterscheidens und Benennens von Begriffsattributen ist eine Untersuchung von WIVIOTT (1970) von Interesse. Bei der Klassifikation von geometrischen Figuren zeigte sich von der Klasse 5 zur Klasse 9 ein signifikanter Anstieg in der Fähigkeit, für eine vorgenommene Klassifikation eine Begründung in Termini von Attributen abzugeben.

2) *Leistungsniveau:* In vielen Begriffsbildungsuntersuchungen wurden die beteiligten Versuchspersonen auf der Grundlage von Intelligenztest- oder Leistungstest-Werten in verschiedene Gruppen eingeteilt. Hierbei zeigte sich in der Regel ein sehr enger positiver Zusammenhang zwischen Leistungsniveau und Leistung in den Begriffserwerbsaufgaben.

3) *kognitiver Stil:* Bei der Diskussion der Operationen auf der formalen Ebene (Abschnitt 2.1.2.) wurde bereits erwähnt, daß die Art und Weise, wie ein Individuum perzeptuell organisiert ist, seine Leistungen in Begriffserwerbsaufgaben beeinflußt. KLAUSMEIER et al. (1974) führen hierzu drei Untersuchungen aus dem Wisconsin Research and Development Center an, die zeigen, daß Individuen mit einem "analytischen" kognitiven Stil in der Regel besser abschneiden als solche mit einem "globalen" kognitiven Stil.

2.1.5.2 *Merkmale der Instruktionsphase*

1) *Instruktionen <u>vor</u> der Materialdarbietung:* In einer Vielzahl von Untersuchungen konnte gezeigt werden, daß sich durch Instruktionen, die vor der eigentlichen Darbietung des Stimulusmaterials erfolgen, Verbesserungen im nachfolgenden Erwerb eines Begriffes erzielen lassen. Dieser positive Effekt von vorgeschalteten Instruktionen läßt sich weitgehend durch die unterschiedlichen Absichten erklären, die mit solchen Instruktionen verbunden sind. Hier wären etwa zu nennen: Hinweis auf die Dimensionen, auf denen die darzubietenden Stimuli variieren; Hinweis darauf, daß nach Abschluß der Lernphase eine bestimmte Reaktion (z.B. Nennen der Begriffsregel) verlangt wird; Vorgabe einer Lösungsstrategie, d.h. Informationen darüber, in welcher Weise die Stimulusinformationen für Schlußfolgerungen in bezug auf den zu lernenden Begriff benutzt werden können; Hinweise auf die den Begriff definierenden relevanten Attribute und/oder auf die Regel ihrer Verknüpfung; Hinweis, sich an bestimmte früher gelernte Informationen zu erinnern.

2) *Art der Begriffsdarbietung:* Die Literatur zu diesem Problem ist kaum noch überschaubar (vgl. z.B. das Sammelreferat von CLARK 1971); deshalb soll hier nur auf einige wesentliche Aspekte eingegangen werden.

Relativ große Aufmerksamkeit wurde dem Problem gewidmet, in welcher Weise die *Darbietung von Begriffsvertretern und Nicht-Vertretern* den Erwerb des Begriffes beeinflußt. In Abschnitt 2.1.4. wurde hierzu bereits die Auffassung von MARKLE + TIEMANN (1969) angeführt, die durch eine "geeignete" Auswahl von Fällen sicherstellen wollen, daß dem Lernenden sowohl eine Generalisierung auf alle möglichen Begriffsvertreter gelingt als auch eine Diskriminierung zwischen Begriffsvertretern und Nicht-Vertretern. Hierzu müssen erstens genügend Begriffsvertreter dargeboten werden, um die Variationsmöglichkeiten der *irrelevanten* Attribute aufzuweisen; zweitens müssen genügend Nicht-Vertreter[1] dargeboten werden, um zu zeigen, in welcher Weise hier bestimmte *relevante* Attribute fehlen. Einige Untersuchungen (in Abschnitt 2.1.4. wurde z.B. die Untersuchung von TENNYSON et al. 1972 zitiert) konnten zeigen, daß durch eine solche Auswahl von Begriffsvertretern und Nicht-Vertretern der Erwerb eines Begriffes tatsächlich verbessert wurde. KLAUSMEIER et al. (1974) kommen allerdings aufgrund anderer Untersuchungen zu dem Ergebnis, daß dieser Effekt nur dann zu erwarten ist, wenn vorher *keine* Begriffsdefinition gegeben wurde. Wird eine Begriffsdefinition gegeben, dann spielen Zahl und Art der Fälle eine vergleichsweise geringe Rolle.

Andere Probleme, die im Zusammenhang mit der Art der Begriffsdarbietung untersucht wurden, sind: a) Einfluß von Maßnahmen, die geeignet sind, die *Aufmerksamkeit* des Lernenden auf die

---

[1] *Diese Nicht-Vertreter sollen nach den Vorstellungen von MERRILL + TENNYSON (1977), die ebenfalls in Abschnitt 2.1.4. zitiert wurden, nach ganz bestimmten Regeln mit den Begriffsvertretern gepaart werden. Hierauf wird noch eingegangen.*

relevanten Attribute zu lenken (z.B. durch Erhöhung der physikalischen Intensität eines Attributs). Solche Maßnahmen erwiesen sich in der Regel als wirksam. b) Vorgabe einer Definition, die die relevanten Attribute des Begriffes auflistet. Auch dadurch wird der Erwerb des Begriffes erleichtert. c) Reduzierung des Ausmaßes an *irrelevanter* Information, wodurch Begriffslernen ebenfalls erleichtert wird. d) Simultane Darbietung der Fälle. Durch eine Reduzierung der gedächtnismäßigen Belastung wird auch hier in der Regel eine Verbesserung des Lernens erreicht.

2.1.5.3. *Merkmale des zu lernenden Begriffs*

1) Validität: Obwohl hierzu keine konkreten Untersuchungen vorliegen, kann man wohl annehmen, daß Begriffe *geringer* Validität, bei denen es auch schwierig ist zu entscheiden, ob ein bestimmter Fall Vertreter oder Nicht-Vertreter ist, schwerer gelernt werden als Begriffe hoher Validität.

2) Zahl der relevanten Attribute: Die vorliegenden Untersuchungen (vgl. CLARK 1971) zeigen ziemlich eindeutig, daß die Geschwindigkeit des Erwerbs eines Begriffes abnimmt, wenn die Zahl der relevanten Attribute erhöht wird.

3) Struktur des Begriffes: Hier zeigen die Untersuchungen ebenfalls recht einheitlich, daß die Art der logischen Verknüpfung der relevanten Attribute den Erwerb des Begriffes entscheidend beeinflussen kann. Es zeigt sich in der Regel folgende Schwierigkeitsskala: konjunktive Begriffe (am leichtesten), disjunktive Begriffe, konditionale ("wenn-dann") und noch komplexere Begriffe.

4) Abstraktheit des Begriffes: "Abstraktheit" kann sich einmal auf den Grad der Wahrnehmbarkeit der *Begriffsvertreter* beziehen, zum anderen auf den Grad der Wahrnehmbarkeit der definierenden *Attribute*. Es gibt eine Reihe von Hinweisen darauf, daß abstraktere Begriffe schwerer zu lernen sind als weniger abstrakte. Dies hängt wahrscheinlich damit zusammen, daß abstraktere Begriffe weitgehend an das Medium Sprache gebunden sind.

2.1.6. Validierung des Modells des Begriffslernens und der Begriffsentwicklung

In das Modell des Begriffslernens und der Begriffsentwicklung gehen eine Reihe von *Annahmen* ein, die in der bisherigen Darstellung zwar als plausibel akzeptiert wurden, deren *empirische* Überprüfung aber noch aussteht. KLAUSMEIER et al. führen hierzu in ihrem Buch von 1974 eine eigene Untersuchung an 280 Kindern an, deren Ziel die direkte Überprüfung der Modellannahmen war. In einer Monografie von HARRIS + HARRIS (1973) (ebenfalls am Wisconsin Research and Development Center for Cognitive Learning entstanden) sind weitere eher indirekte empirische Daten zu dem vorliegenden Modell zu finden.

Die Untersuchung von KLAUSMEIER et al. (1974) wurde an je 40 Kindern (Jungen und Mädchen nur etwa in gleicher Anzahl) aus sieben Altersstufen (Vorschule, Kindergarten, Klasse 2, 4, 6, 8, 10) durchgeführt. Ausgesucht wurde der Begriff *"gleichseitiges Dreieck"*, da er folgende Kriterien erfüllte: Einsatzmöglichkeit über das gesamte zu untersuchende Altersspektrum; Wahrnehmbarkeit der Begriffsvertreter und Nicht-Vertreter; Definition des Begriffs durch allgemein akzeptierte Attribute; Bezug des Begriffs zu in der Schule vermittelten Sachverhalten; Einbettung des Begriffs in eine Begriffstaxonomie; Anwendbarkeit des Begriffes. Das Testmaterial zu dem Begriff "gleichseitiges Dreieck" bestand aus insgesamt 36 Klötzen, die in *vier* Dimensionen variierten: *Form* (gleichseitiges Dreieck, rechtwinkliges Dreieck, Quadrat), *Farbe* (blau, rot, gelb), *Dicke* (dick, dünn), *Größe* (groß, klein). In bezug auf dieses Material wurden Aufgaben formuliert, die den kognitiven Operationen auf den *vier Ebenen* des Modells entsprechen sollten. Außerdem wurden für *drei Anwendungsbereiche* Untertests entwickelt. Eine genaue Beschreibung der Aufgaben soll hier unterbleiben, da aufgrund der in den vorangegangenen Abschnitten erfolgten Darstellung des Modells klar sein sollte, welcher Art diese Aufgaben sind.

Vor der Darstellung der Ergebnisse der Untersuchung sollen zunächst noch einmal explizit die Erwartungen formuliert werden, wie sie aus dem Modell des Begriffslernens und der Begriffsentwicklung hervorgehen:

a) *Innerhalb einer Altersgruppe* sollte der Prozentanteil der Kinder, die jeweils höhere Ebenen bewältigen, *abnehmen*. Der Anteil der Kinder, die eine bestimmte Ebene bewältigen, sollte allerdings mit zunehmendem Alter *zunehmen*.

b) Kinder, die eine bestimmte Ebene bewältigen, sollten auch die darunterliegenden bewältigen.

c) Kinder, die einen Begriff auf der *formalen* Ebene bewältigen, sollten diesen Begriff im Vergleich zu denen, die auf der Klassifikationsebene stehenbleiben, beim Erkennen hierarchischer Beziehungen, beim Verständnis für Prinzipien und beim Problemlösen effektiver einsetzen können.

d) Ältere Kinder sollten zwar bei der Anwendung des Begriffes erfolgreicher sein als jüngere Kinder, bezüglich der Schwierigkeit der drei Anwendungsbereiche werden aber keine Annahmen gemacht.

Im folgenden soll näher darauf eingegangen werden, inwieweit sich diese Erwartungen in der Untersuchung von KLAUSMEIER et al. erfüllten:

Zu a) *Schwierigkeit der vier Ebenen*

Der Prozentanteil der Kinder, die auf den verschiedenen Altersstufen die vier Ebenen des Begriffserwerb bewältigen, ist in der folgenden Tabelle aufgeführt:

Abb. 3: Bewältigung der vier Ebenen auf den verschiedenen Altersstufen
(vgl. KLAUSMEIER et al. 1974, S. 235)

	Konkrete Ebene	Identitätsebene	Klassifikationsebene	Formale Ebene
Vorschule ($\bar{X}$ = 5;0 J.)	73%	45%	8%	0%
Kindergarten ($\bar{X}$ = 6;3 J.)	75%	70%	18%	0%
2. Klasse ($\bar{X}$ = 8;2 J.)	93%	83%	30%	0%
4. Klasse ($\bar{X}$ = 10;3 J.)	100%	90%	52%	3%
6. Klasse ($\bar{X}$ = 12;2 J.)	100%	95%	45%	0%
8. Klasse ($\bar{X}$ = 14;1 J.)	100%	93%	52%	30%
10. Klasse ($\bar{X}$ = 16;0 J.)	98%	98%	73%	45%
Alle Altersstufen zusammen	91%	82%	40%	11%

Aus obiger Tabelle geht deutlich hervor, daß *innerhalb jeder Altersstufe* der Prozentsatz von Kindern, die die entsprechenden Aufgaben bewältigen, mit jeweils höherer Ebene *abnimmt*. Betrachtet man jede einzelne Ebene für sich, dann zeigt sich, daß die Prozentanteile mit zunehmendem Alter (zumindest tendenziell bzw. mit kleineren Vertauschungen) *zunehmen*. Chi^2-Tests ergaben hierbei allerdings nur für die Klassifikations- und die formale Ebene signifikante Abweichungen vom Gesamtprozentsatz über alle Altersstufen.
Insgesamt gesehen können die Ergebnisse der obigen Tabelle wohl als Bestätigung der ersten Erwartung angesehen werden.

Zu b) *Inklusivität der Ebenen*

Wenn die Annahme stimmt, daß Kinder, die eine bestimmte Ebene bewältigen, auch die darunterliegenden bewältigen, dann sollten von den 16 möglichen individuellen Antwortmustern (4 Ebenen, jeweils mit den Möglichkeiten "Bewältigen" oder "Scheitern", ergeben $4^2=16$ Antwortmuster) nur ganz bestimmte auftreten, nämlich 0000, 1000, 1100, 1110, 1111. Alle übrigen möglichen Muster wären mit der obigen Annahme nicht verträglich.

In der folgenden Tabelle ist aufgeführt, mit welcher relativen Häufigkeit die einzelnen Antwortmuster auftraten. Alle die obige Annahme nicht bestätigende Muster wurden zusammengefaßt.

Abb. 4: Verteilung der Kinder verschiedener Altersstufen auf die möglichen Antwortmuster (vgl. KLAUSMEIER et al. 1974, S. 237)

Muster	Vorschule	Kindergarten	2.Klasse	4.Klasse	6.Klasse	8.Klasse	10.Klasse	Alle Altersstufen zusammen
0 0 0 0	15%	3%	3%	0%	0%	0%	0%	3%
1 0 0 0	38%	23%	13%	8%	5%	5%	0%	13%
1 1 0 0	30%	40%	53%	40%	50%	33%	18%	38%
1 1 1 0	3%	8%	25%	48%	45%	33%	33%	28%
1 1 1 1	0%	0%	0%	3%	0%	20%	38%	9%
Summe der bestätigenden Muster	85%	73%	93%	98%	100%	90%	88%	89%
Summe der nicht-bestätigenden Muster	15%	28%	8%	3%	0%	10%	13%	11%

Aus obiger Tabelle geht hervor, daß 89% der 280 Kinder, d.h. 250 von ihnen, ein Antwortmuster zeigten, das mit der Grundannahme der Inklusivität der Ebenen vereinbar ist. Nur 30 Kinder (11%) zeigten abweichende Muster. Mit einer einzigen Ausnahme entfielen diese Abweichungen auf folgende Muster: 13 mal 0100, 4 mal 0110, 6 mal 1010 und 6 mal 1101. Hierfür ließen sich wahrscheinlich plausible Erklärungen (etwa: Problem des Instruktionsverständnisses) finden. Ohne darauf näher einzugehen, bleibt auf jeden Fall festzuhalten, daß auch die in Abb. 4 dargestellten Ergebnisse das Modell des Begriffslernens und der Begriffsentwicklung bestätigen.

Zu c) *Anwendbarkeit auf der formalen und der Klassifikationsebene*

Die Annahme, daß ein auf der formalen Ebene erworbener Begriff bei verschiedenen *Anwendungen* effektiver eingesetzt werden kann als ein nur auf der Klassifikationsebene erworbener Begriff, kann mit Hilfe der in der folgenden Tabelle enthaltenen Information überprüft werden. In dieser Tabelle ist die Zahl der Schüler enthalten, die - in Abhängigkeit von der maximal erreichten Begriffsebene - den Begriff "gleichseitiges Dreieck" bei den verschiedenen Anwendungen erfolgreich benutzen. Wegen der teilweise geringen Schülerzahlen in den jüngeren Altersgruppen ist hier nur das Ergebnis über alle Altersgruppen angeführt.

Abb. 5: Bewältigung der Anwendungsaufgaben in Abhängigkeit von der maximal erreichten Begriffsebene (vgl. KLAUSMEIER et al. 1974, S. 239)

	Maximal erreichte Begriffsebene					
	Klassifikationsebene N=87			*formale Ebene N=31*		
	Anwendungen			*Anwendungen*		
	hierarchische Beziehungen	Prinzip	Problemlösen	hierarchische Beziehungen	Prinzip	Problemlösen
N	18	20	59	22	22	31
%	21	23	68	71	71	100

Obige Tabelle zeigt, daß - im Vergleich zur Klassifikationsebene - jeweils ein höherer Prozentsatz (wenngleich hier Prozentangaben etwas problematisch sind) der Kinder, die die formale Ebene bewältigten, auch die Anwendungsaufgaben lösten. Die Annahme der effektiven Anwendbarkeit formaler Begriffe würde also durch diese Ergebnisse gestützt.

Zu d) *Schwierigkeit der Anwendungsaufgaben*

In bezug auf die Anwendung eines gelernten Begriffes macht das Modell des Begriffslernens und der Begriffsentwicklung lediglich die Aussage, daß eine Anwendung mit zunehmendem Alter eher möglich ist. Bezüglich der Schwierigkeit der Anwendungsaufgaben untereinander werden keine Aussagen gemacht.

Die folgende Tabelle zeigt den Anteil richtiger Lösungen der Anwendungsaufgaben auf den verschiedenen Altersstufen.

Abb. 6: Bewältigung der Anwendungsaufgaben auf den verschiedenen Altersstufen (vgl. KLAUSMEIER et al. 1974, S. 242)

Altersstufe	hierarchische Beziehungen		Prinzip		Problemlösen	
Vorschule	0		nicht durchgeführt		nicht durchgeführt	
Kindergarten	0		2	5%	1	3%
2. Klasse	2	5%	3	8%	23	58%
4. Klasse	4	10%	8	20%	25	63%
6. Klasse	8	20%	8	20%	36	90%
8. Klasse	13	32%	15	38%	37	93%
10. Klasse	19	48%	20	50%	40	100%
Alle Altersstufen zusammen	46	16%	56	23%	162	68%

Aus der Tabelle geht deutlich hervor, daß der Anteil richtiger Lösungen mit dem Alter der Kinder *zunimmt*.

Innerhalb der Anwendungsmöglichkeiten zeigt sich, daß bezüglich der Schwierigkeit folgende Rangreihe besteht: mit Abstand am einfachsten ist die Anwendung des Begriffes "gleichseitiges Dreieck" beim Problemlösen, schwieriger ist das Verstehen von Prinzipien, in denen dieser Begriff vorkommt und am schwierigsten ist die Einbettung dieses Begriffes in eine Begriffshierarchie. Da nicht ausgeschlossen werden kann, daß diese Rangreihe wenigstens zum Teil auf die konkrete Aufgabenformulierung zurückgeht und nicht von allgemeiner Gültigkeit ist und da dieses Ergebnis für die Validierung des Modells keine Bedeutung hat, soll darauf nicht weiter eingegangen werden.

Zusammenfassend kann festgehalten werden, daß durch die zitierte Untersuchung an 280 Kindern die wesentlichen Grundannahmen des Modells des Begriffslernens und der Begriffsentwicklung gestützt werden.

In dem bereits zitierten Buch von HARRIS + HARRIS (1973) sind bezüglich der *Inklusivität der Ebenen* bzw. der zu diesen Ebenen zuordenbaren Aufgaben weitere Belege zu finden. Mit Hilfe der Simplex-Analyse von GUTTMAN (1954) konnte gezeigt werden, daß bestimmte Aufgabengruppen tatsächlich eine kumulative Hierarchie bilden. Da diese Untersuchung aber nur an Schülern der 6. Klasse durchgeführt wurde und da die benutzten Aufgaben sich lediglich auf die Klassifikations- und die formale Ebene beziehen, kommt diesem Befund nur eingeschränkte Bedeutung zu.

2.1.7. Anwendungsaspekte des Modells

Wie in der Einleitung zu Abschnitt 2 schon erwähnt wurde, besitzt das beschriebene Modell des Begriffslernens und der Begriffsentwicklung zwei hauptsächliche Anwendungsgesichtspunkte: Zum einen ist es möglich, anhand der die verschiedenen Ebenen des Modells charakterisierenden kognitiven Operationen Aufgaben zu entwickeln, die eine *differenzierte Diagnose* des Grades der Bewältigung eines Begriffes ermöglichen. Zum anderen können aus dem Modell bzw. aus den in diesem Zusammenhang dargestellten empirischen Befunden Handlungsanweisungen abgeleitet werden, in welcher Weise Begriffe zu *vermitteln* sind.

Da auf beide Aspekte später noch in anderem Zusammenhang ausführlich eingegangen werden wird, genügt hier eine kurze Darstellung.

Diagnostischer Aspekt

Den kognitiven Operationen der verschiedenen Ebenen des Modells lassen sich relativ leicht Aufgaben zuordnen, die Aufschluß darüber geben, ob ein Individuum in der Lage ist, diese Operationen in bezug auf einen bestimmten Begriff auszuführen.

Die Gruppe um KLAUSMEIER hat dieses Vorhaben bisher nur in bezug auf die Klassifikations- und die formale Ebene eingelöst.[1)] Hier liegen allerdings zu einer Vielzahl von Begriffen aus verschiedenen Schulfächern ausgearbeitete Verfahren vor (vgl. auch HARRIS+HARRIS 1973). Jedes dieser Verfahren enthält Aufgaben, die folgende - aus dem Modell der Abb. 1 ableitbare - Lehrziele erfassen sollen:

[1)] *Diese Beschränkung ist sicherlich unter dem Aspekt der Bedeutung für schulisches Lernen sinnvoll. Begriffe, die unterhalb der Klassifikationsebene liegen, haben - da sie auch kaum anwendbar sind - wohl nur geringe Bedeutung.*

1) Bei vorgegebenem *Namen eines Begriffs* soll ein Begriffs*vertreter* ausgewählt werden.

2) Bei vorgegebenem *Namen eines Begriffs* soll ein *Nicht-Vertreter* ausgewählt werden.

3) Bei einem vorgegebenen *Begriffsvertreter* soll der *Begriffsname* ausgewählt werden.

4) Bei vorgegebenem *Namen eines Attributs* soll ein *Vertreter*, der dieses Attribut besitzt, ausgewählt werden.

5) Bei vorgegebenem *Vertreter eines Attributs* soll der *Name* des Attributs angegeben werden.

6) Bei vorgegebenem *Begriffsnamen* soll ein *relevantes Attribut* angegeben werden.

7) Bei vorgegebenem *Begriffsnamen* soll ein *irrelevantes Attribut* angegeben werden.

8) Bei vorgegebener *Begriffsdefinition* soll der *Name des Begriffs* ausgewählt werden.

9) Bei vorgegebenem *Begriffsnamen* soll die Begriffs*definition* angegeben werden.

10) Bei vorgegebenem *Begriffsnamen* soll ein *übergeordneter Begriff* angegeben werden.

11) Bei vorgegebenem *Begriffsnamen* soll ein *untergeordneter Begriff* angegeben werden.

12) Bei *zwei* vorgegebenen *Begriffen* soll bestimmt werden, durch welches *Prinzip* sie untereinander verbunden sind.

13) Anwendung des Begriffes bzw. Prinzips bei der *Lösung eines Problems*.

Die ersten drei der obigen Lehrziele beziehen sich auf die *Klassifikations*ebene, die Ziele 4 - 9 auf die *formale* Ebene (wobei 4 und 5 die Diskrimination und Benennung von Attributen enthalten und 6 - 9 Schlußfolgerungen bezüglich der relevanten und irrelevanten Attribute); die Ziele 10 - 13 beziehen sich auf die *Anwendungen* eines Begriffes (der auf der Klassifikations- oder formalen Ebene erworben worden sein kann).

Anhand eines (selbstkonstruierten) Beispiels aus der Physik soll demonstriert werden, in welcher Weise die Erreichung bzw. Nicht-Erreichung der obigen Lehrziele - und damit der Grad der Beherrschung eines Begriffes - durch Aufgaben ermittelt werden kann. Ausgesucht wurde hierzu der optische Begriff "Reflexion".

1.) In welcher Abbildung ist eine Reflexion gezeigt?

a)

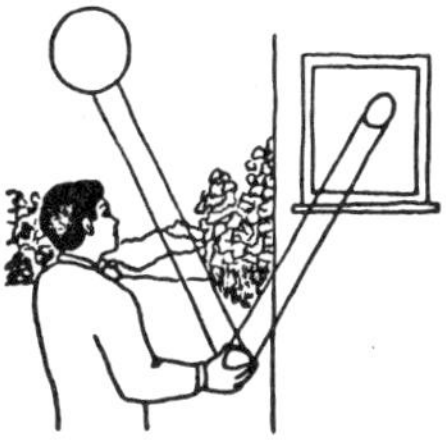

b)

c)

d)

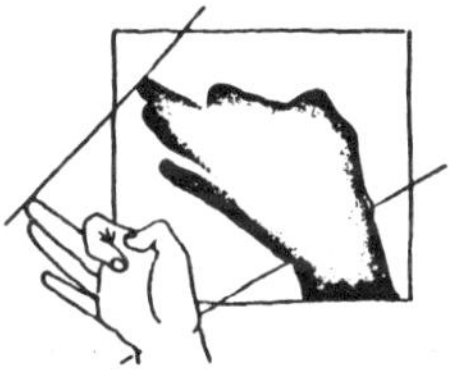

e)

2.) Welches Bild zeigt keine Reflexion?

a)

b)

c)

d)

3.) Auf Neubauten ist es üblich, neu eingesetzte Scheiben zu bemalen, um zu verhindern, daß jemand sie unbeabsichtigt zerstört (weil er sie nicht gesehen hat).
Hierbei macht man sich folgenden Vorgang zunutze:

a) Lichtbrechung
b) Reflexion
c) Bildentstehung
d) Totalreflexion
e) Refraktion

4.) Welcher Gegenstand ist eine *Lichtquelle* und kann Licht aussenden?

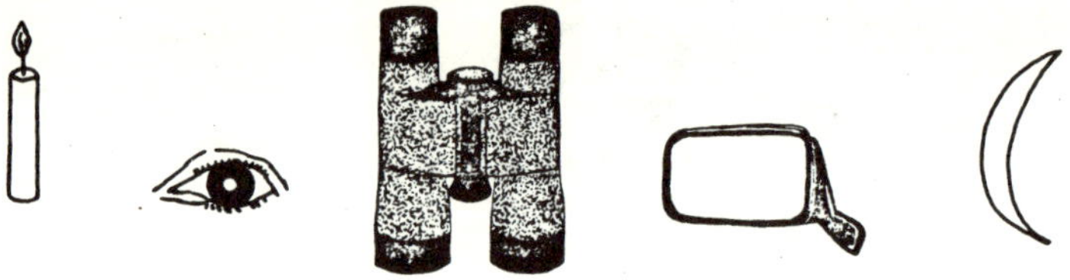

Kerze a) | Auge b) | Fernglas c) | (Auto-)Spiegel d) | Mond e)

5.) Die Abbildung zeigt

a) eine Lichtquelle
b) einen dunklen Körper
c) einen selbstleuchtenden Körper
d) eine heiße Lichtquelle

6.) Welche Aussage trifft für *alle* Arten der Reflexion zu?

a) Einfallswinkel und Reflexionswinkel sind für einen einzelnen Lichtstrahl gleich groß.

b) Reflexion ist nur an ganz glatten Flächen (z.B. Spiegeln) möglich.

c) Nur Licht von sehr starken Lichtquellen wird reflektiert.

d) Reflexion ist nur möglich, wenn die Umgebung völlig dunkel ist.

7.) Welche Aussage gilt *nicht* für alle Arten der Reflexion?

a) Nur ein Teil des Lichtes wird reflektiert.

b) Eine Reflexion kann nur bei undurchsichtigen Körpern vorkommen.

c) Reflexion ist nur an glatten Flächen möglich.

d) Einfallswinkel und Reflexionswinkel sind für einen einzelnen Lichtstrahl gleich groß.

8.) Wenn Licht auf einen undurchsichtigen Körper fällt, so wird ein Teil des auffallenden Lichtes zurückgeworfen. Dieser Vorgang heißt:

a) Refraktion
b) Bildentstehung
c) Lichtbrechung
d) Totalreflexion
e) Reflexion

9.) Unter Reflexion versteht man:

a) die Brechung, die ein Lichtstrahl beim Übergang von einem in ein anderes Medium erfährt

b) die Abbildung eines Gegenstandes durch eine Konvexlinse

c) die Abbildung eines Gegenstandes durch eine Konkavlinse

d) die Zerstreuung von Lichtstrahlen

e) das Zurückwerfen von Licht durch undurchsichtige Körper

10.) Reflexion ist

a) eine bestimmte Form der Spiegelung

b) ein seltenes Naturereignis

c) ein nur im Experiment sichtbares Phänomen der Optik

d) die Grundlage für die Sichtbarkeit nicht selbstleuchtender Körper

e) eine bestimmte Form der Lichtbrechung

11.) Welcher der genannten Begriffe beschreibt eine Art von Reflexion?

a) Brechung

b) Spiegelung

c) Zerstreuung

d) Ablenkung

e) Verschiebung

12.) Welche Aussage gilt für *Reflexion* und für *Spiegelung*?

a) Reflexion ist nur ein anderer Ausdruck für Spiegelung.

b) Spiegelung ist eine ganz besondere Form der Reflexion.

c) Reflexion ist eine ganz besondere Form der Spiegelung.

d) Reflexion und Spiegelung treten an allen Körpern auf.

e) Reflexion und Spiegelung treten nur an sehr glatten Körpern auf.

13.) Bei Nebel soll ein Autofahrer mit Abblendlicht und nicht mit Fernlicht fahren.
Wäre es aber im Gegenteil nicht viel besser, das Fernlicht einzuschalten, damit man bessere Sicht hat?

(mit freier Beantwortung)

Instruktionsaspekt

Es wurde bereits erwähnt, daß KLAUSMEIER et al. ihr Modell nicht unmittelbar in eine Vermittlung von Begriffen umsetzen. Dies wird erst - auf dem allgemeinen Hintergrund dieses Modells - von MERRILL + TENNYSON (1977) geleistet. KLAUSMEIER et al. liefern lediglich einige mehr oder weniger allgemeine Hinweise, die bei der Vermittlung von Begriffen aufgrund der bisher vorliegenden empirischen Ergebnisse zu beachten sind. Solche Hinweise sind:

- Beachtung der Zielgruppe, für die das Material entworfen werden soll

- Analyse der Begriffe in Termini von relevanten und irrelevanten Attributen; Sammlung von Begriffsvertretern und Nicht-Vertretern

- Bestimmung der Schwierigkeit der Begriffsvertreter und Nicht-Vertreter an einer Stichprobe der Zielgruppe

- Auswahl eines geeigneten Satzes von Begriffsvertretern und Nicht-Vertretern

- Induzierung einer Absicht ("set") beim Lernenden, *Begriffe* zu lernen

- Vorherige Beschreibung der Begriffe in Termini der möglichen Attribute und deren Werte und der Regeln ihrer Verknüpfung

- Vorgabe einer Strategie, in der die Informationen der Lernphase zu verarbeiten sind

- Definition des Begriffes in Termini von definierenden Attributen am Anfang der Lernphase

- Hervorhebung der definierenden Attribute bei jedem Beispiel

- Rückmeldung bezüglich der Richtigkeit der Schülerantworten

2.2. Kritik und Erweiterung des Modells von Klausmeier et al. (1974)

Die bisherige Darstellung des Modells von KLAUSMEIER et al. (1974) erfolgte weitgehend unkritisch, d.h. sie spiegelte so weit wie möglich die Auffassungen der Autoren wider.

Im folgenden soll nun dieses Modell des Begriffslernens und der Begriffsentwicklung einer eingehenden Kritik unterzogen werden - sowohl vom Standpunkt alternativer theoretischer Vorstellungen als auch im Lichte bisher nicht berücksichtigter empirischer Ergebnisse. Die Kritikpunkte werden dabei einmal eher grundsätzlicher Natur sein, zum anderen werden sie sich aber auch nur auf bestimmte Einzelaspekte des bisher Gesagten beziehen. Am Ende der Kritik wird sich die Notwendigkeit ergeben, das Modell von KLAUSMEIER et al. an einigen Stellen zu modifizieren und zu erweitern, so daß es als Bezugsrahmen für die vorliegende Arbeit dienen kann. Der Ausdruck "Bezugsrahmen" deutet schon an, daß es keinesfalls in meiner Absicht liegt, eine alternative "Theorie" des Begriffslernens und der Begriffsentwicklung zu entwerfen. Vielmehr sollen - im echten Sinn des Wortes "eklektisch" - aus verschiedenen Theorien Bestandteile entnommen und zu einem etwas erweiterten Modell kombiniert werden. In dieses erweiterte Modell sollen alle zukünftigen Aktivitäten im Rahmen dieser Arbeit einordenbar sein.

Als strukturierende Überschriften für die nachfolgende Kritik am Modell von KLAUSMEIER et al. (1974) sollen dessen grundlegende Aussagen herangezogen werden:

2.2.1. *Verwendung des Ausdrucks "Begriff"*

"Die Suche nach einer befriedigenden Definition des Ausdruckes "Begriff" ist der Alptraum eines jeden Lexikographen." (FLAVELL, 1970, S. 983; eigene Übers.).

Diese Situation wird am besten durch einige Definitionsbeispiele illustriert:

"Wir definieren einen Begriff als die geordnete Information über die Eigenschaften eines oder mehrerer Dinge (Objekte, Ereignisse, Prozesse), welche es ermöglicht, jedes beliebige Ding oder jede beliebige Klasse von Dingen von anderen Dingen oder Klassen von Dingen sowohl zu unterscheiden als auch damit in Beziehung zu setzen." (KLAUSMEIER et al. 1974, S. 4; eigene Übers., s. Abschnitt 2.1.1.)

Von einem Begriff spricht man beim Vorliegen "einer gemeinsamen Reaktion auf verschiedene Stimuli." (KENDLER 1961, S. 447; eigene Übers.)

"Unter einem Begriff verstehen wir die Zusammenfassung von Objekten oder Ereignissen zu Klassen aufgrund von Merkmalen." (KLIX 1971, S. 618)

Begriffe sind "Objekte, Ereignisse, Situationen oder Eigenschaften, die gemeinsame kennzeichnende Attribute besitzen und in einer gegebenen Kultur mit einem allgemein akzeptierten Zeichen oder Symbol versehen werden." (AUSUBEL et al. 1978, S. 79; eigene Übers.)

Ein Begriff kann angesehen werden als "organisierte Information, welche nicht abhängig ist von der unmittelbar gegebenen wahrnehmungsmäßigen Anordnung und welche zumindestens potentiell mit einem Namen versehen werden kann." (NELSON 1977, S. 220; eigene Übers.)

Die Liste solcher Definitionsversuche ließe sich beliebig erweitern. Es dürfte aber hier schon deutlich geworden sein, daß es wahrscheinlich ein müßiges Unterfangen ist, diesen Definitionen eine eigene hinzuzufügen.

Wesentlich vielversprechender scheint die Vorgehensweise von FLAVELL (1970) zu sein, der der Vielfalt möglicher Begriffe dadurch gerecht werden will, daß er einmal auf die Suche nach *Ähnlichkeiten* zwischen verschiedenen Begriffen geht und zum anderen (ähnlich wie KLAUSMEIER et al. 1974)nach *Dimensionen* sucht, auf denen sich Begriffe unterscheiden können.[1)]

Eine mögliche *Gemeinsamkeit* zwischen verschiedenen Begriffen kommt in der weitverbreiteten Auffassung (siehe auch obige Definition von KENDLER 1961) von *Begriffen als Äquivalenzreaktionen* zum Ausdruck. Diese Auffassung besagt, daß alle Begriffe identische oder zumindest ähnliche Reaktionen auf unterschiedliche Umwelteinflüsse darstellen. Der Ausdruck "Begriff" wird damit weitgehend deckungsgleich mit den verwandten Ausdrücken "Klasse" oder "Kategorie". FLAVELL (1970) kann zeigen, daß mit dieser Auffassung das Problem der Definition von "Begriff" nicht gelöst werden kann. Im wesentlichen stellen sich hier zwei Probleme: zum einen ist es fraglich, ob *alle* Begriffe Äquivalenzreaktionen darstellen bzw. ob eine Definition in Termini von "Äquivalenz" und "Reaktion" tatsächlich das Wesen dessen trifft, was bei der Bildung und Anwendung von Begriffen abläuft; zum anderen ist es ebenso fraglich, ob *alle* Reaktionen, die unbezweifelbar als "Äquivalenzreaktionen" angesehen werden können, auch als "Begriffe" angesehen werden können.

In bezug auf das erste Problem möge der Hinweis genügen, daß es Begriffe gibt, die nur einen einzigen Begriffsvertreter besitzen (vgl. auch Abschnitt 2.1.1.); bei solchen Begriffen hat die Auffassung einer äquivalenten Reaktion auf eine Klasse von Stimuli wenig Sinn.[2)] Bezüglich des zweiten Problems führt FLAVELL (1970,

---

[1)] *Diese Vorgehensweise setzt im übrigen voraus, daß wir aufgrund unseres Alltagsverständnisses "wissen", was ein Begriff ist bzw. daß wir verschiedene Begriffe nennen können.*

[2)] *KLAUSMEIER et al. (1974, S.14) tragen dieser Tatsache übrigens dadurch Rechnung, daß sie den Erwerb solcher Begriffe auf der Klassifikationsebene ausschließen.*

S. 985) einige Beispiele für "Äquivalenzreaktionen" an, die wohl kaum als "Begriffe" zu bezeichnen sind, die also aus einer Definition in Termini von Äquivalenzreaktionen explizit wieder ausgeschlossen werden müßten:

"Auf alle Mitglieder einer bestimmten Klasse von Stimuli reagiere ich mit Niesen; jedes Mitglied einer anderen Gruppe von Stimuli macht mich müde. Bestimmte Fische reagieren mit aggressivem Verhalten bei allen Eindringlingen in ihr Territorium, die eine bestimmte Markierung aufweisen, bei anderen nicht. Selbst Pflanzen zeigen invariante Reaktionen auf veränderliche Stimuli." (eigene Übers.)

Die Kritik an der Auffassung von Begriffen als Äquivalenzreaktionen soll allerdings nicht bedeuten, daß dieser Sichtweise keinerlei Wert zukommt. Man kann im Gegenteil auf der Grundlage dieser Auffassung einige *funktionale Gemeinsamkeiten* zwischen verschiedenen Begriffen feststellen. BRUNER et al. (1956) nennen im wesentlichen zwei Hauptfunktionen von Begriffen: einmal haben Begriffe die enorm wichtige Funktion, die Menge der durch die Sinnesorgane aufgenommenen Information zu reduzieren, indem diese Information bestimmten Kategorien (Begriffen) zugeordnet wird; zum anderen können auch aufgrund vorliegender Begriffe Antizipationen über zukünftige Ereignisse vorgenommen werden: wenn man weiß, welcher Klasse (Begriff) ein bestimmtes Objekt zugehört, dann weiß man praktisch fast alles, was man zukünftig mit diesem Objekt machen kann bzw. was das Objekt gegenüber einem selbst zukünftig machen kann.

FLAVELL (1970) nennt eine weitere wichtige *Gemeinsamkeit* zwischen verschiedenen Begriffen, die ebenfalls über die Auffassung von Begriffen als Äquivalenzreaktionen hinausgeht. Begriffe existieren in der Regel nicht isoliert voneinander, sondern sie sind mit anderen Begriffen in komplexer Weise zu *begrifflichen Systemen* verbunden. "Die definierenden Attribute eines Begriffes bestehen selbst wieder aus anderen Begriffen und der betreffende Begriff selbst wird wiederum bei der Definition anderer Begriffe herangezogen." (FLAVELL 1970, S. 986; eigene Übers.)

Bezüglich der *Dimensionen*, auf denen Begriffe variieren können, folgt FLAVELL (1970) im wesentlichen einer früheren Arbeit von KLAUSMEIER und Mitarbeitern (1965). Die dort und bei FLAVELL angegebenen Dimensionen weichen etwas von den in Abschnitt 2.1.1. angeführten Dimensionen ab. Auf diese Abweichungen soll hier allerdings nicht näher eingegangen werden, da sie nicht von prinzipieller Bedeutung sind. Es wurde bereits daraufhingewiesen, daß zwischen den Dimensionen ohnehin Überschneidungen existieren können bzw. daß der Katalog von Dimensionen erweiterbar ist. Von prinzipieller Bedeutung scheint mir nur zu sein, daß eine Analyse von Begriffen mit Hilfe solcher Dimensionen der Vielfalt möglicher Begriffe wesentlich gerechter wird als die Suche nach einer (fast notwendigerweise eingeschränkten) Definition.

Ausgehend von den obigen Erörterungen zum Problem einer Definition von "Begriff" kann zu dem Modell von KLAUSMEIER et al. (1974) folgendermaßen Stellung genommen werden:

- *Positiv* scheint mir die Tatsache zu sein, daß die Autoren zunächst eine sehr differenzierte Analyse des Ausdruckes "Begriff" mit Hilfe von *Dimensionen* liefern.

- Leider wird diese differenzierte Analyse in der Folge bei der Formulierung des Modells zu wenig berücksichtigt. Wie bereits erwähnt, soll das Modell als ganzes nur für diejenigen Begriffe gelten, die mit Hilfe von Attributen definiert werden können und die tatsächlich wahrnehmbare bzw. darstellbare Begriffsvertreter besitzen. Für alle übrigen Begriffe gelten nur *Teile* des Modells. Dies hat zur Folge, daß sich fast alle weiteren Ausführungen zu dem Modell doch wieder nur auf Begriffe im Sinne einer gemeinsamen Reaktion auf eine *Klasse* von Objekten beziehen.

- Die Einschränkung des Modells von KLAUSMEIER et al. auf im wesentlichen *Klassenbegriffe* wird noch dadurch verschärft, daß sich diese Begriffe hauptsächlich auf sehr homogenes Stimulusmaterial, nämlich *geometrische Figuren*, beziehen. Fast sämtliche der im Rahmen des Modells herangezogenen empirischen Befunde gehen auf Klassifikationsexperimente (die in der Regel als "Begriffs"bildungsexperimente bezeichnet werden!) mit solchem Material zurück.

  Das Modell von KLAUSMEIER et al. bleibt also - trotz gegenteiliger Absichten und Ansätze - sehr stark "laborlastig".

- Der wesentlichste Kritikpunkt an dem Modell scheint mir darin zu bestehen, daß es sich nur auf *isolierte* Begriffe bezieht. Beziehungen zwischen Begriffen in dem bereits oben zitierten Sinne von *Begriffssystemen* oder *Begriffsnetzen* werden kaum oder nur unzureichend berücksichtigt. Die Autoren gehen zwar bei der Frage der *Anwendung* eines gelernten Begriffs auch auf Beziehungen zu anderen Begriffen ein und diskutieren mögliche Rückwirkungen auf das Verständnis des bereits gelernten Begriffes, der Aspekt der Vernetzung von Begriffen wird aber beim *Erwerb* von Begriffen nicht berücksichtigt. Das Modell scheint mir daher auch nur von recht eingeschränktem Wert zu sein, wenn es den Erwerb ganzer Wissensbestände (wie es etwa für das Lernen im schulischen Kontext charakteristisch ist) erklären soll.

2.2.2. *Kognitive Operationen*

An der von KLAUSMEIER et al. vorgenommenen Charakterisierung ihres Modells mit Hilfe von kognitiven Operationen ist zunächst einmal *positiv* festzuhalten, daß dadurch der häufig nur als global beschriebene Prozeß der "Begriffsbildung" recht differenziert als aus anderen, elementareren Prozessen zusammengesetzt beschrieben wird. Diese differenzierte Beschreibung ermöglicht es auch, daß sich der Stand der Begriffsbildung ebenso differenziert in Termini von ausführbaren bzw. (noch) nicht-ausführbaren Operationen diagnostizieren läßt.

Trotz dieser positiven Aspekte und auch trotz der offensichtlichen Plausibilität dieser Operationen gibt es eine ganze Reihe von möglichen kritischen Einwänden:

- Die Liste der von KLAUSMEIER et al. angegebenen Operationen kann kaum für sich in Anspruch nehmen, daß sie *alle* bei der Begriffsbildung beteiligten Prozesse vollständig erfaßt bzw. daß sie die einzig mögliche Liste darstellt. Es existieren *Alternativen* zu dieser Liste, die zum einen genauso plausibel sind und die zum anderen teilweise hiervon verschiedene Operationen enthalten. AUSUBEL et al. (1978, S. 99) beschreiben z.B. die am höchsten entwickelte Form der Begriffsbildung[1] mit folgenden Prozessen:

  "1. Unterscheidende Analyse verschiedener Reizmuster

  2. Formulierung von Hypothesen bezüglich abstrahierter gemeinsamer Elemente.

  3. Anschließendes Testen dieser Hypothesen in spezifischen Situationen.

  4. Selektive Bestimmung einer allgemeinen Kategorie oder eines Satzes von gemeinsamen Attributen unter die alle Varianten erfolgreich subsumiert werden können.

  5. In-Beziehung-setzen dieses Satzes von Attributen mit relevanten Ankerideen in der kognitiven Struktur.

  6. Differenzierung dieses neuen Begriffs von verwandten, vorher gelernten Begriffen.

  7. Generalisierung der definierenden Attribute des neuen Begriffs auf alle Mitglieder der Klasse.

  8. Repräsentation des Inhaltes der neuen Kategorie durch ein sprachliches Symbol, das dem konventionellen Gebrauch entspricht." (eigene Übers.)

---

[1] *AUSUBEL reserviert den Ausdruck "Begriffsbildung" (concept formation) für das induktive Erschließen der definierenden Attribute eines Begriffs. (Hierauf zielt das Modell von KLAUSMEIER et al. auch hauptsächlich ab.) Er hebt davon den Prozeß der "Begriffsassimilation" (concept assimilation) ab, für den er eine eigene Theorie entwickelt. Hierauf wird noch genau eingegangen.*

Eine weitere Alternative, die allerdings nicht speziell auf die Bildung von Begriffen abzielt, stammt von LOMPSCHER (1972, zit. von DÖRNER 1976, S. 112), der acht elementare Operationen unterscheidet:

" 1. *Zergliedern* eines Sachverhalts in seine Teile.

2. *Erfassen der Eigenschaften* eines Sachverhaltes.

3. *Vergleichen* von Sachverhalten hinsichtlich der Unterschiede und Gemeinsamkeiten.

4. *Ordnen* einer Reihe von Sachverhalten hinsichtlich eines oder mehrerer Merkmale.

5. *Abstrahieren* als Erfassen der in einem bestimmten Kontext wesentlichen Merkmale eines Sachverhaltes und Vernachlässigen der unwesentlichen Merkmale.

6. *Verallgemeinern* als Erfassen der einer Reihe von Sachverhalten *gemeinsamen* und *wesentlichen* Eigenschaften.

7. *Klassifizieren* als Einordnung eines Sachverhalts in eine Klasse.

8. *Konkretisieren* als Übergang vom Allgemeinen zum Besonderen."

Es soll hier nicht diskutiert werden, welche der drei angeführten Listen kognitiver Operationen "am besten" ist; es sollte lediglich gezeigt werden, daß trotz der offensichtlichen Plausibilität jeder der drei Listen eine Reihe von Alternativen möglich sind, die den Verdacht einer gewissen "Beliebigkeit" solcher Listen nahelegen.

- Die Unterschiede in den obigen Listen gehen zum Teil auch darauf zurück, daß die aufgeführten Operationen von recht unterschiedlichem Elementarisierungsgrad sind. Dies trifft im besonderen auch auf die Operationen *innerhalb* jeder Liste zu. So ist z.B. LOMPSCHER (1972, zit. von DÖRNER 1976, S. 114) der Auffassung, daß die Operationen "Zergliedern in Teile" und "Erfassen von Eigenschaften" letztlich in allen anderen Operationen wiederkehren. Dies trifft in ähnlicher Weise für die

Operationen im Modell von KLAUSMEIER et al. zu, wo ja die Operationen einer tieferen Stufe als "Voraussetzung" für die Operationen höherer Stufe dienen.

Ganz deutlich wird bei KLAUSMEIER et al. der unterschiedliche Elementarisierungsgrad der Operationen, wenn man z.B. die Operationen "Auf Dinge aufmerksam werden" und "Bewerten von Hypothesen" vergleicht.

- Ein weiterer Kritikpunkt, der in dem bisher Gesagten eigentlich schon enthalten ist, betrifft die Frage der *Verknüpfung* der kognitiven Operationen. KLAUSMEIER et al. machen es sich insofern zu leicht, indem sie die Operationen aneinanderreihen bzw. - beim Übergang auf eine höhere Ebene - durch ein unspezifisches "und" verbinden. Man kann nicht entscheiden, ob die Operationen nur *zeitlich* aufeinanderfolgen oder ob eine andere Art der Verknüpfung vorliegt. Die rein zeitliche Abfolge wird z.B. schon beim Übergang auf die Identitätsebene durchbrochen: die "Verallgemeinerung, daß 2 (oder mehr) Erscheinungsformen einer Sache äquivalent sind" ist erst dann möglich, wenn die Operationen auf der konkreten Ebene mindestens *zweimal* durchlaufen worden sind. Ähnliches ließe sich für weitere Fälle zeigen. Es gilt wohl auch hier, was DÖRNER (1976, S. 115) über die Operationen von LOMPSCHER sagt: Sie "sind in schwer durchschaubarer Weise ineinander geschachtelt, setzen einander voraus und enthalten sich wechselseitig."

- Ebenfalls erwähnt wurde bereits die Tatsache, daß die Operationen von KLAUSMEIER et al. nur sehr eingeschränkt auf den Prozeß der "Begriffsbildung" (im AUSUBELschen Sinne) bezogen sind. Die Übernahme von ganzen Sachstrukturen im Zuge schulischen Lernens muß wohl mit anderen Operationen beschrieben werden.

Diese auch hier wieder deutlich werdende "Laborlastigkeit" des Modells von KLAUSMEIER et al. tritt besonders bei den Operationen auf der formalen Ebene zutage. Hier hat eindeutig das üblicherweise in Laborexperimenten benutzte *"Rezeptionsparadigma"* Pate gestanden, bei dem die einzelnen Fälle in einer vorher vom Versuchsleiter festgelegten Reihenfolge dargeboten werden. Die Versuchsperson muß mehr oder weniger "raten" bzw. aufgrund eigener Hypothesen entscheiden, ob ein vorliegender Fall Vertreter oder Nicht-Vertreter des gesuchten Begriffs ist.

- Ein weiteres Problem, das allerdings nur unmittelbar mit den kognitiven Operationen zusammenhängt, betrifft die Unterscheidung der *vier Ebenen*. Da diese vier Ebenen vollständig in Termini der ablaufenden kognitiven Operationen definiert werden, hätte man ganz auf sie verzichten können. Der Stand der Entwicklung bzw. der Stand des Erwerbs eines bestimmten Begriffes hätte sich - ohne Rückgriff auf die, im übrigen recht unglücklich bezeichneten, Ebenen - präzise angeben lassen.

  Man kann sich außerdem nicht des Eindrucks erwehren, daß die Abgrenzung der einzelnen Ebenen zum Teil recht willkürlich erfolgt. Im Katalog der Operationen sind an bestimmten Stellen Einschnitte vorgenommen worden, die kaum näher begründet werden. Auch hier ließen sich Alternativen mit mehr oder weniger Ebenen denken.

- Ebenfalls problematisch erscheint die Grundannahme von KLAUSMEIER et al., daß die einzelnen Operationen auf den höheren Ebenen in unveränderter Form wieder übernommen werden; verändern soll sich nur das Material, auf das sich diese Operationen bezieht. Ohne hierauf näher einzugehen, scheint mir zumindestens die Frage angebracht, ob diese Operationen nicht auch selbst eine *qualitative* Veränderung erfahren.

2.2.3. *Repräsentation von Begriffen bzw. Begriffsstrukturen im Gedächtnis*

Über die im letzten Abschnitt erfolgte Diskussion über kognitive Operationen hinausgehend, soll hier noch einmal speziell auf diejenigen von KLAUSMEIER et al. angegebenen Operationen eingegangen werden, die sich explizit mit der Speicherung von Information im Gedächtnis beschäftigen. Zum einen sind dies die Operationen "sich an das unterschiedene Ding erinnern" auf der konkreten Ebene und "Behalten der Hypothesen" auf der formalen Ebene; zum anderen kann auf allen Ebenen, definitionsgemäß aber besonders auf der formalen Ebene, das "Behalten der Namen des Begriffs und seiner Attribute" hinzukommen. Die Bedeutung dieser gedächtnisbezogenen Prozesse wurde in Abschnitt 2.1.2. im Sinne von KLAUSMEIER et al. näher beschrieben. Aus der Sicht neuerer Theorien und Ergebnisse der Gedächtnisforschung kann man hierzu meiner Meinung nach folgende Kritikpunkte anführen:

- *Positiv* anzumerken ist die Tatsache, daß KLAUSMEIER et al. im Verlauf der Entwicklung eines Begriffes unterschiedliche Repräsentationsformen dieses Begriffes postulieren. Während auf der formalen Ebene definitionsgemäß eine *symbolische* oder *verbale* Repräsentation des Begriffes existieren muß, kann der Begriff auf tieferliegenden Ebenen (besonders auf der konkreten Ebene) auch "enaktiv" oder "ikonisch" (um BRUNERs (1964) Terminologie zu benutzen) repräsentiert sein. In neuerer Zeit hat vor allem PAIVIO (z.B. 1975) - allerdings nicht unter entwicklungspsychologischem Aspekt - zwei unterschiedliche Gedächtnissysteme (verbales und bildhaftes) postuliert und empirisch untermauert. Wichtig scheint mir diese Unterscheidung vor allem deshalb zu sein, weil hier eine Erklärung dafür vorliegt, daß ein Begriff bereits "vorhanden" sein kann, ohne daß man in der Lage dazu ist, ihn sprachlich näher zu beschreiben.

- Es wurde bereits erwähnt, daß auf der *formalen* Ebene eine symbolische oder verbale Repräsentation von Begriffen stattfinden muß. Hier ist zunächst festzustellen, daß KLAUSMEIER et al. fast vollständig alle neueren Auffassungen über das "semantische" Gedächtnis ignorieren. Zu nennen wären hier etwa ANDERSON + BOWER (1973), KINTSCH (1970), RUMELHART et al. (1972) (s. Abschnitt 3.2.2.), die zeitlich alle vor dem Erscheinen des Buches von KLAUSMEIER et al. (1974) liegen. Diese Theorien nehmen - trotz einiger Unterschiede - in allgemeinster Form an, daß das semantische Gedächtnis aus einem Netz von Knotenpunkten (das können z.B. Begriffe sein) und bestimmten Relationen zwischen ihnen besteht. Dieses Nicht-zur-Kenntnis-nehmen neuerer Auffassungen über die Struktur des (semantischen) Gedächtnisses hat wohl folgende Gründe (die als weitere Kritikpunkte aufgefaßt werden können):

    - Die "Struktur" des Gedächtnisses ist für KLAUSMEIER et al. uninteressant, weil sich ihr Modell nur auf *isolierte* Begriffe beschränkt.

    - Aufgrund ihrer Laborlastigkeit nehmen KLAUSMEIER et al. an, daß nicht das Langzeitgedächtnis sondern das Kurzzeitgedächtnis beim Erwerb von Begriffen am wichtigsten ist, da hier Hypothesen formuliert und getestet werden.

    - Aufgrund der gleichen Laborlastigkeit beschäftigen sich KLAUSMEIER et al. mit der nicht sehr sinnvollen Frage, ob beim Begriffslernen überhaupt ein Gedächtnis notwendig ist bzw. - in Abhängigkeit von der benutzten Strategie -"wieviel" Gedächtnis notwendig ist.

Zusammenfassend darf man wohl festhalten, daß die von KLAUSMEIER et al. gemachten Aussagen über das Gedächtnis in keinerlei Weise dazu geeignet sind zu erklären, in welcher Weise geordnete Wissensbestände (Sachstrukturen) im Gedächtnis codiert, gespeichert, organisiert und wiederaufgefunden werden können.

2.2.4. *Entwicklungspsychologischer Aspekt*

Es wurde bereits erwähnt, daß das Modell von KLAUSMEIER et al. ausdrücklich beansprucht, auch längerfristige Entwicklungen beim Erwerb von Begriffen erklären zu können: "Indem wir uns auf das Erreichen zunehmend höherer Ebenen desselben Begriffs zentrieren, sind wir in der Lage, auf jeder Ebene die Bedingungen für kurzfristiges Lernen zu klären und die begriffliche Entwicklung über längere Zeitintervalle zu beschreiben." (KLAUSMEIER et al. 1974, S. 12; eigene Übers.) Diesem Gedanken, daß nämlich ein Begriff im Verlauf der individuellen Entwicklung allmählich differenzierter,brauchbarer, valider usw. wird, kann man wohl grundsätzlich zustimmen, geht er doch von einer gewissen *Kontinuität* in der geistigen Entwicklung aus.

Leider haben KLAUSMEIER et al. zum einen diesem Gedanken bei der näheren Darstellung ihres Modells nur noch wenig Aufmerksamkeit geschenkt und zum anderen meiner Auffassung nach diesen Gedanken nur unzureichend in das Modell eingebaut. Eine der schwerwiegendsten Unzulänglichkeiten scheint mir darin zu bestehen, daß KLAUSMEIER et al. zwar eine bestimmte Entwicklungssequenz in Form der vier Ebenen postulieren, daß sie aber in keiner Weise darauf eingehen, durch welchen *zugrundeliegenden Mechanismus* der Übergang von einer Ebene auf die andere erfolgt. KLAUSMEIER et al. versuchen diesen Mangel zwar durch die präzise Angabe psychologischer Prozesse (kognitiver Operationen) auf den einzelnen Ebenen zu beseitigen, aber die schlichte Angabe, daß beim Übergang von einer tieferen auf eine höhere Ebene eine weitere Operation "hinzukommt" kann nicht befriedigen. Man kann auch nicht zufrieden sein, wenn man erfährt, daß die "Fähigkeit, Stimuluskonfigurationen in abstrakte Dimensionen zu zerlegen", die auf der formalen Ebene "hinzukommt" nach Hinweisen von GIBSON (1969, zit. nach KLAUSMEIER et al. 1974, S. 19) "mit dem Alter zunimmt".

Über die simple Additivität kognitiver Operationen hinausgehend müßte man also meiner Meinung nach eine Antwort auf die Frage bekommen, durch welche (inneren und äußeren) Bedingungen es überhaupt zu einem Übergang von einer Ebene zur anderen kommt, wie der Mechanismus dieses Übergangs aussieht und wie diese Veränderungen im einzelnen aussehen.

KLAUSMEIER et al. befinden sich mit ihrer Unterlassung im übrigen "in guter Gesellschaft". So weist NELSON (1977) darauf hin, "daß wir zwar viel über die Charakteristika der verschiedenen Stadien der Entwicklung wissen, aber nur sehr wenig über die Übergänge zwischen den Stadien." Auch der von PIAGET (z.B. 1970) als einer der wenigen Ausnahmen postulierte fundamentale Prozeß eines fließenden Gleichgewichts zwischen Assimilation und Akkommodation vermag nicht zu befriedigen.

In bezug auf die vier Ebenen im Modell von KLAUSMEIER et al. wäre weiterhin zu fragen: welche *psychologische Realität* diesen Ebenen zukommt[1], d.h. auch, ob sie in der angeführten Weise gegeneinander abgrenzbar sind; ob die vier Ebenen notwendigerweise immer in der angegebenen *Sequenz* durchlaufen werden müssen (was wohl für die Stadien von PIAGET nachgewiesen ist) bzw. wie man der Tatsache Rechnung tragen kann, daß bei bestimmten Begriffen einzelne Ebenen ausfallen können (s. KLAUSMEIER et al. 1974, S. 14); und ob es möglich ist (was zwar nicht notwendig wichtig ist, aber z.B. für PIAGETs Stadien wenigstens grob möglich ist), den verschiedenen Ebenen *Altersangaben* zuzuordnen (KLAUSMEIER et al. tun dies nur sehr vage für die ersten beiden Ebenen, indem sie vom "Säugling" oder "Kleinkind" reden).

Zusammenfassend kann man wohl feststellen, daß der Gedanke einer allmählichen Ausformung bestimmter Begriffe im Verlauf der individuellen Entwicklung unbedingt beibehalten werden sollte, daß dieser Gedanke von KLAUSMEIER et al. aber nur ungenügend realisiert wurde.

---

[1] *In bezug auf die von PIAGET postulierten Stadien (sensumotorisch, präoperational, konkret, formal) scheint diese psychologische Realität mittlerweile doch recht gut gesichert (vgl. HALFORD 1978).*

2.2.5. *Zur Rolle der Sprache*

Das Modell des Begriffslernens und der Begriffsentwicklung von KLAUSMEIER et al. ist so angelegt, daß die sprachlichen Bezeichnungen für Begriffe (und deren Attribute) auf allen vier Ebenen erworben werden *können*, aber - mit Ausnahme der formalen Ebene - nicht notwendigerweise erworben werden *müssen*. In der alten Frage des Verhältnisses von Sprache und Denken (im engeren Sinn Erwerb von und Umgang mit Begriffen) stellen sich die Autoren damit zunächst auf den Standpunkt einer prinzipiellen Unabhängigkeit beider Prozesse - zumindest für die drei unteren Ebenen. Die Autoren sind allerdings auch der Auffassung, daß beide Prozesse in enger wechselseitiger Abhängigkeit stehen können, und zwar in dem Sinne, daß zum einen die Verfügbarkeit sprachlicher Bezeichnungen den Erwerb von Begriffen erleichtern kann und daß zum anderen eine Vielzahl von Begriffen ausschließlich durch das Medium Sprache erworben werden können.

Kritisch anzumerken wäre hier zunächst, daß KLAUSMEIER et al. bei der Diskussion des Verhältnisses von Sprache und Denken erstaunlich ignorant sind gegenüber den vorliegenden alternativen theoretischen Standpunkten[1]; lediglich auf die These der linguistischen Relativität von WHORF (1956) wird etwas ausführlicher eingegangen. Eine gewisse Rechtfertigung für dieses Verhalten von KLAUSMEIER et al. kann man aus der Tatsache ableiten, daß der von ihnen eingenommene Standpunkt recht gut empirisch untermauert ist.[2] So zeigen z.B. Untersuchungen an Taubstummen (etwa FURTH + YOUNISS 1971), daß der Erwerb bestimmter logischer Strukturen auch ohne Sprache möglich ist. Trainingsuntersuchungen an zweisprachigen

---

[1] *Eine kritische Darstellung dieser theoretischen Standpunkte und eine ausführliche Bestandsaufnahme der empirischen Befunde ist zu finden in KEATS, J.A. + KEATS, D.M. 1978 und KEATS, D.M. + KEATS, J.A. 1978.*

[2] *Dies bedeutet allerdings nicht, daß für die anderen Standpunkte keine empirischen Belege existieren (vgl. KEATS, D.M. + KEATS, J.A. 1978).*

Kindern (zusammenfassend KEATS, D.M. + KEATS, J.A. 1978) zeigen, daß Begriffe, die in einer Sprache trainiert wurden, vollständig in die zweite Sprache transferiert wurden, d.h. relativ sprachunabhängig erworben worden sind.

Trotz dieser nachweisbaren prinzipiellen Unabhängigkeit von Sprache und Denken sehen KLAUSMEIER et al. meiner Meinung nach richtig, daß der Erwerb von Begriffen durch Sprache *erleichtert* werden kann. Dieser fördernde Einfluß von sprachlicher Codierbarkeit auf Lernen und Behalten im allgemeinen ist im übrigen durch zahlreiche Untersuchungen bestätigt (vgl. HÖRMANN 1977, S. 196). Leider wird dieser Punkt von KLAUSMEIER et al. wieder sehr eng und eingeschränkt diskutiert: "Sprache" beschränkt sich auf (z.T. sinnlose) Bezeichnungen ("labels") für künstliches Stimulusmaterial und dessen Attribute. Auch hier zeigt sich die bereits mehrfach erwähnte "Laborlastigkeit" von KLAUSMEIER et al. KLAUSMEIER et al. sehen meiner Meinung nach ebenfalls richtig, daß - trotz prinzipieller Unabhängigkeit von Sprache und Denken - Sprache ein wichtiges *Medium* zum Erwerb einer Vielzahl von Begriffen ist. Die Sichtweise der Autoren ist allerdings auch hier recht eng. So erfährt man zwar durch die zitierten Untersuchungen von MARTIN + OLSON 1971 und WERNER + KAPLAN 1950, daß Begriffe auch allein durch die Bereitstellung eines geeigneten sprachlichen Kontextes erworben werden können,oder man erfährt durch die Untersuchung von JOHNSON + STRATTON 1966, daß eine Kombination verschiedener sprachgebundener Methoden der Vermittlung von Begriffen effektiver ist als jede der Methoden für sich allein, man erfährt aber von KLAUSMEIER et al. so gut wie nichts über die Prozesse, die beim verbalen Lernen von Begriffen ablaufen. Wie bereits wiederholt erwähnt, liefert hierzu AUSUBEL eine Theorie des sinnvollen verbalen Lernens, auf die noch in aller Ausführlichkeit eingegangen werden soll.

Zusammenfassend kann man wohl festhalten, daß KLAUSMEIER et al. die Rolle der Sprache zwar weitgehend richtig, d.h. in Übereinstimmung mit vorliegenden empirischen Befunden, charakterisieren, daß sie in ihrer Darstellung aber relativ "betriebsblind" und eingeschränkt bleiben.

2.2.6. Zur Anwendung erworbener Begriffe

Eine der Grundannahmen im Modell des Begriffslernens und der Begriffsentwicklung von KLAUSMEIER et al. besagt, daß ein bestimmter Begriff *zuerst* auf einer der vier Ebenen (hauptsächlich aber auf der Klassifikations- und formalen Ebene) erworben sein muß, bevor er in ganz bestimmter Weise (KLAUSMEIER et al. unterscheiden hier vier Anwendungsaspekte, s. Abschnitt 2.1.4.) angewandt werden kann. Zu dieser Grundannahme im allgemeinen und zu den verschiedenen Aspekten der Anwendung eines Begriffes können folgende Einwände und Spezifizierungen vorgebracht werden:

- Die Annahme einer strengen zeitlichen Reihenfolge von 1. Erwerb eines Begriffes und 2. Anwendung dieses Begriffes kann meiner Meinung nach in dieser Form nicht aufrechterhalten werden.[1] Zunächst einmal unterschätzt man mit dieser Annahme das Ausmaß, in dem ein Begriff - der noch nicht vollkommen richtig und noch nicht vollständig erworben sein muß - durch eine Vielzahl von verschiedenen Anwendungen erst in seinem ganzen Bedeutungsumfang erworben wird. Ein Begriff wird also durch die Anwendung selbst in vielerlei Hinsicht differenzierter, bedeutungshaltiger, präziser, brauchbarer, valider (im Sinne von KLAUSMEIER et al.) usw. Dieser Punkt wird zwar von KLAUSMEIER et al. prinzipiell berücksichtigt, aber er findet keine explizite Aufnahme in das vorgelegte Modell. In der Abb. 1 (Abschnitt 2.1.) fehlt demnach auch konsequenterweise der Pfeil von den Anwendungsaspekten in Richtung der verschiedenen Ebenen des Begriffserwerbs. Das Modell von KLAUSMEIER et al. bleibt also an dieser Stelle relativ statisch, es fehlt das dynamische Moment einer kontinuierlichen Reorganisation, in dem vorhan-

---

[1] *Die prinzipielle Möglichkeit einer solchen Aufeinanderfolge soll natürlich nicht bestritten werden. Es soll nur gezeigt werden, daß diese Sichtweise zu eingeschränkt ist.*

dene Begriffe (bzw. Begriffs- oder kognitive Strukturen) durch ihren Gebrauch selbst ständig modifiziert werden.

Über diesen Aspekt der Modifikation vorhandener Begriffe durch deren Anwendung hinausgehend, kann man sich die Frage stellen, ob nicht eine Vielzahl von Begriffen überhaupt erst im Zuge einer "Anwendung" erworben werden. So könnte man z.B. anhand der bekannten Balkenwaage-Aufgabe von PIAGET zeigen, daß u.U. erst durch wiederholten Umgang mit verschiedenen Problemstellungen und mehr oder weniger zufälligen Lösungen der Begriff "Gleichgewicht" bzw. "Proportionalität" erworben wird. Auch am Beispiel von Begriffshierarchien kann man zeigen, daß bestimmte Begriffe gar nicht hinreichend erworben werden können, wenn sie nicht bereits in den - nach KLAUSMEIER et al. später zu erfolgenden - Verwendungszusammenhang gestellt worden sind. So kann z.B. der Begriff "rechtwinkliges Dreieck" wohl nur dann hinreichend erworben werden, wenn gleichzeitig eine Abhebung von anderen Arten von Dreiecken erfolgt (gleiche hierarchische Ebene) und wenn gleichzeitig auch eine Abhebung von "Dreieck" zu "Viereck", "Fünfeck" usw. (höhere hierarchische Ebene) erfolgt.

Allgemein zum Aspekt der Anwendung erworbener Begriffe bleibt noch zu kritisieren, daß KLAUSMEIER et al. an keiner Stelle angeben, *in welcher Weise* eine solche Anwendung erfolgt und *unter welchen Bedingungen* eine Anwendung zu erwarten ist. Die Autoren bleiben also eine Theorie schuldig, in der kognitives Operieren mit Begriffen erklärt wird; der schlichte Nachweis, daß mit gelernten Begriffen kognitiv operiert wird (in einer der vier angegebenen Arten), kann nicht genügen. Hier kann abschließend erwähnt werden, daß zumindest für den Zusammenhang von "epistemischer" Struktur und Problemlösen ("heuristischer" Struktur) eine präzisere Beschreibung vorgelegt wurde (sog. "Tintenfischhypothese", DÖRNER 1976, S. 37).

- Die Aufnahme von "Identifizierung neuer Vertreter bzw. Nicht-Vertreter eines Begriffs" unter den Aspekt "Anwendung" ist meiner Meinung nach nicht ganz gerechtfertigt, da genau diese richtige Klassifikation bisher noch nicht bekannter Fälle als Kriterium für den Erwerb eines Begriffes herangezogen wird. Wenn sich die richtige Klassifikation nur auf bereits bekannte Fälle bezieht, ist der Begriff eigentlich noch nicht vollständig erworben. Dieses Problem stellte sich im übrigen auch den Autoren, als sie im Rahmen der Validierung des Modells (vgl. Abschnitt 2.1.6.) Aufgaben zur Erfassung dieses "Anwendungs"aspektes konstruieren wollten. Auf dieses Problem soll hier aber nicht weiter eingegangen werden, da es kaum von prinzipieller Bedeutung ist.

- Bei der Diskussion des Anwendungsaspektes "Erfassen von kausalen und anderen Beziehungen" wird von KLAUSMEIER et al. stillschweigend vorausgesetzt, daß es sich hier um Beziehungen zwischen Begriffen handelt, die zuvor in der durch das Modell beschriebenen Weise erworben wurden, wobei sich das Modell - wie bereits gezeigt wurde - ausschließlich auf Klassenbegriffe bezieht. Die Autoren übersehen aber dabei meiner Meinung nach, daß das Verständnis für kausale (oder andere) Beziehungen zwischen zwei (oder mehreren) Begriffen keineswegs hinreichend durch den vorausgegangenen Erwerb der zwei in diese Beziehung eingehenden Begriffe gesichert ist. Zum Verständnis dieser Beziehung gehört, daß der logische Begriff der Kausalität oder der Relation "wenn-dann" ebenfalls erworben wird. Solche logisch-mathematische Begriffe(andere wären z.B. die ebenfalls von KLAUSMEIER et al. angeführten "Wahrscheinlichkeit", "Korrelation" oder auch die oben erwähnten "Gleichgewicht" und "Proportionalität") sind im engen Rahmen der Analyse von Klassenbegriffen sicher nicht einordenbar (vgl. z.B. BOLTON 1977, S. 17ff). Um die Analyse solcher Begriffe hat sich vor allem PIAGET verdient gemacht.

Bei KLAUSMEIER et al. wird weiterhin nicht berücksichtigt, daß es eine Vielzahl von Begriffen gibt, die überhaupt erst durch Beziehungen zwischen bestimmten anderen Begriffen definiert werden. Ein Beispiel wäre etwa der physikalische Begriff "Beschleunigung", der mit Hilfe von "Kraft" und "Masse" definiert wird. Dieser Begriff der "Beschleunigung" zeigt im übrigen noch einmal deutlich, wie hier der Bereich des Modells von KLAUSMEIER et al. überschritten wird bzw. überschritten werden muß. Ein solcher Begriff ist einfach nicht zu erwerben, indem eine Person "gemeinsame Attribute" an verschiedenen Objekten, Prozessen usw. beobachtet.

- Bei der Diskussion hierarchischer Beziehungen zwischen Begriffen wird von KLAUSMEIER et al. keine Aussage darüber gemacht, auf welcher Ebene ein Individuum in eine bestimmte Hierarchie "einsteigt". Es ist z.B. nicht klar, ob bei der von KLAUSMEIER et al. auf S. 167 angeführten Hierarchie zuerst der Begriff "Laubbaum" erworben wird und dann der Begriff "Baum" oder umgekehrt oder ob zuerst der Begriff "Lebewesen" erworben wird und dann "Tier" und "Pflanze" oder umgekehrt usw. Grundsätzlich kann man aus dem Modell von KLAUSMEIER et al. wohl nur folgern, daß eine Entwicklung vom Spezifischen zum Allgemeinen oder vom Konkreten zum Abstrakten vorgesehen ist. Diese Auffassung stößt allerdings auf einige Schwierigkeiten: Die Sequenz "spezifisch-allgemein" wird z.B. schon dadurch durchbrochen, daß Objekte im allgemeinen jenen Kategorisierungsebenen zugeordnet werden, auf denen sie für die Mehrheit der Sprachbenutzer fungieren. "Hunde werden allgemein Hunde genannt, weil damit eine Kategorie so abgegrenzt wird, wie sie für die Gesellschaft funktionell definiert ist. Es hat wenig Sinn zu sagen, man sei durch das Gebell eines Säugetieres im Schlaf gestört worden ..." (HÖRMANN 1977, S. 187). Auch konnte ANGLIN (1975, zit. nach NELSON 1977) zeigen, daß bereits kleine Kinder, eine Kategorisierungsebene *mittlerer* Allgemeinheit benutzten. Ein Bild von einem Hund wird mit "Hund" bezeichnet und nicht mit den ebenfalls möglichen und richtigen Bezeichnungen "Collie" oder "Tier". Für das Modell von KLAUS-

MEIER et al. würde das bedeuten, daß der Begriff "Hund" wohl kaum durch die Zusammenfassung der Klassen "Collie", "Schäferhund", "Dackel" usw., d.h. durch Abstraktion der gemeinsamen Eigenschaften erworben wird. Andererseits kann man wohl annehmen - und das wäre ein weiterer Punkt, den KLAUSMEIER et al. unberücksichtigt lassen (s. auch oben) -, daß bestimmte Begriffe, in unserem Beispiel evtl. "Collie" nur dann erworben werden, wenn gleichzeitig ganze Teile der Hierarchie miterworben werden (hier z.B. "Hund" evtl. auch "Tier", "Schäferhund", "Dackel" usw.).

- Die Diskussion des Anwendungsaspektes "Lösen von Problemen" wird von KLAUSMEIER et al. recht undifferenziert vorgenommen; es fehlt vor allen Dingen eine genaue Definition von "Problem" und eine Taxonomie verschiedener Problemsituationen (hierzu siehe DÖRNER 1976). Bereits erwähnt wurde, daß der Einsatz von erworbenen Begriffen beim Lösen von Problemen nur unpräzise beschrieben wurde (KLAUSMEIER et al. greifen hier auf das kaum erhellende System von GAGNÉ (1970) zurück).

Zusammenfassend kann man wohl festhalten, daß es zwar plausibel und nützlich ist, eine Vielzahl möglicher Anwendungen erworbener Begriffe anzunehmen, daß aber eine strikte (auch zeitliche) Trennung von Erwerb und Anwendung von Begriffen nicht sinnvoll ist. Es fehlt weiterhin eine präzise Beschreibung des Umganges mit Begriffen, und es sind außerdem einige Ungereimtheiten bei den einzelnen Anwendungsaspekten festzustellen.

2.2.7. Zusammenfassung der Kritik am Modell von KLAUSMEIER et al. und Zusammenstellung der notwendigen Erweiterungsaspekte

Nachdem das Modell von KLAUSMEIER et al. in den vorangegangenen Abschnitten einer eingehenden Kritik unterzogen wurde, sollen hier noch einmal die wesentlichen Kritikpunkte summarisch aufgelistet werden. Es soll außerdem die Frage beantwortet werden, welche Aspekte des Modells grundsätzlich beibehalten werden sollten und um welche Gesichtspunkte es - aufgrund der Kritik - erweitert werden sollte. Als wesentliche Kritikpunkte am Modell des Begriffslernens und der Begriffsentwicklung konnten folgende herausgestellt werden:

- Starke Einschränkung des Modells durch weitgehende Gleichsetzung von "Begriff" und "Klasse" (von Objekten, Ereignissen usw.).

- Weitere Einschränkung durch zu starken Bezug auf Klassen *künstlicher* Objekte (geometrisches Material): "Laborlastigkeit" des Modells.

- Beschränkung auf *isolierte* Begriffe, Vernachlässigung des Aspektes der Vernetzung von Begriffen.

- Einseitige Ausrichtung der dem Modell zugrundeliegenden kognitiven Operationen auf nur eine Art des Begriffserwerbs, nämlich der *Begriffsbildung* ("concept formation"); weitgehende Ausblendung der "Begriffsassimilation" (AUSUBEL).

- Ungenügende Diskussion der Rolle des Gedächtnisses beim Erwerb von Begriffen. Vollständiges Ignorieren neuerer Vorstellungen über den Aufbau des Langzeitgedächtnisses (Dörner: epistemische Struktur).

- Fehlen einer entwicklungspsychologischen Theorie über den Erwerb bzw. die Veränderung eines Begriffs über einen längeren Zeitraum.

- Eingeschränkte Sichtweise über die Rolle der Sprache beim Erwerb von Begriffen.

- Fehlende Vorstellungen über das Funktionieren des "kognitiven Apparates", d.h. hier über die Art und Weise wie Begriffe in vielfältiger Weise angewandt werden können.

Die Überwindung obiger Schwachstellen des vorliegenden Modells des Begriffslernens und der Begriffsentwicklung kann als allgemeine Zielrichtung für eine Modifikation und Erweiterung des Modells gelten. Unter Berücksichtigung derjenigen Gesichtspunkte, die meiner Meinung nach aus dem ursprünglichen Modell von KLAUSMEIER et al. grundsätzlich übernommen werden sollten, kann diese allgemeine Zielrichtung etwa in der folgenden Weise präzisiert werden:

- Der Grundgedanke, daß man der Vielfalt möglicher Begriffe am ehesten durch die Annahme einiger weniger *Beschreibungsdimensionen* (Brauchbarkeit, Validität usw.) gerecht wird, sollte unbedingt beibehalten werden, da er am ehesten eine Überwindung der bisherigen einseitigen und eingeschränkten Sichtweise von "Begriff" verspricht. Allerdings sollte dieser Grundgedanke auch explizit im Modell Berücksichtigung finden, d.h. das Modell sollte den Erwerb aller möglichen Begriffe (vor allem "natürlicher") erklären können.

- Unbedingt beibehalten werden sollte auch der Gedanke, daß ein und derselbe Begriff auf *verschiedenen "Ebenen"* erworben werden kann bzw. daß ein Begriff beim Durchlaufen verschiedener "Ebenen" bestimmte Veränderungen erfahren kann (wobei gleichzeitig präzisiert werden muß, worin die Veränderungen im einzelnen bestehen und durch welchen Mechanismus sie bewirkt werden). Bei der Konzipierung verschiedener "Ebenen" sollte man meiner Meinung nach aber auf die recht willkürliche und unglückliche Einteilung von KLAUSMEIER et al. verzichten. Angemessener erscheint mir hier eine genaue Beschreibung verschiedener aufeinanderfolgender "Zustände" einer kognitiven Struktur.

  Es sollte hier außerdem die Tatsache berücksichtigt werden, daß nicht jeder Begriff notwendigerweise alle "Ebenen" oder "Zustände" durchlaufen muß (vgl. KLAUSMEIER et al.); "Seiteneinstiege" in das Modell sollten zu beliebigen Zeitpunkten möglich sein.

- Meiner Meinung nach sollte auch der Gedanke bestimmter *kognitiver* (Grund-)*Operationen*, die beim Erwerb von und Umgang mit Begriffen zur Ausführung gelangen, beibehalten werden. Da aber - wie gezeigt wurde - die Frage nach der Art und Zahl solcher Operationen nicht beantwortet werden kann (bzw. auf verschiedene jeweils plausible Weise beantwortet werden kann), sollte vermieden werden, ein Modell mit Hilfe eines *festen* Kataloges solcher Operationen zu konzipieren.

- Auch die bereits im Modell von KLAUSMEIER et al. angezielte *Verknüpfung längerer und kürzerer Zeiträume* beim Erwerb von Begriffen sollte in ein verbessertes Modell übernommen werden. Eine solche Verknüpfung könnte z.B. dadurch zustandekommen, daß man in beiden Fällen gleichartige Veränderungsprozesse postuliert (etwa: "Einbau" eines neuen Begriffs in eine vorhandene Struktur; "Erwerb" einer neuen kognitiven Operation; Neustrukturierung einer kognitiven Struktur oder von Teilen davon usw.). Die Begriffe "Entwicklung" und "Lernen" (z.B. aufgrund eines Unterrichts) ließen sich dann beide als Übergang von einem Zustand der kognitiven Struktur zu einem anderen auffassen.[1)]

- Man kann weiterhin mit KLAUSMEIER et al. darin übereinstimmen, daß der Erwerb von Begriffen prinzipiell *sprachunabhängig* erfolgen kann, daß also eine prinzipielle Unterscheidung zwischen dem "Wort" (bzw. "Symbol") und seiner "Bedeutung" ("Begriff") vorgenommen werden muß. Hierbei muß man auch der Tatsache Rechnung tragen, daß eine Verknüpfung von "Wort" und "Bedeutung" "jederzeit" gelernt werden kann.

[1)] *Die physikalische Zeit, der man in der neueren Entwicklungspsychologie ohnehin nicht mehr den Status einer unabhängigen (erklärenden) Variable zubilligt, wäre damit weitgehend ausgeblendet.*

In einem verbesserten Modell müßte aber das Verhältnis von "Wörtern" und "Begriffen" - so wie es sich in der kognitiven Struktur darstellt - wesentlich präziser als bei KLAUSMEIER et al. beschrieben werden. Ein möglicher Ansatz zu einer solchen Beschreibung ist im übrigen bei DÖRNER (1976, S. 50) zu finden.

- Das verbesserte Modell sollte in gleicher Weise wie bei KLAUSMEIER et al. den anwendungsbezogenen Aspekten *"Diagnose"* und *"Instruktion"* gerecht werden. "Diagnose" könnte dabei u. U. als präzise Beschreibung des augenblicklichen Zustandes einer kognitiven Struktur gefaßt werden, während "Instruktion" sich auf alle Maßnahmen beziehen würde, die eine kognitive Struktur von einem bestimmten Ausgangszustand in einen bestimmten (angezielten) neuen Zustand überführen.

(Zusätzlich zu diesen, dem Grundgedanken nach bereits bei KLAUSMEIER et al. auftretenden Eigenschaften sollte das verbesserte Modell noch folgende Aspekte enthalten:)

- Stärkere Berücksichtigung struktureller Gesichtspunkte beim Erwerb von Begriffen, d.h. Begriffsnetze statt isolierte Begriffe. (Beiläufig war oben ja schon wiederholt die Rede von *kognitiver Struktur.*) Damit auch Einbezug neuerer Modelle des Gedächtnisses bzw. der kognitiven Struktur.

- Vorlage eines Systems zur Beschreibung von *Sachstrukturen*, die ja im Verlauf des Lernens in kognitive Strukturen transformiert werden sollen bzw. in diese eingebaut werden sollen.

- Beschreibung des *"Funktionierens"* einer kognitiven Struktur, d. h. Beantwortung der Frage, in welcher Weise eine kognitive Struktur (oder ein Teil davon) mit bestimmten Problemstellungen fertig wird.

- Beschreibung des Vorganges, durch den ein neuer Sachverhalt in eine vorhandene kognitive Struktur eingebaut wird ("Begriffsassimilation")

- Erweiterung der Vorstellungen über kognitive Strukturen durch "nicht-kognitive" Teile, d.h. stärkerer Einbezug *motivationaler Faktoren* beim Erwerb von Begriffen bzw. bei der Übernahme von Sachstrukturen.

- Einbezug auch "äußerer" z.B. unterrichtlicher Bedingungen in das Modell.

- Berücksichtigung des Aspektes *interindividueller Unterschiede*: gleiche Sachstrukturen werden in vermutlich unterschiedliche kognitive Strukturen umgesetzt.

2.2.8 Ein verbessertes Modell des Begriffslernens und der Begriffsentwicklung

Nachdem im vorangegangenen Abschnitt die meiner Meinung nach notwendigen Merkmale eines Modells des Begriffslernens und der Begriffsentwicklung als Anspruch formuliert wurden, soll jetzt versucht werden, diesem Anspruch durch ein verbessertes Modell - zumindest teilweise - gerecht zu werden. Die Einschränkung "teilweise" soll besagen, daß hier - wie eingangs bereits erwähnt - nicht eine umfassende Theorie menschlichen Denkens, seiner Entwicklung und Beeinflussung entwickelt werden soll - das wäre beim gegenwärtigen Stand der Psychologie mehr als vermessen -, sondern daß hier lediglich ein Rahmen geliefert werden soll, der der Komplexität des Gegenstandes einigermaßen angemessen ist und der es gestattet, eine Integration oder zumindest Einordnung verschiedener theoretischer Standpunkte und empirischer Befunde vorzunehmen.

In der folgenden Abbildung ist zunächst die Grundstruktur dieses verbesserten Modells zu finden:

Abb. 7: "Verbessertes Modell"

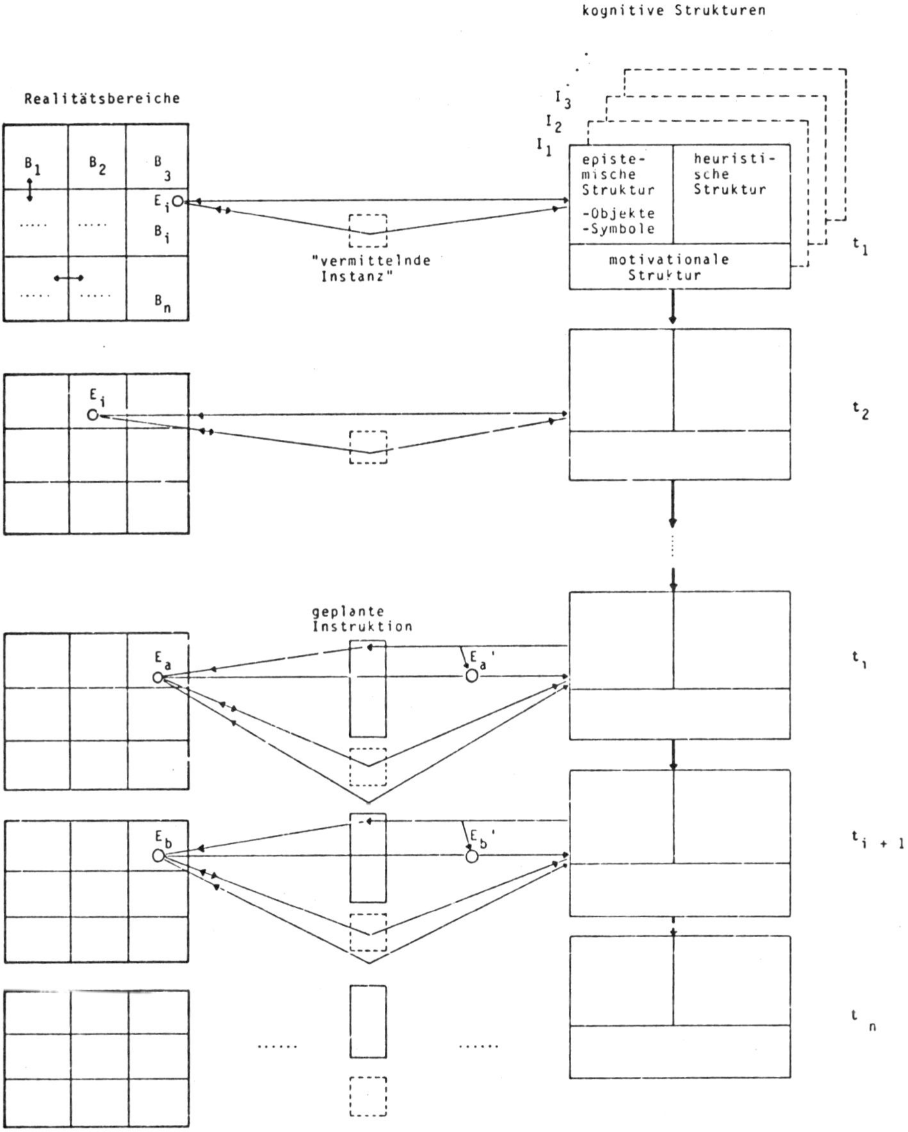

Diese Grundstruktur des verbesserten Modells läßt sich folgendermaßen beschreiben:

Auf einer beliebigen Zeile dieses Modells wird zunächst grundsätzlich unterschieden zwischen einer in verschiedene Bereiche gliederbaren äußeren Realität und der Repräsentation oder Abbildung dieser Realität in der kognitiven Struktur eines Individuums. Hierbei ist explizit berücksichtigt, daß ein und derselbe Sachverhalt in interindividuell unterschiedlicher Weise repräsentiert sein kann (Annahme individueller kognitiver Strukturen I_1, I_2 ...). Dieser Repräsentationsvorgang kann in verschiedenster Weise durch "vermittelnde Instanzen" ausgelöst (z.B. geplante Unterweisung) oder beeinflußt werden.

Diese drei Grundbestandteile des Modells (Realitätsbereiche, Vermittlung, kognitive Struktur(en)) werden mit einer *Zeit*dimension t_1, t_2 ... t_n kombiniert. Veränderungen in der Repräsentation eines Realitätsbereiches von einem Zeitpunkt zum anderen lassen sich als "Lernen", "Entwicklung" o.ä. interpretieren.

Zur weiteren Verfeinerung dieser recht groben Beschreibung des obigen Modells soll zunächst der Zeitpunkt t_1 herausgegriffen werden: Da dem Punkt "Beschreibung von Realitätsbereichen" noch ein besonderer Abschnitt gewidmet sein wird, sei hier lediglich angenommen, daß eine endliche Zahl von Bereichen der Realität existiert (mit möglichen Überschneidungen und wechselseitigen Beziehungen), wobei jeder Bereich eine bestimmte Struktur aufweist. Innerhalb einer solchen Struktur läßt sich ein Teil oder Element E_i identifizieren. Von diesem Element E_i führt in obiger Abbildung eine direkte Verbindung zur kognitiven Struktur eines Individuums, wobei der eingezeichnete Pfeil beide Richtungen einschlägt. Damit soll folgendes ausgedrückt werden: Zum einen ist es möglich, daß ein bestimmtes Element eines Realitätsbereiches eine unmittelbare Abbildung in der kognitiven Struktur erfährt (Pfeil von links nach rechts): ein "Stuhl" im Realitätsbereich "Wohnung" könnte z.B. in der kognitiven Struktur eines Kindes als etwas repräsentiert sein, auf das bestimmte Handlungen anwendbar sind (BRUNERs enaktiver Repräsentationsmodus): an dem man sich festhalten kann; den man durch die Wohnung schieben kann; auf den man klettern kann usw.; oder er könnte als etwas repräsentiert sein, das 4 auf dem Boden stehende Stützen hat, mit einer waagerechten Auflage darauf usw.; eine bestimmte Lautkombination des Realitätsbereiches "Sprache" wird z.B. als (akustisches) Bild gespeichert; eine bestimmte Figurenkonstellation im Realitätsbereich "Schach" wird z.B. als "typische königsindische Position" repräsentiert. Diese Beispiele zeigen also, daß bestimmte Elemente (die durchaus komplexer Natur sein können) eines Realitätsbereiches auf ein Individuum einwirken und in dessen kognitive Struktur eingebaut werden können. Dieser sicher nicht sehr originelle Gedanke muß allerdings um den Gesichtspunkt erweitert werden, daß die Abbildung von Teilen eines Realitätsbereiches auch durch bestimmte Merkmale einer kognitiven Struktur beeinflußt werden kann (Pfeil von rechts nach links). Hierbei könnte man z.B. an bestimmte aufmerksamkeitssteuernde Prozesse denken oder an Prozesse, die gemeinhin unter dem Stichwort "social perception" zusammengefaßt werden; an dem obigen Schach-Beispiel kann man weiterhin verdeutlichen, daß - je nach kognitiver Ausstattung - ein und dieselbe Figurenkonstellation als "königsindische Position", als eine unzusammenhängende Anordnung eines Königs, eines Turms, eines Läufers, einiger Bauern usw. oder sogar als sinnlose Anhäufung von Holzklötzen unterschiedlicher Größe und Form angesehen wird[1]; nicht zuletzt kann auch eine kognitive Struktur durch Handlungen auf einen Realitätsbereich einwirken, ja einen solchen erst konstruieren.[2]

---

[1] *Zur Bedeutung vorhandener kognitiver Strukturen oder "Schemata" beim Wahrnehmungsprozeß vgl. NEISSER 1976, auch KLUWE 1979.*

[2] *Der Realitätsbereich "Physik" als System von Begriffen, Gesetzen usw. wäre z.B. in diesem Sinne ein - natürlich nicht von einem einzigen - konstruierter Realitätsbereich.*

Zusätzlich zu dieser (in beide Richtungen verlaufenden) *direkten* Verbindung zwischen Realitätsbereichen und kognitiver Struktur ist zum Zeitpunkt t_1 (und auch zu allen anderen Zeitpunkten) eine Verbindung eingezeichnet, die über eine *"vermittelnde Instanz"* läuft. Eine solche vermittelnde Instanz - zu denken wäre beispielsweise an Eltern, Geschwister usw. - kann in *zweifacher* Weise die Übernahme von Realitätsbereichen bzw. Teilen davon in die kognitive Struktur beeinflussen: sie kann zum einen unmittelbar auf einen oder mehrere Bereiche der Realität einwirken (Pfeil von rechts nach links), und sie kann zum anderen einen bestimmten Teil (E_i) eines Realitätsbereiches "in vermittelter Form" an eine andere kognitive Struktur herantragen (Pfeil von links nach rechts). Mit einer in dieser Weise konzipierten vermittelnden Instanz - die sozusagen als dazwischengeschaltete kognitive Struktur einer anderen Person angesehen werden kann - ließen sich beispielsweise folgende Sachverhalte plausibel in das Modell einordnen: Man könnte verschiedenen Befunden (stellvertretend TRUDEWIND 1975, MARJORIBANKS 1972) über die Bedeutung bestimmter (häuslicher) Umweltanregungen (z.B. Bereitstellung von Büchern, Zeitschriften, Spielzeugen usw.) auf die Intelligenz- bzw. (Leistungs-) Motiventwicklung gerecht werden, indem man nämlich solche Umweltanregungen als Darbietung vieler verschiedener Realitätsbereiche, die in sich reichhaltig ausgestattet sind, interpretiert, was wiederum zur Folge hat, daß sich entsprechend differenzierte und leistungsfähige kognitive Strukturen ausbilden. Man könnte weiterhin dem Befund von GREITEN (1974) gerecht werden, daß nämlich die gezielte elterliche Anregung in einem bestimmten Bereich (Biologie) zu höheren Interessen bei Kindern in diesem Bereich führt. Schließlich könnte man hier an Eingriffe in die Realität in Form von Selektions- und Akzentuierungsprozessen denken, etwa wenn einem Kind ganze Bereiche mehr oder weniger vorenthalten werden (z.B. Sexualbereich) oder wenn in einem bestimmten Bereich einzelne Teile besonders hervorgehoben werden ("Sieh' mal da, ein(e)...").

Die obigen Beispiele bezogen sich alle auf den Fall, daß eine vermittelnde Instanz aktiv auf die Bereiche der Realität einwirken kann.

Das Modell berücksichtigt weiterhin, daß - nachdem aufgrund eines Auswahlprozesses ein bestimmtes Element E_i eines Bereiches ausgewählt wurde - die vermittelnde Instanz erneut wirksam werden kann, indem sie nämlich in vielerlei Weise dieses Element bearbeitet, verändert, modifiziert, vereinfacht, veranschaulicht usw. Zu denken wäre hier beispielsweise an all die verschiedenen Maßnahmen, die Eltern ergreifen, wenn sie ihrem Kind einen Sachverhalt in "kindgemäßer" Form verdeutlichen wollen.[1)] Subtilere Formen der Vermittlung von Elementen eines Realitätsbereiches werden beispielsweise dann wirksam, wenn solche Elemente in vielerlei Weise kategorisiert werden können, andererseits aber eine bestimmte Ebene der Kategorisierung "üblich" ist (vgl. hierzu HÖRMANN 1977, S. 187). Eltern, die ihrem Kind die Bezeichnung eines "Hundes" beibringen wollen, werden im allgemeinen auf den "Hund" deuten und "Hund" sagen, sie werden dagegen kaum "Lebewesen", "Tier", "Säugetier", "Deutscher Schäferhund", "männlicher Deutscher Schäferhund" sagen (jedenfalls am Anfang nicht). "Indem ein Kind also die üblichen Bezeichnungen lernt, lernt es, dort zu unterscheiden, wo die Eltern unterscheiden, und dort nicht zu unterscheiden, wo dies nach dem Vorbild der Eltern und der anderen Sprachbenutzer in diesem Kulturkreis nicht nötig ist." (HÖRMANN 1977, S. 188).

Die Beschreibung des Modells zum Zeitpunkt t_1 kann also vorläufig in der Weise *zusammengefaßt* werden, daß sich die verschiedenen Bereiche der Realität und kognitive Struktur(en) wechselseitig beeinflussen, wobei in diesen Beeinflussungsvorgang eine vermittelnde Instanz (die selbst wiederum mit einer kognitiven Struktur ausgestattet ist) eingeschaltet sein kann (aber nicht muß).

[1)] *Es sei hier vermerkt, daß auch ein Pfeil, der direkt von der kognitiven Struktur zu einem Bereich der Realität läuft, diesen Weg über die vermittelnde Instanz zurück nehmen kann. Zu denken wäre etwa an Reaktionen von Eltern auf Fragen ihrer Kinder ("Warum donnert es?").*

Eine genauere Darstellung dessen, was hier mit "kognitiver Struktur" gemeint ist, soll hier zunächst unterbleiben, da hierfür noch ein eigener Abschnitt vorgesehen ist. Für ein erstes Verständnis des Modells genügt es, wenn man weiß, daß kognitive Struktur hier als aus drei verschiedenen Bereichen bestehend konzipiert wurde, wobei "natürlich" zwischen diesen Bereichen Beziehungen bestehen: *epistemische* und *heuristische* Struktur seien hier vorläufig in Anlehnung an DÖRNER (1976) als "Bild" eines bestimmten Realitätsbereiches und als Gesamtmenge von Plänen zur Überführung eines Sachverhaltes in einen anderen gefaßt; unter *motivationaler* Struktur sei vorerst grob die Gesamtheit von Bewertungen von verschiedenen Sachverhalten verstanden.

Es wird angenommen, daß der Grundaufbau des Modells - so wie er eben für den Zeitpunkt t_1 beschrieben wurde - auch für alle übrigen Zeitpunkte gilt. Das Modell trägt zusätzlich allerdings der Tatsache Rechnung, daß ab einem bestimmten Zeitpunkt t_i (Schuleintritt) weite Bereiche der Realität durch "*geplante Instruktion*" an eine kognitive Struktur herangetragen werden. Die Unterscheidung zwischen "geplanter" Instruktion und eher "ungeplanter" Unterweisung durch eine vermittelnde Instanz (z.B. Eltern) ist wahrscheinlich etwas willkürlich und künstlich, sie erscheint mir aber dennoch ganz sinnvoll und nützlich zu sein. Der Kasten "geplante Instruktion" steht in mehrfacher Verbindung sowohl zu den Bereichen der Realität als auch zur kognitiven Struktur. Meiner Meinung nach können damit etwa folgende Sachverhalte plausibel in das Modell eingeordnet werden:

Vom Kasten "geplante Instruktion" führt zunächst einmal ein direkter Pfeil zu einem beliebigen Element oder Teil E_a eines bestimmten Realitätsbereiches. Dieser Pfeil soll für eine ganze Reihe von Mechanismen stehen, durch welche die für "geplante Instruktion" zuständigen Instanzen auf einen Bereich der Realität einwirken. Hierunter könnte man z.B. alle Prozesse fassen, die im Zuge einer Curriculumentwicklung eine Rolle spielen: Festlegung bestimmter Lehrziele; Auswahl bestimmter Objekte, Phänomene,

Begriffe, Aussagen, Gesetze eines Realitätsbereiches; damit verbunden gleichzeitig auch Weglassung bestimmter Objekte, Phänomene usw; Festlegung eines bestimmten Komplexitäts- und Schwierigkeitsniveaus (Problem der Vereinfachung[1]); Festlegung einer bestimmten Anordnung von ausgewählten Elementen oder Teilen eines Bereiches (Problem der Sequenzierung, vgl. hierzu ausführlich EIGENMANN, 1975) usw. Durch diese vielfältigen Eingriffe in einen Realitätsbereich kann dieser mehr oder weniger stark verändert werden. Man wird wahrscheinlich sogar davon sprechen dürfen, daß in den meisten Fällen durch solche Veränderungen neben (oder unterhalb davon) dem ursprünglichen Realitätsbereich ein neuer Bereich konstruiert wird, der nur noch entfernte Ähnlichkeit mit diesem ursprünglichen Bereich hat. Diese Aussage ist sicherlich nicht unplausibel, wenn man sich z.B. den vom Realitätsbereich "Physik" (als Wissenschaft) abgeleiteten Realitätsbereich "Schulphysik"[2] ansieht; für andere Bereiche gilt sicherlich Entsprechendes.

Mit der Veränderung oder sogar Neukonstruktion eines Bereiches ist aber die Einflußnahme des Kastens "geplante Instruktion" noch nicht abgeschlossen. Man kann weiterhin annehmen, daß trotz eines formal identischen Curriculums für die den Instruktionsprozeß ausführenden Personen noch ein relativ weiter Spielraum bleibt, um zusätzliche Modifizierungen, Veränderungen, Umstellungen, Umgewichtungen usw. am Curriculum vorzunehmen. Von der Plausibilität dieser Annahme kann man sich leicht überzeugen, wenn man den Unterricht von zwei verschiedenen Lehrern zum gleichen Thema in vergleichbaren Klassen beobachtet. Empirisch nachgewiesen wurde dieser Sachverhalt von GALLAGHER (1967) auf dem Hintergrund des Biological Sciences Curriculum Study (BSCS). Die wichtigsten Ergebnisse in bezug auf obige Annahme waren:

---

1) *Für den Bereich der Physik ist eine gute Diskussion dieses Problems bei JUNG (1970) zu finden.*

2) *wobei zusätzlich noch verschiedene Realitätsbereiche "Schulphysik" unterschieden werden können, etwa in bezug auf verschiedene Altersstufen, Schularten (Physik für Gymnasien, Realschulen, Hauptschulen), Kursarten (Leistungskurse, Erweiterungskurse, Grundkurse) usw.*

- "So etwas wie die Darbietung eines BSCS Curriculums war nicht festzustellen. Demgegenüber präsentierte jeder Lehrer seine eigene Interpretation des Curriculums.

- Verschiedene Lehrer besaßen unterschiedliche Stile der Darbietung.

- Die verschiedenen Ansätze resultierten in unterschiedlichen Ideen und Konzepten, die den Schülern dargeboten wurden.

- Die einzelnen biologischen Begriffe wurden mit unterschiedlicher Gewichtung dargeboten." (GALLAGHER, 1967 zit. nach SHULMAN + TAMIR, 1973, S. 1136, eigene Übers.)

Dieser Vorgang einer erneuten Modifizierung eines ausgewählten Sachverhaltes E_a eines bestimmten Realitätsbereiches im Verlauf des eigentlichen Instruktionsvorganges durch einen Lehrer - was im übrigen erhebliche Schwierigkeiten beim Vergleich verschiedener Curricula mit sich bringt - ist im Modell der Abb. 7 durch einen von links nach rechts gehenden Pfeil angedeutet. Was also zu einem bestimmten Zeitpunkt t_i im Rahmen geplanter Instruktion an eine kognitive Struktur herangetragen wird, ist ein in mehrfacher Weise veränderter Sachverhalt E_a'.

Auf diesen Sachverhalt E_a' und auf den eigentlichen Vorgang der Instruktion bezieht sich ein Pfeil in Abb. 7, der von rechts nach links verläuft. Er soll stellvertretend für all diejenigen Möglichkeiten stehen, die ein Individuum (ein Schüler) bei einer aktiven Auseinandersetzung sowohl mit den im Unterricht dargebotenen Inhalten als auch mit der gesamten Unterrichtssituation zur Verfügung hat. Hierzu kann man etwa folgende Aspekte zählen (wobei kein Anspruch auf Vollständigkeit erhoben wird une eine nähere Erläuterung unterbleiben soll): schulfachbezogene Interessen und Einstellungen von Schülern; Bewertungen eines Faches bzw. seiner Inhalte in bezug auf übergeordnete Wertvorstellungen (z.B. Geschlechtsrollenbezug, Bezug zu einem gewählten künftigen Beruf,

Ansehen bei relevanten Bezugspersonen wie Eltern, Alterskameraden usw.); präferierte Unterrichtsmethoden und Unterrichtsstile; Einstellung gegenüber der Person des Lehrers; schulklimatische Aspekte (siehe z.B. SCHREINER 1973); vorhandene oder nicht vorhandene bzw. auch Art der vorhandenen kognitiven Kategorien und Schemata zur Einordnung eines angebotenen Sachverhaltes; Fähigkeit oder Unfähigkeit zur Ausführung bestimmter kognitiver Operationen usw. Zusammengefaßt läuft die obige Aufzählung auf den sicher nicht sehr neuen Gedanken hinaus, daß es im wesentlichen von der Ausstattung der augenblicklichen kognitiven Struktur[1)] eines Schülers abhängt, was und wieviel von einem in einer konkreten Unterrichtssituation vermittelten Angebot tatsächlich wahrgenommen[2)] und in die kognitive Struktur übernommen wird.

Bei der bisherigen Beschreibung der Grundstruktur des Modells wurden einige Aspekte noch nicht berücksichtigt, auf die jetzt noch eingegangen werden muß.

Die den einzelnen Zeitpunkten zugeordneten kognitiven Strukturen sind durch einen Pfeil miteinander verbunden, der hier zunächst einmal eine "Veränderung" andeuten soll. Eine solche Veränderung kann sich prinzipiell auf jeden der drei Teilbereiche einer kognitiven Struktur beziehen; inhaltlich wären solche Veränderungen etwa folgendermaßen zu fassen: Bildung neuer Gedächtnisinhalte durch Bildung oder Zerlegung von Komplexionen oder Abstrakta (DÖRNER, 1976) d.h. Erweiterung und Differenzierung vorhandener "Begriffsnetze"; Modifizierung bzw. Neubildung kognitiver Schemata (s. z.B. KLUWE, 1979); Erwerb bestimmter kognitiver Operationen; Zusammenfassung von Operationen zu Heurismen; Veränderung ganzer Denkabläufe; Neubewertung von Gegenständen; Interessenzunahme oder -abnahme; Einstellungsänderungen usw. Die veränderte kognitive

---

1) *Hier immer als übergeordnete, eine motivationale Struktur einschließende Kategorie gemeint.*

2) *Im zweifachen Wortsinn!*

Struktur soll dabei grundsätzlich als *Interaktions*produkt zwischen bisheriger kognitiver Struktur und aufgenommener Information aufgefaßt werden.[1)]

Eine wichtige Bemerkung erscheint mir hier noch notwendig: Art und Ausmaß der beobachtbaren Veränderung einer kognitiven Struktur sind nicht zuletzt auch davon abhängig, unter welchem zeitlichen Auflösungsgrad ich Veränderungen erfasse. Wähle ich ein relativ grobes Raster mit weit auseinander liegenden Zeitpunkten, dann kann ich erwarten, daß die eingetretenen Veränderungen von anderer Art und von größerem Ausmaß sind, als wenn ich recht eng beieinander liegende Zeitpunkte wähle. Beispielsweise wird man als Folge einer einzigen Unterrichtsstunde in einem bestimmten Fach nur sehr begrenzte Veränderungen in der kognitiven Struktur eines Schülers erwarten dürfen; greift man hingegen im Lebenslauf eines Schülers drei geeignete Zeitpunkte heraus (z.B. 5., 10., 15. Lebensjahr), dann wird man sehr tiefgreifende, "qualitative" Veränderungen, vollkommene Neustrukturierungen der kognitiven Struktur erwarten dürfen (z.B. nach PIAGET voroperatorisches, konkret-operatorisches und formal-operatorisches Denken).

Es sei hier noch erwähnt, daß die zu verschiedenen Zeitpunkten eingezeichneten Realitätsbereiche eigentlich auch durch Pfeile miteinander verbunden sein müßten, um der Tatsache Rechnung zu tragen, daß auch Teile von Realitätsbereichen oder ganze Bereiche Veränderungen unterworfen sind. Der Einfachheit halber wurden diese Pfeile im Modell weggelassen. Man wird weiterhin davon ausgehen können, daß innerhalb bestimmter Zeiträume (etwa bezogen auf eine Unterrichtseinheit oder ein Schuljahr) kaum mit Veränderungen an dem zu rechnen ist, was als Gegenstand einer Instruktion vorgesehen ist (vgl. relative Konstanz von Lehrplänen, Schulbüchern usw.).

[1)] *Dieser Grundgedanke ist z.B. auch bei AUSUBEL zu finden.*

Nachdem die Grundstruktur des "verbesserten" Modells soweit beschrieben wurde, soll abschließend noch auf einige *Probleme* solcher Darstellungsweisen eingegangen werden:

Zunächst einmal darf nicht übersehen werden, daß derartige Modelle zum gegenwärtigen Zeitpunkt "in" sind; es besteht daher die große Gefahr, daß der Vielzahl vorhandener "Kästchen-mit-Pfeilen"-Modelle ein weiteres hinzugefügt wird, ohne daß hierzu die Notwendigkeit besteht oder ohne daß hiervon ein Erkenntnisgewinn zu erwarten wäre. Weiterhin besitzen derartige Modelle die unangenehme Eigenschaft, daß sie - nicht zuletzt aufgrund ihrer häufig feststellbaren Plausibilität - eine gewisse Immunität gegenüber möglicher Kritik besitzen. Man muß sich vielfach erst "in das Modell hineindenken" und "in ihm denken",[1] bevor man offensichtliche Schwachstellen erkennen kann. Man kann weiterhin feststellen, daß die Bestandteile eines solchen Modells u.U. beginnen, "ein Eigenleben zu führen" und zu Entitäten zu werden,[2] d.h. ihr modellhafter Charakter und ihre nur in bezug auf ein bestimmtes Modell bestehende Funktion gehen verloren. Derartige Modelldarstellungen bringen außerdem die Gefahr mit sich, daß "alles über den Leisten des Modells geschlagen wird", d.h. es besteht die Gefahr einer gewissen Betriebs-, oder besser "Modellblindheit". Meistens sind derartige Modelle (obiges sicher eingeschlossen) sehr "weitherzig", d.h. sie erlauben auch die weitgehende Einordnung einer Vielzahl bisheriger Konzeptionen und Befunde.

Trotz dieser Bedenken scheint mir der Wert derartiger Modellvorstellungen - speziell der in Abb. 7 - doch darin zu bestehen, daß sie - wie bereits mehrmals erwähnt - eine ordnende, integrierende und gleichzeitig auch heuristische Funktion erfüllen. Auf dem Hin-

---

[1] *Obwohl es dann schon zu spät sein kann!*

[2] *Vgl. die bei KLUWE 1979, S. 24 zitierte Aussage von RUMELHART + NORMAN 1976: "When a schema sees something..."*

tergrund des entwickelten Modells lassen sich zumindestens theoretische Ansätze, Konzepte, Befunde usw., die üblicherweise getrennt voneinander diskutiert werden, "sinnvoll und plausibel" zusammenbringen, allein dies scheint mir schon wichtig genug zu sein.

Für das weitere Vorgehen in dieser Arbeit bleiben in bezug auf das entwickelte Modell als spezifische Probleme bestehen, daß die "Kästchen" und "Pfeile" bisher noch weitgehend inhaltleer geblieben sind. Die Beseitigung dieser Leerstellen und damit auch eine weitere Ausdifferenzierung des obigen Modells soll in den folgenden Abschnitten erfolgen.

Entsprechend dem Grundaufbau des obigen Modells werden hierbei folgende zentrale Probleme behandelt: Möglichkeiten zur Erfassung und Beschreibung von Realitätsbereichen bzw. Sachstrukturen (begrenzt auf den Bereich "Physik"); Möglichkeiten zur Erfassung und Beschreibung kognitiver Strukturen (ebenfalls "bereichsspezifisch" auf Physik bezogen); Veränderung (physikbezogener) kognitiver Strukturen über größere Zeiträume (entwicklungspsychologische Betrachtungsweise); gezielte und geplante Beeinflussung kognitiver Strukturen (unter besonderer Berücksichtigung des AUSUBELschen Ansatzes).

3. Darstellung theoretischer Konzeptionen und empirischer Befunde im Rahmen des verbesserten Modells des Begriffslernens und der Begriffsentwicklung

3.1. Möglichkeiten zur Erfassung und Beschreibung von Realitätsbereichen bzw. Sachstrukturen

Bei der bisherigen Kurzbeschreibung des "verbesserten Modells" wurde u.a. davon ausgegangen, daß sich verschiedene Bereiche der Realität identifizieren lassen, die in sich eine noch nicht näher charakterisierte *Struktur* aufweisen. Der näheren Charakterisierung der Struktur eines bestimmten Bereiches der Realität, nämlich der *Physik* - hier auch mit *Sachstruktur* (der Physik) bezeichnet - dient der nachfolgende Abschnitt.
Zur Warnung seien allerdings zwei Zitate vorangestellt:

> "Das Wort "Struktur" gehört zu den Modeworten, die wie Parasiten die Sprache befallen." (HINRICHS 1969, zit. nach SAUER 1974)

> "In der Erziehungswissenschaft werden populäre Ideen häufig zu Moden. Verschiedene Autoren beginnen, die modischen Ausdrücke in einer Weise zu benutzen, die von ihren Schöpfern wahrscheinlich nicht beabsichtigt war. Leute, die diese Ideen nur halb verstehen, verwenden sie in einseitiger, fast vulgärer Weise und verändern sogar völlig ihre ursprüngliche Bedeutung. Der Gebrauch eines Ausdruckes wird sehr nachlässig gehandhabt, wobei sogar in der Arbeit eines einzigen Autors Widersprüche auftreten können. Der Ausdruck ist bald fast allgegenwärtig, und er scheint von sämtlicher Bedeutung entkleidet zu sein. Lehrer beginnen, den Ausdruck unsicher zu benutzen, aber aufgrund fehlender Unterstützung beim Umgang mit Problemen, die daraus entstehen, werden sie durch das Nicht-Eintreten der versprochenen Ergebnisse sehr bald ihrer Illusionen beraubt. Alle diese Stadien charakterisieren auch den Ausdruck "Struktur"." (LUKINSKY 1970, eigene Übers.)

Die in diesen Zitaten angedeuteten Gefahren bei der Verwendung des Ausdruckes "Struktur" lassen sich meiner Auffassung nach am ehesten dadurch vermeiden, daß man die verschiedenen Kontexte in denen dieser Ausdruck auftritt, in eine Ordnung (eine Struktur!) bringt. Nach Durchsicht der einschlägigen Literatur scheint mir in Übereinstimmung mit meinem "verbesserten Modell" (bzw. als Präzisierung eines Teiles dieses Modells) folgende Systematisierung angemessen:

Abb. 8: Übersicht über die Verwendungszusammenhänge des Ausdruckes "(Sach-)Struktur"

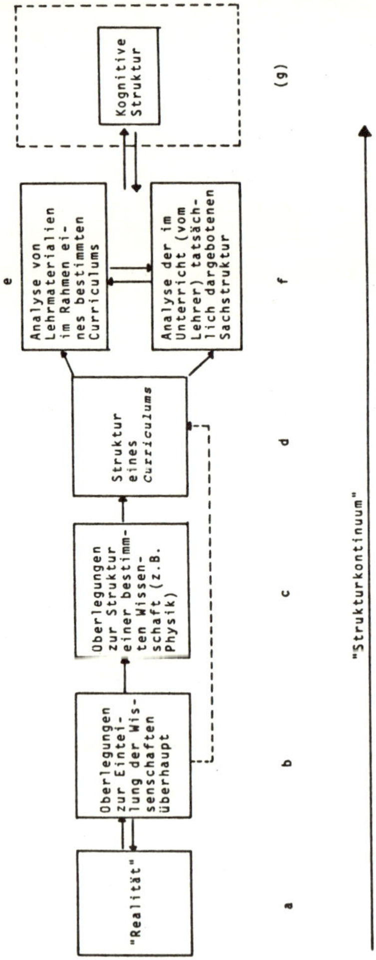

In der umseitigen Abbildung sind die möglichen Verwendungszusammenhänge des Ausdruckes (Sach-)Struktur in einem "Strukturkontinuum" angeordnet. Dieses Kontinuum soll andeuten, daß die Diskussion über Sachstrukturen auf sehr verschiedenen Komplexitätsebenen geführt wird, angefangen bei grundsätzlichen Überlegungen über die Einteilung der Wissenschaften bis hin zur Feinanalyse tatsächlich realisierten Unterrichtes. Die verschiedenen Abschnitte auf diesem Kontinuum (a bis f (bzw. g)) sollen im folgenden näher beschrieben werden:

3.1.1. Zum Problem der Einteilung der Wissenschaften

Es wird zunächst ausgegangen von einer äußeren Realität (Kasten a).[1] Als *ein* Bestandteil dieser Realität, gleichzeitig aber auch als diese Realität gestaltende und verändernde Faktoren können die *Wissenschaften* angesehen werden (Kasten b). Dieser doppelte Charakter der Wissenschaften ist in umseitiger Abbildung durch die in beide Richtungen verlaufenden Pfeile dargestellt.

Überlegungen zur Einteilung der Wissenschaften überhaupt (Kasten b) mögen vielleicht heutzutage angesichts relativ klar abgegrenzter Disziplinen (vgl. z.B. Studiengänge und Abschlüsse an unseren Universitäten, Berufsbezeichnungen usw.) befremdlich erscheinen. Solche Überlegungen gewinnen aber dann an Sinn, wenn man sich z.B. folgende Gesichtspunkte vor Augen hält:

- *Historisch* gesehen war die heutige Einteilung der Wissenschaften nicht immer so, und sie wird wohl in Zukunft auch nicht immer so bleiben (vgl. z.B. die allmähliche Etablierung der Psychologie als eigenständiges Fach bzw. das Problem, die Psychologie als eigenständiges Fach in Zukunft zu behaupten und nicht in verschiedenen Nachbarfächern aufgehen zu lassen).

---

[1] *Auf die grundsätzlichen (philosophischen) Probleme der Annahme einer von einem erkennenden Subjekt unabhängigen Realität soll hier nicht eingegangen werden.*

- In die gleiche Richtung weisen die zwischen bestimmten Disziplinen permanent bestehenden "Abgrenzungsprobleme" (z.B. zwischen Soziologie und Sozialpsychologie, zwischen Pädagogik und Pädagogischer Psychologie, zwischen Physiologie und Physiologischer Psychologie usw.)

- Ein Indiz für die Nicht-Selbstverständlichkeit der Einteilung der Wissenschaften ist auch die häufig zu hörende Forderung nach *interdisziplinärer* Zusammenarbeit, angesichts von Fragestellungen, die ein Fach allein kaum zu lösen vermag.

An Überlegungen zur Einteilung der Wissenschaften sind besonders die Versuche von J.J. SCHWAB bekannt geworden (SCHWAB 1964a, dt. 1972). SCHWAB geht davon aus, daß als Grundlage der bisherigen Versuche zur Klassifikation der Wissenschaften explizit oder implizit im wesentlichen vier Gesichtspunkte herangezogen wurden: Gegenstand der Forschung; Fähigkeiten und Voraussetzungen, die zu ihrer Ausübung notwendig sind; Methoden und Arten der Forschung; angestrebte Ziele und Zwecke. SCHWAB kann zeigen, daß recht verschiedene Klassifikationen zustandekommen können, je nachdem welche dieser Gesichtspunkte, mit welchem Gewicht und in welcher Kombination herangezogen werden.

So führt z.B. die besondere Betonung der angestrebten *Ziele* und des *Forschungsgegenstandes* zur *Aristotelischen* Einteilung der Disziplinen in:

- theoretische Wissenschaften	(beschäftigen sich mit Dingen, die fest, stabil, dauerhaft sind z.B. Physik, Biologie)
- produktive Wissenschaften	(beschäftigen sich mit den formbaren, veränderbaren Aspekten von Dingen z.B. Kunst, Technik)

- praktische Wissenschaften (beschäftigen sich mit einer anderen Art von Formbarkeit, nämlich der menschlichen Fähigkeit, über die eigene Zukunft zu reflektieren und so zu handeln,wie es für richtig gehalten wird z.B. Ethik, Politik)

Demgegenüber führt eine Betonung des *Forschungsgegenstandes* zur Hierarchie der Wissenschaften nach Auguste COMTE Mathematik (als Basis), Physik, Chemie, Biologie, Sozialwissenschaft.

Schließlich führt eine Betonung der *Kompetenzen* des Wissenschaftlers - wie sie in der *Platonischen* Einteilung der Disziplinen erfolgt - dazu, daß die Grenzen der uns geläufigen Wissenschaften gesprengt werden und völlig neue Disziplinen geschaffen werden (nach LUKINSKY 1970).

Diese Beispiele werden von SCHWAB deshalb aufgeführt, um zu zeigen, daß es keinen "richtigen" Ansatz zur Klassifikation der Wissenschaften gibt. Jeder Ansatz macht Aussagen über bestimmte Gemeinsamkeiten und Unterschiede zwischen den Disziplinen, und jeder Ansatz - dies ist für den vorliegenden Zusammenhang besonders wichtig - hat bestimmte Implikationen für schulische Erziehung. So sind beispielsweise die Diskussionen um "integrierte" Curricula (vgl. z.B. FREY + HÄUSSLER 1973) nur auf dem Hintergrund einer (uns geläufigen) vorherigen Trennung der Disziplinen etwa im Comte'schen Sinne verständlich. Dieser Zusammenhang von Überlegungen zur Einteilung der Disziplinen und Curriculum ist in Abb. 8 durch einen gestrichelten Pfeil dargestellt.

3.1.2. Zum Problem der Struktur einer bestimmten Wissenschaft

Ist eine Einteilung und damit auch Abgrenzung der Disziplinen erst einmal erfolgt, dann kann man sich einem zweiten Verwendungszusammenhang des Ausdruckes "Struktur" zuwenden, nämlich der Frage nach der "Grundstruktur" einer jeden Wissenschaft (vgl. Kasten c in Abb. 8). Für die weitere Darstellung soll dabei eine recht nützliche Einteilung dieser Grundstruktur in *begriffliche, syntaktische* und *einstellungsbezogene* Strukturen übernommen werden, die in dieser und ähnlicher Form von verschiedenen Autoren gebraucht wird (z.B. SCHWAB 1964a, LUKINSKY 1970, TÜTKEN 1970).[1]

3.1.2.1. *Begriffliche Strukturen* (Grundkonzepte einer Wissenschaft)

Um das *Spektrum* bisheriger Versuche zur Auffindung der Grundkonzepte in den Naturwissenschaften (speziell der Physik) und die dabei auftretenden *Probleme* besser zu verdeutlichen, seien zunächst einige *Beispiele* vorgestellt.

Auf einem sehr allgemeinen Niveau unterscheidet SCHWAB (1964b) drei *Formen* naturwissenschaftlicher Konzepte: *reduktive* ("Die Eigenschaften des übergeordneten Ganzen werden als Summationen, Kombinationen oder Interaktionen der konstituierenden Teile aufgefaßt." (SCHWAB 1964b; dt. 1972, S. 72)); *holistische* (als Gegenteil reduktiver Konzepte: das übergeordnete Ganze wird als schlechthin "seiend", d.h. unerklärbar angesehen); *rationale*

---

[1] *Hierbei sollte klar sein, daß diese Einteilung nur aus Darstellungsgründen erfolgt. "In Wirklichkeit" wird diese Trennung nicht durchzuhalten sein, da sich die verschiedenen Strukturen wechselseitig bedingen. So sind z.B. Konzepte, Ideen, Modelle auf der einen Seite als Ergebnis bestimmter Forschungsmethoden anzusehen, auf der anderen Seite bestimmen sie aber auch wieder Art und Richtung weiterer Forschungen.*

(Ein Gegenstand wird durch irgendein System bestimmt oder erklärt, "wobei es sich oftmals um ein rein mathematisches oder rationales Beziehungsgefüge handelt, innerhalb dessen der Gegenstand existiert und agiert." (SCHWAB 1964b; dt. 1972, S. 74f.))

Ebenfalls auf einem recht allgemeinen Niveau[1] bewegen sich die *sieben* vom Curriculum Committee der National Science Teachers Association der USA erarbeiteten "Conceptual Schemes", die als Leitlinien bei der Konstruktion von Curricula dienen sollten (NSTA 1964, zit. nach HÄUSSLER 1973, S.50):

"1. Materie ist aus Elementarteilchen aufgebaut: Unter gewissen Bedingungen können diese Teilchen in Energie umgewandelt werden und umgekehrt.

2. Materie besteht aus Bausteinen, die in einer Hierarchie zunehmender Komplexität klassifiziert werden können.

3. Das Verhalten der Materie im Universum läßt sich auf einer statistischen Basis beschreiben.

4. Bausteine der Materie wechselwirken miteinander. An den Wechselwirkungen sind elektromagnetische, Gravitations- und Kernkräfte beteiligt.

5. Die miteinander in Wechselwirkung stehenden Bausteine der Materie streben einen Gleichgewichtszustand an, in dem der Energieinhalt (Enthalpie) ein Minimum und die Energieverteilung (Entropie) der größtmöglichen Zufälligkeit entspricht. Der Gleichgewichtszustand wird entweder durch Energietransformationen oder Materietransformationen oder Materie-Energietransformationen erreicht. Die Summe aus Materie und Energie bleibt im Universum konstant.

---

[1] *Da sie nicht nur für die Physik sondern für alle Naturwissenschaften Gültigkeit haben sollen.*

6. Die Bewegung der Materie-Bausteine ist eine Form der Energie. Solche Bewegung ist verantwortlich für das Phänomen der Wärme und für die Aggregatzustände "flüssig", "fest" und "gasförmig".

7. Materie existiert in Raum und Zeit und ist aufgrund von Wechselwirkungen seiner Bausteine untereinander Veränderungen in der Zeit unterworfen. Solche Veränderungen können mit unterschiedlicher Geschwindigkeit und in vielfältigen Mustern erfolgen."

Ein in der Bundesrepublik bekannt gewordener Versuch der Strukturierung der Physik - der im übrigen auch zu curricularen Konsequenzen führte (s.u.) - stammt von SPRECKELSEN 1970. Er formuliert folgenden *Kanon von Strukturelementen der Physik*, der sowohl fachübergreifende als auch fachspezifische Konzepte enthält; den einzelnen Strukturelementen werden außerdem bestimmte Grundbegriffe als wesentlich zugeordnet:

1.) *Fachübergreifende Strukturelemente*

- *Teilchensystemkonzept*
  Begriffe: Stoff, Eigenschaften, Teilchen, Teilchensystem
- *Interaktionskonzept*
  Begriffe: Wechselwirkung, Interaktionspartner, Veränderung
- *Erhaltungskonzept*
  Begriffe: Zustand, Zustandsänderung, Erhaltung, (Energie)

2.) *Fachspezifische Strukturelemente*

- *Feldkonzept*
  Begriffe: Feld, Welle, (Schwingungen)
- *Relativitätsprinzip*
  Begriffe: Relativität, Bezugssystem
- *Erzeugungs-Vernichtungs-Konzept*
  Begriffe: Elementarteilchen, Erzeugung, Vernichtung
- *Statistische Natur des Universums*
  Begriffe: Wahrscheinlichkeit, (Entropie)

(gekürzt und modifiziert nach SPRECKELSEN 1970, S. 422)

Ein neuerer Versuch zur "konzeptuellen Darstellung der Physik", der auch als Grundlage für die Ausbildung von Lehramtskandidaten dient, stammt von NACHTIGALL + SIEMSEN (1977). Dort ist auch eine vergleichende Kurzübersicht über alternative Konzept-Systeme in der Physik (einschließlich dessen von SPRECKELSEN) zu finden. Da alle diese Versuche gewisse Ähnlichkeiten aufweisen und die Konsequenzen ihrer Unterschiede für den Nicht-Physiker kaum nachvollziehbar sind, soll hier nicht weiter darauf eingegangen werden.

Vom Anspruch her sehr viel bescheidener als die obigen Versuche (da auch in anderem Zusammenhang entstanden) ist das folgende Beispiel von JUNG (1970), in dem versucht wird, das Beziehungsgefüge innerhalb eines Gebietes der Physik (Wärmelehre) zu veranschaulichen. Wesentlich deutlicher als in den obigen *Katalogen* von (Grund-)Konzepten tritt hier der *strukturelle* Charakter (Struktur im allgemeinsten Sinne als Beziehungsgefüge zwischen den Elementen eines Systems verstanden) eines Bereiches zutage.

Abb. 9: Beziehungsgefüge zwischen den Gegenständen der Wärmelehre (JUNG 1970, S. 71)

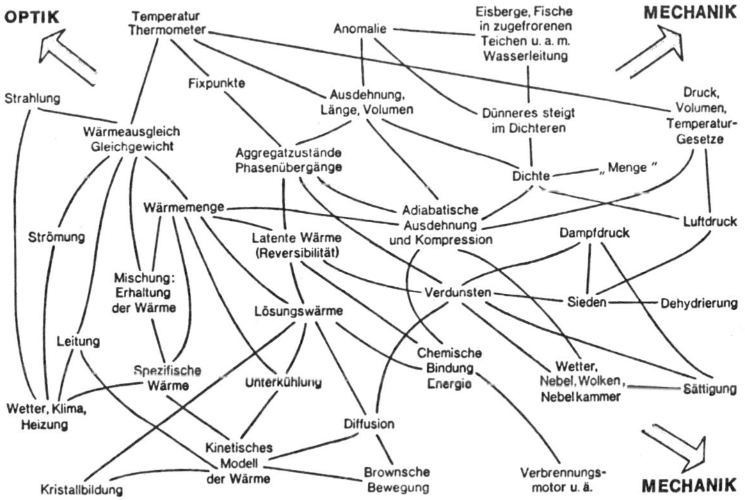

Abschließend müssen noch Versuche erwähnt werden, denen es nicht um eine *inhaltliche* Bestimmung der Grundkonzepte in der Physik geht, sondern um eine *formale* Klassifikation der verschiedenen Begriffsarten.[1] [2]

So unterscheidet z.B. VOIGT (1972, S. 578) nach dem Anteil konkreter Merkmale folgende Begriffe:

" - Dinge der objektiven Realität (z.B. Spule, Zuleitung, Lampe)

- deren Oberklassen (z.B. Widerstand, Nichtleiter)

- Erscheinungen, Zustände, Prozesse (z.B. Elektromagnetismus, Energieumwandlung)

- Gesetzmäßigkeiten für diese Prozesse und Zustände (z.B. Grundgesetz der Mechanik, Reflexionsgesetz)

- Kategorien zur Bewertung dieser Gesetzmäßigkeiten (z.B. Bedingungsgefüge der klassischen Physik)."

DÖRNER (1973) kommt (als Psychologe) ausgehend von der Analyse des Realitätsbereiches "Stromkreis" zu vier verschiedenen Begriffsarten, die durch bestimmte Relationen miteinander verbunden sind:

---

[1] *Die eingangs erwähnten drei Formen naturwissenschaftlicher Konzepte von SCHWAB können auch hierunter gefaßt werden.*

[2] *Obwohl diese formalen Versuche zur Beschreibung der begrifflichen Struktur der Physik nicht ganz in den vorliegenden Zusammenhang passen, sollen sie hier doch der Vollständigkeit halber erwähnt werden. In gewisser Weise sind die beschriebenen Beispiele physikbezogene Konkretisierungen der von KLAUSMEIER et al. 1974 angegebenen Dimensionen zur Unterscheidung verschiedener Begriffe (vgl. Abschnitt 2.1.1.).*

Abb. 10: Grundmuster der begrifflichen Struktur eines Realitätsbereichs (DÖRNER 1973, S. 83)

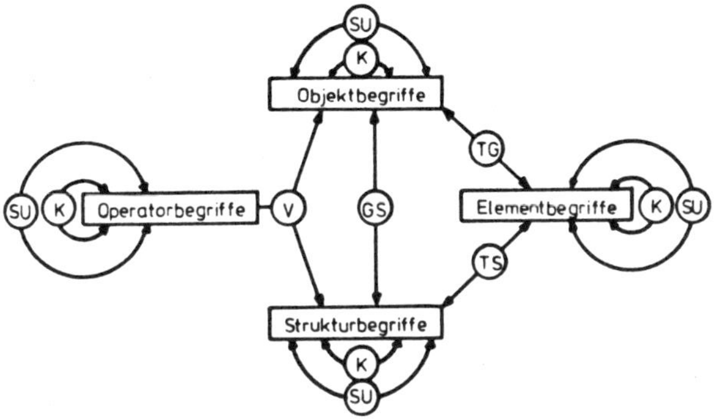

(Erläuterung: TG = Teil-Ganzes-Relation
GS = Ganzes-Struktur-Relation
TS = Teil-Struktur-Relation
V = Veränderungsrelation
SU = Oberbegriff-Unterbegriff (Supraordinat bzw. Subordinat)
K = Koadjunktion)

Schließlich sei noch die hierarchische Einteilung physikalischer Begriffe nach JUNG (1970) angeführt:

A 1. *Einfache (deskriptive) Begriffe*

a) binäre Bildung (Koinzidenz) z.B. rot oder nicht-rot
b) Klasseneinteilung (Äquivalenzrelation) z.B. gleich-schwer

2. *Quantifizierung*

a) lineare Ordnung z.B. schwerer-leichter
b) Größenklassen (Proportionalität) z.B. doppelt so schwer
c) Maßsysteme (Festlegen einer Einheit)

3. *Algebraisierung 1* (Funktionen)

a) Bildung physikalischer Terme mit Variablen
z.B. G (x): Gewicht eines Körpers x
b) Bildung algebraischer Terme aus deskriptiven einfachen
z.B. G (x) / V (x): Wichte

4. *Algebraisierung 2* (Funktionen von Funktionen)

a) Suche nach relevanten Variablen
z.B. L (x, T(x)): Die Länge eines Körpers x hängt von der Temperatur des Körpers ab
b) "Qualitative" Analyse der Funktion, entsprechend 2a
z.B. L (x, T(x)) wächst mit T (x)
c) Quantitative Untersuchung der Funktion, entsprechend 2b und 3b
z.B. L (x, T(x)) / T (x) = const (x)
d) Quantitative Untersuchung: Ersetzen physikalischer Terme durch algebraische, entsprechend 2c und 3b
z.B. L (x, T(x)) = const (x) · (1+ß·T(x))

B 1. Reale Modelle
2. Ikonische Modelle ("Modellvorstellungen")
3. Symbolische Modelle (abstrakt-mathematische Modelle)

(leicht gekürzt nach JUNG 1970, S. 4of)

Die Liste der Beispiele - sowohl in Richtung einer Auffindung von Grundbegriffen als auch in Richtung einer eher formalen Unterscheidung verschiedener Begriffsarten - ließe sich nahezu beliebig verlängern. Die aufgeführten Beispiele mögen allerdings genügen, um zu verdeutlichen, in welcher Weise das Problem der begrifflichen Struktur (des Faches Physik) angegangen wurde.

Bei der weitgehend unkommentierten Darstellung der obigen Beispiele wurde noch nicht auf die damit verbundenen *Probleme* eingegangen; diese sollen hier abschließend kurz angesprochen werden:

Zunächst einmal ist festzuhalten, daß selbst in einem scheinbar so festgefügten Fach wie der Physik weitreichende *Unterschiede* zwischen verschiedenen Fachleuten bei der Beantwortung der Frage nach der begrifflichen Grundstruktur auftreten. Die jeweilige Auswahl der Grundbegriffe ist in der Regel ohne weiterführende Rechtfertigung fast vollkommen "vom Geschmack" des jeweiligen Autors abhängig.[1] Diese simple Tatsache vorhandener Differenzen zwischen verschiedenen Fachleuten weist bereits darauf hin, daß "die" begriffliche Struktur einer Disziplin als alleiniges oder doch dominierendes Prinzip bei der Erstellung von der jeweiligen Disziplin zugeordneten Curricula (siehe Pfeil von Block c nach d in Abb. 8) in Frage gestellt werden muß.

Weiterhin ist festzuhalten, daß die begrifflichen (Grund-)Strukturen einer Wissenschaft allzu häufig als "festgefügte und dauerhafte Eckpfeiler" (LUKINSKY 1970, S. 19) angesehen werden, die es ermöglichen sollen, alle übrigen Fakten des Faches zu rekonstruieren, weshalb sie auch vorrangig gelehrt werden sollen (in diese Richtung argumentiert besonders BRUNER 1960[2]). Die Grundbegriffe werden sozusagen als die besten Verallgemeinerungen der Fakten eines Faches angesehen; in der Terminologie von KLAUSMEIER et al. (1974) wären das die "allgemeinsten", "brauchbarsten", "mächtigsten" Begriffe. Nach SCHWAB (1964) ist diese Auffassung aber eine allzu einseitige Sicht der Dinge. Begriffliche Strukturen sind nicht nur Verallgemeinerungen des gegenwärtigen Wissensstandes eines Faches, sondern sie gehen in gewisser Weise auch den Fakten voraus, da sie zum Teil bestimmen, was überhaupt als Faktum anerkannt wird. Der Wissenschaftler muß zuerst Strukturen entwickeln, durch die dann die Fragen definiert werden,

---

[1] *Man kann sich leicht vorstellen, wie das Ergebnis aussehen würde, wenn z.B. 10 Psychologen die begriffliche Grundstruktur ihres Faches herausstellen sollten!*

[2] *BRUNER's Betonung der Struktur einer Wissenschaft im Sinne fundamentaler Konzepte basiert allerdings nicht auf wissenschaftstheoretischen sondern psychologischen Überlegungen.*

die als relevant und untersuchenswert angesehen werden. Diese Auffassung weist auf *zwei* wichtige Merkmale einer Wissenschaft hin:

Einmal betont sie den *revisionären* Charakter wissenschaftlicher Erkenntnis, d.h. die kontinuierliche Neufestsetzung und Abänderung der Grundstrukturen; zum anderen betont sie den *pluralistischen* Charakter wissenschaftlicher Erkenntnis, d.h. die Tatsache, daß in einer Wissenschaft über denselben Gegenstand konkurrierende Auffassungen existieren können.

Nach SCHWAB (ähnlich auch LUKINSKY 1970) besteht daher die Antwort auf die Frage nach der begrifflichen (Grund-)Struktur einer Wissenschaft nicht darin zu bestimmen, welches *die* begriffliche Struktur *ist*, sondern darin aufzuweisen, welche Konzepte für welchen Zweck benutzt werden und welche Implikationen eine bestimmte Entscheidung gegenüber alternativen Konzeptionen hat. Es ist daher auch kein Zufall, daß das von SCHWAB stark beeinflußte Biologiecurriculum "Biological Sciences Curriculum Study" (BSCS) als einziges in *drei* Versionen vorliegt, die jeweils unterschiedliche Konzeptionen über die Grundstruktur der Biologie enthalten.

Auf die curricularen Konsequenzen, die diese unterschiedlichen Auffassungen über die begriffliche Struktur einer Wissenschaft mit sich bringen, wird im übrigen noch eingegangen.

3.1.2.2. *Syntaktische Strukturen*

Das Problem der *syntaktischen Struktur* besteht darin, "für jede Wissenschaft zu bestimmen, was sie durch die Verfahren des Forschens und Prüfens leistet, welche Kriterien sie für die Messung der Qualität ihrer Daten verwendet, wie genau sie die Evidenzprinzipien anwenden und (den) Weg festlegen kann, auf dem sie von ihren (Rohdaten) in einem längeren oder kürzeren Interpretationsprozeß (zu einer Schlußfolgerung gelangt) " (SCHWAB 1964a; dt. 1972, S. 36).

Für die Naturwissenschaften trifft SCHWAB (1964b) die Unterscheidung zwischen der (*kurzfristigen*) Syntax der *stabilen* Forschung und der (*langfristigen*) Syntax der *fluiden* Forschung.[1)]

Der größte Teil aller (natur-)wissenschaftlichen Forschungen verläuft nach dem Modell der stabilen Forschung, und zwar in dem Sinne stabil, als die beteiligten Forscher glauben, sie wüßten genau, was zu tun sei. "Es gibt bei ihnen kein Schwanken darüber, welche Fragen zu stellen und welche Grundstrukturen anzuwenden sind." (SCHWAB 1964b; dt. 1972, S. 64) Wie solche Forschung abläuft oder abzulaufen hat, beschreibt SCHWAB folgendermaßen:

" 1. Formulierung eines Problems

2. Suche nach Daten, die eine mögliche Lösung des Problems versprechen.

3. Nochmalige Formulierung des Problems einschließlich dieser möglichen Lösungen.

4. Bestimmung der für die Lösung des Problems erforderlichen Daten.

5. Planung eines Versuches, der die erwünschten Daten erbringen soll.

6. Durchführung des Versuches und Sammeln der gewünschten Daten.

7. Interpretation der Daten mit Hilfe der leitenden Grundstrukturen, verknüpft mit dem früheren Wissen, das der Forscher schon besitzt." (nach SCHWAB 1964b; dt. 1972, S. 63f)

---

1) *Diese Unterscheidung trifft sich weitgehend mit KUHN's (1962, dt. 1967) Konzeption von "normaler" und "revolutionärer" Wissenschaft.*

Mehr oder weniger ähnliche Beschreibungen der Vorgehensweise bei (empirischer) Forschung ließen sich leicht beibringen.[1)]

Demgegenüber entsteht die Syntax der *fluiden* Forschung dann, wenn genau das zu einem Problem gemacht wird, was in der stabilen Forschung als selbstverständlich angesehen wurde. "Ein Vertreter der fluiden Forschung verfolgt drei Ziele: erstens in steter Alarmbereitschaft gegenüber den Augenblicken der Forschung zu sein, die Unangemessenheiten des Prinzips enthüllen; zweitens möglichst solche Hinweise der aktuellen stabilen Forschung aufzunehmen, die auf eine für das fragliche Prinzip charakteristische spezifische Schwäche oder Unangemessenheit deuten; endlich eine Modifikation der bestehenden Struktur oder eine neue Struktur als Ersatz zu konstruieren, die mehr von der Fülle des Gegenstandes erfaßt und der spezifischen, im alten Prinzip entdeckten Schwäche Rechnung trägt." (SCHWAB 1964b; dt. 1972, S. 66f.)

Nach SCHWAB - der im übrigen keinen Hehl daraus macht, daß "sein Herz" dieser Art Forschung gehört - ist es im Grunde unmöglich, eine schrittweise Beschreibung der fluiden Forschung zu geben, da diese mit einer Reihe von Unwägbarkeiten auskommen muß (z.B. Gibt es Methoden zur Erzeugung von "Akten kreativer Einsicht"? Welches ist der richtige Zeitpunkt für fluide Forschung? usw.).

Auch in bezug auf die syntaktische Struktur einer Wissenschaft (der Physik) sollen abschließend einige *Probleme* aufgezeigt werden:

[1)] *Für die Psychologie vgl. z.B. die bekannte Beschreibung von TRAXEL (1964, S. 33):*
1. Die Formulierung der Fragestellung und die Planung der Untersuchung.
2. Die systematische Sammlung von Beobachtungen unter dem Gesichtspunkt der Fragestellung.
3. Die Darstellung der Beobachtungen in ihren Beziehungen.
4. Die Beurteilung der gefundenen Tatsachen mit dem Ziel, die gestellte Frage zu beantworten.
5. Die Zurückführung der Ergebnisse auf möglichst einfache übergeordnete Prinzipien."

Es besteht zum einen die Gefahr, daß eine Beschreibung der (stabilen) Forschung, wie sie oben gegeben wurde, sehr leicht den Charakter einer Vorschrift oder eines Rezeptes annimmt. So machen sich z.B. BRANDWEIN et al. (1958, zit. nach JUNG 1973) mit Recht über das Forschungsritual lustig, indem sie die (natur-) wissenschaftliche Methode zur Erkenntnisgewinnung (s.o.) mit der Besteigung eines Berges gleichsetzen:

" 1. Wähle einen noch unbestiegenen Berg aus
(= Definiere ein Problem)

2. Stelle eine Seilschaft zusammen
(= Sammle relevante Daten)

3. Plane die Ausrüstung
(= Bilde Hypothesen)

4. Besteige den Berg
(= Überprüfe die Hypothesen)

5. Hisse eine Fahne auf dem Gipfel
(= Treffe eine Schlußfolgerung)" !

(nach JUNG 1973, S. 154, eigene Übers.)

Ein weiteres Problem - vergleichbar den begrifflichen Strukturen, u.U. sogar in noch ausgeprägterer Form - besteht darin, daß bezüglich der wissenschaftlichen Methode(n) erhebliche Kontroversen in der Wissenschaftstheorie existieren. JUNG (1973, S. 155) nennt hier beispielhaft die gegensätzlichen Auffassungen des Konstruktivismus, des Positivismus und des dialektischen Materialismus. Weiterhin problematisch ist nach JUNG (1973), daß die Aufstellung methodologischer Normen häufig nichts anderes ist als die *nachträgliche* Beschreibung und Analyse der Vorgehensweise der Wissenschaftler, "die vom Gang der aktuellen Forschung immer wieder überholt wird." "In Wirklichkeit" bilden diese methodologischen Schritte die Arbeit des Wissenschaftlers gar nicht ab; er wird diese Regeln - bewußt oder unbewußt - nur allzu oft verletzen.

Bei der oben angegebenen Beschreibung der Vorgehensweise eines (Natur-)Wissenschaftlers wird das Problem aufgeworfen, ob es eine für *alle* Naturwissenschaften verbindliche Methode gibt. Hiergegen wenden sich sowohl SCHWAB (1964a,b)[1] als auch JUNG (1973), für die sich die Frage "Wie" nicht von der Frage "Was" trennen läßt. Das Problem der syntaktischen Struktur ist für *jede* (Natur-)Wissenschaft neu zu lösen, es läßt sich wohl nicht allgemein entscheiden, "wie weit wissenschaftliche Methoden... von ihrem Gegenstand ablösbar sind." (JUNG 1973, S. 157). Von daher ist es auch fraglich, ob es möglich ist, (inhaltsleere) Kataloge von Methoden aufzustellen und diese als Leitfaden für die Erstellung von Curricula zu verwenden (s.u.).

Schließlich stellt sich mir noch im Zusammenhang mit der besonderen Betonung der "fluiden" Forschung durch SCHWAB - die im übrigen in der Betonung der Veränderlichkeit *begrifflicher* Strukturen ihr Pendant besitzt - das Problem, ob hier nicht - besonders im Hinblick auf eine curriculare Umsetzung - der "stabile" Anteil einer Wissenschaft unterschätzt bzw. vernachlässigt wird. In die gleiche Richtung argumentiert z.B. auch AUSUBEL (1963).

3.1.2.3. *Einstellungsbezogene Strukturen*

Als einstellungsbezogene Strukturen in den Naturwissenschaften kann man allgemein jene "Verhaltensstile und Haltungen (verstehen), die die intellektuellen Operationen des Wissenschaftlers, den Einsatz seiner begrifflichen Mittel und der Verfahrensstrategien ihrer Intensität und Richtung nach übergreifend beeinflussen."

---

[1] *Die von SCHWAB (1964b) gelieferte Beschreibung der naturwissenschaftlichen Vorgehensweise (s.o.), die er im übrigen selbst "revidierte Schulbuch-Version der kurzfristigen Syntax der Naturwissenschaften" nennt, sollte nur Beispielcharakter haben und nicht in der Weise mißverstanden werden, als hielte sie SCHWAB für allgemeinverbindlich.*

(TÖTKEN, 1970, S. 19) Nähere Charakterisierungen der (natur-) wissenschaftlichen Einstellung finden sich z.B. bei HANEY (1964) oder bei DIEDERICH (1967), dessen umfangreicher Katalog von "Komponenten der (natur-)wissenschaftlichen Einstellung" hier zur Illustration aufgeführt werden soll:

- Skepsis. Sachverhalte nicht als gegeben akzeptieren. Nach Voraussetzungen fragen.

- Vertrauen in die grundsätzliche Lösbarkeit von Problemen.

- Verlangen nach experimenteller Überprüfung einer Annahme.

- Präzision

- Vorliebe für *neue* Dinge.

- Bereitschaft, seine eigene Meinung zu ändern.

- Bescheidenheit bezüglich des eigenen Erkenntnisstandes.

- Wahrheitsliebe

- Objektivität

- Abneigung gegenüber abergläubischen Vorstellungen.

- Vorliebe für *wissenschaftliche* Erklärungen.

- Verlangen nach Vollständigkeit des eigenen Wissens.

- Bereitschaft, ein eigenes Urteil solange zurückzuhalten, bis ausreichende Informationen vorliegen.

- Zwischen Hypothesen und Lösungen unterscheiden.

- Sich der getroffenen Annahmen bewußt sein.

- Fähigkeit, beurteilen zu können, was von fundamentaler und allgemeiner Bedeutung ist.

- Wertschätzung von *theoretischen* Strukturen.

- Wertschätzung eines *quantifizierenden* Ansatzes.

- Akzeptieren von Wahrscheinlichkeitsaussagen.

- Akzeptieren von begründeten Verallgemeinerungen.

(leicht modifiziert und übers. nach DIEDERICH, 1967)

Einmal abgesehen von dem Problem, ob durch solche "Tugendkataloge" auch nur eine Mehrheit der in einer Wissenschaft Tätigen charakterisiert wird (für die Psychologie sei hier nur das drastische Gegenbeispiel "Cyril Burt" aufgeführt), stellt sich doch sofort die Frage, welche ("Wunsch"-)Konzeption von Wissenschaft die Autoren solcher Kataloge besitzen. Handelt es sich hier nicht eher um eine unangemessene Idealisierung, ja Glorifizierung von Wissenschaft!?

Ein weiteres Problem scheint mir darin zu bestehen, daß die obigen Komponenten der (natur-)wissenschaftlichen Einstellung von recht unterschiedlichem Allgemeinheitsgrad sind: Zum Teil reichen sie weit über jede Art von Wissenschaft hinaus und nehmen damit den Charakter allgemein "wünschenswerter" Tugenden an[1], zum Teil

---

[1] *Fast ist man versucht, eine Gegenüberstellung mit dem bekanntesten "Tugendkatalog" vorzunehmen:*
- *Abneigung gegenüber abergläubischen Vorstellungen = Du sollst keine fremden Götter neben mir haben!*
- *Wahrheitsliebe = Du sollst nicht lügen!*

bleiben sie relativ eng im Rahmen einer experimentell ausgerichteten Naturwissenschaft. Bei einem Teil der obigen Einstellungskomponenten ergibt sich überdies die Schwierigkeit, daß sie relativ inhaltsleer bleiben, solange nicht bestimmt ist, was sie für eine jeweilige Disziplin bedeuten (hier zeigt sich erneut die prinzipielle Unmöglichkeit einer Trennung der drei "Teil"strukturen einer Wissenschaft): "Genauigkeit, Akkuratesse... sind immer disziplinspezifisch und müssen in einer Disziplin erlernt werden. Die Standards für Präzision sind andere bei einem Botaniker wie bei einem theoretischen Physiker." (JUNG 1973, S. 155)

JUNG (1973) macht auf ein weiteres Problem aufmerksam, das besonders bei dem Versuch einer curricularen Umsetzung eines solchen Tugendkataloges zutage tritt: "Es ist höchst fragwürdig, ob so etwas wie ein wissenschaftlicher Charakter freischwebend über und außerhalb disziplinspezifischer Gruppen überhaupt entstehen kann." (Und daher) "muß man bezweifeln, daß ein Schüler überhaupt im strengen disziplinären Sinn Physik (z.B.) lernt." (JUNG 1973, S. 156)

Zusammenfassend kann man festhalten, daß die Struktur einer Wissenschaft (z.B. der Physik) sich darstellt als Komplex von fachspezifischen (teilweise fachübergreifenden) *Konzepten*, Begriffen, Theorien usw., fachspezifischen (teilweise fachübergreifenden) *Methoden* der Erkenntnisgewinnung und bestimmten (mehr oder weniger wissenschaftsspezifischen) *Einstellungen*, durch die sich die das Fach ausübenden Wissenschaftler auszeichnen bzw. denen sie sich verpflichtet fühlen (sollten).

Wie wir gesehen haben, ist eine Beschreibung dieser Strukturen nicht ohne Probleme, wobei besonders hervorzuheben ist, daß sich die drei Teilstrukturen sehr eng gegenseitig bedingen und voraussetzen. Weiterhin ist anzumerken, daß "Struktur" als eher statischer Begriff für manche Autoren (z.B. SCHWAB) nicht mehr ganz angemessen erscheint, da sie eher den veränderlichen Aspekt von Wissenschaft herausstellen; die "Struktur" einer Disziplin wäre danach im strengen Sinn gar nicht beschreibbar, da sie sich immer nur in der im Gang befindlichen Forschung konstituiert.

Liegt eine Beschreibung der "Struktur" (oder der Teilstrukturen) einer Disziplin - in welcher Form auch immer - einmal vor, dann besteht das Problem darin, eine Transformation in Richtung eines Curriculums vorzunehmen (vgl. Pfeil zwischen Kasten c) und d) in Abb. 8). Diesem Problem nimmt sich der folgende Abschnitt an.

3.1.3. Zum Problem der Struktur eines Curriculums[1)]

Ein grundlegendes Problem bei der im letzten Abschnitt angesprochenen Transformation der Struktur einer Disziplin in ein mögliches Curriculum besteht darin zu bestimmen, in welchem *Ausmaß* die Strukturen von Wissenschaft und Curriculum aufeinander bezogen sein sollen. Eine mögliche (extreme) *Antwort* auf dieses Problem, die für die meisten amerikanischen Curriculumentwicklungen der "Post-Sputnik-Ära" charakteristisch ist und die auch von allen "strukturorientierten" Autoren (trotz sonstiger Auffassungsunterschiede) geteilt wird (LUKINSKY 1970), besteht in der Forderung, daß das Curriculum die Struktur der Wissenschaft so getreu wie möglich abzubilden habe (Wissenschaftsorientiertheit).[2)] Wenn

---

[1)] *In diesem Abschnitt soll nur auf einige <u>zentrale</u> Probleme eingegangen werden. Eine auch nur annähernd erschöpfende Darstellung ist angesichts des inflationären Anwachsens der Curriculumliteratur gerade im Bereich der Naturwissenschaften kaum möglich und auch für den vorliegenden Zusammenhang nicht entscheidend. Eine grundlegende Diskussion der im Zusammenhang mit Curricula auftretenden theoretischen Konzeptionen ist z.B. bei FREY (1971) zu finden.*

[2)] *Diese Wissenschaftsorientiertheit findet nicht zuletzt ihren Ausdruck darin, daß "viele der hervorragendsten Wissenschaftler Amerikas...sich neuerdings an der Planung von Lernprogrammen für den Schulunterricht auf ihrem Gebiet beteiligen" (BRUNER 1960, dt. 1970, S. 18) bzw. sie ist auch als Folge dieser stärkeren Beteiligung der Fachwissenschaftler anzusehen.*

- wie es z.B. SCHWAB tut - Wissenschaft als dynamischer, offener Prozeß und nicht als statisches Gebilde angesehen wird, dann ergibt sich weiterhin die Forderung, daß der im Rahmen eines Curriculums ablaufende Lernprozeß eine möglichst authentische Nachbildung des originären Forschungsprozesses darstellen soll: "Der Schüler, der Physik lernt, *ist* Physiker, und Physik zu lernen ist leichter für ihn, wenn er sich wie ein Physiker benimmt, als wenn er etwas anderes täte." (BRUNER 1960, dt. 1970, S. 27) Gerade auf dem Hintergrund dieser letzten Forderung ist die in den 60er Jahren in den USA erfolgte Propagierung des "forschenden" oder "entdeckenden" Lernens (und die damit zusammenhängenden Auseinandersetzungen) zu verstehen (vgl. hierzu z.B. SHULMAN + KEISLAR 1966, NEBER 1973, ARBINGER 1975).

Die oben erwähnte Dominanz der *Struktur der Disziplin* bei der Erstellung entsprechender Curricula ist nur *eine* (wenn auch die für die letzten Jahre vorherrschende) Antwort auf das grundlegende Problem der Bestimmung des Verhältnisses von Struktur der Disziplin und Struktur des Curriculums. Im Vorgriff sei hier erwähnt, daß z.B. AUSUBEL eine andere Verhältnisbestimmung vorgenommen hat, indem er nämlich "psychologischen" Strukturen gegenüber "logischen" Strukturen den Vorrang einräumt. Im Rahmen der dem gesamten Kapitel voranstehenden Abb. 8 würde das bedeuten, daß bei der Auswahl curricularer Elemente aus einer Disziplin verstärkt auf Merkmale der kognitiven Struktur des Lernenden (Kasten g) zurückgegriffen (oder besser: vorgegriffen) wird und sachlogische Erwägungen zwar nicht unwichtig werden, aber demgegenüber relativ in den Hintergrund treten (zum Verhältnis von "subject matter" und "learning experience" vgl. ausführlich FREY 1971, S. 116ff). Erwähnt werden muß aber, daß AUSUBELs Konzeption zu keinen den "Struktur-der-Disziplin"-Ansätzen vergleichbaren curricularen Konsequenzen geführt hat.

Die von Seiten der Fachwissenschaftler erfolgte Übergewichtung der Struktur der Disziplin findet ihre Rechtfertigung nicht zuletzt auch in bestimmten psychologischen Argumenten. Gemeint sind hier die einflußreichen Schriften Jerome BRUNERs, vor allem der Konferenzbericht "The process of education" (1960).

BRUNER verspricht sich aus einer Vermittlung der Grundstruktur einer Disziplin vor allem vier *Vorteile:*

- "Ein Lehrgegenstand wird faßlicher, wenn man seine Grundlagen versteht."

- "Das Erlernen allgemeiner oder grundlegender Prinzipien schützt uns davor, daß ein Erinnerungsverlust keinen völligen Verlust bedeutet, daß das was übrig bleibt, uns nötigenfalls ermöglicht, die Einzelheiten zu rekonstruieren."

- "Das Verstehen grundlegender Prinzipien und Begriffe scheint... der Hauptweg zu einem adäquaten "Übungstransfer" zu sein. Etwas als spezifisches Beispiel eines allgemeineren Falls zu begreifen...bedeutet, daß man nicht nur einen speziellen Sachverhalt erlernt hat, sondern auch ein Modell für das Verstehen anderer, ähnlicher Sachverhalte, denen man noch begegnen kann."

- "...dadurch, daß man den Unterrichtsstoff der Primar- und Sekundarschulen ständig auf seinen fundamentalen Charakter hin überprüft, kann man den Abgrund zwischen "fortgeschrittenem" und "elementarem" Wissen verringern..."
  (BRUNER 1960; dt. 1972, S. 35ff)

Auf die obigen Aussagen, die BRUNER selbst "Behauptungen" nennt (und für die er empirische Belege schuldig bleibt), soll in diesem Zusammenhang nicht weiter eingegangen werden. Im Vorgriff und zum besseren Verständnis sollte aber vielleicht erwähnt werden, daß sich die Position BRUNERs von der AUSUBELs hauptsächlich in zwei wichtigen Dimensionen unterscheidet: einmal betrifft dies die Frage des *Umfanges* des erwarteten *Transfers* (BRUNER: relativ breiter Transfer von Prinzipien; AUSUBEL: nur Transfer von sachgebundenen Wissensbeständen), zum anderen betrifft dies das Problem der *Vermittlung* von Sachstrukturen (BRUNER: entdeckendes Lernen, dabei auch Erwerb grundlegender Methoden der Erkenntnisgewinnung; AUSUBEL: sinnvolles verbales Lernen).

Über die angeführten vier Vorteile der Vermittlung der Grundstruktur einer Disziplin hinaus wurde besonders eine Aussage BRUNERs als Rechtfertigung für eine stärkere Wissenschaftsorientierung (auch von Primarstufen-Curricula) herangezogen. Es ist dies BRUNERs berühmt-berüchtigte "kühne" Hypothese: "Jedem Kind kann auf jeder Entwicklungsstufe jeder Lehrgegenstand in einer intellektuell ehrlichen Form erfolgreich gelehrt werden." (BRUNER 1960; dt. 1972, S. 44) Diese Hypothese BRUNERs, die in dieser Form empirisch gar nicht prüfbar ist und vom Anspruch her sicherlich auch hoffnungslos überzogen ist, soll hier nicht weiter diskutiert werden[1)]; es bleibt festzuhalten, daß dieser These - verstanden als Postulat - eine große Bedeutung bei der *Vorverlegung* der Inhalte der wissenschaftlichen Disziplinen in immer tiefere Klassenstufen zukam. Weiterhin kann festgestellt werden, daß diese These - wenn wohl auch nur indirekt - ihren Niederschlag fand in Untersuchungen, die zeigen konnten, daß Kinder durchaus in der Lage sind, Dinge zu bewältigen, die "üblicherweise" bisher älteren Schülern vorbehalten waren (in gewisser Weise sind das Belege, die die Plausibilität von BRUNERs These erhöhen). So konnte z.B. ANDERSON (1965) zeigen, daß auch Kinder der Primarstufe atomistische Modellvorstellungen zur Erklärung bestimmter beobachteter Phänomene heranziehen.

Nach diesen grundsätzlichen Anmerkungen sollen abschließend noch einige Beispiele angeführt werden, durch die verdeutlicht werden kann, in welcher Weise das Problem der Struktur eines Curriculums gelöst wurde. Vorausschickend ist anzumerken, daß trotz des gemein-

---

[1)] Auf dem Hintergrund der Konzeption von KLAUSMEIER et al. (1974) kann wohl gesagt werden, daß es Begriffe gibt, die sich einer Vermittlung auf beliebig frühen Entwicklungsstufen "widersetzen". Das Problem der "Vereinfachung", das hier von BRUNER angesprochen wird, wird unter fachdidaktischen und fachmethodischen Gesichtspunkten (in der Physik) von JUNG (1970, S. 23ff) diskutiert. Eine neuere Stellungnahme zur "kühnen" Hypothese BRUNERs ist bei AUSUBEL et al. (1978, S. 245ff) zu finden.

samen Nenners "Wissenschaftsorientierung" (und "Orientierung am authentischen Forschungsprozeß") erhebliche *Unterschiede* bei der Gewichtung der im vorigen Abschnitt beschriebenen Teilstrukturen zu beobachten sind. So finden wir z.B. Curricula, die einseitig an der begrifflichen Struktur (der Physik) orientiert sind oder Curricula, die einseitig die syntaktische Struktur ("prozeßorientiert") betonen, jeweils mit starker Vernachlässigung der übrigen Teilstrukturen. Es finden sich allerdings auch Curricula, bei denen ein ausgewogeneres Verhältnis der Teilstrukturen festzustellen ist.[1] Ein typischer Vertreter für ein begriffs-(oder konzept-)orientiertes Curriculum ist das "Conceptually Oriented Program in Elementary Science" (COPES) für die Altersstufen Kindergarten bis Klasse 6. Dieses Curriculum kann als Versuch einer direkten Umsetzung der im Abschnitt 3.1.2.1. aufgeführten "Conceptual Schemes" der National Science Teachers Association angesehen werden. Den Kern dieses Curriculums bilden (in hierarchischer Ordnung) daher folgende fünf Konzepte:

1. Bausteine des Universums
   Materie besteht aus diskreten Bausteinen und kann in einer hierarchischen Ordnung klassifiziert werden: Atome, Moleküle, Kristalle, Zellen, Organismen, Pflanzen, Tiere, Planeten, Sterne etc.

2. Wechselwirkung und Veränderungen
   Veränderungen werden verursacht durch Wechselwirkung zwischen den Bausteinen der Materie. Dies führt zu einer Veränderung der Eigenschaften oder zu einer Umordnung der Bausteine. An den Wechselwirkungen sind Schwerkraft, elektromagnetische oder Kernkräfte beteiligt.

---

[1] *Da die Flut der Curriculumentwicklungen kaum noch überschaubar ist, sollen hier nur einzelne typische (und bekannte) Beispiele angeführt werden. Eine Zusammenstellung von Curricula für Mathematik und die Naturwissenschaften findet sich z.B. bei LOCKARD (1972).*

3. Erhaltung der Energie
   Bei allen (niederenergetischen) Wechselwirkungen bleibt die Energie erhalten.

4. Entwertung der Energie
   Bei der Umwandlung von Energie von einer Form in eine andere, erscheint unter Einhaltung des Energieerhaltungsprinzips ein Teil der Energie in Form von ungeordneter Bewegung der Materiebausteine (Wärme), die nicht zur Verrichtung mechanischer Arbeit genutzt werden kann.

5. Statistischer Charakter natürlicher Phänomene
   Beim Studium von Systemen mit nur wenigen Elementen tritt die statistische Natur der Ereignisse zutage (radioaktiver Zerfall, Vererbung, Brown'sche Bewegung).
   (nach HÄUSSLER 1973, S. 52)

Für das deutsche Sprachgebiet ist - wie bereits erwähnt - vor allem der Versuch von SPRECKELSEN (vgl. z.B. 1971) bekanntgeworden, der folgende drei Konzepte für seinen "Lehrgang für den physikalisch-chemischen Lernbereich in der Grundschule" ausgewählt hat:

" 1) *Teilchenstrukturkonzept* (Aufbau der Materie)
   Stoffe und ihre Eigenschaften - Aufbau der Stoffe - Atombegriff - Aufbau des Atoms - Elementarteilchen.

2) *Wechselwirkungskonzept*
   Wechselwirkungen und ihre Partner - Kräfte und ihre Wirkungen - Feldvorstellung - Erzeugungs- und Vernichtungsprozesse.

3) *Erhaltungskonzept*
   Veränderungen und Erhaltung - Energie (als erhaltene Größe) - Energieerhaltungsprinzip - Erhaltungssätze - Invarianzprinzipien."
   (SPRECKELSEN 1971, S. 125)

Das bekannteste Beispiel für ein einseitig "prozeßorientiertes" Curriculum ist das wesentlich durch GAGNÉ beeinflußte "Science-A Process Approach" (S-APA). Folgende Prozesse liegen diesem Curriculum (ebenfalls für Kindergarten bis Klasse 6) zugrunde:

1. Beobachten
2. Klassifizieren
3. Gebrauch von Zahlen
4. Messen
5. Gebrauch von Raum-Zeit-Beziehungen
6. Kommunizieren
7. Vorhersagen machen
8. Schlußfolgern
9. Operational definieren
10. Formulieren von Hypothesen
11. Interpretieren von Daten
12. Kontrolle von Variablen
13. Experimentieren

(nach GAGNÉ et al. 1968; dt. 1973, S. 115f.; dort auch ausführliche Beschreibung dieser Prozesse)

Ohne im einzelnen auf eine Kritik an diesem Ansatz einzugehen (JUNG (1970, S. 20) gibt z.B. zu bedenken, ob hier nicht ein "steriler Forschungsmechanismus gelernt wird, der am tatsächlichen idiosynkratischen Charakter der naturwissenschaftlichen Forschung vorbeigeht."), sollte zum besseren Verständnis noch erwähnt werden, daß die obigen Prozesse auf zwei Ebenen interpretierbar sind: zum einen betreffen sie die in Abschnitt 3.1.2.2. diskutierten syntaktischen Strukturen der Naturwissenschaften, zum anderen können sie auch im Sinne GAGNÉs als "intellektuelle Fertigkeiten" (ein "modernerer" Ausdruck wäre "kognitive Operationen") angesehen werden. Hier wird auch der Zusammenhang zu

GAGNÉs Theorie der Lernhierarchien deutlich, die ja nichts anderes als eine Theorie des *vertikalen* Transfers darstellt und diese Art Transfer explizit für "intellektuelle Fertigkeiten" (und nicht für Wissensbestände) reserviert.

Schließlich sei als ein Beispiel der *Kombination* zumindestens der begrifflichen und syntaktischen Teilstrukturen das "Intermediate Science Curriculum Study" (ISCS) (für die Klassen 7 bis 9) angeführt. Hierin werden bestimmte Prozesse z.B. "messen", "Modelle bilden" mit bestimmten Konzepten z.B. "Energie" systematisch kombiniert (vgl. HÄUSSLER 1973, S. 55ff).

Der umfassendste Versuch einer Integration *aller* im Abschnitt 3.1.2. erwähnten Teilstrukturen ist endlich - allerdings nur auf der Ebene der *Lernziel*formulierung - bei KLOPFER (1971) zu finden.

Zusammenfassend seien die aus meiner Sicht wesentlichen Probleme bei der Struktur eines Curriculums noch einmal stichwortartig aufgeführt:

- *Grad der Annäherung* eines Curriculums an die Struktur einer Disziplin ("Wissenschaftsorientierung")

- Probleme bei der *Auswahl*, didaktischen *Vereinfachung* (JUNG 1970) und *Anordnung* ("Sequenzierung" EIGENMANN 1975) von Curriculuminhalten

- mit beiden zusammenhängend das Problem der *Kriterien* (etwa "sachlogische" gegenüber "psychologischen")

- schließlich das Problem der Gewichtung bzw. der angemessenen Berücksichtigung aller Teilstrukturen einer Disziplin.

Im folgenden Abschnitt wird die Diskussion des Begriffes "Struktur" auf einer tieferliegenden Ebene fortgeführt, indem einmal gefragt wird, welche Strukturen - auf dem Hintergrund eines vorgegebenen Curriculums - *tatsächlich* in einem Unterricht zutage treten und zum anderen, welche Strukturen sich in (schriftlichen) Lehrmaterialien (auch im Rahmen eines vorgegebenen Curriculums) auffinden lassen.

3.1.4. Zum Problem der Struktur von Lehrmaterialien und zum Problem der tatsächlich im Unterricht dargeboten Struktur

Die in der Abb. 8 (Kasten e) und f)) getrennt aufgeführten Probleme der Struktur von Lehrmaterialien und der im Unterricht tatsächlich dargebotenen Struktur sollen hier in einem gemeinsamen Abschnitt behandelt werden, da beide Probleme eng ineinander verzahnt sind. Einmal fallen beide Probleme bei der ausschließlichen Beschränkung auf *schriftliches* Lehrmaterial ohnehin zusammen; eine unmittelbare Beziehung ergibt sich zum anderen auch dadurch, daß im Unterricht in der Regel auf irgendwelche Lehrmaterialien zurückgegriffen wird (selbst wenn dies nur indirekt über den Lehrer als Vermittler geschieht; vgl. Abschnitt 2.2.8.). Bei dem letztgenannten Aspekt ergibt sich dann allerdings das Problem (und deshalb ist eine prinzipielle Trennung beider "Strukturen" durchaus sinnvoll), daß im Unterricht mehr oder weniger stark von dem in den Lehrmaterialien niedergelegten "Lehrstoff"[1] abgewichen wird.

Eine brauchbare Einteilung der verschiedenen Möglichkeiten zur Beschreibung der Struktur von Lehrmaterialien (oder im engeren Sinn von Lehrstoffen) ist kaum möglich; dazu fehlen zum einen die Kriterien, zum anderen sind die verschiedenen Verfahren hinsicht-

---

[1] *Unter "Lehrstoff" soll dabei vorläufig dasjenige verstanden werden, was unabhängig von der Darstellungsform den "eigentlichen" Inhalt des zu lernenden Sachverhalts ausmacht. (vgl. hierzu KLAUER 1974, SCHOTT 1975, 1976)*

lich ihrer Zielsetzungen, ihrer theoretischen Herkunft, ihrer Reichweite und ihrer praktischen Durchführbarkeit sehr verschieden. Es soll daher nur eine Auswahl besonders typischer, besonders bekannter und für den weiteren Zusammenhang besonders wichtiger Verfahren vorgestellt werden. Es sei außerdem noch angemerkt, daß verschiedene Autoren (z.B. KINTSCH 1974; NORMAN, RUMELHART + LNR-Group 1978) mehr oder weniger stillschweigend *identische* Systeme zur Beschreibung von "objektiven" und kognitiven Strukturen verwenden. Auf diese Ansätze wird im Kapitel über "kognitive Strukturen" noch einmal besonders eingegangen.

- Ansätze zur Beschreibung von Inhaltsstrukturen auf der Grundlage der *Theorie der gerichteten Graphen.*
  Die grundlegende Einführung in die Theorie der gerichteten Graphen für den Bereich der Sozialwissenschaften stammt von HARARY, NORMAN und CARTWRIGHT (1965). Diese Theorie "beschäftigt sich mit abstrakten Konfigurationen, den sogenannten gerichteten Graphen, die aus "Punkten" und "Linien mit einer Richtung" bestehen. Wenn diese Begriffe auf konkrete Sachverhalte bezogen werden, dann dienen gerichtete Graphen als mathematische Modelle von empirischen Strukturen, und die Eigenschaften der gerichteten Graphen spiegeln strukturelle Eigenschaften der empirischen Welt wider." (HARARY et al. 1965, S. V; eigene Übers.)

  Es ist an dieser Stelle sowohl unnötig als auch unmöglich, auch nur eine annähernde Beschreibung dieser Theorie zu liefern. Stattdessen soll an einem konkreten *Beispiel* erläutert werden, wie diese Theorie zur Analyse von Lehrmaterialien eingesetzt werden kann. Das Beispiel stammt von SHAVELSON der - mit Ausnahme einer Vorläuferarbeit von FRASE (1969) - die wichtigsten Beiträge für den vorliegenden Zusammenhang geleistet hat (z.B. SHAVELSON 1971, 1972; SHAVELSON + GEESLIN 1975).

  In einem ersten Schritt wurden mit Hilfe einer einfachen Häufigkeitsauszählung die zentralen Begriffe ("key concepts") aus dem Lehrtext (über Newton'sche Mechanik) bestimmt. Dann wurden alle Sätze und Gleichungen, in denen mindestens zwei dieser zentralen Begriffe vorkamen, in eine bestimmte standardisierte Form gebracht. Der Satz "Kraft ist das Produkt aus Masse und Beschleunigung" wurde z.B. wie folgt dargestellt:

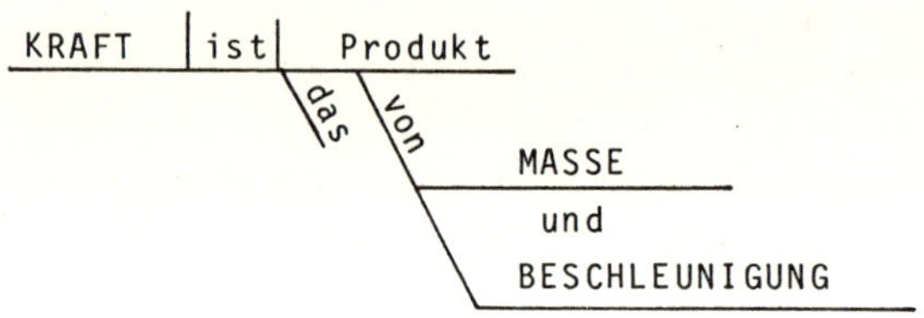

Dieses Diagramm wurde aufgrund eines Satzes von Regeln (hierzu ausführlich SHAVELSON 1971, S. 139 ff.) im folgenden gerichteten Graphen transformiert:

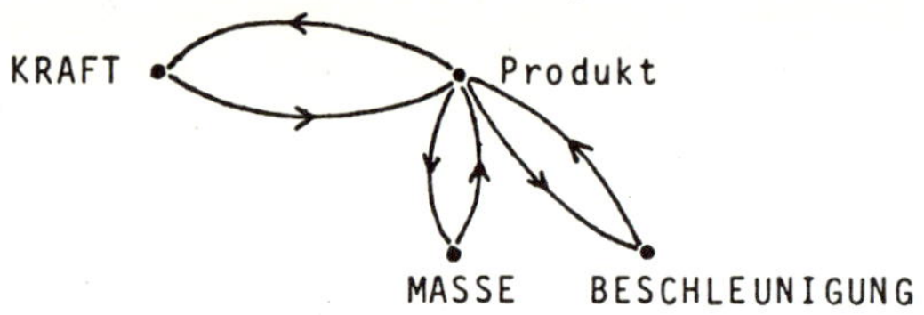

Die symmetrische Relation zwischen "KRAFT" und "Produkt" ergibt sich dabei beispielsweise aus der Regel, daß Hilfszeitwörter ("ist") keine gerichtete Handlung ausdrücken und daß daher die Punkte, die durch solche Hilfszeitwörter verknüpft sind, mit Pfeilen in beiden Richtungen zu verbinden sind. Für die anderen Relationen des obigen Graphen gelten entsprechende andere Regeln.

Sämtliche so entstandenen Graphen wurden in einem nächsten Schritt (vorbereitende Schritte interessieren hier nicht) zu einem einzigen umfassenden Graphen kombiniert, der damit die gesamte Inhaltsstruktur des Lehrtextes enthielt. Dieser Graph, der zeichnerisch kaum mehr zu bewältigen war, wurde aus Darstellungsgründen und zum Zwecke der weiteren Verarbeitung in eine Matrixschreibweise überführt. Es ergab sich eine sogenannte "Nachbarschaftsmatrix" ("adjacency matrix"), deren Elemente a_{ij} = 1 oder = 0 sein können, je nachdem ob die Punkte i und j durch eine Linie im Graphen verbunden sind oder nicht. Aus dieser Nachbarschaftsmatrix ließen sich dann schließlich noch mit Hilfe gewisser von HARARY et al. (1965) angegebener Prozeduren Distanzen zwischen beliebigen Punkten berechnen und in eine Distanzmatrix eintragen.

Die so objektivierte Inhaltsstruktur des Lehrtextes ließ sich dann mit bestimmten Maßen der "kognitiven Struktur" (vor und nach der Instruktionsphase) in Beziehung setzen. Hierauf wird später noch näher eingegangen.

Es sei abschließend erwähnt, daß VOLLMER (1974) - offensichtlich ohne Kenntnis des SHAVELSONschen Ansatzes und auch ohne weiterreichenden Anspruch - für das Fach Chemie eine "Primitivversion" der obigen Methode entwickelt hat: es wurde hierbei analysiert, mit Hilfe welcher anderer Begriffe ein bestimmter chemischer Begriff in verschiedenen Lexika definiert wurde; es ließ sich anschließend ebenfalls eine Art "Distanzmatrix" erstellen, die Angaben über die Enge der Beziehung zwischen den analysierten Begriffen enthielt.

- *"Lehrstoffanalyse"* nach SCHOTT

Eine im deutschen Sprachraum bekanntgewordene, besonders auf die Bedürfnisse der Pädagogik abgestimmte Methode zur Analyse von Lehrstoffen wurde von SCHOTT (1975, 1976) vorgelegt. Als Analysewerkzeug wurde dabei ein normiertes Beschreibungssystem oder eine Kunstsprache entwickelt, mit deren Hilfe es möglich ist, "Sachverhalte kürzer, genauer und übersichtlicher dar(zu)stellen als mit der Umgangssprache" (SCHOTT 1976, S. 401).

Es kann nicht Aufgabe dieser Übersicht sein, die systematische Entwicklung einer solchen Kunstsprache nachzuzeichnen (siehe hierzu SCHOTT 1975, S. 46ff.); stattdessen soll wieder auf ein *Beispiel* zurückgegriffen werden (vgl. SCHOTT 1976, S. 402f.).

Folgender Sachverhalt soll durch ein normiertes Beschreibungssystem dargestellt werden: "Weil Metall freibewegliche Ladungsträger hat, leitet es Strom."

In einem ersten Schritt wird dieser Sachverhalt in *Elemente* und *Relationen* zerlegt, die in ein "Lexikon" aufgenommen werden; die Kennzeichnung von Elementen erfolgt dabei durch Kleinbuchstaben, die der Relationen durch Großbuchstaben. Für den obigen Sachverhalt kann dann folgendes Lexikon aufgestellt werden:

l: Ladungsträger
$\underline{m}$: Metall[1]
F x: x ist freibeweglich
S x: x ist stromleitend
B xy: x ist Ursache für y
H xy: x hat y

Mit Hilfe dieses Lexikons kann dann der obige Sachverhalt in normierter Sprache beschrieben werden:

$B \left[H\ (\underline{m},\ F\ l),\ S\ \underline{m} \right]$ oder in Worten:

Ursache sein für [Haben (Metall, Ladungsträger sind freibeweglich), Metall ist stromleitend]

Dem SHAVELSONschen Ansatz vergleichbar gibt es auch hier alternative Darstellungsformen des oben beschriebenen Sachverhalts.

---

1) *"Die Unterstreichung des "m" soll darauf hinweisen, daß es sich bei diesem Element um die Beziehung einer Menge von bestimmten Metallen handelt." (SCHOTT 1976, S.402)*

Die strukturellen Zusammenhänge und der hierarchische Aufbau innerhalb des Sachverhalts werden besonders durch den folgenden "*Strukturgraphen*" verdeutlicht, wobei die an der Basis der Hierarchie liegenden Elemente mit den darüberliegenden ein- und mehrstelligen Relationen durch Linien verbunden sind.

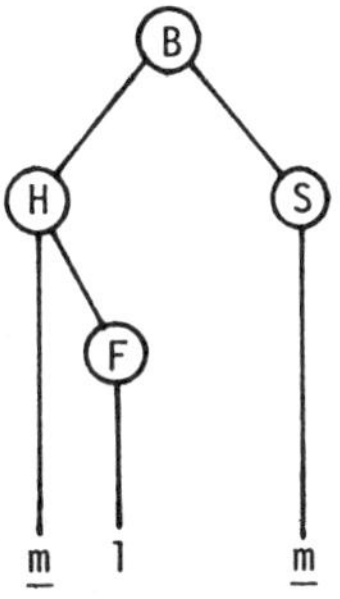

Eine andere Form der Darstellung, die sich besonders für eine Quantifizierung des Inhalts eignet, greift auf drei sogenannte "*Sachverhaltsdimensionen*" zurück. Für obiges Beispiel sehen diese Sachverhaltsdimensionen und die zugehörige Quantifizierung folgendermaßen aus:

$$R_L = [B,\ H,\ S,\ F]$$
$$H_L = [R_2,\ R_{12},\ r_1,\ r_1]$$
$$E_L = [\underline{m},\ 1,\ \underline{m}]$$

Fi	Bi	Gi
4	4	8
4		4
3	2	5
11	6	17

Die *Relationen-Dimension* des Lehrsachverhalts, R_L, ergibt sich einfach dadurch, daß die Relationen in der Hierarchie von oben nach unten (und bei gleichrangigen Relationen von links nach rechts) aufgelistet werden. Bei der *Hierarchie-Dimension*, H_L, wird unabhängig von der Art der Relation die hierarchische Stellung jeder Relation angegeben: R_2 bedeutet dabei, daß eine zweistellige Relation (in unserem Beispiel "B") nur mit Relationen verbunden ist; R_{i2} bedeutet, daß eine zweistellige Relation (hier "H") in der ersten Stelle mit einem Element (symbolisiert durch "1" mit Punkt) und in der zweiten Stelle mit einer Relation verbunden ist; r_1 bedeutet schließlich, daß eine einstellige Relation (hier "S" und "F") nur mit einem Element verknüpft ist. Bei der *Elementen-Dimension*, E_L, werden alle Elemente von links nach rechts notiert.

Eine Quantifizierung ergibt sich aus diesen drei Sachverhaltsdimensionen dadurch, daß einmal in jeder Klammer die Anzahl der Eintragungen bestimmt wird (dies ergibt den Umfang des Sachverhalts oder den "*Forminhalt*" Fi) und daß zum anderen für R_L und E_L die Anzahl der *verschiedenen* Symbole bestimmt wird (dies ergibt den "*Bausteininhalt*" Bi des Sachverhalts). Durch zeilenweise Addition ergibt sich schließlich der "*Gesamtinhalt*" Gi für die einzelnen Dimensionen bzw. nach erneuter Addition für den gesamten Sachverhalt. "Diese Inhaltsquantifizierung gibt an, wieviele Schritte zur Rekonstruktion des fraglichen Sachverhalts auf dem Niveau der drei einzelnen Dimensionen wie auch für den gesamten Sachverhalt nötig sind, wenn man das dazugehörige Lexikon zugrunde legt." (SCHOTT 1976, S. 404)

Auf weitere Einzelheiten einer Quantifizierung und die damit verbundenen Möglichkeiten soll hier nicht weiter eingegangen werden; eine ausführliche Diskussion ist bei SCHOTT 1975, S. 136ff und bei KLAUER 1974, S. 104ff zu finden.

Zum besseren Verständnis des SCHOTTschen Ansatzes seien abschließend noch einige Problemfelder aufgeführt, bei denen der Einsatz eines solchen normierten Beschreibungssystems nach Auffassung des Autors von Nutzen sein kann: "bei der genauen Definition von Lehrstoffen und Lehrzielen, der genauen Darstellung von Lehrsequenzen, der Quantifizierung des Inhalts und der Ähnlichkeit von Lehrstoffen,der Konstruktion kontentvalider lehrzielorientierter Testaufgaben (hierzu vgl. auch BORMUTH 1970) , der Analyse von Lehrzieltaxonomien, der Erforschung exemplarischer Lehrstoffe, der Zuordnung typischer Lehrstoffarten zu Lehrmethoden ..." (SCHOTT 1976, S. 406).

Es sei außerdem noch erwähnt, daß im Rahmen eines Forschungsprojektes von SCHOTT und Mitarbeitern eine Weiterentwicklung des oben beschriebenen Ansatzes für die Planung und Durchführung von Unterricht erfolgt ist und daß dabei auch einige der oben angeführten Problemfelder empirisch angegangen wurden (zum weiterentwickelten Verfahren vgl. SCHOTT et al. 1979).

- Ansätze zur Beschreibung von Realitätsbereichen im Rahmen der neueren Denkpsychologie

  Von ihrer Zielsetzung her sehr viel anspruchsvoller[1] als die beiden bisher erwähnten Ansätze (daher allerdings auch nicht auf die speziellen Probleme der Analyse von Lehrmaterialien abgestimmt) sind Versuche zur Beschreibung von Realitätsbereichen, die im Rahmen der neueren Denkpsychologie unternommen wurden. Stellvertretend hierfür soll der Ansatz von DÖRNER (1974, S. 25 ff und 1976, S. 15 ff) beschrieben werden:

  > Ein Realitätsbereich B läßt sich danach allgemein kennzeichnen durch die Menge der Zustände (gleichberechtigt werden von DÖRNER auch die Ausdrücke "Sachverhalte", "Situationen", "Objekte" benutzt), die in ihm möglich sind und durch die Menge der Operatoren, durch die ein Zustand in einen anderen überführt wird.

---

1) *Eine mögliche (theoretische) Konsequenz einer Beschreibung und Kategorisierung von Realitätsbereichen kann nach DÖRNER (1976, S. 25) beispielsweise darin bestehen, "eine allgemeine Psychologie des Problemlösens und vernünftigen Handelns zu betreiben."*

Zustände oder Sachverhalte wiederum weisen eine bestimmte "Struktur" auf, bei der verschiedene *Komponenten* durch bestimmte *Relationen* miteinander verknüpft sind. Wichtig hierbei ist, daß sich zwei Sachverhalte trotz gleicher Komponenten und gleicher Relationen unterscheiden können, weil nämlich eine unterschiedliche *Verknüpfungsform* vorliegt. Ein Sachverhalt wäre also vollständig beschreibbar durch eine Aufzählung der Komponenten, eine Aufzählung der Relationen und eine Aufzählung der Über- und Unterordnungen der vorkommenden Verknüpfungen (diese drei "Objektdimensionen" von DÖRNER 1974, S. 30 standen im übrigen auch Pate für die oben beschriebenen "Sachverhaltsdimensionen" von SCHOTT). In Abhängigkeit von der "Ausprägung" auf diesen drei "Objektdimensionen" wird man eine Klassifizierung der Sachverhalte verschiedener Realitätsbereiche vornehmen können. Die so entstehenden Klassen würden sich dann nach DÖRNER z.B. in ihrer "Komplexität", ihrer "Vernetztheit" usw. unterscheiden.

Auch bei den *Operatoren* eines Realitätsbereiches kann man bestimmte Eigenschaften unterscheiden. DÖRNER (1976, S. 21) nennt hier: Wirkungsbreite, Reversibilität, Größe des Anwendungsbereichs, Wirkungssicherheit und "Kosten". Wichtig ist noch, daß Operatoren zu Operatorsystemen oder "Makrooperatoren" zusammengefügt werden können. Eine zweite Ebene der Unterscheidung von Operatoren berücksichtigt die Wirkungs*form* der Operatoren. Hier lassen sich nach DÖRNER (1976, S. 24) Anfüge-, Trenn-, Tausch- und Wandlungsoperatoren unterscheiden.

Für den vorliegenden Zusammenhang mögen abschließend noch zwei Bemerkungen genügen: Die oben erfolgte (recht allgemeine) Charakterisierung von Realitätsbereichen bleibt bei DÖRNER nicht Selbstzweck. Sie dient vielmehr der Beantwortung der Frage, wie - in Abhängigkeit von derartigen Merkmalen - Problemlösen in einem Realitätsbereich erfolgt (siehe hierzu z.B. DÖRNER + REITHER 1978). Es dürfte auch klar sein, daß diese allgemeine Charakterisierung für einen jeweils bestimmten Realitätsbereich konkretisiert werden muß. Ein Schritt in diese Richtung ist übrigens die bereits in Abschnitt 3.1.2.1. erwähnte Arbeit von DÖRNER (1973) über "Grundmuster begrifflicher Strukturen" im Bereich der Elektrizitätslehre (speziell "Stromkreis").

- *Verschiedene weitere Ansätze*

Zum Schluß seien - lediglich aufzählend - noch einige weitere Versuche zur Analyse der Struktur von Lehrmaterialien genannt:

So ließ z.B. FENKER (1975) Begriffe (aus den Bereichen "Psychologische Skalierung" und "Versuchsplanung") von "Experten" in einem vollständigen Paarvergleich hinsichtlich der Enge ihrer Beziehung einstufen. Diese Urteile wurden dann mit Hilfe eines bestimmten Verfahrens der multidimensionalen Skalierung (INDSCAL nach CARROLL + CHANG 1970) weiter analysiert. Das Ergebnis dieser Prozedur wurde dann als "formale Struktur" der obengenannten Bereiche interpretiert. Dieser Ansatz versteht damit unter "Sachstruktur" im Grunde die "kognitive Struktur" der das Fach vertretenden Experten oder jeweiligen Lehrpersonen. JOHNSON (1967, 1969) benutzte als Index für die "logische Wichtigkeit" von (vorher ausgewählten) Begriffen die relative *Häufigkeit*, mit der diese Begriffe in bestimmten Lehrmaterialien auftraten. So kam z.B. der Begriff "Kraft" mehr als zehnmal so häufig vor wie etwa der Begriff "Arbeit" usw. Als zweiten, eher auf *Beziehungen* zwischen den Begriffen ausgerichteten Index benutzte JOHNSON die Häufigkeit des *gemeinsamen* Auftretens von Begriffspaaren ("cooccurrence"). So traten beispielsweise die Begriffe "Geschwindigkeit" und "Beschleunigung" am häufigsten gemeinsam auf, die Begriffe "Geschwindigkeit" und "Arbeit" aber nie. In einer weiteren Arbeit von JOHNSON et al. (1970) wurde die Struktur der analytischen Mechanik durch ein *geometrisches* Modell repräsentiert, dessen drei Dimensionen "Masse","Länge" und "Zeit" (die nichts anderes als "Grundgrößen" darstellen, vgl. z.B. WESTPHAL 1965) es ermöglichen, alle übrigen (mechanischen) Begriffe (z.B. Arbeit, Kraft, Geschwindigkeit) hierin einzuordnen.

Diese Versuche zur Erfassung der Sachstruktur ("subject matter structure") stehen auch bei JOHNSON nur am Anfang; diese Maße werden mit bestimmten (z.B. assoziativen) Maßen auf Seiten der Schüler in Beziehung gesetzt; hierauf wird noch eingegangen.

Verschiedene Autoren (so z.B. die bereits erwähnten MERRILL + TENNYSON 1977; HARRIS + HARRIS 1973) verzichten auf eine umfassende Analyse von Inhaltsstrukturen,sondern beschränken sich auf eine eingehende Beschreibung (in Termini von relevanten und irrelevanten Attributen) *einzelner* (auf irgendeine Weise vorher ausgewählter) *Begriffe*.

Schließlich seien noch Ansätze erwähnt, die sich weniger auf die Analyse *vorhandener* Lehrmaterialien beziehen, sondern "Struktur" als manipulierbare unabhängige Variable betrachten (meistens umgesetzt in relativ einfache Lehrtexte); die so hergestellten strukturellen Eigenschaften der Texte werden dann in Beziehung zu bestimmten Lernmaßen gesetzt. Auf diese Arbeiten soll hier nicht näher eingegangen werden; zusammenfassend siehe hierzu z.B. FRASE (1975).

- *Ansätze zur Erfassung der tatsächlich im Unterricht dargebotenen Struktur*

Die bisher beschriebenen Versuche zur Analyse von Lehrmaterialien klammern (mehr oder weniger stillschweigend) das Problem aus, was aus der im Lehrmaterial enthaltenen Struktur (dem "Lehrstoff") im Unterricht "gemacht" wird.[1)] Genau auf diesen Aspekt von "Struktur" beziehen sich eine Reihe von Arbeiten von O.Roger ANDERSON (1966, 1967/68, 1970, 1971, 1974), der - zumindest für den natur-

---

1) Zumindest von der Intention her ist dieser Aspekt auch in der "Lehrstoffanalyse" von SCHOTT (s.o.) enthalten. Meines Wissens ist das SCHOTTsche System aber noch nicht zur Analyse von Unterricht eingesetzt worden (wozu es auch sicher noch modifiziert werden müßte).

wissenschaftlichen Unterricht - das am detailliertesten ausgearbeitete Konzept zur Analyse der "Unterrichtsstruktur" vorgelegt hat.

Ausgangspunkt bei ANDERSON ist die Annahme, daß der Aufbau zusammenhängender kognitiver Strukturen dann zu erwarten ist, wenn in den zeitlich aufeinanderfolgenden Lehreräußerungen die sachlogische Verbindung der Ideen explizit herausgestellt wird.[1] Zur Analyse des Ausmaßes einer solchen inneren Strukturierung entwickelte ANDERSON im Rahmen seiner "kinetischen" Struktur-Theorie eine Reihe von Konzepten und zugehörigen Quantifizierungsvorschlägen: Der grundlegende Begriff der Theorie heißt "commonality" (etwa übersetzbar mit "Gemeinsamkeit") und bedeutet das Vorhandensein von verbindenden Worten in aufeinanderfolgenden Abschnitten eines (Unterrichts-)Gespräches. Optisch läßt sich dies folgendermaßen darstellen (ANDERSON 1974, S. 222):

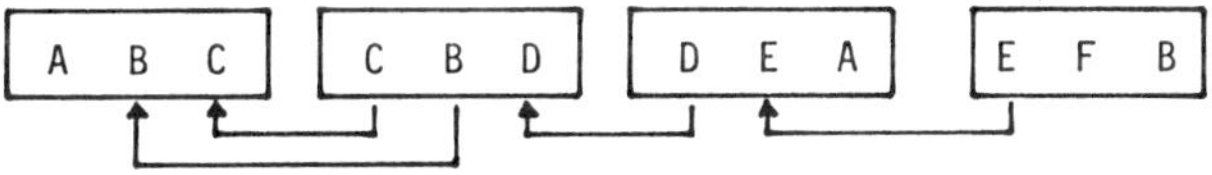

Die Gesprächsabschnitte (ANDERSON nennt sie "discourse units" und führt auch einige Regeln zu ihrer Abgrenzung auf) sind hier durch die Kästchen dargestellt; die Buchstaben stehen für verbale Elemente, wobei gemeinsame Elemente in aufeinanderfolgenden Paaren von Gesprächsabschnitten durch Pfeile miteinander verbunden sind.

Die Quantifizierung dieses grundlegenden Begriffs "commonality" wird von ANDERSON in folgender Weise vorgenommen: Zunächst muß der zu analysierende Unterricht in geeigneter Weise festgehalten worden sein (z.B. Tonbandaufnahme); hieraus wird ein schriftliches Protokoll erstellt, welches dann nach bestimmten Regeln in "dis-

---

[1] *Auf die etwas obskure Herleitung dieser Annahme aus evolutionstheoretischer (!) Sicht soll hier nicht eingegangen werden (vgl. hierzu ANDERSON (1971).*

course units" gegliedert wird. Den Elementen in diesen Abschnitten werden zur weiteren Analyse Codenummern zugeordnet (wobei natürlich gleichen Elementen gleiche Nummern gegeben werden). Für jedes Paar aufeinanderfolgender "discourse units" kann ANDERSON dann einen sog. "fundamentalen Koeffizienten" B_1 definieren:

$$B_1 = \frac{n_1}{n_o + n_1} \qquad ^{1)}$$

(n_1: Anzahl der Elemente, die in *beiden* zu analysierenden Abschnitten vorkommen

n_o: Anzahl der Elemente, die jeweils nur in *einem* der beiden Abschnitte vorkommen)

Wenn dieses Verfahren für *sämtliche* Paare aufeinanderfolgender Abschnitte durchgeführt worden ist (in den Arbeiten von ANDERSON werden dabei nur die *Lehrer*äußerungen betrachtet), läßt sich für eine gesamte Unterrichtsstunde (oder für einen evtl. noch längeren Zeitabschnitt) ein *Mittelwert* für B_1 bestimmen, der als Index für das Ausmaß an "commonality" angesehen werden kann.

Zur Illustration soll ein kleines Beispiel von ANDERSON (1974, S. 223) angeführt werden:

Discourse Unit Number	Teacher Discourse Unit	Code
1.	All right, we have the chromosomes[1]-one for each trait[2] from each of the parents.[3]	1,2,3
2.	Now the zygote[4] to start out - each plant[5], each animal[6] starts out as a single cell.[7]	4,5,6,7
3.	You started out as a single cell[7],a zygote.[4]	4,7
4.	Now mitosis[8] is the process[9] by which you became more than a single cell.[7]	8,9,7
5.	Mitosis[8] is the way you filled up with the cells.[7]	8,7

1) *Von der Logik her ist B_1 dem oben erwähnten "cooccurrence"-Index von JOHNSON durchaus vergleichbar.*

Es lassen sich hieraus folgende B_1-Koeffizienten bestimmen:

B_1 (1,2) = 0 (es existieren keine gemeinsamen Elemente)

B_1 (2,3) = 4/(2+4) = 0,67

B_1 (3,4) = 2/(3+2) = 0,40

B_1 (4,5) = 4/(1+4) = 0,80

Für Lehrer der Sekundarstufe I (naturwissenschaftliche Fächer) berichtet ANDERSON mittlere B_1-Koeffizienten zwischen 0,24 und 0,44.

ANDERSON schlägt außerdem noch einen Koeffizienten B_2 vor, der zusätzlich zum gemeinsamen Auftreten von Elementen in Aussagen-Paaren einen aus der relativen Auftretens*häufigkeit* der Elemente (bezogen etwa auf eine Unterrichtsstunde) abgeleiteten *Gewichtungsfaktor* enthält. In diesen Koeffizienten B_2 geht damit die Annahme ein, daß die relative Auftretenshäufigkeit eines Elements als Maß für dessen Wichtigkeit herangezogen werden kann (s. auch JOHNSON 1967, 1969).

Die Formel für B_2 soll hier unberücksichtigt bleiben; es sei lediglich erwähnt, daß der numerische Wert von B_2 (der zwischen 0 und 1 variiert) *kleiner* wird, wenn in einem Aussagen-Paar relativ viele unverbundene Elemente von großer Wichtigkeit (d.h. großer relativer Häufigkeit) vorkommen. Die B_2-Koeffizienten für alle Aussagen-Paare des gesamten analysierten Unterrichtes werden grafisch in einem sog. "Kinetogram" dargestellt. Die folgende Abbildung zeigt ein Beispiel:

Abbildung 10: Beispiel für ein "Kinetogram" (nach TRINDADE 1972, S. 70)

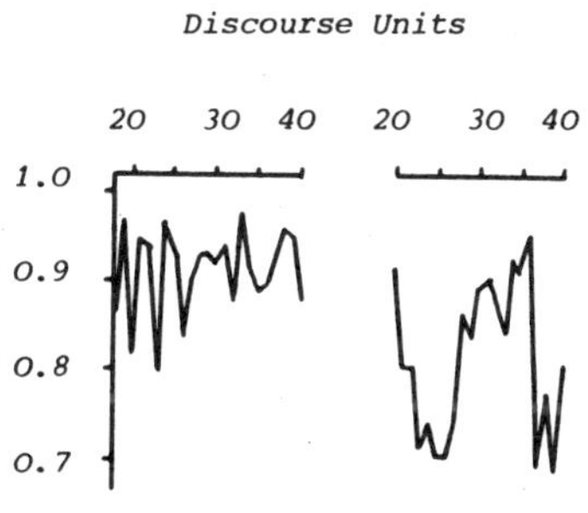

Die linke Hälfte der obigen Abbildung stellt einen Unterricht von relativ hoher "kinetischer Struktur" dar, d.h. (wichtige) Inhalte werden in kleinen Schritten eingeführt, und neue Ideen werden jeweils auf vorausgehende Inhalte bezogen. Die rechte Hälfte zeigt dagegen einen Unterricht, in dem Ideen relativ unzusammenhängend eingeführt werden ohne "sanfte" Übergänge von einer Idee zur nächsten.

Der zweite grundlegende Begriff (außer "commonality") in ANDERSONs Theorie bezieht sich auf das Ausmaß, in dem in einem bestimmten Abschnitt des Unterrichts neue Informationen eingeführt werden. ANDERSON gebraucht hierfür den Begriff *"progression"* und entwikkelt auch dafür einen Koeffizienten. Auf entsprechende Einzelheiten soll in diesem Zusammenhang aber nicht weiter eingegangen werden (ausführlich s. ANDERSON 1971), da dieser zweite Begriff eine gewisse Redundanz aufweist. Es dürfte klar geworden sein, daß "progression" nie unabhängig von "commonality" gesehen werden kann; beide Begriffe verhalten sich komplementär zueinander (in die Berechnung des sog. "mean progression density"-Koeffizienten geht daher auch unmittelbar B_1 ein).

Dieses von ANDERSON entwickelte Instrumentarium wurde bisher hauptsächlich in zwei Richtungen angewandt: es wurden zum einen rein *deskriptive* Untersuchungen durchgeführt, in denen Unterrichtsstunden verschiedener Lehrer in verschiedenen Fächern hinsichtlich der oben erwähnten Indizes miteinander verglichen wurden (zusammenfassend siehe ANDERSON 1974); zum anderen wurden eher *experimentelle* Untersuchungen durchgeführt, in denen der Effekt unterschiedlicher Grade von kinetischer Struktur auf bestimmte Lernmaße überprüft wurde: hierbei zeigte sich relativ übereinstimmend, daß ein höheres Ausmaß von kinetischer Struktur mit einem größeren Wissenserwerb einherging (vgl. z.B. TRINDADE 1972; zusammenfassend ANDERSON 1974).

Es sei hier noch erwähnt, daß einige Autoren (TYLER 1950, BRIGGS 1967, SCHRADER 1972) zum Teil ganz ähnliche Konzepte wie ANDERSON entwickelt haben, ohne allerdings in gleichem Ausmaß quantifizierend vorzugehen (zusammenfassend siehe POSNER 1974).

Eigentlich nur der Vollständigkeit halber müssen abschließend noch Ansätze erwähnt werden, die sich weniger auf die Analyse der *inhaltlichen* Struktur von Unterricht beziehen, sondern sich stärker den *formalen* Aspekten der Unterrichtssprache zuwenden[1]. Beispielhaft für den naturwissenschaftlichen Unterricht sei hier eine Untersuchung von TISHER (1970 a, b) erwähnt, der eine modifizierte Version der bekannten Kategorien von SMITH + MEUX (1962) benutzte (Beispielkategorien: "Beschreiben", "Erklären", "Bewerten" usw.) und bestimmte Zusammenhänge mit Schülerleistungen fand.

An weiteren Beispielen in dieser Richtung wären noch zu nennen: SCHELTEN (1976) mit einem System zur Analyse des *kognitiven (Anforderungs-)Niveaus* im Unterricht; BELLACK et al. (1974), die das Sprachgeschehen im Unterricht als eine Art "Sprachspiel" mit verschiedenen "Spielzügen" betrachten; ASCHNER (1973) mit einem auf GUILFORDs Konzeption der *Denkoperationen* beruhenden System (Bsp.: konvergentes Denken, divergentes Denken) und andere mehr.

Zum Abschluß des gesamten Abschnittes 3.1. soll hier noch einmal *zusammenfassend* der Stellenwert der bisherigen Diskussion über die Struktur von Realitätsbereichen aufgewiesen werden:

- Zunächst einmal ist diese Diskussion als weitere Explikation und Präzisierung des entwickelten theoretischen Bezugsrahmens anzusehen.

- Im Rahmen dieses Modells kommt der Diskussion über Realitätsbereiche auch eine wesentliche *inhaltliche* Bedeutung zu: über

---

[1] *Auf die erdrückende Fülle der Ansätze und Untersuchungen zur Analyse sozialer Interaktionsprozesse im Unterricht soll hier überhaupt nicht eingegangen werden.*

"kognitive Strukturen" (als "Abbild" von Realitätsbereichen) ist wohl nur dann gut reden, wenn man eine adäquate Beschreibung eben dieser Realitätsbereiche besitzt; hierbei wäre es sicher wünschenswert, wenn man für Sach- und kognitive Strukturen ein identisches (oder zumindest vergleichbares) Beschreibungssystem zur Verfügung hätte.

- Im Rahmen der geplanten empirischen Untersuchungen werden die obigen Diskussionen in dreifacher Hinsicht aufgegriffen werden müssen: bei der Auswahl von Problemen bzw. Aufgaben zur Erfassung kognitiver Strukturen; bei der Planung von Unterricht (obwohl hier eine Reihe von Vorgaben schon gemacht sind) und bei der Planung von Trainingsmaterialien für den experimentellen Vergleich verschiedener Lehrmethoden (z.B. "AUSUBEL").

3.2. Zum Problem der "kognitiven Struktur"

Bei der Diskussion des Ausdrucks "Struktur" im vorangegangenen Abschnitt 3.1. wurde bereits auf die schillernde Vielfalt und mangelnde Präzision bei dessen Verwendung hingewiesen. Ähnliches läßt sich auch für den Begriff "kognitive Struktur" feststellen.

Am Anfang dieses Kapitels steht daher notwendigerweise eine kurze Diskussion über die Verwendung dieses Begriffs (obwohl bei der Formulierung des "verbesserten Modells" in Abb. 7 hierfür bereits eine - noch zu begründende - Vorentscheidung getroffen wurde). Es sollen dann einige bekannte und typische Modelle zur Beschreibung kognitiver Strukturen vorgestellt werden, wobei eine weitgehende Einschränkung auf *Wissens*strukturen bzw. auf die "epistemische Struktur" (DÖRNER) erfolgen soll (entsprechend der Fragestellung der vorliegenden Arbeit). Nach dieser allgemeinen Diskussion der verschiedenen Auffassungen über kognitive Strukturen soll eine weitere Einschränkung erfolgen: es werden dann nur noch "bereichsspezifische" (SEILER 1973) kognitive Strukturen diskutiert, und zwar für den hier interessierenden Bereich "Physik". In diesem Zusammenhang werden *bisherige Untersuchungen* über die Repräsentation physikalischer (Sach-)Strukturen in der kognitiven Struktur vorgestellt; außerdem wird eine Übersicht über verschiedene *Methoden* zur Erfassung kognitiver Strukturen zu erfolgen haben. Gemäß dem Modell in Abb.7 wird schließlich noch auf Untersuchungen einzugehen sein, die die *Entwicklung* kognitiver Strukturen (auch hier beschränkt auf den Bereich "Physik") zum Gegenstand haben.

Dem Aspekt "Instruktion", verstanden als geplante Überführung eines Zustandes der kognitiven Struktur in einen gewünschten anderen, wird dann ein gesonderter Abschnitt gewidmet sein (mit dem Schwerpunkt "AUSUBEL").

3.2.1. Zum Begriff "kognitive Struktur"

Um einen Überblick über die Verwendungsmöglichkeiten des Begriffes "kognitive Struktur" zu bekommen, seien einleitend einige *Definitionen* angeführt.

"Für das Problemlösen ist eine bestimmte geistige Ausstattung notwendig, die wir *kognitive Struktur* nennen wollen." (DÖRNER 1976, S. 26)

"Die Gesamtheit erworbener Kenntnisse und verfügbarer Denkabläufe eines Menschen wird als seine *kognitive Struktur* bezeichnet." (KLUWE 1979, S. 10)

"Eine *kognitive Struktur* ist im Organismus gespeicherte Information über Beziehungen zwischen Elementen oder Ereignissen." (HALFORD 1978, S. 1; eigene Übers.)

"*Kognitive Struktur* ist ein hypothetisches Konstrukt, das sich auf die Organisation (die Beziehungen) von Begriffen im Gedächtnis bezieht." (SHAVELSON 1972, S. 226f; eigene Übers.)

"*Kognitive Strukturen* werden definiert als internalisierte Ganzheiten, die mit Hilfe von geistigen Operationen gebildet werden und die sich durch das Prinzip der Äquilibration selbst regulieren." (BRAINERD 1973, S. 176; eigene Übers.)

Wie man sieht, reicht das Spektrum der Definitionen recht weit, angefangen von "geistiger Ausstattung" - nach EIGLER (1978) besteht ohnehin die Gefahr, daß "kognitive Struktur" nur als neue Chiffre für (die "alten" Begriffe) Wissen und Fähigkeiten verwendet wird - bis hin zu einer Beschränkung auf einen Ausschnitt dieser "geistigen Ausstattung" (nämlich Begriffe und deren Beziehungen). Eine Übereinstimmung in den Definitionen von "kognitiver Struktur" wird sich daher kaum erzielen lassen, wiewohl sich die Liste derartiger Definitionsversuche noch um einige Beispiele verlängern ließe. Der Begriff "kognitive Struktur" teilt damit sein Schicksal mit etlichen anderen psychologischen Begriffen (z.B. Motiv, Intelligenz, Lernen usw.); im Grunde genommen bleibt er so lange inhaltsleer (bzw. geht er über alltagssprachliches Verständnis nicht hinaus), bevor nicht durch eine "Gebrauchsanweisung" der theoretische Verwendungszusammenhang festgelegt ist. (In der Terminologie von KLAUSMEIER et al. (1974) hätten wir es also mit einem Begriff von recht geringer "Validität" zu tun![1])

Im folgenden soll daher eine Übersicht über die wichtigsten theoretischen Konzeptionen in bezug auf diesen Begriff erfolgen, wobei dann auch - auf dem Hintergrund des in Abb. 7 entwickelten eigenen Modells - eine Entscheidung für eine bestimmte Konzeption getroffen werden soll.

Ein Überblick über die bekanntesten vorliegenden Konzeptionen zeigt dabei zunächst, daß - trotz bestehender erheblicher Unterschiede,

---

[1] *Vielleicht ist gerade die geringe Validität dieses Begriffes und die damit einhergehende Unverbindlichkeit in seiner Verwendung einer der Gründe, warum "kognitive Struktur" heute so "in" ist!*

nicht zuletzt auch in der Terminologie - eine Zweiteilung der kognitiven Struktur in eine Wissensstruktur (oder epistemische Struktur usw.) und in eine Problemlösestruktur üblich geworden ist.

Die folgende von KLUWE (1979) übernommene Abbildung gibt eine Zusammenstellung der wichtigsten Vertreter dieser Auffassung:

Abb. 11: Teilstrukturen der geistigen Ausstattung (KLUWE 1979, S. 15)

	Speicherung von Information: Wissensstruktur	Verarbeitung von Information: Problemlösestruktur
Freud 1900	Primärprozesse	Sekundärprozesse
Piaget 1947	Assimilation	Akkommodation
Reitman 1966	Kognitive Struktur (semantisches Netzwerk)	Exekutive
Neisser 1974	Kognitive Struktur	Exekutive
Newell & Simon 1972	task environment symbol structures	Exekutive; heuristische Methoden
Rumelhart, Lindsay & Norman 1972	Datenbasis	interpretativer (exekutiver) Prozeß
McCarthy ; Hayes 1969; Dörner 1976	Epistemische Struktur	Heuristische Struktur
Lompscher 1972	Inhalt	Verlauf [1]

([1] als dritte Komponente Motivation)

Eine Erläuterung der obigen Abbildung soll hier vorerst unterbleiben, da auf Teile davon noch näher eingegangen wird. Zwei Anmerkungen sind allerdings notwendig:

- Auf den ersten Blick überraschend ist sicherlich die Aufnahme von FREUD und PIAGET in die obige Abbildung, auf den zweiten Blick lassen sich allerdings gewisse - sicherlich nicht überzubewertende - Analogien zu den anderen Konzeptionen finden, die zumindestens zeigen, daß der *Gedanke* zweier unterschiedlicher "Instanzen" oder Prozesse keine Erfindung der "Informationsverarbeiter" ist.

- Weiterhin auffallend an obiger Abbildung ist die erstaunliche Vernachlässigung einer *motivationalen* Teilstruktur (ein Grund mehr, eine solche im eigenen Modell zu berücksichtigen) innerhalb der "kognitiven" Struktur; lediglich LOMPSCHER (1972) führt "Motivation" als Komponente in seiner "Struktur der geistigen Tätigkeit" explizit auf:

Abb. 12: "Schematische Darstellung der Struktur der geistigen Tätigkeit" (LOMPSCHER 1972, S. 29)

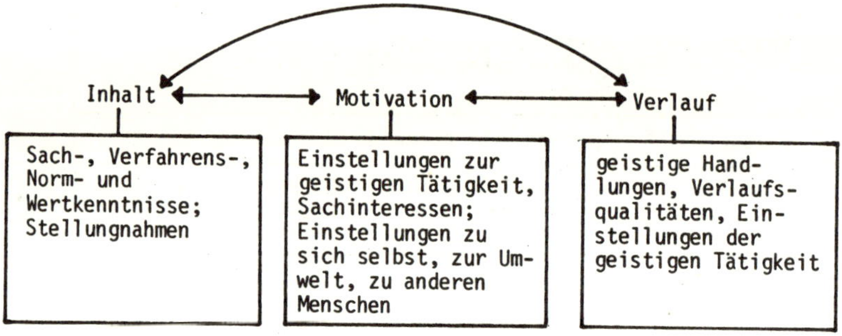

Die oben beschriebene Zwei- bzw. Dreiteilung kann als allgemeinstes - sicher nicht sehr vielsagendes - Bestimmungsstück einer Definition von "kognitiver Struktur" angesehen werden. Für eine vollständige Bestimmung bleibt noch zu klären, wie man sich den inneren Aufbau jeder dieser Teilstrukturen vorzustellen hat und in welchem Verhältnis sie zueinander stehen.

Eine umfassende Klärung dieser Fragen kann im folgenden nicht geleistet werden - sie ist wohl auch theoretisch noch nicht in Sicht -; stattdessen soll der Schwerpunkt der weiteren Darstellung auf dem inneren Aufbau der Wissensstruktur (mit der zusätzlichen Einschränkung auf einen bestimmten Inhaltsbereich) liegen.[1)]

3.2.2. Theoretische Modelle über Wissensstrukturen

Bei der Kritik des Modells von KLAUSMEIER et al. (1974) wurde in Abschnitt 2.2.3. bereits darauf hingewiesen, daß die neueren Auffassungen über die Abbildung von "Wissen" im Gedächtnis unter dem Stichwort "semantisches Gedächtnis" zu finden sind. Da dieser Terminus aber (wie kaum anders zu erwarten) nicht einheitlich verwendet wird, bedarf er hier vorab einer kurzen Klärung:

Insgesamt kann man *drei* - unterschiedlich inklusive - Auffassungen über das semantische Gedächtnis antreffen (vgl. z.B. SMITH 1978; BREDENKAMP + WIPPICH 1977).

In seiner *restriktivsten* Bedeutung bezieht sich der Begriff "semantisches Gedächtnis" ausschließlich auf das gespeicherte Wissen über die *Sprache*,d.h. auf die Bedeutung von Worten und auf die Regeln für deren Benutzung. Es wäre sicher ganz wünschenswert, wenn "semantisches Gedächtnis" in dieser - dem Wortsinn am nächsten kommenden - Weise benutzt würde, es dürfte aber auch klar sein, daß eine Wissensstruktur wesentlich mehr als nur Wissen über Sprache enthalten muß. Im Modell der Abb. 7 wurde deshalb das auf symbolische (speziell sprachliche) Sachverhalte bezogene Wissen als Teilstruktur der Wissensstruktur (oder epistemischen Struktur) konzipiert. Man muß sich aber hierbei im klaren darüber sein, daß die Annahme einer nur auf linguistische Information bezogenen Gedächtnisstruktur (neben einer auf Objekte der realen Welt bezogenen Gedächtnisstruktur) zum gegenwärtigen Zeitpunkt als offenes Problem

---

1) *Hierbei bin ich mir der Problematik dieser Schwerpunktsetzung wohl bewußt z.B. auch auf dem Hintergrund folgender Aussage: "Vielleicht ist es weniger wichtig, Wissen zu vermitteln, als Fähigkeiten zur fortlaufenden Aneignung, Korrektur und Verbesserung von Wissen." (KLUWE 1979, S. 100).*

betrachtet werden muß (vgl. SMITH 1978, S. 2).

Modellvorstellungen, die sich speziell mit der Repräsentation von sprachlicher Information beschäftigen, sollen hier nicht ausführlich behandelt werden, da sie für den vorliegenden Zusammenhang von sekundärer Bedeutung sind.[1)] Zusammenfassende Darstellungen über ältere Modelle (z.B. "hierarchisches Netzwerk" von COLLINS+ QUILLIAN 1969) und neuere Modelle (z.B. "Modell des Vergleiches von Merkmalen" ("feature-comparison") von SMITH, SHOBEN + RIPS 1974) sind bei SMITH (1978) zu finden.

Eine zweite Bedeutung des Begriffes "semantisches Gedächtnis" ergibt sich aus der Unterscheidung zwischen "semantischem" und "episodischem" Gedächtnis, die von TULVING (1972) vorgenommen wurde. "Semantisches Gedächtnis ist (dabei) das Gedächtnis, das für den Gebrauch der Sprache notwendig ist. Es ist ein geistiger Thesaurus, das organisierte Wissen, das eine Person besitzt über Worte und andere verbale Symbole, deren Bedeutung und Referenten, über Beziehungen zwischen diesen und über Regeln, Formeln und Algorithmen für den Umgang mit diesen Symbolen, Begriffen und Relationen" (TULVING 1972, S. 386 zit. nach BREDENKAMP + WIPPICH 1977, S. 105; eigene Übers.). Das "episodische Gedächtnis" dagegen enthält Informationen über zeitlich datierte Ereignisse und über zeitlich-räumliche Beziehungen zwischen diesen Ereignissen. Die auffälligste Eigenschaft des episodischen Gedächtnisses ist dessen "autobiographische" Natur: "Episoden" stellen Ereignisse dar, die von einer Person unmittelbar erlebt wurden und die in einer solchen Weise gespeichert sind, daß sich die Person in folgender Weise erinnern kann: "Ich tat das und das, an dem und dem Ort, zu der und der Zeit." (TULVING 1972, S. 389; eigene Übers.).[2)]

[1)] *Dies bedeutet nicht, daß der Sprache beim Aufbau physikbezogener Wissensstrukturen eine untergeordnete Rolle zukommt. Aus physikdidaktischer Sicht vgl. zu diesem Problem GIPPER 1956; RANG 1970, 1975; WAGENSCHEIN 1968.*

[2)] *Es sei hier erwähnt, daß "Episoden" von anderen Autoren (s.u.) nicht einem separaten Gedächtnissystem zugeordnet werden, sondern als Teil eines "Netzwerkes von Aussagen" ("propositional network") konzipiert werden.*

"Semantisches Gedächtnis" wird also bei TULVING nicht mehr ganz so restriktiv verstanden wie in dem erstgenannten Sinn, da es über reine Wortbedeutungen hinausgehend auch grundlegende Fakten über unsere Welt enthält (z.B. "Kolumbus entdeckte Amerika").

Im umfassendsten Sinn schließlich bezieht sich "semantisches Gedächtnis" auf die Speicherung von *sinnvollem Material* überhaupt, "sei dies unser überdauerndes Wissen über die Bedeutung von Worten oder unser vorübergehendes Gedächtnis für einen bestimmten Satz, der uns in einem Laborexperiment dargeboten wurde" (SMITH 1978, S. 1; eigene Übers.).

Diesem Verständnis von "semantischem Gedächtnis" lassen sich u.a. z.B. die Gedächtnismodelle von ANDERSON + BOWER (1973), KINTSCH (1970, 1974), NORMAN, RUMELHART + LNR-Group (1978, engl. 1975) bzw. RUMELHART et al. (1972) zuordnen (vgl. auch Abschnitt 2.2.3.). Diese Modelle, die meiner Meinung nach wegen ihres umfassenden Anspruchs für den vorliegenden Zusammenhang von besonderer Bedeutung sind, sollen im folgenden etwas näher diskutiert werden. Um den mit dem Begriff "semantisches Gedächtnis" verbundenen Mehrdeutigkeiten aus dem Wege zu gehen, sollen diese Modelle aber ab jetzt dem in der Überschrift zu diesem Kapitel gewählten Stichwort "Wissensstrukturen" zugeordnet werden.

Es bleibt noch anzumerken, daß bei der weiteren Darstellung dieser Modelle über Wissensstrukturen nur auf deren wesentlichste Merkmale eingegangen werden kann, da zum einen jede Detaildiskussion den gewählten Rahmen sprengen würde und da zum anderen auch für den deutschen Sprachraum entsprechende Darstellungen - entweder zusammenfassender Art (z.B. KLUWE 1979; BREDENKAMP + WIPPICH 1977) oder als Übersetzungen amerikanischer Originale (z.B. NORMAN, RUMELHART+ LNR-Group 1978) - vorliegen.

3.2.2.1. Modell des "aktiven strukturellen Netzes" von NORMAN, RUMELHART + LNR-Group (1978)

Im Modell des "aktiven strukturellen Netzes" von NORMAN et al. (1978) werden die im menschlichen Gedächtnis repräsentierten Informationen "als beschriftetes Netz oder Graph dargestellt, in welchem eine Anzahl von *Knoten* durch eine Anzahl von *Relationen* miteinander verbunden sind. Jede Relation ist eine Verbindung zwischen zwei Knoten und hat zwei (für die Interpretation dieser Relation) wichtige Eigenschaften: Sie ist bezeichnet und gerichtet." (RUMELHART + NORMAN 1978, S. 51)[1] Die Bezeichnung "aktiv" für dieses Netzwerk von Knoten und Relationen soll andeuten, daß es sich hierbei um eine Struktur handelt, die sowohl *Datenspeicher* ist, als auch in der Lage ist, bestimmte informationsverarbeitende *Prozesse* auszuführen[2].

An einem ersten Beispiel sollen einige grundlegende Merkmale des "aktiven strukturellen Netzes" aufgezeigt werden. In der folgenden Abbildung ist die Aussage "Mary sagte Helen, daß sie John einen Dollar gegeben habe" als Netzdiagramm dargestellt.

Abb. 13: Netzdiagramm für die Aussage "Mary sagte Helen, daß sie John einen Dollar gegeben habe" (RUMELHART + NORMAN 1978, S. 58)

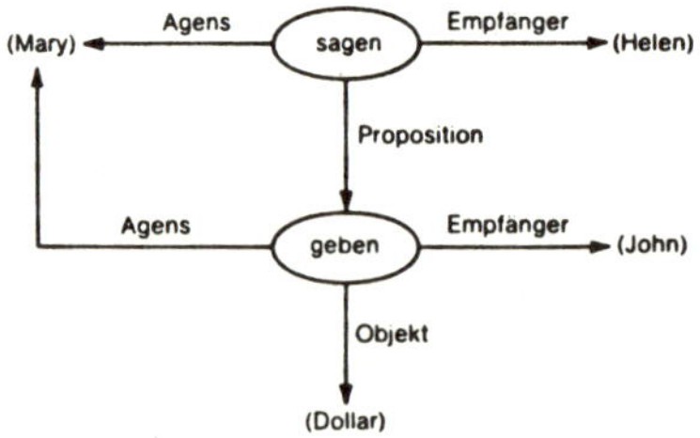

---

[1] *Vgl. hierzu die analogen Vorstellungen zur Beschreibung von Sachstrukturen in Abschnitt 3.1.4.*

[2] *Hier liegt wohl auch der größte Unterschied zu DÖRNERs (1976) Konzeption der "epistemischen Struktur".*

Die *elementarste* Einheit einer solchen Netzdarstellung wird durch zwei Knoten a und b gebildet, die durch eine bestimmte Relation R miteinander verbunden sind. Ein Beispiel in obigem Netz sind die (sekundären)[1] Knoten "sagen" und "Mary", die durch die Relation "Agens" verbunden sind.

In obigem Beispiel werden alle Knoten der Einfachheit halber mit Begriffen aus der *natürlichen* Sprache bezeichnet. Eine solche Entsprechung zwischen Knoten und Begriffen der natürlichen Sprache muß allerdings nicht notwendigerweise bestehen. In der Abb. 13 wäre es z.B. auch möglich, daß der Knoten "geben" durch die Relation "Objekt" mit einem zwar (etwa durch eine willkürliche Zahl)[2] benannten Knoten verbunden ist, daß aber hierfür kein Begriff in der natürlichen Sprache existiert (wobei dieser Knoten aber selbstverständlich durch weitere Relationen zu anderen Knoten näher bestimmbar wäre).

Wenn für einen Knoten ein Begriff der natürlichen Sprache existiert, so wird es erforderlich, zwischen einem "primären" und einem "sekundären" Knoten zu unterscheiden. Der primäre Knoten würde sich dabei auf die abstrakte Definition eines Begriffes der natürlichen Sprache beziehen, während der (oder die) zugehörige(n) sekundäre(n) Knoten die Verwendung dieses Begriffes in den jeweils verschiedenen Zusammenhängen angibt(angeben). In der Abb. 13 wurde diese Unterscheidung der Übersichtlichkeit halber weggelassen, sie ist aber immer mitzudenken. Die sekundären Knoten sind hier durch *Ovale* (für einzelne Ereignisse) und durch *Klammern* (für spezielle Begriffe) dargestellt. Die mit den entsprechenden primären Knoten verbundenen Bezeichnungen wurden jeweils in die Ovale bzw. Klammern geschrieben. An einem Beispiel soll aber gezeigt werden, in welcher Weise die obige Darstellung erweitert werden müßte:

---

[1] *s.u.*

[2] *Diese "Adressierbarkeit" von Knoten ist wichtig für die Computerimplementierung des Modells (vgl. hierzu RUMELHART + NORMAN 1978, S. 165ff).*

Abb. 14: Vollständige Darstellung eines Ausschnittes des Netzes der Abb. 13

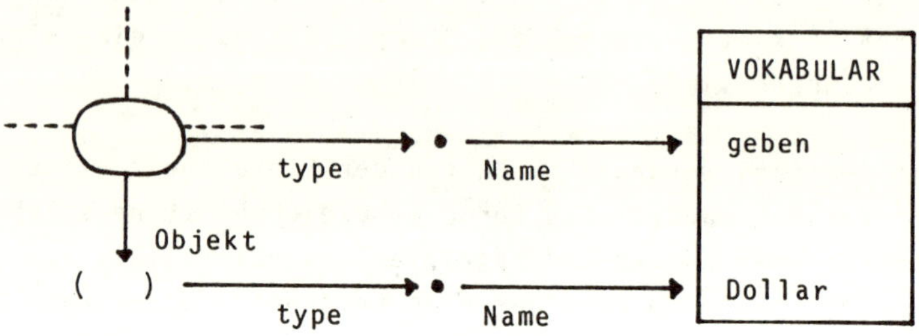

In dieser Abbildung sind die sekundären Knoten durch die Relation "type" mit ihren jeweiligen primären Knoten verbunden. Die *Benennung* dieser primären Knoten durch Namen der natürlichen Sprache ist so repräsentiert, daß jeweils durch die Relation "Name" auf ein entsprechendes *Vokabular* Bezug genommen wird, das die "orthographische und aussprachemäßige Information bezüglich des Namens" enthält (RUMELHART + NORMAN 1978, S. 55).

In Abb. 13 taucht der Begriff "Proposition" auf, der vor einer weiteren Darstellung des Modells noch der Erläuterung bedarf. Eine *Proposition* ist hierbei "ein Prädikat, dessen unabdingbare Variablen alle ausgefüllt sind" (RUMELHART + NORMAN 1978, S. 58). Ein *Prädikat* wiederum kann als allgemeine Funktion verstanden werden, welche die zwischen einer bestimmten Anzahl von Begriffen bestehenden Zusammenhänge verdeutlicht. So kann beispielsweise die allgemeine Bedeutung des Verbs[1)] "geben" durch folgendes Prädikat dargestellt werden:

geben [Agens, Objekt, Empfänger, Zeitpunkt]

Die in der eckigen Klammer stehenden Ausdrücke heißen *Argumente*

[1)] *Es können natürlich außer den Verben auch andere grammatische Klassen durch Prädikate dargestellt werden. Hierauf soll aber nicht näher eingegangen werden.*

des Prädikates "geben"; sie geben den "Bereich" oder die zulässigen Begriffe für das jeweilige Argument an. So ist z.B. klar, daß das Argument "Agens" nur von einem Begriff ausgefüllt werden kann, der für ein Lebewesen steht und als solches überhaupt in der Lage ist, eine Handlung auszulösen.
Wenn die Argumente eines Prädikates durch konkrete Begriffe ersetzt worden sind, so haben wir eine *Proposition* vorliegen (s.o.), z.B.:

geben [(Mary), (Dollar), (John), Zeitpunkt][1)]

Das Argument "Zeitpunkt" wurde in diesem Beispiel nicht ersetzt, es kann also als verzichtbarer, nicht-obligatorischer Bestandteil des Prädikates "geben" angesehen werden.

Die strukturelle Darstellung der obigen Proposition
geben [(Mary), (Dollar), (John), Zeitpunkt]
ist im übrigen im unteren Teil der Abb. 13 zu finden; da das Argument "Zeitpunkt" nicht spezifiziert ist, wurde es der Einfachheit halber weggelassen.

Ein letztes wichtiges Merkmal von Prädikaten sei hier noch erwähnt: In obigem Beispiel wurden die Argumente des Prädikates "geben" durch Begriffe im Sinne von speziellen Gegenständen bzw. Personen oder Gegenstandsklassen ersetzt. In einem umfassenderen Sinn können allerdings auch *Propositionen* als Begriffe verstanden werden (vgl. die Diskussion in Abschnitt 2.2.).[2)] So kann beispielsweise bei folgendem Prädikat

sagen [Agens, Empfänger, Zeitpunkt, Objekt]

das "Objekt"-Argument durch die obige Proposition "geben ..." ausgefüllt werden. Ersetzt man noch die Argumente "Agens" und "Emp-

---

1) Entsprechend der vorangegangenen Darstellung handelt es sich bei den eingesetzten Begriffen natürlich um sekundäre Begriffe.

2) So ist z.B. auch GAGNÉs "Regel" nichts anderes als ein "Begriff" höherer Ordnung.

fänger" durch Begriffe, so erhält man folgende Proposition:

sagen [(Mary), (Helen), Zeitpunkt, geben (Mary), (Dollar), (John), Zeitpunkt] [1)]

Diese Proposition ist übrigens in unserem Ausgangsbeispiel (Abb. 13) als Netzdiagramm dargestellt!

Die bisher diskutierte Art der Repräsentation genügt nach RUMELHART + NORMAN allerdings nicht, um die *Bedeutung* einer Aussage adäquat widerzuspiegeln, da sie sich sozusagen nur an der Oberfläche bewegt. Um eine angemessenere, tiefergehende Form der Darstellung zu erreichen, ist es notwendig, auf *elementare Bedeutungsstrukturen* zurückzugreifen.

Am detailliertesten wurden bisher von den Autoren elementare Bedeutungsstrukturen von (englischen) *Verben* analysiert (diese Analyse kann auch unmittelbar auf die allgemeine *Struktur von Ereignissen* übertragen werden). Es werden danach *vier* verschiedene Aspekte der Bedeutung von Verben unterschieden, die sich durch elementare Prädikate darstellen lassen: Bedeutungsaspekte des *Zustandes*, der *Zustandsänderung*, der *Ursache* und der *Handlung*.[2)] Es scheint so zu sein, daß sich alle Verben durch mindestens eine dieser vier Komponenten kennzeichnen lassen, wobei es auch möglich ist, daß ein Verb alle vier enthalten kann.

Es würde im vorliegenden Zusammenhang zu weit führen, auf diese vier Bedeutungsaspekte von Verben im einzelnen einzugehen. Ein Beispiel möge zur Verdeutlichung der Vorgehensweise von RUMELHART+ NORMAN genügen. In der folgenden Abbildung ist die Aussage "Der Zug fuhr um 3 Uhr aus dem Bahnhof" als strukturelles Netz dargestellt, wobei das Verb "fahren" in seine Bedeutungskomponenten aufgeschlüsselt ist.

[1)] *Dieser Einschachtelung von Propositionen in Propositionen messen RUMELHART + NORMAN (1978) im übrigen eine große Bedeutung für ihr Modell bei.*

[2)] *"Wir behaupten nicht, daß es nur diese vier Kategorien gebe, glauben aber, daß sie notwendig sind." (RUMELHART + NORMAN 1978, S.62).*

Abb. 15: Strukturelles Netz für die Aussage
"Der Zug fuhr um 3 Uhr aus dem Bahnhof"
(RUMELHART + NORMAN 1978, S. 65)

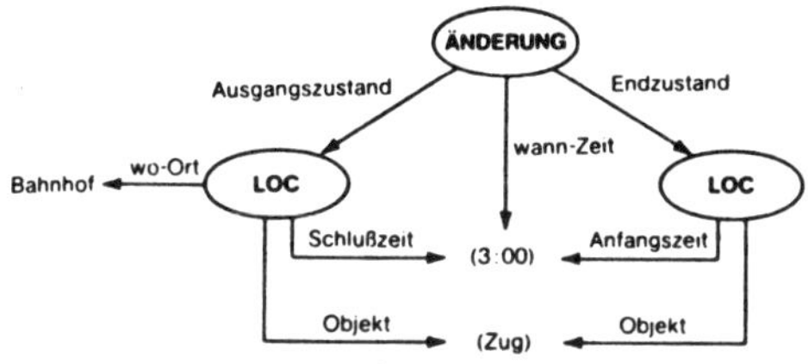

In der obigen Abbildung sind die beiden wesentlichen Bedeutungsaspekte des Verbs "fahren" als (sekundäre) Knoten dargestellt. Es handelt sich dabei einmal um den Bedeutungsaspekt des *Zustandes* (hier durch das Zustandselement des *Ortes* repräsentiert[1]) und um den Bedeutungsaspekt der *Veränderung* eines Zustandes (und damit Herbeiführung eines neuen Zustandes). Das Zustandselement des Ortes ist hier durch das elementare Prädikat der Lage, LOC[2], dargestellt:

LOC [Gegenstand, wo-Lage, Anfangszeit, Schlußzeit]

ÄNDERUNG verknüpft hier zwei Zustände miteinander (die - wie oben erwähnt - neben der Angabe des Ortes auch durch andere Bedeutungselemente charakterisiert sein können) und verdeutlicht, daß der *Ausgangszustand* mit dem Beginn der Änderung ("wann-Zeit") *beendet* ist und der *Endzustand* mit diesem Zeitpunkt *beginnt*.

---

[1] *Das Zustandselement des Ortes ist nur ein mögliches Beispiel für die Charakterisierung von Zuständen. Andere von RUMELHART + NORMAN angegebene Zustandselemente sind POSS (für "Besitz"), SCHLAFEND, WACH; weitere lassen sich leicht vorstellen.*

[2] *engl.: "location"; lat.: "locus"*

Abschließend soll noch kurz auf die Darstellung von *Adjektiven* und *Substantiven* im Modell von NORMAN et al. eingegangen werden. Die Autoren sind hierbei der Meinung, daß wesentliche Teile der Analyse von Verben übernommen werden können, da Substantive und Adjektive in den meisten Fällen nichts anderes sind als *Bedeutungselemente des Zustandes*. So kann beispielsweise das Substantiv "Mensch" als *Konjunktion* von Prädikaten des Zustandes dargestellt werden:

Mensch [X] ⟶ sterblich [X] UND zweibeinig [X]
UND es gibt [Kopf [X]] UND Säugetier [X]
(RUMELHART + NORMAN 1978, S. 73)

Die entsprechende Netzdarstellung würde dann wie folgt aussehen:

Abb. 16: Strukturelles Netz für "Mensch"
(RUMELHART + NORMAN 1978, S. 74)

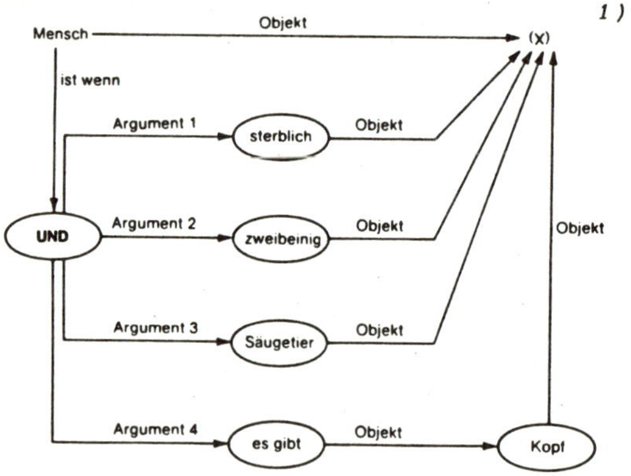

[1] Die Variable X kann als "Prototyp" (im Sinne von ROSCH 1973), d.h. als typischster Vertreter der Kategorie "Mensch" betrachtet werden.

Das Modell des "aktiven strukturellen Netzwerkes" von NORMAN, RUMELHART + LNR-Group (1978) wurde in der bisherigen Darstellung ausschließlich an relativ überschaubaren Materialien, nämlich einfachen Sätzen und deren Bestandteilen, erläutert. Dies geschah allerdings weniger aus Gründen der Übersichtlichkeit, sondern dies spiegelt vielmehr den Stand der Theoriebildung von NORMAN et al. zum Zeitpunkt des Erscheinens ihres Buches (engl. 1975) wider.

Bemühungen dieser Forschergruppe in jüngster Zeit gehen jetzt allerdings auch dahin, *Wissenseinheiten höherer Ordnung* in ihr Modell zu integrieren. Hierauf soll zum Abschluß dieses Kapitels noch kurz eingegangen werden.

Für solche Wissenseinheiten höherer Ordnung wird in einem neueren Artikel von RUMELHART + ORTONY (1977) der Begriff "Schema"[1] (bzw. "Schemata") verwendet. Näher definiert werden *Schemata* als "Datenstrukturen, die die im Gedächtnis gespeicherten allgemeinen Konzepte verkörpern. Schemata existieren für allgemeine Konzepte, wie sie Objekten, Situationen, Ereignissen, Ereignissequenzen, Handlungen und Handlungssequenzen zugrundeliegen können. ...Ein Schema enthält ... das Netzwerk von Beziehungen, wie es zwischen den Bestandteilen des fraglichen Konzepts als allgemeingültig angenommen wird. In gewisser Weise stellen Schemata also Stereotypen dieser Konzepte dar." (RUMELHART + ORTONY 1977, S. 101; eigene Übers.)

An einem relativ einfachen Beispiel sollen die in dieser Definition enthaltenen Merkmale eines Schemas verdeutlicht werden. In der folgenden Abbildung ist das Schema GEBEN als "aktives strukturelles Netzwerk" dargestellt.[2]

---

[1] *Auf die unterschiedlichen Bedeutungen dieses Begriffes soll hier nicht näher eingegangen werden (vgl. hierzu ausführlich HERRMANN 1965, S. 76ff und kurz KLUWE 1979, S. 22ff).*

[2] *Die von RUMELHART + ORTONY (1977) entwickelten Vorstellungen über "Schemata" sind allerdings nicht unbedingt an den Kontext der Theorie des "aktiven strukturellen Netzwerkes" gebunden. Nach Meinung der Autoren handelt es sich hierbei um einen Gedanken, über den grundsätzliche Einigkeit zwischen verschiedenen Theorien besteht (vgl. RUMELHART + ORTONY 1977, S. 100).*

Abb. 17: Darstellung des Schemas GEBEN als strukturelles Netzwerk
(übers. nach RUMELHART + ORTONY 1977, S. 102)

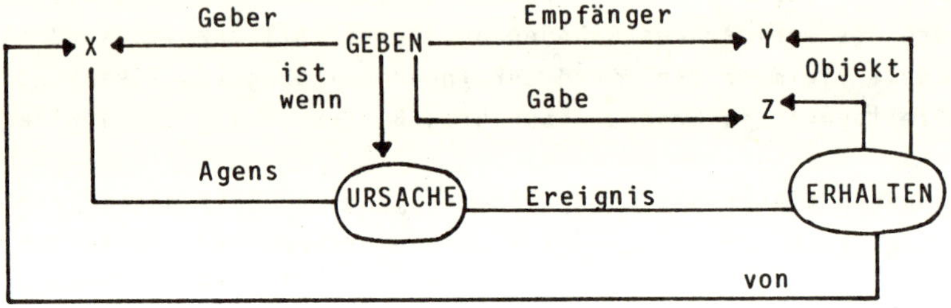

Als wesentliche Merkmale eines Schemas können danach festgehalten werden:

- Schemata besitzen *Variablen* ("Leerstellen"), die - in Abhängigkeit von Kontext- und Situationseinflüssen - unterschiedliche Werte annehmen können. Das abgebildete Schema GEBEN besitzt z.B. die Variablen X ("Geber"), Y ("Empfänger") und Z ("Gabe"). Wie weiter vorn (bei der Diskussion von Prädikaten) bereits erwähnt wurde, existieren bestimmte Einschränkungen hinsichtlich der Werte, die eine Variable realistischerweise annehmen kann. Dies hat unter anderem den Vorteil, daß auch bei unzureichender Information über einen Sachverhalt brauchbare Vermutungen über die Werte von Variablen möglich sind. So kann man z.B. aus der relativ mageren Information "Peter bekam ein Buch" sofort schließen, daß "irgendjemand" (ein "Geber") existieren muß, der Peter das Buch gegeben hat, daß dieser Jemand vermutlich eine Person ist usw.

- Schemata können ineinander *eingeschachtelt* sein. In obigem Beispiel enthält des Schema GEBEN (als "dominierendes Schema") die beiden "Subschemata" URSACHE und ERHALTEN. Diese Subschemata sind hier allerdings nicht in ihrer gesamten Struktur angeführt, sondern nur als Name.

Der Vorgang der Einschachtelung von Schemata kann vermutlich nur so lange stattfinden, bis Schemata erreicht sind, die in dem Sinne elementar sind, als sie nicht auf weitere Schemata zurückgeführt werden brauchen. Die weiter oben beschriebenen "elementaren Bedeutungsstrukturen" wären Beispiele hierfür.

- Die (hierarchische) Einschachtelung von Schemata impliziert gleichzeitig, daß Schemata auf sehr unterschiedlichen *Abstraktionsebenen* existieren können. Diesem Gedanken messen RUMELHART + ORTONY besondere Bedeutung bei, da er ihren (Schema-)Ansatz am stärksten von früheren Gedächtniskonzeptionen abhebt. Während man sich bisher hauptsächlich mit der Repräsentation relativ einfacher Wisseneinheiten beschäftigte, ist es jetzt möglich, auch Wissensbestände auf einer recht hohen Ebene der Konzeptualisierung darzustellen.

Zugegebenermaßen ist das in Abb. 17 dargestellte GEBEN-Schema kein sehr globales oder abstraktes Schema[1)], doch könnte man leicht eine Reihe von Beispielen für solche finden. Anknüpfend an das vorangegangene Kapitel über Sachstrukturen wären hier etwa die "Conceptual Schemes" der National Science Teachers Association (1964) oder auch die Konzepte von SPRECKELSEN (1971) zu nennen (s. Abschn. 3.1.2.1. und 3.1.3.).

- Ein letztes wichtiges Merkmal von Schemata (das in obiger Abb. allerdings nicht deutlich wird) besteht in ihrer Fähigkeit, auch Abweichungen und Verzerrungen des "Normalzustands" zu tolerieren. Sie erfüllen damit die Forderung, daß Wissen in einer solch flexiblen Weise repräsentiert sein muß,"daß tote Tiere trotzdem noch Tiere sind und ein Gesicht mit nur einem Auge immer noch ein Gesicht" (RUMELHART + ORTONY 1977, S. 111; eigene Übers.) Mit dieser Beschreibung von Schemata wenden sich

---

[1)] *Dies macht es auf den ersten Blick vielleicht auch schwer, den Schema-Ansatz von der vorher dargestellten Konzeption von NORMAN et al. (1978 bzw. 1975) zu unterscheiden.*

RUMELHART + ORTONY vor allem gegen die Auffassung, daß Wissen in Form von definierenden Merkmalen für Begriffe repräsentiert ist[1] (dann nämlich könnte "Tier" mit dem definierenden Merkmal "lebend" sich nicht auf "tote Tiere" beziehen).

"Schemata versuchen, Wissen in genau der flexiblen Art zu repräsentieren, welche die menschliche Toleranz für Unbestimmtheit, Ungenauigkeit und Widersprüchlichkeit widerspiegelt." (RUMELHART + ORTONY 1977, S. 111; eigene Übers.)

Die *Rolle* derartig charakterisierter Schemata im menschlichen Informationsverarbeitungsprozeß läßt sich abschließend etwa wie folgt stichwortartig beschreiben.

- "Schemata sind die zentralen Einheiten im *Verstehens*prozeß" (RUMELHART + ORTONY 1977, S. 111; eigene Übers.) "Verstehen" kann dabei angesehen werden als die Auswahl von Schemata, mit deren Hilfe eine vorgegebene Situation interpretiert werden kann.

- Schemata können benutzt werden, um *Vorhersagen* zu treffen bezüglich bestimmter bisher nicht beobachteter Daten (s. auch oben).

- Schemata werden bei der *Erinnerung* spezifischer Ereignisse (s.o.: "episodisches" Gedächtnis) herangezogen; Einzelheiten solcher spezifischer Ereignisse werden mit Hilfe von Schemata *rekonstruiert*.

- Schemata spielen eine wichtige Rolle bei bestimmten *schlußfolgernden* Prozessen (z.B. bei Analogieaufgaben).

---

1) Eine solche Auffassung von Begriffen vertreten ja auch - wie gezeigt - KLAUSMEIER et al. (1974).

- Schemata scheinen das zugrundeliegende Wissen darzustellen, das notwendig ist, um *Handlungen* auszuführen. RUMELHART + ORTONY sprechen hier in Abhebung von den obigen "Verstehens-schemata" von "Handlungsschemata"[1].

Die Darstellung des Ansatzes von NORMAN et al. (1978) bzw. dessen Erweiterung durch RUMELHART + ORTONY (1977) soll mit einer kurzen *bewertenden Stellungnahme* abgeschlossen werden:

Eine solche Bewertung sollte allerdings - um fair zu bleiben - berücksichtigen, welchen Anspruch die Autoren selbst mit ihrem Modell verfolgen: "Unsere Hauptleistung ist es gewesen, ein analytisches Instrument zu schaffen, mit dem das Studium der Probleme der Kognition angegangen werden konnte." und "Das Ende dieses Buches markiert den Beginn unserer Studien." (NORMAN et al. 1978, S. 397 und S. 401)

Diese eher vorsichtige Einschätzung ihres Modells kann die Autoren aber nicht vollständig davon befreien, *empirische Belege* für dessen Gültigkeit beizubringen. Um diese empirischen Belege ist es aber bisher - dies darf ganz pauschal festgehalten werden - nicht zum besten bestellt.

Ein noch vergleichsweise deutlicher Beleg[2] (allerdings nur für einen Teilaspekt des Modells) ist einer Untersuchung von GENTNER (1978) zu entnehmen. In dieser Untersuchung mußten Kinder zwischen 3 und 8 Jahren Sätze, die Verben des Besitzes enthielten (geben, verkaufen, nehmen, kaufen), mit Hilfe von Puppen (Ernie und Bert) in eine Spielhandlung umsetzen. Hierbei stellte sich heraus, daß Verben mit relativ wenigen Bedeutungselementen (s.o.) früher be-

---

[1] *Bei MILLER, GALANTER + PRIBRAM (1960, dt. 1973) entspricht dies den "Plänen".*

[2] *Problematisch bei derartigen "Belegen" ist, daß sie in der Regel auch zur Bestätigung anderer Modelle über die Repräsentation von Wissen herangezogen werden können (vgl. hierzu ANDERSON 1976,S.15).*

herrscht wurden als Verben mit einer größeren Anzahl solcher Elemente.

Bezüglich weiterer Bemühungen, das Modell des "aktiven strukturellen Netzwerkes" auch auf Bereiche außerhalb sprachlicher Analysen auszuweiten (z.B. propositionale Repräsentation visuell wahrgenommener Information), sei auf das Buch von NORMAN et al. (1978) hingewiesen. Obwohl alle diese Bemühungen ihren Plausibilitätseindruck nicht verfehlen, sind sie doch weit davon entfernt, die *psychologische Realität* des Modells sicherzustellen.

Ein zweiter Hauptaspekt der Beurteilung des vorliegenden Modells betrifft dessen Umsetzung in ein Computerprogramm (hierbei sollte berücksichtigt werden, daß diese Computer-Orientierung bei der Entwicklung des Modells von vornherein sehr stark ausgeprägt war). Die Computerimplementation bezieht sich hauptsächlich auf die Entwicklung eines *sprachverstehenden* Systems; als (einziges) konkretes Beispiel wird hierzu von SCRAGG (1978) das System LUIGI angeführt, das Fragen bezüglich einer "Küchenwelt" beantworten kann (z.B. "Wie toastest du Brot?"). Ohne auf Einzelheiten einzugehen, kann zu diesen Bemühungen die (harte) Beurteilung von ANDERSON herangezogen werden: "Was das Sprachverständnis anbelangt leistet (das System) wenig, was konkret oder von Interesse wäre... Es existiert außerdem kein Hinweis darauf, daß (das System) irgendeinen der Aspekte natürlicher Sprache verarbeitet, welche normalerweise für Sprachsysteme als problematisch erachtet werden." (ANDERSON 1976, S. 66; eigene Übers.)

Dieser insgesamt negative Tenor in der Beurteilung des Modells von NORMAN et al. - dies sei hier abschließend noch einmal betont - betrifft allerdings nur den Grad seiner empirischen Bestätigung. Über die theoretische Bedeutung dieses Ansatzes ist damit nichts ausgesagt. Hierzu liegt ein Urteil von AEBLI in seinem Vorwort zur deutschen Ausgabe des Buches von NORMAN et al. (1978) vor: "Eines aber ist sicher: Die Autoren legen in diesem Buch ein Konzept des menschlichen Denkens und Handelns vor, das fruchtbar ist, weil es wichtige Bereiche, die in der kognitiven Psychologie bisher unverbunden nebeneinander bestanden haben, integriert." (AEBLI 1978, S. 12) Diese mögliche Fruchtbarkeit scheint mir um so mehr für die Erweiterung des Ansatzes im Zuge der Entwicklung einer Schema-Theorie (s. RUMELHART + ORTONY) zu bestehen; diese Fruchtbarkeit gilt es aber allemal noch (empirisch) unter Beweis zu stellen.

3.2.2.2. Andere propositionale Modelle der Wissensrepräsentation

Wie im vorangegangenen Abschnitt gezeigt wurde, besteht der Grundgedanke des Modells von NORMAN et al. (1975, dt. 1978) darin, daß Wissen in Form von *Propositionen* gespeichert ist, die als *Netzwerk* von Knoten und Relationen darstellbar sind. Der Gedanke einer propositionalen Repräsentation von Wissen ist aber keineswegs auf das Modell von NORMAN et al. beschränkt, sondern er taucht in einer ganzen Reihe weiterer Modelle auf. Aus der kaum mehr überschaubaren Vielfalt von (propositionalen) Modellen (als Beispiele seien genannt: CLARK 1974; COLLINS + QUILLIAN 1972; FREDERIKSEN 1972; SCHANK 1975; ANDERSON + BOWER 1973; KINTSCH 1974) sollen hier nur die zwei letzten (bekannteren) Modelle in aller Kürze dargestellt werden.

- ANDERSON + BOWERs "Human Associative Memory"(1973)

Das Modell des "menschlichen assoziativen Gedächtnisses" von ANDERSON + BOWER (1973) (in bekannter amerikanischer Manier mit dem Akronym HAM abgekürzt) beruht im wesentlichen auf folgenden Grundannahmen:

- Es wird ein sog. "strategie-freies" Gedächtnissystem angenommen (nur hierauf bezieht sich das Modell), das unabhängig von den Aufgabenanforderungen und der vom Subjekt gewählten Strategie in einer festgelegten Weise arbeitet (bezüglich der Enkodierung einkommender Information und bezüglich der Wiederauffindung von Gedächtnisinhalten).

- Es wird - wie erwähnt - angenommen, daß Gedächtnisinhalte - unabhängig von der sensorischen Qualität des Informationsinputs - in propositionaler Weise gespeichert sind.[1] Die Übersetzung von Information in Propositionen (=Enkodierung) geschieht dabei durch sog. "Parser"[2] (in der Computerimplementierung von HAM ist dies nichts anderes als ein Unterprogramm).
- Propositionen lassen sich darstellen als Graphen, die aus Knoten und sie verbindenden benannten Pfeilen bestehen (also auch eine Netzwerk-Darstellung).

Die Darstellungsweise von HAM kann an folgendem Beispiel illustriert werden:

Abb. 18: Graph für den Satz "In a park a hippie touched a debutante"[3] (ANDERSON + BOWER 1973, S. 139, ANDERSON 1976, S. 43)

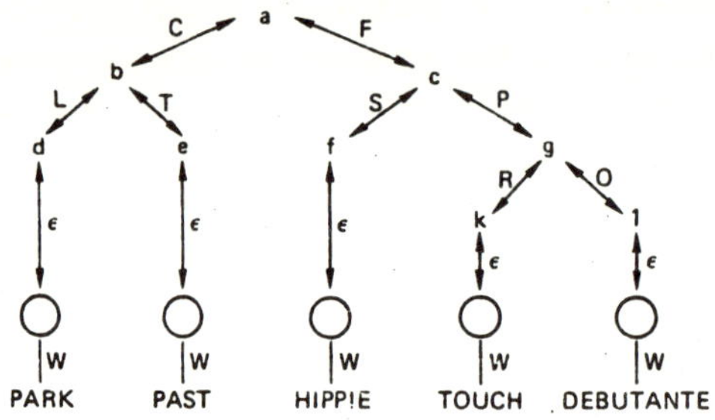

---

[1] *Wie bereits in Abschnitt 2.2.3. erwähnt, steht dem die Auffassung von PAIVIO (1975) entgegen. ANDERSON (1976, S. 40f) führt allerdings einige gute Gründe für eine solche Entscheidung an: Bei der Erinnerung von Prosamaterial können Vpn in der Regel sehr viel besser den Bedeutungskern angeben als den genauen Wortlaut (Sätze gleicher Bedeutung werden daher beim Wiedererkennen häufig verwechselt). Weiterhin fällt es Vpn schwer anzugeben, ob ein Faktum, an das sie sich erinnern können, vorher als Satz oder als Bild vorgegeben wurde.*

[2] *to parse = grammatisch zergliedern*

[3] *Wie ANDERSON + BOWER gerade auf dieses Beispiel kamen, ist nicht ganz klar! Eine Übersetzung soll unterbleiben.*

Der Graph des obigen Beispiels (der die Form eines "Baumes" aufweist[1]) hat (von "oben" gesehen) seinen Ausgangspunkt in dem Knoten a (sämtliche Knoten werden mit *Klein*buchstaben dargestellt); dieser Knoten enthält die Idee der Proposition unseres Beispiels. Von a aus spaltet sich der Baum in zwei Hauptäste: ein Pfeil C (Relationen oder Assoziationen zwischen Knoten werden durch *Groß*buchstaben dargestellt) führt zum Knoten b, der die Idee des *Kontextes* der obigen Proposition enthält; ein Pfeil F führt zum Knoten c, der die Idee des *Faktums* der Proposition enthält. (Hiermit soll praktisch nichts anderes ausgedrückt werden, als daß Faktum c im Kontext b wahr ist.) Der Kontext-Knoten wird weiter aufgeteilt in einen *Orts*-Knoten d (der Pfeil L steht für "location") und einen *Zeit*-Knoten e. Auch der Faktums-Knoten erfährt eine weitere Aufspaltung, und zwar in einen *Subjekt*-Knoten f und einen *Prädikats*knoten g; dieser Prädikatsknoten wiederum ist durch den Pfeil R mit dem *Relations*-Knoten k und durch den Pfeil O mit dem *Objekt*-Knoten l verbunden. Das Faktum besteht also aus der Aussage, daß für ein Subjekt f bezüglich eines Objekts l die Relation k gilt.

In der obigen Abbildung ist - ähnlich wie bei NORMAN et al. (1978) - weiterhin berücksichtigt, daß die erwähnten Knoten d, e, f, k, l nur einen *spezifischen* Park, eine spezifische Vergangenheit, einen spezifischen Hippie usw. darstellen. Diese Knoten sind daher alle durch eine *Zugehörigkeits*-Relation E mit den allgemeinen Begriffen "Park", "Vergangenheit" usw. verbunden. Von diesen allgemeinen Begriffen wird angenommen, daß sie bereits im Gedächtnis repräsentiert sind, noch bevor unser Beispielsatz dargeboten wurde. In Anlehnung an das im vorigen Kapitel Gesagte kann man annehmen, daß ein Satz wie der in obigem Beispiel dann "verstanden" ist, wenn er auf solche allgemeinen Begriffe im Gedächtnis zurückgeführt wurde.

In der obigen Abbildung 18 ist weiterhin noch die bekannte Tatsache berücksichtigt, daß zwischen Begriffen und Worten, die sie bezeich-

---

[1] *Es sei an die Darstellungsform von SCHOTT (1975) im Abschnitt "Sachstruktur" erinnert.*

nen, unterschieden werden muß. Daher sind alle Konzept-Knoten durch eine Verbindung W mit den entsprechenden Worten verknüpft.

Die hier gegebene Darstellung der Konzeption von ANDERSON + BOWER (1973)konnte sich notgedrungen nur auf deren wesentlichsten Aspekt beziehen. Es sei abschließend erwähnt, daß die Weiterentwicklung des Modells vor allem durch ANDERSON betrieben wurde. In seinem 1976 erschienenen Buch "Language, Memory and Thought" wird ein Computer-Simulations-Modell ACT vorgestellt, das - unter prinzipieller Beibehaltung der hier skizzierten Repräsentationsweise - einige der Probleme und Schwierigkeiten meistern soll, die mit HAM verbunden waren. Hierauf kann und soll aber nicht eingegangen werden.

- KINTSCHs "The Representation of Meaning in Memory" (1974)

Walter KINTSCH geht - ähnlich wie die bereits aufgeführten Modelle - von der grundlegenden Annahme aus, daß die Bedeutung von aufgenommener Information (bei KINTSCH besteht diese aus dargebotenen Texten) im Gedächtnis in *abstrakter* (d.h. nicht wörtlicher) Weise repräsentiert sein muß. Der Natur dieser abstrakten Repräsentation wird (nach KINTSCH) am ehesten ein *propositionales* Modell gerecht. An einem einfachen Beispiel sollen einige Merkmale dieses Modells erläutert werden.

Abb. 19: Propositionale Darstellung von "Cleopatra's downfall lay in her foolish trust in the fickle political figures of the Roman world." (KINTSCH 1974, S. 125)

1. (BECAUSE, α, β)
2. (FELL DOWN, CLEOPATRA) = α
3. (TRUST, CLEOPATRA, FIGURES = β
4. (FOOLISH, TRUST)
5. (FICKLE, FIGURES)
6. (POLITICAL, FIGURES)
7. (PART OF,FIGURES, WORLD)
8. (ROMAN, WORLD)

An obiger Abbildung ist zunächst auffallend, daß KINTSCH im Gegensatz zu den bisher diskutierten Modellen eine *lineare* und keine netzartige propositionale Darstellungsweise wählt. Der Hauptgrund ist nach KINTSCH der, daß Netzwerkdarstellungen mit zunehmender Größe total unübersichtlich und unhandlich werden (s. KINTSCH 1974, S. 22). Obwohl dieser Punkt nur einen Unterschied in der "Schreibweise" bedeutet, scheint er mir dennoch wichtig zu sein. In obigem Beispiel ist weiterhin die uns bereits vertraute Erscheinung enthalten, daß Propositionen hierarchisch ineinander *eingeschachtelt* sein können: die Propositionen 2 und 3 (α und ß) sind hier Teil einer übergeordneten Proposition 1.

An dem Beispiel wird außerdem deutlich, daß KINTSCH im Unterschied zu NORMAN et al. (1975, dt. 1978) auf eine *Zerlegung* von lexikalischen Einheiten verzichtet, d.h. es wird nicht versucht, Worte auf eine geringe Zahl von elementaren Bedeutungsträgern zurückzuführen.[1)]

Abschließend noch eine kurze Erläuterung zur Schreibweise: Der hier als Beispiel gewählte Satz wurde in eine Liste von insgesamt acht Propositionen "übersetzt". Innerhalb jeder Proposition steht als erstes das Prädikat, auf das dessen n ($n \geq 1$) Argumente (abgetrennt durch Kommata) folgen. Als Prädikate fungieren hier Verben, Adjektive, Konjunktionen und Präpositionen.

Über das obige Beispiel weit hinausgehend diskutiert KINTSCH noch eine ganze Reihe von Problemen, die ein propositionales Modell bei der Repräsentation von natürlicher Sprache bewältigen muß (z.B. Quantifizierung, Relationen zwischen Propositionen usw.; s. KINTSCH 1974, Kap. 3); hierauf braucht aber nicht näher eingegangen werden.

Es sei allerdings zum Abschluß noch erwähnt, daß KINTSCH eine Fülle von experimentellen Daten[2)] vorlegt, die die Brauchbarkeit seines

---

[1)] *Eine ausführliche Diskussion des Für und Wider einer solchen Zerlegung ist in KINTSCH (1974) Kap. 11 zu finden.*

[2)] *KINTSCHs Modell ist übrigens - im Gegensatz zu den bisher erwähnten - "computerfrei".*

Modells verdeutlichen sollen. Hierbei ist er sich aber selbst darüber im klaren, daß diese Daten keine direkte Überprüfung der Theorie darstellen, da diese noch nicht explizit genug formuliert ist, um strikte Deduktionen zu erlauben (s. KINTSCH 1974, S. 243).[1] Einige Beispiele für die Zielrichtung dieser Experimente mögen daher genügen: KINTSCH kann z.B. zeigen, daß (unter Konstanthaltung der Anzahl der Wörter) Texte mit *mehr* Propositionen eine längere Lesezeit beanspruchen als solche mit weniger. Er kann z.B. auch zeigen, daß Propositionen, die *hierarchisch höher* stehen, mit größerer Wahrscheinlichkeit behalten werden (AUSUBEL!). Oder er kann zeigen, daß Sätze, die aus 2 oder mehr Propositionen bestehen, schlechter als *Einheit* erinnert werden als Sätze mit nur einer Proposition (bei konstanter Wortzahl) usw.

Diese kurze Darstellung von zwei weiteren propositionalen Modellen der Wissensrepräsentation soll abgeschlossen werden mit einem Zitat von ANDERSON (1976, S. 75), welches meiner Meinung nach zwar global aber dennoch zutreffend den gegenwärtigen Stand der Theoriebildung auf diesem Gebiet charakterisiert:

> "Die psychologische Gemeinschaft ist gezwungen, eine schier endlose Parade von Formalismen zu absorbieren, ohne irgendetwas von diesem Zuwachs zu gewinnen. Man ist versucht, eine Konferenz zu verlangen, die ein für allemal festlegt, wie die propositionale Standardrepräsentation auszusehen hat.......
> Man kann nur hoffen, daß die psychologische Gemeinschaft gegenüber dem gegenwärtigen Durcheinander tolerant ist und daß diejenigen, die mit propositionalen Theorien arbeiten, unnötige Kommunikationsbarrieren auf ein Minimum reduzieren."
> (eigene Übers.)

---

[1] *Die gleiche Einschränkung wurde ja auch schon im Zusammenhang mit dem Modell von NORMAN et al. (1978) gemacht.*

3.2.2.3. DÖRNERs Modell der "epistemischen Struktur" (1976)

Zum Abschluß der Betrachtungen über Modelle zur Repräsentation von Wissensstrukturen soll noch kurz auf das vor allem im deutschen Sprachraum bekannte und einflußreiche Modell von DÖRNER (1976) eingegangen werden. Es sollen hier allerdings nur diejenigen Aspekte behandelt werden, die gegenüber der bisherigen Darstellung neu sind. Die Kürze der Darstellung ist sicher auch dadurch zu rechtfertigen, daß DÖRNER selbst der epistemischen Struktur eine nur vergleichweise geringe Beachtung schenkt.

Anknüpfend an eine frühere Arbeit aus der LNR-Gruppe (LINDSAY+NORMAN 1972) nimmt auch DÖRNER grundsätzlich an, daß sich die epistemische Struktur (oder Wissensstruktur) als *Netzwerk* aus Knoten und Relationen darstellen läßt. In der folgenden Abbildung ist ein *Beispiel* für ein solches Netzwerk angeführt:

Abb. 20: Ausschnitte aus der epistemischen Struktur bezogen auf den Realitätsbereich "Chemie" (DÖRNER 1976, S.32)

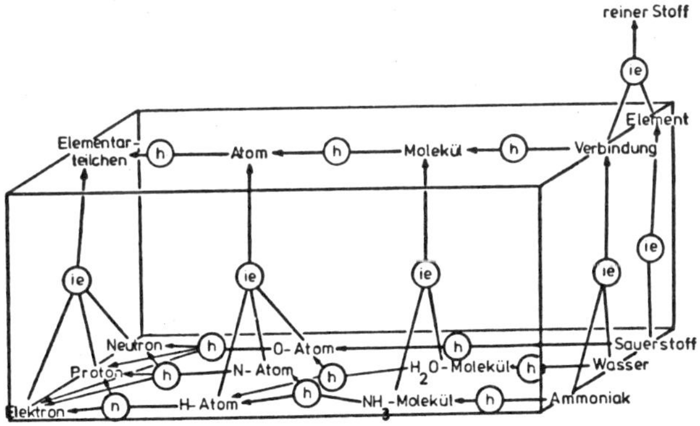

Ausgehend von obigem Beispiel können als wesentliche Merkmale einer epistemischen Struktur festgehalten werden:

- Zwischen den Knotenpunkten[1] des Netzwerkes können drei verschiedene Arten von Relationen auftreten:[2]
  Teil-Ganzes-Relationen (x "besteht aus" y; x "hat" y)
  Abstraktheits-Relationen oder Oberbegriffs-Unterbegriffs-Relationen (x "ist ein" y)
  raum-zeitliche Relationen (x "folgt auf" y; x "ist angeordnet um" y)

- Fast sämtliche Knotenpunkte (oder Begriffe) gehören gleichzeitig *zwei* verschiedenen Hierarchien an: einmal einer *Abstraktheits-Hierarchie*, die in vertikaler Richtung verläuft (von konkreten Begriffen "unten" zu abstrakten Begriffen "oben") und zum anderen einer *Komplexions-Hierarchie*, die in horizontaler Richtung verläuft (von komplexen Begriffen "rechts" zu weniger komplexen Begriffen "links"). Eine Komplexion besteht dabei nach DÖRNER aus Teilen, die in einer bestimmten raum-zeitlichen Ordnung verknüpft sind. In der obigen Abbildung sind diese raum-zeitlichen Relationen der Übersichtlichkeit wegen weggelassen, sie sind aber immer mitzudenken. So "hat" ein Atom z.B. nicht nur Elementarteilchen, sondern diese besitzen auch - innerhalb bestimmter *zeitlicher* Grenzen - eine bestimmte *räumliche* Anordnung.

- Der in Abb. 20 dargestellte Ausschnitt aus einer epistemischen Struktur kann nach DÖRNER als *sensorischer* Teil des Gedächtnisbildes des Realitätsbereichs "Chemie" angesehen werden. " Dieser Teil enthält Informationen über die Dinge und Vorgänge, die in dem jeweiligen Realitätsbereich als Sachverhalte auftreten können." (DÖRNER 1976, S. 35f) Neben dem sensorischen Teil existiert aber noch ein *motorischer* Teil (oder Handlungsteil), der Informati-

---

[1] *Die Knotenpunkte sind hier der Einfachheit halber mit ihren sprachlichen Bezeichnungen gekennzeichnet; selbstverständlich sieht aber auch DÖRNER die Notwendigkeit der Unterscheidung von "Begriff" und "Wort" (s. hierzu DÖRNER 1976, S. 35 und besonders S. 49ff).*

[2] *s. hierzu auch die Diskussion um die Beschreibung von Realitätsbereichen in Abschnitt 3.1.2.1.*

onen darüber enthält, "wie das Individuum in das Geschehen im Realitätsbereich eingreifen kann, welche Folgen dies hat ... und unter welchen Bedingungen es geschehen kann..." (DÖRNER 1976, S. 36) Auf diesen motorischen Teil einer epistemischen Struktur muß hier nicht weiter eingegangen werden, da man ihn sich nach DÖRNER *analog* zum Aufbau des sensorischen Teils vorstellen kann (d.h. es existieren hier auch unterschiedliche Komplexions- und Abstraktionsgrade basierend auf den drei grundlegenden Relationen).

Ein Individuum, das bezüglich eines bestimmten Realitätsbereiches eine wie hier beschriebene epistemische Struktur aufweist, kann bis zu einem gewissen Grad sinnvoll und zielgerichtet in diesem Realitätsbereich Handlungen ausführen. Da diese Handlungen aber schon im Gedächtnis vorhanden sind, handelt es sich hierbei aber (in DÖRNERs Terminologie) nur um *Aufgabenlösen* und nicht um das *Lösen von Problemen*, wozu Um- und Neustrukturierungen von Gedächtnisinhalten (definitionsgemäß) notwendig sind. Der Teil der kognitiven Struktur, der die Heurismen für diese Um- und Neustrukturierungen enthält, wird bei DÖRNER als *heuristische Struktur* bezeichnet. Da der Schwerpunkt der vorliegenden Arbeit stärker auf Wissensstrukturen liegt, soll hierauf nicht näher eingegangen werden (vgl. DÖRNER 1976, S. 37ff).

Zum Abschluß noch eine kurze Bemerkung zum Grad der empirischen Bestätigung des vorliegenden Modells: DÖRNER hat unmittelbar hierzu keine eigenen Daten vorgelegt, seiner Meinung nach müßte es aber relativ leicht sein, experimentell überprüfbare Annahmen aus dem Modell abzuleiten.[1)] Für die Brauchbarkeit der DÖRNERschen Konzeption könnte man allenfalls Belege heranziehen, die im Rahmen anderer, analoger Modelle erarbeitet wurden. Aufgrund der be-

---

1) Da DÖRNERs Modell in seinen Details wesentlich geringer ausgearbeitet ist als die bisher dargestellten Modelle, scheint mir die "Leichtigkeit" einer Ableitung von Annahmen doch fraglich zu sein.

reits erwähnten Nicht-Eindeutigkeit solcher Belege (sie können von verschiedenen Modellen als "Beleg" beansprucht werden) erscheint dies aber auch zumindestens problematisch.

3.2.3. Methoden zur Erfassung kognitiver Strukturen

Aufgrund der Diskussion der verschiedenen Modelle in den vorangegangenen Abschnitten kann man Wissensstrukturen wohl in allgemeinster Form kennzeichnen als ein System ("Netz") von Aussagen (Propositionen), in denen Begriffe durch verschiedene Relationen miteinander verbunden sind.

In diesem Abschnitt sollen nun einige *Methoden* diskutiert werden, mit denen man derartige Wissensstrukturen erfassen kann. Diese Methodendiskussion soll nicht zuletzt dazu dienen, die in den folgenden Kapiteln dargestellten Untersuchungsergebnisse über Wissensstrukturen (beschränkt auf den Bereich der Physik) und deren Entwicklung besser würdigen zu können.

Vor der eigentlichen Darstellung soll aber zunächst noch erläutert werden, worauf sich dieser Abschnitt schwerpunktmäßig beziehen soll und wo explizit Ausklammerungen geplant sind:

Zur Etablierung der psychischen Realität der diskutierten Modelle wurden von den erwähnten Autoren ausschließlich Methoden benutzt, die man vielleicht als *indirekte* charakterisieren könnte.
Zur Erinnerung seien hier einige noch einmal erwähnt:

- *Reaktionszeitmessungen* bei der Beantwortung von Fragen oder bei der Beurteilung (richtig oder falsch) von Aussagen

- *Behaltensleistungen* in Abhängigkeit von bestimmten Struktureigenschaften von Texten (vgl. KINTSCH)

- Computer*simulationen*

usw.

Mit solchen Methoden ist es zwar möglich, Annahmen zu überprüfen, die sich aus den verschiedenen Modellen (unmittelbar oder mittelbar) ableiten lassen, sie zielen aber nicht darauf ab, Wissensstrukturen von Personen in bezug auf einen bestimmten Bereich (wie hier z.B. Physik) *direkt* zu erfassen.[1)] Genau solchen als *direkte* zu bezeichnenden Methoden soll der vorliegende Abschnitt gewidmet sein.

Hierbei ist allerdings noch eine *Einschränkung* erforderlich: Gemäß der eingangs erwähnten allgemeinsten Definition von Wissensstrukturen sollen hier nur solche Methoden näher besprochen werden, die explizit auf den *strukturellen* Charakter (d.h. Verknüpfung oder Vernetzung von Begriffen) des menschlichen Wissensspeichers abzielen. Hierdurch werden von vornherein einige Methoden ausgeklammert, die zwar in etlichen der in den folgenden Abschnitten aufgeführten Untersuchungen benutzt wurden, die aber diese explizite Ausrichtung auf den *Zusammenhang* von Begriffen vermissen lassen. Zu diesen hier ausgeklammerten Methoden rechne ich z.B. alle "traditionellen" Verfahren der Erfassung von "Wissen", wie sie etwa auf dem Hintergrund der BLOOMschen Taxonomie kognitiver Lernziele entstanden sind.[2)] Auch Methoden in Rahmen PIAGET-ähn-

---

[1)] *Dies mag z.T. daran liegen, daß den formalen Eigenschaften der Modelle Vorrang vor den inhaltlichen eingeräumt wurde und daher auch in der Regel nur mit relativ einfachen Materialien gearbeitet wurde. Ein weiterer Grund liegt wohl auch in der weitgehenden Gleichsetzung von Text- bzw. Sachstruktur und Wissensstruktur (welch letztere dann eher als idealisierte Wissensstruktur erscheint).*

[2)] *Auf diese "traditionellen" Verfahren braucht hier schon deswegen nicht eingegangen werden, weil sie fast zum Bestand der "Allgemeinbildung" gezählt werden können.*
Es sei hier allerdings erwähnt, daß diese Methoden ohne weiteres auch in Richtung auf strukturelle Zusammenhänge zwischen Begriffen abgestimmt werden könnten. Ansätze in diese Richtung zeigen (trotz der erwähnten Unzulänglichkeiten) KLAUSMEIER et al. (1974) mit ihrem Begriffsdiagnostikum (vgl. Abschnitt 2.1.7.), welches zumindestens einige Relationen zwischen Begriffen enthält (z.B. "ist ein"-Relation). Leider ist das Diagnostikum an der Stelle, an der es beginnt, "interessant" zu werden (nämlich Beziehungen zwischen verschiedenen Begriffen), zu wenig ausgearbeitet.

licher Untersuchungen (hier sind vor allem zu nennen: *Erklärung* bestimmter Sachverhalte und *Vorhersage* von Ereignissen[1]) berücksichtigen diesen strukturellen Aspekt nur in ungenügender Weise.

Durch die hier vorgenommene Eingrenzung der zu behandelnden Methoden scheinen mir nach Durchsicht der entsprechenden Literatur nur noch folgende Ansätze für eine nähere Diskussion übrigzubleiben:

- Assoziationsverfahren
- Ähnlichkeitsskalierungen
- Sortieraufgaben
- "tree construction" Methode,

wobei bei all diesen Verfahren eine "Weiterverarbeitung" der erhaltenen Daten in Richtung auf den *Zusammenhang* von Begriffen erforderlich ist.

Diese aufgeführten Methoden sollen im folgenden etwas ausführlicher dargestellt werden.

3.2.3.1. *Assoziationsverfahren*[2])

Eine der am häufigsten benutzten Methoden zur Erfassung kognitiver Strukturen (im engeren Sinn von Wissensstrukturen) ist ohne Zweifel die *Methode des freien Assoziierens*. Für den hier interessierenden inhaltlichen Rahmen (Physik) ist der Einsatz dieser Methode vor allem mit zwei Namen, nämlich JOHNSON und SHAVELSON verbunden (JOHNSON 1964, 1965, 1967, 1969, 1971; JOHNSON, COX + CURRAN 1970; JOHNSON, CURRAN + COX 1971; SHAVELSON 1971, 1972, 1973, 1974; SHAVELSON + STANTON 1975; GEESLIN + SHAVELSON 1975a,b). Weitere mir bekannte

---

[1]) *Siehe hierzu die Diskussion von BRAINERD (1973) über "Judgments and explanations as criteria for the presence of cognitive structures"*

[2]) *Es sollen hier lediglich Untersuchungen aufgeführt werden, die einen unmittelbaren Zusammenhang mit dem Ziel der vorliegenden Arbeit aufweisen.*
Auf Geschichte, Ergebnisse und theoretische Konzepte der Assoziationsforschung soll hier nicht eingegangen werden (siehe hierzu z.B. DEESE 1965, DIXON + HORTON 1968, CLARK 1970)

Untersuchungen in dieser Richtung stammen von PREECE (1976 a, b), THRO (1978) und für den deutschen Sprachraum von JUNG (1978) und ARBINGER + SEITZ (1974).

Einen ersten Hinweis auf die *Brauchbarkeit der Assoziationsmethode zur Erfassung kognitiver Strukturen* erhielt JOHNSON in seiner ersten Untersuchung 1964: Vier Gruppen von Sekundarschülern mit recht unterschiedlichem Verhältnis zum Fach Physik (Schüler, die zum Zeitpunkt der Untersuchung einen Physik-Kurs besuchten; Schüler, die einen solchen Kurs hinter sich hatten; Schüler, die planten, einen solchen Kurs zu besuchen und Schüler, die das nicht vorhatten) wurden 18 Begriffe aus dem Bereich der Mechanik vorgelegt mit der Instruktion, das erste Wort, das ihnen jeweils in den Sinn kam, hinzuschreiben.

Ausgewertet wurde zunächst die *Häufigkeit*, mit der jeder der 18 Stimulusbegriffe als Antwort auf einen Begriff gegeben wurde (dies betrifft praktisch das Ausmaß, in dem Mechanik-bezogene Assoziationen abgegeben wurden); hierbei zeigte sich - wie erwartet - ein deutlicher Unterschied zwischen den vier Gruppen (abnehmende Häufigkeit in der oben angegebenen Reihenfolge).

Weiterhin wurden zwei Indizes berechnet, die sich auf den Grad des *Zusammenhanges* zwischen den Begriffen beziehen: ein sog. "inter-item associative strength"-Index, welcher als Maß für den Gesamtzusammenhang aller 18 Begriffe angesehen werden kann (also etwa "Grad der Vernetzung") und ein sog. Intersektionskoeffizient, der den Grad des Zusammenhangs zwischen sämtlichen möglichen Begriffs*paaren* angibt.[1)] Während sich bei dem Gesamtausmaß des Zusammenhangs die gleichen Unterschiede zwischen den Gruppen wie oben angeführt nachweisen ließen, macht JOHNSON zu diesem Punkt für die Intersektionskoeffizienten keine Aussage. Er erwähnt lediglich, daß

[1)] *Auf die Berechnung dieser Indizes muß hier nicht näher eingegangen werden (vgl. hierzu Abschnitt 5.3.4.).*

für die aufgrund der Intersektionskoeffizienten (für die Schüler mit Unterricht zum Zeitpunkt der Untersuchung) zum Vorschein kommenden Beziehungen zwischen den Begriffen eine "sinnvolle" physikalische Interpretation gegeben werden kann. Er erwähnt allerdings auch, daß bestimmte grundlegende physikalische Beziehungen *nicht* in den Daten der Schüler auftauchen.

Alles in allem kann man aufgrund dieser ersten Untersuchung festhalten, daß bestimmte aus Assoziationsdaten ableitbare Maße recht gut widerspiegeln, in welchem Ausmaß sich Schüler mit einem bestimmten Gegenstandsbereich (hier Physik) auseinandersetzen.

Ein weiterer Hinweis auf die *Validität der Assoziationsmethode* ist JOHNSONs zweiter Untersuchung (1965) zu entnehmen: 166 Sekundarschülerinnen (die gerade eine Unterrichtseinheit "Mechanik" absolviert hatten) erhielten einen Assoziationstest mit 9 Mechanikbegriffen[1)] und einen Problemtest[2)] für Mechanik, wobei die Reihenfolge dieser beiden Verfahren bei jeweils der Hälfte der Vpn verschieden war. Es zeigte sich, daß Vpn, die eine große Zahl von problembezogenen Assoziationen lieferten, auch mehr Probleme lösen konnten als Vpn, die eine geringe Zahl solcher Assoziationen lieferten. Dieser Zusammenhang war allerdings bei der Gruppe, die zuerst den Assoziationstest und dann den Problemtest erhielt, mit r=0,42 gegenüber r=0,19 bei der anderen Gruppe zahlenmäßig deutlicher (beide Korrelationskoeffizienten sind im übrigen signifikant).

Gegenüber den beiden bisher erwähnten Untersuchungen von JOHNSON tauchen in seiner nächsten Untersuchung von 1967 einige erwähnenswerte *neue* Aspekte auf: zwar wurden auch hier wieder (14) Mechanik-

---

1) *Abweichend von der Untersuchung 1964 lautete die Instruktion hier, mit dem ersten in den Sinn kommenden physikbezogenen Begriff zu antworten.*

2) *Der Ausdruck "Problemtest" ist etwas übertrieben; er bestand lediglich aus Textaufgaben, die sich auf bestimmte Grundgleichungen der Mechanik (z.B. $f = m \cdot a$) bezogen.*

begriffe als Stimuli vorgegeben (Vpn: 24 Schüler der Sekundarstufe II), die Schüler sollten aber zu jedem Begriff nicht nur *eine* Assoziation angeben, sondern so viele, wie ihnen in einer begrenzten Zeit (1 min) in den Sinn kamen. Diese Vorgehensweise eröffnete u.a. die Möglichkeit, aufgrund der abgegebenen Assoziationen *Zusammenhänge* zwischen den Stimulus-Begriffen zu berechnen. Hierzu wurde für jedes Begriffspaar ein von GARSKOF + HOUSTON (1963) entwickelter "relatedness coefficient" bestimmt, der auf der Anzahl gemeinsamer Antworten auf diese zwei Begriffe und deren relativer Position in der Antworthierarchie basiert.[1)]

Leider nutzt JOHNSON (1967) die aufgrund dieses Zusammenhangsmaßes sich ergebenden Möglichkeiten meiner Auffassung nach nur unzureichend. Er kann zwar zeigen, daß sich die mit dem "relatedness coefficient" berechneten Zusammenhänge auch auf andere Weise, nämlich aufgrund einer *Ähnlichkeitsskalierung* aller Begriffspaare (s. folgenden Abschnitt), ergeben (signifikante Rangkorrelationen zwischen beiden Ähnlichkeitsmaßen), er unternimmt aber keinen Versuch, aufgrund der Ähnlichkeitsmaße Begriffsnetze, -cluster o.ä. zu ermitteln (s. aber JOHNSON 1971). Über die hier zitierte Untersuchung von JOHNSON (1967) sei abschließend erwähnt, daß sie sozusagen "nebenbei" *weitere Hinweise auf die Validität* der Assoziationsmethode liefert: so ergab sich ein signifikanter Zusammenhang (allerdings nur für die - aufgrund der Physiknote gebildete - Gruppe der "high achiever") zwischen der "logischen" Bedeutsamkeit eines Stimulus-Begriffes (relative Auftretenshäufigkeit im Lehrmaterial) und seiner "psychologischen" Bedeutsamkeit (Häufigkeit, mit der ein Stimulus-Begriff als Assoziation auftritt). Es ergab sich außerdem, daß die Gruppe der "high achiever"[2)] mehr Begriffe als Assoziationen angaben, die mit den Stimulus-Begriffen durch einfache physikalische

---

[1)] *Auf die genaue Berechnung des "relatedness coefficient" wird später noch eingegangen.*

[2)] *Die Unterschiede zwischen den beiden Gruppen (high-/ low-achiever) liefern meiner Meinung nach einen weiteren Beleg für die Validität (hier in bezug auf ein Außenkriterium) des Assoziationsverfahrens.*

Gleichungen verbunden sind; d.h. z.B. auf den Begriff KRAFT wurden häufiger MASSE und BESCHLEUNIGUNG angegeben als andere Begriffe, da dies durch die Gleichung f = m * a nahegelegt wird.

JOHNSONs nächste Untersuchung von 1969 stellt in wesentlichen Teilen eine *Replikation* der 1967er Studie dar; als zusätzlicher Aspekt wurde allerdings eine *Instruktionsphase* in klassischer Mechanik eingeführt, und die hier interessierenden Verfahren (Assoziationstest und Ähnlichkeitsskalierung) wurden *vor* und *nach* dieser Phase eingesetzt.

Die (für den vorliegenden Zusammenhang wichtigen) Ergebnisse lassen sich folgendermaßen zusammenfassen:

- Die Vpn (33 "male students of high school physics") lieferten nach der Instruktionsphase *mehr* Assoziationen auf die Stimuli als vorher; d.h. die *Bedeutungshaltigkeit* der Stimuli (=Mechanikbegriffe) nahm im Verlauf des Unterrichts zu.

- Nach der Instruktionsphase wurden außerdem vermehrt Begriffe als Assoziationen angegeben, die auch im Lehrmaterial in relativ größerer Häufigkeit auftraten; d.h. der Zusammenhang zwischen "logischer" und "psychologischer" Bedeutsamkeit (siehe JOHNSON 1967) wurde enger ($r_s = 0{,}60$, $p < 0{,}05$).

- Die mit Hilfe des "relatedness coefficient" berechneten *Ähnlichkeitsbeziehungen* zwischen sämtlichen Begriffspaaren (allerdings nur für eine Untergruppe von 8 der 14 Stimulus-Begriffe) wurden von der Instruktionsphase *nicht* nachhaltig beeinflußt. Obwohl JOHNSON zu diesem Ergebnis eine (meiner Meinung nach ausweichende) Interpretation[1] vorlegt, muß man es wohl doch red-

---

[1] *"...one interpretation of the relative stability of associative similarity... is that the rules which define concepts in Newtonian Mechanics are consistent with prescientific verbal habits among the words used to label them."*
(JOHNSON 1969, S. 38)

licherweise als einen ersten Hinweis auf die *Grenzen der Assoziationsmethode* (zumindestens im Hinblick auf die Erfassung von Veränderungen im Beziehungsgefüge von Begriffen) hinnehmen.

An der Untersuchung von JOHNSON (1967) wurde kritisiert, daß eine weitergehende Analyse der Ähnlichkeitsmaße zwischen den Begriffen nicht vorgenommen wurde. Dieses Versäumnis wurde von JOHNSON (1971) in einer Neu-Analyse seiner 1967er-Daten beigelegt. Ausgangspunkt der erneuten Auswertung war hierbei die Tabelle der "relatedness"-Koeffizienten zwischen den 14 Mechanik-Begriffen (für low- und high-achiever getrennt berechnet). Diese als Maße der räumlichen Nähe (bezogen auf einen "psychologischen Raum") interpretierbaren Koeffizienten wurden mit Hilfe eines von SHEPARD (1962 a, b) und KRUSKAL (1964 a, b) stammenden Algorithmus einer nicht-metrischen multidimensionalen Skalierung unterzogen. Hierbei ergab sich für die Gruppe der leistungsfähigeren Schüler (high-achiever) eine (in physikalischen Termini) recht gut interpretierbare Konfiguration (s. folgende Abb.):

Abb. 21: Ergebnis der nicht-metrischen multidimensionalen Skalierung für 14 Mechanikbegriffe (JOHNSON 1971, S. 226)

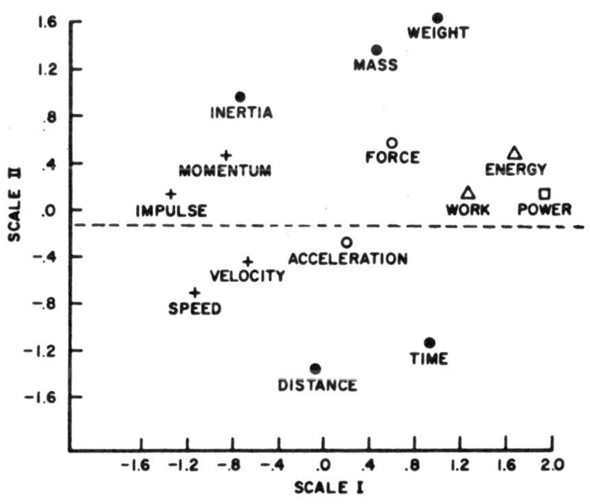

Dimension 1 wird von JOHNSON als "Länge-Zeit"-Dimension interpretiert, da (unter Ausklammerung der mit "•" markierten Begriffe) von links nach rechts gehend die Begriffe durch zunehmend höhere Potenzen in den Grundgrößen Länge und Zeit definiert sind (vgl. Abb. 22).

Dimension 2 entspricht der Dichotomie "Masse/Nicht-Masse": alle Begriffe oberhalb der in Abb. 21 eingezeichneten Linie werden mit Hilfe des Begriffes (bzw. der Grundgröße) Masse definiert, in die Definition der Begriffe unterhalb dieser Linie geht Masse nicht ein (vgl. Abb. 22).

Abb. 22: Reduzierung von Mechanikbegriffen auf operational definierte Grundgrößen (JOHNSON 1971, S. 228)

Power	= Work/Time	$= \frac{F \times D}{T} = \frac{M \times A \times D}{T} = \frac{M \times V \times D}{T^2} = \frac{M \times D^2}{T^3}$
Work	= Force x Distance	$= M \times A \times D = \frac{M \times V \times D}{T} = \frac{M \times D^2}{T^2}$
Energy	= Mass x Velocity^2	$= \frac{M \times D^2}{T^2}$
Force	= Mass x Acceleration	$= \frac{M \times V}{T} = \frac{M \times D}{T^2}$
Acceleration	= Velocity/Time	$= \frac{D}{T^2}$
Impulse	= Force x Time	$= M \times A \times T = \frac{M \times V \times T}{T} = \frac{M \times D}{T}$
Momentum	= Mass x Velocity	$= \frac{M \times D}{T}$
Velocity (speed)	= Distance/Time	$= \frac{D}{T}$

Es sei abschließend noch erwähnt, daß sich für die Gruppe der weniger leistungsfähigen Schüler (low achiever) eine auf ähnliche Weise interpretierbare Lösung der multidimensionalen Skalierung nicht finden ließ.

In prinzipiell gleicher Weise wie eben beschrieben (1 min freies Assoziieren auf Mechanik-Begriffe, daraus Ableitung von Ähnlichkeitsmaßen[1] zwischen den Begriffen, schließlich multidimensionale Skalierung) geht JOHNSON auch in seiner nächsten Untersuchung vor (JOHNSON, COX + CURRAN 1970). Auch hier ließ sich für die erhaltene Lösung der multidimensionalen Skalierung eine ähnliche Interpretation anführen wie für Abb. 21 (d.h. in Termini von Masse, Länge, Zeit, was einem vorher postulierten "geometrischen" Modell dieser Begriffe entsprach; vgl. auch Abschnitt 3.1.4.).

Auf die (zumindestens mir bekannte) letzte Untersuchung von JOHNSON (JOHNSON, CURRAN + COX 1971) braucht nicht mehr näher eingegangen werden: hier wird nämlich auf die Daten der 1970er-Untersuchung zurückgegriffen, ohne daß in der Art der Auswertung ein prinzipiell neuer Aspekt auftaucht.

Die Grundabsicht JOHNSONs (nämlich Nachweis der Validität der Assoziationsmethode zur Erfassung kognitiver Strukturen) wird nach Abschluß der oben dargestellten Serie von Untersuchungen besonders von SHAVELSON weiter verfolgt und in einigen Punkten (besonders im Hinblick auf eine präzise Beschreibung der zugrundeliegenden Sachstruktur, vgl. Abschnitt 3.1.4.) erweitert.
In SHAVELSONs grundlegender Untersuchung im Rahmen seiner Dissertation (1971, 1972) erhielten 40 Schüler der "high school" (N=28 Experimental-, N=12 Kontrollgruppe) als *Vortest* einen Leistungstest und einen Assoziationstest (mit 14 Mechanikbegriffen); an den folgenden 5 Tagen bearbeitete die Experimentalgruppe schriftliches Instruktionsmaterial für Mechanik, wobei der Assoziationstest an jedem dieser Tage (auch für die Kontrollgruppe) wiederholt wurde. Am letzten Tag erhielten beide Gruppen außerdem noch einmal den Leistungstest (Parallelform).

---

[1] *Als einfaches Ähnlichkeitsmaß für jeweils zwei Begriffe wurde hier allerdings der mittlere Anteil gemeinsamer Assoziationen genommen.*

Die Ergebnisse (unter besonderer Berücksichtigung der neuen Gesichtspunkte) lassen sich folgendermaßen zusammenfassen:

- Die *mittlere Anzahl abgegebener Assoziationen* (als Maß der "*psychologischen*" *Bedeutsamkeit*) nahm bei der Experimentalgruppe im Verlauf der Instruktion kontinuierlich zu, bei der Kontrollgruppe nicht (siehe JOHNSON 1969).

- Der *Median* sämtlicher zwischen den Begriffspaaren berechenbaren *"relatedness" Koeffizienten* (als Maß für das *Ausmaß der "Vernetztheit"* der Stimulusbegriffe) nahm bei der Experimentalgruppe im Verlauf der Instruktion kontinuierlich zu; bei der Kontrollgruppe blieb er relativ stabil bei 0 (dies im Unterschied zu JOHNSON 1969).

- Das im Prinzip gleiche Ergebnis ergab sich auch mit einer anderen Methode: hier wurden zwischen sämtlichen Paaren von Matrizen (mit "relatedness"-Koeffizienten) euklidische *Distanzen*[1] berechnet; diese Distanzen blieben bei der Kontrollgruppe relativ klein und stabil (d.h. keine Veränderung), während diese Distanzen zwischen zeitlich weit auseinanderliegenden Matrizen (z.B. 1. und letzter Tag) bei der Experimentalgruppe deutlich größer waren (d.h. deutliche Veränderung).

- Bei der Experimentalgruppe nahm die *Distanz* zwischen der Matrix der "relatedness"-Koeffizienten und der Matrix der Begriffsähnlichkeiten (ermittelt mit der in Abschnitt 3.1.4. dargestellten Methode) im Verlauf der Instruktionsphase deutlich *ab*, nicht aber bei der Kontrollgruppe (d.h. bei der Experimentalgruppe war eine zunehmende Annäherung zwischen "kognitiver Struktur" und "Sachstruktur" festzustellen).

---

[1] *Zur Berechnung dieser Distanzen vgl. SHAVELSON 1972, S. 231, Anm. 4*

- Die aufgrund der Matrix der "relatedness"-Koeffizienten durchgeführte *multidimensionale Skalierung* erbrachte für beide Gruppen über den gesamten Untersuchungszeitraum *gleichbleibende* Ergebnisse. Drei der vier ermittelten Begriffscluster (die von SHAVELSON nicht weiter interpretiert werden) waren weitgehend deckungsgleich mit der Lösung der multidimensionalen Skalierung für die Sachstruktur (s.o.).
  SHAVELSON interpretiert dieses (nicht erwartete) Ergebnis in ähnlicher Weise wie JOHNSON (1969): "All subjects...entered the study with prescientific meanings for Newtonian mechanics concepts; that is, the subjects interrelated key concepts in a manner consistent with the structure of Newtonian mechanics. This preinstruction structure provided a basis for acquiring the input (content) structure." (SHAVELSON 1972, S. 234).

  Mir erscheint diese Interpretation der offensichtlichen Diskrepanz in den Ergebnissen nach wie vor fragwürdig. Als Alternative könnte man stattdessen auch versuchen, die "Schuld" bei der benutzten *Methode* der multidimensionalen Skalierung zu suchen, die möglicherweise zu erwartenden strukturellen Veränderungen gegenüber relativ insensitiv ist bzw. das Problem beinhaltet, nicht eindeutig entscheiden zu können, wann zwei Lösungen tatsächlich gleich oder verschieden sind (vgl. z.B. AHRENS, 1974, S. 178ff).

Die übrigen Arbeiten von SHAVELSON sind (zumindestens was deren Bedeutung für den vorliegenden Zusammenhang anlangt) schnell zusammengefaßt:
SHAVELSON (1973) ist nichts anderes als eine weitere Kurzfassung seiner Dissertation. SHAVELSON (1974) liefert zwar auch keine neuen Daten, hier wird aber zum ersten Mal explizit eine Verbindung zwischen der Assoziationsmethode (und der "tree- oder graph-construction" Methode s.u.) und Modellen der kognitiven Struktur (vgl. Kap. 3.2.2.) hergestellt. In GEESLIN + SHAVELSON (1975 a,b) wird die uns bereits bekannte Vorgehensweise (mit im Prinzip vergleichbaren Ergebnissen) auf Teilbereiche der *Mathematik* übertra-

gen. In SHAVELSON + STANTON (1975) wird ein *Vergleich* verschiedener Methoden zur Erfassung der kognitiven Struktur (ebenfalls in bezug auf Mathematik) vorgenommen; hierauf wird später noch einmal eingegangen (dies gilt auch für die Untersuchung von PREECE 1976 a).

Einige gegenüber den bisher dargestellten Untersuchungen neue Aspekte liefert die Arbeit von PREECE (1976 b). Hier werden zum ersten Mal *Stabilitätskoeffizienten*[1] (über einen Zeitraum von 4-10 Wochen) basierend auf "relatedness"-Koeffizienten (für 15 Mechanik-Begriffe) berichtet: die Koeffizienten lagen zwischen 0,81 und 0,92, was ein Hinweis darauf ist, daß die (assoziative) kognitive Struktur der Schüler (im Alter zwischen 12 und 18 Jahren) ohne dazwischenliegende Instruktion eine beträchtliche Stabilität aufweist. Ein weiterer neuer Aspekt dieser Untersuchung besteht in der *Art der Weiterverarbeitung* der "relatedness"-Koeffizienten: an Stelle der multidimensionalen Skalierung wurde hier eine von WAERN (1972) stammende "graphische" Methode benutzt, die den Vorteil hat, einfacher, anschaulicher und leichter interpretierbar zu sein. Als Beispiel sei "die kognitive Struktur" einer der untersuchten Gruppen angeführt:

Abb. 23: Kognitive Struktur nach der graphischen Methode von WAERN (PREECE 1976 b, S. 181)

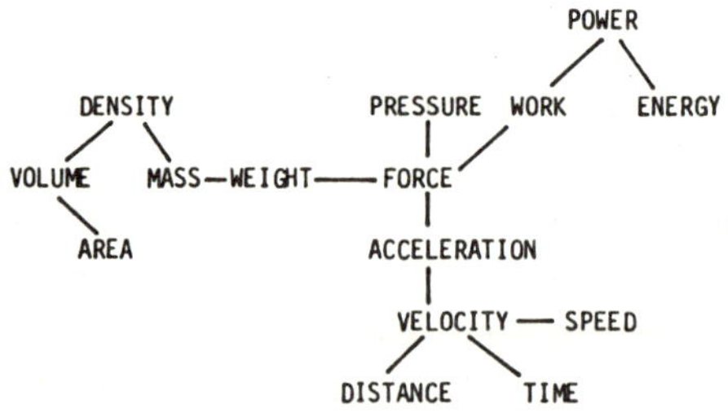

1) *Implizit ist dieser Aspekt allerdings auch in der Untersuchung von SHAVELSON (1971) enthalten.*

Abschließend sei noch erwähnt, daß auch PREECE (1976 b) versucht, die ermittelten kognitiven Strukturen auf vorher postulierte (alternative) theoretische Modelle (resultierend aus sachstrukturellen Überlegungen) zurückzuführen. Da dies im wesentlichen der Vorgehensweise von JOHNSON et al. (1970) entspricht, sei hierauf nicht näher eingegangen.

In der letzten[1] hier zu diskutierenden Untersuchung von THRO (1978) wird zum ersten Mal dem in Abb. 7 (Abschnitt 2.2.8.) geäußerten Gedanken einer weitgehenden Gleichsetzung von "Sachstruktur" und "kognitiver Struktur" Rechnung getragen. Als "Sachstruktur" wurde hier nämlich die "kognitive Struktur" des Unterrichtenden definiert. Es zeigte sich in der Untersuchung, daß die Experimentalgruppe *nach* Ablauf eines Physikkurses bei dem betreffenden Lehrer eine signifikant höhere Korrelation zwischen eigener kognitiver Struktur und kognitiver Struktur des Lehrers aufwies als vorher oder als die Kontrollgruppe, die den Kurs nicht besucht hatte.

Zusammenfassend kann man über die *Assoziationsmethode* wohl festhalten, daß deren Brauchbarkeit bzw. Validität im Hinblick auf die Erfassung bestimmter Aspekte der kognitiven Struktur durch die oben dargestellten Untersuchungen in verschiedenster Hinsicht aufgewiesen wurde.

3.2.3.2. Ähnlichkeitsskalierung

In einigen der im vorangegangenen Abschnitt erwähnten Untersuchungen (z.B. JOHNSON 1967) wurde als eine weitere Methode zur Erfassung von Wissensstrukturen die *direkte Skalierung der Ähnlichkeit von Begriffen* benutzt. Diese Methode wurde sicher nicht so zahlreich angewandt wie das Assoziationsverfahren, aus den vorliegenden Untersuchungen ergeben sich aber dennoch zahlreiche

---

[1] *Auf die Untersuchung von JUNG (1978) und ARBINGER + SEITZ (1974) wird später noch kurz eingegangen.*

Hinweise für ihre prinzipielle Brauchbarkeit.

An der erwähnten Untersuchung von JOHNSON (1967) läßt sich die grundlegende Vorgehensweise bei dieser Methode gut verdeutlichen: 14 Mechanik-Begriffe wurden in einem vollständigen Paarvergleich (d.h. insgesamt 91 Begriffspaare) auf einer 7-stufigen Skala mit den Ankern "ähnlich" und "unähnlich" eingestuft. Als Erläuterung, was in diesem Zusammenhang "ähnlich" bzw. "unähnlich" bedeutet, wurde den Vpn lediglich folgendes mitgeteilt: "If you feel the concepts represented by a particular pair of words are similar in some degree..." (JOHNSON 1967, S. 77). Aufgrund *welcher* bestehender Relationen zwischen zwei Begriffen ein Urteil "ähnlich" zustande kommt, bleibt also völlig unspezifiziert bzw. den Vpn überlassen.[1)]

An Ergebnissen dieser Untersuchung kann man festhalten (hier nur bezogen auf Ähnlichkeitsskalierung): Zwischen der Rangreihe der mittleren Ähnlichkeitsurteile und der Rangreihe der mittleren "relatedness"-Koeffizienten (für die 91 Begriffspaare) ergab sich eine signifikante Rangkorrelation (r_s = 0,75, $p < 0,001$ für die "high achievers" und r_s = 0,65, $p < 0,001$ für die "low achievers"; siehe auch Abschnitt 3.2.3.1.). Dieser deutliche Zusammenhang zwischen den beiden Methoden muß allerdings etwas qualifiziert werden: bei bestimmten Begriffen (ARBEIT, BESCHLEUNIGUNG, IMPULS) ergab sich zwischen beiden Methoden (bei beiden Leistungsgruppen) *kein* Zusammenhang (r_s nicht signifikant), und bei bestimmten anderen Begriffen (z.B. LÄNGE) zeigten sich erhebliche numerische Unterschiede in der Höhe dieses Zusammenhangs zwischen beiden Gruppen (in der Regel zugunsten der leistungsstärkeren Gruppe).[2)] Alles in allem zeigt diese erste Untersuchung, daß die direkt beurteilte Ähnlichkeit und die indirekt bestimmte assoziative Ähnlichkeit von

---

[1)] *Dies erschwert sicherlich die Interpretation der mit dieser Methode erhaltenen Ergebnisse*

[2)] *JOHNSON (1967) liefert einige Ansätze zur Interpretation dieses Ergebnisses, die aber hier unerwähnt bleiben können.*

Begriffen auf vergleichbare Aspekte des Zusammenhangs von Begriffen abzielen. Da die Validität des Assoziationsverfahrens aufgrund der Diskussion des letzten Abschnittes als weitgehend gesichert angesehen werden kann, kann man hieraus auch einen ersten Hinweis auf die Validität der Ähnlichkeitsskalierung entnehmen.

Eine weitere Bestätigung des engen Zusammenhangs von Assoziationsmethode und Ähnlichkeitsskalierung liefert die bereits zitierte Untersuchung von JOHNSON (1969). Allerdings sind in den Ergebnissen dieser Studie auch einige Punkte enthalten, die *Zweifel* an der Brauchbarkeit der Ähnlichkeitsskalierung aufkommen lassen: so zeigte sich z.B. in der beurteilten Ähnlichkeit von 8 Mechanikbegriffen *keinerlei Veränderung* nach einer Instruktionsphase (das gleiche galt ja auch für die assoziative Ähnlichkeit); die beurteilte Ähnlichkeit stand auch in *keinem* Zusammenhang mit der relativen Häufigkeit des gemeinsamen Auftretens von Begriffspaaren im Lehrtext ("cooccurrence"; vgl. Abschnitt 3.1.4.).

Ein deutlicher Hinweis darauf, daß durch eine Ähnlichkeitsskalierung von Begriffspaaren und durch Assoziationen auf Begriffe die gleiche zugrundeliegende (Wissens-)Struktur erfaßt wird, findet sich in der Untersuchung von JOHNSON et al. (1970; siehe auch 1971). Abgesehen von den bereits berichteten signifikanten Rangkorrelationen zwischen den aus beiden Methoden abgeleiteten Indizes ergab sich hier aufgrund einer nicht-metrischen multidimensionalen Skalierung der direkt erhobenen Ähnlichkeitsmaße eine physikalisch gut interpretierbare Konfiguration der Stimulusbegriffe. Bei einem Vergleich dieser Konfiguration mit der entsprechenden Konfiguration aus dem Assoziationsverfahren ergab sich eine relativ gute Übereinstimmung (signifikante Rangkorrelation der aus beiden Konfigurationen bestimmbaren euklidischen Distanzen zwischen den Begriffen).

Die letzte mir bekannte Untersuchung in Physik, die auf eine Ähnlichkeitsskalierung zurückgreift, stammt von KASS (1971): 20 Mechanikbegriffe wurden von 353 Schülern der 12. Klasse auf einer

9-stufigen Skala in einem vollständigen Paarvergleich hinsichtlich des *Ausmaßes ihrer Schwierigkeit* eingestuft (1=very similar in difficulty, 9=very different in difficulty)[1]. Die so erhaltenen Daten wurden (nach zwei hier nicht bedeutsamen Zwischenschritten) einer multidimensionalen Skalierung unterzogen. Zur besseren Absicherung ihrer Ergebnisse führte KASS diese Prozedur für drei Untergruppen von je 60 Schülern (+ jeweils deren 7 Lehrer) durch. Es zeigte sich für alle drei Gruppen, daß den Daten eine vier- bzw. fünfdimensionale Repräsentation angemessen war. Zwei dieser Dimensionen ließen sich eindeutig und durchgängig interpretieren (eine "Bewegungs"dimension und eine "Vektor"dimension), die übrigen waren über die Gruppen hinweg nicht ganz vergleichbar. Insgesamt gesehen wird man wohl diese Untersuchung als einen - wenn auch vielleicht nicht ganz klaren - Beleg für die Brauchbarkeit der Ähnlichkeitsskalierung akzeptieren können.

Auf die übrigen mir vorliegenden Untersuchungen soll nur noch kurz eingegangen werden, da sie sich alle auf Bereiche außerhalb der Physik beziehen.

WAINER + KAYE (1974) konnten zeigen, daß sich eine *Instruktionsphase* (Einführungskurs "Entwicklungspsychologie") auch in der Ähnlichkeitsbeurteilung von darauf bezogenen Begriffen niederschlägt (dies im Gegensatz zu JOHNSON 1969): der Centroid der individuellen Positionen in der (aufgrund einer besonderen Erweiterung der multidimensionalen Skalierung, INDSCAL nach CARROLL+ CHANG 1970) erhaltenen Konfiguration bewegte sich signifikant in Richtung der Position des Dozenten. Dessen Position (mit anderen Worten: dessen kognitive Struktur) war aber nach wie vor noch relativ weit von der der Studenten entfernt.

---

[1] *In welcher Weise sich derartige unterschiedliche Instruktionen auf die Ergebnisse und deren Interpretation auswirken, kann aufgrund der vorliegenden Untersuchungen kaum abgeschätzt werden. Eine weitere Variante liefert im übrigen die Arbeit von GENTILE+ SEIBEL (1969).*

Einen ähnlichen *Instruktionseffekt* fanden TRAUB + HAMBLETON (1974) bezüglich Begriffen aus dem Bereich der Statistik und Testtheorie. Sie konnten zeigen, daß die (ebenfalls aufgrund des INDSCAL-Modells) erhaltene Konfiguration ("kognitive Struktur") nach einem entsprechenden Kurs wesentlich "organisierter" (geringere Anzahl von Dimensionen) war als vorher. Als Hauptgrund wird angegeben, daß die Studenten wesentlich *mehr Differenzierungen* zwischen den Begriffen vornahmen (d.h. größere durchschnittliche "Unähnlichkeit") als vorher (wo sämtliche Begriffe für die Studenten sozusagen eine kaum unterscheidbare "Ursuppe" darstellten).

Als "Nebenprodukt" dieser Untersuchung können TRAUB + HAMBLETON zeigen, daß die *Stabilität* der Ähnlichkeitsdaten (über eine Woche) mit 0,82 bzw. 0,95 als befriedigend angesehen werden kann (dies gilt allerdings nur für die Gruppenmittelwerte; für *individuelle* Stabilitäten sieht es wesentlich schlechter aus).

Die letzte hier darzustellende Untersuchung von FENKER (1975) liefert bezüglich der Frage der Veränderung der kognitiven Struktur durch eine Instruktionsphase (und bezüglich der Erfaßbarkeit dieser Veränderung durch Ähnlichkeitsurteile zwischen Begriffspaaren) ein uneinheitliches Bild: ein erstes Experiment erbrachte keinerlei Veränderung der studentischen kognitiven Struktur in Richtung der Sachstruktur (hier mit der kognitiven Struktur von Experten gleichgesetzt); erst nachdem (in einem zweiten Experiment) durch eine Art "advance organizer" die Studenten auf die Bedeutung der (später zu beurteilenden) Begriffe (ebenfalls aus dem Bereich der Statistik) für den Kurs aufmerksam gemacht worden waren, konnte nach dem Kurs eine deutliche Ähnlichkeit zur Sachstruktur festgestellt werden (Korrelationen zwischen studentischen Ähnlichkeitsurteilen und Begriffsdistanzen in einer INDSCAL-Lösung für Experten).

Zusammenfassend kann man wohl feststellen, daß es für die Brauchbarkeit der Ähnlichkeitsskalierung zur Erfassung von Wissensstrukturen *einige Hinweise* gibt, daß diese Hinweise (besonders in bezug auf Physik) aber wesentlich spärlicher sind als bei der Assoziationsmethode.

Besonders problematisch erscheint mir, daß völlig ungeklärt bleibt, aufgrund welcher Überlegungen Personen zu einem Urteil "ähnlich" bzw. "unähnlich" kommen, d.h. der für Wissensstrukturen wichtige Bestandteil der *Relationen* zwischen Begriffen wird auf ein diffuses Ähnlichkeitskonzept reduziert.

3.2.3.3. Methode des freien Sortierens

Die Methode des freien Sortierens gehört sicherlich zu den ältesten und wohl auch zu den am häufigsten benutzten Methoden zur Erfassung "kognitiver Organisation" (vgl. KAMINSKI 1964). Mir sind allerdings so gut wie keine Untersuchungen bekannt, die explizit auf Wissensstrukturen (im oben diskutierten Sinn) oder auf den hier interessierenden Inhaltsbereich (Physik) ausgerichtet sind. Die *grundsätzliche Vorgehensweise* beim freien Sortieren kann einer bekannten Untersuchung von MILLER (1969) entnommen werden: 48 englische Hauptwörter wurden auf Karteikärtchen geschrieben (zusammen mit einer kurzen Definition und einem Verwendungsbeispiel) und der Vp ausgehändigt mit der Anweisung "that he sort the cards into piles...*on the basis of similarity of meaning.* He was allowed as many piles as he wanted, from 1-48, and he could put as many items as he wanted in any pile." (MILLER 1969, S.170) Für jede Vp ließ sich eine 48 * 48 - Matrix erstellen, die als Eintragungen "1" oder "0" enthielt, je nachdem ob zwei Begriffe gemeinsam in irgendeinem Häufchen auftraten oder nicht. Eine über alle Vpn (N=50 Studenten) summierte Matrix diente als Ausgangspunkt für eine hierarchische Clusteranalyse (nach S.C. JOHNSON 1967). Das Ergebnis dieser Analyse erfüllte für MILLER sowohl das Kriterium der "Plausibilität" als auch das Kriterium der "linguistischen Relevanz".

SHAVELSON + STANTON (1975) gingen bezüglich der Sortier-Methode in prinzipiell gleicher Weise vor; mit der erklärten Absicht einer Konstruktvalidierung wurden zusätzlich allerdings noch das Assoziationsverfahren und die Methode des "graph building" (s.u.) eingesetzt. Die Weiterverarbeitung der mit diesen Methoden erhaltenen Ähnlichkeitsdaten erfolgte ebenfalls mit der Methode der hierarchischen Clusteranalyse (s.o.). 12 Mathematiklehrer führten die erwähnten drei Methoden an 12 Mathematikbegriffen durch.

Die für jede der drei Methoden erhaltenen Begriffscluster (für die Sortiermethode in Abb. 24 aufgeführt) sind nach Auffassung der Autoren recht gut im Rahmen der Sachstruktur interpretierbar; außerdem weisen alle drei Lösungen ein "hohes Ausmaß an Ähnlichkeit"[1] auf, was dafür spricht, daß hier tatsächlich das gleiche Konstrukt (nämlich "kognitive Struktur") erfaßt wurde.

Abb. 24: Lösung einer hierarchischen Clusteranalyse für Daten der Sortier-Methode (SHAVELSON + STANTON 1975, S. 81)

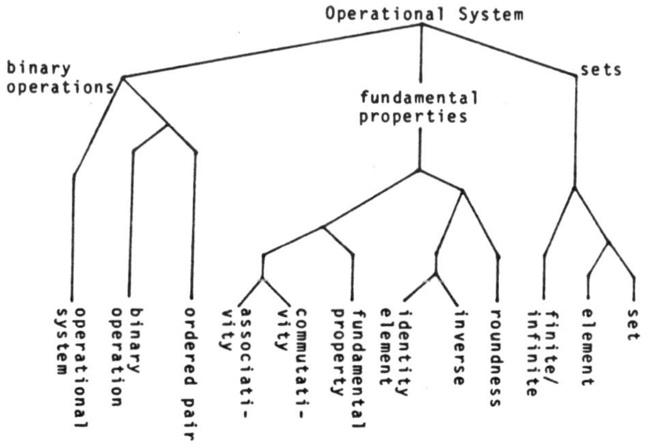

[1] *Problematisch hierbei ist, daß sich dieses Urteil nur auf einen Augenschein-Vergleich der drei Lösungen stützt. Einige Hinweise auf die statistischen Eigenschaften solcher Begriffs"bäume" sind bei FILLENBAUM + RAPOPORT 1971, S. 17ff zu finden.*

Diese hier angeführten Ergebnisse sind die einzigen (mir bekannten) spärlichen Hinweise auf die prinzipielle Gültigkeit der Methode des freien Sortierens zur Erfassung von Wissensstrukturen. Angesichts dieses unbefriedigenden Zustandes muß daher eine Bewertung dieser Methode unterbleiben.

3.2.3.4. Methode der Konstruktion von "Bäumen" oder "Graphen"

Die Methode der Konstruktion von "Bäumen" (tree construction) oder "Graphen" (graph building) ist im Vergleich zu den drei bisher diskutierten Verfahren zur Erfassung kognitiver Strukturen jüngeren Datums (RAPOPORT et al. 1966, zit. in RAPOPORT 1967).
Die *grundlegende Vorgehensweise* bei dieser Methode kann durch folgende typische Instruktion verdeutlicht werden (SHAVELSON 1974, S. 242):

> On the top of the next page is an alphabetical list of N terms. Read the list carefully several times.
> From the list of N terms, pick the two terms which you think are "most similar" to each other. Write the pair you have chosen in the middle of the page and connect them with a line. Label the connecting line 1. Now you have two options as follow.
>
> Option 1: You may go carefully over the remaining terms in the list (which now includes N-2 terms) and pick the term which you think is most similar to either of the two terms you have already selected. Write this term down on your paper and connect it to the appropriate term already selected. Label the connecting line 2.

Option 2: You may look over the remaining terms on the list and decide that two of them are more similar to each other than any one of them is to either of the two terms already selected and joined together. If so, you may select these terms and write them down on the paper, just as you did with the first pair. Connect the two new terms with a line and label it 2.

After taking option 1 or 2, proceed in exactly the same way. Search carefully the remaining terms on the list and continue with option 1 or option 2. When you take option 1 you add a term to an already linked group of terms (which is called a tree). When you take option 2 you start a new tree.
As you proceed, you have a third option:

Option 3: If you find that you have made several trees, you may want to connect any two of them together. If you find two terms, on two separate trees, that are more similar to each other than any other term on the remaining list is to any other term on the trees, you should connect these terms (and thus connect the two trees). Label the connecting line according to the sequence already started.

Man erhält aufgrund dieses Verfahrens *Ähnlichkeitsdaten* zwischen sämtlichen Begriffspaaren (genauer: Abstand zwischen jeweils 2 Begriffen = Anzahl der Verbindungslinien, die zwischen den Begriffen liegen), die dann mit Hilfe der bereits erwähnten Methoden (z.B. Clusteranalyse, multidimensionale Skalierung) weiter analysiert werden können.

Wie bereits erwähnt, ergab sich auf diese Weise in der Arbeit von SHAVELSON + STANTON (1975) eine recht gut interpretierbare Struktur, die außerdem weitgehend mit aus anderen Verfahren abgeleiteten Strukturen übereinstimmte.

Die einzige mir vorliegende auf Physik bezogene Arbeit stammt von PREECE (1976 a; vgl. Abschn. 3.2.3.1.): 28 Physikstudenten bearbeiteten 15 *Mechanik*begriffe mit der Methode der Konstruktion von "Bäumen" und mit der Assoziationsmethode. Für die verschiedenen Methoden (außerdem für bestimmte Auswertungsvarianten dieser Methoden) ergaben sich durchgängig signifikante Korrelationen sämtlich im Bereich zwischen 0,83 und 0,99 (allerdings nur für *Gruppen*daten). Dieses Ergebnis "adds, some validity to the concept of cognitive structure and the tests' ability to index it" (PREECE 1976 a, S. 5). Die Ähnlichkeits- bzw. Distanzmaße aus den beiden Methoden wurden mit dem bereits erwähnten Verfahren von WAERN (1972) weiterverarbeitet. Die so erhaltenen ("kognitiven") Strukturen korrelierten etwa mit 0,60 mit einer vorher aufgestellten "theoretischen" Struktur.

Außerhalb des Bereiches Physik existieren eine Fülle von Ergebnissen, die für die grundsätzliche Brauchbarkeit der hier diskutierten Methode sprechen. Eine Zusammenfassung dieser Ergebnisse (bezogen auf Bereiche wie Farbbezeichnungen, Verwandtschaftsbezeichnungen, Bezeichnungen für Emotionen, Präpositionen, Konjunktionen usw.) ist in FILLENBAUM + RAPOPORT (1971) zu finden.

Zusammenfassende Bewertung der Methoden zur Erfassung kognitiver Strukturen:

Überblickt man die vier hier diskutierten Verfahren zur Erfassung kognitiver Strukturen (Wissensstrukturen), so kann man zunächst feststellen, daß der *Grad ihrer Bestätigung* recht unterschiedlich ist: Zu bestimmten Methoden (Sortieren) existieren so gut wie keine Untersuchungen, zu anderen Methoden (hauptsächlich Assoziationsmethode) liegen selbst für den hier interessierenden Bereich der Physik zahlreiche Untersuchungen vor.

Die *Gültigkeit* der betrachteten Methoden kann man wohl summarisch folgendermaßen charakterisieren (mit der eben erwähnten Einschränkung):

- In den Untersuchungen, in denen zwei oder mehrere der obigen Methoden zur Anwendung kamen, zeigte sich in der Regel (meist allerdings nur bei den Gruppendaten) eine recht gute *Übereinstimmung* in den Ergebnissen (konvergente Validität).

- Die aus den Methoden abgeleiteten "kognitiven" Strukturen ließen sich in der Regel recht gut in Termini von *"Sach"-Strukturen* oder vorher postulierten Strukturen interpretieren.

- In der Regel konnte durch eine *Instruktionsphase* eine Veränderung in der kognitiven Struktur der Schüler herbeigeführt werden.

Allen Methoden haftet meiner Meinung nach der (bereits erwähnte) Mangel an, daß die ableitbaren "kognitiven Strukturen" bezüglich der zwischen den Begriffen ("Knoten") bestehenden *Relationen* völlig unbestimmt bleiben. Zwar ist es z.B. möglich, in einer Art interpretativem Prozeß unter Rückgriff auf "sachstrukturelle" Erwägungen Bezeichnungen (und damit Aussagen über Relationen) für Begriffscluster oder Dimensionen zu finden, meiner Auffassung nach kann dies aber im Hinblick auf die im vorigen Kapitel diskutierten Modelle der Wissensstruktur nicht genügen.
Was fehlt, ist eine Methode, bei der Vpn darüber Auskunft geben (ob direkt oder indirekt), aufgrund welcher vermeintlich bestehender Relationen zwischen zwei Begriffen eine "Ähnlichkeit" zwischen ihnen angenommen wird.
Ein eigener Vorschlag in dieser Richtung soll später vorgestellt werden.

3.3. Ergebnisse von Untersuchungen über physikbezogene Wissensstrukturen und deren Entwicklung

In der bisherigen Darstellung wurde gemäß dem in Abb. 7 (Abschnitt 2.2.8.) entwickelten "verbesserten" Modell zunächst auf Möglichkeiten zur Beschreibung von *Realitätsbereichen* ("Sachstrukturen") eingegangen. Es wurden dann einige *theoretische Modelle* diskutiert, die die "Abbildung" solcher Sachstrukturen im menschlichen Gedächtnis betreffen. Es folgte schließlich ein Überblick über einige *Methoden*, die einen Zugang zu solchen Gedächtnisstrukturen (Wissensstrukturen) erlauben, wobei auch schon einige Untersuchungsergebnisse angeführt wurden.

In dem vorliegenden Kapitel soll jetzt eine zusammenfassende Darstellung von *Untersuchungsergebnissen* erfolgen, die einen bestimmten "bereichsspezifischen" *Ausschnitt* der Wissensstruktur betreffen, nämlich den hier interessierenden Bereich der *Physik*. Entsprechend dem "verbesserten" Modell soll dabei besonders auch auf (längerfristige) *Veränderungen* ("Entwicklungen") in diesem Ausschnitt der Wissensstruktur eingegangen werden, nicht zuletzt auch deshalb, weil die bisher vorliegenden Modelle über Wissensstrukturen (vgl. Kap. 3.2.2.) den Entwicklungsaspekt so gut wie kaum berücksichtigen.[1)]

Vor der eigentlichen Darstellung der Untersuchungsergebnisse sind allerdings noch einige Vorbemerkungen notwendig, nach welchen Kriterien die *Auswahl* und *Ordnung* der Ergebnisse erfolgen soll:

- Fast alle mir bekannten Untersuchungen nehmen *keinen* Bezug auf die vorne diskutierten Modelle über Wissensstrukturen. (Man könnte natürlich auch sagen, daß aus den Modellen bisher noch keine Untersuchungen resultieren, die sich mit einem hinreichend komplexen Bereich wie der Physik beschäftigen). Die Verbindung zu diesen Modellen wird daher hier nur nachträglich d.h. auch nur lose herstellbar sein.

[1)] *Die zitierte Untersuchung von GENTNER (1978) möge als rühmliche Ausnahme dienen.*

- Abgesehen von den im Abschnitt über "Methoden" erwähnten Untersuchungen beschäftigen sich alle mir vorliegenden Untersuchungen mit relativ willkürlich gewählten *winzigen Ausschnitten* aus der durch die Inhaltsfestlegung (Physik) ohnehin eingeschränkten Wissensstruktur, d.h. es werden in der Regel bestimmte mehr oder weniger komplexe Begriffe oder Konzepte ausgewählt und untersucht, wobei der "strukturelle" Aspekt, d.h. die Beziehung verschiedener Begriffe zueinander, völlig vernachlässigt wird.

- Die meisten Untersuchungen wurden relativ *theorielos* durchgeführt, d.h. entweder - wie erwähnt - ohne Bezug auf eine Theorie der Wissensrepräsentation oder ohne Bezug auf eine Entwicklungstheorie. Für einen Teil der Untersuchungen läßt sich allerdings eine mehr oder weniger enge Anbindung an "PIAGET" feststellen.

- Die in den Untersuchungen erfolgte Auswahl von Begriffen und Konzepten erfolgte auch in den meisten Fällen relativ losgelöst von "sachstrukturellen" Erwägungen, d.h. die Auswahl erfolgte relativ zufällig und nicht näher begründet. Dies hat unter anderem zur Folge, daß zu bestimmten Konzepten relativ viele Ergebnisse vorliegen, zu anderen weniger, zu vielen gar keine.

- Die vorne diskutierten *Methoden*, die - wie gezeigt - teilweise recht gut zur Erfassung von Wissensstrukturen geeignet sind, wurden - von Ausnahmen abgesehen - so gut wie nie angewandt (dies ergibt sich natürlich auch schon aus der Vernachlässigung des strukturellen Aspekts). In der Regel dominieren PIAGETsche Methoden.

- Die hier zu diskutierenden Untersuchungen wurden in der Regel relativ losgelöst von *Unterricht* durchgeführt; auf Untersuchungen, die sich explizit mit "geplanten Veränderungen" von Wissensstrukturen beschäftigen, soll im nächsten Kapitel noch eingegangen werden (einige Hinweise sind natürlich auch schon im obigen "Methodenkapitel" zu finden).

Dieser hier skizzierte relativ unbefriedigende Zustand auf dem Gebiet der Erforschung von (physikbezogenen) Wissensstrukturen macht es notwendig, eine eher "unpsychologische" Gliederung des vorliegenden Kapitels vorzunehmen: nach *inhaltlichen* Gesichtspunkten sollen (sofern hierzu überhaupt Ergebnisse vorliegen) bestimmte relevante Begriffe und Konzepte herausgegriffen werden; hierzu sollen dann die entsprechenden Untersuchungsbefunde (einschließlich des Aspektes alterstypischer Veränderungen) zusammenfassend dargestellt werden.

Auf "PIAGET" soll hier nur in so weit eingegangen werden, als es sich diesen erwähnten *inhaltlichen* Gesichtspunkten unterordnen läßt. Eine angemessene Darstellung der Theorie Jean PIAGETs inclusive "Neo"-Piagetscher Konzeptionen, sowie der Befunde der unzähligen Untersuchungen und Nachfolgeuntersuchungen würde eine neue Arbeit erfordern.[1)]

Bei der im Abschnitt 3.1.2.1. erfolgten Diskussion der begrifflichen Struktur der Physik wurde als ein Beispiel einer *formalen* Unterscheidung verschiedener Begriffsarten das System von JUNG (1970) zitiert. Eine wichtige Stufe in diesem System ist die der *Quantifizierung*, wo durch Angabe eines *Meßverfahrens* physikalische *Größen* definiert werden. Da sich innerhalb der Physik (auch in anderen Wissenschaften) nahezu beliebig viele Größen durch Angabe eines Meßverfahrens definieren lassen und da außerdem viele physikalische Größen auf andere Größen zurückgeführt werden können (vgl. JUNGs Stufe der "Algebraisierung"), ist es in der Physik üblich geworden, sogenannte *Grund- oder Basisgrößen* festzulegen, aus denen sich alle übrigen ableiten lassen. Dabei hat sich im Laufe der Zeit aus den verschiedenen Größen- und Einheitensystemen ein international verbindliches Einheitensystem aus *sieben* Basisgrößen ergeben. Diese sind: Länge, Zeit, Masse, (elektr.) Stromstärke,

---

[1)] *Wobei selbst dann noch die Aussage von GINSBURG + KOSLOWSKI (1976, S. 36) gelten würde: "Research "on Piaget" proceeds with a ferocity which makes a comprehensive review impossible."*

(thermodynamische) Temperatur, Lichtstärke und Stoffmenge. Zu einigen dieser Basisgrößen liegen empirische Ergebnisse vor. Hierauf soll zu Beginn meiner Darstellung eingegangen werden.

3.3.1. *Quantitätsbegriffe*

Unter dem Stichwort "Quantitäts- oder Mengenbegriffe" greift PIAGET aus der Fülle der in der Physik möglichen Quantifizierungen einen Ausschnitt heraus, der sich mit der "Quantifizierung kontinuierlicher Größen, unabhängig von jeder Metrik beschäftigt". Es handelt sich hierbei um *drei* Begriffe, die sich auf die dem Kind zugänglichen materiellen Gegebenheiten der Welt beziehen: *Menge der Materie, Gewicht* und *Volumen* (vgl. PIAGET+ INHELDER 1969, S. 13; frz. 1962², 1941).

Von den oben erwähnten Basisgrößen sind hier also in erster Linie *Masse* und *Stoffmenge* angesprochen.[1)]

Eine Zusammenfassung über die Entwicklung der Quantitätsbegriffe (etwa auf dem Stand der Forschung Mitte der 60er Jahre) ist bei FLAVELL (1970, S. 1012ff) zu finden. Anknüpfend an diese Zusammenfassung soll hier auf einige neuere Untersuchungen eingegangen werden.

Da die Interpretation der vorliegenden Untersuchungsergebnisse auch wesentlich von den benutzten *Versuchsanordnungen* abhängt, sollen die grundsätzlichen Vorgehensweisen an den Anfang gestellt werden (obwohl sie fast zur "Allgemeinbildung" zählen):

Menge der Materie. Das Kind erhält eine Tonkugel und soll eine zweite anfertigen, die "gleich viel Ton" enthält. Nachdem das Kind ein Gleichheitsurteil abgegeben hat, wird eine der beiden Kugeln *verformt* (Ausrollen zu einer Wurst; Abplatten

---

1) In welcher Weise die PIAGETschen "Quantitätsbegriffe" diesen physikalischen Begriffen zugeordnet werden können, wird noch zu prüfen sein.

zu einem Kuchen; Zerschneiden in getrennte Stücke usw.). Nach der Verformung soll das Kind angeben (und begründen), ob beide Tonstücke noch gleich viel Ton enthalten.

Zusätzlich zu dieser "Standardversuchsanordnung" von PIAGET + INHELDER (1969, frz. 1941) gibt es noch eine weitere Versuchsanordnung, die im Rahmen der Untersuchungen über den *Zahl*begriff benutzt wurde :[1] Das Kind erhält zwei identische Gläser, die entweder mit einer Flüssigkeit ("kontinuierliche" Stoffmenge) oder mit Perlen o.ä. ("diskontinuierliche Stoffmenge) gefüllt sind. Nachdem auch hier das Kind ein Gleichheitsurteil abgegeben hat, wird der Inhalt eines der Gläser in ein schmaleres oder breiteres oder in mehrere kleinere Gläser umgefüllt. Anschließend wird das Kind wieder nach der Stoffmenge befragt (s.o.).[2]

Gewicht. Die Vorgehensweise ist hier grundsätzlich die gleiche wie bei der Stoffmenge; für das anfängliche Gleichheitsurteil wird hier aller-

---

[1] *Nach PIAGET sind die Quantitätsbegriffe nichts anderes als Verallgemeinerungen der Begriffe der numerischen Quantität (d.h. der Zahlbegriffe). (vgl. PIAGET + INHELDER 1969, S.13).*

[2] *Aus dieser Beschreibung der Versuchsanordnung geht hervor, daß (selbst im Falle einer "richtigen" Antwort eines Kindes) hier nur ein recht globales Konzept von "Stoffmenge" erfaßt werden kann.*
Mit der physikalischen Definition von Stoffmenge ("Unter der Stoffmenge oder der Teilchenmenge...versteht man eine aus gleichartigen Individuen (Atome, Moleküle, Ionen usw.) bestehende Substanzmenge, die durch die Anzahl der in ihr enthaltenen Teilchen charakterisiert wird." HÖFLING 1976, S. 327) hat dieses globale Konzept nur wenig zu tun. Die hinter der physikalischen Definition von Stoffmenge stehende "atomistische" Auffassung von Materie wird von PIAGET in weiteren Experimenten untersucht ("Auflösen von Zucker in Wasser") und als Erklärung der "Erhaltung" der Substanz herangezogen (PIAGET + INHELDER 1969, Kap. 4-6). Hierauf soll später noch einmal kurz eingegangen werden.

dings ein anderes Kriterium benutzt: das Kind muß entweder angeben, daß zwei in je eine Hand gehaltene Tonkugeln "gleich schwer" sind, oder es wird gezeigt, daß eine Balkenwaage im Gleichgewicht bleibt, wenn auf jede Schale eine Kugel gelegt wird.[1)] Nach der Verformung einer Kugel (s.o.) wird erneut nach dem Gewicht beider Kugeln gefragt.

Volumen

Bei der Untersuchung des Volumens wurden *zwei* unterschiedliche Versuchsanordnungen benutzt:
1) Dem Kind wird gezeigt, daß eine Tonkugel, die in ein Gefäß mit Wasser eingetaucht wird, den Wasserspiegel bis zu einem bestimmten Punkt anhebt (dieser Punkt wird am Gefäß markiert). Dieser Vorgang wird bei einer zweiten Kugel wiederholt, um die Volumengleichheit zu demonstrieren. Eine der Kugeln wird dann in gewohnter Weise verformt, und es wird gefragt, ob nach dieser Verformung der Wasserspiegel beim Eintauchen des Gegenstandes bis zum gleichen Punkt wie vorher ansteigt.
(PIAGET + INHELDER 1969, frz. 1941)
Das so erfaßte Volumen wird im übrigen von PIAGET als "besetztes" Volumen bezeichnet (PIAGET, INHELDER + SZEMINSKA 1974, S. 427; frz. 1948).
2) Das Kind hat die Aufgabe, aus 36 Holzwürfeln (mit je 1 cm^3 Volumen) nacheinander verschiedene "Häuser" zu bauen (auf "Inseln" unterschiedlicher Größe, d.h. mit unterschiedlicher Grundfläche), in denen jeweils "genauso viel Platz" sein soll wie in einem vorher gezeigten Modell-

---

[1)] *Es wird also hier die Masse oder das Gewicht bestimmt. Dies darf nicht mit der Gewichtskraft verwechselt werden (vgl. HÖFLING 1976, S. 68).*

klotz von 36 cm^3.
Dieses Volumen wird als "inneres" Volumen bezeichnet (PIAGET et al. 1974, S. 427)

Die mit diesen oder ähnlichen Versuchsanordnungen gewonnenen Ergebnisse bezüglich der Quantitätsbegriffe lassen sich - soweit dies für den vorliegenden Zusammenhang von Interesse ist - etwa in folgender Weise zusammenfassen:

- Die Begriffe "Stoffmenge", "Gewicht" und "Volumen" werden in der Regel in der angegebenen Reihenfolge erworben.[1)] Diese unter dem Stichwort "horizontal dêcalage" bekanntgewordene Reihenfolge konnte in etlichen Untersuchungen weitgehend bestätigt werden: ELKIND 1961 a, SMEDSLUND 1961, KING 1963, BEARD 1963, UZGIRIS 1964, GRAVES 1972, NADEL + SCHOEPPE 1973 (und vier weitere von FLAVELL 1970 zitierte Arbeiten).

  Bei interkulturellen Untersuchungen ließ sich diese angegebene Reihenfolge allerdings nicht konsistent nachweisen (vgl. hierzu die Sammelreferate von DASEN 1972 und ASHTON 1975).

- Obwohl normative Altersangaben immer recht problematisch sind, kann man doch als erste Orientierung für den Erwerb der Quantitätsbegriffe folgende Angaben machen:

  Stoffmenge: 7 - 8 J.
  Gewicht: 9 - 10 J. [2)]
  Volumen: 11 - 12 J.

---

1) Unter dem "Erwerb" dieser Begriffe wird hier "Erhaltung" (conservation) verstanden. In Termini von KLAUSMEIER et al. (1974) erkennt das Kind also, daß bestimmte Merkmale eines Gegenstandes (wie z.B. äußere Form) in bezug auf seine Stoffmenge (oder auch sein Gewicht oder Volumen) irrelevant sind; d.h. die Stoffmenge (oder das Gewicht oder das Volumen) bleiben bei bestimmten (irrelevanten) Transformationen erhalten.

2) Mit diesen Altersangaben ist gemeint, daß 75 % einer untersuchten Altersgruppe "Erhaltung" eines Begriffes zeigen. (75 % ist PIAGETs übliches Kriterium)

(vgl. hierzu außer den erwähnten Originaluntersuchungen von PIAGET z.B. ELKIND 1961 a; LOVELL + OGILVIE 1960, 1961; UZGIRIS 1964; FEIGENBAUM 1963; PRATOOMRAJ + JOHNSON 1966)

Besonders widersprüchlich sind die vorliegenden Ergebnisse bezüglich des *Volumen*begriffs. Hier scheint das Alter, in dem dieser Begriff erworben wird, sehr stark von der benutzten Untersuchungsmethode abzuhängen (vgl. die oben getroffene Unterscheidung zwischen "innerem" und "besetztem" Volumen).
Es liegen hier auch eine Reihe von Untersuchungen vor, die zeigen, daß selbst bei älteren Jugendlichen, ja sogar Erwachsenen ein hoher Prozentsatz nicht über den Volumenbegriff verfügt (vgl. z.B. ELKIND 1961 b, 1962; PHILLIPS 1971; GRAVES 1972; HOBBS 1973; NADEL + SCHOEPPE 1973).

- Bei den oben angeführten Altersangaben muß weiterhin berücksichtigt werden, auf welche Art von *Transformation* der ursprünglichen Materialien sich ein Erhaltungsurteil gründet. So konnte z.B. HOBBS (1973) zeigen, daß ca. 80 - 90 % aller Schüler in Klasse 7 "Gewichtserhaltung" zeigen, wenn auf einfache Transformationen (z.B. Verformung) zurückgegriffen wird, daß dieser Anteil aber deutlich unter 50 % zurückgeht, wenn komplexere Transformationen (z.B. Erhitzen, Schmelzen usw.) vorgenommen werden.
  In eine ähnliche Richtung weist eine Untersuchung von MURRAY+ JOHNSON (1975) (allerdings bei jüngeren Kindern).

Zusammenfassend darf man wohl festhalten, daß der Forschungsstand bezüglich der Quantitätsbegriffe - trotz der noch vergleichsweise zahlreichen Untersuchungen - unbefriedigend ist.

3.3.2. *Länge und Zeit*

In der Einleitung zu diesem Kapitel wurde eine Liste von sieben physikalischen Grundgrößen angeführt. Diese Liste enthält auch die Größen *Länge* und *Zeit*.

Hierzu liegen - wiederum ausgehend von PIAGETs richtungsweisenden Arbeiten - eine Reihe von Untersuchungen vor, die in dem erwähnten Artikel von FLAVELL (1970) zusammengefaßt sind. Da mir zu diesem Thema keine neueren Arbeiten bekannt sind[1], sollen hier nur kurz einige grundlegende Punkte aufgeführt werden; im übrigen sei auf FLAVELL (1970) verwiesen.

Zur Untersuchung des Begriffes "*Länge*" wurde von PIAGET folgendes Experiment durchgeführt: "Man zeigt dem Kind zwei gleich lange gerade Stäbe, die genau nebeneinanderliegen. Dann schiebt man einen davon leicht vorwärts...und läßt wieder die Längen abschätzen."[2] (PIAGET et al. 1974, S. 125)

In einem frühen Entwicklungsstadium (Kinder von etwa 5 Jahren und jünger) wird derjenige Stab, der über den anderen hinausragt, überraschenderweise als länger eingeschätzt, weil die Kinder hier nur die *Endpunkte* der Stäbe berücksichtigen, nicht aber deren Anfangspunkte. Erst auf einer späteren Entwicklungsstufe (etwa ab 7-8 Jahren) gelingt die "Erhaltung" der Länge (vgl. hierzu auch LOVELL, HEALEY + ROWLAND 1962).

Zur Untersuchung des *Zeit*begriffs wurde z.B. folgender Versuch durchgeführt (vgl. PIAGET 1955, Kap. 3; frz. 1946):

---

[1] *So taucht z.B. in dem Sammelreferat von GELMAN (1978) über kognitive Entwicklung im "Annual Review of Psychology" kein einziger diesbezüglicher Hinweis auf.*

[2] *Auf weitere Experimente zur "Länge" und auch auf Experimente zum Begriff "Abstand" (den PIAGET von der Länge unterscheidet) soll nicht eingegangen werden.*

Zwei Spielzeugmännchen führen auf dem Tisch einen Lauf durch. Sie starten *gleichzeitig* und am gleichen Ausgangspunkt und laufen beide den *gleichen* Zeitabschnitt. In diesem Zeitabschnitt läuft eines der Männchen allerdings eine größere Strecke als das andere (z.B. 50 cm gegenüber 20 cm). Unmittelbar nachdem beide Männchen *gleichzeitig* gestoppt haben, setzt sich (*nur*) das zweite Männchen erneut in Bewegung und legt noch eine weitere Strecke (z.B. noch einmal 20 cm) zurück. Das Problem besteht also darin, daß das *erste* Männchen zeitlich kürzer, aber räumlich weiter, das *zweite* Männchen räumlich kürzer, aber zeitlich länger gelaufen ist.

Ähnlich wie bei dem Längenbegriff gelingt auch hier eine Lösung des Problems (d.h. hier eine Differenzierung zwischen *zeitlichen* und *räumlichen* Verhältnissen) erst mit Beginn des konkret-operatorischen Stadiums (d.h. ab ca. 7-8 Jahren). Ähnliche Ergebnisse wie bei PIAGET ergaben sich auch in der bisher einzigen Nachfolgeuntersuchung (so jedenfalls FLAVELL 1970) von LOVELL + SLATER (1960).

Es sei hier abschließend noch erwähnt, daß PIAGET im Anschluß an seine Untersuchungen zum Zeitbegriff (bzw. als logische Fortführung dieser Untersuchungen) die darauf aufbauenden Konzepte der "Bewegung" und der "Geschwindigkeit" untersucht hat (PIAGET 1946). Auf diese Begriffe soll hier aber nicht näher eingegangen werden, zumal auch hier - von einer Untersuchung abgesehen (LOVELL, KELLETT + MOORHOUSE 1962) - über PIAGET hinausgehend *keine* weiteren Arbeiten vorliegen. Es sei hier lediglich angedeutet, daß auch diese beiden Begriffe erst mit Beginn des (konkret-)"operatorischen" Denkens "erworben" werden[1].

---

[1] *Für diese Begriffe sind z.B. folgende "Operationen" maßgebend:*

- *operations of placement: order of succession in space*
- *operations of displacement: movements*
- *operations of co-displacements: speeds and times*

usw.

(vgl. PIAGET 1946; engl. 1970, Kap. 12)

3.3.3. *Kausalität* ("Naturerklärungen")

In den letzten beiden Abschnitten wurden einige Untersuchungsergebnisse angeführt, die sich mit bestimmten *quantifizierbaren Aspekten* von Objekten und Ereignissen beschäftigen: Länge, Zeit, Masse, Volumen usw.

In diesem Kapitel soll auf Untersuchungsergebnisse eingegangen werden, bei denen nicht nur ein bestimmter *Aspekt* von Objekten und Ereignissen Gegenstand der Untersuchung ist, sondern bei denen Objekte und Ereignisse der natürlichen Umwelt in ihrem gesamten Erscheinungsbild angesprochen sind. Es geht also hier um "Naturerklärungen" von Kindern, um die Frage, in welcher Weise Kinder den Ursprung, das Wesen, die Wirkungsweise bestimmter natürlicher Gegebenheiten interpretieren.

Wie FLAVELL (1970) richtig bemerkt, bringt die obige Frage zwangsläufig die Gefahr mit sich, in nahezu beliebiger Weise beantwortet zu werden, da die Zahl der zu untersuchenden natürlichen Gegebenheiten fast unendlich groß ist. FLAVELL schlägt deshalb vor, eine sorgfältig ausgewählte Stichprobe dieser Gegebenheiten intensiv zu untersuchen, um so möglicherweise auf die nicht-spezifischen, typischen Erklärungsweisen von Kindern zu stoßen.[1)]

Eine flüchtige Durchsicht der vorliegenden Literatur zeigt allerdings, daß dieser Vorschlag in den wenigsten Fällen aufgegriffen wurde; es dominieren Untersuchungen zu mehr oder weniger zufällig ausgewählten Sachverhalten ohne irgendeinen über eine Ansammlung empirischer Ergebnisse hinausgehenden Anspruch. Dieser bereits in der Einleitung angesprochene Tatbestand erschwert natürlich auch eine Darstellung der Ergebnisse. Als brauchbar und angemessen erscheint mir folgende Vorgehensweise:

[1)] *Auf eine Diskussion der Frage, ob es diese "nicht-spezifischen" Erklärungsweisen überhaupt gibt, soll hier zunächst verzichtet werden.*

Die (mir) vorliegenden Untersuchungsergebnisse sollen zunächst (in der zeitlichen Reihenfolge ihrer Veröffentlichung) als Abstract in einer Tabelle dargestellt werden. Die Einheitlichkeit der Darstellung wird einen Vergleich der - wie erwähnt - heterogenen Untersuchungen erleichtern. Ein solcher Vergleich wird dann auch eine Zusammenfassung des Forschungsstandes zu diesem Gebiet erlauben.

Abb. 25: Untersuchungsergebnisse über "Naturerklärungen" von Kindern

Autor (Jahr). Untersuchte Probleme

PIAGET (1927; engl. 1951)

3 große Problembereiche:

1) Erklärung verschiedener *Bewegungsvorgänge*

- Wesen der Luft
- Ursprung des Windes und des Atems
- Bewegung der Wolken und Himmelskörper
- Bewegungen von Wasser (Wellen im See; Flußlauf)
- Fallen von Körpern auf die Erde
- Wesen und Ursprung der "Kraft"

2) Vorhersage und Erklärung experimentell hergestellter Ereignisse

- Schwimmen von Booten
- Steigen des Wasserspiegels beim Eintauchen von Körpern
- Schattenbildung

3) Erklärung des Aufbaus und der Funktionsweise von

- Fahrrad
- Dampfmaschine
- Eisenbahn
- Auto
- Flugzeug

Stichprobe

Kinder zwischen ca. 3 1/2 Jahren und 12 Jahren (keine Angaben über Anzahl der Kinder auf den verschiedenen Altersstufen und über Verhältnis von Jungen und Mädchen)

Methode der Durchführung. Kategorien der Auswertung

Befragung der Kinder in Einzelinterviews: z.T. auf rein verbaler Ebene, z.T. Vorführung kleinerer Experimente mit Vorhersage und Erklärung der Kinder, z.T. (beim Aufgabentyp 3) zeichnerische Erklärung durch die Kinder.

Auswertung nach *problemspezifischen* inhaltlichen Kategorien und zusätzlich nach *problemübergreifenden* typischen Erklärungsmustern (auf diese Erklärungstypen beziehen sich die aufgeführten Ergebnisse).

Ergebnisse

In der Entwicklung der kindlichen Kausalitätsvorstellungen sind *3 Hauptstufen* zu unterscheiden, die durch bestimmte Erklärungstypen charakterisiert sind:

I *Präkausale* Erklärungen

- "*motivational*" (psychologische Motive werden als wahre Ursache aller Dinge angenommen)
- "*finalistisch*"
- "*phänomenistisch*" (2 Sachverhalte, die räumlich oder zeitlich zusammenfallen, werden durch eine Kausalrelation verknüpft)
- "*participation*" ("two things between which there subsist relations either of resemblance or of general affinity, are conceived as having something in common which enables them to act upon one another at a distance" PIAGET 1951, S.260f.)
- "*magisch*" (das Kind schreibt seinen Gedanken, seinen Gesten usw. eine bestimmte Wirksamkeit zu)
- "*moralisch*" (z.B. Boote "haben" zu schwimmen, weil sie sonst nutzlos sind)

II *Präkausale* Erklärungen: allmähliches Verschwinden der unter I genannten Erklärungstypen; überwiegend folgende Erklärungen:

- "*artifizialistisch*" (das zu erklärende Objekt oder Ereignis wird als vom Menschen gemacht angesehen)
- "*animistisch*" ("The existence of a character or form is explained by an internal biological tendency that is both alive and conscious." PIAGET 1951, S. 262)
- "*dynamisch*" (Annahme von den Objekten innewohnenden Kräften)

III *Kausale* Erklärungen: treten frühestens ab etwa 7-8 Jahren auf; unter allmählichem Verschwinden der bisher genannten Erklärungstypen nimmt das Ausmaß der kausalen Erklärungen, vor allem der höheren Formen, ständig zu; dieser Prozeß ist etwa mit 12 Jahren abgeschlossen.

- "*reaction of the surrounding medium*" (Bsp.: "projectiles... are pushed along by the air which they produce by their flight" PIAGET 1951, S. 263)
- "*mechanisch*" ("explanation by contact and transference of movement". PIAGET 1951, S. 263)
- "*causality by generation*" ("is ... an extension of the animistic idea, with the added notion of a transmutation of substances" PIAGET 1951, S. 264)
- "*substantial identification*" ("...when bodies that are born from each other cease to be endowed with the power of growth as it exists in living beings" PIAGET 1951, S. 264f.)
- "*condensation; rarefaction*" (Die Materie, aus denen Körper aufgebaut sind, ist mehr oder weniger verdichtet oder verdünnt.)
- "*atomistische* Zusammensetzung von Körpern"
- "*räumliche Erklärungen*" (Bsp.: Die Form von Schatten wird auf Perspektiv-Gesetze zurückgeführt)
- "*logische Deduktionen*"

PIAGET macht *keine* Angaben über die prozentuale Verteilung dieser Kategorien in den verschiedenen Altersstufen.

Die Entwicklung der kindlichen Kausalitätsvorstellungen ist durch *3 Prozesse* gekennzeichnet:
- Desubjektivierung
- Bildung von zeitlichen Serien
- zunehmende Reversibilität von Ursache und Wirkung.

Autor (Jahr). Untersuchte Probleme

BLACK (1930)

a) Vorstellungen von Schülern über: Energie; Verdunstung; Kondensation; Taubildung; Entstehung eines Regenbogens; Beschleunigung; spezifische Wärme.

b) Vorstellungen über: Wärme und Licht

c) Vorstellungen über: Gravitation, Masse, Gewicht (hierzu verschiedene Fragen)

d) Vorstellungen über das *Sieden* von Flüssigkeiten (hierzu verschiedene Fragen)

e) Vorstellungen von Schülern über bestimmte Konzepte aus a) bis d) *vor* und *nach* einer Unterrichtsphase

Stichprobe

a) ca. 850 Schüler der Klassen 6 bis 12 in Südafrika

b) 835 Schüler der Klassen 5-12 in Südafrika

c) ca. 1200 Schüler der Klassen 8 bis 12 in Südafrika

d) ca. 900 Schüler der Klassen 8 bis 12 in Südafrika

e)- 29 Mädchen; Kl. 11/12 einer New Yorker Privatschule Einteilung in 2 Gruppen nach IQ
- 2 Gruppen von je 21 Schülern 9. Kl. New Rochelle High School

Methode der Durchführung. Kategorien der Auswertung

a) *schriftliche* Befragung
Auswertung problemspezifisch:relative Häufigkeit bestimmter Antworten

b) *schriftliche* Befragung: "what I think HEAT (LIGHT) is"
Auswertung problemspezifisch

c) schriftliche Befragung; Auswertung problemspezifisch

d) wie c)

e) Unterrichtung der jeweils 2 Gruppen nach unterschiedlichen Methoden (jeweils 5-6 Sitzungen zu je 50 min)
schriftliche Befragung *vor* und *nach* der Unterrichtsphase

Ergebnisse

Eine Einzeldarstellung der Ergebnisse - obwohl z.T. recht aufschlußreich - soll hier nicht erfolgen.
Allgemeine Schlußfolgerungen des Autors:
- "there is little doubt... about the efficacy of *High School Physics* in developing certain concepts from the vague to the scientific stage, although the extent to which this takes place is not so encouraging" (BLACK 1930, S. 206)
- (bei einem Kriterium von 50% einer Altersgruppe) "it is found that concepts of Acceleration, Specific Heat, Dew and Rainbow formation, Light and Mass do not generally become scientific through the study of Physics." (BLACK 1930, S. 206)
- "The effect of the *General Science* course in developing certain concepts cannot be questioned, but the extent to which notions have become scientific is small." (BLACK 1930, S. 206)

- "The majority of pupils who have not studied General Science or Physics were found to have vague and erroneous notions." (BLACK 1930, S. 207)
- "Instruction specially directed at these erroneous notions seems to be necessary in addition to the ordinary presentation of subject matter." (BLACK 1930, S. 208)

Autor (Jahr). Untersuchte Probleme

HUANG (1931)

Insgesamt 14 Versuche aus 3 Bereichen waren zu erklären:
- Zauberkunststücke (3)
  (Bsp.: Der Pfennig im Ärmel)
- Wahrnehmungstäuschungen (3)
  (Bsp.: Mueller-Lyer)
- überraschende physikalische Versuche aus dem Bereich der Mechanik und Hydrostatik (8)
  (Bsp.: schwimmende Nähnadel)

Stichprobe

n_1 = 27 (Kl. 1-3) (4; 10 J. bis 9; 1 J.) Northampton, Mass.

n_2 = 13 (6; 3 J. bis 10; 3 J.) Amherst, Mass.

n_3 = 8 (5-7 J.) Public School Northampton

n_4 = 11 ♀ College Stud. (nur physik. Versuche)

Methode der Durchführung. Kategorien der Auswertung

Vorführung der Versuche; Einzelinterviews der Kinder ("klinische Methode")
Auswertung nach problemspezifischen Kategorien

Ergebnisse

Zusammenfassung der (für den vorliegenden Zusammenhang interessierenden) Ergebnisse:
Die von den Kindern benutzten Konzepte und Prinzipien waren fast ausnahmslos *naturalistisch* und *nicht* motivational, finalistisch, magisch, moralisch, animistisch, artifizialistisch oder mystisch (dies im Gegensatz zu PIAGET)
Unter "naturalistisch" ist hier etwa PIAGETs dynamistische Kategorie gemeint.

Autor (Jahr). Untersuchte Probleme

BANHOLZER (1936)

Vorführung folgender physikalischer Versuche:

- Schwimmen verschiedener Körper im Wasser
- Ein Fließblatt saugt Wasser an
- Chladnische Klangfiguren
- Ein teilweise ins Wasser getauchter Stab scheint geknickt
- Eine Münze erscheint im Wasser gehoben
- Ein Magnet zieht Eisen an

Stichprobe

212 Kinder (105 ♂, 107 ♀); 1.-8. Kl. (6-15 J.)

Methode der Durchführung. Kategorien der Auswertung

Vorführung der Versuche vor kleinen Schülergruppen. Äußerungen der Schüler wurden sofort mitstenografiert.
Auswertung nach problemspezifischen Kategorien. Zusätzlich Versuch einer *Verallgemeinerung* (hierauf beziehen sich die Ergebnisse)

Ergebnisse

Es ergaben sich 3 Stufen der kindlichen Physik:

1) Stufe der *immanenten* Physik: (bis ca. 8 J.)
   physikalische Vorgänge werden noch nicht als etwas Gesondertes erlebt, sondern als eingebettet in die gesamte es umgebende Wirklichkeit; Dinge tragen Leben in sich, besitzen Kräfte; magische oder moralische Auffassungen

2) Stufe der *praktischen* Physik: (ca. 8-12 J.)
   zergliederndes Betrachten der physik. Versuche, dadurch größere Objektivität; Verbinden von Ausgangsbedingungen und Endergebnis nach dem Schema "Wenn-Dann".

3) Stufe der *erkenntnismäßigen* Physik: (ab 12 J.)
   Versuche werden als Sonderfälle allgemeiner Gesetzlichkeiten kausaler Art erklärt

Es konnten *keine* geschlechtsspezifischen Unterschiede gefunden werden.

Autor (Jahr). Untersuchte Probleme

DEUTSCHE 1937, 1943

Erklärung von Phänomenen, die durch *Experimente* demonstriert wurden:

- Eine Kerze verlöscht, wenn ein Glas drübergestülpt wird
- Beim Eintauchen eines Gegenstandes in ein Gefäß mit Wasser steigt der Wasserspiegel
- Ein mit Wasser gefülltes Glas wird mit einer Postkarte abgedeckt und dann umgedreht

+ 8 weitere

Beantwortung von insgesamt 12 *Fragen* :

- "What makes the wind blow?"
- "What makes the snow?"
- "Why do balloons go up in the air?"

  usw.

Stichprobe

- insgesamt 732 Kinder der Klassen 3-8 (8-16 J.)
- davon beantworteten 700 Teil I (Experimente) und 335 Teil II (Fragen)
- die Anzahl von Jungen und Mädchen war jeweils annähernd gleich

Methode der Durchführung. Kategorien der Auswertung

- Durchführung der Untersuchung im Klassenverband
- *Schriftliche* Erklärung der Phänomene bzw. Beantwortung der Fragen durch die Schüler
- Beurteilung der Antworten auf einer 7-stufigen Skala nach dem Grad ihrer Ädaquatheit (durchschnittliche Interrater-Reliabilität >.90)
  Standardisierung dieser Werte zu Vergleichszwecken
- zusätzlich Klassifizierung der Antworten nach den 17 Antworttypen von PIAGET (1927)(hier nur sehr geringe Übereinstimmung zwischen 3 unabhängigen Beurteilern)

Ergebnisse

- Bei sämtlichen Fragen zeigte sich der Tendenz nach ein *Altersanstieg* (kein Signifikanztest)
- *Jungen* zeigen in der Regel bessere Antworten als *Mädchen*; am deutlichsten zeigt sich dies in Teil I
  (kein Signifikanztest)

- kein oder nur geringer Zusammenhang zwischen "Güte der Erklärung" und Intelligenz bzw. sozioökonomischem Status
- nur 4 der 17 Antworttypen PIAGETs traten in nennenswerter Häufigkeit auf:

  phänomenistisch (20,8%)
  dynamisch (6,3%)
  mechanisch (38,9%)
  logische Deduktion (23,4%)

  (Prozentangaben über alle Altersstufen)
- *Alterstrends*:
  - kontinuierliche *Abnahme* der phänomenistischen Antworten
  - kontinuierliche *Zunahme* der mechanischen und logischen Antworten
- *Geschlechtsunterschiede*:
  - *Mädchen* geben auf allen Altersstufen *mehr* phänomenistische Antworten
  - *Jungen* geben auf allen Altersstufen mehr logische Antworten und geringfügig mehr mechanische Antworten

---

Autor (Jahr). Untersuchte Probleme

OAKES (1947)

Die benutzten Probleme wurden zum größten Teil von anderen Autoren (PIAGET, HUANG, DEUTSCHE s.o.) übernommen.

a) rein *verbal* gestellte Fragen z.B. Ursache des Windes
Fliegen eines Flugzeuges
Fließen eines Flusses
\+ 12 weitere Fragen

b) Erklärung von *Experimenten* z.B. verbundene Röhren
ein Pfennig in einer Schachtel wird herumgewirbelt
\+ 12 weitere

Stichprobe

77 Kindergartenkinder (Durchschnittsalter 5; 6 J.)

24 Kl. 2 (7; 4 J.)

24 Kl. 4 (9; 4 J.)

28 Kl. 6 (11; 3 J.)

35 Erwachsene

Methode der Durchführung. Kategorien der Auswertung

- Einzelinterviews

- I. PHYSICAL (or Materialistic)

  A Operational

  1. Complete (or Direct). Explanation in terms of a true causal relation.
  2. Partial (or Incomplete). Explanation in terms of a single factor (usually minor).
  3. Trial-and-Error. Explanation by repeated trial, or guessing.
  4. Personal. Explanation in terms of the operator or some other specific human agent.
  5. Analogy. Explanation by comparison.

  B Phenomenalistic

  6. Simple phenomenalism. Explanation in terms of a concomitant object or event.
  7. Human. Explanation in terms of man's action or invention.
  8. Reversal. Explanation in terms of effect taken for cause.

  C Trickery or Legerdemain. Explanation that E. attempts to mislead S.

II. NON-PHYSICAL (or Non-Materialistic)

  A Internal

  9. Dynamistic. Explanation in terms of a "force" within the phenomenon.
  10. Animistic (including Personification). Explanation in terms of attributes of life in non-living object.

  B External

  11. Magical. Explanation in terms of a vague outside "force".
  12. Religious. Explanation in terms of Deity.

  C Teleological. Explanation by reference to purpose.

  13. Naturalistic. Explanation by reference to purpose in nature.
  14. Providential. Explanation by reference to purpose to serve mankind.

III. or 0. FAILURE TO EXPLAIN

  15. Obvious. "Just-because"; "It has to."
  16. Re-statement. Merely changing the question to a statement.
  17. Irrelevant.
  18. "I don't know."

  (OAKES 1947, S. 15)

Ergebnisse

Relative Häufigkeit der (Grob-)Kategorien auf den verschiedenen Altersstufen

Verbale Fragen

	physikalisch	nicht-physikalisch	fehlende Antworten
Kindergarten	47%	19%	34%
Kl. 2	73%	12%	15%
4	78%	12%	10%
6	82%	7%	12%

Experimente

Kindergarten	71%	6%	24%
Kl. 2	82%	3%	15%
4	88%	4%	8%
6	88%	4%	8%

Erklärungen der *Erwachsenen:*

8o% physikalisch (davon nur 16% "complete")

4% nicht-physikalisch

16% keine Erklärung

Autor (Jahr). Untersuchte Probleme

JAIDE (1954)

Insgesamt 40 Probleme aus Physik,Technik, Biologie:
"Wie kommt es, daß ...
- das Auto fährt
- der Magnet andere Dinge anzieht
- wir uns im Spiegel sehen können

usw.

Stichprobe

1532 Volksschüler (Jungen und Mädchen) Kl. 2 bis 8 (meistens Großstadtkinder)

Methode der Durchführung. Kategorien der Auswertung

Durchführung der Befragung über einen Zeitraum von ca. 4 Jahren.

Kinder mußten jeweils 3-7 Fragen (aus den erwähnten 40) *schriftlich* beantworten.

Kategorien der Auswertung siehe bei Ergebnisdarstellung.

Ergebnisse

JAIDE (1954, S. 88)

	2.	3.	4.	5.	6.	7.	8.Kl.
Fehlantworten	15,6	12,1	7,5	8,7	7,5	6,6	7,4
Urheberantworten	11,0	10,5	7,3	4,8	3,8	1,2	1,8
Zweckantworten	4,2	3,0	2,5	6,8	3,5	3,6	4,7
Beschreibungen	13,0	14,3	14,9	7,2	7,9	3,7	3,8
Wenn-Dann-Erklärungen	35,3	30,9	30,5	28,7	27,3	17,0	17,0
Globalantworten	12,1	14,4	12,0	11,9	11,8	10,7	11,1
Kausale Herleitungen (niedere Stufe)	8,5	13,3	21,5	26,7	29,9	33,5	32,0
Kausale Herleitungen (höhere Stufe)	0,3	1,5	3,8	5,2	8,2	23,7	22,2

(Angaben in Prozent)

Autor (Jahr). Untersuchte Probleme

NASS (1956)

Insgesamt 18 Fragen (zum größten Teil aus vorangegangenen Untersuchungen) Bsp.: "Why/How does a car move?"
"Why/How do we get thunder?"
usw.

Stichprobe

N = 120 Kinder (3. und 4. Kl. von New York "public schools") 8-10 J.

60 Kinder waren "emotionally disturbed"

60 Kinder waren "normal"

Methode der Durchführung. Kategorien der Auswertung

- Einzelinverviews.
- Die Fragen wurden in einer der beiden Versionen gestellt ("How" oder "Why").

- Die Fragen wurden 2 "familiarity"-Gruppen zugeordnet: Fragen, die Sachverhalte betreffen, mit denen die Kinder *direkte* Erfahrungen machen können (s. Fragebeispiel 1) und Fragen, die Sachverhalte betreffen, die nur *indirekt* erfahrbar sind (s. Fragebeispiel 2)
- Auswertung der Antworten nach 3 Kategorien:

  "nonnaturalistic" (umfaßt die meisten präkausalen Kategorien von PIAGET)

  "phänomenistisch"

  "naturalistisch"

Ergebnisse

Der Prozentsatz *nicht-naturalistischer* Antworten war bedeutend höher ($p < 0{,}001$) bei:

- gestörten Kindern (45,6% vs. 18,9)
- indirekt erfahrbaren Sachverhalten (45,7% vs. 19,3)
- "warum"-Formulierung (49,3% vs. 15,3)

Autor (Jahr). Untersuchte Probleme

LAURENDEAU + PINARD (1962)

Es wurden 5 Probleme untersucht (von PIAGET stammend), zu denen jeweils differenzierte Fragenkataloge entwickelt wurden:

Traum; Leben; Nacht; Wolkenbewegungen; Schwimmen bzw. Untergehen von Objekten

Stichprobe

Insgesamt 500 Kinder; jeweils 50 (Mädchen und Jungen in gleicher Anzahl) auf folgenden Altersstufen: 4, 4 1/2, 5, 6, 7, 8, 9, 10, 11, 12 J.

Methode der Durchführung. Kategorien der Auswertung

- Einzelinterviews
- Auswertung nach *problemübergreifenden* Kategorien, die bestimmte Entwicklungsstufen (und Unterstufen) im Sinne von PIAGET kennzeichnen:

  (Stufe 0 : "Incomprehension")

  Stufe 1 : "Precausal Explanations"

  Stufe 2 : "Physical Explanations, but tainted with illogical reasons"

  Stufe 3 : "Physical and always coherent explanations"

Ergebnisse

- Relative Häufigkeiten in den einzelnen Kategorien (hier beispielhaft für "Schwimmen"):

Age	N	0	1	2A	2B	3A	3B
		Raw percentages					
12:0	50	0	0	20	18	62	0
11:0	50	0	2	14	16	68	0
10:0	50	0	0	18	32	46	4
9:0	50	2	2	16	36	44	0
8:0	50	0	0	38	30	32	0
7:0	50	2	2	38	34	24	0
6:0	50	4	12	46	20	18	0
5:0	49	29	27	24	14	6	0
4:6	49	41	31	2	24	2	0
4:0	50	54	32	8	4	2	0
Total		132	108	224	228	304	4
Median age		4:5	4:7	7:4	8:1	10:0	-

(LAURENDEAU + PINARD 1962, S. 227)

- Auf allen Altersstufen: Jungen > Mädchen

Autor (Jahr). Untersuchte Probleme

SMITH + DOUGHERTY (1965)

Es wurden im wesentlichen die Probleme von OAKES (1947) übernommen.

Stichprobe

282 Kinder der Klassen 1, 2, 4, 6

57 "beginning college freshmen"

Methode der Durchführung. Kategorien der Auswertung

Einzelinterviews.

Auswertung der Antworten nach 19 Kategorien, die im wesentlichen denen von OAKES (1947) entsprechen.

Ergebnisse

Relative Häufigkeiten der Antworten in den drei Grobkategorien:

	physikalisch	nicht-physikalisch	keine Erklärung
Kl. 1	55%	15%	30%
2	60%	8%	32%
4	66%	5%	29%
6	75%	4%	22%
Erwachsene	76%	8%	16%

Autor (Jahr). Untersuche Probleme

INBODY (1963)

Es wurden physikalische Probleme ausgewählt, die in mindestens der Hälfte einer repräsentativen Stichprobe von Schulbüchern auftraten. Insgesamt wurden so 16 Probleme ausgewählt.

z.B. 1) Air is anywhere

2) Air has weight

3) Electricity may produce light, heat and do work

usw.

Stichprobe

50 Kinder (21 Jungen, 29 Mädchen) (Durchschnittsalter ca. 6 J.) aus Kansas City

Methode der Durchführung. Kategorien der Auswertung

Zu den 16 Problemen wurden Demonstrationsexperimente, z.T. visuelle Veranschaulichungen, z.T. rein verbale Fragen vorbereitet.

Durchführung der Untersuchung in Einzelinterviews (ca. 30 Min.).

Auswertung nach problemspezifischen Kategorien; außerdem Versuch, *problemunabhängige* Erklärungstypen zu finden.

Ergebnisse

"It was found that the young children's explanations could be classified roughly into six general types:

1. Explanations which were fairly complete, generally correct, causal in nature, and with a minimum of verbalization.

2. Explanations which were plausible, causal in nature, but with incorrect causative factors given.

3. Explanations which were generally correct, but appeared to be largely verbalistic because of the lack of additional explanation or justification.

4. Explanations which were generally incorrect, involving no causation, animistic, or referring to God or Jesus.

5. Explanations which were merely descriptions or restatements of observations.

6. Responses which provided no explanation.

Because of the nature of the questioning procedure, it is difficult to make definite statements about the quantity or quality of children's explanations as such."
(INBODY 1963, S. 95)

To rank the types of explanations in order according to the number of times used is difficult, but it appears that the order from most-used to least-used was: 2, 4, 1, 5, 3, 6.
(INBODY 1963, S. 95)

Autor (Jahr). Untersuche Probleme

TISHER (1967)

Insgesamt 12 Probleme, die alle von PIAGET bzw. OAKES übernommen wurden (1 Ausnahme: Magnetismus)

Stichprobe

Insgesamt 100 Jungen; je 20 auf folgenden Altersstufen

5;0 bis 5;11

6;0 bis 6;11

7;0 bis 7;11

8;0 bis 8;11

9;0 bis 9;11

Grundschule in New South Wales (Australien).

Methode der Durchführung. Kategorien der Auswertung

Einzelinterviews.

Probleme wurden z.T. in Experimenten demonstriert, z.T. rein verbal vorgegeben.

Auswertung nach *problemübergreifenden* Kategorien (s. Ergebnisse).

Ergebnisse

Relative Häufigkeit der Antworten in den einzelnen Kategorien

	Altersgruppe				
	5:0-5:11	6:0-6:11	7:0-7:11	8:0-8:11	9:0-9:11
1. Failure to explain	5,5%	2,1%	1,2%	0,4%	0,0%
2. Non-physical ..	8,1%	6,4%	2,6%	4,1%	2,4%
3. I don't know ..	8,6%	16,2%	13,1%	3,6%	9,3%
4. Incorrect physical..	45,7%	34,5%	31,4%	22,0%	25,1%
5. Partially correct physical	21,9%	24,0%	27,5%	33,6%	26,6%
6. Correct physical ..	10,2%	16,8%	24,2%	36,3%	36,6%

(TISHER 1967, S. 210)

Die Mehrzahl der "nicht- hysikalischen" Antworten wurde auf Fragen aus der Astronomie und Meteorologie gegeben.

Autor (Jahr). Untersuchte Probleme

ZIETZ (1937 a,b; 1955, 1969[3])

Benutzte Probleme:

- Entstehung des Gewitters
- Entstehung des Windes
- Elektrischer Strom und seine Anwendungen
- Bewegung der Gestirne
- Schwimmen der Schiffe
- Fliegen der Flugzeuge
- Bewegung der Autos und der Lokomotive
- Wärme und die Natur des Feuers

u.a.

Stichprobe

ca. 280 Jungen (10-14 J.) einer Hamburger Volksschule (in den Jahren 1933-1939).

Methode der Durchführung. Kategorien der Auswertung

Die Schüler wurden im Rahmen eines normalen Unterrichtsgespräches über ihre Gedanken und Erklärungen zu den angeführten Problembereichen befragt.
Aufzeichnung nach der Stunde (d.h. Gedächtnisprotokoll)

Ergebnisse

Keine quantitative Auswertung. Die Erklärungen der Schüler lassen sich qualitativ folgendermaßen charakterisieren:

- insgesamt sind die Erklärungen durchwegs *realistisch*; es finden sich keine magischen Erklärungen
- es zeigen sich *typische* Erklärungsweisen:

  Denken in Kausalzirkeln
  Denken in Substanzbegriffen
  Denken in dynamistischen Begriffen
  Denken in Analogien

Autor (Jahr). Untersuchte Probleme

BERZONSKY (1971)

- Fragen über *bekannte* Objekte (Bsp.: "What makes a car move?"), über *weniger bekannte* Objekte (Bsp.: "What makes the clouds move?") und über *"Fehlfunktionen"* (Bsp.: "What makes tires go flat?").
- 2 experimentelle Anordnungen (Balkenwaage, "water-level apparatus"), die einmal erwartungskonforme, dann erwartungswidrige Ergebnisse liefern.

Stichprobe

N = 84 (gleiche Anzahl von Jungen und Mädchen)
1.Kl. einer "public school" in Ontario (Kanada)
(6;3 bis 7;5 J.)

Methode der Durchführung. Kategorien der Auswertung

- Einzelinterviews
- Auswertung nach folgenden problemübergreifenden Kategorien (vgl. NASS 1956) "I don't know"
  "nonnaturalistic"
  "naturalistic"
- Übereinstimmung bei 3 Beurteilern lag insgesamt bei ca. 95%.

Ergebnisse

- Prozentuale Verteilung der Antworten in den 3 Kategorien

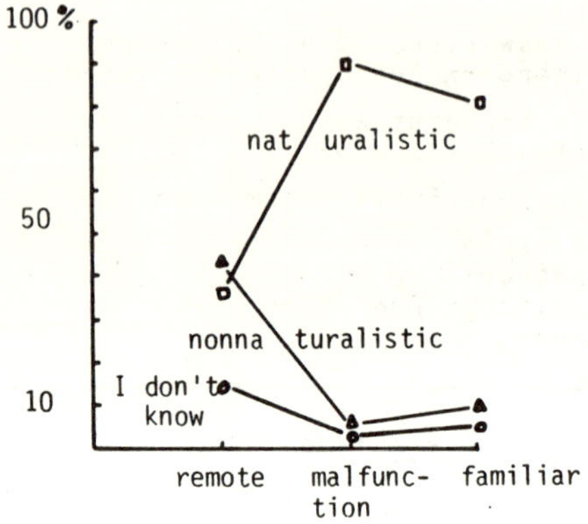

BERZONSKY 1971, S. 712

- Eine signifikant größere Zahl "nonnaturalistic" Antworten wurde bei den Experimenten abgegeben, wenn das Ergebnis *erwartungswidrig* war

Autor (Jahr). Untersuchte Probleme

ARNOLD et al. (1978)

Insgesamt 9 Problemstellungen, die nach folgenden Kriterien ausgesucht wurden: Häufigkeit des Vorkommens in der natürlichen Umgebung; Aufforderungscharakter; Art der Darbietung; Repräsentativität.

Taschenlampe
Steckdose
Staubsauger
Fernseher
"klebender" Luftballon
Telefon
Auto
"umgestülptes" Wasserglas
Schwimmversuche

Stichprobe

Insgesamt 45 Kinder:

a) Kindergarten 8 Mädchen, 7 Jungen (5;7 - 6;7 J.)

b) 2. Klasse 9 Mädchen, 6 Jungen (7;7 - 9;5 J.)

c) 4. Klasse 8 Mädchen, 7 Jungen (9;3 - 11:0 J.)

(Kreis Wetzlar)

Methode der Durchführung. Kategorien der Auswertung

- Einzelinterviews (ca. 1 Std.)
- z.T. Demonstration der Probleme, z.T. rein verbal gestellte Fragen
- Auswertung nach *problemspezifischen* und *problemübergreifenden* Kategorien

Ergebnisse

Prozentuale Verteilung der Antworten auf die (problemübergreifenden) Kategorien

	Mädchen			Jungen		
	Kindergarten	2.Klasse	4.Klasse	Kindergarten	2.Klasse	4.Klasse
Analogieschluß	6%	3%	8%	5%	11%	5%
kindlich-naiv	8%	1%	3%	11%	7%	0%
Schein-Zweckantworten	13%	23%	9%	21%	17%	3%
mechanisch	30%	36%	38%	27%	40%	42%
physikalisch	1%	1%	1%	2%	4%	41%
keine Antwort nicht klassifizierbar usw.	43%	37%	33%	35%	21%	10%

Vor dem Versuch einer Zusammenfassung der in der obigen Abbildung aufgeführten Untersuchungen sei hier darauf hingewiesen, daß auf gar keinen Fall eine *vollständige* Darstellung *aller* Untersuchungen in diesem Bereich angestrebt wurde. Meiner Kenntnis nach kann aber die obige Abbildung für sich beanspruchen, zumindestens die wichtigsten und bekanntesten Untersuchungen zu enthalten. In der obigen Abbildung fehlen beispielsweise einige ältere Untersuchungen, die entweder nicht erreichbar waren oder kaum zusätzliche Informationen enthielten. Über diese älteren Untersuchungen (bis Ende der 30er Jahre) existiert ein gutes Sammelreferat von HUANG (1943). Es fehlen auch einige wenige Untersuchungen, die lediglich anekdotisches Material enthalten oder sich z.B. nur auf eine einzige Altersstufe konzentrieren (bei im übrigen willkürlich ausgewählten Problemstellungen) (z.B. HILBERT 1953; MOGAR 1960; CHESS 1962; MANTHEI 1966, 1968; WAGENSCHEIN 1973; THIEL 1973).

Wie in der Einleitung zu diesem Abschnitt bereits erwähnt wurde, und wie aus einer oberflächlichen Durchsicht der Abb. 25 zu entnehmen ist, ist das Bild über die "Entwicklung des Kausaldenkens" recht uneinheitlich. Es soll hier trotzdem der Versuch unternommen werden, eine Reihe von Aussagen mit einem gewissen Grad an *Allgemeingültigkeit* abzuleiten. Meiner Auffassung nach lassen sich folgende zusammenfassende Aussagen machen:

- Vorschul- und Grundschulkinder erklären Naturphänomene in der Regel in "realistischer", "naturalistischer", "physikalischer" Weise (dies heißt aber nicht unbedingt "physikalisch richtig").

- Die von PIAGET beschriebenen "prä-kausalen" Erklärungsweisen (also z.B. "magisch", "animistisch" usw.) treten bei weitem nicht mit der von PIAGET angenommenen Ausschließlichkeit auf, ihre Auftretenshäufigkeit bei Kindern (unter ca. 7-8 J.) ist sogar relativ gering.

- Am ehesten lassen sich solche "prä-kausalen" Erklärungsweisen finden bei Phänomenen, die sich *dem unmittelbaren Kontakt* des Kindes *entziehen*, also Probleme aus dem Bereich der Meteorologie oder Astronomie; oder bei Phänomenen, die für das Kind *überraschend* sind und für die es während der Untersuchung erst eine Erklärung sucht (ZIETZ 1969, S. 48 nennt solche Erklärungen einem "Notdenken" entsprungen).[1)]

- In der Regel zeigt sich mit zunehmendem Alter ein *Anstieg* im Ausmaß "physikalischer" Erklärungen (auch im Ausmaß physikalisch *richtiger* Erklärungen).
  Auf dem Hintergrund der Tatsache aber, daß zu den meisten der untersuchten Probleme ab einem bestimmten Alter "geplante In-

---

1) *Bei der Interpretation der Befunde zu "prä-kausalen" Erklärungen sollte man nicht ganz vergessen, daß zwischen PIAGETs ursprünglichen und den letzten in Abb. 25 aufgeführten Untersuchungen immerhin 50 Jahre liegen!*

struktion" einsetzt, kann der beobachtete Anstieg wohl als "unbefriedigend" angesehen werden[1] (vgl. z.B. BLACK 1930)

- Wenn *Geschlechtsunterschiede* gefunden wurden (sofern hierauf in der Untersuchung überhaupt eingegangen wurde), zeigten sich *Jungen* in der Regel den Mädchen in der Qualität der Erklärungen überlegen.

3.3.4. *Verschiedene weitere Konzepte*

Bei der im letzten Abschnitt erfolgten Zusammenstellung der Untersuchungen zur "Kausalität" wurde deutlich, daß z.T. recht unterschiedliche und willkürlich ausgewählte Problemstellungen benutzt wurden. Dies ließ sich noch dadurch rechtfertigen, daß in der Absicht der meisten Untersucher nicht die kindlichen Erklärungsversuche auf *einzelne* Problemstellungen im Vordergrund standen, sondern daß nach *allgemeinen problemübergreifenden* (und damit problemunabhängigen) Tendenzen in der Entwicklung der kindlichen Kausalitätsvorstellungen gefragt wurde.

Darüber hinaus existieren aber noch etliche weitere Untersuchungen zu verschiedenen physikalischen Konzepten *ohne* einen solchen weitergehenden Anspruch. Auf einige dieser Untersuchungen[2] soll hier noch kurz eingegangen werden. Auf eine eingehendere Darstellung einzelner Ergebnisse kann und soll angesichts der nahezu völligen Beliebigkeit[3] dieser Untersuchungen verzichtet werden.

Einige Untersuchungen(die allerdings in keinem erkennbaren Zusammenhang stehen) beschäftigen sich im weitesten Sinn mit "Atomvor-

---

[1] *Natürlich läßt sich über diese Qualifizierung streiten.*

[2] *Jeder Versuch einer vollständigen Darstellung solcher Untersuchungen würde Rahmen und Absicht der vorliegenden Arbeit sprengen.*

[3] *In dem in der Einleitung zum Kap. 3.3. beschriebenen Sinn.*

stellungen" von Kindern bzw. mit der Frage, ob und in welcher Weise Kinder bei der Erklärung bestimmter Sachverhalte auf atomistische Modelle der Materie zurückgreifen (z.B. YOUNG 1958; ANDERSON 1965; PELLA + CAREY 1967/68; KNOTE 1975; RIESCH + WESTPHAL 1975; DORAN + NGOI 1976).[1]

Die Untersuchung von ANDERSON (1965), auf die schon kurz hingewiesen wurde (vgl. Abschnitt 3.1.3.), konnte beispielsweise zeigen, daß auch Kinder im Grundschulalter in der Lage sind, begriffliche (hier: atomistische) Modelle zu formulieren (die nicht notwendigerweise physikalisch richtig sein müssen), um bestimmte physikalische Sachverhalte zu erklären. Wie bereits erwähnt, dienten solche und ähnliche Befunde als Begründung für die Vorverlegung bestimmter curricularer Inhalte in die Grundschulzeit. Außerdem liefert diese Untersuchung - anknüpfend an den vorangegangenen Abschnitt - ein weiteres Argument gegen PIAGETs Überbetonung präkausaler Erklärungsweisen.

Einer präziseren Beantwortung der Frage, welche "atomistischen" Konzepte in welchen Klassenstufen unterrichtet werden können, ist die Untersuchung von PELLA + CAREY (1967/68) gewidmet. Ohne auf Einzelheiten einzugehen, kann auch aufgrund dieser Untersuchung geschlossen werden, daß bestimmte Konzepte (Bsp.: "Matter is made up of particles" oder "The particles which make up matter are in motion" PELLA + CAREY 1967/68, S. 208f) ab einem relativ frühen Alter (hier ab 2. Klasse) behandelt werden können.

Interessant scheint mir hier allerdings der (in gewisser Weise widersprechende) Befund von KNOTE (1975) zu sein. Eine Untersuchung an insgesamt 1432 Schülern der Klassen 8 bis 10 (Beispielfrage "Wie sieht ein Atom aus?") veranlaßte den Autor zu folgendem Schluß:

---

[1] *Es sei daran erinnert, daß auch PIAGET Untersuchungen zur atomistischen Auffassung der Materie (als wichtige Voraussetzung für die Erhaltung der Quantitätsbegriffe) anstellte (vgl. Abschnitt 3.3.1.).*

"Man muß daraus schließen, daß auch der Atomaufbau zu höheren Jahrgangsklassen hin nur formal bekannt ist, also ohne Einsicht in die Gründe, die zur Einführung eines bestimmten Modells führen, oder ohne Verständnis für die Funktion, die ein Atommodell innerhalb der Physik oder Chemie erfüllt. Für diese Ansicht spricht auch der bei allen Klassen erschrekkend hoch liegende Anteil der Verwechslungen und irrigen Vorstellungen; bei einem wirklichen Verständnis für das Grundlegende dürfte er keineswegs so hoch liegen." (KNOTE 1975, S. 91)

Hauptsächlich im Zusammenhang mit der Entwicklung, Erprobung und Evaluation eines Curriculums sind am Institut für die Pädagogik der Naturwissenschaften (IPN) in Kiel eine Reihe von Untersuchungen zu bestimmten zentralen Konzepten entstanden, so etwa zum *Energie*begriff (vgl. z.B. DAHNCKE + NIEDDERER 1971; DAHNCKE 1972; DAHNCKE, DUIT + NIEDDERER 1973) oder zum *elektrischen Stromkreis* (z.B. DUIT + NIEDDERER 1972).
Beispielhaft soll hier nur kurz auf die Untersuchung von DAHNCKE (1972) eingegangen werden, die auch eine vom IPN-Curriculum-Physik unabhängige Bedeutung besitzt: 542 Gymnasiasten der Klassen 5-9 (die bisher keinen oder nur wenig einschlägigen Physikunterricht hatten) bearbeiteten einen Test über *Energieerhaltung*. Die folgende Abbildung zeigt das Ausmaß richtiger Lösungen auf den verschiedenen Altersstufen.

Abb. 26: Mittlerer Prozentsatz richtiger Lösungen in einem Test über Energieerhaltung
(nach DAHNCKE 1972, S. 79)

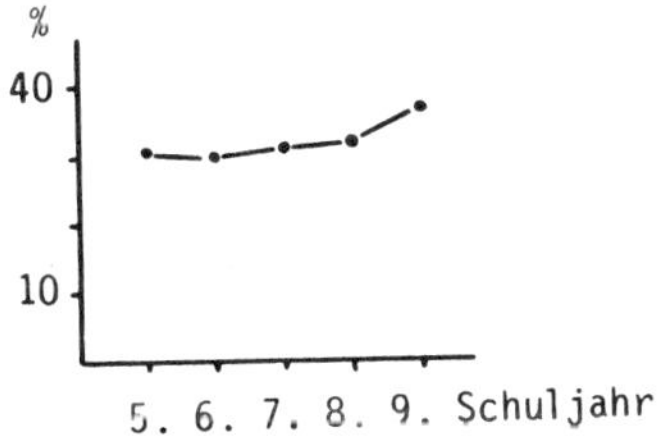

Die obige Abbildung zeigt keinen signifikanten Anstieg in dem Ausmaß richtiger Lösungen in den untersuchten Klassenstufen.[1)]

Abschließend seien hier noch einige weitere Untersuchungen lediglich aufgezählt: JUNG (1978): Schülervorstellungen über *mechanische* Begriffe (Kraft, Energie, Trägheit) in den Klassen 8 und 10[2)]; BRAUNER + PETERS (1976): Vorstellungen von Schülern der Klassen 6-8 über den *elektrischen Strom* ; BRAND + BRAUNER (1978): Vorstellungen von Schülern (10;6 J. bis 15;6 J.) über Wärme; RAVEN (1967/68): Entwicklung des Begriffs "Impuls" und des Begriffs "Beschleunigung"; HADDAD + PELLA (1972): Begriff der "Relativität" in den Klassen 4-8. Diese Liste ließe sich sicher noch fortsetzen.

Zum Schluß sei noch erwähnt, daß es prinzipiell auch möglich wäre, an dieser Stelle die Vielzahl von Untersuchungen zum "formalen Denken" anzuführen, die vornehmlich an physikalischen Problemstellungen durchgeführt wurden (z.B. Balkenwaage, schiefe Ebene, Pendel usw.). Hierauf soll aber in diesem Zusammenhang nicht mehr eingegangen werden.

3.4. Veränderung kognitiver Strukturen durch Unterricht

Bei der Darstellung der Untersuchungen über physikbezogene kognitive Strukturen und deren (langfristiger) Veränderung zeigte sich, daß hierbei so gut wie kein Bezug auf Unterricht genommen wurde (Ausnahme z.B. BLACK 1930). Die beobachteten Veränderungen müssen (im Sinne des Modells der Abb. 7) als gemeinsames Resultat einer "geplanten" sowie einer "ungeplanten" Beeinflussung angese-

---

[1)] *Es sei hier allerdings erwähnt, daß sich bei der Auswertung bezüglich zweier "eingeschränkter" Erhaltungskonzepte ein signifikanter Altersanstieg ergab (DAHNCKE 1972, S. 81).*

[2)] *Auf die Ergebnisse dieser Untersuchung wird im "empirischen Teil" eingegangen.*

hen werden. Hierbei blieb in der Regel weitgehend ungeklärt, wie groß der jeweilige Anteil dieser beiden Beeinflussungsmöglichkeiten war, bzw. durch die Anlage der Untersuchungen war eine solche Anteilsbestimmung auch gar nicht möglich.[1)]

In diesem Kapitel soll jetzt auf Konzeptionen und zugehörige Untersuchungsergebnisse eingegangen werden, die sich auf eine gezielte, geplante Veränderung kognitiver Strukturen beziehen. Wie in der Einleitung zu dieser Arbeit und auch im Zusammenhang mit der kurzen Diskussion des "verbesserten" Modells (vgl. Abb. 7) schon ausgeführt wurde, scheint mir von der Vielzahl (psychologisch begründeter oder begründbarer) didaktischer Konzeptionen diejenige von AUSUBEL am besten in den Rahmen der vorliegenden Arbeit zu passen, da hier explizit Bezug auf ein Konstrukt "kognitive Struktur" genommen wird.

In diesem Kapitel soll daher zunächst eine kurze Darstellung der AUSUBELschen Konzeption des sinnvollen rezeptiven Lernens erfolgen mit den daraus zu ziehenden didaktischen Konsequenzen. Es wird dabei auch auf empirische Untersuchungen einzugehen sein, die einer Überprüfung der AUSUBELschen Annahmen gewidmet sind.

Schließlich soll noch kurz auf eine alternative Konzeption eingegangen werden, die unmittelbar aus der (von mir kritisierten) Konzeption von KLAUSMEIER et al.(1974) erwachsen ist.[2)]

---

1) *Es sei hier erwähnt, daß in der umfangreichen PIAGET-bezogenen Trainingsliteratur solche Anteilsbestimmungen vorgenommen wurden.*

2) *womit sich sozusagen der Kreis geschlossen hätte!*

3.4.1. AUSUBELs Konzeption des sinnvollen Lernens[1)]

Die Darstellung der AUSUBELschen Konzeption kann zweckmäßigerweise in *zwei* Teilen erfolgen: ein Teil betrifft die *Theorie* des sinnvollen Lernens im engeren Sinn, der andere Teil umfaßt bestimmte *didaktische Konsequenzen*, die sich aus eben dieser Theorie ableiten lassen.[2)]

Der Grundgedanke von AUSUBELs *Theorie* des sinnvollen Lernens läßt sich in kürzester Form in folgender Abbildung darstellen:

Abb. 27: Zusammenhänge verschiedener Variablen beim sinnvollen Lernen (modifiziert nach AUSUBEL et al. 1978, Abb. 2.1., S. 42)

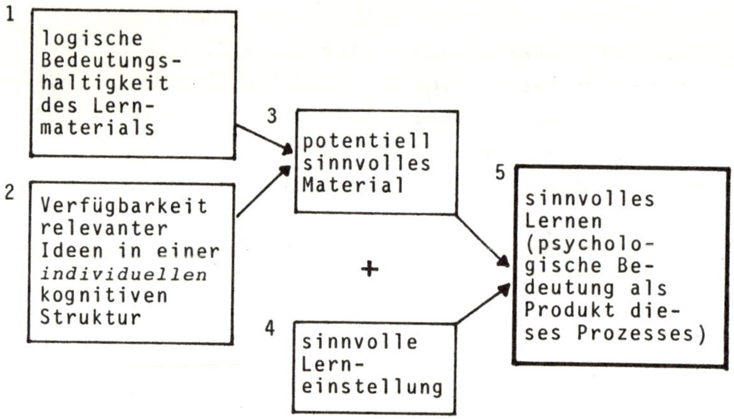

---

1) *Hierbei soll nur auf die Grundstruktur dieser Konzeption eingegangen werden.*

2) *Es ist hier interessant festzuhalten, daß AUSUBELs Konzeption allzu häufig nur an einem kleinen Ausschnitt des zweiten Teils (nämlich der didaktischen Maßnahme "advance organizer") bewertet wird (woran AUSUBEL selbst nicht ganz unschuldig ist).*

Zum Verständnis der obigen Abbildung ist es notwendig zu erläutern, in welcher Weise AUSUBEL die darin vorkommenden Begriffe definiert:[1)]

- Ein bestimmtes Lernmaterial besitzt dann "logische Bedeutungshaltigkeit" (logical meaningfulness), wenn es in *nicht-beliebiger* (nonarbitrary) und *wesentlicher* (substantive) Weise auf entsprechende relevante Ideen bezogen werden kann, die im Bereich der menschlichen Lernfähigkeit liegen, d.h. die von mindestens *einigen* Menschen potentiell gelernt werden könnten (vgl. AUSUBEL et al. 1978, S. 42f). Diese hier als "logische Bedeutungshaltigkeit" bezeichnete Eigenschaft von Lernmaterialien wird von AUSUBEL nicht näher erläutert; er gibt lediglich Beispiele an. So ist seiner Meinung nach das im Bereich der Schule zu lernende Material per definitionem logisch bedeutungshaltig, da es "unsere kulturelle Interpretation eines Aspektes der realen Welt oder eine logische Konstruktion (Mathematik) repräsentiert" (AUSUBEL et al. 1978, S. 43). Demgegenüber stellt AUSUBEL Lernmaterialien, wie sie häufig in psychologischen Laborversuchen (und manchmal im Alltag) zur Anwendung kommen: sinnlose Silben, Adjektivpaare, "scrambled sentences", Telefonnummern usw.[2)] [3)]

[1)] *Zur Sicherheit werden im folgenden zunächst jeweils die amerikanischen Originalausdrücke mitgeliefert, da eine Übersetzung nicht immer die exakte Bedeutung der Begriffe im Sinne AUSUBELs wiedergibt.*

[2)] *Mir scheint, daß AUSUBEL die Variable "logische Bedeutungshaltigkeit" nur deshalb explizit in seine Theorie aufgenommen hat, um sich von dieser Art Lernforschung deutlich abzusetzen. Wenn man die hier aufgezählten Beispiele als Ausnahmefälle wertet, kann man ohne Not auf diese Variable verzichten, da sie fast allen Materialien selbstverständlich anhaftet.*

[3)] *Es ist ganz amüsant, daß die im Zusammenhang mit solchen Laborversuchen entstandenen Theorien, Ergebnisse usw. als Lernmaterial (z.B. für Psychologiestudenten) durchaus logisch bedeutungshaltig sind.*

- Die in obige Definition von "logischer Bedeutungshaltigkeit" eingehenden Begriffe "nicht-beliebig" und "wesentlich" lassen sich folgendermaßen erläutern:

  Eine *nicht-beliebige* Beziehung zwischen zwei Ideen liegt dann vor, wenn eine Idee als Beispiel, Ableitung, Spezialfall, Erweiterung, Verfeinerung, Modifikation, Einschränkung, Verallgemeinerung der anderen Idee angesehen werden kann; "or it could be relatable to a *wider array* of relevant ideas in the sense of being generally congruent with them" (AUSUBEL et al. 1978, S. 44).[1)]

  Eine *wesentliche* Beziehung zwischen zwei Ideen liegt dann vor, wenn auch bei einer Änderung der diese Ideen repräsentierenden Symbole die Bedeutung dieser Ideen und deren Beziehung gleichbleibt. So ist es z.B. völlig gleichgültig (für manche Schüler aber nicht!), ob man die binomischen Formeln mit den Variablen a und b (wie in der Schule gelernt!) oder mit den Variablen x und y oder u und v usw. schreibt: $(a + b)^2 = a^2 + b^2 + 2ab$ ist völlig bedeutungsgleich mit $(x + y)^2 = x^2 + y^2 + 2xy$.

- Der neben der "logischen Bedeutungshaltigkeit" zweite wichtige Faktor in obiger Abbildung ist die "Verfügbarkeit relevanter Ideen in einer individuellen kognitiven Struktur". Hiermit soll der Tatsache Rechnung getragen werden, daß Lernen immer einen *individuellen* Vorgang darstellt und nicht auf die Menschheit allgemein bezogen ist. Es genügt eben nicht, wenn das Lernmaterial *prinzipiell* nicht-beliebig und wesentlich auf relevante Ideen bezogen werden kann, solche relevanten Ideen müssen auch tatsächlich in der kognitiven Struktur eines *bestimmten* Lerners vorhanden sein. Es ist genau diese Variable, der AUSUBEL seine besondere Aufmerksamkeit widmet und die er für die wichtigste

---

1) *Für diesen letzten Fall gibt AUSUBEL das Beispiel der monatlichen Durchschnittstemperatur von Städten, die sinnvoll bezogen werden kann auf das Konzept "Klima" und damit zusammenhängend auf Sonneneinstrahlung, Position der Erde im Sonnensystem usw.*

im Prozeß des sinnvollen Lernens hält: "The most important single factor influencing learning is what the learner already knows" (AUSUBEL et al. 1978, S. IV). Hierauf wird noch näher einzugehen sein.

- Erst wenn "logische Bedeutungshaltigkeit" (als Materialeigenschaft) und "Verfügbarkeit relevanter Ideen in einer individuellen kognitiven Struktur" (als Lernereigenschaft) zusammenkommen, ist das zu lernende Material für einen Lerner "potentiell sinnvoll" (vgl. Kästchen 3 in Abb. 27).

- Die "potentielle Sinnhaftigkeit" von Lernmaterial (in dem eben dargestellten Sinn) entscheidet aber noch nicht allein darüber, ob es zu sinnvollem Lernen kommt oder nicht. Sinnvolles Lernen findet erst dann statt, wenn der Lerner über eine "sinnvolle Lerneinstellung" (meaningful learning set) verfügt, d.h. über eine Bereitschaft, das zu lernende Material auch tatsächlich in nicht-beliebiger und wesentlicher Weise auf seine kognitive Struktur zu beziehen. Ist diese "sinnvolle Lerneinstellung" nicht vorhanden, so kann es - trotz bestehender "potentieller Sinnhaftigkeit" des Materials - vorkommen, daß das Material völlig "sinnlos" (d.h. als eine wortwörtlich genommene Serie zufällig miteinander in Beziehung stehender Worte) gelernt wird.[1)]

- Wenn ein Lerner mit einer sinnvollen Lerneinstellung potentiell sinnvolles Material auf seine kognitive Struktur bezieht, findet sinnvolles Lernen statt.

  Als Produkt dieses Prozesses resultiert "psychologische" (oder wirkliche oder phänomenologische) Bedeutung: "Actual meaning ... emerges when ... potential meaning becomes converted into new, differentiated, and idiosyncratic cognitive content within a particular individual as a result of being nonarbitrarily and substantively related to, and interacting with, relevant ideas in his cognitive structure." (AUSUBEL et al. 1978, S. 48)

---

1) Diese Art von Lernen "ohne Sinn und Verstand" ist wohl jedem Lehrer hinreichend bekannt!

Dieses letztangeführte Zitat kann gleichsam als Kurzfassung der AUSUBELschen Konzeption des sinnvollen Lernens angesehen werden, oder auch als Verbalisierung der Abb. 27.

Die bisherige Darstellung der Theorie AUSUBELs (mit einer Definition der wichtigsten Begriffe) erfaßt zwar bereits deren Grundstruktur, es fehlen aber noch einige wesentliche Bestandteile, die jetzt noch nachgetragen werden sollen:

Es wurde bisher relativ unspezifisch davon gesprochen, daß beim sinnvollen Lernen potentiell sinnvolles Material auf die kognitive Struktur eines Individuums "bezogen" wird. Eine nähere Erläuterung, was damit gemeint ist, gibt AUSUBEL im Rahmen seiner "*Assimilations*theorie".[1)]

Der Kernsatz dieser Theorie lautet: "New information is linked to *relevant, preexisting* aspects of cognitive structure and both the newly acquired information and the preexisting structure are modified in the process" (AUSUBEL et al. 1978, S. 68)

Wie diese Interaktion zwischen vorhandenen Ideen in der kognitiven Struktur und zu lernender Information aussieht, verdeutlicht AUSUBEL an den drei grundlegenden Formen sinnvollen Lernens:

[1)] *Obwohl AUSUBEL den Terminus "assimilation" auch in seinem 1968er Buch verwendet, spricht er hier doch deutlicher und expliziter von der Assimilationstheorie (als Basis seines gesamten 1978er Buches).*

Abb. 28: Grundformen sinnvollen Lernens
(nach AUSUBEL et al. 1978, S. 68)

1. Subordinate Learning:

A. Derivative subsumption

Established idea

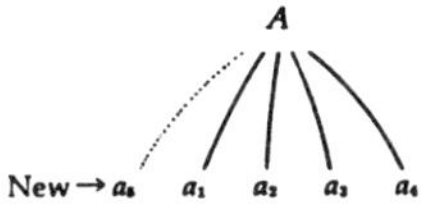

In derivative subsumption, new information a_5 is linked to superordinate idea *A* and represents another case or extension of *A*. The criterial attributes of the concept *A* are not changed, but new examples are recognized as relevant.

B. Correlative subsumption

Established idea

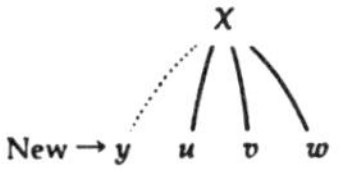

In correlative subsumption, new information y is linked to idea *X*, but is an extension, modification, or qualification of *X*. The criterial attributes of the subsuming concept may be extended or modified with the new correlative subsumption.

2. Superordinate Learning:

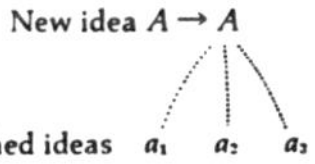

In superordinate learning, established ideas a_1, a_2, and a_3 are recognized as more specific examples of new idea *A* and become linked to *A*. Superordinate idea *A* is defined by a new set of criterial attributes that encompass the subordinate ideas.

3. Combinatorial Learning:

New idea *A* → *B* - *C* - *D*

Established ideas

In combinatorial learning new idea *A* is seen as related to existing ideas *B*, *C*, and *D* but is neither more inclusive nor more specific than ideas *B*, *C*, and *D*. In this case, new idea *A* is seen to have some criterial attributes in common with preexisting ideas.

Der wichtigste Gedanke der Assimilationstheorie - nämlich die Modifikation sowohl der bereits in der kognitiven Struktur vorhandenen Idee als auch der neuen Idee - kommt leider in obiger Abbildung nicht ganz deutlich zum Vorschein. Am Beispiel der "derivativen Subsumption" soll dies deshalb noch einmal genauer beschrieben werden:

In der kognitiven Struktur eines Individuums befindet sich eine übergeordnete Idee A, welche ihrerseits die untergeordneten Ideen a_1 bis a_4 umfaßt (Beispiel: A = Begriff "Säugetier" mit den Begriffsvertretern a_1 = Hund a_2 = Katze a_3 = Mensch a_4 = Kuh). Eine neue ("potentiell sinnvolle") Idee a_5 (Beispiel: a_5 = Wal) wird aufgenommen und tritt in Interaktion mit der Idee A. Als Resultat dieses Interaktionsprozesses ändert sich sowohl die Bedeutung von A (der Begriff "Säugetier" ist jetzt breiter geworden, da er einen neuen Begriffsvertreter umfaßt) als auch von a_5 ("Wal" wird jetzt beispielsweise nicht mehr als "fischähnliches Tier" sondern als Säugetier verstanden). Als (Interaktions-)Produkt dieses sinnvollen Lernprozesses hätten wir also die Idee $A'a_5'$.

Bei den anderen in der Abb. 28 aufgeführten Formen sinnvollen Lernens ließen sich prinzipiell ähnliche Beschreibungen geben.

Der Prozeß der Assimilation ist allerdings noch nicht beendet, wenn sinnvolles Lernen in einer der erwähnten Formen stattgefunden hat. Es kann im Gegenteil durch sequentiell stattfindendes sinnvolles Lernen zu einer allmählichen Verfeinerung und Ausschärfung der Bedeutung einer Idee kommen; AUSUBEL nennt diesen Vorgang "progressive Differenzierung".[1] Weiterhin kann es vorkommen, daß durch übergeordnetes oder kombinatorisches Lernen neue Bedeutungen entstehen und widersprüchliche Bedeutungen aufgelöst werden; AUSUBEL nennt dies "integrative Aussöhnung"[1]. Schließlich kann (und wird) es passieren, daß im Laufe der Zeit

---

[1] *Hierauf wird bei den "didaktischen Konsequenzen" noch eingegangen.*

neu erworbene Ideen allmählich auf die stabileren Bedeutungen der bereits etablierten Ideen reduziert werden, d.h. von diesen nicht mehr unterscheidbar sind. Dieser Vergessensprozeß wird von AUSUBEL als "auslöschende Subsumption" (obliterative subsumption) bezeichnet. Auf Einzelheiten und Nuancen dieses Prozesses einzugehen, würde hier zu weit führen; es sei auf die entsprechenden Kapitel bei AUSUBEL (1968, dt. 1974 Kap. 3) und AUSUBEL et al. 1978, Kap. 4) verwiesen.

Es wurde bereits erwähnt, daß AUSUBEL in bezug auf die Variablen, die beim sinnvollen Lernen eine Rolle spielen (vgl. Abb. 27), eine eindeutige Gewichtung vorgenommen hat: "...knowledge (cognitive structure), once acquired, is...the most significant independent variable influencing the learner's capacity for acquiring more new knowledge in the same field." (AUSUBEL et al. 1978, S. 167) Das Ausmaß, in dem dieses vorhandene Wissen (d.h. die bereits bestehende kognitive Struktur) *positiv* auf nachfolgendes sinnvolles Lernen einwirkt[1] ist allerdings abhängig von einigen *Merkmalen* dieser kognitiven Struktur.

Ein Merkmal wurde bereits genannt, nämlich die *Verfügbarkeit von spezifischen relevanten Ankerideen in der kognitiven Struktur des Lerners*. Diese Ankerideen sollten einen angemessenen Grad von Inklusivität besitzen, um eine optimale Verankerung und Verbindung mit neuen Ideen zu gewährleisten. Beim Fehlen solcher spezifischer relevanter Ankerideen (oder auch bei zwar vorhandenen, vom Lerner aber nicht als relevant erkannten Ankerideen) können neue Ideen entweder nur mechanisch (rote) gelernt werden, oder es werden andere, weniger relevante Ideen zur Verankerung herangezogen. Das Lernergebnis besteht in jedem Fall - so AUSUBEL - aus wenig stabilen, mehrdeutigen Bedeutungen.

---

[1] *Das alte Problem des Transfer in neuem Zusammenhang. (vgl. AUSUBEL et al. 1978, Kap. 5 "Cognitive structure and transfer")*

Ein zweites wichtiges Merkmal der kognitiven Struktur ist der *Grad der Unterscheidbarkeit* der bereits etablierten Ideen von den neu zu lernenden Ideen. Bei einer sehr geringen Unterscheidbarkeit werden die neu gelernten Ideen kaum als selbständige (d.h. von den anderen unterscheidbare) kognitive Einheiten weiterbestehen, sie werden im Gegenteil auf die bereits etablierten Ideen reduziert.[1)]

Ein letztes wichtiges Merkmal der kognitiven Struktur ist die *Stabilität und Klarheit der Ankerideen*: neue Ideen können nur sehr unzureichend mit etablierten Ideen in Verbindung gebracht werden bzw. an ihnen verankert werden, wenn diese Ankerideen selbst nur sehr unklar, mehrdeutig und damit auch kaum von den zu lernenden Ideen unterscheidbar sind.

Die hier gelieferte - zugegebenermaßen sehr geraffte - Darstellung der AUSUBELschen *Theorie* möge für den Rahmen dieser Arbeit genügen.

Aus dieser Theorie leitet AUSUBEL nun eine Reihe von didaktischen *Maßnahmen* ab, durch die sinnvolles Lernen und Behalten sichergestellt werden soll. Auf diese Maßnahmen soll hier abschließend noch eingegangen werden.

Alle noch darzustellenden didaktischen Maßnahmen dienen einem Hauptzweck: "Transfer in school learning consists primarily of so shaping the learner's cognitive structure - by manipulating the content and arrangement of his antecedent learning experiences in a particular subject-matter area - that subsequent learning experiences are maximally facilitated" (AUSUBEL et al. 1978, S. 187)

[1)] *Es sei hier noch einmal daran erinnert, daß AUSUBEL auch den Vergessensprozeß durch die Abnahme der Unterscheidbarkeit von Ideen erklärt.*

Diesem Hauptzweck untergeordnet, werden von AUSUBEL im einzelnen folgende Maßnahmen vorgeschlagen:

- *Gebrauch von vorangestellten Organisationshilfen* (advance organizers)

Der Gebrauch vorangestellter Organisationshilfen ist sicher die wichtigste von AUSUBEL vorgeschlagene didaktische Maßnahme (auf die er auch allzu häufig reduziert wird). Diese Maßnahme besteht darin, dem eigentlichen Lernmaterial Einführungsmaterial *voranzustellen* das folgende *Merkmale* aufweisen soll:

- es muß einen höheren Grad von Abstraktion, Generalität und Inklusivität als das Lernmaterial besitzen

- es muß in einer Sprache abgefaßt sein, die der Lerner auch verstehen kann; d.h. es muß an der bestehenden kognitiven Struktur des Schülers "anknüpfen"

- es muß explizit aufzeigen, welche *Relevanz* es selbst und das, was der Schüler bereits weiß für das zu lernende Material haben

- es muß deutlich machen (dies ist eine Ergänzung des eben Gesagten), daß das Lernmaterial *sinnvoll* gelernt werden kann (d.h. nicht mechanisch), da es auf spezifische relevante Aspekte der bestehenden kognitiven Struktur bezogen werden kann.

Ganz allgemein gesagt, besteht die Haupt*funktion* einer vorangestellten Organisationshilfe darin "to *bridge the gap* between what the learner *already knows* and what he *needs to know* before he can meaningfully learn the task at hand" (AUSUBEL et al. 1978, S. 172). Anknüpfend an die in Abb. 27 veranschaulichte *Theorie* AUSUBELs läßt sich diese Funktion einer vorangestellten Organisationshilfe auch in folgender Weise umschreiben: Bereitstellung *relevanter Ankerideen,* auf die das Lernmaterial bezogen werden kann bzw. Aufweisen der spezifischen Relevanz eventuell bereits etablierter Ideen in der kognitiven Struktur des Lerners (Kästchen 2 in Abb.

27); und dadurch Induzierung einer *sinnvollen Lerneinstellung*, indem dem Lerner gezeigt wird, daß das Lernmaterial überhaupt auf Teile seiner kognitiven Struktur beziehbar ist (Kästchen 4 in Abb. 27).

- *Prinzip der progressiven Differenzierung*

Dieses Prinzip verlangt, daß bei der Vermittlung eines Stoffgebietes die allgemeinsten und inklusivsten Ideen *zuerst* dargeboten werden sollen, welche dann im Hinblick auf Detail und Spezifität zunehmend verfeinert ("progressiv differenziert") werden. Mit diesem Prinzip verbunden ist das obengenannte Prinzip der vorangestellten Organisationshilfe, und zwar in der Weise, daß eine *Hierarchie von Organisationshilfen* (mit abnehmendem Grad an Inklusivität) eingesetzt wird, wobei jede einzelne Organisationshilfe dem entsprechenden (detaillierten und differenzierten) Lernmaterial vorangestellt wird und innerhalb des Lernmaterials ebenfalls eine im Grad ihrer Inklusivität abnehmende Reihenfolge der Themen befolgt wird.

Erwähnt sei noch, daß mit dem Prinzip der progressiven Differenzierung zwei Annahmen verbunden sind: einmal die Annahme, daß *"subsumptives" Lernen einfacher* ist als übergeordnetes (superordinate) Lernen und zum anderen die Annahme, daß auch die kognitive Struktur von Individuen in *hierarchischer* Weise strukturiert ist (vgl. Kap. 3.2.2.).

- *Prinzip der integrativen Aussöhnung*

Das Prinzip der integrativen Aussöhnung besteht darin, *explizit* Beziehungen zwischen verschiedenen Ideen in einem Lernmaterial aufzuzeigen, signifikante Ähnlichkeiten und Unterschiede herauszustellen und wirkliche oder scheinbare Unvereinbarkeiten auszusöhnen (vgl. AUSUBEL et al. 1978, S. 192). Auch hier ist wieder eine Kombination mit einer vorangestellten Organisationshilfe möglich: "an organizer should first delineate clearly, precisely, and explicitly the principal similarities and differences between the new subsuming concepts and principles to be learned, on the one hand, and similar established ideas in cognitive structure, on the other" (AUSUBEL et al. 1978, S. 194f).

Die Hauptfunktion dieses Prinzips besteht also darin, die *Unterscheidbarkeit* der neuen Ankerideen zu erhöhen und damit auch sicherzustellen, daß die darauf bezogenen Ideen klarer, stabiler und unterscheidbarer gelernt werden.

- *Prinzip der sequentiellen Organisation*

Dieses Prinzip ist eigentlich nur ein Spezialfall der bisher genannten Prinzipien. Es kommt dann zum Tragen, wenn innerhalb eines Sachgebietes "natürliche sequentielle Abhängigkeiten" zwischen den einzelnen Komponenten bestehen, d.h. wenn das Verständnis einer bestimmten Idee das vorherige Verständnis einer anderen Idee logisch voraussetzt. Die grundsätzliche Wirksamkeit dieses Prinzips beruht auf dem bereits wiederholt erwähnten lernfördernden Einfluß verfügbarer relevanter Ideen in der kognitiven Struktur des Lerners. Über diese grundsätzliche Wirksamkeit hinaus kann es aber zu erheblichen Problemen führen, die jeweils effektivste Sequenz in einem Sachgebiet zu finden (vgl. hierzu z.B. GAGNÉ 1970).

- *Prinzip der Konsolidierung*

Dieses Prinzip nimmt unmittelbaren Bezug auf zwei der erwähnten Merkmale einer kognitiven Struktur, nämlich *Stabilität und Klarheit der Ankerideen*, als wichtige Voraussetzungen nachfolgenden sinnvollen Lernens.

Konsolidierung gelernter Ideen kann erreicht werden durch "confirmation, correction, clarification, differential practice, and review in the course of repeated exposure, with feedback, to learning material" (AUSUBEL et al. 1978, S. 197).

Es bleibt zu erwähnen, daß neues Lernmaterial erst dann eingeführt werden sollte, wenn Konsolidierung des vorher gelernten Materials sichergestellt ist, d.h. wenn gelernte Ideen über genügend Klarheit und Stabilität verfügen, so daß neue Ideen darauf bezogen werden können.

3.4.1.1. Relevante Untersuchungsergebnisse zu AUSUBELs Konzeption des sinnvollen Lernens

In analoger Weise zur *Darstellung* der AUSUBELschen Konzeption sollen auch die darauf bezogenen Untersuchungsergebnisse in *zwei* Teilen dargestellt werden.

Hier muß einleitend und einschränkend vorausgeschickt werden, daß bei dieser Darstellung von empirischen Ergebnissen auf gar keinen Fall *Vollständigkeit* angestrebt wird. Da ein solcher Versuch ohnehin nur zu einer Wiederholung einiger Abschnitte aus AUSUBEL et al. (1978) führen würde, soll hier nur zusammenfassend auf *allgemeine Tendenzen* in den vorliegenden Ergebnissen hingewiesen werden und im übrigen auf Untersuchungen eingegangen werden, die bei AUSUBEL et al. *nicht* erwähnt sind. Der Versuch einer vollständigen Darstellung erscheint noch aus einem weiteren Grund als aussichtslos: Im Hinblick auf die Vielzahl von Untersuchungen, die mit AUSUBELs Konzeption in Zusammenhang gebracht werden können, scheint mir eine Unterscheidung wichtig und wesentlich zu sein: eine Reihe von Untersuchungen ist *explizit* der Überprüfung bestimmter (theoretischer und didaktischer) Annahmen der AUSUBELschen Konzeption gewidmet - hier ließe sich noch am ehesten eine vollständige Übersicht erzielen; daneben existiert aber eine unvergleichlich größere Zahl von Untersuchungen, die in ganz anderen Zusammenhängen entstanden sind, die aber - in entsprechender Weise (um-)interpretiert - als "Bestätigung" der einen oder anderen Aussage in AUSUBELs Konzeption herangezogen werden können (und von AUSUBEL herangezogen werden) - hier tut sich ein Faß ohne Boden auf.

Meines Wissens existiert nur eine einzige Untersuchung, die sich einer Überprüfung der (in Abb. 27 dargestellten) Konzeption AUSUBELs *als ganzes* widmet, nämlich TALISAYON (1972):[1) 2)]

[1)] *AUSUBEL et al. (1978), die diese Arbeit von TALISAYON (1972) noch nicht einmal zitieren, führen jedenfalls keine entsprechenden Untersuchungen auf.*

[2)] *Hier werden nur die das Modell von AUSUBEL betreffenden Ergebnisse dargestellt*

Bei 208 Schülern der 11. und 12. Klasse (ca. 1/4 Mädchen) wurden in einem *Vortest* folgende Variablengruppen erfaßt:

a) *Allgemeine "Hintergrund"variablen*: verbale und nicht-verbale Intelligenz- und Fähigkeitsmaße; Schulnoten in Kursen, die für Physik von Bedeutung sind (Algebra, Geometrie, "Science"); Physiknote

b) Tests, die eine *"sinnvolle Lerneinstellung"* erfassen sollen: Assoziationen auf Physikbegriffe; Interessen und Einstellungen gegenüber Physik; Präferenzen für bestimmte Aufgabenstellungen; sequentieller Problemlösetest; Fähigkeit, Beziehungen zwischen Konzepten herzustellen.
Als individuelles Maß für "sinnvolle Lerneinstellung" wurden die Faktorenwerte bezogen auf den ersten gemeinsamen Faktor der obigen Tests herangezogen.[1)]

c) Tests, die die *verfügbaren relevanten Ideen* in der kognitiven Struktur erfassen sollen: bestimmte Physikbegriffe (Masse, Länge, Geschwindigkeit, Beschleunigung, Kraft); mathematische Gleichungen; Begriff der Proportionalität; Unterscheidung zwischen Vektoren und Skalaren usw.
Auch hier wurden Faktorenwerte als Maß für die Verfügbarkeit relevanter Ideen herangezogen.

Nach dem Vortest bearbeiteten die Vpn zwei Unterrichtseinheiten ("audio-tutorial units") über folgende physikalische Konzepte: Arbeit, Leistung, Energie, kinetische Energie (Dauer pro Einheit ca. 50 min.).

Nach einem *Nachtest* wurde das Ausmaß *sinnvollen Lernens* erfaßt. Hierbei kam es *nicht* auf die *Reproduktion* von Gelerntem an, sondern die Vpn mußten zeigen, daß sie das Gelernte verstanden und verarbeitet hatten (also "nicht-beliebig" und "wesentlich" auf

---

[1)] *TALISAYON begründet dies mit dem Fehlen einer verbindlichen Definition für "sinnvolle Lerneinstellung" (vgl. TALISAYON 1972, S. 51ff)*

ihre kognitive Struktur bezogen hatten). Die Nachtest-Items verlangten daher Beispiele, Erweiterungen, Verallgemeinerungen, Anwendungen usw.

In der folgenden Abbildung sind die im Hinblick auf den Zusammenhang der erfaßten Variablen wichtigsten Ergebnisse dargestellt:

Abb. 29: Zusammenhang von Variablen beim sinnvollen Lernen (nach TALISAYON 1972, S. 81)

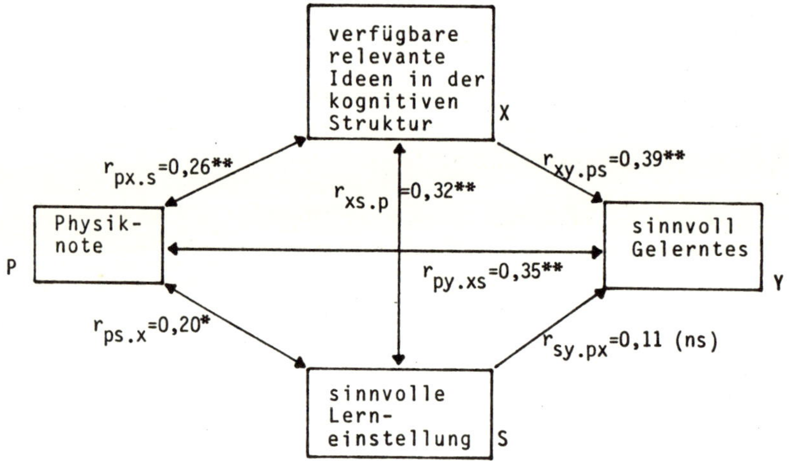

Aufgrund dieser (und weiterer) Ergebnisse kommt TALISAYON zu dem Schluß, daß eine "sinnvolle Lerneinstellung" *keine* notwendige Bedingung für sinnvolles Lernen darstellt, sondern *nur dann* wirksam ist, wenn in der kognitiven Struktur des Lerners relevante Ankerideen verfügbar sind; der lernfördernde Effekt einer sinnvollen Lerneinstellung ist um so größer, je größer das Ausmaß verfügbarer Ideen. (TALISAYON interpretiert im übrigen auch die *Physiknote* als Maß für die Verfügbarkeit relevanter Ideen.)

TALISAYON kann außerdem zeigen (dies geht aus Abb. 29 nicht hervor), daß neben und unabhängig von der Verfügbarkeit relevanter Ideen noch ein weiterer wichtiger Faktor das Ausmaß sinnvollen Lernens bestimmt, nämlich "Note in Geometrie", welche TALISAYON als "Fähigkeit zur Herstellung sinnvoller Beziehungen" (unabhängig von spezifischen Inhalten) interpretiert.

Aufgrund ihrer Ergebnisse sieht sich TALISAYON veranlaßt, das folgende (im Vergleich zu AUSUBEL modifizierte) Modell zu formulieren:

Abb. 30: Ein Modell sinnvollen Lernens
(modifiziert nach TALISAYON 1972, S. 90)

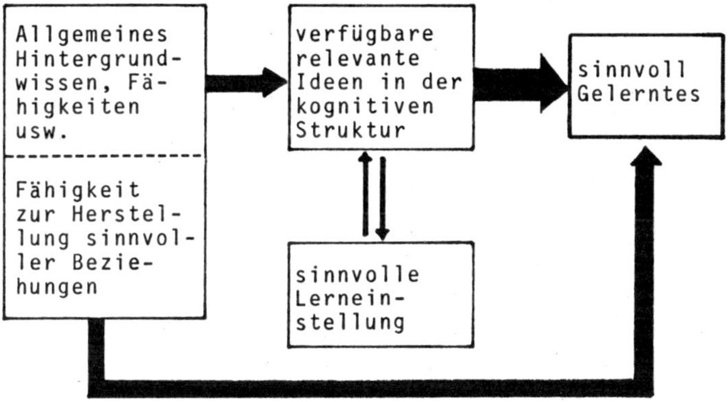

Neben dieser Untersuchung von TALISAYON existieren eine Reihe von Untersuchungen, die *Teilaspekten* der (in Abb. 27 abgebildeten) Theorie AUSUBELs gewidmet sind (bzw. die sich in dieser Richtung interpretieren lassen).

Die relativ größte Aufmerksamkeit wurde dabei der Frage geschenkt, welche Rolle die "Verfügbarkeit relevanter Ideen in der individuellen kognitiven Struktur" für nachfolgendes sinnvolles Lernen spielt (in der obigen Abb. 30 betrifft dies also den ganz dicken Pfeil).

Eine Antwort auf diese Frage läßt sich aufgrund *zweier* verschiedener Datenquellen geben, einmal aufgrund von Untersuchungen, in denen eine *experimentelle Manipulation* der Variablen "Verfügbarkeit relevanter Ideen" vorgenommen wurde - in der Regel sind dies die sog. "advance-organizer"-Untersuchungen -, und zum anderen aufgrund von Untersuchungen, in denen sich diese Variable bei der Datenanalyse nachträglich *statistisch* kontrollieren ließ (diese Untersuchungen haben in der Regel nur indirekten Bezug zu AUSUBELs Konzeption).

Da auf die "advance-organizer"-Untersuchungen bei den didaktischen Maßnahmen noch eingegangen wird, sollen hier zunächst nur Daten aus den zuletzt genannten Untersuchungen angeführt werden.

In der sorgfältigsten und umfangreichsten post-hoc-Analyse von über 250 solcher Untersuchungen kommen NOVAK, RING + TAMIR (1971) zu dem Schluß, daß Leistungen in einem bestimmten Bereich *am besten* durch Vortestleistungen in genau demselben Bereich vorhergesagt werden oder durch Maße, die in engem Zusammenhang mit der spezifischen Lernaufgabe stehen.

"To sum up, general abilities, general scholastic aptitudes, interests, personality factors, biodata and possibly other variables, alone or combined together account for no more than 50% of the variance regarding academic achievement. It seems highly probable that prior knowledge will acount for a major portion of the remaining 50%" (NOVAK et al. 1971, S. 509).

Dieses - zumindest was die Zahl der berücksichtigten Untersuchungen angeht - beeindruckende Ergebnis liefert aber im besten Fall nur einen *indirekten* Hinweis auf die Plausibilität einer der zentralen Aussagen AUSUBELs: Zum einen sind nämlich die als Index für die "Verfügbarkeit relevanter Ideen" akzeptierten Maße zu verschieden (Leistungstestergebnisse, Schulnoten usw.), zum anderen gehen diese Untersuchungen *nicht* auf die spezifische Funktion dieser relevanten Ideen ein, nämlich als Ankerideen (subsumer) für neu zu lernende Ideen zu dienen (dies wäre der eigentliche Kern der AUSUBELschen Theorie).

Dieser spezifischen Funktion der verfügbaren relevanten Ideen sind meiner Kenntnis nach nur wenige Untersuchungen gewidmet (vgl. AUSUBEL et al. 1978, S. 179f)

In einer Arbeit von RING + NOVAK (1971) bearbeiteten 770 Collegestudenten vor Beginn ihrer formalen Ausbildung in Chemie einen Test, der zwei Aspekte ihrer kognitiven Struktur erfassen sollte, einmal das Ausmaß *faktischen* Wissens und zum anderen das Ausmaß verfügbarer "*subsumer*" (d.h. Konzepte, an die andere Konzepte "angehängt" oder "verankert" werden können). Als abhängige Variable wurde die Leistung in den Chemiekursen herangezogen (verschiedene Arten von "grades").

Die Ergebnisse lassen sich folgendermaßen zusammenfassen:

- Sowohl das Ausmaß *faktischen* Wissens als auch das Ausmaß verfügbarer "*subsumer*" zeigte einen (hochsignifikanten) linearen Zusammenhang mit der späteren Chemieleistung.

- Studenten mit einem *hohen* Ausmaß verfügbarer "subsumer" aber *geringem* faktischen Wissen zeigten (hochsignifikant) bessere Leistungen als Studenten mit *hohem* faktischen Wissen aber einem *geringen* Ausmaß verfügbarer "subsumer".

- Die besten Leistungen wurden von Studenten gezeigt, die sowohl über ein *hohes* Ausmaß von Ankerideen als auch über ein hohes Ausmaß an Faktenwissen verfügen.

In eine ähnliche Richtung geht die Untersuchung von WEST + FENSHAM (1976): Die Grundüberlegung der Autoren war die, daß bei Schülern mit wenig relevantem Vorwissen das Ausmaß sinnvollen Lernens zwar nur gering ist, daß sich aber eine deutliche Verbesserung erzielen läßt durch Bereitstellung relevanter Ankerideen (z.B. durch "advance organizer"); bei Schülern, die bereits über ein hohes Ausmaß relevanten Vorwissens verfügen, ist zwar das Ausmaß sinnvollen Lernens sehr groß, diese Schüler werden aber kaum noch von der Einführung einer Organisationshilfe profitieren.

Abb. 31 zeigt die Ergebnisse einer Untersuchung an 225 Schülern der 11. Klasse (der Unterricht betraf "Prinzipien des Gleichgewichts" in Chemie).

Abb. 31: Ergebnisse der Untersuchung von WEST + FENSHAM (1976) (die eingezeichneten Balken betreffen die Standardfehler der Gruppenmittelwerte)

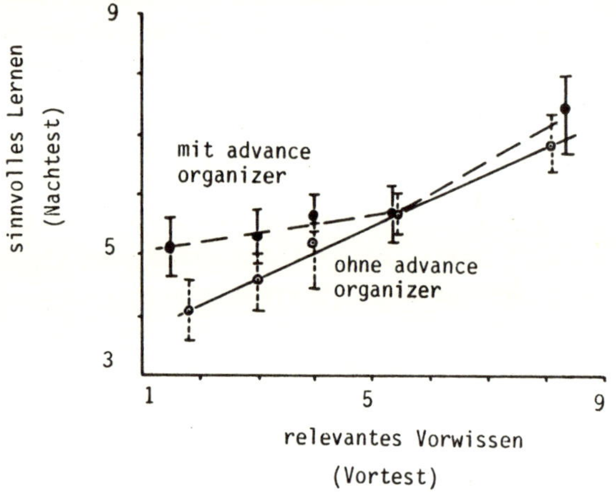

Die beobachteten Ergebnisse bestätigen die Vorhersage der Autoren.

Alles in allem kann man wohl festhalten, daß zwar eine Reihe direkter und indirekter Belege für die (auch spezifische) Bedeutung verfügbarer relevanter Ideen in der kognitiven Struktur für sinnvolles Lernen vorliegen, daß der Grad empirischer Bestätigung aber noch als unbefriedigend angesehen werden muß.

Bezüglich der zweiten wichtigen Variable in AUSUBELs Theorie (vgl. Abb. 27), nämlich "sinnvolle Lerneinstellung" liegen meines Wissens keine direkten Untersuchungen vor.[1)]

[1)] *In dem erwähnten Sammelreferat von NOVAK et al. (1971) und in AUSUBEL et al. (1978) - als primäre Bezugsquelle! - sind zumindestens keine aufgeführt.*

Angesichts des Fehlens einer verbindlichen und operationalisierbaren Definition von "sinnvoller Lerneinstellung" (vgl. TALISAYON 1972) ist es meines Erachtens auch unnötig, auf die umfangreiche Literatur über "set" im allgemeinen einzugehen.

Bezüglich der von AUSUBEL vorgeschlagenen *didaktischen* Maßnahmen liegen die zahlreichsten Untersuchungen zum *Gebrauch vorangestellter Organisationshilfen* vor.

Da zu diesem Problem bereits zwei neuere Sammelreferate vorliegen (BARNES + CLAWSON 1975; HARTLEY + DAVIES 1976) und da sich auch AUSUBEL in seinem 1978er Buch ausführlich damit beschäftigt (S. 173ff.), braucht hier nur auf allgemeine Tendenzen hingewiesen werden.

Aufgrund der vorliegenden Untersuchungen (BARNES + CLAWSON 1975 berücksichtigen 32 Untersuchungen) kann *nicht* davon gesprochen werden, daß der Gebrauch von "advance organizers"eine wirksame Strategie darstellt (12 Untersuchungen erbrachten "positive", 20 "negative" Ergebnisse)[1]. HARTLEY + DAVIES (1976) weisen außerdem darauf hin, daß viele der "bestätigenden" Untersuchungen älteren Datums sind und z.T. von AUSUBEL selbst (und Mitarbeitern) stammen. Eine von BARNES + CLAWSON (1975) vorgenommene Gliederung der Untersuchungen nach Dauer der Instruktion, Fähigkeitsniveau der Schüler, Klassenstufe, Art der benutzten Organisationshilfen, Anforderungsgrad der Lernaufgabe erbrachte ebenfalls kein einheitliches Muster bezüglich der Wirksamkeit von "advance organizers". HARTLEY + DAVIES (1976) kommen außerdem zu dem Ergebnis, daß auch andere Arten "vorangestellter Instruktionen" (z.B. Angabe von Lehrzielen, Überblicke) sinnvolles Lernen fördern können (allerdings mit den gleichen widersprüchlichen empirischen Befunden).[2]

---

[1] *HARTLEY + DAVIES (1976) kommen zu einem für "advance organizers" etwas günstigeren Urteil. Sie berücksichtigen aber offensichtlich weniger Untersuchungen und kennen auch nicht die Arbeit von BARNES + CLAWSON.*

[2] *Dies spricht zwar nicht direkt gegen die Strategie der "advance organizers", ist aber eine bemerkenswerte Einschränkung des Anspruchs, den AUSUBEL damit verbindet.*

Es sei hier abschließend erwähnt, daß der Wert dieser beiden Zusammenfassungen (vor allem der von BARNES + CLAWSON 1975) in Zweifel gezogen wurde (vgl. LAWTON + WANSKA 1977, AUSUBEL 1978 und AUSUBEL et al. 1978, S. 177), da bei der Aufnahme der verschiedenen Untersuchungen in zusammenfassende Tabellen die z.T. erheblichen Mängel mancher Untersuchungen nicht berücksichtigt wurden. In seiner Verteidigungsrede für "advance organizers" ("In Defense of Advance Organizers") weist AUSUBEL vor allem auf zwei Mängel vieler Untersuchungen (ausgenommen der eigenen!) hin: "most studies do not attempt any systematic appraisal of the already available relevant concepts that might be employed through an appropriately constructed advanced organizer" und "no effort was made to analyze the conceptual and propositional content of the passage to be learned to ascertain what kind of concepts are to be "bridged" to existing subsumers" (AUSUBEL et al. 1978, S. 177).

Im Vergleich mit der "Verwendung vorangestellter Organisationshilfen" haben die anderen von AUSUBEL vorgeschlagenen didaktischen Maßnahmen eine bemerkenswerte Vernachlässigung aufzuweisen (was ihre empirische Überprüfung betrifft). In dem bereits erwähnten Sammelreferat von NOVAK et al. (1971) sind bezüglich progressiver Differenzierung, integrativer Aussöhnung, sequentieller Organisation und Konsolidierung *keine* Hinweise zu finden, selbst bei AUSUBEL et al. (1978) sind die Hinweise eher spärlicher Natur. Am ehesten scheint noch die Bedeutung der *Konsolidierung* nachgewiesen zu sein (vgl. AUSUBEL et al. 1978, S. 197f.)
Festzuhalten bleibt aber meiner Meinung nach, daß bisher noch kein Versuch unternommen wurde, Unterricht nach mehreren oder gar allen diesen Prinzipien durchzuführen, um so die Vorschläge AUSUBELs einer kritischen Prüfung zu unterziehen.

3.4.1.2. Abschließende Würdigung der Konzeption AUSUBELs

Abgesehen von dem im vorangegangenen Abschnitt aufgezeigten insgesamt gesehen relativ unbefriedigenden Stand der Forschung bezüglich der Konzeption AUSUBELs scheinen mir folgende kritische Anmerkungen und Verbesserungsvorschläge angebracht:

- Der zentrale Begriff in AUSUBELs Theorie, nämlich "kognitive Struktur" wird nur sehr unzureichend beschrieben. Bemerkenswert scheint mir, daß selbst in dem 1978er Buch *keinerlei* Hinweis auf eines der in Kap. 3.2.2. diskutierten Gedächtnismodelle erfolgt[1]. Eine Integration dieser beiden Forschungsrichtungen bzw. eine präzise Neuformulierung der AUSUBELschen Theorie in Termini etablierter Gedächtnismodelle könnte hier einen Fortschritt bedeuten.

- Was eben gesagt wurde, gilt in gleicher Weise auch für die von AUSUBEL herausgestellten Parameter einer kognitiven Struktur nämlich Klarheit, Stabilität, Diskriminierbarkeit. Auch diese Begriffe sind lediglich *verbal* definiert, was darunter im Einzelfall zu verstehen ist, bleibt unklar. Hier wären *operationale* Definitionen - möglichst auf dem Hintergrund eines Gedächtnismodells - vonnöten.

- Auch die für "sinnvolles Lernen" zweite bedeutsame Variable, nämlich "sinnvolle Lerneinstellung" bleibt so gut wie undefiniert. Es ist sicherlich ein unhaltbarer Zustand, wenn jedem Autor selbst überlassen bleibt, was er darunter versteht; was letztlich auch zu solchen Notlösungen führt wie bei TALISAYON (1972)

- Die von AUSUBEL vorgeschlagenen didaktischen Maßnahmen sind sehr allgemein formuliert und kaum zur unmittelbaren "Umsetzung" geeignet bzw. anders ausgedrückt, die vorgeschlagenen Maßnahmen lassen einen weiten Interpretationsspielraum zu,

---

[1] *Ein schönes Beispiel für die (amerikanische?!) Tendenz, nur das eigene (kleine) Gärtchen zu bestellen!*

was jeweils unter "advance organizer" usw. zu verstehen ist. AUSUBEL stellt sich zwar vehement auf den Standpunkt, daß er mehr als deutlich beschrieben hat, was z.B. ein "advance organizer" ist, man muß sich aber fragen, woher dann die vielen Mißverständnisse stammen.

- Ein vielversprechender Ansatz wäre es meiner Meinung nach, wenn die Konzeption AUSUBELs mit einer der diskutierten Verfahren der Analyse von Lehrmaterialien (vgl. Kap. 3.1.4.) gekoppelt würde. Wie AUSUBEL selbst bemerkt (vgl. Zitat in vorangegangenem Abschnitt), ist es unbedingt notwendig, eine detaillierte Analyse des Lehrmaterials (hinsichtlich vorkommender Begriffe, Propositionen usw.) vorzunehmen, um überhaupt entscheiden zu können, welche Ankerideen als relevant anzusehen sind bzw. welche eventuell in einem "advance organizer" bereitzustellen sind.

- Schließlich wäre zu fragen (und diese Frage soll offen bleiben), welchen Stellenwert man einer Konzeption beimessen will, die relativ einseitig auf den Erwerb strukturierter Wissensbestände ausgerichtet ist.
  Alternative Konzeptionen wurden in Kap. 3.1.2. angesprochen.

3.4.2. MERRILL + TENNYSONs (1977) Strategie zur Vermittlung von Begriffen

Bei der Darstellung der Anwendungsaspekte des Modells des Begriffslernens und der Begriffsentwicklung von KLAUSMEIER et al. (1974) wurde bereits darauf hingewiesen (vgl. Abschn. 2.1.7.), daß hierzu von MERRILL + TENNYSON (1977) eine konkrete Strategie der Begriffsvermittlung vorgeschlagen wurde.
Obwohl durch die Kritik an dem Modell von KLAUSMEIER et al.(1974) eigentlich überflüssig geworden, sollen die wesentlichen Punkte dieses Vorschlags der "Abrundung des Bildes" wegen doch kurz dargestellt werden.

Zunächst sei vorausgeschickt, daß der Vorschlag von MERRILL+ TENNYSON ausgesprochenen "Kochbuchcharakter" besitzt. Unter Verzicht auf Einzelheiten ist "das Rezept in folgender Weise zuzubereiten":

Schritt 1: Grundsätzlich muß erst entschieden werden, ob und wenn ja, für welche Begriffe spezielle Begriffslektionen notwendig sind.

Schritt 2: Für jeden ausgewählten Begriff muß eine genaue Begriffs*definition* gegeben werden. Diese Definition muß den *Namen* des Begriffs, die relevanten und irrelevanten *Attribute* und die *Beziehung* der relevanten Attribute zueinander enthalten.

Schritt 3: Für jeden Begriff muß eine möglichst große Zahl von hinreichend verschiedenen Begriffs*vertretern* gefunden werden. Jedem Begriffsvertreter sollte gleichzeitig ein *Nicht-Vertreter* gegenübergestellt werden.

Anschließend wird die *Schwierigkeit* jedes einzelnen Vertreters und Nicht-Vertreters empirisch bestimmt.

Schritt 4: Es wird ein "diagnostischer Klassifikationstest" vorbereitet, bei dem *neue* Beispiele danach zu klassifizieren sind, ob sie Begriffsvertreter oder Nicht-Vertreter sind.

Dieser Test gibt Rückschlüsse auf mögliche Klassifikationsfehler (z.B. Obergeneralisierung) und gibt Hinweise auf zu ergreifende zusätzliche Maßnahmen.

Schritt 5: Mit Hilfe bestimmter aufmerksamkeitserzeugender Mittel (z.B. Zeichnungen, spezielle Symbole usw.) werden bei jedem Begriffs*vertreter* die *relevanten* Attribute herausgestellt; gleichzeitig wird gezeigt, daß diese Attribute bei den entsprechenden zugeordneten Nicht-Vertretern fehlen.

Schritt 6: Als effektive Strategie zur Vermittlung von Begriffen wird folgende Sequenz vorgeschlagen:

Vorgabe des Begriffsnamens und der Begriffsdefinition → (wiederholte) Darbietung von "Beispielen" (Vertreter und Nicht-Vertreter) → Vorgabe zahlreicher Übungsbeispiele (mit Feedback für den Schüler)

Schritt 7: "Evaluation" der gewählten Strategie (Expertenurteile, Probeläufe der Lektion an kleinen Gruppen, Revisionen usw.)

Es bleibt abschließend noch zu erwähnen, daß die Autoren für sämtliche erwähnten Schritte sehr detaillierte Handlungsanweisungen mit zahlreichen Beispielen geben. Es sei außerdem noch erwähnt, daß sich die Autoren ausdrücklich auf die einschlägigen Untersuchungen über Begriffslernen berufen und ihren Vorschlag auf gar keinen Fall als "aus der Luft gegriffen" ("blue sky") beurteilt haben möchten.

4. ZUSAMMENFASSUNG DES "THEORETISCHEN" TEILS

Ausgehend von einem Modell des Begriffslernens und der Begriffsentwicklung (KLAUSMEIER et al. 1974) und dessen Kritik wurde ein eigener theoretischer Bezugsrahmen entwickelt (Abschnitt 2.2.8.), der sich im wesentlichen auf das Verhältnis von "Sachstruktur" und "kognitiver Struktur" und auf Veränderungen dieser kognitiven Struktur bezieht.

Innerhalb dieses Bezugsrahmens wurden dann relevante theoretische Konzepte und empirische Ergebnisse dargestellt (Kap. 3). Der *inhaltliche* Rahmen dieser Darstellung umfaßte dabei schwerpunktmäßig den Bereich der Naturwissenschaften, speziell der Physik.

Im einzelnen wurde dann auf Möglichkeiten eingegangen, die "Struktur" eines bestimmten Bereiches zu definieren und zu erfassen. Zur Klärung des Begriffes "Struktur" wurde dabei ein sog. "Strukturkontinuum" vorgeschlagen.
Es wurden anschließend Modelle diskutiert, die sich mit der Frage beschäftigen, in welcher Weise Realitätsbereiche in einer "kognitiven Struktur" repräsentiert sind. In diesem Zusammenhang - allerdings nicht im engeren Sinn auf diese Modelle bezogen - wurde auch auf Methoden eingegangen, "kognitive Struktur" zu erfassen. Hierbei wurden bereits auch - im Hinblick auf den im Vordergrund stehenden Inhaltsbereich - relevante Untersuchungsergebnisse angeführt.

Auf Untersuchungsergebnisse, die sich speziell auf physikbezogene Wissensstrukturen beziehen, wurde dann ausführlicher eingegangen. Hierbei stand die Frage einer langfristigen (von "geplanter" Instruktion mehr oder weniger unabhängigen) Veränderung solcher Strukturen ("Entwicklung") im Vordergrund.

Schließlich wurde noch auf Konzeptionen eingegangen, die auf eine gezielte Beeinflussung kognitiver Strukturen (bzw. Teilen davon) ausgerichtet sind. Ausführlich wurde dabei auf AUSUBELs Konzeption sinnvollen Lernens eingegangen, während der Vorschlag von MERRILL+

TENNYSON (1977) nur im Hinblick auf das eingangs erwähnte Modell von KLAUSMEIER et al. (1974) kurz dargestellt wurde.

5. EMPIRISCHER TEIL

5.1 Einleitung - Überblick

Im Rahmen der in den letzten Kapiteln entwickelten theoretischen Konzeption sollen jetzt eigene empirische Untersuchungen dargestellt werden. Wie in der Einleitung zu dieser Arbeit (Kap. 1) bereits erwähnt wurde, umfassen diese Untersuchungen drei mehr oder weniger verbundene Teile:

- In einem ersten Teil soll - im Sinne der in Kap. 3.3 dargestellten entwicklungspsychologischen Zielrichtung - die Ausprägung eines bestimmten - auf physikalische Sachverhalte bezogenen - Teiles der kognitiven Struktur von Schülern (der Klassen 7 bis 9) untersucht werden.

- Dieser eher deskriptive Ansatz - der zudem kaum Bezug nimmt zu dem in den beteiligten Schulen tatsächlich abgelaufenen Physikunterricht - soll in einem zweiten Teil zumindest teilweise überwunden werden. An einigen ausgewählten Klassen soll versucht werden, die Veränderung physikbezogener kognitiver Strukturen durch Unterricht detaillierter zu erfassen, wobei gleichzeitig dieser Unterricht durch bestimmte didaktische Maßnahmen (etwa im Sinne AUSUBELs) "angereichert" wurde.

- Da die im zweiten Teil durchgeführten Untersuchungen - wegen ihrer engen Anbindung an "normalen" Schulunterricht - nur einen geringen Grad experimenteller Kontrolle aufweisen, soll in einem dritten Teil die Konzeption AUSUBELs in einem eher experimentellen Versuchsplan didaktisch umgesetzt und überprüft werden. In diesem Teil, der den Schwerpunkt der weiteren Darstellung bilden soll, wird auch auf den methodischen Aspekt der Erfassung kognitiver Strukturen (vgl. Kap. 3.2.3) einzugehen sein.

Obwohl dieser Überblick erkennen läßt, daß die durchgeführten empirischen Untersuchungen in gewissem Grad unabhängig voneinander gesehen werden können - dies wäre vielleicht zu kritisieren -, scheint mir der Zusammenhang dieser Teile doch genügend gewahrt zu sein, da sie sämtlich auf wesentliche Bestimmungsstücke des vorher entwickelten theoretischen Rahmens bezogen sind.[1)]

5.2. Ausprägung physikbezogener kognitiver Strukturen in den Klassen 7 bis 9

5.2.1. Planung und Durchführung der Untersuchung

Anknüpfend an die in Kap. 3.3. erfolgte Übersicht über empirische Untersuchungen zur Ausprägung (physikbezogener) kognitiver Strukturen in verschiedenen Altersstufen soll hier eine entsprechende eigene Untersuchung dargestellt werden.

Die vorliegende Untersuchung wurde als Teil einer umfassenderen Untersuchung im Rahmen der bereits erwähnten wissenschaftlichen Beratung eines Modellversuchs "Physikunterricht"[2)] durchgeführt. Im Unterschied zu den im Literaturteil zusammengestellten Untersuchungen (die sich überwiegend auf Kinder im Vor- und Grundschulalter beziehen) wurde die eigene Untersuchung (zum Teil natürlich auch als Folge des mit der wissenschaftlichen Beratung verbundenen Auftrages) an Schülern der Sekundarstufe I (Klassenstufe 7 bis 9) durchgeführt. Unter Berücksichtigung der Tatsache, daß Fachunterricht in Physik schwerpunktmäßig vor allem in diesem Zeitabschnitt erfolgt,[3)] scheint mir die Ausrichtung auf diese Altersstufen besonders günstig zu sein, da man hieraus eine Antwort auf die Frage erhalten kann, welchen Einfluß Unterricht auf die Veränderung kognitiver Strukturen hat (vgl. die ähnliche Fragestellung bei BLACK 1930).

---

1) Dies setzt natürlich voraus, daß der theoretische Bezugsrahmen selbst über genügend inneren Zusammenhang verfügt!

2) Modellversuch A 5634 des Hessischen Kultusministers "Erstellung und Erprobung von Differenzierungsmodellen in den Jahrgangsstufen 7 und 8 im Fachbereich Physik"

3) Zum Zeitpunkt der Untersuchung setzte der eigentliche Fachunterricht in Physik in Klasse 7 ein. Dieser Zeitpunkt wurde erst in jüngster Zeit auf die Klasse 6 vorverlegt. Die vorliegende Untersuchung wird davon nicht berührt.

Auf obige zentrale Fragestellung ausgerichtet wurde ein Fragebogen entwickelt, der gleichzeitig noch weiteren Zielvorstellungen entsprechen sollte. Diese Zielsetzungen lassen sich im einzelnen etwa folgendermaßen beschreiben:

- Die auszuwählenden Problemstellungen sollten so weit wie möglich auf die im Unterricht der beteiligten Schulen behandelten Inhalte bezogen sein. Da aber über diesen Punkt keine zuverlässige Angaben zu erhalten waren, wurden die in den Hessischen Rahmenrichtlinien formulierten Zielvorgaben als annähernde Beschreibung des Physikunterrichts in den Klassen 7 bis 9 akzeptiert.[1)]

- Im Zusammenhang mit dem eben Gesagten sollte der Fragebogen einigermaßen repräsentativ für die in den Klassen 7 bis 9 anstehenden Probleme sein.

- Der Fragebogen sollte auch dazu dienen, unterschiedliche Methoden zur Erfassung kognitiver Strukturen zu erproben, wobei zum einen auf Methoden aus den berichteten Untersuchungen zurückgegriffen werden sollte, zum anderen aber auch neue (oder zumindest modifizierte) Methoden für nachfolgende Untersuchungen erprobt werden sollten.

- Bei den auszuwählenden Problemstellungen sollte eine starke Ausrichtung auf "sinnvolles Lernen" (im Sinne AUSUBELs) erkennbar sein; d.h. bei der Bearbeitung der Problemstellungen sollten die Schüler zeigen, daß sie in der Lage sind, erworbene Begriffe, Prinzipien usw. auf neue (zum größten Teil anwendungsbezogene), im Unterricht möglicherweise nicht behandelte Probleme übertragen zu können.

- Um ein möglichst hohes Maß an Information zu erhalten, sollten die Antworten der Schüler über die Auswahl verschiedener Alternativen hinausgehen. Damit war fast zwangsläufig eine Entscheidung für qualitativ auszuwertendes Material getroffen (was gleichzeitig auch einen erheblichen Mehraufwand bei der Auswertung der Schülerantworten bedeutete).

- Schließlich bleibt noch zu erwähnen, daß sich der auf die Erfassung kognitiver Strukturen abzielende Teil des Fragebogens - nur hierauf beziehen sich die obigen Anforderungen - in den Gesamtrahmen der - wie erwähnt - umfassenderen Untersuchung[2)] (im Hinblick auf Umfang und Inhalt) einfügen sollte.

---

1) *Diese sicher kritisierbare Annahme findet ihre Rechtfertigung darin, daß die an dem erwähnten Modellversuch mitarbeitenden Physiklehrer die weitgehende Orientierung des Unterrichts an den Rahmenrichtlinien ausdrücklich bestätigten.*

2) *Der zweite Teil der Untersuchung bezog sich auf unterrichtliche Bedingungen des Physikinteresses. Dieser Teil hat für die vorliegende Arbeit keine Bedeutung und bleibt daher im weiteren unberücksichtigt.*

Entsprechend diesen Anforderungen und Zielvorstellungen wurde ein Fragebogen entwickelt, der in seinem "kognitiven Teil" auf drei verschiedene Methoden zurückgreift, und zwar

- auf die Methode des freien Assoziierens zu vorgegebenen (Grund-)Begriffen (vgl. Kap. 3.2.3.1.)
- auf eine (eingeschränkte) Version der Methode des freien Sortierens (vgl. Kap. 3.2.3.3.)
- auf die Erklärung bestimmter physikalischer Problemstellungen (vgl. Kap. 3.3.4.) (und Angabe ähnlicher Erscheinungen).

Der inhaltliche Bezug dieser drei Methoden zu den Rahmenrichtlinien und der Grad ihrer Repräsentativität wird in folgender Abbildung deutlich. Dabei sind der aus den Rahmenrichtlinien "Physik, Sekundarstufe I" entnommenen Stundentafel (für die Klassen 7 bis 10) die in den drei Methoden enthaltenen Begriffe, Prinzipien usw. zugeordnet.

Abbildung 32 zeigt, daß die in den Klassen 7 bis 10 zu behandelnden Untergebiete der Physik (nämlich Optik, Wärmelehre, Elektrizitätslehre und Mechanik) durch den Fragebogen einigermaßen gleichmäßig und repräsentativ abgedeckt sind.

Die Aufnahme des bis zum Ende der 9. Klasse noch nicht behandelten Problembereiches "Mechanik" scheint mir durch zwei Argumente zu rechtfertigen sein: Zum einen ist bei der Bearbeitung der hier aufgenommenen mechanischen Problemstellungen nicht der (laut Rahmenrichtlinien) für die Klasse 10 verlangte relativ hohe Grad an Mathematisierung notwendig - dadurch werden diese Probleme auch für jüngere Schüler bearbeitbar -; zum anderen stellen diese Probleme eine Art "Kontrollgruppe auf Itemebene" dar, da man davon ausgehen kann, daß diese Probleme durch schulisches Lernen (jedenfalls bis zu der in dieser Untersuchung berücksichtigten Klassenstufe) relativ unbeeinflußt sind.

In welcher Weise die oben genannten Zielvorstellungen und inhaltlichen Vorgaben schließlich in konkrete Items umgesetzt wurden,[1]

---

1) *Bei der Auswahl und Formulierung der Items wurde auf Erfahrungen und Ergebnisse aus einer (bereits erwähnten) anderen eigenen Untersuchung zurückgegriffen (vgl. ARBINGER + SEITZ 1974)*

Abb. 32: Zuordnung der ausgewählten Problemstellungen zu dem inhaltlichen Angebot in den Klassen 7 bis 10 (laut RAHMENRICHTLINIEN)

Klasse	Unterrichts- gegenstand	Modelle	Gesetze und Prinzipien	ASSOZIATIONEN	Erfassungsmethode GEMEINSAMKEITEN	PROBLEME
7,8	Lichtquellen, Begriff des Lichtstrahls, Schatten, Reflexion, Brechung, Dispersion, optiscne Linsen, Spektrum, Wärmestrahlen (Gemeinsamkeiten mit Lichtstrahlen)	Strahlenmodell des Lichts	Reflexions- gesetz Brechungs- gesetz Zusammenhang zwischen Bildgröße und Gegen- standsgröße	"Lichtbrechung"	Aufg.4: Glühbirne, Auto- schein- werfer, Autorück- spiegel	3) "Sonnentaler" 4) "Nebel" 7) "Wasserfläche auf Straße" 15)"Schwimmbecken"
	Teilbarkeit der Materie, Wärme- zustand und Mole- kularbewegung, molekularkineti- sche Deutung der Wärmevorgänge, Temperatur, Wärmetransport	Atomistik Daltonsches Atommodell (Kugelmodell)	Richtung des Wärmeübergangs	"Temperatur"	Aufg.3: Thermos- kanne, Herd, Kochtopf	6) "Brücke" 2) "Taschentuch"
	Wirkungen des elek- trischen Stroms, Stromstärke, 1. Kirchhoffsches Gesetz		1. Kirchhoffsches Gesetz		Aufg.1: Bügel- eisen, Tauch- sieder	
	Elektrostatik, Spannung, Ladung, Spannungserzeugung, Ohmsches Gesetz, 2. Kirchhoffsches Gesetz	Feld, atomistische Vorstellung von der Elek- trizität	Kondensatorgesetz 2. Kirchhoffsches Gesetz Ohmsches Gesetz Widerstandsge- setz	"Spannung"		1) "Luftballons" 5) "Elektroherd" 13)"Kurzschluß"
9,10	Induktion					9) "Dynamo"
	Elektrizitäts- leitung	Elektronen Ionen				
	Physikalische und technische Realisierung logischer Ver- knüpfungen		Gesetze der Booleschen Algebra			
	Einfache Bewe- gungen Geschwindigkeit	Massenpunkt	Weg-Zeit-Gesetz für gleichför- mige Bewegung			
	Kraftbegriff Gewichtskraft Masse Lineares Kraft- gesetz		Lineares Kraftgesetz Gleichgewichts- bedingungen an einfachen Maschinen	"Kraft"		16)"Boot und Ventilator" 4) "Holzhacken" 8) "Glas und Postkarte"
	Einfache Maschi- nen, Arbeit, Leistung, Ener- gie Reibung, Wärme, Wärmemenge, Elektrische Energie, Erwär- mungsgesetz		Erwärmungs- gesetz Energieerhal- tungssatz		Aufg.2: Korken- zieher, Schere, Bohrer	14)"Vorratskeller"
	Druck in Flüssig- keiten und Gasen Wärmeenergie- maschinen	ideales Gas	Archimedisches Gesetz Boyle-Mariotte- sches Gesetz			12)"Kanalbrücke" 10)"Bergsteiger"

kann dem Fragebogen entnommen werden; ein Exemplar dieses Fragebogens befindet sich im Anhang (1.).

Mit diesem Fragebogen wurden im Juni 1978 (d.h. kurz vor den Sommerferien, am jeweiligen Schuljahresende) insgesamt 531 Schüler der Klassen 7 bis 9 von drei hessischen integrierten Gesamtschulen befragt.[1)]

Die Durchführung der Untersuchung (die von der Anlage des Fragebogens her als unproblematisch anzusehen war) lag in den Händen der an dem erwähnten Modellversuch beteiligten Lehrer[2)] (mit denen selbstverständlich eine alle Einzelheiten der Untersuchungsdurchführung betreffende Vorbesprechung durchgeführt wurde).

Die Auswahl der Schüler, die schließlich an der Befragung teilnahmen, war in der Regel dadurch bestimmt, ob der jeweilige Physiklehrer am erwähnten Modellversuch mitarbeitete oder nicht. Die hier untersuchten 531 Schüler umfassen deshalb auch nicht alle Schüler der Klassen 7 bis 9 der drei Schulen, sondern sie stellen eine leidlich repräsentative Stichprobe dieser Schüler dar. Die weniger an methodischen Erwägungen als an schulischen Bedingungen orientierte Auswahl der Schüler zeigt sich z.B. auch daran, daß in einer der Schulen keine Schüler der Klasse 9 an der Untersuchung teilnahmen (s.u.).[3)]

Im einzelnen setzte sich die Untersuchungsstichprobe in folgender Weise zusammen:

---

1) Aus rechtlichen Gründen sollen die Namen der Schulen unerwähnt bleiben.

2) Ihnen sei an dieser Stelle herzlich gedankt!

3) Bei der Interpretation der Untersuchungsergebnisse wird man auf diese Bedingungen der Stichprobenzusammenstellung noch eingehen müssen.

Abb. 33: Stichprobe der Untersuchung "Juni 1978"

		Jungen	Mädchen	gesamt
Schule A	7	20	14	34
	8	23	29	53
	9	42	46	88
gesamt		86	89	175
Schule B	7	37	42	79
	8	32	37	69
	9	17	12	29
gesamt		86	91	177
Schule C	7	42	39	81
	8	51	47	98
gesamt		93	86	179
Summe über alle drei Schulen		265	266	531

Aus der obigen Abbildung geht deutlich hervor,

- daß die Anzahl der untersuchten Schüler (summiert über "Klassenstufe" und "Geschlecht") in den drei Schulen annähernd gleich ist;

- daß die Anzahl von Jungen und Mädchen annähernd gleich ist (sowohl in den einzelnen Klassenstufen als auch insgesamt gesehen);

- daß aber - summiert über die drei Schulen - die Anzahl der untersuchten Schüler in den einzelnen Klassenstufen nicht gleich ist (wegen der fehlenden 9. Klasse in Schule C wurden in der 7. und 8. Klasse annähernd doppelt so viele Schüler wie in der 9. Klasse untersucht).

5.2.2 Auswertung und Ergebnisse

Der Übersichtlichkeit wegen soll im folgenden die Auswertung für die drei in dieser Untersuchung zur Anwendung gekommenen Methoden zunächst getrennt erfolgen. Erst dann soll versucht werden, einige allgemeine Ergebnisse zu formulieren.

5.2.2.1 Erklärung physikalischer PROBLEME

Die Auswertung der von den Schülern abgegebenen (schriftlichen) Erklärungen der vorgegebenen Probleme erfolgte in mehreren Schritten:

Zunächst wurden für jedes Problem getrennt sämtliche von den Schülern abgegebenen Erklärungen zusammengestellt.[1] Für die Weiterverarbeitung dieses seiner Natur nach qualitativen Materials war es - entsprechend den in Kap. 3.3.4 aufgeführten Untersuchungen - notwendig, die Antworten der Schüler bestimmten Kategorien zuzuordnen, woraus sich dann quantitative Aussagen ableiten lassen sollten.

Der Prozeß der Kategorienfindung (und der schließlich erfolgten Zuordnung der Antworten zu den Kategorien) läßt sich etwa folgendermaßen beschreiben:

Eine erste Durchsicht der Schülerantworten zeigte, daß eine Zuordnung zu problemübergreifenden Kategorien (etwa im Sinne allgemeiner Erklärungstypen wie z.B. bei PIAGET 1927) nicht möglich sein würde. Ursache dafür ist zum einen die Tatsache, daß die abgegebenen Erklärungen der Schüler vom Typus her derart einheitlich waren (im weitesten Sinn "physikalisch", wenn auch nicht unbedingt "physikalisch richtig"), daß man kaum differenzierte Ergebnisse erhalten hätte. Auch die Tatsache, daß bestimmte Erklärungsmuster nur spezifisch bei bestimmten Problemen auftraten (etwa bestimmte (Fehl-) Auffassungen von Wärmeleitung), stand einer Entscheidung für problemübergreifende Kategorien entgegen.

Um aber andererseits nicht bei ausschließlich problemspezifischen Kategorien stehenzubleiben, wurde folgender Kompromiß bei der Formulierung der Kategorien gefunden:

Für jedes Problem wurde zunächst eine physikalisch richtige Erklärung formuliert.[2] Jede dieser Erklärungen wurde dann auf ihre jeweils wesentlichen Bestimmungsstücke analysiert (z.B. vorkommende Begriffe,

---

1) Wie im Anhang erwähnt, bleibt Problem 1 unberücksichtigt.

2) Herrn R. Lasnitschka sei an dieser Stelle für seinen fachlichen Rat gedankt!

deren richtige Verknüpfung, allgemeine Gesetzmäßigkeiten usw.). In Abhängigkeit von der Anzahl der in einer Erklärung auftretenden Bestimmungsstücke (und auch in Abhängigkeit von der Wichtigkeit dieser Bestimmungsstücke) wurden dann für jedes Problem Kategorien definiert. Bei der Entscheidung über die Anzahl der jeweils notwendigen Kategorien standen zwei Gesichtspunkte im Vordergrund: Es sollte zum einen eine gute Differenzierung der von den Schülern abgegebenen Antworten möglich sein, und es sollte zum anderen bei allen Problemen möglichst die gleiche Zahl von Kategorien vorkommen (als notwendige Voraussetzung für eine problemübergreifende Auswertung).

Nach einigen Vorversuchen stellte sich sehr bald heraus, daß die Zahl von vier Kategorien (und zusätzlich eine Kategorie "nicht beantwortet") beide Kriterien erfüllte.

Für jedes Problem wurden dann detaillierte Beschreibungen der jeweiligen Kategorien formuliert; hierbei wurde besonders darauf geachtet, daß die Abstufung der Kategorien (entsprechend ihrem Anforderungsniveau bzw. entsprechend dem Grad ihrer Richtigkeit) über alle Probleme gesehen einigermaßen vergleichbar war. Mit diesen Kategorienbeschreibungen als Anweisung erfolgte anschließend eine erste probeweise Kategorisierung der Schülerantworten durch zwei unabhängige Beurteiler[1)] (an einer Untergruppe von Schülern und Problemen). Das Ausmaß an Beurteilerübereinstimmung in diesem ersten Durchgang war bereits erstaunlich hoch.[2)] Die (wenigen) aufgetretenen Differenzen wurden diskutiert, d.h. auf ihre Ursachen hin analysiert. Da sich in einigen Fällen unklare Kategorienbeschreibungen als Ursache der Differenzen angeben ließen, wurden kleinere Änderungen und Präzisierungen an den Beschreibungen vorgenommen. Schließlich wurden endgültige Kategorienbeschreibungen festgelegt, die als Grundlage für die Einstufung sämtlicher Schülerantworten herangezogen werden sollten.[3)] Diese endgültigen Kategorienbeschreibungen sind im Anhang (2.) abgedruckt. Die im folgenden darzustellenden Ergebnisse bezie-

---

1) Die Beurteiler waren Herr Lasnitschka und der Autor

2) Bei insgesamt nur 51 von 1839 kategorisierten Antworten traten Abweichungen zwischen beiden Beurteilern auf! Das sind weniger als 3 %!

3) Angesichts der bereits vorher bestehenden hohen Beurteilerübereinstimmung erfolgte kein zweiter Probedurchgang.

hen sich sämtlich auf die Beurteilung der Schülererklärungen anhand dieser Kategorien.

In einem ersten Auswertungsschritt wurden für jedes Problem (außerdem getrennt nach "Schule", "Geschlecht" und "Altersgruppe") die Verteilungen der Antworten auf die einzelnen Kategorien zusammengestellt. Eine Tabelle dieser Häufigkeitsverteilungen, die den Ausgangspunkt für alle weiteren Auswertungen darstellen, befindet sich im Anhang (3.).

Entsprechend der zentralen Problemstellung dieses Untersuchungsteils wird bei der weiteren Auswertung zunächst auf die Frage eingegangen, ob sich - gemessen an den Häufigkeiten der auf die einzelnen Kategorien entfallenden Schülerantworten - Veränderungen[1] in den von den Schülern abgegebenen Erklärungen mit fortschreitendem Alter beobachten lassen. Eine erste globale Antwort auf diese Frage erhält man, wenn man - ohne auf eventuell bestehende Unterschiede in der Beantwortung zwischen den 15 Problemen und zwischen den drei Schulen Rücksicht zu nehmen - die Verteilung sämtlicher abgegebener Antworten auf die fünf Kategorien in den drei hier untersuchten Klassenstufen betrachtet (Abb. 34).

Da die Kategorien von 0 nach 4 bezüglich ihrer Qualität zunehmen, da es sich hier also um ordinale Messungen handelt, konnte auf die (absoluten) Häufigkeiten der nachstehenden Tabelle eine nicht-parametrische Varianzanalyse (KRUSKAL-WALLIS-Test) angewandt werden (vgl. SIEGEL 1956, S. 184 ff.; MARASCUILO + McSWEENEY 1977, S. 315 ff.). Mit diesem Verfahren läßt sich entscheiden, ob die hier untersuchten drei Altersgruppen bezüglich ihrer mittleren Tendenz als aus der gleichen Population stammend betrachtet werden können.

Als Ergebnis des KRUSKAL-WALLIS-Tests ergab sich:[2]

für Jungen: $H^* = 46{,}84$; $p < 0{,}001$ (bei $df = 2$)
für Mädchen: $H^* = 17{,}27$; $p < 0{,}001$ (bei $df = 2$)

---

1) Aufgrund des querschnittlichen Untersuchungsansatzes handelt es sich hier natürlich um keine echten "Veränderungen".

2) Auf das genaue Rechenverfahren braucht hier nicht eingegangen werden (vgl. MARASCUILO + McSWEENEY 1977, S. 315 ff.).
H^* ist ein - wegen der vielen "ties" - korrigierter Wert.

Abb. 34: Anzahl der in den drei Klassenstufen auf die einzelnen Kategorien entfallenden Antworten (summiert über alle 15 Probleme und über alle drei Stufen)[1)]

a) Absolute Häufigkeiten

Kategorien		0	1	2	3	4	Summe
Jungen	Kl. 7	737	430	186	95	37	(1485)
	8	745	432	198	136	49	(1560)
	9	346	233	152	118	36	(885)
							3930
Mädchen	Kl. 7	718	449	123	81	54	(1425)
	8	837	564	168	88	38	(1695)
	9	354	341	102	54	19	(870)
							3990

b) Relative Häufigkeiten (in Prozent)

Kategorien		0	1	2	3	4
Jungen	Kl. 7	49,6	29,0	12,5	6,4	2,5
	8	47,8	27,7	12,7	8,7	3,1
	9	39,1	26,3	17,2	13,3	4,1
Mädchen	Kl. 7	50,4	31,5	8,6	5,7	3,8
	8	49,4	33,3	9,9	5,2	2,2
	9	40,7	39,2	11,7	6,2	2,2

Man kann also zunächst festhalten, daß sich sowohl bei Jungen als auch bei Mädchen die Häufigkeitsverteilungen der drei Altersgruppen bezüglich ihrer mittleren Tendenz (signifikant) unterscheiden. Welcher Art diese Unterschiede sind und in welche Richtung sie gehen, läßt sich bei einer näheren Inspektion der Prozentwerte in Abb. 34 leicht angeben:

- Die Unterschiede zwischen den jeweils drei Altersgruppen sind hauptsächlich darauf zurückzuführen, daß von der 7. zur 9. Klasse das Ausmaß an Fehlantworten deutlich abnimmt (jeweils von ca. 50 % aller Antworten auf ca. 40 %).

1) Die Summierung über alle Probleme führt dazu, daß die in dieser Tabelle angegebenen Häufigkeiten nicht im strengen Sinn unabhängigen Beobachtungen entsprechen.

- Läßt man andererseits die Kategorie "Fehlantworten" unberücksichtigt und fragt man nach Unterschieden in der "Güte" der von den Schülern abgegebenen Erklärungen (also nur Kategorien 1 bis 4), so ergibt sich folgendes Bild:

Abb. 35: "Güte" der von den Schülern abgegebenen Erklärungen (Mediane der Häufigkeitsverteilungen der Abb. 34 a ohne Kategorie "0")

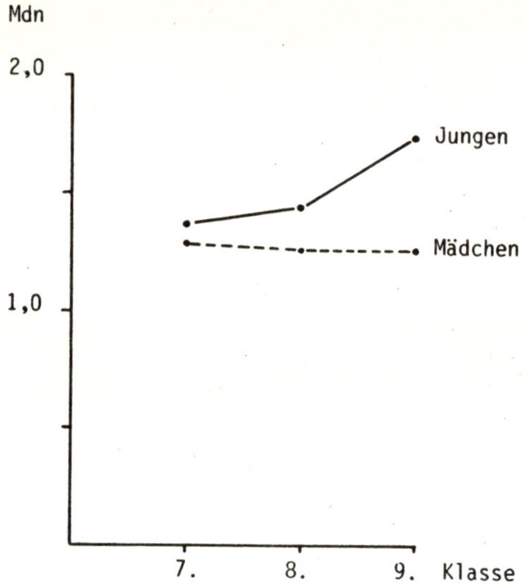

Die obige Abbildung zeigt deutlich, daß bei den Mädchen hinsichtlich der Qualität oder Güte der abgegebenen Erklärungen so gut wie keine Unterschiede zwischen den Altersgruppen bestehen; bei den Jungen dagegen ist von Kl. 7 bis 9 ein deutlicher Anstieg in der Qualität der Erklärungen der physikalischen Probleme festzustellen (die Jungen geben im übrigen auf allen Altersstufen "bessere" Erklärungen ab).

Die hier berichtete Tatsache, daß nämlich zwischen den drei Altersstufen bei der Erklärung physikalischer Probleme signifikante Unterschiede bestehen, liefert allerdings für sich genommen noch keinen Hinweis darauf, wie ein solches Ergebnis zu bewerten ist. Obwohl natürlich jede Bewertung von den angelegten Bewertungsmaßstäben abhängig ist[1)] (und deswegen auch diskutierbar ist), scheint mir die folgende Bewertung der Ergebnisse nicht überzogen zu sein:

Obwohl im Gesamtausmaß der Fehlantworten von der 7. zur 9. Klasse ein deutlicher Rückgang zu beobachten ist, kann dies doch nicht darüber hinwegtäuschen, daß das Ausmaß an fehlenden Antworten mit ca. 40 % erschreckend hoch bleibt. Selbst wenn man bei der Würdigung dieses Ergebnisses noch einen gewissen Kredit etwa auf die Erhebungsmethode (schriftliche Befragung) oder etwa auf mangelnde Motivation während der Befragung gibt, kann man meines Erachtens doch konstatieren, daß (bezüglich der hier untersuchten Probleme) ein beträchtliches Ausmaß an "Nicht-Wissen", bzw. in anderer Terminologie: ein beträchtlicher Mangel an zur Erklärung der Probleme heranziehbaren relevanten Ideen in der kognitiven Struktur, existiert. Offensichtlich verfügen viele Schüler bei vielen Problemen über keinerlei Anhaltspunkt, von dem aus zumindest ein Erklärungsversuch seinen Ausgang nehmen könnte.

Betrachtet man andererseits die 50 bis 60 % Antworten, in denen ein Erklärungsversuch unternommen wurde (wo also bei den Schülern Anhaltspunkte in der kognitiven Struktur existieren), dann kann man meines Erachtens weiterhin feststellen - trotz des in Abb. 35 zu beobachtenden Anstiegs bei den Jungen -, daß die von den Schülern abgegebenen Erklärungen insgesamt gesehen über ein "naives" vorwissenschaftliches, maximal nur Teilaspekte betreffendes Stadium (gemessen an den Kategoriendefinitionen) nicht hinauskommen. Die in der kognitiven Struktur der Schüler existierenden Ideen, die hier zur Erklärung herangezogen werden, haben mit den Konzepten der Physik offensichtlich nur wenig gemeinsam.

Als vorläufige Zusammenfassung der bisherigen - wohlgemerkt nur sehr globalen - Auswertung scheint mir der Schluß gerechtfertigt, daß der Effekt von Physikunterricht bezüglich der Veränderung der kognitiven Struktur der Schüler in Richtung auf die Sachstruktur der Physik als relativ gering angesehen werden muß.

---

1) Dies trifft natürlich selbst schon auf die "Bewertung" der einzelnen Schülerantworten, d.h. auf die Kategorisierung, zu.

Durch die weitere, differenziertere Auswertung wird zu prüfen sein, ob diese Aussage aufrechterhalten werden kann.

Als eine erste Möglichkeit der differenzierten Betrachtung bietet sich die Frage an, ob der oben berichtete globale Trend für alle Probleme bzw. Problembereiche in gleicher Weise zutrifft.

Zur Beantwortung dieser Frage wurde zunächst (ausgehend von der im Anhang 3 abgedruckten Tabelle) für jedes Problem - jeweils getrennt nach "Geschlecht" und "Altersgruppe", aber summiert über die drei Schulen - die Anzahl der auf die einzelnen Kategorien entfallenden Antworten bestimmt; für diese Verteilungen wurden dann die jeweiligen Mediane berechnet (eine Tabelle dieser Mediane ist in Anhang 4 zu finden). Ausgehend von diesen Medianen wurde eine nicht-parametrische Varianzanalyse nach FRIEDMAN (vgl. SIEGEL 1956, S. 166 ff.) gerechnet.[1] Mit diesem Verfahren läßt sich entscheiden, ob die Probleme als aus der gleichen Population stammend angesehen werden können, was für den vorliegenden Zusammenhang eine Entscheidung darüber bedeutet, ob die 15 Probleme den gleichen "Schwierigkeitsgrad" besitzen.

Als Ergebnis des FRIEDMAN-Tests ergab sich[2]

für Jungen: $Chi^2 = 36{,}54$; $p < 0{,}001$ (bei $df = 14$)
[3] $W = 0{,}87$

für Mädchen: $Chi^2 = 37{,}09$; $p < 0{,}001$ (bei $df = 14$)
$W = 0{,}88$

Aufgrund dieses Ergebnisses kann man also feststellen, daß sich die hier untersuchten 15 Probleme hinsichtlich ihres Schwierigkeitsgrades (signifikant) voneinander unterscheiden bzw. daß die drei Altersgruppen in der "Beurteilung" dieses Schwierigkeitsgrades eine sehr hohe Übereinstimmung zeigen.

---

1) In jeder Altersgruppe wurden die Probleme entsprechend den Medianen in eine Rangreihe gebracht.

2) Auf das Rechenverfahren braucht auch hier nicht eingegangen zu werden.

3) Konkordanzkoeffizient nach KENDALL $W = \frac{Chi^2}{N\,(k-1)}$ *hier:* $N = 3$ *(Gruppen)* $k = 15$ *(Probleme)*

Für den vorliegenden Zusammenhang scheint mir dieses Ergebnis deshalb bemerkenswert, da man hätte erwarten können, daß die Rangreihe der Schwierigkeit der Probleme vom Alter der "Beurteiler" abhängig ist; oder anders ausgedrückt: man hätte erwarten können, daß als Folge von Unterricht eine Veränderung in dieser Schwierigkeitsrangreihe eintritt. Daß dieser Effekt hier nicht zu beobachten ist, scheint mir eine weitere Bestätigung der oben gemachten Aussage (Physikunterricht ist relativ wirkungslos) zu sein.

Nachdem also gezeigt werden konnte, daß hinsichtlich der Schwierigkeit der Probleme eine klare, über die Altersstufen konsistente Rangreihe besteht, lassen sich weitere Fragen anschließen:

- Worin bestehen im einzelnen die Unterschiede zwischen den Problemen?
- Welche Bedeutung kann man diesen Unterschieden unter Berücksichtigung ihrer numerischen Größe[1] und unter inhaltlichen Gesichtspunkten beimessen?
- Lassen sich Probleme oder auch Problembereiche identifizieren, für die die oben gemachte globale Aussage nicht zutrifft; und wenn ja, gibt es hierfür eine Erklärung?

Zur Beantwortung dieser Fragen seien hier zunächst einmal zwei weitere Tabellen vorangestellt (Abb. 36).

Aufgrund der beiden Tabellen in Abb. 36 erscheinen mir in bezug auf die oben gestellten Fragen folgende Antworten als gerechtfertigt: Die Unterschiede zwischen den 15 Problemen gehen hauptsächlich auf unterschiedliche prozentuale Häufigkeiten in der Kategorie "0" zurück (diese Häufigkeiten gehen natürlich in die Medianberechnung im Anhang 4 ein). Wie ersichtlich bleibt bei einem Teil der Probleme der Anteil der Fehlantworten deutlich im Bereich von 50 % oder sogar darüber; bei einem anderen Teil von Problemen ist dieser Prozentsatz von Fehlantworten deutlich niedriger (wobei zusätzlich noch eine Abnahme dieses Prozentsatzes von Klasse 7 bis 9 hinzukommt). Der Versuch einer inhaltlichen Erklärung dieser Unterschiede zwischen den Problemen (etwa im Zusammenhang mit der Abb. 32) liefert

---

1) Die Größe der Unterschiede geht ja in die Rangreihenbildung nicht ein.

Abb. 36: Prozentuale Häufigkeit der auf die Kategorie "0" entfallenden Antworten (a) und "Güte" der Erklärung (Kategorien 1 bis 4) (b)

a)

Problem	Jungen			Mädchen		
	Klasse					
Nr.	7	8	9	7	8	9
2	54,5	51,0	57,6	37,9	50,4	51,7
3	61,6	57,7	66,1	64,2	63,7	50,0
4	47,5	35,6	22,0	45,3	37,2	44,8
5	30,3	31,7	23,7	33,7	25,7	17,2
6	26,3	23,1	20,3	40,0	33,6	39,7
7	34,3	27,9	22,0	33,7	17,7	12,1
8	38,4	52,9	42,4	42,1	46,9	43,1
9	48,5	49,0	37,3	40,0	42,5	25,9
10	53,5	57,7	45,8	56,8	54,0	53,4
11	54,5	49,0	32,2	47,4	47,8	32,8
12	45,5	41,3	28,8	61,1	56,6	39,7
13	58,6	59,6	45,8	63,2	66,4	56,9
14	70,7	71,2	57,6	72,6	75,2	60,3
15	47,5	40,4	28,8	41,1	47,3	24,1
16	73,7	68,3	55,9	76,8	75,2	58,6

b)

Problem	Jungen			Mädchen		
	Klasse					
Nr.	7	8	9	7	8	9
2	1,59	1,73	1,94	1,32	1,47	1,43
3	1,26	1,21	1,27	1,21	1,21	1,16
4	1,24	1,46	1,38	1,13	1,15	1,12
5	1,12	1,26	1,61	1,09	1,07	1,19
6	3,07	3,31	3,27	3,55	3,17	2,71
7	1,21	1,22	1,27	1,11	1,14	1,11
8	1,56	1,41	1,88	1,22	1,21	1,47
9	1,15	1,22	1,78	1,01	1,02	1,07
10	1,46	1,79	1,88	2,20	1,72	1,88
11	1,33	1,20	1,63	1,28	1,14	1,11
12	1,14	1,21	1,28	1,43	1,20	1,26
13	1,57	1,28	1,60	1,30	1,18	1,10
14	1,10	1,15	1,19	1,09	1,06	1,18
15	1,75	2,75	2,87	2,17	2,33	2,50
16	1,61	1,67	1,94	1,23	1,32	1,21

Kein klares Bild: So wäre zwar der hohe Anteil an Fehlantworten in Problem 14 (Konzept "Wärmemenge") angesichts der Tatsache, daß dieses Konzept wohl erst in Klasse 10 behandelt wird, noch erklärbar; warum aber der Anteil der Fehlantworten z.B. bei Problem 2 (Konzept "Wärmeleitung") oder 3 (Konzept "Geradlinige Lichtausbreitung") so hoch ist, ist unter Rückgriff auf den möglichen Zeitpunkt der Behandlung im Unterricht nicht erklärbar. Die Zahl solcher Beispiele ließe sich vermehren.

Es kann also vorläufig festgehalten werden, daß die Schüler bei den verschiedenen Problemen in offensichtlich recht unterschiedlichem Ausmaß überhaupt über Anknüpfungspunkte für eine Erklärung verfügen und daß außerdem diese unterschiedliche Zahl von Anknüpfungspunkten nicht eindeutig auf den Einfluß von Unterricht zurückgeführt werden kann.

Sehr viel deutlicher als an den bisher betrachteten Anteilen der Fehlantworten kann man den relativ geringen Einfluß von Unterricht an der Qualität (oder eher: geringen Qualität) der überhaupt abgegebenen Erklärungen ablesen. Auf dieser Betrachtungsebene verschwinden dann auch nahezu alle Unterschiede zwischen den 15 Problemen (von zwei Ausnahmen abgesehen). Was die Güte oder Qualität der Erklärungen anlangt, existieren zwar numerische Unterschiede zwischen den Problemen und auch zwischen den verschiedenen Altersgruppen; berücksichtigt man allerdings die Tatsache, daß nahezu sämtliche Mediane zwischen 1,0 und 2,0 liegen, dann wird man kaum noch von "Qualitätsunterschieden" in der Erklärung sprechen können. Man kann meines Erachtens viel mehr festhalten, daß bei nahezu sämtlichen Problemen und in allen Altersstufen die Qualität der abgegebenen Erklärungen (gemessen an den Kategoriendefinitionen) höchst unbefriedigend bleibt: den meisten Erklärungen kann man lediglich das Prädikat "naiv" oder bestenfalls "in Ansätzen physikalisch richtig" zuweisen. Zu den bemerkenswerten Ausnahmen gehört im übrigen das Problem 6 (Konzept "Wärmeausdehnung") und - mit gewissen Abstrichen - das Problem 15 (Konzept "Lichtbrechung"); eine Erklärung für diese Ausnahmen ist allerdings nur schwer zu finden.[1]

---

1) *Man könnte vielleicht vermuten, daß diese Phänomene bereits vom "Alltagsverständnis" her bekannt sind; das ist aber reine Spekulation.*

Zusammenfassend kann man wohl feststellen, daß die oben gemachte globale Aussage ("Physikunterricht ist relativ wirkungslos") auch nach der hier vorgenommenen problembezogenen Differenzierung aufrechterhalten werden kann.

Als eine weitere Möglichkeit der differenzierten Betrachtung bietet sich die Frage an, ob die bisher berichteten Ergebnisse in gleicher Weise auf alle drei Schulen zutreffen.

Um zu prüfen, ob überhaupt Unterschiede in der Beantwortung der Probleme zwischen den Schülern existieren, wurden zunächst - nach "Altersstufe" und "Geschlecht" getrennt - die Häufigkeitsverteilungen der jeweils drei (bzw. in der 9. Klasse: zwei) Schulen miteinander verglichen. Der Übersichtlichkeit halber wurden diese Vergleiche auf die vier unterscheidbaren Problembereiche Wärmelehre, Optik, Mechanik und Elektrizitätslehre (denen sich die 15 Probleme ohne Schwierigkeit zuordnen lassen) beschränkt;[1] es wurde außerdem nur die "Güte" der Erklärung (also Kategorien 1 bis 4) berücksichtigt.

In Abb. 37 sind die Ergebnisse sämtlicher Vergleiche zwischen den Schulen zusammengestellt. Hieraus läßt sich zunächst einmal die grundsätzliche Aussage ableiten, daß zwischen den Schulen hinsichtlich der Güte der Erklärungen durchaus Unterschiede bestehen. Weiterhin wird deutlich, daß diese Unterschiede im wesentlichen auf die Inhaltsbereiche "Optik" und "Elektrizitätslehre" beschränkt sind. Es deutet sich außerdem an, daß in diesen beiden Bereichen der jeweilige Median der einen Schule (Schule B) konsistent (mit einer Ausnahme) über den jeweiligen Medianen der anderen beiden Schulen liegt.[2] Eine Erklärung für diese beiden Beobachtungen läßt sich kaum angeben; hierzu reichen die durch den Fragebogen erfaßten Informationen nicht aus.

Nachdem gezeigt werden konnte, daß sich die drei Schulen hinsichtlich der Güte der Erklärungen unterscheiden, scheint es gerechtfertigt, der zentralen Fragestellung (Altersveränderungen) auf der Ebene der einzelnen Schulen nachzugehen.

---

1) Dies ist aufgrund der vorangegangenen Betrachtungen wohl ohne großen Informationsverlust möglich. Eine Tabelle dieser zusammengefaßten Häufigkeiten ist in Anhang 5 zu finden.

2) Berücksichtigt man allerdings auch hier wieder die absolute Höhe der Mediane, so verlieren diese Unterschiede viel von ihrer Bedeutung.

Abb. 37: Unterschiede zwischen den Schulen hinsichtlich der "Güte" der Erklärung der physikalischen Probleme

		Schule	Wärmelehre Mediane		Optik Mediane		Mechanik Mediane	Elektrizitätslehre Mediane	
Jungen	7.Kl.	A	2,08	Chi^2 = 18,2	1,60	Chi^2 = 13,7	nicht signif.	1,14	Chi^2 = 17,9
		B	1,89	df = 6	1,44	df = 6		1,40	df = 6
		C	2,08	p = 0,006	1,60	p = 0,03		1,07	p = 0,007
	8.Kl.	A	nicht signif.		nicht signif.		nicht signif.	nicht signif.	
		B							
		C							
	9.Kl.	A	nicht signif.		1,47	Chi^2 = 9,6	nicht signif.	1,48	Chi^2 = 7,8
		B			2,20	df = 3		2,03	df = 3
						p = 0,02			p = 0,05
Mädchen	7.Kl.	A	nicht signif.		1,14	Chi^2 = 29,1	nicht signif.	1,07	Chi^2 = 14,6
		B			1,46	df = 6		1,16	df = 6
		C			1,14	p = 0,0001		1,03	p = 0,02
	8.Kl.	A	nicht signif.		1,11	Chi^2 = 21,7	nicht signif.	nicht signif.	
		B			1,35	df = 6			
		C			1,28	p = 0,001			
	9.Kl.	A	nicht signif.		1,17	Chi^2 = 8,1	nicht signif.	1,07	Chi^2 = 19,0
		B			1,41	df = 3		1,45	df = 3
						p = 0,04			p = 0,0003

Abb. 38: Unterschiede zwischen den Altersgruppen hinsichtlich der Güte der Erklärungen

		Wärmelehre Mediane	Optik Mediane	Mechanik Mediane	Elektrizitätslehre Mediane
Schule A	Jungen Kl. 7-9	nicht signif.	nicht signif.	nicht signif.	1,14 Chi^2 nicht signif. 1,25 Tau = 0,20** 1,48
	Mädchen kl. 7-9	nicht signif.	nicht signif.	1,67 Chi^2= 14,1 1,55 df = 6 1,42 p = 0,03 (Tau nicht signif.)	nicht signif.
Schule B	Jungen Kl. 7-9	1,62 Chi^2= 13,8 2,18 df = 6 2,38 p = 0,03 (Tau = 0,23**)	1,44 Chi^2= 15,0 1,66 df = 6 2,20 p = 0,02 (Tau = 0,13*)	1,27 Chi^2= 17,7 1,42 df = 6 1,97 p = 0,007 (Tau = 0,23**)	1,40 Chi^2= 26,1 1,19 df = 6 2,03 p = 0,0002 (Tau = 0,15*)
	Mädchen Kl. 7-9	nicht signif.	nicht signif.	nicht signif.	1,16 Chi^2= 21,5 1,08 df = 6 1,45 p = 0,002 (Tau nicht signif.)
Schule C	Jungen Kl. 7-8	nicht signif.	nicht signif.	nicht signif.	1,07 Chi^2= 12,5 1,30 df = 2 p = 0,002 (Tau = 2,29**)
	Mädchen Kl. 7-8	nicht signif.	1,14 Chi^2 nicht 1,28 signif. Tau = 0,15*	nicht signif.	nicht signif.

Hierzu wurden - getrennt nach "Geschlecht" - innerhalb jeder Schule die Altersgruppen 7 bis 9 (bzw. 8) hinsichtlich der Häufigkeiten der auf die Kategorien 1 bis 4 entfallenden Antworten miteinander verglichen (auch hier wurde sich auf die vier Inhaltsbereiche beschränkt). Die Ergebnisse sämtlicher Vergleiche sind in Abb. 38 aufgeführt. Da der "normale" Chi^2-Test für Kontingenztabellen von geordneten Variablen (hier "Güte" und "Alter") nicht vollkommen adäquat ist (vgl. MARASCUILO + McSWEENEY 1977), wurde zusätzlich noch KENDALLs Tau-Koeffizient als Zusammenhangsmaß zwischen den beiden hier in Frage kommenden Variablen angeführt (vgl. MARASCUILO + McSWEENEY 1977, S. 446 ff.).

Besonders bemerkenswert erscheint mir in Abb. 38, daß bei den Jungen in Schule B ein auf alle vier Inhaltsbereiche bezogener Anstieg in der Güte der Erklärungen von Klasse 7 bis 9 festzustellen ist. Die Bewertung des in Klasse 9 schließlich erreichten Niveaus (z.T. deutlich über 2,0 liegend) ist allerdings auch hier eine Frage, die letztlich außerhalb dieser Arbeit beantwortet werden muß.

Bei den Mädchen in Schule B und in den beiden übrigen Schulen ergeben sich nur sehr vereinzelt und unsystematisch (daher auch kaum interpretierbar) Zusammenhänge zwischen "Klassenstufe" und "Güte" der Erklärung. Auffällig ist lediglich eine gewisse Häufung im Inhaltsbereich "Elektrizitätslehre".

Wie bereits im Zusammenhang mit Abb. 37 erwähnt, kann über das "abweichende" Ergebnis der Jungen in Schule B kaum mehr als spekuliert werden. Man wird vielleicht annehmen können, daß dieses Ergebnis mit bestimmten schulischen Variablen (z.B. Unterrichtsorganisation, Unterrichtsstil der Lehrer, materielle und räumliche Ausstattung im Physikbereich usw.) zusammenhängt; diese Variablen wurden hier leider nicht erfaßt.

Auf einer letzten Ebene der Differenzierung soll schließlich noch der Frage nachgegangen werden, ob die bisher berichteten Ergebnisse in gleicher Weise für Jungen und Mädchen Gültigkeit besitzen. Zur

Beantwortung dieser Frage wurden innerhalb jeder Schule die Antwortverteilungen von Jungen und Mädchen (bezogen auf vier Inhaltsbereiche) auf den jeweiligen Klassenstufen miteinander verglichen.

Die Ergebnisse aller Vergleiche sind der folgenden Abbildung zu entnehmen.

Aus Abb. 39 lassen sich kaum allgemeingültige Aussagen ableiten. Bemerkenswert erscheint vielleicht, daß die meisten Unterschiede zwischen Jungen und Mädchen in Schule A zu beobachten sind, wobei immer die Jungen die qualitativ besseren Erklärungen abgeben.[1] Dieser Befund ist allerdings nicht - auch nicht in Schule A - durchgängig zu beobachten; in Schule B zeigen sich in zwei Fällen sogar entgegengesetzte Ergebnisse (Mädchen geben bessere Erklärungen ab). Im Hinblick auf die vier Inhaltsbereiche ist evtl. noch eine gewisse Häufung der Geschlechtsunterschiede (mit dem einheitlichen Bild: Jungen besser als Mädchen) in "Mechanik" und "Elektrizitätslehre" festzustellen.

Bei einer Erklärung der obigen Ergebnisse wird man auch hier auf Vermutungen angewiesen sein: Aufgrund von Befunden über die gerade in Physik (und hier besonders in den Bereichen "Mechanik" und "Elektrizitätslehre") sehr unterschiedlichen Interessen von Jungen und Mädchen (vgl. z.B. ARBINGER et al. 1976) könnte man die Hypothese aufstellen, daß die hier beobachteten Geschlechtsunterschiede in der Güte der Erklärung physikalischer Probleme in Zusammenhang stehen mit den unterschiedlichen Interessen von Jungen und Mädchen; warum dann allerdings die in Abb. 39 aufgeführten Unterschiede nicht durchgängiger zu beobachten sind, ist schwer erklärbar.

Zusammenfassung

Aufgrund der auf mehreren Ebenen erfolgten Analyse der von den Schülern abgegebenen Erklärungen kann man meines Erachtens davon ausgehen, daß der Effekt von Physikunterricht im Hinblick auf den Aufbau tragfähiger und überdauernder kognitiver Strukturen als re-

---

1) Selbstverständlich gilt auch hier die Einschränkung bezüglich der absoluten Höhe des Erklärungsniveaus.

Abb. 39: Unterschiede zwischen Jungen und Mädchen hinsichtlich der Güte der Erklärungen

		Wärmelehre Mediane	Optik Mediane	Mechanik Mediane	Elektrizitätslehre Mediane
Schule A	7.Kl.	nicht signif.	nicht signif.	nicht signif.	nicht signif.
	8. Kl.	nicht signif.	1,32 Chi^2 = 7,3 1,11 df = 2 p = 0,03	1,55 Chi^2 = 12,4 1,23 df = 3 p = 0,006	1,23 Chi^2 = 10,2 1,05 df = 3 p = 0,02
	9. Kl.	nicht signif.	1,47 Chi^2 = 15,0 1,17 df = 3 p = 0,002	1,42 Chi^2 = 12,5 1,22 df = 3 p = 0,006	1,48 Chi^2 = 28,4 1,07 df = 3 p < 0,0001
Schule B	7. Kl.	1,62 Chi = 12,0 2,07 df = 3 p = 0,007	1,44 Chi^2 = 12,8 1,46 df = 3 p = 0,005	nicht signif.	1,40 Chi^2 = 9,5 1,16 df = 3 p = 0,02
	8. Kl.	nicht signif.	nicht signif.	nicht signif.	nicht signif.
	9. Kl.	nicht signif.	nicht signif.	1,97 Chi^2 = 9,6 1,33 df = 3 p = 0,02	nicht signif.
Schule C	7. Kl.	nicht signif.	nicht signif.	nicht signif.	nicht signif.
	8. Kl.	nicht signif.	nicht signif.	1,28 Chi^2 = 8,4 1,17 df = 3 p = 0,04	1,30 Chi^2 = 12,4 1,08 df = 2 p = 0,002

lativ gering angesehen werden kann. An dieser pauschalen Feststellung sind nur geringfügige Abstriche zu machen, wenn man differenziertere Betrachtungen anstellt: trotz aufweisbarer Unterschiede zwischen den hier benutzten Problemen bzw. Problembereichen, trotz gewisser Unterschiede zwischen den Schulen und trotz Unterschieden zwischen Jungen und Mädchen ließen sich an keiner Stelle Hinweise auf nachhaltige Veränderungen in den Klassenstufen 7 bis 9 feststellen (vor allem was die Qualität oder Güte der Erklärungen angeht). Mißt man diesen Tatbestand an den mit Physikunterricht üblicherweise verbundenen Zielsetzungen,[1] so wird man kaum umhinkönnen, ein beträchtliches Auseinanderklaffen von "Wunsch" und "Wirklichkeit" zu konstatieren.

5.2.2.2 Auffinden eines gemeinsamen zugrundeliegenden Begriffs oder Prinzips ("GEMEINSAMKEITEN")

Die Auswertung der von den Schülern angegebenen GEMEINSAMKEITEN zwischen jeweils zwei selbst gewählten Gegenständen erfolgte formal weitgehend analog zur Auswertung der Erklärungen der PROBLEME; es muß deshalb auch nicht mehr auf alle Einzelheiten eingegangen werden.

Das erste Problem bestand auch hier zunächst darin, Kategorien zu finden, zu denen sämtliche von den Schülern abgegebenen Antworten zuordenbar sein sollten. Eine genaue Beschreibung der schließlich (in - wie erwähnt - ähnlicher Weise wie in Abschnitt 5.2.2.1) gefundenen Kategorien ist im Anhang 6 zu finden. Anhand dieser Beschreibungen wurden dann die Kategorisierungen sämtlicher Schülerantworten vorgenommen. Eine Zusammenstellung der Häufigkeiten der auf die einzelnen Kategorien entfallenden Antworten (getrennt nach "Aufgabengruppe", "Schule", "Geschlecht" und "Klassenstufe") ist im Anhang 7 zu finden; diese Tabelle ist Ausgangspunkt aller weiteren Analysen.

---

1) Als Beispiel sei eines der Hauptziele der Hessischen Rahmenrichtlinien angeführt: "Schaffung eines nach dem naturgesetzlichen Zusammenhang geordneten Wissens von den elementaren Naturerscheinungen und von den notwendigen Grundlagen für das Verständnis technischer Anwendungen."

Entsprechend der Vorgehensweise im letzten Abschnitt erfolgt die Auswertung zunächst auf einer sehr globalen Ebene: es wird dabei der Frage nachzugehen sein, ob sich hinsichtlich des Antwortverhaltens der Schüler überhaupt Altersdifferenzen nachweisen lassen. Ohne auf eventuelle Unterschiede zwischen den drei Schulen und zwischen den vier Aufgabengruppen Rücksicht zu nehmen, wurden dazu die auf die fünf Kategorien bezogenen Häufigkeitsverteilungen der Schülerantworten - getrennt nach "Klassenstufe" und "Geschlecht" - betrachtet.

Abb. 40: Anzahl der in den drei Klassenstufen auf die einzelnen Kategorien entfallenden Antworten (summiert über alle vier Problemstellungen und über alle drei Schulen)

a) Absolute Häufigkeiten

		Kategorien					
	Klasse	0	1	2	3	4	Median
Jungen	7	21	150	156	57	12	1,67
	8	11	155	167	60	23	1,75
	9	7	101	80	37	11	1,63
Mädchen	7	8	172	128	59	13	1,58
	8	11	205	153	70	13	1,56
	9	13	112	79	22	6	1,42

b) Relative Häufigkeiten (in Prozent)

		Kategorien				
	Klasse	0	1	2	3	4
Jungen	7	5,3	37,9	39,4	14,4	3,0
	8	2,6	37,3	40,1	14,4	5,5
	9	3,0	42,8	33,9	15,7	4,7
Mädchen	7	2,1	45,3	33,7	15,5	3,4
	8	2,4	45,4	33,8	15,5	2,9
	9	5,6	48,3	34,1	9,5	2,6

Auffällig an obiger Abbildung (zumindest gegenüber der entsprechenden Abb. 34) erscheint mir die verhältnismäßig geringe Zahl von Fehlantworten (Kategorie 0). Dieser Sachverhalt ist meines Erachtens aber recht einfach zu erklären: bei der Konstruktion der vier Aufgabengruppen wurde bewußt darauf geachtet, daß auch Schülern, die nicht das jeweils zugrundeliegende physikalische Prinzip entdeckten, eine Möglichkeit offenstehen sollte, die Aufgabe zu bewältigen. Konkret bedeutet dies, daß bei allen Aufgaben relativ naheliegende nicht-physikalische (daher auch als "naiv" kategorisierte) "Gemeinsamkeiten" der abgebildeten Gegenstände existieren. Bei der Erklärung der physikalischen Probleme (im vorangegangenen Abschnitt) bestand für die Schüler bei Nicht-Wissen keine derartige Ausweichmöglichkeit.

Für die Häufigkeitsverteilungen der Abb. 40 (a) wurde anschließend eine nicht-parametrische Varianzanalyse nach KRUSKAL-WALLIS berechnet (vgl. Abschnitt 5.2.2.1).

Es ergab sich

für Jungen: $H^* = 2{,}30$; $p > .30$ (bei $df = 2$)
für Mädchen: $H^* = 9{,}71$; $p < .01$ (bei $df = 2$).

Aufgrund dieses Ergebnisses kann man also feststellen, daß für Jungen hinsichtlich der Art der Beantwortung der GEMEINSAMKEITEN keine Altersdifferenzen bestehen; dies geht übrigens auch deutlich aus den relativen Häufigkeiten in Abb. 40 b und aus den Medianen der (absoluten) Häufigkeitsverteilungen in Abb. 40 a hervor.

Für Mädchen ergeben sich zwar statistisch signifikante Altersdifferenzen, Abb. 40 zeigt allerdings, daß die Unterschiede zwischen den Altersgruppen eher entgegen der Erwartung verlaufen: die Mädchen der Klassenstufe 9 geben wesentlich weniger Antworten in den Kategorien 3 und 4 und mehr Antworten in der Kategorie 0 (Fehlantworten) ab als die Mädchen der Klassenstufen 7 und 8.[1)]

---

1) Gemessen am tatsächlichen Ausmaß der Unterschiede (vgl. die Mediane der Mädchen in Abb. 40 a) und an deren psychologischer Bedeutung wird man allerdings - ähnlich wie in Abschnitt 5.2.2.1 - ein solches Ergebnis kaum überinterpretieren dürfen.

Als Fazit dieser ersten globalen Analyse der von den Schülern angeführten "Gemeinsamkeiten" kann meines Erachtens nur wiederholt werden, was im letzten Abschnitt bereits mehrfach geäußert wurde: im Verlauf der hier untersuchten Klassenstufen 7 bis 9 sind kaum (unterrichtsbedingte) Veränderungen in der kognitiven Struktur der Schüler (in Richtung auf die Sachstruktur der Physik) festzustellen.

Aufgrund dieses globalen Ergebnisses wird man für die folgenden differenzierten Auswertungen kaum größere Überraschungen erwarten dürfen.

Auf einer ersten Ebene der Differenzierung wurde auch hier - analog zum vorangegangenen Abschnitt - der Frage nachgegangen, ob zwischen den vier Aufgaben Unterschiede in der Beantwortung existieren bzw. ob die Aufgaben einen unterschiedlichen Schwierigkeitsgrad besitzen. Zur Beantwortung dieser Frage wurden für jede der vier Aufgabengruppen - getrennt nach "Klassenstufe" und "Geschlecht", aber ohne Berücksichtigung der Variablen "Schule" - die Mediane der Antwortverteilungen berechnet.

Mit diesen Medianen (als Grundlage einer Rangreihenbildung der vier Aufgaben) wurde dann eine nicht-parametrische Varianzanalyse nach FRIEDMAN durchgeführt.

Die Mediane der vier Aufgaben in den jeweils drei Klassenstufen und die Ergebnisse der beiden FRIEDMAN-Tests (getrennt für Jungen und Mädchen) sind der folgenden Abbildung zu entnehmen.

Abb. 41: Mediane der über die drei Schulen summierten Antwortverteilungen und Ergebnisse der FRIEDMAN-Tests

		Aufgabe				
	Klasse	1	2	3	4	
Jungen	7	2,58	1,68	1,11	1,85	$Chi^2 = 8{,}2$; $p < 0{,}05$ (für df = 3)
	8	2,55	1,79	1,19	1,90	W = 0,91
	9	2,31	1,81	1,23	1,67	
Mädchen	7	2,25	1,66	1,20	1,64	$Chi^2 = 8{,}2$; $p < 0{,}05$ (für df = 3)
	8	2,48	1,57	1,09	1,76	W = 0,91
	9	1,79	1,45	1,15	1,60	

Aufgrund der obigen Abbildung kann man feststellen, daß sich auch für die vier Aufgaben der "GEMEINSAMKEITEN" signifikante Unterschiede in der Beantwortung (sowohl bei Jungen als auch bei Mädchen) nachweisen lassen. Entsprechend der Logik des FRIEDMAN-Tests gilt damit gleichzeitig auch, daß die jeweils drei Altersgruppen hinsichtlich der "Schwierigkeit" der Aufgaben eine sehr hohe Übereinstimmung zeigen.[1)] Dies hätte man zwar aufgrund ähnlicher Befunde bei den "PROBLEMEN" kaum anders erwarten können; wie allerdings bereits erwähnt, scheint mir ein solches Ergebnis doch kaum mit Erwartungen bezüglich des Effektes von Physikunterricht vereinbar zu sein.

Die Abb. 41 zeigt außerdem noch einmal deutlich - diesmal für jede Aufgabe einzeln -, daß zwischen den jeweiligen Klassenstufen kaum nennenswerte Unterschiede existieren bzw. daß beim Vorliegen eines Unterschiedes (wie im Falle der Aufgabe 1 bei den Mädchen) dieser nicht in die "gewünschte" Richtung geht.

Aus der obigen Abbildung kann man schließlich noch entnehmen, daß die Aufgabe 1 mit Abstand am besten bewältigt wurde. Das dieser Aufgabe zugrundeliegende physikalische Prinzip - Wärmewirkung des elektrischen Stroms - wurde also von den Schülern in Gegenständen des Alltags eher wiedererkannt als die jeweils anderen Prinzipien. Allerdings läßt sich nicht ganz ausschließen, daß die Aufgabenstellung das Auffinden dieses Prinzips begünstigte.[2)]

Analog zur Auswertung der Erklärungen der PROBLEME sollen im folgenden weitere Differenzierungen vorgenommen werden. Da bisher stets über die drei Schulen summiert wurde, soll zunächst der Frage nachgegangen werden, ob dies berechtigt war; d.h. es geht um die Frage der Unterschiede zwischen den drei Schulen. Eine vollständige Antwort auf diese Frage enthält die nachfolgende Abbildung, in der die

---

1) Wie Abb. 41 zeigt, gilt diese Übereinstimmung nicht nur für die jeweils drei Altersgruppen sondern für alle sechs hier unterschiedenen Gruppen.

2) Daß ein Tauchsieder und ein Bügeleisen warm bzw. heiß werden, und daß dies "etwas mit elektrischem Strom zu tun hat", ist ja wohl kaum als große Erkenntnis zu bezeichnen; zumindest ist sie naheliegend.

Ergebnisse sämtlicher - jeweils für die drei Klassenstufen, sowie Jungen und Mädchen getrennt - durchgeführter Vergleiche der Antwortverteilungen zusammengestellt sind:

Abb. 42: Unterschiede zwischen den Schulen hinsichtlich der Beantwortung der "Gemeinsamkeiten"

		Schule	Aufgabe 1 Mdn	Aufgabe 2 Mdn	Aufgabe 3 Mdn	Aufgabe 4 Mdn
Jungen	7. Kl.	B A C	nicht signif.	nicht signif.	nicht signif.	nicht signif.
	8. Kl.	B A C	nicht signif.	nicht signif.	1,25 Chi^2 = 14,6 1,35 df = 4 1,12 p = 0,006	nicht signif.
	9. Kl.	B A	nicht signif.	nicht signif.	nicht signif.	nicht signif.
Mädchen	7. Kl.	B A C	nicht signif.	nicht signif.	nicht signif.	nicht signif.
	8. Kl.	B A C	nicht signif.	nicht signif.	1,01 Chi^2 = 12,4 1,25 df = 4 1,07 p = 0,01	nicht signif.
	9. Kl.	B A	2,75 Chi^2 = 9,0 1,58 df = 3 p = 0,03	nicht signif.	nicht signif.	nicht signif.

Die obige Abbildung zeigt deutlich, daß - von einigen wenigen (zusälligen?!) abgesehen - kaum Unterschiede zwischen den Schulen hinsichtlich der Beantwortung der "Gemeinsamkeiten" existieren; dies bedeutet gleichzeitig auch, daß die bisherige schulübergreifende Betrachtung durchaus berechtigt war. Es muß allerdings hier angemerkt werden, daß bei der Interpretation der obigen Ergebnisse Vorsicht angebracht ist, da bei einer Differenzierung nach "Aufgabe", "Schule", "Klassenstufe" und "Geschlecht" die jeweilige Anzahl der Schüler recht klein wird (vgl. Anhang 7).[1)]

1) *Die gleiche Einschränkung gilt im übrigen auch für die beiden folgenden Abbildungen.*

Obwohl dies aufgrund der obigen Ergebnisse nicht mehr als unbedingt notwendig erscheint, soll im folgenden noch auf Altersdifferenzen (als der hier zentralen Fragestellung) innerhalb der drei Schulen nachgegangen werden.

Die Ergebnisse sämtlicher durchgeführter Vergleiche der jeweils drei (bzw. in Schule C: zwei) Altersgruppen sind in folgender Abbildung aufgeführt.

Abb. 43: Unterschiede zwischen den Klassenstufen in der Beantwortung der "Gemeinsamkeiten"

			Aufgabe 1	Aufgabe 2	Aufgabe 3	Aufgabe 4
		Kl.	Mdn	Mdn	Mdn	Mdn
Schule A	Jungen	7 8 9	nicht signif.	nicht signif.	nicht signif.	nicht signif.
	Mädchen	7 8 9	2,10 $Chi^2 = 20,3$ 2,59 df=6; p=0,002 1,58 (Tau = 0,25)	nicht signif.	nicht signif.	nicht signif.
Schule B	Jungen	7 8 9	nicht signif.	nicht signif.	nicht signif.	nicht signif.
	Mädchen	7 8 9	nicht signif.	nicht signif.	1,16 $Chi^2 = 12,8$ 1,01 df=6; p=0,05 1,25 (Tau nicht signif.)	nicht signif.
Schule C	Jungen	7 8	nicht signif.	nicht signif.	nicht signif.	nicht signif.
	Mädchen	7 8	nicht signif.	nicht signif.	1,30 $Chi^2 = 10,2$ 1,07 df=3; p=0,02 (Tau = -0,33**)	nicht signif.

Auf die obige Abbildung braucht nicht ausführlich eingegangen zu werden, sie spricht weitgehend für sich selbst: Innerhalb der Schulen zeigen sich so gut wie keine Unterschiede zwischen den Altersgruppen; die wenigen signifikanten Ergebnisse sind außerdem - betrachtet man die entsprechenden Mediane in den Klassen 7, 8 und 9 - noch nicht einmal "erwartungsgemäß".

Auf einer letzten Ebene der Differenzierung soll schließlich noch - analog zum vorangegangenen Abschnitt - der Frage nachgegangen werden, ob sich Jungen und Mädchen in ihrem Antwortverhalten unterscheiden. Die Ergebnisse sämtlicher Vergleiche sind der folgenden Abbildung zu entnehmen:

Abb. 44: Unterschiede zwischen Jungen und Mädchen in der Beantwortung der "Gemeinsamkeiten"

			Aufgabe 1 Mdn	Aufgabe 2 Mdn	Aufgabe 3 Mdn	Aufgabe 4 Mdn
Schule A	Kl. 7	Jungen Mädchen	nicht signif.	nicht signif.	nicht signif.	nicht signif.
	Kl. 8	Jungen Mädchen	nicht signif.	nicht signif.	nicht signif.	nicht signif.
	Kl. 9	Jungen Mädchen	nicht signif.	nicht signif.	nicht signif.	nicht signif.
Schule B	Kl. 7	Jungen Mädchen	nicht signif.	nicht signif.	nicht signif.	nicht signif.
	Kl. 8	Jungen Mädchen	nicht signif.	nicht signif.	1,25 Chi^2 = 10,1 1,01 df=2; p=0,006	nicht signif.
	Kl. 9	Jungen Mädchen	nicht signif.	nicht signif.	nicht signif.	nicht signif.
Schule C	Kl. 7	Jungen Mädchen	nicht signif.	nicht signif.	nicht signif.	nicht signif.
	Kl. 8	Jungen Mädchen	nicht signif.	1,78 Chi^2 = 8,5 1,36 df=3; p=0,04	nicht signif.	nicht signif.

Aufgrund der obigen Abbildung kann man feststellen, daß die vier Aufgaben der "Gemeinsamkeiten" in allen drei Schulen und auf allen Altersstufen von Jungen und Mädchen in gleicher Weise beantwortet werden (die beiden in Abb. 44 beobachtbaren Ausnahmen sind wohl kaum interpretierbar).

Zusammenfassung

Aufgrund der hier erfolgten Analyse der von den Schülern angegebenen "Gemeinsamkeiten" zwischen jeweils selbst gewählten Gegenständen des Alltags scheint es mir gerechtfertigt zu sein, von einer weitgehenden Übereinstimmung mit den Ergebnissen des vorangegangenen Abschnitts zu sprechen. Bezüglich der bei dem vorliegenden Untersuchungsteil im Vordergrund stehenden Frage der Altersdifferenzen kann auch hier festgestellt werden, daß im Verlauf der Klassenstufen 7 bis 9 (die - wie erwähnt - den entscheidenden Zeitraum für Physikunterricht darstellen) kaum mit tiefgreifenden Veränderungen in der kognitiven Struktur der Schüler zu rechnen ist. Der Effekt von Physikunterricht muß auch nach dieser Analyse als sehr gering angesetzt werden - zumindest in bezug auf die hier eingesetzten Erfassungsmethoden. Diese Aussage gilt auch dann noch, wenn Differenzierungen nach "Schule", "Geschlecht" und "Aufgabe" vorgenommen werden.

5.2.2.3 Assoziationen zu vorgegebenen Grundbegriffen der Physik

Bei dem dritten in diesem Untersuchungsteil eingesetzten Verfahren mußten die Schüler zu vier vorgegebenen Physikbegriffen (fortlaufend) frei assoziieren.[1)]

Bei der Auswertung derartiger Assoziationsdaten stehen prinzipiell mehrere Möglichkeiten zur Verfügung: Man kann zum einen - für jeden einzelnen Stimulusbegriff getrennt - eine Reihe von quantitativen Indizes bestimmen (z.B. "response strength", "response availability", "response heterogeneity" usw.; vgl. CRAMER 1968, S. 25 ff.); man kann weiterhin die abgegebenen Assoziationen nach bestimmten qualitativen (inhaltlichen) Kriterien beurteilen; schließlich ist es möglich, die auf zwei oder mehr Stimulusbegriffe abgegebenen Assoziation hinsichtlich ihres Grades der Überlappung, der Ähnlichkeit usw. zu analysieren (vgl. Abschnitt 3.2.3.1).

Auf die letztgenannte Möglichkeit soll hier in diesem Zusammenhang nicht eingegangen werden: da die vier benutzten Stimulusbegriffe aus recht unterschiedlichen Teilbereichen der Physik entstammen, wäre es relativ sinnlos, nach Zusammenhängen zwischen diesen Begriffen (im Hinblick auf eine evtl. bestehende "Struktur") zu suchen. Solche eher "strukturorientierte" Analysen von Assoziationsdaten werden in den folgenden Abschnitten - mit anderen Stimulusbegriffen - noch

---

1) In der Literatur ist diese Methode als "continuous association" bekannt. Über Vor- und Nachteile dieser Methode gegenüber anderen möglichen vgl. z.B. CRAMER (1968).

durchzuführen sein. In diesem Abschnitt sollen die abgegebenen Assoziationen für jeden einzelnen Stimulusbegriff getrennt nach den oben erwähnten quantitativen und qualitativen Gesichtspunkten betrachtet werden.

In einem ersten Auswertungsschritt wurden hierzu für jeden der vier Begriffe die Häufigkeiten der abgegebenen Assoziationen bestimmt (zunächst getrennt nach "Schule", "Klassenstufe" und "Geschlecht"). Eine Aufstellung der Assoziationen und ihrer jeweiligen Auftretenshäufigkeiten ist im Anhang 8 zu finden.

Bereits bei einer ersten flüchtigen Betrachtung der Assoziationsdaten kann man erkennen, daß auf jeden der vier Begriffe sehr viele verschiedene Assoziationen abgegeben wurden (in der Regel etwa so viele wie die jeweilige Schülerzahl)[1] und daß nur bei jeweils sehr wenigen Assoziationen nennenswerte Häufigkeiten auftreten.

Aufgrund dieser Beobachtungen wurden deshalb bei der weiteren Auswertung auf jeder Klassenstufe (außerdem getrennt nach "Geschlecht") die Häufigkeiten der abgegebenen Assoziationen über die drei (bzw. 2) Schulen summiert. Bei der inhaltlichen Interpretation der Ergebnisse soll dann nur noch auf die jeweils fünf[2] häufigsten Assoziationen eingegangen werden.

In der folgenden Abbildung sind für jeden Begriff und für jede der hier interessierenden Schülergruppen jeweils diese fünf Assoziationen aufgeführt; zusätzlich sind noch eine Reihe der erwähnten quantitativen Indizes angegeben (auf deren Definition und Berechnung noch eingegangen wird).

---

1) Im Anhang 8 sind allerdings nicht alle abgegebenen Assoziationen aufgeführt (vgl. die entsprechende Anmerkung).

2) Die Entscheidung für die fünf häufigsten Begriffe ist zugegebenermaßen recht willkürlich. Unter Berücksichtigung der Tatsache, daß in der Assoziations-Literatur häufig überhaupt nur auf die häufigste Assoziation ("Primary response") eingegangen wird und im Hinblick auf die Tatsache, daß in der Regel ab etwa der fünft-häufigsten Assoziation ein deutlicher Abfall in der Auftretenshäufigkeit festzustellen ist, scheint mir diese Entscheidung aber durchaus vertretbar zu sein.

Abb. 45: Assoziationen zu vorgegebenen Grundbegriffen der Physik: Zusammenstellung der Ergebnisse

Jungen	7. Klasse		8. Klasse		9. Klasse	
TEMPERATUR						
a) abgegebene Assoziationen mit absoluter Häufigkeit	Thermometer	39	Hitze	40	Thermometer	23
	Kälte	35	Thermometer	39	Kälte	20
	Wärme	32	Kälte	37	Wärme	18
	Celsius	30	Wärme	30	Hitze	16
	Hitze	27	Sonne	26	Sommer kalt	11
b) Schülerzahl	99		104		59	
c) Anzahl der Assoz.	555		583		307	
d) Anzahl der Assoz. pro Schüler	5,61		5,61		5,20	
e) Anzahl der versch. Assoz.	113		108		91	
f) α (e dividiert durch c)	0,20		0,19		0,30	
g) Summe a) dividiert durch c) (in %)	29,4		29,5		28,7	
LICHTBRECHUNG						
a) abgegebene Assoziationen mit absoluter Häufigkeit	Spiegel	17	Linse(n)	28	Prisma	23
	Wasser	13	Wasser	19	Wasser	14
	Linse(n)	12	Prisma	18	Linse(n)	10
	Licht(strahlen)	10	Licht(strahlen)	18	Optik Spektralfarben Lichtgeschwindigkeit	4
	Sonne Prisma	8	Spiegel	17		
b) Schülerzahl	99		104		59	
c) Anzahl der Assoz.	278		338		168	
d) Anzahl der Assoz. pro Schüler	2,81		3,25		2,85	
e) Anzahl der versch. Assoz.	67		100		56	
f) α (e dividiert durch c)	0,24		0,30		0,33	
g) Summe a) dividiert durch c) (in %)	21,6		29,6		32,7	
KRAFT						
a) abgegebene Assoziationen mit absoluter Häufigkeit	Muskeln	38	Muskeln	21	Muskeln	21
	Stärke	19	Energie	15	PS	10
	Motor	13	Auto(s)	14	Energie	9
	Auto(s)	12	Motor	13	Bewegung Stärke Motor	7
	Gewichtheben(r)	10	Strom	12		
b) Schülerzahl	99		104		59	
c) Anzahl der Assoz.	413		370		214	
d) Anzahl der Assoz. pro Schüler	4,17		3,56		3,63	
e) Anzahl der versch. Assoz.	105		128		80	
f) α (e dividiert durch c)	0,25		0,35		0,37	
g) Summe a) dividiert durch c) (in %)	22,3		20,3		25,2	
SPANNUNG						
a) abgegebene Assoziationen mit absoluter Häufigkeit	Strom	48	Strom	38	Strom	29
	Elektrizität	19	Krimi	17	Volt	20
	Krimi	14	Volt	16	Krimi	8
	Hochspannung	13	Steckdose	10	Trafo	7
	Volt	9	Elektrizität Transformator ("Trafo")	9	Steckdose Kraftwerk Energie	6
b) Schülerzahl	99		104		59	
c) Anzahl der Assoz.	338		357		207	
d) Anzahl der Assoz. pro Schüler	3,41		3,43		3,51	
e) Anzahl der versch. Assoz.	88		104		59	
f) α (e dividiert durch c)	0,26		0,29		0,29	
g) Summe a) dividiert durch c) (in %)	30,8		25,2		33,8	

Abb. 45: Fortsetzung

Mädchen	7. Klasse	8. Klasse	9. Klasse
TEMPERATUR			
a) abgegebene Assoziationen mit absoluter Häufigkeit	Thermometer 59 Kälte 42 Wärme 39 Celsius 29 Hitze 25	Kälte 65 Thermometer 54 Wärme 48 Hitze 42 Sonne 30	Kälte 32 Thermometer 25 Wärme 23 Hitze 17 Celsius 16
b) Schülerzahl	95	113	58
c) Anzahl der Assoz.	595	635	331
d) Anzahl der Assoz. pro Schüler	6,26	5,62	5,71
e) Anzahl der versch. Assoz.	90	83	73
f) α (e dividiert durch c)	0,15	0,13	0,22
g) Summe a) dividiert durch c) (in %)	32,6	37,6	34,1
LICHTBRECHUNG			
a) abgegebene Assoziationen mit absoluter Häufigkeit	Wasser 19 Sonne 16 Licht(strahlen) 14 Regenbogen 7 Lampe Glas 6	Linse(n) 20 Licht 12 Licht(strahlen) 11 Optik Wasser 10	Regenbogen 10 Prisma 7 Linse(n) 7 (Licht)Strahlen 6 Sonne Lichtjahre 5 Wasser
b) Schülerzahl	95	113	58
c) Anzahl der Assoz.	287	340	166
d) Anzahl der Assoz. pro Schüler	3,02	3,01	2,86
e) Anzahl der versch. Assoz.	67	99	67
f) α (e dividiert durch c)	0,23	0,29	0,40
g) Summe a) dividiert durch c) (in %)	21,6	19,1	24,1
KRAFT			
a) abgegebene Assoziationen mit absoluter Häufigkeit	Stärke 41 Muskeln 33 Energie 23 Elektrizität (Strom) 13 Magnet 13	Stärke 48 Strom 29 Muskeln 29 Energie 9 Volt Maschine 7	Muskeln 17 Energie 17 Stärke 14 Strom 8 Leistung 6
b) Schülerzahl	95	113	58
c) Anzahl der Assoz.	355	381	223
d) Anzahl der Assoz. pro Schüler	3,74	3,37	3,84
e) Anzahl der versch. Assoz.	81	75	69
f) α (e dividiert durch c)	0,23	0,20	0,31
g) Summe a) dividiert durch c) (in %)	34,6	32,0	27,8
SPANNUNG			
a) abgegebene Assoziationen mit absoluter Häufigkeit	Strom 41 Elektrizität 13 Krimi 9 Volt Leitungen 6 Blitz	Strom 39 Volt 27 Krimi 17 Ampere 12 Meßgerät 8	Strom 21 Volt 20 Krimi 7 Ampere 6 Steckdose Spannungsmesser 4 Elektronen
b) Schülerzahl	95	113	58
c) Anzahl der Assoz.	264	321	163
d) Anzahl der Assoz. pro Schüler	2,78	2,84	2,81
e) Anzahl der versch. Assoz.	68	80	63
f) α (e dividiert duch c)	0,26	0,25	0,39
g) Summe a) dividiert durch c) (in %)	29,2	32,1	35,6

Bei der Interpretation der in obiger Abbildung zusammengestellten Ergebnisse soll als erstes auf die quantitativen Indizes eingegangen werden. Hierbei soll primär der Frage nachgegangen werden, ob sich hinsichtlich dieser Indizes Unterschiede zwischen den Gruppen - besonders zwischen den Altersgruppen - aufzeigen lassen.

Zunächst ist es jedoch notwendig, auf die Berechnung und auf die psychologische Bedeutung der obigen Indizes einzugehen. Aufgrund dieser psychologischen Bedeutung der Indizes wird es auch möglich sein, Erwartungen bezüglich der Unterschiede zwischen den Gruppen zu formulieren.

In Abb. 45 sind insgesamt drei Indizes enthalten, die einer näheren Erläuterung bedürfen:

- Jeweils in Zeile d) ist die "Anzahl der Assoziationen pro Schüler aufgeführt (wobei gilt: Zeile d) = Zeile c) dividiert durch Zeile b)). Dieser Wert ist praktisch nichts anderes als ein über alle Schüler gemittelter Index "m", der in der einschlägigen Literatur als Maß für die sog. "response availability" oder auch für die Bedeutungshaltigkeit eines Stimulusbegriffs herangezogen wird (vgl. CRAMER 1968, S. 27; UNDERWOOD + SCHULZ 1960, S. 9 ff.). Ohne auf Einzelheiten einzugehen, kann bezüglich dieses Indexes für den vorliegenden Zusammenhang folgende Erwartung formuliert werden: Da aufgrund zahlreicher empirischer Untersuchungen gezeigt werden konnte, daß mit zunehmender "Vertrautheit" mit dem Stimulusbegriff ("stimulus familiarity"), die (durchschnittliche) Zahl der von den Vpn geäußerten Assoziationen ebenfalls zunimmt und da man weiterhin annehmen kann, daß die Auseinandersetzung mit einem solchen Begriff im Unterricht zu einer größeren "Vertrautheit"[1] führt (oder führen sollte), scheint es mir gerechtfertigt, eine Zunahme des in Zeile d) stehenden Wertes von der 7. zur 9. Klasse zu erwarten.

- Jeweils in Zeile f) steht ein von HORVATH (1963) stammender Index α, der sich errechnet aus der Anzahl der verschiedenen Assoziationen (Zeile e) dividiert durch die Gesamtzahl aller abgegebenen Assoziationen (Zeile c). Mit Hilfe dieses Indexes α, der auf die sog. YULE-Verteilung zurückgeht, ist es möglich, die Form der Assoziationshierarchie auf einen beliebigen Stimulusbegriff (statistisch) zu beschreiben.[2] Psychologisch gesehen, ist α nichts

---

1) In der Sprache der in Abschnitt 3.2.2 aufgeführten Gedächtnismodelle müßte ein "vertrauter" Begriff wesentlich mehr abrufbare Relationen zu anderen Begriffen (oder "Knoten") besitzen als ein weniger "vertrauter" Begriff.

2) HORVATH (1963) konnte zeigen, daß man mit Hilfe von α sehr gut vorhersagen kann, wieviele Assoziationen mit einer Häufigkeit von 1, von 2, von 3 usw. auftreten.

anderes als ein Maß für die Heterogenität der abgegebenen Assoziationen,[1] wobei gilt: je größer α, desto größer die Heterogenität der Antworten.

Bezüglich α läßt sich folgende Erwartung formulieren: α sollte von Klasse 7 bis 9 zahlenmäßig kleiner werden. d.h. die Heterogenität der Antworten sollte geringer werden. Diese Erwartung geht auf ähnliche Überlegungen (und Untersuchungen) im Zusammenhang mit der sog. "stimulus familiarity" zurück.

- In Zeile g) schließlich ist angegeben, wieviel Prozent aller abgegebenen Assoziationen auf die ersten fünf häufigsten Antworten entfallen. In der Assoziations-Literatur (vgl. z.B. CRAMER 1968, S. 26) wird dieses Maß im allgemeinen als "response commonality" bezeichnet (allerdings werden dabei nur die drei häufigsten Assoziationen herangezogen, was aber wohl kaum einen grundsätzlichen Unterschied ausmacht). Bezüglich dieses Maßes kann man von Klasse 7 bis 9 eine Zunahme erwarten. Dies folgt einmal aus den gleichen Überlegungen wie oben und zum anderen aus der Tatsache, daß dieses Maß nicht ganz unabhängig von α ist.

Betrachtet man die obige Abbildung 45 unter dem Gesichtspunkt der hier formulierten Erwartungen, so kann man leicht erkennen, daß bei keinem einzigen Stimulusbegriff und bei keinem einzigen der drei Indizes der erwartete Verlauf von Kl. 7 bis 9 feststellbar ist. Erkennt man die psychologische Bedeutung der drei Indizes, d.h. den damit verbundenen (empirisch gesicherten) Hinweis auf die Vertrautheit mit dem Stimulusbegriff, an, so wird man unweigerlich zu dem Schluß kommen müssen, daß im Laufe der hier betrachteten Klassenstufen 7 bis 9 eine zunehmende "Vertrautheit" mit den hier untersuchten vier Grundbegriffen nicht festzustellen ist. Dies bestätigt eigentlich nur das bisher Gesagte.

Vergleicht man im Hinblick auf die erwähnten drei Indizes die vier Begriffe untereinander, so kann man erkennen, daß sowohl bei Jungen als auch bei Mädchen auf allen Altersstufen der Begriff "Temperatur" die höchste Zahl von Assoziationen pro Schüler hervorruft und daß außerdem α jeweils am kleinsten ist. Der Begriff "Temperatur" scheint also den Schülern insgesamt gesehen "vertrauter" zu sein als die übri-

---

1) Als Heterogenität (D) wird häufig nur die "Anzahl der verschiedenen Assoziationen" (Zeile e) definiert. Da α aber unmittelbar auf diese Anzahl zurückgeht und außerdem den Vorteil hat, von der Zahl aller Assoziationen unabhängig zu sein, wurde hier α gewählt.

gen Begriffe. Da allerdings der dritte Index (Prozentanteil der fünf häufigsten Assoziationen) dieses Ergebnis nicht bestätigt und da außerdem keine (über alle Indizes, alle Klassenstufen und beide Geschlechter) homogene Rangreihe der Begriffe existiert, soll auf eine weitergehende Interpretation der Unterschiede zwischen den Begriffen verzichtet werden.

Die bisherige Darstellung betraf ausschließlich bestimmte quantitative Aspekte der abgegebenen Assoziationen. Darüberhinaus ist es - wie erwähnt - möglich, auch qualitative oder inhaltliche Betrachtungen anzustellen. Hierbei wird im folgenden nur auf die jeweils fünf häufigsten Assoziationen (vgl. Abb. 45) zurückgegriffen; eine Interpretation von Assoziationen, die nur von sehr wenigen Schülern genannt wurden, wäre sicher überzogen.

Versucht man eine grobe Einteilung der abgegebenen Assoziationen in die Kategorien "physikalisch" und "nicht-physikalisch" (oder "vorwissenschaftlich", "alltagsgebunden", "naiv" o.ä.),[1] dann kann man meines Erachtens mit einiger Berechtigung feststellen, daß die meisten Assoziationen (unabhängig vom Alter der Schüler) eher der zweiten Kategorie zuzurechnen sind. Eine die einzelnen Begriffe betreffende Interpretation soll diese globale Aussage unterstreichen:

- "TEMPERATUR"

  Die einzigen hierzu erfolgten Assoziationen, denen man das Prädikat "physikalisch" zuordnen kann, sind die Angaben "Thermometer" und "Celsius", die beide den Vorgang der Temperaturmessung betreffen. Trotz ihres unbestrittenen physikalischen Bezuges wird man allerdings von diesen beiden Begriffen wohl annehmen dürfen, daß sie auch ohne Physikunterricht, d.h. aus dem Alltagsverständnis heraus, mit "Temperatur" in Zusammenhang gebracht worden wären. Interessant erscheinen mir die durchgängig auftauchenden (naiven) Angaben "Kälte", "Wärme", "Hitze". Hier wird offensichtlich von den Schülern eine Einteilung der Temperaturskala in (3) verschie-

---

1) Eine Kategorisierung der abgegebenen Assoziationen nach präzisen Vorschriften (wie bei den beiden vorangegangenen Methoden) wurde hier nicht durchgeführt.

dene Bereiche vorgenommen: alles, was unterhalb einer gewissen Temperatur (z.B. $0^{o}C$) liegt, wird als "kalt" bezeichnet (bzw. "besitzt" Kälte); alles, was oberhalb einer bestimmten Temperatur liegt, ist "heiß" (hat "Hitze"); und alles, was dazwischenliegt, erhält die Bezeichnung "warm". Man wird annehmen können, daß diese Bereiche auch von den Schülern als qualitativ unterschiedlich gesehen werden bzw. daß die physikalische Natur von "Wärme" (als alle übrigen Begriffe einschließend) von den Schülern kaum erkannt wird.

- "LICHTBRECHUNG"

Meines Erachtens läßt sich an den Assoziationen auf diesen Begriff noch am ehesten ein möglicher Einfluß von Physikunterricht ablesen. Dies wird deutlich an den fast durchgängig auftretenden Angaben "Linse(n)", "Prisma"[1)] und "Wasser", alles Gegenstände bzw. Materialien, an denen im Unterricht der Vorgang der Lichtbrechung beispielhaft demonstriert und erklärt wird. Von den übrigen Assoziationen wird man vielleicht noch "Licht(strahlen)" auf Unterrichtserfahrungen zurückführen können: das Modell des Lichtstrahls ist ja für die in der Sekundarstufe I behandelte Optik (auch "Strahlenoptik") grundlegend.

- "KRAFT"

Die Angaben zu diesem Begriff zeigen, daß eine weitgehende Gleichsetzung von "Kraft" mit "Muskelkraft" stattfindet. Außerdem werden noch bestimmte Maschinen (inclusive "Motor" und "Auto") angeführt, die offensichtlich in der Lage sind, (viel) Kraft auszuüben; auch "Strom" und "Elektrizität" gehören anscheinend dazu. Auffällig ist schließlich noch der fast durchgängig auftretende Begriff "Stärke", der - wohl mit "Kraft" gleichgesetzt - die relativ unphysikalische Auffassung des Kraftbegriffs unterstreicht. Die einzige Angabe, die nicht ganz in dieses Bild paßt, ist im übrigen "Energie". Hierbei ist allerdings nicht entscheidbar, ob damit der physikalische Energiebegriff gemeint ist.[2)]

---

1) Mit "Prisma" in engem Zusammenhang stehen noch die Assoziationen "Spektralfarben" und auch "Regenbogen".

2) Dies weist gleichzeitig auf die Grenzen der (ausschließlich sprachgebundenen) Assoziationsmethode hin.

Es bleibt abschließend noch zu erwähnen, daß die hier vorliegenden Ergebnisse sehr weitgehend mit denen von JUNG (1978) übereinstimmen.

- "SPANNUNG"

  Bei den Assoziationen auf "Spannung" lassen sich meines Erachtens drei gut unterscheidbare Gruppen von Angaben identifizieren:

  - Assoziationen, die nichts anderes bedeuten als eine Zuordnung des Begriffs "Spannung" zum Bereich der Elektrizitätslehre ("Elektrizität", "Strom")
  - Assoziationen, in denen die alltagssprachliche Verwendung von "Spannung" im Sinne von "spannend" deutlich wird ("Krimi")
  - Assoziationen mit physikalischem Hintergrund: "Volt" als Maßeinheit für "Spannung" (bei den Mädchen wurde hier allerdings auch die falsche Maßeinheit "Ampere" genannt); "Steckdose" und "Trafo" als übliche Spannungsquellen.

Alles in allem scheint mir aufgrund dieser inhaltlichen Interpretation (die hinsichtlich ihrer Bedeutung nicht überbewertet werden sollte) deutlich geworden zu sein, daß die Assoziationen auf die vier vorgegebenen Begriffe nur zu einem geringen Teil auf unterrichtliche Einflüsse zurückgeführt werden können; das Alltagsverständnis zeigt insgesamt eine deutliche Dominanz. Zusammenfassend wird man daher feststellen müssen, daß der als Resümee der vorangegangenen Abschnitte mehrfach aufgestellten These von der relativen Wirkungslosigkeit von Physikunterricht kaum etwas hinzugefügt werden braucht.

5.3 Veränderung kognitiver Strukturen durch Physikunterricht

5.3.1 Einleitung. Überblick

Die im vorangegangenen Abschnitt berichteten Ergebnisse machen deutlich, daß als Folge von Physikunterricht - pauschal gesprochen - kaum mit langfristigen oder nachhaltigen Veränderungen der kognitiven Struktur von Schülern in Richtung auf eine (wie auch immer definierte) Sachstruktur der Physik zu rechnen ist. Wegen des rein deskriptiven Charakters der in Abschnitt 5.2 dargestellten Untersuchung konnte allerdings (von Vermutungen abgesehen) keine Erklärung für diesen (sicher als betrüblich einzuschätzenden) Sachverhalt gegeben werden. Teilweise war dies auch darauf zurückzuführen, daß der in den Schulen tatsächlich erfolgte Unterricht nur annähernd (nämlich unter Rückgriff auf die Rahmenrichtlinien) bestimmt werden konnte. In vorliegendem Abschnitt soll nun versucht werden, diese beiden Gesichtspunkte (die in gewisser Weise die Bedeutung der Ergebnisse des letzten Abschnitts relativieren) angemessener zu berücksichtigen. In dieser Hinsicht kann also dieses Kapitel als logische und notwendige Ergänzung des vorangegangenen angesehen werden. Darüberhinaus sind allerdings mit dem vorliegenden Abschnitt noch eine Reihe anderer Absichten verbunden, die sich stichwortartig etwa folgendermaßen charakterisieren lassen: Erprobung bestimmter - vor allem an der Konzeption AUSUBELs orientierter - didaktischer Maßnahmen; Erprobung von Methoden zur Erfassung kognitiver Strukturen; Überprüfung bestimmter theoretischer Annahmen AUSUBELs im Zusammenhang mit "sinnvollem Lernen". Eine günstige Gelegenheit, sämtliche genannten Aspekte gleichzeitig miteinander zu verknüpfen, ergab sich im Rahmen der wissenschaftlichen Beratung des bereits erwähnten Modellversuchs "Physikunterricht": hierbei bot sich die Möglichkeit, über einen längeren Zeitraum regelmäßig im Physikunterricht von insgesamt drei Klassen anwesend zu sein und (wenn notwendigerweise auch in Grenzen) auf Planung und Durchführung des Unterrichts Einfluß zu nehmen.

Um Mißverständnissen vorzubeugen, sei hier vorausgeschickt, daß im Rahmen der vorliegenden Arbeit (selbstverständlich) nicht auf alle Einzelheiten dieser unterrichtlichen Begleitung eingegangen werden kann (und soll). Die Darstellung soll sich lediglich auf die oben erwähnten Punkte beziehen, wobei jeweils nur der Grad an Ausführlichkeit gewählt werden soll, der zum Verständnis der Zusammenhänge notwendig erscheint.[1]

---

1) Eine vollständige Dokumentation bleibt dem fälligen Projektbericht vorbehalten.

5.3.2 Darstellung des erfolgten Unterrichts

Wie erwähnt, bezog sich die unterrichtliche Begleitung auf insgesamt drei Klassen. Im einzelnen waren dies zwei 8. Klassen der bereits genannten Schule B (ein Grundkurs und ein Erweiterungskurs[1]), die beide vom selben Lehrer unterrichtet wurden und eine 8. Klasse (ohne Differenzierung[1]) einer anderen Gesamtschule (= Schule D)[2]. Der grobe inhaltliche Rahmen war in allen drei Klassen durch die Überschrift "Elektrizitätslehre" vorgegeben. Zeitlich erstreckte sich die unterrichtliche Begleitung auf die zweite Hälfte des Schuljahres 1978/79 (Februar 1979 bis Juni 1979 bzw. bis April 1979).

Zur ersten Orientierung und zum besseren Verständnis der nachfolgenden Ausführungen ist in der folgenden Abbildung 46 der zeitliche und inhaltliche Rahmen des Unterrichts in den genannten drei Klassen übersichtsartig dargestellt; eine etwas ausführlichere Darstellung ist im Anhang 9 zu finden.

Bei der weiteren Darstellung soll - ausgehend von Abb. 46 - auf die einzelnen, hier interessierenden Aspekte der Unterrichtsbegleitung (vgl. Abschnitt 5.3.1) näher eingegangen werden. Dabei werden auch die besonderen Probleme, die mit diesem Untersuchungsteil verbunden sind, zur Sprache kommen müssen (ein Problem - die mangelnde Vergleichbarkeit der drei Klassen - springt aus der Abbildung 46 bereits deutlich ins Auge).

---

1) In Schule B erfolgt am Ende der 7. Klasse eine Einteilung der Schüler (hauptsächlich aufgrund der Physiknote) in zwei Kurse. Diese Form der äußeren (Leistungs-) Differenzierung gilt für das gesamte 8. und 9. Schuljahr. In Schule D wird im 8. Schuljahr Physik noch im (heterogenen) Klassenverband unterrichtet. Eine Differenzierung (eigentlich: Schwerpunktbildung) erfolgt erst ab Klasse 9.

2) Den Herren E. Schilhabel und F. Stockmann sei hier ganz herzlich gedankt.

Abb. 46: Übersicht über den erfolgten Unterricht

	Klasse 1 Schule B Erweiterungskurs N = 30	Klasse 2 Schule B Grundkurs N = 15	Klasse 3 Schule D N = 25
1. Doppelstunde	VORTEST	VORTEST	VORTEST
2. "	Elektrostatik - elektr. Kraft (Wirkungen)		- Leiter und Nichtleiter - Stromstärke
3. "	- Ladung; Elektroskop - Atommodell	wie Kl. 1	- Stromstärke-Messung (Reihen- und Parallelschaltung)
4. "	- Ladungstrennung; Influenz; Bandgenerator		- Spannungserzeugung: durch Reibung (→ Elektrostatik)
5. "	- Ladungstransport - elektr. Spannung		chemisch (→ Batterie) - Spannung
6. "	Volta-Element		Spannungsmessung
7. "	Zwischentest "Elektrostatik"	Zwischentest "Elektrostatik"	
8. "	Elektromagnetismus		
9. "	- physikalischer Aspekt: Magnetfeld eines strom-	wie Kl. 1	NACHTEST (B)
10. "	durchflossenen Leiters - technischer Aspekt:	(techn.Aspekt	neue Unterrichtseinheit
11. "	Elektromagnet; Relais; Morsetel	steht im Vordergrund)	
12. "	lage, Gong, Klingel.		
13. "			
14. "	NACHTEST (A)	NACHTEST (A)	

5.3.2.1 Aspekt der Erprobung von Methoden zur Erfassung (physikbezogener) kognitiver Strukturen

Wie in der Einleitung zu diesem Abschnitt erwähnt wurde, bestand eine wesentliche Absicht bei der Unterrichtsbegleitung darin, Methoden zu erproben, mit denen die Erfassung (physikbezogener) kognitiver Strukturen möglich sein sollte. In engem Zusammenhang damit steht auch die Frage, in welcher Weise sich die so erfaßten kognitiven Strukturen durch den erfolgten Unterricht verändern, wobei eine Antwort auf diese Frage als ein Beitrag zur Evaluation eben dieses Unterrichts anzusehen wäre.

Aus der Abb. 46 kann man entnehmen, daß alle drei untersuchten Klassen vor Beginn der Unterrichtseinheit "Elektrizitätslehre" einen identischen Vortest bearbeiten. Auf diesen Vortest - speziell auf die Teile, die dem hier interessierenden Aspekt entsprechen - soll im folgenden näher eingegangen werden; ein vollständiges Exemplar dieses Vortests befindet sich im Anhang 10. Dieser Test besteht aus insgesamt fünf Teilen, die allerdings für den vorliegenden Zusammenhang nicht von gleicher Bedeutung sind:

1. Assoziationen zu Grundbegriffen aus der Elektrizitätslehre

   Auf die Methode des Assoziierens zu vorgegebenen Begriffen braucht hier kaum ausführlich eingegangen zu werden; die wesentlichen Aspekte dieser Methode wurden bereits in den Abschnitten 3.2.3.1 und 5.2.2.3 aufgeführt. Ein wesentlicher Unterschied zu dem vorangegangenen Kapitel besteht allerdings darin, daß hier - aufgrund einer größeren inhaltlichen Homogenität der vorgegebenen Begriffe - auch eine strukturelle Analyse der abgegebenen Assoziationen (im Sinne der in Abschnitt 3.2.3.1 beschriebenen Methoden) vorgenommen werden kann.[1)]

   Die Auswahl der fünf hier benutzten Begriffe (Stromkreis, Leiter, Ladung, Spannung und Stromstärke) konnte natürlich nicht anhand strenger Kriterien erfolgen, wie sie etwa in Abschnitt 3.2.3.1 beschrieben wurden (z.B. Häufigkeit des Vorkommens bestimmter Begriffe in einem Text). Nach übereinstimmender Beurteilung der beiden Lehrer (d.h. also Expertenurteil als Kriterium) konnten diese Begriffe aber als die für die geplante Unterrichtseinheit grundlegendsten angesehen werden.

2. Präferierte Unterrichtsform

   Diesem Teil des Vortests kommt im Hinblick auf die Erfassung kognitiver Strukturen nur eine untergeordnete Bedeutung zu. Dieses Verfahren sollte vielmehr - entsprechend bestimmter Zielsetzungen des erwähnten Projektes "Physikunterricht" - Informa-

---

1) Die Brauchbarkeit einer solchen strukturellen Analyse konnte in einer eigenen Voruntersuchung (für Begriffe aus der Optik) aufgezeigt werden. Auf diese Voruntersuchung soll - wegen ihres fehlenden Zusammenhangs zu dem hier berichteten Untersuchungsteil - nur in einem Exkurs eingegangen werden.

tionen liefern, um evtl. eine Gruppierung der Schüler nach anderen als nur leistungsbezogenen Kriterien vornehmen zu können. Bei der Auswertung wird hierauf nicht eingegangen werden. Auf dieses Verfahren wird allerdings noch zurückgegriffen werden (unter dem Stichwort "sinnvolle Lerneinstellung"), wenn es darum geht, die grundsätzlichen theoretischen Annahmen AUSUBELs zu überprüfen.

Es bleibt noch zu erwähnen, daß das Verfahren "Präferierte Unterrichtsform" in der hier benutzten Version von GOEHRKE (1975/76) stammt; dort finden sich auch nähere Angaben zur Konstruktion des Verfahrens, zu Gütekriterien usw., die hier nicht wiederholt werden brauchen.

3. Interesse an Elektrizitätslehre

Auch dieser Teil des Vortests besitzt unter dem hier interessierenden Aspekt "kognitive Struktur" nur zweitrangige Bedeutung. Die mit dem Einsatz dieses Verfahrens verknüpften Absichten lassen sich zum einen in ähnlicher Weise beschreiben wie oben (Gruppierung von Schülern und Überprüfung der Theorie AUSUBELs); zum anderen bietet sich aber mit diesem Verfahren auch noch die Gelegenheit, eine Evaluation des Unterrichts im Hinblick auf die Erreichung affektiver Lernziele (hier Interessen) vorzunehmen. Leider konnte dieses Verfahren allerdings nur in zwei der drei Klassen im Nachtest eingesetzt werden,[1] so daß diesem letztgenannten Aspekt nur eingeschränkte Bedeutung zukommt.

Es sei abschließend noch erwähnt, daß es sich bei dem Verfahren "Interesse an Elektrizitätslehre" um eine Unterskala eines umfangreicheren "Fragebogen(s) zur Erfassung naturwissenschaftlicher Interessen" handelt (ARBINGER et al. 1978; vgl. auch TODT et al. 1974 und ARBINGER et al. 1976).

---

1) Aus Gründen, die ich nicht zu vertreten habe. Auf solche und ähnliche Schwierigkeiten der unterrichtlichen Begleitung wird noch einzugehen sein.

4. Vorstellungen über Elektrizität

Mit diesem Teil des Fragebogens sollte erfaßt werden, welche Vorstellungen Schüler über verschiedene grundlegende Erscheinungen der Elektrizitätslehre besitzen. Vor allem ging es hier auch um die Frage, ob die Schüler über eine bestimmte Modellvorstellung des elektrischen Stroms verfügen.

Rein äußerlich entspricht dieser Teil weitgehend den "15 Problemen" aus dem vorangegangenen Untersuchungsabschnitt, was schon daran deutlich wird, daß die hier benutzten Probleme 3 ("Elektroherd") und 5 ("Kurzschluß") von dort übernommen sind. Die Auswahl der übrigen Problemstellungen wurde stark beeinflußt durch die Ergebnisse der Arbeit von BRAUNER + PETERS (1976; vgl. Abschnitt 3.3.4); Item 2 wurde (mit leichten Veränderungen) von dort übernommen.

Insgesamt gesehen sollte der Teil "Vorstellungen" erfassen, ob die Schüler über "relevante Ankerideen" (AUSUBEL) verfügen, auf die das in der nachfolgenden Unterrichtseinheit zu behandelnde Material beziehbar wäre.

5. Kenntnisse

Obwohl dieser Teil des Fragebogens kaum streng von dem Teil "Vorstellungen" getrennt werden kann, sollte von der Intention her doch eine sehr viel engere Bindung an den in den hier betrachteten Klassen bereits erfolgten Unterricht in Elektrizitätslehre[1)] hergestellt werden.[2)]

Im einzelnen sollten die Schüler hier nachweisen, daß sie über folgende Kenntnisse verfügen: wichtige Schaltsymbole; Stoffe, die den Strom leiten bzw. nicht leiten; Reihenschaltung und Parallelschaltung; Wärmewirkung des elektrischen Stroms.

---

1) *Alle drei Klassen hatten bereits vor Beginn der hier interessierenden Unterrichtseinheit Unterricht über "Elektrizitätslehre". Der inhaltliche Rahmen dieses einführenden Unterrichts ist mit dem Stichwort "einfacher elektrischer Stromkreis" hinreichend beschrieben.*

2) *Der Teil "Vorstellungen" kann natürlich auch nicht völlig losgelöst von Unterricht gesehen werden. Ein wesentlicher Unterschied im Grad der Unterrichtsbezogenheit scheint mir aber zwischen beiden Teilen zu bestehen.*

Aus der Abbildung 46 kann man weiterhin entnehmen, daß die drei Klassen am Ende der Unterrichtseinheit "Elektrizitätslehre" jeweils einen Nachtest bearbeiteten. Bedingt durch die bereits erwähnte mangelnde Vergleichbarkeit der drei Klassen und auch bedingt durch bestimmte äußere Gegebenheiten, war es notwendig, für diesen Nachtest zwei Versionen anzubieten.[1] Die beiden Tests, die in enger Zusammenarbeit mit den beiden jeweiligen Lehrern konstruiert wurden, sollten gleichzeitig verschiedenen Zwecken dienen (die z.T. mit der vorliegenden Arbeit zusammenhängen, z.T. aber auch darüber hinausgehen):

- Überprüfung des Ausmaßes der Lernzielerreichung (bezogen auf die jeweilige Unterrichtseinheit)[2]
- Schaffung einer "objektiven" Grundlage für die Vergabe von Noten und für notwendige Ein- bzw. Umstufungen der Schüler in Kurse (= Erwartungen, die die Schulen mit diesen Tests verknüpften).
- Ermittlung der Art und des Ausmaßes der Veränderungen bestimmter Aspekte der kognitiven Struktur (hier vor allem auf den aus dem Vortest übernommenen Teil "Assoziationen" beschränkt).
- Ermittlung von Veränderungen in bestimmten "affektiven" Variablen (vgl. Vortest "Interessen"; wie erwähnt aber nur auf die Klassen 1 und 2 bezogen).

Wie man sich leicht vorstellen kann, war es nicht ganz einfach, alle genannten Ansprüche an den Nachtest "unter einen Hut zu bringen". Die schließlich zum Einsatz gekommenen beiden Testversionen müssen daher als mehr oder weniger gelungener Kompromiß zwischen den eigenen Wünschen (im Hinblick auf die vorliegende Arbeit) und den äußeren Gegebenheiten angesehen werden.

Auf Einzelheiten der beiden Verfahren braucht hier nicht näher eingegangen werden. Die im Anhang 11 und 12 abgedruckten Verfahren sprechen weitgehend für sich selbst.

---

1) Was natürlich die Vergleichbarkeit noch weiter vermindert.

2) Eine Antwort auf diese Frage könnte indirekt zur Interpretation der Ergebnisse des vorangegangenen Kapitels herangezogen werden.

5.3.2.2 Aspekt der Erprobung bestimmter didaktisch-methodischer Maßnahmen

In der Einleitung zu diesem Abschnitt wurde bereits erwähnt, daß der Unterricht in den drei Klassen durch bestimmte didaktisch-methodische Maßnahmen "angereichert" werden sollte, wobei als grober Orientierungsrahmen die Konzeption AUSUBELs dienen sollte.

Im folgenden soll zunächst beschrieben werden, welche Maßnahmen im einzelnen ergriffen wurden und in welcher Weise sie als aus der Konzeption AUSUBELs abgeleitet betrachtet werden können. In einem zweiten Schritt soll dann auf einige Probleme eingegangen werden, die mit dieser "Ableitung" oder "Umsetzung" verbunden waren.

- advance organizer

  Entsprechend dem Grundgedanken der AUSUBELschen Theorie sollten durch der Unterrichtseinheit "Elektrizitätslehre" vorangestellte Organisationshilfen den Schülern relevante Ankerideen bereitgestellt werden, auf die das später zu präsentierende Lernmaterial bezogen werden könnte. Außerdem sollte durch diese Organisationshilfen den Schülern gezeigt werden, welche Relevanz oder welchen Stellenwert die bereits etablierten Ideen in der kognitiven Struktur besitzen, was - wie beschrieben - zu einer Induzierung einer sinnvollen Lerneinstellung führen sollte.

  Aufgrund der mangelnden Vergleichbarkeit des Unterrichts in den beiden Schulen war es notwendig, zwei verschiedene Organisationshilfen zu formulieren. Dies geschah etwa in folgender Weise: Zunächst wurde in Zusammenarbeit mit den beiden Lehrern festgelegt, welche Grundkonzepte in dem geplanten Unterricht angesprochen werden sollten. Hierbei wurde gleichzeitig diskutiert, in welchem inhaltlichen und zeitlichen Zusammenhang diese Grundkonzepte stehen sollten und in welcher Weise sie mit den Konzepten des bereits erfolgten Unterrichts in Verbindung gebracht werden konnten. Aufgrund dieser Diskussion wurden anschließend von mir Vorschläge für schaubildartige Organisationshilfen gemacht, die von dem jeweiligen Lehrer ohne Änderungswünsche akzeptiert wurden. Diese beiden Organisationshilfen sind im Anhang 13 zu finden.

Der Intention nach sollten diese Organisationshilfen in folgender Weise im Unterricht eingesetzt werden:

Jeder Schüler sollte zunächst eine Kopie der jeweiligen Organisationshilfe erhalten. Da auf eine feststehende Verbalisierung der grafischen Darstellung verzichtet worden war, sollte dann in einem Unterrichtsgespräch auf die wesentlichen Bestandteile dieser Organisationshilfen eingegangen werden. Konkret bedeutet dies: die wichtigsten Konzepte der anstehenden Unterrichtseinheit sollten angesprochen werden; die Reihenfolge ihrer Behandlung im Unterricht sollte anhand ihres inhaltlichen Zusammenhangs begründet werden; die Schüler sollten ihnen bereits vertraute Konzepte aufsuchen und in den Gesamtrahmen einordnen.

Auf diese Organisationshilfen sollte im Laufe der Unterrichtseinheit ständig zurückgegriffen werden, d.h. dem Schüler sollte zu jedem Zeitpunkt klar sein, an welcher Stelle innerhalb des Schaubildes er sich gerade befindet und damit auch, welche "Kompetenzen" er bereits erworben hat und was noch vor ihm liegt.

Über die von AUSUBEL angegebene Funktion eines "advance organizer's" hinausgehend, sollten die hier benutzten Organisationshilfen also auch die Funktion eines "Wegweisers" und die Funktion eines Art "Rechenschaftsberichts" (in bezug auf erworbene Kompetenzen) erfüllen.

- progressive Differenzierung

Entsprechend dem Prinzip der progressiven Differenzierung sollte in der Unterrichtseinheit von eher allgemeinen Konzepten ausgegangen werden, auf die dann spezifischere Konzepte beziehbar sein sollten. Für den vorliegenden inhaltlichen Rahmen bedeutet dies konkret, daß mit einem allgemeinen Modell des elektrischen Stroms (ruhende und bewegte Ladungen) begonnen werden sollte, mit dessen

Hilfe alle weiteren Konzepte, Phänomene usw. einordenbar und erklärbar sein sollten. Auf Einzelheiten muß nicht näher eingegangen werden; die intendierte Abfolge der Konzepte (von allgemein zu spezifisch) kann leicht den abgebildeten Organisationshilfen entnommen werden.

- Konsolidierung

  Auf dem Hintergrund der Forderung AUSUBELs, daß nämlich vor der Einführung neuer Konzepte sichergestellt werden muß, daß die bereits in der kognitiven Struktur befindlichen Ideen über ein hinreichend großes Maß an Stabilität und Klarheit verfügen, sollten in der Unterrichtseinheit "Elektrizitätslehre" mehrere Möglichkeiten der "Konsolidierung" eingesetzt werden. Im einzelnen könnte man hierzu folgende Maßnahmen zählen:

  - Wiederholungen zu Beginn jeder Stunde u.a. in Form von Gruppenwettbewerben, Frage- und Antwort-Spielen zwischen den Schülern usw.

  - Bearbeitung von Übungsmaterialien, in denen auch versucht wurde, einen stärkeren Anwendungsbezug (Motivierung!) des Gelernten herzustellen.

  - Selbsteinschätzung der Schüler am Ende einer Stunde (allerdings nur in Schule B) im Hinblick auf den Grad des Verständnisses der behandelten Konzepte. (In Abhängigkeit von den Ergebnissen dieser Selbsteinschätzungen sollte für die jeweils nächste Stunde das notwendige Ausmaß an Wiederholung und Übung bestimmt werden.)

  und - als Ergänzung zum letztgeannten Punkt -

  - kleinere "objektive" Überprüfungen des Grades der Lernzielerreichung (mit ähnlichen Intentionen und Konsequenzen wie oben).

  Einige Beispiele für diese genannten Maßnahmen sind im Anhang 14 zu finden.

Im Anschluß an diese Darstellung soll jetzt auf einige mehr oder weniger grundsätzliche Probleme und Schwierigkeiten eingegangen werden, die bei dem Versuch der "Umsetzung" der didaktischen Konzeption AUSUBELs in den drei Klassen zu beobachten waren. Stichwortartig lassen sich diese Probleme etwa folgendermaßen charakterisieren:

- Problem der Umsetzung

  Es zeigte sich sehr bald, daß die von AUSUBEL vorgeschlagenen didaktischen Prinzipien keine klare Entscheidungshilfe bieten, um für die aktuelle Unterrichtssituation eindeutige Maßnahmen abzuleiten. Selbst nachträglich bleibt meiner Ansicht nach durchaus offen, ob eine bestimmte unterrichtliche Maßnahme einem bestimmten didaktischen Prinzip zugeordnet werden kann oder nicht. Daß dieses Problem von durchaus grundsätzlicher Natur ist und sich nicht nur auf den hier beschriebenen "Umsetzungsversuch" beschränkt, zeigt auch die bereits zitierte Diskussion um das wichtigste AUSUBELsche Prinzip des "advance organizer" mit der überspitzt formulierten Kritik: "Funktioniert es, dann war es einer (nämlich ein advance organizer); funktioniert es nicht, dann war es keiner!"

  Für den vorliegenden Zusammenhang bedeutet dies meines Erachtens, daß man auf den Anspruch einer Überprüfung der AUSUBELschen Konzeption im strengen Sinn verzichten muß. Die Ergebnisse der Evaluation des Unterrichts (der - wie erwähnt - lediglich an einigen Stellen Bezüge[1)] zu AUSUBEL aufweist) werden kaum mehr als gewisse Plausibilitätsargumente zulassen.

- Kommunikationsprobleme

  Ein zweites grundsätzliches Problem bestand darin, die beiden beteiligten Lehrer mit der Theorie AUSUBEL's und den daraus folgenden Konsequenzen vertraut zu machen, sie von deren Notwendigkeit und Praktikabilität zu überzeugen und sie für ihr Verhalten im Unterricht darauf zu verpflichten. Im Hinblick auf diese drei Ziele wurden lange vor Beginn der Unterrichtseinheit "Elektrizitätslehre" intensive Gespräche und Diskussionen mit den Lehrern geführt, in deren Verlauf zur Illustration meiner Absichten auch eine Reihe von schriftlichen Materialien herangezogen wurden (z.B. Kurzfassung der Theorie AUSUBELs; Beispiel für einen "advance organizer" usw.). Diese Gespräche wurden auch während der gesamten

---

1) Dieser Terminus soll durchaus die Unschärfe einer solchen Beziehung ausdrücken.

Unterrichtseinheit regelmäßig im Anschluß an die jeweiligen Unterrichtsstunden fortgesetzt.

Ob und in welchem Ausmaß die drei genannten Ziele schließlich erreicht wurden, ist schwer zu entscheiden. Zwar kann man meiner Ansicht nach in bezug auf Information und Überzeugung (mit gewissen Abstrichen) noch von einer erfolgreichen Beratung sprechen, inwieweit dies aber auch für das im Unterricht tatsächlich gezeigte Verhalten zutrifft, erscheint mir doch fraglich. Man wird - anders ausgedrückt - kaum davon ausgehen können, daß sich die beiden Lehrer im aktuellen Unterrichtsgeschehen von den vorher diskutierten didaktischen Prinzipien AUSUBELs leiten ließen. Natürlich beruht diese Feststellung nur auf der eigenen subjektiven Einschätzung (die durch die regelmäßige Anwesenheit im Unterricht allerdings eine gewisse Grundlage besitzt), sie erscheint mir aber doch für die Bewertung dieses "Umsetzungsversuchs" wichtig zu sein. In engem Zusammenhang damit muß auch die Tatsache gesehen werden, daß zu Beginn der Unterrichtseinheit kein absolut festgelegtes Curriculum (z.B. im Hinblick auf Materialien) vorlag; Vieles wurde erst im Verlauf der Unterrichtseinheit - u.a. als Reaktion auf auftretende Schwierigkeiten - entwickelt. Dies erhöhte zwar zweifelsohne die Flexibilität des Unterrichts, führte aber andererseits auch vielfach zu einer "Aufweichung" der (meiner) ursprünglichen Konzeption.

- äußere Zwänge

Bei dem Versuch, bestimmte (mehr oder weniger neue) didaktische Konzepte in einem vorgegebenen institutionellen Rahmen zu erproben, müssen fast zwangsläufig Probleme auftreten. Der hier beschriebene Versuch stellt in dieser Hinsicht keine Ausnahme dar. Ohne auf Einzelheiten näher einzugehen, seien hier einige Rahmenbedingungen genannt, die bei der Planung und Durchführung des Unterrichts im Auge behalten werden mußten und die letztendlich zu einer ganzen Reihe von Kompromißbildungen führten[1]: vorgegebener

1) Diese Kompromißbildungen führen wieder ein Stück von einem "reinen" AUSUBELschen Unterricht weg!

inhaltlicher Rahmen (Orientierung an den Rahmenrichtlinien); vorgegebene Kurseinteilung; Notwendigkeit der Vergabe von Noten und der damit verbundenen Ein- und Umstufung; Notwendigkeit einer gewissen Parallelität zu den übrigen an der jeweiligen Schule existierenden Kurse bzw. Klassen usw.

- verschiedene weitere Probleme

  Die bisher erwähnten Schwierigkeiten gingen alle mehr oder weniger zu Lasten der geplanten AUSUBELschen Konzeption von Unterricht. Daneben darf nicht unerwähnt bleiben, daß die Unterrichtseinheit "Elektrizitätslehre" von einer Reihe günstiger Voraussetzungen begleitet war, die - obwohl vielleicht nicht zugunsten "AUSUBELs" wirkend - doch einen allgemein fördernden Einfluß auf die Ergebnisse des Unterrichts erwarten lassen sollten. Zu diesen günstigen Voraussetzungen könnte man etwa zählen: Freiwilligkeit der Teilnahme der beiden Lehrer am beschriebenen Unterrichtsversuch; damit zusammenhängend größeres Engagement und Interesse an Problemen des Physikunterrichts; intensive Vor- und Nachbereitung des Unterrichts unter Rückgriff auf die relativ regelmäßig angefertigten Stundenprotokolle usw.

Als Fazit der beschriebenen didaktischen Maßnahmen und der dabei aufgetretenen Schwierigkeiten kann man in bezug auf den hier zur Diskussion stehenden Unterricht meines Erachtens folgendes feststellen: es handelt sich um einen gut vorbereiteten (und gut durchgeführten) "normalen" Physikunterricht, der an verschiedenen Stellen durch bestimmte Maßnahmen, die sich mit AUSUBELs Konzeption von Unterricht in Zusammenhang bringen lassen, "angereichert" ist.

5.2.3.3 Aspekt der Überprüfung der theoretischen Annahmen AUSUBELs

Im Kapitel 3.4.1 wurde beschrieben, daß die Theorie AUSUBELs im wesentlichen auf die Zusammenhänge von drei Variablen bezogen ist, nämlich: Verfügbarkeit relevanter Ideen in der kognitiven Struktur; sinnvolle Lerneinstellung und sinnvolles Lernen (als Produkt). Bei der Diskussion der Untersuchung von TALISAYON (1972) deutete sich an, daß die Beziehung zwischen diesen drei Variablen unter Umständen nicht ganz so einfach ist, wie dies AUSUBEL postuliert.

Im Rahmen der hier beschriebenen Unterrichtsbegleitung bietet sich die Möglichkeit an, eine Reihe von unabhängigen Überprüfungen des AUSUBELschen Modells vorzunehmen, wobei die oben erwähnten Verfahren (vgl. Abschnitt 5.3.2.1) als Operationalisierungen der zentralen Variablen herangezogen werden sollen. Es sei hier allerdings vorausgeschickt, daß bei dieser Überprüfung der AUSUBELschen Theorie ein ähnliches Problem auftaucht wie bei der Überprüfung der didaktischen Konsequenzen: da AUSUBEL an keiner Stelle klare Definitionen und Operationalisierungsvorschläge für seine zentralen Variablen angegeben hat, ist auch letztendlich nicht eindeutig entscheidbar, ob die hier benutzten Variablen (gruppen) adäquate Repräsentanten für die Bestandteile der AUSUBELschen Theorie darstellen oder nicht.

5.3.3 Auswertung und Ergebnisse

Die im letzten Abschnitt erfolgte Darstellung der bei der Unterrichtsbegleitung angesprochenen Aspekte enthält bereits die wesentlichen Fragestellungen, auf die bei der nachfolgenden Auswertung Bezug genommen werden soll.

5.3.3.1 Ausmaß der Zielerreichung in den drei Klassen

Zur Beurteilung der Frage, in welchem Ausmaß die mit der Unterrichtseinheit verbundenen Ziele erreicht wurden, soll hier in erster Linie auf den Nachtest eingegangen werden. Da dieses Verfahren - wie oben erwähnt - (leider!) keine Bezüge zum Vortest aufweist (Ausnahme: Assoziationsverfahren), muß hier die Frage nach Veränderungen in der kognitiven Struktur der Schüler unberücksichtigt bleiben. Eine wenigstens teilweise Anwort auf diese Frage soll weiter unten bei der Auswertung der abgegebenen Assoziationen (vor und nach der Unterrichtseinheit) gegeben werden. Hier geht es zunächst nur um eine näherungsweise Abschätzung des Effektes der Unterrichtseinheit gemessen an der "Idealnorm" Zielerreichung (d.h. hier "Test bestanden").

In einem ersten Auswertungsschritt wurde innerhalb jeder Klasse pro Schüler die Anzahl der richtigen und falschen Aufgabenlösungen bestimmt.[1] Die entsprechenden Häufigkeitsverteilungen sind der folgenden Abbildung zu entnehmen:

Abb. 47: Verteilung der Häufigkeit richtiger Lösungen im Nachtest

Anzahl richtiger Lösungen	Klasse 1 (maximal erreichbar: 26)	Klasse 2 (maximal erreichbar: 26)	Klasse 3 (maximal erreichbar: 19)
22	5		
21	7		
20	4		
19	1		2
18	3	1	5
17	5	1	2
16	3	2	2
15	2	2	3
14	0	4	3
13	1	3	1
12		4	1
11		1	3
10		0	1
9		1	0
8		0	0
7		0	3
6		1	1
5			0
4			1
Anzahl der Schüler [2]	31	20	28

1) Obwohl bei manchen Aufgaben eine abgestufte Bewertung erfolgte, soll hier der Einfachheit halber auf die Dichotomie "richtig" und "falsch" zurückgegriffen werden. Eine Aufgabe wurde dann als "richtig" gezählt, wenn mindestens die Hälfte der für sie erreichbaren Punkte erzielt wurde.

2) Die hier angegebenen Schülerzahlen sind sämtlich höher als die entsprechenden in Abb. 46, da dort nur diejenigen Schüler berücksichtigt wurden, die Vor- und Nachtest bearbeitet haben.

Ausgehend von obiger Häufigkeitsverteilung soll mit Hilfe einer von KLAUER angegebenen Prüfstrategie (KLAUER 1972; vgl. auch HERBIG 1976) entschieden werden, bei wieviel Schülern man davon sprechen kann, daß sie den "Test bestanden" haben. Auf die Logik des KLAUERschen Verfahrens braucht hier nur kurz hingewiesen werden:

Man geht davon aus, daß ein Schüler die Aufgaben eines Tests mit einer bestimmten (zwischen 0 und 1 liegenden) Wahrscheinlichkeit löst (= Lösungswahrscheinlichkeit p). Für jede Lösungswahrscheinlichkeit p läßt sich mit Hilfe der Binomialverteilung (bei einer vorgegebenen Testlänge N) bestimmen, wie groß die Auftretenswahrscheinlichkeit für jede mögliche Anzahl richtiger Lösungen ist. Im Hinblick auf den globalen Anspruch "Zielerreichung" wird man am Ende einer Unterrichtseinheit an die Lösungswahrscheinlichkeit p bestimmte Erwartungen knüpfen, d.h. p sollte "möglichst hoch" sein. Solche Erwartungen lassen sich durch Angabe einer sog. "zureichenden Wahrscheinlichkeit" p_z (auch Zielfähigkeit genannt) präzise formulieren. Mit Hilfe eines statistischen Signifikanztests läßt sich nun für jeden Schüler entscheiden, ob seine Lösungswahrscheinlichkeit p mindestens so groß ist wie p_z (d.h. $H_o : p > p_z$). Hierzu wird - wie oben angegeben - die Auftretenshäufigkeit für jede mögliche Zahl richtiger Lösungen unter Annahme von H_o bestimmt. Die Nullhypothese wird verworfen, wenn das Testergebnis eines Schülers (d.h. eine bestimmte Anzahl richtiger Lösungen) nur "selten" auftreten dürfte, wobei "selten" in der Sprachregelung des Statistikers als "höchstens in 5 % (bzw. 1 %) der Fälle" zu verstehen ist.

Aufgrund der hier beschriebenen Vorgehensweise wird man also - nach vorheriger Festlegung von p_z und α - für einen Test mit vorgegebener Länge N einen kritischen Punktwert k angeben können, der erreicht werden muß, damit man von "Zielerreichung" sprechen kann.

Im folgenden soll nun die Strategie KLAUERs auf die Häufigkeitsverteilungen in Abb. 47 angewandt werden. Da die Wahl einer bestimmten Zielfähigkeit p_z nicht ganz unproblematisch ist (bzw. unter

Heranziehung von "Außenkriterien" begründet werden muß), sollen dabei verschiedene Werte für p_z "durchgespielt" werden.

Die folgende Abbildung führt jeweils für die drei Klassen die Anzahl der Schüler auf, die den Test bestanden haben, wenn man unterschiedlich hohe Zielfähigkeiten vorgibt.

Abb. 48: Anzahl der Schüler, die den Test bestanden haben, in Abhängigkeit von der Zielfähigkeit p_z

Zielfähigkeit p_z	Testlänge N = 26 Anzahl der Schüler, die "Test bestanden" haben	Klasse 1	Klasse 2	Testlänge N = 19 Anzahl der Schüler, die "Test bestanden" haben	Klasse 3
.95	k = 23	0	0	k = 16	11
.90	k = 21	12	0	k = 15	14
.80	k = 18	20	1	k = 12	19
.70	k = 15	30	6	k = 10	23
.60	k = 12	31	17	k = 8	23
Zahl der Schüler		31	20		28

Eine Stellungnahme zu den in obiger Abbildung aufgeführten Schülerzahlen (die die Bedingung "Test bestanden" erfüllen) ist nur möglich, wenn man sich hinsichtlich der Zielfähigkeit p_z für einen bestimmten Wert entscheidet. Orientiert man sich hierbei an den in der einschlägigen Literatur angegebenen Kriterien, so findet man Angaben, die zwischen .95 und .80 liegen (vgl. auch HERBIG 1976, S. 217). Wie aber z.B. ZIELINSKI (1974) bemerkt, wurden Werte von .90 (oder sogar darüber) bisher nur im Zusammenhang mit Lernprogrammen vorgegeben (und z.T. auch erreicht); für eine Instruktion außerhalb von Lernprogrammen (wie hier z. B. Klassenunterricht) scheinen Werte von .80 eher im Bereich des Machbaren zu liegen.

Akzeptiert man einen Wert von p_z = .80 als untere Grenze der Zielerreichung (ein noch niedrigerer Wert scheint kaum noch vertretbar zu sein), dann kann man aus der Abb. 48 entnehmen, daß in Klasse 1 und in Klasse 3 jeweils ca. zweidrittel der Schüler den Test bestanden haben. In Klasse 2 (= Grundkurs) erreicht allerdings unter dieser Vorgabe nur ein einziger (!) Schüler das Lehrziel.

Bei der Beurteilung dieser Schülerzahlen kann man zunächst festhalten, daß sie deutlich (bei Klasse 2 nur allzu deutlich!) unterhalb der üblicherweise formulierten Erwartungen liegen, wonach 90 % der Schüler das Lehrziel (das hier ohnehin abgeschwächt vorgegeben wurde) erreichen sollen. Diese globale Feststellung bezüglich des in den drei Klassen gezeigten Ausmaßes der Zielerreichung bedarf einer weiteren Kommentierung: ob ein bestimmter Schüleranteil ein Lehrziel erreicht, ist nämlich von einer Reihe von Bedingungen abhängig. ZIELINSKI (1974, S. 909) nennt hier beispielsweise: Setzung des Lernziels; Fähigkeiten des Schülers; Ausmaß der relevanten Vorkenntnisse; Güte der lernzielbezogenen Instruktion; Qualität der verwendeten Lernzieltests; Art und Weise des Einsatzes der Lernzieltests; Konsequenzen, die aus den Ergebnissen der Lernzieltestung gezogen werden.

Von diesen genannten Bedingungen könnte man als erstes das Problem der Lernzielsetzung mit dem hier beobachteten geringen Ausmaß an Lernzielerreichung in Zusammenhang bringen. Man könnte argumentieren, daß die hier gesetzten Ziele (die wohlgemerkt an keiner Stelle auch nur über das sog. "Fundamentum" der Rahmenrichtlinien hinausgehen!) für einen beträchtlichen Teil der Schüler (im Grundkurs für fast alle Schüler!) zu hoch angesetzt sind und daß eine Reduzierung der Ansprüche notwendig wäre. Ohne auf die Diskussion speziell um die Rahmenrichtlinien Physik näher einzugehen, kann man meines Erachtens die Forderung nach einer solchen Reduzierung (die vor allem von den "betroffenen" Lehrern stammt) ohne weiteres unterstützen. Von besonderer Wichtigkeit scheint diese Forderung für die Schüler des Grundkurses zu sein, die mit einem primär wissenschaftsorientierten Curriculum (wie es die Rahmenrichtlinien darstellen) offensichtlich nur wenig "anfangen" können. Speziell für diese Gruppe von Schülern wäre zu überlegen, ob nicht ganz andere als auf den

Erwerb von Wissen ausgerichtete Lernziele im Mittelpunkt der Bemühungen stehen sollten.[1)]

Auch die nächsten von ZIELINSKI (1974) angeführten Bedingungen, die das Ausmaß der Zielerreichung beeinflussen, nämlich Fähigkeiten und Vorkenntnisse des Schülers, könnten als Erklärung - vor allem für das extrem schlechte Abschneiden des Grundkurses - herangezogen werden. Dieser Gedanke liegt schon deshalb sehr nahe, weil bei der Einteilung in Grund- und Erweiterungskurs mehr oder weniger explizit auf derartige Kriterien zurückgegriffen wurde.[2)]

Da im Zusammenhang mit der Überprüfung der Theorie AUSUBELs auf "Vorkenntnisse" noch näher eingegangen werden wird, soll hier nur sehr kurz der Frage nachgegangen werden, ob zwischen den drei Klassen vor Beginn der Unterrichtseinheit tatsächlich Unterschiede in dieser Hinsicht existieren. Zur Beantwortung dieser Frage soll auf die Teile "Vorstellungen" und "Kenntnisse" des (in allen drei Klassen durchgeführten) Vortests zurückgegriffen werden. Die folgende Abbildung zeigt summarisch die Ergebnisse der drei Klassen in diesen Verfahren und die entsprechenden Signifikanztests.

Aus Abbildung 49 kann man entnehmen, daß - wie erwartet - tatsächlich bereits zu Beginn der Unterrichtseinheit Unterschiede zwischen den drei Klassen bestanden, wobei in der Regel der Grundkurs (= Klasse 2) am schlechtesten abschnitt (bei den "Vorstellungen" gemeinsam mit Klasse 3) und Klasse 1 am besten.

In bezug auf eine Erklärung der (enttäuschenden) Ergebnisse der Abb. 48 läßt sich dieses Ergebnis nur bedingt heranziehen: zwar könnte man relative Unterschiede zwischen den drei Klassen im Grad der Zielerreichung auf diese Anfangsunterschiede zurückführen, eine Erklärung für das absolute Versagen der Klasse 2 und das schwache Abschneiden der Klassen 1 und 3 liefern sie aber nicht.

---

1) In diesem Zusammenhang sei erwähnt, daß im Rahmen des schon mehrfach genannten Projektes für einen neuen Grundkurs ein stärker anwendungsbezogenes Curriculum "Elektrizitätslehre" geplant ist.

2) Die Einteilung erfolgte zwar hauptsächlich nach der Note in Physik, in diese dürften aber doch Fähigkeiten und Kenntnisse wesentlich eingehen

Abb. 49: Unterschiede zwischen den drei Klassen im Vortest ("Vorstellungen" und "Kenntnisse")

	"Vorstellungen"[1]						"Kenntnisse"[2]		
Kategorien →	0	1	2	3	Σ	Median	richtig	falsch	Σ
Klasse 1	42	49	74	15	180	1,48	525 *(83,3 %)*	105	630
Klasse 2	18	48	23	1	90	1,06	220 *(69,8 %)*	95	315
Klasse 3	42	60	38	10	150	1,05	433 *(82,5 %)*	92	525
	$Chi^2 = 26{,}0$ $p < 0{,}001$ (df = 6)						$Chi^2 = 26{,}8$ $p < 0{,}001$ (df = 2)		

Erläuterungen:

1) Die Kategorisierung der von den Schülern abgegebenen Erklärungen erfolgte analog zur Vorgehensweise in Abschnitt 5.2.2.1. Angegeben sind hier die Häufigkeiten (summiert über die sechs Probleme), mit der die einzelnen Kategorien auftraten. Die ursprünglich vorgesehene Kategorie 4 wurde weggelassen, da keine einzige Antwort auf sie entfiel.

2) Es wurde hier über alle 21 Items (und alle Schüler)summiert.

Hierzu wird man auch noch die weiteren von ZIELINSKI (1974) genannten Bedingungen unter die Lupe nehmen müssen. Obwohl der Unterricht in den drei Klassen - wie oben dargestellt - durch eine Reihe von didaktischen Maßnahmen "angereichert" worden war, ist dennoch nicht auszuschließen, daß das beobachtete geringe Ausmaß an Zielerreichung auf eine mangelnde "Güte der lernzielbezogenen Instruktion" zurückzuführen ist.[1] Ein direktes Maß dafür liegt leider nicht vor. Man könnte aber daran denken, die (in Schule B) insgesamt fünfmal (bzw. sechsmal) erhobenen Selbsteinschätzungen der Schüler im Hinblick auf den Grad ihres Verständnisses (vgl. Abb. 46) als indirektes Maß heranzuziehen. Die folgende Abbildung zeigt das (globale) Ergebnis dieser Selbsteinschätzungen:

---

1) Es sei hier betont, daß nach meinem ganz persönlichen Eindruck als (ständiger) Beobachter der hier beschriebene Unterricht in vielerlei Hinsicht "besser", auf gar keinen Fall aber schlechter als der sonst übliche Physikunterricht war. Diese Feststellung macht allerdings das Ergebnis der Abb. 48 noch betrüblicher.

Abb. 50: Ergebnis der Selbsteinschätzung (Schule B) (summiert über alle fünf bzw. sechs Befragungszeitpunkte und über alle zu beurteilenden Lernziele)

	vollkommen verstanden	zum Teil verstanden und nicht verstanden
Klasse 1 *(Erweiterungskurs)*	545 *(76,4 %)*	168 *(23,6 %)*
Klasse 2 *(Grundkurs)*	218 *(49,3 %)*	224 *(50,7 %)*

Es zeigt sich also, daß bei einem beträchtlichen Teil der Themen (bzw. Schüler) am Ende der jeweiligen Unterrichtsstunde ein gewisser Grad an Unverständnis zurückgeblieben ist (wobei auch hier wieder der relative Unterschied zwischen Klasse 1 und 2 deutlich wird).[1)] Im Klartext bedeutet dies, daß bei einem mehr oder weniger großen Teil der Themen "über die Köpfe (eines (Groß-)Teils) der Schüler hinweggeredet" wurde. Im Hinblick auf die hier zur Diskussion stehende "Güte des Unterrichts" kann man meines Erachtens daraus folgern, daß den von den Schülern angegebenen Verständnisschwierigkeiten noch intensiver (als dies im Unterricht geschah) hätte nachgegangen werden müssen. Gemäß dem AUSUBELschen Prinzip der Konsolidierung hätte man neue Konzepte erst dann einführen dürfen, wenn sichergestellt war, daß die meisten (alle ?) Schüler die vorangegangenen Konzepte auch tatsächlich beherrschten.[2)]

Auf die weiteren von ZIELINSKI angeführten Bedingungen soll hier nicht mehr eingegangen werden, da sie meiner Ansicht nach nur noch wenig zu einer Erklärung der hier beschriebenen Ergebnisse beitragen.

---

1) Interessant ist, daß die in Abb. 50 angeführten Anteile für "vollkommen verstanden" recht gut übereinstimmen mit den jeweils auf die gesamte Klasse bezogenen Anteilen "richtiger Lösungen" im Nachtest:
Klasse 1: 73 % aller Items wurden richtig beantwortet
Klasse 2: 51 % aller Items wurden richtig beantwortet.

2) Hier sei allerdings noch einmal an die "äußeren Zwänge" erinnert (vgl. Abschnitt 5.3.2.2).

Als Fazit der Diskussion über das Ausmaß der Zielerreichung kann man wohl folgendes festhalten: Es zeigt sich, daß selbst unter "angereicherten" Bedingungen nur ein unbefriedigend hoher (oder besser: niedriger) Anteil der Schüler das Lehrziel erreicht. Die Frage dürfte erlaubt sein (bzw. durch die Ergebnisse des Kapitels 5.2 ist sie eigentlich schon beantwortet), wie groß (bzw. klein) das Ausmaß an Zielerreichung unter "normalen" Bedingungen ist. Insofern stellt das hier berichtete Ergebnis eine indirekte Bestätigung der Ergebnisse des Kapitels 5.2 dar. Eine Erklärung dieses Ergebnisses ist nicht eindeutig zu geben, doch dürfte die Richtung mit den oben diskutierten Bedingungen vorgezeichnet sein.

Obwohl das hier berichtete Ergebnis in das bisherige allgemeine Bild paßt, muß abschließend doch vor einer Übergeneralisierung und Überinterpretation gewarnt werden, vor allem im Hinblick auf die eingangs angeführten einschränkenden Bedingungen (z.B. nur teilweise Vergleichbarkeit der Gruppen; keine Veränderungsmessung, sondern nur Diagnose des Endzustandes usw.).

5.3.3.2 Veränderung der kognitiven Struktur

Als einschränkende Bedingung der im letzten Abschnitt berichteten Ergebnisse wurde das Fehlen einer echten Veränderungsmessung angeführt. Auf die Frage, ob und in welcher Weise sich die kognitive Struktur der Schüler durch den hier beschriebenen Unterricht tatsächlich geändert hat, soll in diesem Abschnitt anhand des Assoziationsverfahrens eingegangen werden (dieses Verfahren wurde ja in allen drei Klassen im Vor- und Nachtest eingesetzt).

Bei der Auswertung der von den Schülern abgegebenen Assoziationen soll - jeweils im Hinblick auf Veränderungen - auf folgende Aspekte eingegangen werden:

- inhaltlicher Aspekt, wobei es hauptsächlich um die "Güte" (gemessen am Bezugssystem "Sachstruktur") der Assoziationen geht;
- quantitativer Aspekt, wobei auf die in Abschnitt 5.2.2.3 erläuterten Indizes zurückgegriffen werden soll;

- struktureller Aspekt, wobei es um die Beziehungen zwischen den vorgegebenen Begriffen geht.

Bei der inhaltlichen Auswertung der abgegebenen Assoziationen ging es zunächst darum, eine Quantifizierung des Begriffs "Güte" zu erreichen. In weitgehender Analogie zur in Abschnitt 5.2.2.1 erläuterten Vorgehensweise wurde hierzu ein Kategoriensystem entwickelt, mit dem jede einzelne Assoziation daraufhin beurteilt werden konnte, wie "sinnvoll" (physikalisch gesehen) sie ist.[1)] Auf Einzelheiten dieses Kategoriensystems braucht hier nicht weiter eingegangen zu werden; die Definition der Kategorien und Assoziationsbeispiele sind im Anhang 15 zu finden. Zur Beantwortung der Frage, ob sich hinsichtlich der "Güte" der abgegebenen Assoziationen durch die Unterrichtseinheit "Elektrizitätslehre" eine Veränderung ergeben hat, wurde für jede der drei Klassen bestimmt, wieviel Assoziationen (summiert über alle fünf Stimulusbegriffe und alle Schüler) jeweils auf die einzelnen Kategorien entfallen. Diese Häufigkeitsverteilungen sind der folgenden Abbildung zu entnehmen.

Abb. 51: Anzahl der auf die einzelnen Kategorien entfallenden Assoziationen

	Klasse 1				Klasse 2				Klasse 3			
Kategorien →	1	2	3	Σ	1	2	3	Σ	1	2	3	Σ
Vortest	205	44	107	356	90	21	64	175	122	41	109	272
Nachtest	226	38	51	315	85	16	68	169	347	37	56	440
	$Chi^2 = 18,9$ $p < 0,001$ (df = 2)				$Chi^2 = 0,86$ n.s.				$Chi^2 = 90,7$ $p < 0,001$ (df = 2)			

1) *Dieses Kategoriensystem erlaubte auch gleichzeitig die Bestimmung individueller Werte für die "Güte" der Assoziationen. Hierauf wird im nächsten Abschnitt noch Bezug genommen.*

Die obige Abbildung, in die bereits die Ergebnisse der Signifikanztests eingetragen sind, zeigt, daß sowohl bei Klasse 1 als auch bei Klasse 3 eine signifikante Änderung in der "Güte" der abgegebenen Assoziationen zu beobachten ist, wobei sich diese Änderung vor allem in einer deutlichen Abnahme der relativen Häufigkeiten in Kategorie 3 (also derjenigen mit der größten "Entfernung" zur Physik) äußert. Bei Klasse 2 (= Grundkurs) ist - eigentlich erwartungsgemäß - keine Änderung in der Güte der Assoziationen festzustellen.

Eine Einzelbetrachtung der abgegebenen Assoziationen (vgl. die Aufstellung in Anhang 16) macht deutlich, daß sich die Zunahme der Qualität der Antworten (in Klasse 1 und 3) hauptsächlich bei den drei Begriffen "Ladung", "Spannung" und "Stromstärke" bemerkbar macht; bei den Begriffen "Stromkreis" und "Leiter", die bereits im Vortest relativ sinnvolle Assoziationen hervorriefen, ist keine weitere Qualitätszunahme festzustellen.

Sämtliche Ergebnisse der quantitativen Analysen der abgegebenen Assoziationen sind der folgenden Abbildung zu entnehmen.

Die für den vorliegenden Zusammenhang wichtigen Indizes sind in Abbildung 52 gekennzeichnet. Auf die psychologische Bedeutung dieser Indizes braucht hier nicht mehr eingegangen zu werden; dies erfolgte bereits in Abschnitt 5.2.2.3. Es genügt, wenn hier kurz die Erwartungen formuliert werden, die man an eine Veränderung dieser Indizes aufgrund der Unterrichtseinheit knüpfen kann:

- die "Zahl der Assoziationen pro Schüler" sollte zunehmen;
- die "Heterogenität" (α) sollte abnehmen;
- die "response commonality" sollte zunehmen.

Bereits eine oberflächliche Durchsicht der Abbildung 52 zeigt, daß die Ergebnisse bezüglich dieser Erwartungen als enttäuschend angesehen werden müssen: bei keinem der drei Indizes zeigt sich ein über alle fünf Begriffe und alle drei Klassen hinweg durchgängig erwartungskonformes Bild (wobei der Index α noch am schlechtesten abschneidet); lediglich eine auf die einzelnen Klassen bezogene Betrachtungsweise macht deutlich, daß Klasse 3 (mit insgesamt 12 von

Abb. 52: Quantitative Analyse der abgegebenen Assoziationen

	Klasse 1		Klasse 2		Klasse 3	
	Vor-test	Nach-test	Vor-test	Nach-test	Vor-test	Nach-test
STROMKREIS						
a) Schülerzahl	30	30	15	15	25	25
b) Anzahl aller Assoz.	111	85	54	39	87	116
→ c) Anzahl aller Assoz. pro Schüler	3,70	2,83	3,60	2,60	3,48	4,64
d) Anzahl der versch. Assoz.	23	36	17	27	19	30
→ e) α (d dividiert durch b)	0,21	0,42	0,31	0,69	0,22	0,26
→ f) Summe der ersten fünf häufigsten Assoz. in Prozent von b	57,7	65,9	64,8	43,6	65,5	69,8
LEITER						
a) wie oben	30	30	15	15	25	25
b)	104	92	37	39	74	145
c)	3,47	3,07	2,47	2,60	2,96	5,80
d)	26	25	15	20	34	41
e)	0,25	0,27	0,41	0,51	0,46	0,28
f)	53,8	68,5	56,8	59,0	37,8	45,5
LADUNG						
a) wie oben	30	30	15	15	25	25
b)	49	63	38	36	39	67
c)	1,63	2,10	2,53	2,40	1,56	2,68
d)	20	26	18	16	22	39
e)	0,41	0,41	0,47	0,44	0,56	0,58
f)	63,3	58,7	57,9	66,7	46,2	37,3
SPANNUNG						
a) wie oben	30	30	15	15	25	25
b)	36	49	24	24	36	74
c)	1,20	1,63	1,60	1,60	1,44	2,96
d)	13	29	15	19	16	29
e)	0,36	0,59	0,63	0,79	0,44	0,39
f)	66,7	55,1	58,3	41,7	50,0	64,9
STROMSTÄRKE						
a) wie oben	30	30	15	15	25	25
b)	56	45	22	38	37	59
c)	1,87	1,50	1,47	2,53	1,48	2,36
d)	23	20	8	11	15	20
e)	0,41	0,44	0,36	0,29	0,41	0,34
f)	58,9	73,3	86,4	84,2	70,3	72,9

15 erwartungsgemäßen Veränderungen) relativ am günstigsten abschneidet (ohne daß hierfür eine Erklärung gegeben werden könnte). Obwohl man dieses Ergebnis sicher nicht überinterpretieren darf ("Schuld" daran könnte natürlich auch die mangelnde Validität der Indizes haben), kann man wohl doch feststellen, daß es sich recht gut in das bisherige Gesamtbild einfügt.

Ausgangspunkt für die strukturelle Analyse der abgegebenen Assoziationen ist die im Anhang 16 aufgeführte Zusammenstellung der Antworten nach der Häufigkeit ihres Auftretens. Entsprechend dem in Abschnitt 3.2.3.1 bereits kurz erläuterten Vorschlag von GARSKOF und HOUSTON (1963) soll der Grad der Beziehung zwischen jeweils zwei Stimulusbegriffen mit Hilfe des sogenannten "relatedness"-Koeffizienten bestimmt werden. Da auf die genaue Berechnung dieses Koeffizienten im Exkurs im Anschluß an dieses Kapitel eingegangen wird, genügt hier der Hinweis, daß in die Berechnung hauptsächlich die (aufgrund der Häufigkeiten bestimmten) Rangpositionen gemeinsam auftretender Assoziationen eingehen.[1]

In der folgenden Abbildung sind für die Assoziationshierarchien der drei Klassen vor und nach der Unterrichtseinheit die "relatedness"-Koeffizienten aufgeführt. Ein Blick auf diese Abbildung zeigt, daß - insgesamt gesehen - das Ausmaß an Beziehungen zwischen den fünf vorgegebenen Begriffen vom Vor- zum Nachtest überraschenderweise abnimmt (im Grundkurs etwas weniger ausgeprägt). Normalerweise hätte man das umgekehrte Ergebnis (nämlich eine zunehmende "Vernetzung" der Begriffe) erwarten können.

Das hier zu beobachtende Ergebnis erscheint allerdings etwas weniger überraschend, wenn man sich ansieht, aufgrund welcher gemeinsamer Assoziationen die Koeffizienten der Abbildung 53 zustandekommen. Für die Beziehungen zwischen den Begriffen im Vortest sind im wesentlichen folgende gemeinsame Assoziationen verantwortlich: "Trafo", "Batterie", "Kabel", "Strom", "Volt", "Watt". Man kann also feststellen, daß diese gemeinsamen Assoziationen eigentlich nicht viel mehr darstellen als eine durch die Schüler vorgenommene Kategorisierung der Stimulusbegriffe in den Bereich der Elektrizitätslehre ("Strom") aufgrund der Geräte, die sie bereits kennen und aufgrund von bekannten (aber meist inadäquat benutzten) Maßeinheiten. Ein Verständnis für die "wahren" Beziehungen zwischen den Begriffen tritt im Vortest nicht auf.

---

1) Eine (auch den "relatedness"-Koeffizienten einschließende) kritische Übersicht über Maße der assoziativen Bedeutungsähnlichkeit ist neuerdings bei MARX (1976) zu finden.

Abb. 53: Beziehungen zwischen fünf Begriffen aus der Elektrizitätslehre ("relatedness"-Koeffizienten)

Klasse 1 (Zeilen: Vortest; Spalten: Nachtest)

	1	2	3	4	5
1. Stromkreis	–	0,13	0,05	0,16	0,15
2. Leiter	0,14	–	0	0	0,07
3. Ladung	0	0	–	0,29	0,09
4. Spannung	0,02	0	0	–	0,53
5. Stromstärke	0	0	0,10	0	–

Klasse 2 (Zeilen: Vortest; Spalten: Nachtest)

	1	2	3	4	5
1. Stromkreis	–	0,23	0,03	0	0
2. Leiter	0,03	–	0	0	0
3. Ladung	0	0	–	0,06	0
4. Spannung	0	0	0	–	0,14
5. Stromstärke	0,09	0	0	0	–

Klasse 3 (Zeilen: Vortest; Spalten: Nachtest)

	1	2	3	4	5
1. Stromkreis	–	0,15	0,02	0,02	0,10
2. Leiter	0,05	–	0	0	0
3. Ladung	0	0	–	0,34	0,31
4. Spannung	0	0	0,16	–	0,66
5. Stromstärke	0,12	0	0	0,54	–

Die hier dargestellte "naive" Vernetzung der Begriffe im Vortest scheint im Verlauf der Unterrichtseinheit zu verschwinden, ohne daß es allerdings gelungen wäre, durch den Unterricht eine neue, auf physikalisch sinnvollen Beziehungen beruhende kognitive Struktur aufzubauen. Die fünf Begriffe der Elektrizitätslehre bleiben insgesamt gesehen relativ isoliert und ohne Zusammenhang (mit wenigen Ausnahmen); dies schlägt sich in der oben gezeigten Weise in den "relatedness"-Koeffizienten nieder.

Zusammenfassend kann man also bezüglich des Aspektes "Veränderung" festhalten, daß zwar - wie dies in Abbildung 51 deutlich wurde - eine Zunahme in der Güte oder Qualität der abgegebenen Assoziationen stattfand (Ausnahme: Grundkurs), daß aber keine Integration der Begriffe in eine zusammenhängende Struktur erfolgte. Man kann sicherlich feststellen, daß dieses Fazit den bisherigen Beobachtungen voll entspricht.

5.3.3.3 Überprüfung der theoretischen Annahmen AUSUBELs

Wie in Abschnitt 5.3.2.3 angedeutet wurde, bietet sich im Rahmen der hier beschriebenen Unterrichtsbegleitung die Möglichkeit, die wesentlichsten theoretischen Annahmen AUSUBELs einer Überprüfung zu unterziehen.

Zunächst ist es jedoch notwendig, die Theorie AUSUBELs, so wie sie in Abbildung 27 (Abschnitt 3.4.1) zusammengefaßt dargestellt wurde, in Termini der hier erfaßten Variablen auszudrücken. Dies ist in der folgenden Abbildung geschehen:

Abb. 54: Operationalisierte Darstellung der Theorie AUSUBELs

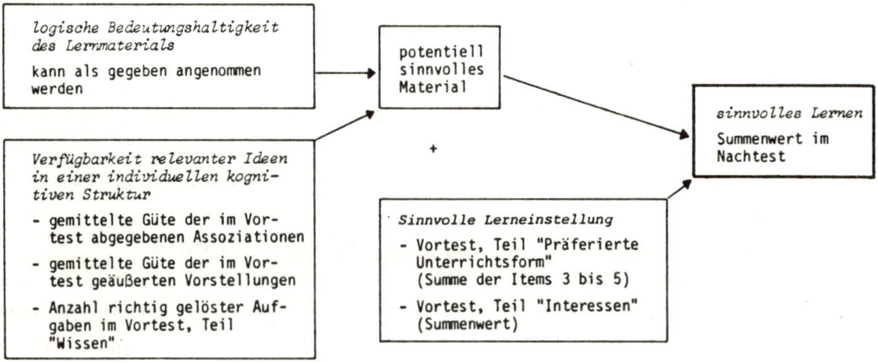

Vor der Darstellung der entsprechenden Ergebnisse sei hier noch einmal betont, daß man natürlich darüber diskutieren kann, ob die in obiger Abbildung vorgenommenen Operationalisierungen auch tatsächlich den Absichten AUSUBELs entsprechen. Letztendlich wird diese Frage aber nicht eindeutig entscheidbar sein, da in der gesamten AUSUBEL-bezogenen Literatur keine als verbindlich akzeptierte Kriterien zur Operationalisierung der zentralen Variablen zu finden sind. Bevor dieser unbefriedigende Zustand nicht aufgehoben ist, erscheint es mir daher durchaus legitim zu sein, mit dem hier vorgenommenen Operationalisierungsversuch weiterzuarbeiten.

Zur Überprüfung der in Abbildung 54 formulierten Annahmen wurden - für jede der drei Klassen getrennt - multiple Regressionen gerechnet. Als Kriteriumsvariable wurde in jedem Fall das Ergebnis des Nachtests herangezogen.

Die Berechnungen wurden mit Hilfe des Programms "BMD-P9R" (FRANE 1977) durchgeführt. Dieses Programm bietet die Möglichkeit, aus den vorgegebenen Prädiktorvariablen "beste" Untergruppen von Variablen zu bestimmen (nach verschiedenen noch zu erläuternden Kriterien). Als Prädiktorvariablen wurden zusätzlich zu den in Abbildung 54 aufgeführten noch die Variable "Geschlecht" (als potentielle Moderatorvariable[1]) und (allerdings nur in Klasse 3 = Schule D[2]) die "Note" in Physik in dem der Unterrichtseinheit unmittelbar vorangehenden Halbjahreszeugnis herangezogen.

Die folgende Abbildung zeigt zusammenfassend die Ergebnisse der multiplen Regressionsanalysen in den drei Klassen. Aufgeführt sind jeweils:

- die Einzelkorrelationen zwischen Prädiktorvariablen und Kriterium (r_{pc})
- die standardisierten Regressionskoeffizienten (β) für die drei "besten" Untergruppen von Prädiktoren

1) *Unter einer Moderator-Variable versteht man eine Variable, die zwar mit dem Kriterium relativ niedrig aber mit einer Prädiktorvariable relativ hoch korreliert. In bezug auf "Geschlecht" und z.B. "Interesse" sollte man das letztere erwarten.*

2) *In Schule B wurden die Noten nicht herangezogen, da sie ja zur Einteilung der Kurse gedient hatten.*

- multipler Korrelationskoeffizient (R) und R^2
- "Mallows' C_p".

  Dieser Koeffizient wird als Kriterium für die "besten" Untergruppen herangezogen; er wird folgendermaßen definiert:

  $$C_p = \frac{RSS}{s^2} - (N - 2_p');$$

  hierbei bedeuten:

  RSS = Summe der quadrierten Residuen (für die zu bewertende Prädiktoruntergruppe)

  s^2 = Mittelwert der quadrierten Residuen, wenn alle Prädiktoren benutzt werden

  N = Anzahl der Personen

  p' = Anzahl der benutzten Prädiktorvariablen (+ 1)

Eine Untergruppe von Prädiktoren ist umso "besser", je kleiner der Wert von C_p ist. Im allgemeinen wird man eher mit weniger Variablen "bessere" Lösungen erhalten (so auch hier), da durch die Hereinnahme zusätzlicher Variablen die Fehlervarianz (um nichts anderes handelt es sich ja in obiger Definitionsgleichung) unverhältnismäßig erhöht wird.

Abb. 55: Ergebnisse der multiplen Regressionsanalysen in den drei Klassen

	Klasse 1 (N = 30)				Klasse 2 (N = 15)				Klasse 3 (N = 25)			
		alternative "beste" Lösungen				alternative "beste" Lösungen				alternative "beste" Lösungen		
Prädiktoren	r_{pc}	ß	ß	ß	r_{pc}	ß	ß	ß	r_{pc}	ß	ß	ß
präferierte Unterrichtsform	.00				-.23	-.53	-.54		.16			
Interessen	.12				.30			.44	.29			
Assoziationen	-.14			-.16	-.45	-.69	-.72	-.56	-.27			
Vorstellungen	.39*	.39	.38	.40	.13				.50*		.15	
Wissen	.27		.26		-.22		-.28		.65**	.27	.25	.30
Geschlecht	-.32				-.16				.21			.14
Note	-				-				-.85**	-.70	-.65	-.67
R		.39	.47	.42		.66	.71	.62		.88	.89	.89
R^2		.15	.22	.18		.43	.51	.38		.77	.79	.79
C_p		-.25	-.25	.93		1,16	1,78	2.00		3,61	3,70	3,83

Aus der obigen Zusammenstellung der Ergebnisse kann man meines Erachtens folgendes erkennen:

- Es zeigt sich eine relativ geringe Vergleichbarkeit der "besten" Lösungen über die drei Klassen hinweg.
- Die Variablen, die hier für "sinnvolle Lerneinstellung" stehen, weisen insgesamt gesehen, eine relativ geringe Bedeutung auf (vgl. in ähnlicher Weise TALISAYON 1972). Eine vergleichsweise größere Bedeutung kommt demgegenüber den Variablen zu, die für "Verfügbarkeit relevanter Ideen" stehen.
- Der mit Abstand beste Prädiktor (sowohl im Hinblick auf die Einzelkorrelation mit dem Kriterium, als auch im Hinblick auf die jeweiligen β-Gewichte) ist die Zeugnisnote in Physik. In diese Physiknote gehen meiner Ansicht nach im wesentlichen zwei Komponenten ein (ohne daß dies durch die vorliegenden Daten zu belegen wäre): einmal das Ergebnis sämtlicher bisheriger Lernprozesse im Fach Physik, was man vielleicht umschreiben könnte mit "allgemeines Hintergrundwissen in Physik" und zum anderen eine allgemeine Fähigkeitskomponente (im Sinne von IQ).

  Für diese Interpretation spricht zum einen die bereits mehrfach erwähnte Untersuchung von TALISAYON (1972), zum anderen aber auch die in Abbildung 55 zu beobachtende Tatsache, daß zur Note (als allgemeine Wissens- und Fähigkeitskomponente) noch jeweils eine Variable herangezogen wird, die eher spezifische (Elektrizitätslehre-bezogene) Wissensanteile erfaßt.
- Schließlich ist noch bemerkenswert, daß durch eine Kombination von "Note" und "relevante Ideen" ein extrem hoher Varianzanteil des Nachtests vorhergesagt werden kann (fast 80 %!).

Insgesamt gesehen lassen sich diese Ergebnisse wohl beim besten Willen nicht als Bestätigung der theoretischen Konzeption AUSUBELs interpretieren. An zwei Stellen in AUSUBELs Theorie scheinen mir Veränderungen angebracht:

- dem allgemeinen Hintergrundwissen und den allgemeinen Fähigkeiten sollte explizit ein Platz zugewiesen werden;

und

- "sinnvolle Lerneinstellung" wird wahrscheinlich nicht gleichrangig mit den "relevanten Ankerideen" stehenbleiben können.

Diese Schlußfolgerungen sind wohlgemerkt auf dem Hintergrund aller bisher genannten Vorbehalte und Einschränkungen zu sehen. Gleichwohl stimmen sie in ihrer Tendenz voll mit den Ergebnissen der Untersuchung von TALISAYON (1972) überein. Sie sollten daher meines Erachtens als ernsthafte Alternative zur Konzeption AUSUBELs weiterverfolgt werden. In dem folgenden Kapitel wird dazu die Gelegenheit bestehen.

5.3.4 Exkurs: Erprobung von Methoden zur Erfassung kognitiver Strukturen

In einem Exkurs soll hier über eine Voruntersuchung berichtet werden, in der zwei Methoden zur Erfassung kognitiver Strukturen näher erprobt wurden. Die Plazierung des Exkurses an dieser Stelle kann folgendermaßen begründet werden:

- Ähnlich wie die vorangegangenen Abschnitte war die Voruntersuchung ebenfalls auf "normalen" Physikunterricht bezogen.
- Die in den vorangegangenen Abschnitten zwar angewandten, aber dort nur kurz erläuterten Methoden, sollen hier etwas ausführlicher diskutiert werden.
- Schließlich dient dieser Exkurs auch als Vorbereitung für die Entwicklung einer neuen Erfassungsmethode im nächsten Kapitel.

Vorausschickend sei noch betont, daß dem Exkurs eine über die rein methodische Seite hinausgehende inhaltliche Bedeutung wohl nicht zukommt. Dies sollte beachtet werden, wenn hier plötzlich über eine Untersuchung über Optik-Begriffe berichtet wird.

Das Hauptziel der Untersuchung war also die Erprobung von Methoden zur Erfassung kognitiver Strukturen im Fach Physik. Die Auswahl der benutzten Verfahren (Assoziationen zu bestimmten Begriffen; Einstufung der Ähnlichkeit von Begriffen) folgte den umfangreichen vorliegenden Untersuchungen von JOHNSON (z.B. 1964, 1965, 1967, 1969) und SHAVELSON (z.B. 1971, 1972). Es sollte hier konkret versucht werden, die genannten Methoden, die bisher hauptsächlich bei Oberschülern, Studenten und Fachwissenschaftlern benutzt wurden, auf ihre Anwendbarkeit bei Schülern der Sekundarstufe I hin zu überprüfen.

Die erste zu treffende Entscheidung galt dem Untergebiet der Physik, an dem exemplarisch die genannten Methoden erprobt werden sollten. Im Unterschied zu JOHNSON und SHAVELSON, die sämtliche Untersuchungen innerhalb des Gebietes der klassischen Mechanik durchführten, entschied ich mich für das Gebiet der Optik. Diese Entscheidung folgte rein praktischen Erwägungen, da die Schüler, die für diese Untersuchung zur Verfügung standen, gerade eine Unterrichtseinheit über Optik abgeschlossen hatten. Klassische Mechanik wird an der betreffenden Schule erst ab der 10. Klasse behandelt.

Der zweite Schritt bestand in der Aufstellung eines Begriffsinventars, das als Grundlage zur Testkonstruktion dienen sollte. Hierzu wurde das "Optik"-Kapitel eines Physikbuches (HÖFLING 1972) auf die dort vorkommenden Begriffe analysiert. Die so entstandene Liste von ca. 100 Begriffen wurde von einem der beiden Lehrer, in deren Klassen die Untersuchung durchgeführt wurde, daraufhin beurteilt, welche Begriffe in der Unterrichtseinheit tatsächlich vorgekommen waren und welche dieser vorgekommenen Begriffe die relevantesten sind. Auf diese Weise blieben zehn Begriffe übrig: Schatten, Auge, Lichtquelle, Linse, Abbildung, Brennweite, Brechung, Regenbogen, Lichtstrahl, Reflexion. Diese zehn Begriffe wurden unmittelbar zur Konstruktion der beiden Verfahren benutzt:

Assoziationstest

In dem Assoziationstest sollten die Schüler zu jedem der genannten Begriffe eine Minute lang frei assoziieren. Der genaue Aufbau und die Durchführung des Tests folgten im wesentlichen dem von JOHNSON. Jeder Schüler erhielt ein Testheft, in dem auf jeder Seite einer der obigen zehn Begriffe aufgeführt war. Dieser Begriff wurde dann auf der gleichen Seite noch je zehnmal mit einer Leerzeile, auf die die Schüler ihre Assoziationen schreiben sollten, wiederholt. Durch dieses Verfahren sollte sichergestellt werden, daß die Assoziationen nicht fortlaufend gebildet wurden, sondern daß jeweils auf den Ausgangsbegriff zurückgegriffen wurde. In einer genauen Anweisung wurde den Schülern anhand des Begriffs "SCHULE" erklärt, was sie tun mußten. Um den bei Schülern stets vorhandenen "Drang" zum Abschreiben zu unterdrücken, war in jedem Testheft eine andere Zufallsreihenfolge der Begriffe vorgenommen worden.[1)]

Ähnlichkeitsskalierung

Die obengenannten zehn Begriffe wurden den Schülern in einem vollständigen Paarvergleich zur Beurteilung der Ähnlichkeit vorgelegt. Um Urteilstendenzen zu vermeiden, erschien jeder Begriff gleich häufig an erster und an zweiter Stelle. Hierzu wurde eine Turnier-

---

1) Diese sehr aufwendige Vorgehensweise wurde in den übrigen Untersuchungen dieser Arbeit nicht mehr benutzt.

paarungstabelle herangezogen. Die Abfolge der Paare untereinander war allerdings nicht ganz zufällig. Jeder Schüler erhielt im übrigen die gleiche Abfolge der Paare. Die Beurteilung erfolgte auf einer 7stufigen Skala mit den beiden Ankern "ähnlich" und "unähnlich". Auch hier wurde den Schülern anhand eines konkreten Beispiels die Vorgehensweise genau erläutert.

Assoziationstest und Ähnlichkeitsskalierung wurden - in dieser Reihenfolge - jedem Schüler in einem Testheft vorgelegt (ein Exemplar befindet sich im Anhang). Die Untersuchung wurde am 30.3. und 31.3. 1976 von mir selbst in zwei 7. Schuljahren einer integrierten Gesamtschule (= Schule D) im Beisein der betreffenden Lehrer durchgeführt.[1] Die Untersuchung dauerte jeweils knapp 30 Minuten. Die Stichprobe ist folgender Abbildung zu entnehmen:

Abb. 56: Stichprobe der Untersuchung

	Jungen	Mädchen	
Klasse A	5	20	25
Klasse B	13	6	19
Gesamt	18	26	44

Die Auswertung und die Darstellung der Ergebnisse sollen für die Daten aus den beiden beschriebenen Verfahren zunächst getrennt erfolgen.

5.3.4.1 Assoziationstest

Das Rohmaterial zu sämtlichen weiteren Auswertungsschritten bildete zunächst für jeden Begriff eine Liste sämtlicher abgegebener Assoziationen der Schüler.

In einem ersten Schritt wurde für jeden Begriff die mittlere Anzahl abgegebener Assoziationen pro Schüler berechnet. Diese Mittelwerte sind unmittelbar vergleichbar, da die für die Beantwortung zur Ver-

---

1) *Den Herren Theimer und Stockmann sei hier für ihre freundliche Unterstützung gedankt.*

fügung stehende Zeit für alle Begriffe - wie schon erwähnt - konstant war.[1] Die folgende Abbildung zeigt diese Mittelwerte für die Gesamtgruppe und für Jungen und Mädchen getrennt:

Abb. 57: Mittlere Anzahl von Assoziationen für die zehn Optik-Begriffe

	Gesamtgruppe N = 44	Jungen N = 18	Mädchen N = 26
Auge	8,0	7,8	8,1
Regenbogen	6,3	6,7	6,0
Linse	5,7	6,4	5,2
Lichtquelle	5,4	5,9	5,0
Schatten	4,9	5,2	4,8
Abbildung	4,8	4,9	4,7
Lichtstrahl	4,8	5,6	4,2
Brechung	4,1	4,6	3,8
Brennweite	4,0	4,4	3,7
Reflexion	4,0	4,6	3,5

Akzeptiert man - wie in den vorangegangenen Abschnitten - die mittlere Anzahl von Assoziationen pro Begriff als Maß für die Bedeutungshaltigkeit des jeweiligen Begriffes für die Schüler, dann zeigt sich (für Jungen, für Mädchen und für die Gesamtgruppe), daß Begriffe, die nicht ausschließlich der Physik zuzuordnen sind (Auge, Regenbogen), am bedeutungshaltigsten sind. Auch die im Rang unmittelbar folgenden Begriffe "Linse" und "Lichtquelle", die allem Anschein nach rein physikalische Begriffe sind, verdanken ihre relativ hohe Bedeutungshaltigkeit nur der Tatsache, daß die Schüler hierzu vorwiegend nicht-physikalisch bzw. aus ihrer Vorerfahrung heraus assoziierten (zu "Linse" vorwiegend "Auge" und damit zusammenhängende Begriffe; zu "Lichtquelle" vorwiegend Beispiele verschiedener Lichtquellen (Lampen, Sonne, Kerze usw.)).

---

1) Diese Vergleichbarkeit war streng genommen in den vorangegangenen Abschnitten nicht gegeben.

Die "harten" Begriffe der Optik (Brechung, Brennweite, Reflexion) sind für die Schüler am wenigsten bedeutungshaltig. Dies ist relativ plausibel, da diese Begriffe nur innerhalb des Systems der Optik Bedeutung erhalten können. Dieses System ist aber bei den Schülern sicher nicht so reich und differenziert, als daß diese Begriffe mit den Begriffen, die auch anderen Systemen zuzuordnen sind (Auge, Regenbogen), hinsichtlich ihrer Bedeutungshaltigkeit konkurrieren könnten. Auch die gerade absolvierte Unterrichtseinheit "Optik" konnte hier offensichtlich wenig bewirken (ganz in Übereinstimmung mit den bisherigen Ergebnissen).

Weiterhin fällt an obiger Abbildung auf, daß sämtliche Begriffe für Jungen bedeutungshaltiger sind als für Mädchen. Die einzige Ausnahme bildet bemerkenswerterweise der nicht ausschließlich physikbezogene Begriff "Auge". Obwohl dieses Ergebnis durchaus im Rahmen der Erwartung liegt, soll hierauf nicht weiter eingegangen werden.

Als nächstes wurde für jeden Begriff ausgezählt, welche Assoziationen bezogen auf die Gesamtgruppe am häufigsten vorkommen. Die folgende Abbildung zeigt für jeden der zehn Begriffe die fünf häufigsten Assoziationen.

Abb. 58: Absolute Häufigkeiten der abgegebenen Assoziationen (d.h. Anzahl der Schüler, die eine bestimmte Assoziation angeben)

Schatten		*Auge*		*Lichtquelle*		*Linse*		*Abbildung*	
dunkel	22	Linse	35	Lampe	44	Auge	31	Bild	35
Sonne	15	Netzhaut	26	Sonne	17	sehen	15	Foto	12
Licht	14	Iris	23	hell	17	Sammellinse	15	Zeichnung	11
Gegenstand	8	sehen	21	Kerze	16	Brille	12	Gegenstand	9
Halbschatten	8	Hornhaut	20	Licht	14	Zerstreuungslinse	11	Auffangschirm	6
Brennweite		*Brechung*		*Regenbogen*		*Lichtstrahl*		*Reflexion*	
Brennpunkt	14	Licht	14	Sonne	30	hell	19	Spiegel	16
Linse	14	Wasser	12	Regen	29	Lampe	17	Licht	13
Lichtstrahl	9	Glas	9	Farben	22	Licht	12	Lichtstrahl	9
Licht	8	Linse	9	gelb	12	Sonne	11	Hohlspiegel	6
Auge	6	Prisma	7	rot	11	Schatten	9	Wölbspiegel	6

Die inhaltliche Interpretation dieser Assoziationen soll hier nicht weiter interessieren, zumal hierzu erst Kriterien aufgestellt werden müßten, anhand derer die "Richtigkeit" oder "Güte" (bezogen auf die Struktur des Bereiches "Optik") dieser Assoziationen beurteilt werden könnte.

Rein formal kann man aus obiger Abbildung noch ableiten, wieviel Prozent aller auf einen Begriff abgegebenen Assoziationen von den jeweils ersten fünf häufigsten Assoziationen abgedeckt werden. Entsprechend diesen Prozentwerten sind die zehn Stimulus-Begriffe in folgender Abbildung in eine Rangreihe gebracht worden.

Abb. 59: Prozentsatz aller Assoziationen, die auf jeweils die ersten fünf häufigsten Assoziationen entfallen

Lichtquelle	45,3 %
Regenbogen	37,5 %
Auge	35,7 %
Abbildung	34,9 %
Linse	33,4 %
Lichtstrahl	32,2 %
Schatten	30,8 %
Brennweite	28,9 %
Reflexion	28,7 %
Brechung	28,2 %

Die Prozentwerte der vorstehenden Abbildung geben praktisch an, in welchem Ausmaß sich die Assoziationen der Schüler auf einen relativ kleinen Vorrat beschränken; sie geben also an, wie groß das Ausmaß an gemeinsamer Bedeutung für einen jeweiligen Begriff ist. Ein hoher Prozentwert würde also bedeuten, daß sich die untersuchte Schülergruppe über die Bedeutung eines Begriffes relativ einig ist; ein niedriger Prozentwert würde heißen, daß sich die Schüler nicht auf eine gemeinsame Bedeutung für einen Begriff einigen können (vgl. Abschnitt 5.2.2.3). Ohne die Prozentwerte der Abbildung 59 überbewerten zu wollen, scheint mir doch bemerkenswert, daß die Rangreihe dieser Abbildung recht gut mit der aus Abbildung 57 übereinstimmt (Rangkorrelation $r_s = .79$).

Daraus ergibt sich, daß Begriffe, die nicht nur physikalischen Charakter haben, sowohl für die Schüler bedeutungshaltiger sind (Abbildung 57), als auch von den Schülern in stärkerem Maße mit einer gemeinsamen Bedeutung (Abbildung 59) versehen werden.

Die Tatsache, daß die drei "harten" optischen Begriffe "Brennweite", "Reflexion", "Brechung" nur ein relativ geringes Ausmaß an gemeinsamer Bedeutung aufweisen, erscheint überraschend. Da angenommen werden kann, daß diese Begriffe vor ihrer Behandlung im Unterricht kaum eine Bedeutung für die Schüler hatten, muß also ihre Bedeutung erst im Unterricht erworben worden sein. Da die Erfahrungen im Unterricht aber für alle Schüler relativ identisch sind, müßte man erwarten, daß diese Begriffe von allen Schülern in gleicher Weise wahrgenommen werden, d.h. die Prozentwerte für diese Begriffe müßten wesentlich höher liegen. Die Tatsache, daß die Ergebnisse der obigen Abbildung dieser Erwartung widersprechen, zeigt, daß der abgelaufene Unterricht (zumindest für die erwähnten drei Begriffe) bei den Schülern nicht zu einer gemeinsamen kognitiven Struktur geführt hat (was ja durchaus in das bisherige Bild paßt).

Über die bisherige Auswertung hinaus (in der jeder einzelne Begriff sozusagen isoliert betrachtet wurde) wurde versucht, die Beziehungen aufzudecken, die zwischen den zehn Begriffen der Optik in der kognitiven Struktur der Schüler bestehen. Analog zu den in der Einleitung genannten Autoren wurde hierzu ausgezählt, wie oft die zehn (Stimulus-)Begriffe als Assoziationen auftreten. Sämtliche übrigen Assoziationen blieben dabei vorerst unberücksichtigt. (Die zehn Begriffe werden hierbei sozusagen als abgeschlossenes System betrachtet.)

In der folgenden Abbildung sind (für alle Schüler) die Ergebnisse dieser "systeminternen" Analyse aufgeführt. Eine erste Betrachtung dieser Abbildung zeigt, daß die zehn Optik-Begriffe in recht unterschiedlichem Maße "systeminterne" Assoziationen hervorrufen (vgl. letzte Zeile der Abb. 60). Interessant (aber durchaus erwartungsgemäß) dabei ist, daß offensichtlich ausschließlich optische Begriffe (Brennweite, Lichtstrahl, Reflexion, Brechung, Linse) am stärksten in dem von den zehn Begriffen aufgespannten System verankert sind, während die übrigen Begriffe weitaus stärker über das System hinausreichen.

Abb. 60: Häufigkeit "systeminterner" Assoziationen

Assoziationen	vorgegebene Begriffe									
	Schatten	Auge	Licht-quelle	Linse	Ab-bildung	Brenn-weite	Brechung	Regen-bogen	Licht-strahl	Reflexion
Schatten	X		6	1	2			1	9	1
Auge	2	X	2	29	4	6	3	3	2	1
Lichtquelle	3		X		1	4	3		7	4
Linse		34	2	X	3	18	10	2	7	4
Abbildung	2				X					
Brennweite		1	1	1		X	2			1
Brechung		1	1	5		5	X	9	7	3
Regenbogen	1						1	X	1	
Lichtstrahl	2	2	8	5	3	16	10	4	X	15
Reflexion			2	1	1	1	1	1	4	X
Σ	10	38	22	42	14	50	30	20	37	29
% aller auf diesen Begriff abgegebenen Assoziationen	4,7	10,9	9,3	16,9	6,7	28,4	16,9	7,2	18,4	17,0
Rang (nach %)	10	6	7	4,5	9	1	4,5	8	2	3

Die Analyse der Beziehungen der zehn Begriffe untereinander erforderte eine Weiterverarbeitung der in Abbildung 60 aufgeführten Häufigkeiten. Nach bekannten Vorbildern (z.B. DEESE 1965) wurden sogenannte Intersektionskoeffizienten zwischen den Begriffen berechnet.

Der Intersektionskoeffizient (IK) zwischen zwei Begriffen ist folgendermaßen definiert:

$$IK = \frac{S_A \cap S_B}{\sqrt{N_A \cdot N_B}}$$

Hierbei bedeutet: $S_A \cap S_b$: Summe, der auf die Begriffe A und B abgegebenen gemeinsamen Assoziationen.[1]

1) *Bei der Berechnung des Intersektionskoeffizienten werden also alle abgegebenen Assoziationen (vorausgesetzt es sind "gemeinsame") unabhängig von ihrer Stellung in der Assoziationshierarchie als gleichberechtigt betrachtet.*

N_A bzw. N_b : Summe der Assoziationen, die auf A bzw. B abgegeben wurden.

Die Berechnung von IK soll an dem Beispiel "Auge" - "Linse" verdeutlicht werden.

Zu "Auge" wurde assoziiert (aufgeführt sind nur diejenigen Assoziationen, die überhaupt bei "Auge" und "Linse" gemeinsam auftreten):

Linse 34, Brennweite _1_, Brechung _1_, Lichtstrahl _2_

Zu "Linse" wurde assoziiert:

Auge _29_, Brennweite 1, Brechung 5, Lichtstrahl 5

Die unterstrichenen Werte (jeweils der kleinere Wert), die echt gemeinsame Assoziationen sind, werden zur Berechnung des IK benutzt:

$$IK = \frac{33}{\sqrt{38 \cdot 42}} = 0{,}83$$

Die auf die gleiche Weise berechneten Intersektionskoeffizienten zwischen allen zehn Begriffen zeigt die folgende Abbildung:

Abb. 61: ("Systeminterne") Intersektionskoeffizienten zwischen den zehn Optik-Begriffen

	1	2	3	4	5	6	7	8	9	10
1 Schatten	X									
2 Auge	.10	X								
3 Lichtquelle	.47	.21	X							
4 Linse	.20	.83	.36	X						
5 Abbildung	.59	.22	.57	.37	X					
6 Brennweite	.31	.50	.45	.39	.45	X				
7 Brechung	.46	.41	.58	.42	.54	.75	X			
8 Regenbogen	.35	.18	.52	.48	.60	.47	.45	X		
9 Lichtstrahl	.42	.27	.70	.36	.40	.44	.63	.51	X	
10 Reflexion	.35	.24	.63	.34	.45	.74	.68	.46	.52	X

Nach einer recht einfachen Methode von WAERN (1972), die aber gegenüber aufwendigeren Verfahren durchaus vergleichbare Ergebnisse liefert, wurden die Koeffizienten der Abbildung 61 in eine grafische Darstellung umgesetzt, wobei die Begriffe als Punkte und die Ähnlichkeiten zwischen ihnen als Linien dargestellt werden.[1)]

Im einzelnen wurde folgendermaßen verfahren (vgl. WAERN 1972: "multi-step method"): In einem ersten Schritt wurden nur die höchsten Ähnlichkeiten in die grafische Darstellung aufgenommen (hier: IK ⩾ .70). In einem zweiten Schritt wurde der "cut-off point" auf .60 herabgesetzt. Die neuen Verbindungen wurden anschließend in die grafische Darstellung eingetragen. Wege zwischen Begriffen, die schon durch den höheren "cut-off point" existieren, wurden nicht noch einmal gezeichnet. (Ein Weg zwischen zwei Begriffen existiert auch dann, wenn noch ein anderer Begriff dazwischenliegt.) In einem dritten Schritt wurde der "cut-off point" erneut herabgesetzt (auf .50), und es wurde wie im zweiten Schritt weiterverfahren.

Die folgende Abbildung zeigt die aus dieser Methode resultierende grafische Darstellung.

Abb. 62: Grafische Darstellung der ("systeminternen") Beziehungen zwischen den zehn Optik-Begriffen aus der Sicht der Schüler
("cut-off points": .70 ▬ .60 — .50 ---)

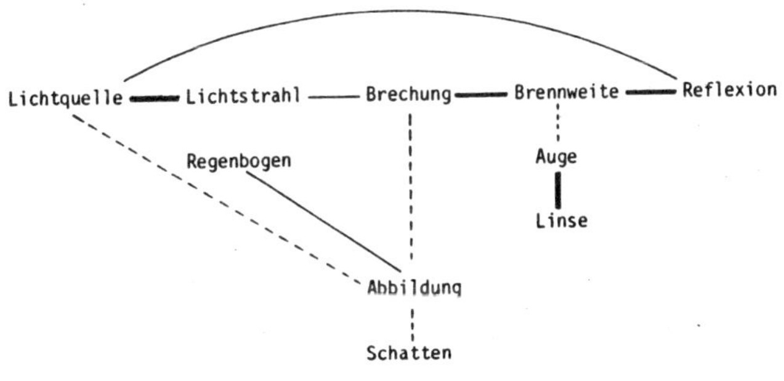

1) *Für die Methode von WAERN (1972) ist es zunächst unerheblich, auf welche Weise die Ähnlichkeitskoeffizienten berechnet wurden.*

Obige Abbildung kann angesehen werden als eine Darstellung der "kognitiven Struktur" der Schüler in bezug auf die zehn ausgewählten Optik-Begriffe. Diese Abbildung zeigt, in welcher Weise von den Schülern Verbindungen zwischen den Begriffen hergestellt werden, wie eng diese Verbindungen sind und in welcher Weise bestimmte Begriffsgruppen als zusammengehörig angesehen werden.

Die Interpretation dieser Abbildung soll vorerst noch zurückgestellt werden; sie wird an späterer Stelle im Zusammenhang mit weiteren grafischen Darstellungen "kognitiver Strukturen" erfolgen.

Die Darstellung der Beziehungen zwischen den zehn Optik-Begriffen erfolgte bisher nur auf der Grundlage der "systeminternen" Assoziationen. Es soll nun untersucht werden, wie sich die Beziehungen zwischen diesen zehn ausgewählten Begriffen darstellen, wenn die über die zehn vorgegebenen Begriffe hinausgehenden Assoziationen mitberücksichtigt werden. Analog zu dem vorhergehenden Verfahren wurden erneut Intersektionskoeffizienten zwischen den Begriffen berechnet. Als Grundlage diente dabei die Liste der jeweils fünf häufigsten Assoziationen pro Begriff (vgl. Abbildung 58). Die Berücksichtigung der nur jeweils fünf häufigsten und nicht aller Assoziationen kann folgendermaßen begründet werden:

- Die fünf häufigsten Assoziationen enthalten einen recht großen Prozentsatz der abgegebenen Antworten (vgl. Abb. 59)
- Entsprechend der Logik des Intersektionskoeffizienten würde die Berücksichtigung aller Assoziationen nur zu sehr geringen Werten führen (sehr große Zahlen im Nenner!)
- Die Berücksichtigung aller Assoziationen wäre nur sinnvoll gewesen, wenn die Schüler pro Begriff nur eine Assoziation hätten abgeben dürfen.

Die folgende Abbildung zeigt die Intersektionskoeffizienten zwischen den zehn Optik-Begriffen aufgrund der jeweils fünf häufigsten Assoziationen.

Abb. 63: ("Systemüberschreitende") Intersektionskoeffizienten zwischen den zehn Optik-Begriffen

	1	2	3	4	5	6	7	8	9	10
1 Schatten	X									
2 Auge	0	X								
3 Lichtquelle	.34	0	X							
4 Linse	0	.45	0	X						
5 Abbildung	.11	0	0	0	X					
6 Brennweite	.14	.25	.11	.31	0	X				
7 Brechung	.24	.11	.19	.14	0	.33	X			
8 Regenbogen	.18	0	.16	0	0	0	0	X		
9 Lichtstrahl	.47	0	.67	0	0	.29	.20	.13	X	
10 Reflexion	.22	0	.18	0	0	.34	.26	0	.36	X

Auf den ersten Blick ist schon zu erkennen, daß sämtliche Koeffizienten der obigen Abbildung wesentlich niedriger sind als die der Abb. 61. Aufgrund der bisherigen Überlegungen war dies aber kaum anders zu erwarten.

Die Abb. 63 wurde erneut in eine grafische Darstellung umgesetzt. Als "cut-off" Grenzen wurden diesmal allerdings andere (niedrigere) Werte gewählt. Die folgende Abbildung zeigt das Ergebnis:

Abb. 64: Grafische Darstellung der ("systemüberschreitenden") Beziehungen zwischen den zehn Optik-Begriffen aus der Sicht der Schüler ("cut-off points": .60 ▬ .40 — .30 - - - -)

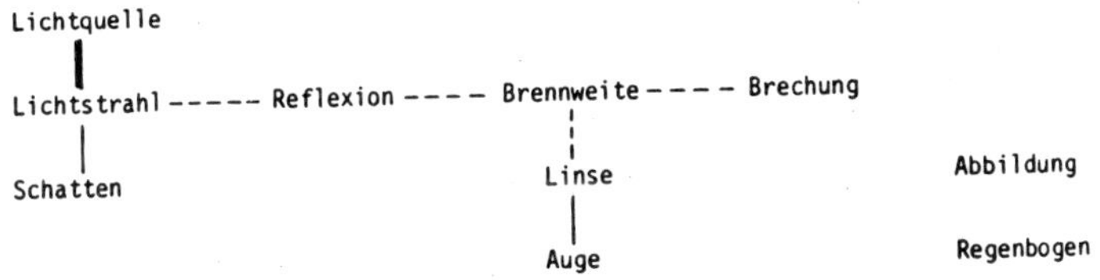

Eine Interpretation dieser Abbildung soll ebenfalls noch unterbleiben. Es zeigt sich aber schon beim ersten Hinsehen, daß beide Abbildungen (d.h. 62 und 64) im Prinzip recht ähnlich sind, wenn auch in Abb. 64 bestimmte Relationen zwischen einigen Begriffen weggefallen sind. Als Folge davon treten auch in Abb. 64 zwei von den anderen isolierte Begriffe auf.

5.3.4.2 Ähnlichkeitsskalierung

Die Auswertung der Daten der Ähnlichkeitsskalierung der zehn Optik-Begriffe gestaltete sich wesentlich einfacher als die der Assoziationsdaten, da hier bereits direkte Angaben über die Ähnlichkeit der Begriffe vorlagen. Die mehr oder weniger begründeten Schritte zur Ableitung von Ähnlichkeitsindizes wie bei den Assoziationsdaten konnten hier daher unterbleiben.

Für jedes Begriffspaar wurde zunächst über alle Schüler die mittlere Ähnlichkeit berechnet ($\overline{X}$). Die folgende Abbildung zeigt diese Werte.

Abb. 65: Mittlere Ähnlichkeitswerte zwischen den zehn Optik-Begriffen für alle Schüler
(1 = ähnlich, 7 = unähnlich)

	1	2	3	4	5	6	7	8	9	10
1 Schatten	X									
2 Auge	5,34	X								
3 Lichtquelle	3,68	4,00	X							
4 Linse	5,46	1,86	3,96	X						
5 Abbildung	4,04	2,75	4,41	4,81	X					
6 Brennweite	5,38	3,86	3,63	2,79	4,64	X				
7 Brechung	4,27*	3,56	4,03	2,79	4,89	3,50	X			
8 Regenbogen	5,98	4,85	4,41	5,27	4,68	5,22	4,16	X		
9 Lichtstrahl	4,07	3,28	1,91	3,50	4,27	3,54	2,86	3,18	X	
10 Reflexion	4,82	4,50	3,89	3,98	5,07	4,61	3,65	3,82	3,34	X

*) Anmerkung zu Abb. 65: Aufgrund eines Fehlers bei der Erstellung des Fragebogens wurde für das Begriffspaar Schatten/Brechung kein Ähnlichkeitsurteil abgegeben; als beste Schätzung wurde eingesetzt: mittlere Ähnlichkeit von "Schatten" zu allen anderen Begriffen + mittlere Ähnlichkeit von "Brechung" zu allen anderen Begriffen dividiert durch 2.

In prinzipiell gleicher Weise wie im vorangegangenen Abschnitt wurde die obige Abbildung in eine grafische Darstellung umgesetzt. Die Tatsache, daß hier anstelle von Intersektionskoeffizienten mit Mittelwerten gearbeitet wird, spielt dabei keine Rolle. Lediglich die Wahl der "cut-off points" muß der Veränderung der Datenart Rechnung tragen.

Abb. 66: Grafische Darstellung der Beziehungen zwischen den zehn Optik-Begriffen aufgrund der Ähnlichkeitsskalierung durch die Schüler ("cut-off points": ▬ ≤ 2,0 — ≤ 3,0 ---- ≤ 3,5)

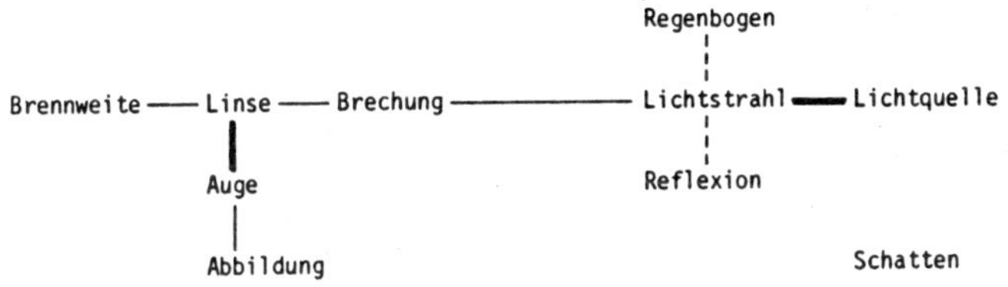

Bezüglich der Interpretation dieser Abbildung sei auf den nächsten Abschnitt verwiesen. Es bleibt hier nur noch festzuhalten, daß sich die "kognitiven Strukturen" von Jungen und Mädchen (dargestellt in Abbildungen der obigen Art) kaum voneinander unterscheiden, weshalb auch für alle Schüler eine gemeinsame grafische Darstellung vorgenommen wurde.

5.3.4.3 Vergleich der aus verschiedenen Methoden resultierenden kognitiven Strukturen und deren Interpretation

Zum besseren Vergleich der drei bisher gewonnenen Darstellungen der kognitiven Strukturen der Schüler wurde versucht, eine gemeinsame Darstellung aus den Abbildungen 62, 64 und 66 zu finden. Diese Vorgehensweise läßt sich auch dadurch rechtfertigen, daß zwischen den Indizes der Abbildungen 61, 63 und 65, auf denen diese Abbildungen beruhen, signifikante Rangkorrelationen bestehen:

$$r_{S\ 61/63} = 0{,}51 \quad (P < 1\ \%)$$

$$r_{S\ 61/65} = 0{,}29 \quad (P < 5\ \%)$$

$$r_{S\ 63/65} = 0{,}43 \quad (P < 1\ \%)$$

Dies spricht dafür, daß die benutzten Methoden in der Lage sind, relativ übereinstimmend die Beziehungen zwischen den Optik-Begriffen in der kognitiven Struktur der Schüler abzubilden.

Da es bei der Erstellung einer gemeinsamen Abbildung nur auf die topologischen Beziehungen zwischen den verschiedenen Begriffen ankommt und ein Vergleich der drei Strukturen nur bezüglich dieser Beziehungen zu erfolgen hat, können die Abbildungen 62, 64 und 66 beliebig umgeformt werden, sofern nur deren topologische Struktur erhalten bleibt.

Die folgende Abbildung zeigt das Ergebnis einer solchen Kombination der Abbildungen 62, 64 und 66:

Abb. 67: Grafische Darstellung der Beziehungen zwischen den zehn Optik-Begriffen
(Abb. 62 ········ Abb. 64 —— Abb. 66 – – –)

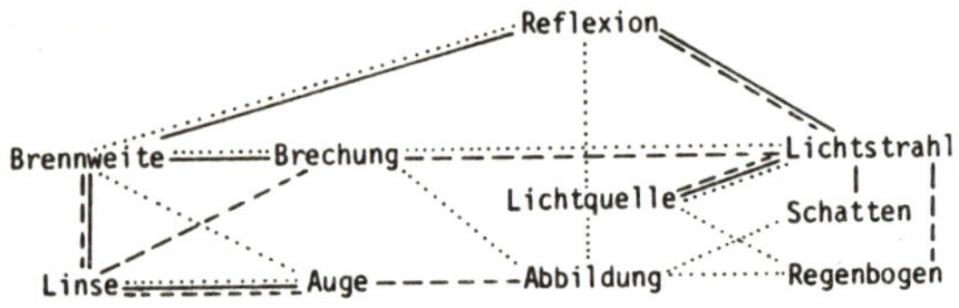

Bei der Interpretation der obigen Abbildung (die auf den ersten Blick vielleicht etwas verwirrend aussieht) sollen zuerst diejenigen Beziehungen zwischen Begriffen betrachtet werden, die wenigstens in zwei der bisher betrachteten Darstellungen auftreten.

Der zentrale Begriff in der kognitiven Struktur der Schüler (gemessen an der Gesamtzahl der Verbindungen zu anderen Begriffen) ist der Begriff "Lichtstrahl". Dies ist sicher nicht verwunderlich, wenn man bedenkt, daß Optik in der Schule weitgehend "Strahlenoptik" oder geometrische Optik ist. Der (idealisierte) Begriff des Lichtstrahls ist sicherlich Voraussetzung für das Verständnis sämtlicher übriger in unserem System enthaltener Begriffe. "Lichtstrahl" hat die engste Beziehung zu "Lichtquelle". Dies ist relativ leicht nachvollziehbar: Lichtquellen senden Licht bzw. (idealisiert) Lichtstrahlen aus. Weitere enge Beziehungen bestehen zwischen "Lichtstrahl" und "Brechung" und "Reflexion". Diese Beziehungen stehen ebenfalls recht gut in Einklang mit der "Sachstruktur" der Optik: Reflexion und Brechung sind die beiden grundlegenden Prozesse, die auf Lichtstrahlen anwendbar sind. Vereinfacht (zu einfach?!) ausgedrückt: Lichtstrahlen treffen entweder auf einen undurchsichtigen Körper und werden reflektiert, oder sie treffen auf einen durchsichtigen Körper und werden beim Durchgang durch diesen gebrochen.

Auf der linken Seite der obigen Abbildung besteht die engste Beziehung zwischen "Linse" und "Auge". Diese enge Verbindung kommt wahrscheinlich dadurch zustande, daß im Unterricht der Sehvorgang weitgehend deckungsgleich mit der Abbildung von Gegenständen durch Konvexlinsen behandelt wurde. "Linse" ist wiederum eng verbunden mit "Brennweite". Da die Brennweite den entscheidenden Parameter von Linsen darstellt, ist dies durchaus "richtig" und plausibel. "Brennweite" ist außerdem eng verbunden mit "Brechung", was im Hinblick auf die Beziehung Brechkraft = reziproke Brennweite leicht verständlich ist. Auch die weitere Verbindung von "Brennweite" zu "Reflexion" ist gut nachvollziehbar, ist doch bei der Reflexion an gekrümmten Spiegeln die Brennweite des Spiegels ein entscheidender Faktor.

Es zeigt sich also, daß die linke und die rechte Seite der obigen Abbildung über die zentralen Vorgänge "Brechung" und "Reflexion" miteinander verbunden sind. Relativ isoliert bleiben lediglich die Begriffe "Abbildung", "Schatten", "Regenbogen", die nur jeweils in einer der Abbildungen 62, 64 und 66 eine Verbindung zu den übrigen Begriffen aufweisen. Auf die Interpretation dieser Verbindungen soll deshalb hier verzichtet werden.

5.3.4.4 Kognitive Struktur der Lehrer und deren Beziehung zur kognitiven Struktur der Schüler

Die Interpretation der kognitiven Struktur der Schüler im letzten Abschnitt erfolgte im wesentlichen nach Plausibilitätsgesichtspunkten unter Bezugnahme auf eine nicht näher definierte Sachstruktur der Optik. Es soll jetzt versucht werden, diese "Sachstruktur" näher zu beschreiben, und zwar als "kognitive Struktur" derjenigen Lehrer, die die Schüler unterrichteten.

Zur Erfassung der kognitiven Struktur der Lehrer wurde der gleiche Fragebogen benutzt wie bei den Schülern. Um eine bessere Vergleichbarkeit zu gewährleisten, wurde die Auswertung (für Lehrer A und B getrennt) im Prinzip wie bei den Schülern vorgenommen. Die Tatsache, daß hier nur Daten von Einzelpersonen vorlagen, machte allerdings einige Modifikationen notwendig.

* Assoziationstest

Da aus den erwähnten Gründen eine Häufigkeitsanalyse der Assoziationsdaten (entsprechend Abb. 57, 58 und 59) nicht möglich war, konzentrierte sich die Auswertung unmittelbar auf die Beziehungen zwischen den zehn Optik-Begriffen. Abweichend von den Schülern wurden als Indizes für die Ähnlichkeit zwischen den Begriffen sogenannte "relatedness coefficients" (RC) berechnet (vgl. Abschnitt 5.3.3.2). Dieses von GARSKOF + HOUSTON (1963) entwickelte Maß berücksichtigt auch die Rangreihe der abgegebenen Assoziationen und ist besonders für Individualdaten geeignet.

Die Berechnung von RC soll an einem Beispiel demonstriert werden:

Assoziationen auf "Brennweite"	Rang	Assoziationen auf "Linse"	Rang
Brennweite	10	*Linse*	10
Linse	9	Brechung	9
Brennpunktstrahl	8	Abbildung	8
Brechkraft	7	Mittelpunktstrahl	7
Brennglas	6	*Brennpunktstrahl*	6
Abbildungsgesetz	5	Parallelstrahl	5
		Konkavlinse	4
		Konvexlinse	3
		Brennpunkt	2
		Brille	1

Zur Berechnung der Ähnlichkeit zwischen zwei Begriffen nach RC werden die Assoziationen auf diese Begriffe in der Reihenfolge ihrer Abgabe aufgeschrieben. Zusätzlich wird dabei angenommen, daß der jeweilige Stimulus-Begriff die ranghöchste Assoziation darstellt. Die Verteilung der Rangplätze geschieht folgendermaßen: in der längeren Liste (im obigen Beispiel bei "Linse") erhalten die Assoziationen von oben nach unten die Rangplätze n, n-1, n-2, ..., 1 (n = Anzahl der Assoziationen in der längeren Liste); in der kürzeren Liste erhalten die Assoziationen von oben nach unten die Rangplätze n, n-1, n-2, ..., n-m + 1 (m = Anzahl der Assoziationen in der kürzeren Liste).

RC läßt sich nun auf der Basis dieser Rangplätze definieren als:

$$RC = \frac{\text{beobachtete Überlappung zwischen zwei Listen}}{\text{maximal mögliche Überlappung zwischen zwei Listen}} = \frac{\overline{A} \cdot \overline{B}}{(A \cdot B) - \left[n^p - (n-1)^p\right]^2}$$

Hierbei bedeuten:

$\overline{A}$: Rangplätze der Elemente in der Liste A ("Brennweite"), die auch in der Liste B ("Linse") vorkommen. Für obiges Beispiel ist $\overline{A}$ = (9,8), da "Linse" und "Brennpunktstrahl" auch in B vorkommen.

$\overline{B}$: Rangplätze der Elemente in der Liste B, die auch in der Liste A vorkommen (hier: $\overline{B}$ = (10,6)).

$A \cdot B = n^p n^p + (n-1)^p (n-1)^p + \ldots + 1^p 1^p$

p ist ein Gewichtungsfaktor (≥ 0); je größer p, desto größeres Gewicht wird den ranghöheren Assoziationen beigemessen. In den bisherigen Untersuchungen wurde meistens p = 1 gewählt.

Für obiges Beispiel kann nun RC berechnet werden:

$$RC = \frac{(9,8)\ (10,6)}{(10,9,8,7,6,5,4,3,2,1)\ (10,9,8,7,6,5,4,3,2,1)\ -\ \left[10-(10-1)\right]^2} = \frac{138}{384} = 0,36$$

Nach diesem angeführten Verfahren wurden für jeden der beiden Lehrer die Ähnlichkeitskoeffizienten zwischen den zehn Optik-Begriffen berechnet. Die folgende Abbildung zeigt diese Werte:

Abb. 68: "Relatedness Coefficients" zwischen den Optik-Begriffen für die beiden Lehrer

	1	2	3	4	5	6	7	8	9	10	
1 Schatten	X	.02	.40	0	0	0	.16	.03	.45	.15	Lehrer B
2 Auge	0	X	.02	.20	.32	.17	.07	0	.10	.02	
3 Lichtquelle	0	0	X	0	0	0	.09	0	.34	.07	
4 Linse	0	.16	0	X	.44	.36	.31	0	.33	0	
5 Abbildung	0	.18	0	.35	X	.30	.11	0	.11	0	
6 Brennweite	0	0	0	.17	.12	X	.02	0	.07	0	
7 Brechung	0	0	0	.14	0	0	X	.11	.41	.16	
8 Regenbogen	0	0	.07	0	0	0	.26	X	.06	.13	
9 Lichtstrahl	.15	0	.35	0	.11	0	0	0	X	.35	
10 Reflexion	0	0	0	0	0	0	0	0	.09	X	
	Lehrer A										

Eine erste Durchsicht der obigen Abbildung zeigt, daß Lehrer A wesentlich mehr Null-Koeffizienten aufweist als Lehrer B ($\overline{RC}_A = 0,05$; $\overline{RC}_B = 0,13$). Dies besagt, daß Lehrer A in seinen Assoziationen insgesamt ein geringeres Ausmaß an Beziehungen zwischen den zehn Begriffen zeigt als Lehrer B.[1] Die Übereinstimmung zwischen den beiden Lehrern ist aber (abgesehen von diesem Unterschied im Gesamtniveau der Koeffizienten) dennoch sehr hoch: die Rangkorrelation zwischen den RCs beträgt $r_s = 0,56$ ($p < 0,001$).

---

1) Hieran ist interessant, daß Lehrer B der "erfahrenere" Lehrer ist!

Analog zur Vorgehensweise bei den Schülern wurde die obige Abbildung in grafische Darstellungen umgesetzt:

Abb. 69: Grafische Darstellung der Beziehungen zwischen den zehn Optik-Begriffen für Lehrer A
("cut-off points": ▬ ≥ .30 — ≥ .20 --- ≥ .10)

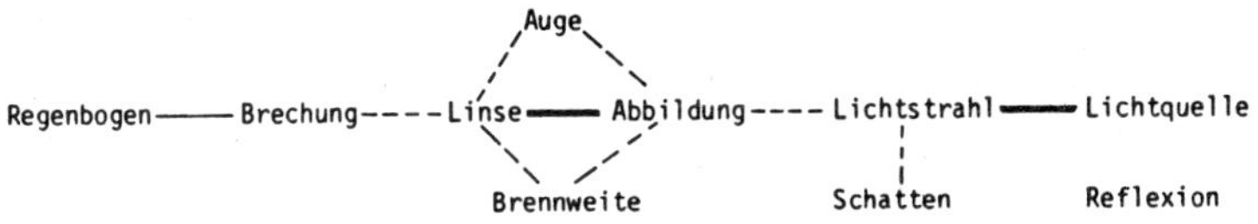

Abb. 70: Grafische Darstellung der Beziehungen zwischen den zehn Optik-Begriffen für Lehrer B
("cut-off points": ▬ ≥ .30 — ≥ .20 --- ≥ .10)

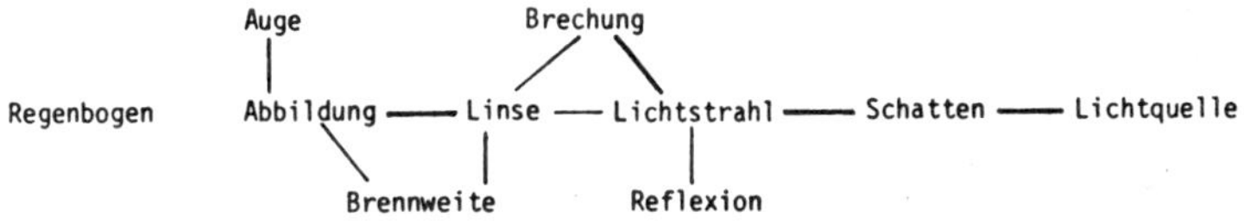

Trotz einiger Unterschiede (isolierte Begriffe "Regenbogen" bzw. "Reflexion", Positionswechsel von "Linse" und "Abbildung" usw.) sind beide Darstellungen ("kognitive Strukturen") in ihrer Grundstruktur doch relativ übereinstimmend (was aufgrund der hohen Rangkorrelation auch nicht anders zu erwarten war). Dieses subjektive Urteil ("relativ übereinstimmend") läßt sich leider nicht durch handfestere Belege erhärten; mir sind keine Möglichkeiten bekannt, Ähnlichkeiten zwischen solchen grafischen Darstellungen quantitativ anzugeben. Am besten scheinen noch (wie bereits berechnet) Rangkorrelationen zwischen den Indizes zu sein, auf denen diese Darstellungen beruhen. Der Vergleich zwischen den kognitiven Strukturen von Lehrern und Schülern soll sich daher auch in erster Linie auf solche Rangkorrelationen beziehen (vgl. Abb. 71).

Abb. 71: Rangkorrelationen zwischen aus Assoziationen abgeleiteten Indizes für Lehrer und Schüler[1])

	Schüler IK ("systemintern")	Schüler IK ("systemüberschreitend")
Lehrer A	0,02	0,17
Lehrer B	0,09	0,42 ($p < 0,003$)

1) Bei der Auswertung der Daten der Schüler wurde leider keine Trennung nach Klasse A und Klasse B vorgenommen. Es können also hier nicht Lehrer A und B mit ihrer jeweiligen Klasse in Beziehung gesetzt werden.

Mit Ausnahme der hochsignifikanten Korrelation zwischen Lehrer B und IK ("systemüberschreitend") der Schüler zeigen sich also keinerlei Beziehungen zwischen Lehrern und Schülern; d.h. man wird kaum davon sprechen können, daß die kognitive Struktur der Schüler in Richtung der "Sachstruktur" der Optik (die hier durch die "kognitive Struktur" der unterrichtenden Lehrer repräsentiert wird) verändert wurde.

Vielleicht würde sich dieses Bild (das in voller Übereinstimmung mit den bisherigen Ergebnissen steht) aber ändern, wenn eine eindeutige Zuordnung von Lehrer und Klasse vorgenommen würde.

* Ähnlichkeitsskalierung

Die folgende Abbildung zeigt die Ähnlichkeitsurteile für die zehn Begriffe für Lehrer A und B.

Zwischen den Ähnlichkeitsurteilen beider Lehrer besteht eine hochsignifikante Rangkorrelation ($r_s = 0,62$). Ähnlichkeitsurteile und RCs zeigen pro Lehrer ebenfalls eine sehr hohe Übereinstimmung (r_s für Lehrer A = 0,69; r_s für Lehrer B = 0,67).

Zur besseren Veranschaulichung wurde Abb. 72 nach bekanntem Muster in grafische Darstellungen umgesetzt (obwohl dies sicher nicht ganz unproblematisch ist).

Abb. 72: Ähnlichkeitsurteile für Lehrer A und B

		1	2	3	4	5	6	7	8	9	10
1	Schatten	x	6	2	7	7	7	5*	7	4	7
2	Auge	3	x	6	2	2	3	3	7	5	6
3	Lichtquelle	1	4	x	7	4	7	7	3	2	4
4	Linse	6	2	4	x	1	1	2	7	6	5
5	Abbildung	6	1	2	1	x	2	3	6	3	7
6	Brennweite	6	3	3	1	1	x	1	7	7	7
7	Brechung	4*	3	4	1	6	7	x	2	3	6
8	Regenbogen	7	6	3	6	7	7	1	x	3	3
9	Lichtstrahl	1	4	1	4	2	2	3	2	x	3
10	Reflexion	6	6	5	6	6	6	1	6	2	x

Lehrer A (unten) / Lehrer B (rechts)

Abb. 73: "Kognitive Struktur" von Lehrer A aufgrund der Ähnlichkeitsurteile
("cut-off points": —— 1 ---2)

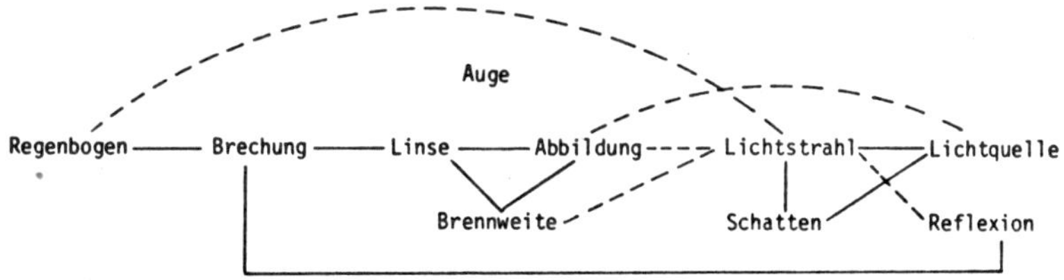

Abb. 74: "Kognitive Struktur" von Lehrer B aufgrund der Ähnlichkeitsurteile
("cut-off points": —— 1 ---2)

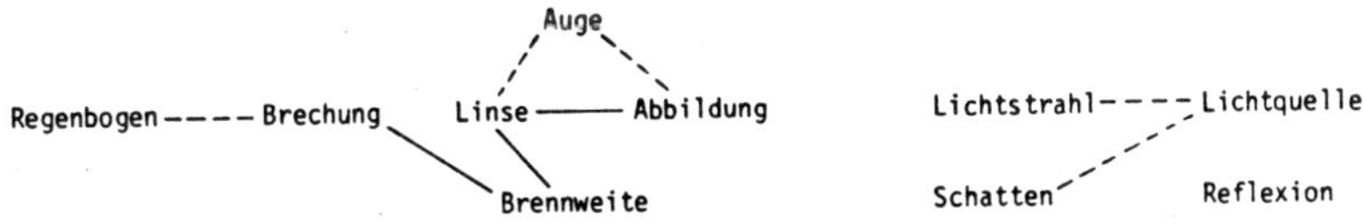

Auch hier zeigt sich insgesamt eine recht gute Übereinstimmung zwischen beiden Lehrern, wenn auch die Darstellung von Lehrer B hier etwas beziehungsärmer ist.

Die Übereinstimmung zwischen den kognitiven Strukturen von Lehrern und Schülern ist in bezug auf die Ähnlichkeitsurteile sehr hoch. Die Rangkorrelation beträgt für Lehrer A $r_s = 0,53$; für Lehrer B $r_s = 0,54$ ($p < 0,001$).

5.3.4.5 Zusammenfassung und Diskussion

44 Schüler und zwei Lehrer beantworteten einen Fragebogen, bei dem zu zehn Begriffen aus der Optik freie Assoziationen und Ähnlichkeitsurteile abgegeben wurden. Aus den Daten wurden verschiedene Indizes für die Beziehungen der Begriffe untereinander abgeleitet. Dieses Beziehungsgefüge zwischen den Begriffen wurde als "kognitive Struktur" interpretiert. Assoziationstest und Ähnlichkeitsskalierung lieferten sowohl bei Schülern als auch bei Lehrern einigermaßen vergleichbare Ergebnisse (signifikante Rangkorrelationen). Die grafische Darstellung der kognitiven Struktur der Schüler ließ sich anhand einer nicht näher definierten Sachstruktur der Optik recht gut interpretieren. Wird unter "Sachstruktur" die kognitive Struktur der Fachvertreter (hier: Lehrer) verstanden, dann zeigt sich nur bei den Ähnlichkeitsdaten (und einer Ausnahme bei den Assoziationsdaten) eine gute Übereinstimmung zwischen Schülern und Lehrern.

Aufgrund dieser Ergebnisse kann im Hinblick auf die vorrangige Absicht dieser Voruntersuchung - Erprobung von Methoden zur Erfassung kognitiver Strukturen - folgendermaßen Stellung genommen werden:

- Sowohl das Assoziationsverfahren als auch die Ähnlichkeitsskalierung scheinen durchaus geeignet, einen bestimmten Aspekt der kognitiven Struktur bei Schülern (und Lehrern) zu erfassen.

- Die Durchführung dieser Verfahren ist recht einfach und problemlos.
- Die Auswertung ist dagegen zumindest für das Assoziationsverfahren recht mühsam und zeitraubend. Außerdem sind die aus den Assoziationsdaten ableitbaren Indizes nicht unproblematisch. Vor allem fehlen Informationen über die Zufallsverteilung solcher Indizes.
- Die grafische Darstellung der Ergebnisse nach WAERN ist unbestreitbar sehr einfach und praktikabel. Es ist allerdings nicht zu übersehen, daß z.B. bei der Wahl der "cut-off"-Grenzen subjektive Entscheidungen ins Spiel kommen.
- Weder das Assoziationsverfahren noch die Ähnlichkeitsskalierung bzw. die auf beiden Methoden basierenden Darstellungen kognitiver Strukturen können direkte Aussagen über die Art der zwischen den Begriffen bestehenden Relationen machen. Es wird lediglich auf eine nicht näher definierte Dimension "Ähnlichkeit" zurückgegriffen, die nur auf dem Wege einer Interpretation inhaltlich bestimmt werden kann. Eine Weiterentwicklung der genannten Verfahren sollte meines Erachtens vor allem an diesem Punkt ansetzen.

5.4 Veränderung kognitiver Strukturen durch ein AUSUBELsches Lehrprogramm

5.4.1 Einleitung und Überblick

Eine wesentliche Erfahrung, die man aus dem vorangehenden Abschnitt entnehmen kann, besteht darin, daß eine "Umsetzung" der didaktischen Konzeption AUSUBELs im Rahmen eines "normalen" Schulunterrichts fast notwendigerweise in Ansätzen steckenbleiben muß, da eine Vielzahl von äußeren Bedingungen ständige Kompromißbildungen erfordert, was schließlich zu einer "Verwässerung" der ursprünglichen Konzeption führt.

Eng hiermit verbunden ist die Erfahrung, daß bei derartigen Unterrichtsversuchen im Rahmen weitgehend vorgegebener Bedingungen nur ein geringer Grad an (experimenteller) Kontrolle der Bedingungen möglich ist, was zwangsläufig zu einer Einschränkung oder zumindest Relativierung der erhaltenen Ergebnisse führt. Einer Überwindung dieser beiden (sicher grundsätzlichen) Schwierigkeiten ist das vorliegende Kapitel gewidmet. Im einzelnen lassen sich die Zielsetzungen dieses Kapitels etwa folgendermaßen umschreiben:

- Für einen begrenzten Abschnitt der Physik soll eine möglichst getreue Umsetzung der didaktischen Konzeption AUSUBELs entwickelt werden. Hierbei sollen möglichst alle Vorschläge AUSUBELs berücksichtigt werden, d.h. es soll keine Verkürzung seiner Konzeption auf "advance organizer" erfolgen.
- Um ein höheres Ausmaß an Kontrolle zu erreichen, soll das entwickelte Programm nicht im Rahmen eines "normalen" Unterrichts sondern unter eher experimentellen Bedingungen zur Anwendung kommen. Dies impliziert z.B. Heranziehung einer Kontrollgruppe, weitgehende Beschränkung auf schriftliches Material, relativ kurze Instruktionsphase usw.
- Innerhalb dieses (hier nur grob abgesteckten) Rahmens soll auf die bereits aus dem vorangegangenen Abschnitt bekannten Fragestellungen eingegangen werden: Veränderung bzw. Aufbau kognitiver Strukturen und Überprüfung der theoretischen Annahmen AUSUBELs.

5.4.2 Planung und Durchführung der Untersuchung

Die Planung der auf die oben genannten Zielsetzungen bezogenen Untersuchung betraf im wesentlichen drei Hauptaspekte:

- Entwicklung eines Lehrprogramms im Sinne AUSUBELs und eines (oder evtl. mehrerer) Alternativprogramme(s)
- Entwicklung von Verfahren zur Erfassung kognitiver Strukturen und zur Erfassung der übrigen wesentlichen Variablen von AUSUBELs Theorie des sinnvollen Lernens
- Erstellen eines konkreten Versuchsplanes.

Bevor näher auf diese drei Punkte eingegangen wird, sollen kurz noch einige Vorentscheidungen kommentiert werden,die vor der eigentlichen Planungsphase getroffen werden mußten:

Relativ leicht fiel die Entscheidung bezüglich des Ortes und des Zeitpunktes der Untersuchung, da diese beiden Faktoren durch äußere Gegebenheiten nahegelegt wurden. So war es aufgrund guter persönlicher Kontakt und auch aufgrund der geringen Entfernung nahezu selbstverständlich, daß die Untersuchung an der bereits genannten Schule C stattfinden würde. Als günstigster Untersuchungszeitraum wurde von der Schule die Woche nach der Zeugniskonferenz (für das Abschlußzeugnis) genannt, da hier die Schüler - von schulischen Anforderungen weitgehend entlastet - am ehesten die Bereitschaft für eine derartige Untersuchung aufbringen würden. Die Bereitschaft der Schüler war deshalb sehr wichtig, weil von vornherein klar war, daß die Untersuchung in der Freizeit der Schüler (also nachmittags) stattfinden müßte, da andernfalls eine zu große Störung des "normalen" Unterrichts eingetreten wäre. Diese Randbedingung machte es auch erforderlich, den Umfang der gesamten Untersuchung in engen Grenzen zu halten, wobei als einigermaßen realisierbar ca. sechs Stunden, verteilt auf zwei bis drei Nachmittage, ins Auge gefaßt wurden.

Die Tatsache, daß die Schüler zur Teilnahme an der Untersuchung nachmittags noch einmal die Schule aufsuchen mußten, machte es auch notwendig (nicht zuletzt aus versicherungstechnischen Gründen[1)]), daß die Schüler ein bestimmtes Mindestalter aufwiesen. Die Wahl fiel dann beinahe automatisch auf die Schüler der Jahrgangsstufe 9, die zum einen die Voraussetzung "Mindestalter" erfüllten und außerdem noch den Vorteil aufwiesen, einer nahezu unselegierten Schülerpopulation anzugehören (in Klasse 10 ist dies z.B. nicht mehr der Fall).

Die Heranziehung von Schülern des 9. Schuljahres bedeutete gleichzeitig eine gewisse Vorentscheidung im Hinblick auf den Inhalt des Lehrprogramms. Um die Ergebnisse der Untersuchung von schulischen Vorerfahrungen möglichst unbeeinflußt zu halten, wurden von vornherein die Bereiche "Wärmelehre", "Optik" und "Elektrizitätslehre" (inclusive "Magnetismus") ausgeklammert[2)]. Übrig blieb eigentlich

---

1) *Da es sich bei der vorliegenden Untersuchung um keine "schulische Veranstaltung" handelte, mußte für die Schüler eine Gruppenunfallversicherung abgeschlossen werden. Hierfür betrug das Mindestalter 15 Jahre. Dies zeigt u.a., mit welchen sachfremden Schwierigkeiten derartige Untersuchungen zu kämpfen haben.*

2) *Obwohl man aufgrund der Ergebnisse der vorangegangenen Kapitel diese Einflüsse als gering veranschlagen kann!*

nur noch der Bereich "Mechanik", der laut Rahmenrichtlinien (vgl. auch Abb. 32) erst ab Klasse 10 behandelt wird. Dieser Bereich hat meines Erachtens den zusätzlichen Vorteil, daß er für eine textgebundene Instruktion (so wie sie hier beabsichtigt war) besonders geeignet ist.

Eine letzte Vorbedingung, die mit den bisher aufgeführten eng zusammenhängt, sei hier abschließend noch erwähnt: bei einer (in Klasse 9) an der betreffenden Schule D bestehenden Jahrgangsbreite von ca. 200 Schülern, von denen nur etwa die Hälfte direkt aus dem Schulort und dicht benachbarten Gemeinden stammten, war es von vornherein klar, daß maximal (nur) etwa 70 bis 80 Schüler an der geplanten Untersuchung teilnehmen würden. Dies war natürlich bei der konkreten Versuchsplanung (z.B. Anzahl der Gruppen) zu berücksichtigen.

Zusammenfassend kann man also die vorgegebenen und vorentschiedenen Randbedingungen der geplanten Untersuchung etwa folgendermaßen charakterisieren: Für maximal 70 bis 80 Schüler des 9. Schuljahres sollen (mindestens) zwei verschiedene Versionen eines Mechanik-Lehrprogrammes entwickelt werden (wobei eine Version eine Umsetzung der didaktischen Konzeption AUSUBELs sein muß); für dieses Programm stehen - inclusive der durchzuführenden Testverfahren - etwa sechs Stunden zur Verfügung.

Im folgenden sollen jetzt die oben angeführten drei wesentlichen Planungsaspekte näher erläutert werden:

* Entwicklung der Lehrmaterialien

Aus dem oben nur grob charakterisierten inhaltlichen Rahmen ("Mechanik") mußte angesichts der zur Verfügung stehenden Zeit in einem ersten Schritt ein verhältnismäßig kleiner Ausschnitt ausgewählt werden. Diese Auswahl war im wesentlichen durch folgende Kriterien bestimmt:

- Der inhaltliche Ausschnitt sollte einen gewissen Grad an "Abgeschlossenheit" aufweisen; d.h. das Programm sollte nicht an einer willkürlichen Stelle einfach nur "aufhören".

- Für den inhaltlichen Ausschnitt sollte ein allgemeines Prinzip existieren, dem sämtliche vorkommenden Begriffe untergeordnet werden könnten.
- Der inhaltliche Ausschnitt sollte möglichst viele Bezüge zu "alltäglichen" Problemen zulassen.

Diese Kriterien (und zusätzlich die Empfehlung eines erfahrenen Physiklehrers) ließen die Wahl auf den Abschnitt "Bewegungslehre" fallen.

Die im Anschluß an diese inhaltliche Eingrenzung zweite wichtige Entscheidung betraf die Frage, wieviel Versionen des Lehrprogramms erstellt werden sollten. Angesichts der zu erwartenden verhältnismäßig geringen Schülerzahlen (sicher auch aufgrund arbeitsökonomischer Erwägungen) entschied ich mich hier für insgesamt zwei Alternativformen des Lehrprogramms: eines im Sinne AUSUBELs und eines eher "herkömmlicher" Art.

Zur Vororientierung und als Grundlage für die weitere Diskussion ist in der folgenden Abbildung der grundsätzliche Aufbau der beiden Lehrprogramme dargestellt:

Abb. 75 Aufbau der beiden Lehrprogramme

Lehrprogramm "AUSUBEL"	Lehrprogramm "Alternative"
1. *"advance organizer" in drei Versionen:* a) verbal b) schematisch c) Angabe der zu erwerbenden Kompetenzen	1. *(kurze) Einleitung*
2. *Einführung eines allgemeinen Konzeptes: "Trägheitsgesetz"* a) Erklärung b) Übungsaufgaben mit und ohne Lösungsangabe	2. *Konzept "Geschwindigkeit"* a) Einleitung b) Erklärung c) Übungsaufgaben
3. *Konzept "Kraft"* a) advance organizer b) Erklärung c) Übungsaufgaben	3. *Konzept "Beschleunigung"* a) Einleitung b) Erklärung c) Übungsaufgaben
4. *Konzept "Geschwindigkeit"* a) advance organizer b) Erklärung c) Übungsaufgaben	4. *Konzept "Kraft"* a) Einleitung b) Erklärung c) Übungsaufgaben
5. *Konzept "Beschleunigung"* a) advance organizer b) Erklärung c) Übungsaufgaben	5. *Allgemeines Konzept "Trägheitsgesetz"* a) Einleitung b) Erklärung

Aus der obigen Abbildung kann man entnehmen, daß sich die beiden Versionen des Lehrprogramms "Bewegungslehre" hauptsächlich in folgender Hinsicht unterscheiden:

- Das AUSUBEL-Programm geht von einem allgemeinen Konzept ("Trägheit") aus und bringt dann erst die unter dieses allgemeine Konzept subsumierbaren spezifischen Konzepte ("Kraft", "Geschwindigkeit", "Beschleunigung").

  Das Alternativ-Programm besitzt eine Reihenfolge, die mehr der "üblichen" (auch in den meisten Schulbüchern vorfindbaren) Reihenfolge entspricht, es werden zuerst die spezifischen Konzepte gebracht, die dann in ein allgemeines Konzept eingebaut werden.

- Das AUSUBEL-Programm enthält eine Serie von (hierarchisch geordneten) Organisationshilfen ("advance organizer"), in denen die beiden Prinzipien "progressive Differenzierung" und "integrative Aussöhnung" verwirklicht werden sollten.

  Das Alternativ-Programm besitzt lediglich (kurze) Einleitungen zu den einzelnen Abschnitten. Dadurch wird das Alternativ-Programm insgesamt auch geringfügig kürzer als das AUSUBEL-Programm. Gemessen an der Gesamtzeit, mit der jedes der beiden Programme durchgearbeitet werden konnte, ist dieser Längenunterschied meines Erachtens aber nur von untergeordneter Bedeutung[1]; wichtiger erscheint mir der inhaltliche Unterschied zwischen "advance organizer" und "Einleitung".

Die übrigen Bestandteile der beiden Lehrprogramme sind im wesentlichen identisch. Hierdurch sollte erreicht werden, daß die didaktische Konzeption AUSUBELs einem möglichst "fairen" Test unterworfen wird und daß keine künstlichen oder trivialen Ergebnisse erzeugt werden (wie es etwa der Fall wäre, wenn ein maximal "gutes" Programm gegen ein maximal "schlechtes" Programm oder sogar gegen "kein Programm" geprüft würde).

Einen näheren Eindruck von der Unterschiedlichkeit bzw. Vergleichbarkeit der beiden Lehrprogramme kann man sich im übrigen aus dem Anhang 18 verschaffen; dort ist das vollständige Material abgedruckt. Bei der Durchsicht der Lehrmaterialien im Anhang kann man auch leicht erkennen, daß bei der Formulierung beider Programme eine Reihe weiterer (nicht unbedingt AUSUBEL-bezogener) Prinzipien befolgt wurden, wie z.B. Gebrauch einer flotten und zum Teil humorvollen Sprache, Heranziehung zahlreicher, meist alltagsbezogener Beispiele usw.

---

1) Nach meinen Beobachtungen während der Untersuchung beträgt der zeitliche Mehraufwand für die Bearbeitung der Organisationshilfen vielleicht zehn Minuten.

Hierauf sowie auf die rein fachliche Seite[1] der beiden Programme braucht aber nicht näher eingegangen zu werden. Eine kurze Erläuterung ist lediglich noch notwendig für einen zentralen Teil des "AUSUBEL"-Programms, nämlich die anfängliche Organisationshilfe.

Wie aus der Abb. 75 hervorgeht, besteht dieser "advance organizer" aus insgesamt drei Teilen. In den ersten beiden Teilen wird - entsprechend den Vorschlägen AUSUBELs - ein Überblick über das folgende Lehrprogramm gegeben, d.h. die im Lehrprogramm angesprochenen Probleme, Begriffe und Prinzipien werden in den Gesamtzusammenhang der Physik bzw. Mechanik gestellt; es werden die relevanten (allgemeinen) Begriffe herausgehoben, und es wird auf deren Bedeutung für das Verständnis der weiteren (untergeordneten) Begriffe hingewiesen. Dies alles geschieht einmal rein verbal und zum anderen durch ein Schaubild, wobei der Inhalt und die Funktion dieser beiden Teile als weitgehend identisch angesehen werden können. Der dritte Teil des "advance organizer" ist in dieser Form bei AUSUBEL nicht zu finden, er verfolgt allerdings meines Erachtens in expliziter Form einen bestimmten Zweck, der (auch von AUSUBEL) gemeinhin Organisationshilfen zugeschrieben wird, nämlich die Etablierung einer sinnvollen Lerneinstellung.

Die grundlegende Idee zu dieser Form des "advance organizer's" entstammt einer Arbeit von DAMMER (1975).[2] DAMMER konnte u.a. zeigen, daß das Interesse von Schülern an Problemen der Mechanik zunahm, wenn durch die Angabe von Beispielen die Kompetenzbedürfnisse der Schüler (im Sinne der MASLOWschen Bedürfnishierarchie) stimuliert wurden. Akzeptiert man "Interesse" als einen Aspekt einer "sinnvollen Lerneinstellung", dann könnte man von diesem dritten Teil der Organisationshilfe erwarten, daß über den Mechanismus einer Interessensteigerung auch eine sinnvolle Lerneinstellung sichergestellt wird.

---

1) Für die Beurteilung der sachlichen Richtigkeit stand mit Herrn Lasnitschka ein Physik-Fachmann zur Verfügung. Ihm sei an dieser Stelle (erneut) herzlich gedankt.

2) In dieser Arbeit erfolgte allerdings kein direkter Bezug zur Theorie AUSUBELs

Zum Abschluß sei noch erwähnt, daß das gesamte Lehrmaterial (in beiden Versionen) so aufgebaut ist, daß es von den Schülern selbständig bearbeitet werden konnte. Der während der Bearbeitung der Lehrmaterialien anwesende Versuchsleiter mußte nur bei evtl. auftauchenden Fragen eingreifen (was so gut wie nie der Fall war).

* Entwicklung der Testverfahren

Entsprechend den mit der vorliegenden Untersuchung verbundenen Zielsetzungen mußten folgende Verfahren konstruiert werden:

- Verfahren zur Erfassung kognitiver Strukturen bezogen auf "Mechanik" (bzw. "Bewegungslehre" im engeren Sinn)
- Verfahren zur Erfassung einer "sinnvollen Lerneinstellung"
- Verfahren zur Feststellung des Lernerfolges.

Auf diejenigen Verfahren, die gegenüber der bisherigen Darstellung völlig neue Aspekte beinhalten, soll im folgenden genauer eingegangen werden; auf die übrigen Verfahren soll nur kurz verwiesen werden.

Vorausgeschickt sei noch, daß sämtliche Verfahren (mit einer Ausnahme) sowohl im Vortest als auch im Nachtest zur Anwendung kommen sollten. Die Verfahren sind im übrigen im Anhang 19 abgedruckt.

Zur Erfassung kognitiver Strukturen wurden im wesentlichen zwei Verfahren herangezogen,[1] nämlich "Assoziationen zu vorgegebenen Grundbegriffen der Bewegungslehre" ("ASS") und "Angabe von Beziehungen zwischen vorgegebenen Grundbegriffen der Bewegungslehre" ("BEZ").

Auf das Assoziationsverfahren braucht hier nicht näher eingegangen zu werden, da die Logik dieser Methode und die mit ihr verbundenen Absichten in den vorangegangenen Kapiteln ausreichend dargestellt wurden.

Eine völlig neue Methode zur Erfassung kognitiver Strukturen stellt das Verfahren "Angabe von Beziehungen" dar. Mit diesem Verfahren

1) *Obwohl das weiter unten erwähnte Verfahren "WISSEN" natürlich auch hierzu gezählt werden kann.*

sollte ein wesentliches Manko aller bisher beschriebenen (und zum Teil eingesetzten) Verfahren überwunden werden, welches darin besteht, daß es zwar möglich ist anzugeben, welche Begriffe in einem bestimmten Zusammenhang stehen und auch wie eng dieser Zusammenhang ist, daß es aber nicht möglich ist zu bestimmen, aufgrund welcher inhaltlichen Aspekte ein solcher Zusammenhang zustandekommt. Indem die Schüler angeben müssen, zwischen welchen (je zwei) Begriffen ein Zusammenhang besteht und indem sie für ihre Wahl eine (inhaltliche) Begründung geben müssen, sollte es möglich sein, ein vollständiges Begriffsnetz (d.h. mit benannten Relationen) zu konstruieren. Dieses Verfahren scheint mir daher den im theoretischen Teil dargestellten Gedächtnismodellen am ehesten angemessen zu sein.

Zur Erfassung einer "sinnvollen Lerneinstellung"[1] wurden insgesamt drei Verfahren konstruiert, die zum Teil in ähnlicher Form in der im letzten Abschnitt dargestellten Untersuchung zum Einsatz kamen.

Bei dem Interessenfragebogen ("INT") handelt es sich hierbei um ein Verfahren, das vom Prinzip her dem bereits erwähnten "Fragebogen zur Erfassung naturwissenschaftlicher Interessen" (ARBINGER et al. 1978) entspricht, das aber auf die speziellen inhaltlichen Bedürfnisse des Lehrprogramms "Bewegungslehre" ausgerichtet ist. Zusätzlich wurden noch einige Items aufgenommen, die das über das Gebiet der "Bewegungslehre" hinausgehende (allgemeine) Interesse der Schüler an der Physik erfassen sollten. Aus dem genannten Verfahren von ARBINGER et al. (1978) wurde aus jedem der fünf Teilbereiche der Physik je ein als typisch erachtetes Item entnommen, wobei darauf geachtet wurde, daß das Ausmaß an Präferenz (aufgrund der Untersuchung von TODT et al. 1974) für Jungen und Mädchen annähernd gleich war. Außerdem wurden noch zwei Items aufgenommen, die nach dem Interesse an Physik im und außerhalb des Unterrichts fragten.

Das Verfahren "Einstellung gegenüber der Physik" ("EIN") ist zwar von seiner Intention her an bekannten Vorbildern orientiert (vgl. z.B. MOORE + SUTMAN 1970), ist aber für den vorliegenden Zweck

---

1) Außerdem zur Evaluation des Lehrprogramms unter dem Aspekt "Erreichung affektiver Lernziele".

völlig neu formuliert worden. Die 15 Items dieses Verfahrens sollen etwa folgende Aspekte der Einstellung gegenüber der Physik erfassen:

- persönliche Bedeutung der Physik
- Praxisbezug
- Schwierigkeitsgrad
- Geschlechtsspezifität
- Möglichkeit eines "sinnvollen" Zuganges zur Physik (vs. "Auswendiglernen")

Mit dem Einsatz dieses Verfahrens ist die Erwartung verbunden, daß eine positive Einstellung gegenüber der Physik (als Fach) tatsächlich einen wesentlichen Bestandteil einer sinnvollen Lerneinstellung darstellt.[1)]

Das dritte im Zusammenhang mit "sinnvoller Lerneinstellung" benutzte Verfahren zielt auf die Erfassung "kognitiver Präferenzen" ("PRÄF") ab. Dieses Verfahren entspricht im Prinzip dem im letzten Abschnitt eingesetzten Verfahren von GOEHRKE (1975/76), geht aber wieder auf die ursprünglichen Arbeiten von KEMPA + DUBÉ (1973) bzw. HEATH (1964) zurück (auf die GOEHRKE Bezug nimmt). Hierfür lassen sich hauptsächlich zwei Gründe anführen: Zum einen war es im vorangegangenen Abschnitt nicht ganz einfach zu entscheiden, welche der Kategorien in GOEHRKEs Verfahren als Index für "sinnvolle Lerneinstellung" herangezogen werden sollen[2)], zum anderen geben KEMPA + DUBÉ für ihr Verfahren eindeutige Zusammenhänge an zwischen bestimmten kognitiven Präferenzen und Leistungsmaßen von Schülern (was im Hinblick auf die theoretische Konzeption AUSUBELs von einiger Bedeutung ist).

Analog zur Arbeit von KEMPA + DUBÉ (1973) wurden hier vier Dimensionen "kognitiver Präferenzen" unterschieden:

- "Recall"
  ("Acceptance of scientific information for its own sake.")
- "Principle"
  ("Acceptance of scientific information because it exemplifies or explains some fundamental scientific principle or relationship.")

---

1) Aufgrund der wenig präzisen Definition von "sinnvoller Lerneinstellung" durch AUSUBEL kann man hier leider nicht mehr als "Erwartungen" formulieren.

2) Die dort getroffene Auswahl ist sicher nicht die einzig mögliche.

- "Application"
  ("Acceptance of scientific information in view of its usefulness and applicability in a general, social or scientific context.")

- "Critical Questioning"
  ("Critical questioning of scientific information as regards its completeness, general validity or limitations.")

(vgl. KEMPA + DUBÉ 1973, S. 280)

Die genannten Autoren konnten zeigen, daß leistungsstarke Schüler (im Fach Chemie) eine starke Präferenz für die Kategorien "Principle" und "Critical Questioning" aufwiesen und leistungsschwache Schüler für die Kategorien "Recall" und "Application". Auf dem Hintergrund einer Faktorenanalyse, die zwei bipolare Faktoren ergab (Recall vs. Critical Questioning und Application vs. Principles), wird dieses Ergebnis von den Autoren folgendermaßen interpretiert: "High achievers tend to exhibit a high degree of 'scientific curiosity' and their acceptance of scientific information lean distinctly towards the 'pure science' side. Low achievers lack scientific curiosity and accept science primarily because of the uses that may be derived from it, rather than because of its intrinsic value as a field of intellectual enquiry." (KEMPA + DUBÉ 1973, S. 288).

Meines Erachtens wird mit der erstgenannten Orientierung ein wesentlicher (zusätzlicher) Aspekt einer "sinnvollen Lerneinstellung" angesprochen, weshalb es gerechtfertigt erscheint, dieses Verfahren heranzuziehen.

Es bleibt noch zu erwähnen, daß hier ein anderer Antwortmodus als bei KEMPA + DUBÉ (1973) gewählt wurde: während dort die vier Kategorien in eine Rangreihe gebracht werden mußten ("ipsative Methode"), wurde hier die "Einzelreizdarbietung" gewählt (vgl. die Diskussion beider Methoden bei TODT 1978).

Das Verfahren "kognitive Präferenzen" wurde im übrigen nur im Vortest eingesetzt, da es einmal nur im Rahmen der Überprüfung der theoretischen Konzeption AUSUBELs herangezogen werden sollte und da zum anderen kaum erwartet werden konnte, daß durch ein relativ kurzfristiges Lehrprogramm überdauernde kognitive Orientierungen der Schüler zu beeinflussen wären. Außerdem waren auch zeitliche Erwägungen von Bedeutung.

Zur Erfassung des Lernerfolges (außerdem auch zur Erfassung eines bestimmten Aspektes der kognitiven Struktur im Rahmen der Konzeption AUSUBELs) wurde ein relativ "konventionelles" Verfahren konstruiert, das im wesentlichen auf die zentralen Begriffe des Lehrprogramms ausgerichtet war. Obwohl eine derartige Zuordnung nicht explizit geplant war, ist es doch möglich, die durch dieses Verfahren erfaßten Leistungen in Termini des Modells von KLAUSMEIER et al. (1974) (bzw. der aus diesem Modell folgenden diagnostischen Vorschläge) auszudrücken.

In den insgesamt 19 (bzw. im Nachtest 25) Items dieses Verfahrens wurden danach etwa folgende Leistungen verlangt:

- Bei vorgegebenem Begriffsnamen sollte eine Definition des Begriffes gegeben werden (bzw. es sollte eine relevante Eigenschaft des Begriffes angegeben werden).
- Zu einem vorgegebenen Begriff sollte ein Begriffs-Vertreter angegeben werden.
- Zu einem vorgegebenen Begriff sollte ein Nicht-Vertreter angegeben werden.
- Anwendung eines Begriffes in bestimmten Aufgaben- und Problemsituationen.

Die letztgenannte Art von Leistungsanforderung wurde hauptsächlich durch frei zu beantwortende Items erfaßt (etwa im Sinne der "Probleme" in Kapitel 5.2.2.1). Der Nachtest wurde außerdem genau um diese Art von Aufgaben erweitert.

Zum Abschluß sei noch erwähnt, daß zur Beurteilung des Lernerfolges potentiell noch eine zusätzliche Informationsquelle zur Verfügung steht, nämlich die jeweils am Ende der einzelnen Teile des Lehrprogramms stehenden Übungsaufgaben, auf die die Schüler keine Rückmeldung erhalten hatten (s. Anhang 18).

* Versuchsplan

Auf die wesentlichsten Bestandteile des Versuchsplanes wurde in der bisherigen Darstellung bereits hingewiesen, nämlich zwei Versionen des Lehrprogramms und Vor- und Nachtest. Durch diese z.T. durch die äußeren Bedingungen diktierten Vorentscheidungen waren für die Wahl eines konkreten Versuchsplanes schon enge Grenzen gesetzt. Um aber in jedem Fall alle Vorzüge einer echten experimentellen Anordnung zu gewährleisten, fiel die Entscheidung auf eine "Kontrollgruppenanordnung mit Vor- und Nachuntersuchung" (vgl. hierzu den grundlegenden Artikel von CAMPBELL + STANLEY 1963 bzw. dt. von SCHWARZ 1973). Abweichend von den dort formulierten Vorschlägen sollte allerdings in der vorliegenden Untersuchung (als "fairer" Test des AUSUBEL-Lehrprogramms) von der Kontrollgruppe auch ein Lehrprogramm bearbeitet werden (und nicht nur Vor- und Nachtest).

Der konkrete Versuchsplan kann demnach folgendermaßen dargestellt werden:

Abb. 76: Versuchsplan

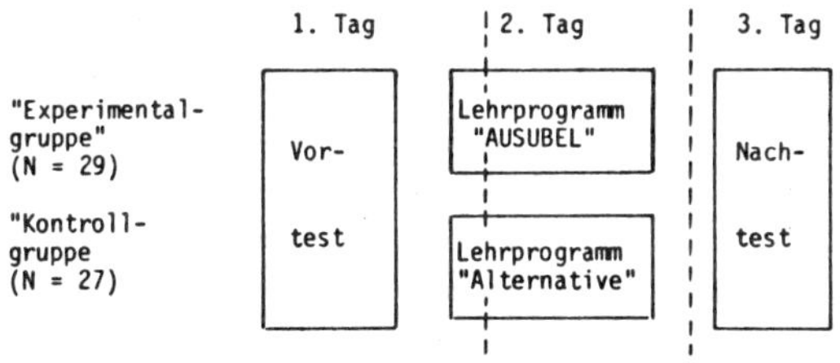

Da die obige Abbildung weitgehend für sich selbst spricht, bzw. alles Wesentliche bereits erläutert wurde, soll hier lediglich noch auf das Problem der Auswahl und Aufteilung der Versuchspersonen eingegangen werden:

Erwähnt wurde bereits, daß die Teilnahme an der vorliegenden Untersuchung absolut freiwillig war. Die vorrangige Aufgabe bestand also zunächst darin, eine genügend große Anzahl von Schülern zur Teilnahme an dieser Untersuchung zu bewegen. Zur Anwerbung der Schüler wurde über einen befreundeten Lehrer in allen 9. Klassen der erwähnten Schule D ein Informationsblatt verteilt, in dem die wichtigsten Punkte der geplanten Untersuchung angeführt waren (z.B. Zeitdauer, Inhaltsbereich, Bezahlung usw.). Dieses Informationsblatt diente außerdem dazu, die Eltern der Schüler über die geplante Untersuchung zu unterrichten und ihre Einwilligung sicherzustellen.[1)]

Als Folge dieses Aufrufs meldeten sich insgesamt 57 Schüler verbindlich zur Untersuchung an. Die nächste Schwierigkeit bestand jetzt darin, diese 57 Schüler auf zwei annähernd parallele Gruppen aufzuteilen. Auf eine reine Zufallsaufteilung wurde verzichtet, da eine Reihe von schul-, d.h. leistungsbezogener Daten über die Schüler vorlagen und so die Chance für eine echte Parallelisierung der Gruppen hinsichtlich bestimmter für die vorliegende Untersuchung relevanter Variablen bestand. Diese aus den Schulakten entnommenen Daten betrafen im einzelnen: Note und Kurszugehörigkeit im Fach Physik; Note und Kurszugehörigkeit im Fach Mathematik und "Tendenzempfehlung"[2)].

Die Zusammenstellung der Gruppen erfolgte dann in der Weise, daß aufgrund der obigen Angaben und zusätzlich der Variablen "Geschlecht" Paare von vergleichbaren Schülern erstellt wurden, die dann zufällig auf eine der beiden Gruppen aufgeteilt wurden. Bei dieser Paarbildung waren natürlich eine Reihe von (nicht immer begründbarer) Abwägungen zu treffen, auf die hier im einzelnen nicht eingegangen werden soll. Auf die Frage, ob durch die erwähnte Prozedur tatsächlich zwei annähernd parallele Gruppen entstanden sind, wird ohnehin noch zurückzukommen sein.

---

1) Diese Einwilligung war vor allem für die versicherungsrechtliche Seite der Untersuchung absolut notwendig.

2) Am Ende des 9. Schuljahres wird auf einer Notenkonferenz jedem Schüler eine Empfehlung für seinen weiteren Bildungsgang gegeben (z.B. voraussichtlicher Abschluß mit Klasse 10).

* Durchführung der Untersuchung

Nach dem in Abb. 76 vorgegebenen Plan wurde die Untersuchung in der Zeit vom 26. bis 28. Juni 1979 an drei Nachmittagen in der Schule D durchgeführt.[1)]

Zu Beginn der Untersuchung wurden die Schüler kurz über Sinn und Zweck der Untersuchung, über den geplanten Ablauf, über die Einteilung in zwei Gruppen und ähnliche Fragen unterrichtet. Die Untersuchung selbst fand dann in zwei getrennten Räumen bei zwei verschiedenen Versuchsleitern statt (Vl der Experimentalgruppe: Arbinger, Vl der Kontrollgruppe: Lasnitschka). Am ersten Tag wurde von den Schülern der Vortest und der jeweils erste Teil des Lehrprogramms bearbeitet; am zweiten Tag wurde dann der gesamte Rest des Programms bearbeitet, so daß am dritten Tag nur noch der Nachtest zu absolvieren war.

Als durchschnittliche Bearbeitungszeit für die einzelnen Materialien kann man etwa festhalten: jeweils ca. eine Stunde für Vor- und Nachtest und ca. 2 1/2 Stunden bis drei Stunden für das gesamte Lehrprogramm (wobei aufgrund der Art der Materialien natürlich interindividuelle Unterschiede im Arbeitstempo auftraten).

Nach Abschluß der gesamten Untersuchung wurde jedem Schüler für seine Teilnahme ein Betrag von 50 DM ausgezahlt. Nicht zuletzt dieser Anreiz führte dazu, daß die Schüler sehr diszipliniert, motiviert und konzentriert "bei der Sache" waren. Es kann allerdings auch (nicht ganz ohne Eigenlob) festgestellt werden, daß auch das von den Schülern als sehr anregend und ansprechend beurteilte Lehrmaterial sein Übriges tat.

Insgesamt gesehen wird man sicherlich feststellen können, daß die Untersuchungsbedingungen wesentlich günstiger waren als bei vergleichbaren Untersuchungen im Rahmen des "normalen" Schulalltags. Inwieweit sich diese günstigen Bedingungen auch positiv auf die Ergebnisse der Untersuchung auswirken, ist natürlich nur schwer abzuschätzen.

---

1) Da ein angemeldeter Schüler (aus der Kontrollgruppe) nicht erschien, nahmen an der Untersuchung (wie aus Abb. 76 ersichtlich) insgesamt nur 56 statt 57 Schüler teil. Dadurch wurde auch das zahlenmäßige Ungleichgewicht zwischen Experimental- und Kontrollgruppe etwas größer, was aber letztlich keine große Bedeutung hat.

5.4.3 Auswertung und Ergebnisse

Die Auswertung und die Darstellung der Ergebnisse sollen um die wesentlichen Fragestellungen dieser Untersuchung gruppiert werden. Stichwortartig lassen sich diese Fragestellungen etwa folgendermaßen formulieren:

- Existieren zwischen den beiden Versionen des Lehrprogramms Unterschiede hinsichtlich des erzielten Lernerfolgs?
  bzw.
  Erweist sich das AUSUBEL-Programm dem Alternativ-Prgramm tatsächlich als "überlegen"?

- Ergeben sich durch das AUSUBEL-Programm und/oder das Alternativ-Programm Veränderungen in der kognitiven Struktur der Schüler?
  bzw.
  Wird durch eines der Programme (oder beide) eine "tragfähige" (und sachstruktur-bezogene) kognitive Struktur aufgebaut?

- Lassen sich die durch das theoretische Modell AUSUBELS formulierten Zusammenhänge zwischen den am sinnvollen Lernen beteiligten Variablen bestätigen?

Daneben soll noch auf zwei diesen Haupt-Fragestellungen vor- bzw. untergeordnete Probleme eingegangen werden, nämlich:

Gütekriterien der benutzten Verfahren und Veränderungen in den affektiven Variablen (Interessen, Einstellungen).

5.4.3.1 Gütekriterien der benutzten Verfahren

Als Grundlage für die Berechnung der Gütekriterien der benutzten Verfahren wurden die Antworten der Schüler im Vortest herangezogen. Da (aufgrund der Art der Zusammenstellung der beiden Gruppen) die Gruppenzugehörigkeit zu diesem Zeitpunkt für diese Berechnungen keine Rolle spielt, wurde eine gemeinsame Analyse der Daten aller 56 Schüler durchgeführt.

In der folgenden Abbildung sind die Ergebnisse der Itemanalyse für sämtliche eingesetzten Verfahren (ausgenommen die Verfahren "Assoziationen" und "Beziehungen"[1]) aufgeführt.

---

1) Prinzipiell wäre eine Itemanalyse nach klassischem Muster auch für diese beiden Verfahren möglich (über den Umweg einer Beurteilung der Antworten nach ihrer Güte; vgl. den vorangegangenen Abschnitt). Hierauf wurde aber verzichtet, da die Verfahren in anderer Weise eingesetzt werden sollten.

Abb. 77: Ergebnisse der Itemanalyse
(Gesamtgruppe, N = 56; Vortest)

	Anzahl d. Items	$\overline{X}$	s_x	durchschn. Trennsch. (korr.)	r_{tt} (SPEARMAN-BROWN)
Allg. Interesse an Physik	7	24,71	3,85	.32	.70
Interesse an Mechanik (Bewegungslehre)	10	34,38	6,20	.48	.87
Einstellung zur Physik	15	49,75	8,90	.48	.85
kogn. Präferenz "Wissen"	5	16,52	3,54	.49	.69
kogn. Präferenz "Prinzip"	5	17,04	3,83	.54	.68
kogn. Präferenz "Anwendung"	5	17,04	3,58	.44	.81
kogn. Präferenz "Kritik"	5	17,32	3,93	.60	.82
Wissen	15	6,27	2,03	.22	.63

Aus der obigen Abbildung kann man entnehmen, daß die für diese Untersuchung konstruierten Verfahren über einigermaßen zufriedenstellende Gütekriterien, d.h. hier durchschnittliche (korrigierte) Trennschärfe und innere Konsistenz verfügen (vor allem, wenn man die z.T. sehr geringen Itemzahlen in den Skalen berücksichtigt). Lediglich der "Wissenstest" schneidet in bezug auf diese beiden Kriterien relativ schlecht ab. Dieses Ergebnis muß allerdings nicht unbedingt dem Verfahren selbst angelastet werden; mit einiger Berechtigung (vgl. die Ergebnisse der vorangegangenen Kapitel) könnte man es auch darauf zurückführen, daß wahrscheinlich bei den Schülern bisher noch keine konsistente Wissensstruktur ausgebildet ist, so daß durch den Test nur mehr oder weniger zufällig vorhandene, im übrigen aber unzusammenhängende "Wissensbrocken" erfaßt werden.[1)]

---

1) Diese Annahme wird gestützt durch ähnliche Erfahrungen beim Versuch der Konstruktion eines konsistenten Wissenstests (für Physik und Biologie) im Rahmen des mehrfach erwähnten "Projekts Motivation" (vgl. hierzu TODT et al., in Vorbereitung)

Für das relativ schlechte Abschneiden des Wissenstests kann man aber noch einen weiteren (weniger spekulativen) Grund anführen: Betrachtet man sich die Schwierigkeitsindices der 15 Items des Wissenstests, so kann man erkennen, daß sämtliche Items sehr extreme Schwierigkeiten aufweisen (7 Items haben einen Lösungsprozentsatz unter 20 %, 2 liegen zwischen 20 und 40 % und 5 Items haben einen Lösungsprozentsatz zwischen 80 und 100 %). Das vollständige Fehlen von Aufgaben mittlerer Schwierigkeit führt aber bekanntermaßen zu einer Reduzierung zumindest der Reliabilität bzw. hier: innerer Konsistenz (vgl. hierzu z.B. LIENERT 1969[3], S. 241). Während das Auftreten von sehr schwierigen Aufgaben im Vortest bei einem Verfahren, das auch zur Messung des Lernerfolgs herangezogen werden soll, nicht weiter problematisch ist (vgl. HERBIG 1976), hätte man die sehr leichten Aufgaben auch ohne großen Informationsverlust von der weiteren Auswertung ausschließen können (was aber aus rein technischen Gründen nicht geschah).

Eine etwas geringere Trennschärfe weist auch noch die Skala "Allgemeines Interesse" auf. Dies ist aber nicht weiter verwunderlich, wenn man sich die Zusammensetzung dieser Skala ansieht (Items aus den verschiedensten Teilbereichen der Physik). Für den mit dieser Skala verbundenen Zweck (Summenwert der "Skala" als Index für "sinnvolle Lerneinstellung") ist dieses Ergebnis aber wohl ausreichend.

Zusammenfassend kann man aufgrund der Analyse der Gütekriterien der Verfahren sicher feststellen, daß einer Verwendung dieser Verfahren in der hier beabsichtigten Weise, nämlich für Gruppenvergleiche, für Prä-Post-Vergleiche (auf $\overline{X}$-bezogen) und für Modellprüfungen mit Hilfe multipler Regressionen, kaum etwas im Wege steht.

Ein anderer Aspekt der Beurteilung der Verfahren soll hier abschließend noch kurz diskutiert werden. In der folgenden Abbildung sind die Interkorrelationen der Verfahren aufgeführt.

Abb. 78: Interkorrelationen der benutzten Verfahren

	1	2	3	4	5	6	7	8
1 Allg. Interesse	-	.63	.48	.43	.47	.65	.60	.34
2 Interesse an Mechanik		-	.44	.31	.33	.26	.32	.40
3 Einstellung			-	.24	.46	.36	.52	.45
4 kogn. Präf. "Wissen"				-	.83	.58	.60	.32
5 kogn. Präf. "Prinzip"					-	.62	.68	.33
6 kogn. Präf. "Anwendung"						-	.71	.25
7 kogn. Präf. "Kritik"							-	.42
8 Wissen								-

An der obigen Interkorrelationsmatrix scheinen mir folgende Punkte bemerkenswert zu sein:

- Insgesamt gesehen liegen die Koeffizienten im mittleren bis hohen Bereich (Mdn = .45), was bei einem N = 56 kaum verwunderlich ist. Bis auf die drei markierten Ausnahmen sind alle Koeffizienten signifikant bzw. hochsignifikant.

- Die relativ höchsten Interkorrelationen treten bei den vier Skalen der "kognitiven Präferenz" auf, was zwar ebenfalls kaum überraschend ist, was aber doch Zweifel daran aufkommen läßt, ob hier tatsächlich unterschiedliche (und unabhängige) "kognitive Orientierungen" erfaßt werden.

  Die beiden hohen Korrelationen (von "Anwendung" und "Kritik") mit "allgemeinem Interesse" deuten zudem an, daß "kognitive Präferenz" unabhängig von der Präferenzrichtung auch einen Gutteil allgemeine Präferenz für Physik enthält.

- Mit Ausnahme der ebengenannten hohen Korrelationen innerhalb der "kognitiven Präferenzen" weisen sämtliche Verfahren zur Erfassung einer "sinnvollen Lerneinstellung" eher mittlere Interkorrelationen auf, was darauf schließen läßt, daß hier tatsächlich verschiedene Aspekte von "sinnvoller Lerneinstellung" erfaßt werden.

  Die etwas höhere Korrelation zwischen allgemeinem und spezifischem Interesse entspricht im übrigen der Erwartung.

- Die Korrelationen zwischen "Wissen" und den Interessen- bzw. Einstellungs-bezogenen Skalen liegen etwa in dem aus vergleichbaren vorliegenden Untersuchungen zu erwartenden Bereich (vgl. hierzu zusammenfassend TODT 1978, S. 184 ff.).

Insgesamt gesehen kann man wohl feststellen, daß auch nach dieser Interkorrelationsanalyse kaum etwas gegen den geplanten Einsatz der Verfahren spricht.

5.4.3.2 Vergleich der Ergebnisse der beiden Gruppen im Vor- und Nachtest

In Abschnitt 5.4.2 wurde dargestellt, in welcher Weise eine Aufteilung der Schüler auf die beiden Gruppen erfolgte. Dabei wurde angenommen, daß durch die beschriebene Prozedur tatsächlich eine weitgehende Parallelität der Gruppen sichergestellt war.

Da diese Annahme der Parallelität der beiden Gruppen vor Beginn der Instruktionsphase für die Bewertung evtl. auftretender Unterschiede zwischen den beiden Programmversionen hinsichtlich des Lernerfolges (d.h. im Nachtest) von zentraler Bedeutung ist, soll hierauf zunächst eingegangen werden.

Für einen Vergleich der beiden Gruppen vor der Instruktionsphase können zwei Arten von Informationen herangezogen werden:

- Vortestleistungen (auf Skalen- und Itemebene)
- schulbezogene Leistungen (Noten, Kurszugehörigkeit).

In der folgenden Abbildung sind als erstes die Ergebnisse der Gruppenvergleiche auf Skalenebene zusammengestellt.

Abb. 79: Vergleich der Skalenmittelwerte (Vortest)

	Gruppe AUSUBEL (N = 29)		Gruppe ALTERNATIVE (N = 27)			
Skalenbezeichnung	$\bar{X}$	s_x	$\bar{X}$	s_x	t	p
Allg. Interesse an Physik	24,4	4,3	25,0	3,3	-0,61	.55
Interesse an Mechanik (Bewegungslehre)	33,5	6,9	35,3	5,3	-1,13	.26
Einstellung zur Physik	50,1	9,7	49,3	8,1	0,34	.74
kognitive Präferenz "Wissen"	17,2	3,2	15,8	3,8	1,52	.14
kognitive Präferenz "Prinzip"	17,6	3,5	16,4	4,1	1,18	.24
kognitive Präferenz "Anwendung"	17,0	3,8	17,1	3,4	-0,15	.88
kognitive Präferenz "Kritik"	17,4	3,7	17,2	4,2	0,25	.81
Wissen (Anzahl richtiger Lösungen)	6,5	1,6	6,0	2,4	0,94	.35

Aus der obigen Abbildung geht deutlich hervor, daß bei keiner der aufgeführten Skalen eine signifikante Mittelwertsdifferenz zwischen den beiden Gruppen besteht. Dieses Ergebnis kann demnach als erste Bestätigung der Parallelitäts-Annahme gewertet werden.

Da in der obigen Abbildung unter der Skalenbezeichnung "Wissen" nur die 15 "multiple-choice"-Items aufgeführt sind, muß noch gesondert auf die vier frei zu beantwortenden Probleme eingegangen werden. Die von den Schülern abgegebenen Erklärungen wurden hierbei analog der Vorgehensweise in Abschnitt 5.2.2.1 in Kategorien (0 bis 4) eingeordnet. Die folgende Abbildung zeigt die Häufigkeiten der auf diese Kategorien entfallenden Antworten. Der Einfachheit halber sind dabei die Antworten zu allen vier Problemen zusammengefaßt. Auch die Kategorien 3 und 4 wurden nachträglich zusammengefaßt, um allzu geringe Häufigkeiten zu vermeiden.

Abb. 80: Anzahl der auf die einzelnen Kategorien entfallenden Antworten (Vortest: vier Probleme)

Kategorien	0	1	2	3+4	Σ	Mdn
Gruppe AUSUBEL	45	33	34	4	116	0,89
Gruppe ALTERNATIVE	19	32	37	20	108	1,58
Σ	64	65	71	24	224	

$Chi^2 = 21{,}12$ $p < 0{,}001$ $(df = 3)$

Es zeigt sich also, daß bei den vier frei zu beantwortenden Problemen die Parallelität der beiden Gruppen nicht mehr gewahrt ist: die "Alternativ"-Gruppe beantwortete diese Probleme signifikant besser als die "AUSUBEL"-Gruppe. Obwohl dieses Ergebnis meines Erachtens nicht überbewertet werden sollte, muß es doch bei der weiteren Diskussion beachtet werden. Der Vergleich der beiden Gruppen auf Itemebene lieferte - angesichts der obigen Ergebnisse erwartungsgemäß - so gut wie keine Unterschiede: von insgesamt 67 Items[1)] ergaben sich

1) *Gesamtzahl aller in Abb. 77 aufgeführten Items*

lediglich bei drei Items signifikante Mittelwertsdifferenzen (in uneinheitlicher Richtung). Da diese wenigen Differenzen kaum mehr als zufälligen Charakter haben bzw. kaum interpretierbar sind, braucht hierauf nicht näher eingegangen zu werden.

Als weitere Informationsquelle zur Beurteilung der Parallelität der beiden Gruppen stehen - wie erwähnt - einige schulbezogene Daten zur Verfügung. Die entsprechenden Vergleiche zwischen den beiden Gruppen sind in der folgenden Abbildung aufgeführt.

Abb. 81: Vergleich der beiden Gruppen hinsichtlich einiger schulbezogener Daten

	Gruppe "AUSUBEL"	Gruppe "Alternative"	Signifikanztest
Note in Physik 1)	$\bar{X}$ = 2,41 S_x = 0,82	$\bar{X}$ = 2,59 S_x = 0,93	t = -0,76 n.s.
Note in Mathematik 2)	$\bar{X}$ = 3,41 S_x = 1,09	$\bar{X}$ = 3,41 S_x = 1,19	t = 0,00 n.s.
Kurszugehörigkeit in Physik	N Halbjahreskurs 13 Ganzjahreskurs 16	N 13 14	Chi^2 = 0,00 n.s.
Kurszugehörigkeit in Mathematik	N A-Kurs 13 B-Kurs 15 1	N 13 11 3	Chi^2 = 1,55 n.s. (df = 2)
Tendenzempfehlung	N Kl. 11 11 Kl. 10 14 Abgänger 4	N 10 11 6	Chi^2 = 0,66 n.s. (df = 2)

Erläuterungen:

1) Die Berechnung der Gruppenmittelwerte erfolgte hier ohne Rücksicht darauf, ob die Noten in einem Halb- oder Ganzjahreskurs erworben wurden. Angesichts der Vergleichbarkeit der beiden Gruppen bezüglich "Kurszugehörigkeit in Physik" ist dies sicher zulässig.

2) Um die Noten aus verschiedenen Leistungskursen vergleichbar zu machen, wurde folgendes - evtl. kritisierbares - Umrechungsverfahren gewählt:

   Note 1 in Kurs C → 2 in B → 3 in A
   Note 2 in Kurs C → 3 in B → 4 in A usw.

   Die Mittelwerte wurden bezogen auf Kurs A berechnet.

Die in obiger Abbildung aufgeführten Ergebnisse unterstreichen noch einmal deutlich, daß vor Beginn der Instruktionsphase tatsächlich von einer weitgehenden Parallelität der beiden Gruppen - mit der einen erwähnten Ausnahme - ausgegangen werden kann. Damit ist also eine wichtige Voraussetzung für den unmittelbaren Vergleich der beiden Versionen des Lehrprogramms erfüllt.

Ein solcher Vergleich der beiden Programmversionen soll in einem ersten Schritt anhand der Ergebnisse der beiden Gruppen im Nachtest vorgenommen werden. Dies bedeutet, daß der Aspekt einer möglichen Veränderung vom Vortest zum Nachtest zunächst unberücksichtigt bleibt.

In der folgenden Abbildung sind die Ergebnisse der Vergleiche der Mittelwerte beider Gruppen (auf Skalenebene) zusammengestellt.

Abb. 82: Vergleich der Skalenmittelwerte (Nachtest)

	Gruppe "AUSUBEL" N = 29		Gruppe "Alternative" N = 27			
	$\overline{X}$	s_x	$\overline{X}$	s_x	t	p
Allgemeines Interesse an Physik	24,9	4,4	23,6	4,2	1,07	.29
Interesse an Mechanik (Bewegungslehre)	34,7	6,3	35,8	5,1	-0,74	.46
Einstellung zur Physik	52,0	9,1	49,2	9,5	1,13	.26
Wissen (Anzahl richtiger Lösungen)	9,8	2,0	9,1	3,3	0,98	.33

Bevor auf die obige Abbildung näher eingegangen wird, sollen erst noch die Ergebnisse der zehn frei zu beantwortenden Probleme dargestellt werden. Da sich diese Probleme in zwei Gruppen einteilen lassen (vier aus dem Vortest übernommene und sechs neue Probleme), soll bei der Darstellung der Ergebnisse entsprechend verfahren werden. Die folgende Abbildung zeigt die Häufigkeiten der auf die einzelnen Kategorien entfallenden Antworten (summiert über die 4 bzw. 6 Probleme).

Abb. 83: Anzahl der auf die einzelnen Kategorien entfallenden Antworten (Nachtest: Probleme 1 bis 4)

	0	1	2	3	4	Σ	Mdn	
Gruppe "AUSUBEL"	13	16	23	30	34	116	2,70	$Chi^2 = 13{,}71$
Gruppe "Alternative"	0	16	26	36	30	108	2,83	$p < 0{,}01$ (df = 4)
Σ	13	32	49	66	64	224		

Abb. 84: Anzahl der auf die einzelnen Kategorien entfallenden Antworten (Nachtest: Probleme 5 bis 10)

	0	1	2	3	4	Σ	Mdn	
Gruppe "AUSUBEL"	32	24	44	53	21	174	2,20	$Chi^2 = 6{,}58$
Gruppe "Alternative"	18	29	32	62	21	162	2,53	n.s.
Σ	50	53	76	115	42	336		

Der Diskussion der obigen Ergebnisse sei noch die Information vorausgeschickt, daß ein Vergleich der beiden Gruppen auf Itemebene - erwartungsgemäß - so gut wie keine signifikanten Unterschiede ergab. Die vier (von insgesamt 57 möglichen) bedeutsamen Differenzen sind kaum interpretierbar, zumal sie nicht in eindeutiger Richtung verlaufen.

Aus den in den Abbildungen 82 bis 84 zusammengestellten Nachtest-Vergleichen kann meines Erachtens folgendes entnommen werden:

- Zwischen den beiden Gruppen existieren (abgesehen von den vier Problemen, bei denen bereits im Vortest signifikante Unterschiede bestanden) keinerlei bedeutsame Differenzen (weder auf Skalenebene noch - wie erwähnt - auf Itemebene)
- Dieses Ergebnis sagt zunächst nichts über die Lernwirksamkeit (oder -unwirksamkeit) der beiden Programme aus. Es weist aber

darauf hin, daß durch die beiden Programmversionen keine Unterschiede zwischen den Gruppen produziert wurden, d.h. die beiden Programmversionen haben offensichtlich keinen differentiellen Effekt.

- Als vorläufige Antwort auf eine der eingangs formulierten Haupt-Fragestellungen kann man demnach festhalten, daß das aus der didaktischen Konzeption AUSUBELs abgeleitete Lehrprogramm dem Alternativ-Programm nicht "überlegen" ist (im Hinblick auf die hier betrachteten Variablen).

  Dies bedeutet auch, daß diejenigen Merkmale des AUSUBEL-Programms, die es von dem Alternativ-Programm abheben (bei ansonsten weitgehender Vergleichbarkeit), d.h. also "advance organizer" und Prinzip der progressiven Differenzierung, nicht zu einem besseren Ergebnis in den Variablen "Interesse" (allgemein und spezifisch), "Einstellung" und "Wissen" führen.

- Zumindest in bezug auf "Allgemeines Interesse" und "Einstellung" erscheint ein solches Ergebnis nicht weiter verwunderlich, da einmal keines der beiden Programme auf die Erreichung derartiger affektiver Lernziele ausgerichtet war und daher zum anderen auch kein Grund zu der Annahme bestand, daß durch die Programme in dieser Richtung unterschiedliche Effekte produziert würden.

- In bezug auf die Variable "Interesse an Bewegungslehre" (d.h. spezifisches Interesse) widerspricht das berichtete Ergebnis zwar nicht unbedingt der Konzeption AUSUBELs,[1] es widerspricht aber dem erwähnten Befund von DAMMER (1975). Aufgrund dieser Arbeit hätte man erwarten können, daß bei der AUSUBEL-Gruppe durch die im "advance organizer" erfolgte Angabe der zu erwerbenden Kompetenzen eine Interessenzunahme stattfinden würde, bei der

---

1) *Im Rahmen der Konzeption AUSUBELs könnte man vielleicht folgende Erwartung ableiten: der "advance-organizer" des AUSUBEL-Programms erzeugt eine "sinnvolle Lerneinstellung", für welche ja "Interesse an Bewegungslehre" ein Index ist; das Alternativ-Programm ist dazu nicht oder nur in geringem Maße in der Lage; also müßte die Gruppe, die das AUSUBEL-Programm bearbeitet hat, ein höheres Ausmaß an "sinnvoller Lerneinstellung" (sprich: "Interesse") aufweisen als die andere Gruppe. Diese Ableitung ist aber sicher nicht sehr zwingend.*

Alternativgruppe aber nicht bzw. nicht in dem Maße. Die beiden Gruppen hätten sich also (zugunsten der AUSUBEL-Gruppe) im Nachtest im Hinblick auf "Interesse an Bewegungslehre" unterscheiden müssen.

Daß dieses erwartete Ergebnis nicht eintrat, kann meiner Ansicht nach in verschiedener Weise interpretiert werden:

- Es besteht einmal die Möglichkeit, daß nicht nur bei der AUSUBEL-Gruppe sondern auch bei der Alternativ-Gruppe eine Anregung der Kompetenzbedürfnisse erreicht wurde - bei der Alternativ-Gruppe dann allerdings nur durch die (bewußt anwendungsorientiert formulierten) Übungsaufgaben; der nicht vorhandene Unterschied im Nachtest wäre so erklärbar. Leider zeigt sich bei einer näheren Betrachtung der Abbildungen 79 und 82, daß diese Hypothese einer Interessenzunahme in beiden Gruppen wohl kaum aufrecht erhalten werden kann.[1)]

- Es besteht zum anderen die Möglichkeit, daß das Nichteintreten des erwarteten Ergebnisses auf Unterschiede in der Anlage der vorliegenden Untersuchung und der von DAMMER zurückgehen: bei DAMMER bezieht sich das "Treatment" ausschließlich auf eine Anregung des Kompetenzbedürfnisses, während hier der entsprechende Teil des "advance organizer's" im Gesamtkontext des Lehrprogramms nur einen bescheidenen Raum einnimmt; außerdem wurde bei DAMMER - im Gegensatz zur vorliegenden Untersuchung - eine sehr viel eindeutigere Zuordnung von Interessenitems und Angabe von zu erwerbenden Kompetenzen vorgenommen.

- Schließlich sollte man auch noch der Möglichkeit ins Auge sehen, daß eine Interessensteigerung auf dem Wege einer Anregung des Kompetenzbedürfnisses "doch nicht ganz so einfach ist", wie bei DAMMER berichtet,[2)] bzw. nicht unter allen Umständen reproduzierbar ist.

- Schließlich sei noch auf die Variable "Wissen" eingegangen: Hier muß wohl konstatiert werden - ohne daß hierfür zunächst eine Erklärung gegeben werden kann -, daß sich die Erwartungen bezüglich einer Überlegenheit der AUSUBEL-Gruppe nicht bestätigt haben. Man muß sogar festhalten, daß die Überlegenheit bei den frei zu beant-

---

1) Auf die Frage der Veränderung vom Vor- zum Nachtest wird noch genauer eingegangen werden.

2) Ganz so generalisiert war im übrigen der Effekt bei DAMMER auch nicht: signifikante Interessenzunahmen ergaben sich bei Jungen (nur) bei 11 und bei Mädchen (nur) bei 6 von 20 Items.

wortenden Problemen tendenziell eher in Richtung der Alternativ-Gruppe geht.[1]

Zusammenfassend kann man wohl vorläufig festhalten, daß die Unterschiede, die offensichtlich zwischen beiden Lehrprogrammen bestehen, nicht in der Lage waren, Unterschiede bei den beiden Schülergruppen zu erzeugen. Bei der Bewertung dieses Fazits sollten zwei wichtige Punkte im Auge behalten werden, nämlich daß zum einen auf echte Veränderungen durch die Instruktionsphase bisher noch nicht eingegangen wurde und daß zum anderen bisher noch nicht alle erfaßten Variablen (vor allem noch nicht diejenigen, die explizit auf "kognitive Struktur" abzielen) in die Analyse einbezogen wurden.

Auf diese beiden, die obige Aussage einschränkenden Punkte soll im folgenden Abschnitt näher eingegangen werden.

5.4.3.3 Analyse der Veränderungen

In der bisherigen Diskussion konnten über die Effekte der beiden Programme nur indirekte Aussagen gemacht werden, da sich die Vergleiche zwischen den beiden Gruppen nur jeweils isoliert auf die Vortest- bzw. Nachtest-Ergebnisse bezogen.

Bei der weiteren Analyse der Ergebnisse soll deshalb auch auf mögliche Veränderungen in den erfaßten Variablen vom Vortest zum Nachtest eingegangen werden. In einem ersten Schritt wurde hierzu eine (dreifaktorielle) Varianzanalyse mit Meßwiederholung gerechnet (Programm "BMD-P2V" von JENNRICH + SAMPSON 1977). Die Ergebnisse dieser Analyse (auf Skalenebene) sind in Abbildung 85 zusammengestellt.

---

1) Die signifikante Differenz zugunsten der Alternativ-Gruppe bei den vier Vortest-Problemen kann - wie oben erwähnt - nicht als Überlegenheit der Alternativ-Gruppe interpretiert werden.

Abb. 85: Ergebnisse der Varianzanalyse (Skalenebene)

Quelle der Variation	Summe der Abweichungsquadrate (SAQ)	df	Mittleres Quadrat (MQ)	F
Zwischen den Personen		55		
Faktor A (Gruppenzugehörigkeit)	1,47	1	1,47	0,01
Fehler (A)	6826,21	54	126,41	
Innerhalb der Personen		504		
Faktor B (Meßzeitpunkt)	560,00	1	560,00	48,85 **
Wechselwirkung A · B	44,51	1	44,51	3,88
Fehler (B)	619,02	54	11,46	
Faktor C (Testverfahren)	147607,98	4	36902,00	1079,32 **
Wechselwirkung A · C	251,29	4	62,82	1,84
Fehler (C)	7385,07	216	34,19	
Wechselwirkung B · C	634,67	4	158,67	26,62 **
Wechselwirkung A · B · C	16,80	4	4,20	0,70
Fehler (BC)	1287,50	216	5,96	

Bevor auf die Ergebnisse der obigen Abbildung näher eingegangen wird, sollen noch einige Hinweise zu dem hier benutzten "Design" gegeben werden: Die Analyse bezieht sich auf insgesamt drei Faktoren; hierbei ist Faktor A als "Gruppierungsfaktor" anzusehen und die Faktoren B und C als "trial"-Faktoren, bei denen wiederholte Messungen vorgenommen wurden. (Dieses Design entspricht damit genau dem "Fall 1" für ein dreifaktorielles Experiment mit Meßwiederholung bei WINER 1962, S. 319 ff.) Die Aufnahme des Faktors C hat hier weniger inhaltliche Bedeutung - bei der Verschiedenheit der Verfahren ist hier selbstverständlich ein "Haupteffekt" zu erwarten - als vielmehr ökonomische Gründe (die Alternative wären getrennte zweifaktorielle Varianzanalysen für alle fünf hier berücksichtigten Summenwerte gewesen). Dieser Faktor C soll deshalb auch bei der weiteren Darstellung vernachlässigt werden.

Wenn man also von diesem Faktor C absieht, dann kann man aus obiger Abbildung folgende Aussagen ableiten:

- Die Gruppenzugehörigkeit, d.h. hier konkret Zugehörigkeit zur "AUSUBEL"- oder zur "Alternativ-Gruppe, hat keinen signifikanten Einfluß auf die Ergebnisse in den hier erfaßten Variablen. Diese Aussage ist nicht neu; sie entspricht voll und ganz den Ergebnissen des vorangegangenen Abschnitts.

- Ein signifikanter Haupteffekt ergibt sich bezüglich des Faktors "Meßzeitpunkt". Dieses kaum überraschende Ergebnis bedeutet zunächst, daß sich die Testergebnisse von Vor- und Nachtest (unabhängig von der Gruppenzugehörigkeit) signifikant voneinander unterscheiden. Beide Versionen des Lehrprogramms haben also offensichtlich eine Veränderung in den hier erfaßten Variablen bewirkt.

Im folgenden soll jetzt näher analysiert werden, in welchen der hier betrachteten Variablen Veränderungen erfolgten und in welche Richtung diese Veränderungen gehen. Zur Beantwortung dieser beiden Fragen wurden - für jede der fünf Variablen getrennt - einfache t-Tests für abhängige Gruppen gerechnet. In der folgenden Abbildung sind die Ergebnisse sämtlicher durchgeführter Vergleiche zusammengestellt.

Aus Abbildung 86 kann man entnehmen, daß bei beiden Gruppen in den Variablen "Wissen" und "Erklärung von Problemen" (d.h. in den kognitiven Variablen) eine signifikante Zunahme vom Vortest und Nachtest zu verzeichnen ist. Dies bedeutet mit anderen Worten, daß beide Gruppen im Verlauf der Instruktionsphase einen signifikanten Lernzuwachs aufzuweisen haben.

Dieser Tatsache (daß nämlich beide Versionen des Mechanik-Lehrprogramms einen signifikanten Lernzuwachs zur Folge haben) kann man für den vorliegenden Zusammenhang eine "erfreuliche" und eine "weniger erfreuliche" Seite abgewinnen: "Erfreulich" ist dieses Ergebnis deshalb, weil hierdurch die grundsätzliche Lernwirksamkeit der beiden Programme, und zwar unabhängig von deren didaktischer oder psychologischer Orientierung, nachgewiesen wird. Einfach ausgedrückt: die Schüler haben durch die Lehrprogramme "etwas gelernt".

Abb. 86: Veränderungen vom Vortest zum Nachtest

Skala	Vortest $\bar{X}$	Vortest s_x	Nachtest $\bar{X}$	Nachtest s_x	t	p
	Gruppe AUSUBEL					
Allgemeines Interesse	24,4	4,3	24,9	4,4		n.s.
Interesse an Bewegungslehre	33,5	6,9	34,7	6,3		n.s.
Einstellung zur Physik	50,1	9,7	52,0	9,1	-2,67	< 0,02
Wissen	6,5	1,6	9,8	2,0	-7,86	< 0,0001
Probleme (1 - 4)	4,0	1,9	9,9	3,3	-9,64	< 0,0001
	Gruppe "Alternative"					
Allgemeines Interesse	25,0	3,3	23,6	4,2	2,16	< 0,05
Interesse an Bewegungslehre	35,3	5,3	35,8	5,1		n.s.
Einstellung zur Physik	49,3	8,1	49,2	9,5		n.s.
Wissen	6,0	2,4	9,1	3,3	-7,44	< 0,0001
Probleme (1 - 4)	6,1	2,6	11,3	3,0	-7,16	< 0,0001

"Weniger erfreulich" ist dieses Ergebnis deshalb, weil der beobachtete Lernzuwachs nicht ausschließlich auf die AUSUBEL-Version des Lehrprogramms beschränkt ist bzw. kein größerer Lernzuwachs bei dieser Version festzustellen ist.

Die vorliegende Untersuchung reiht sich damit (zunächst) in die Reihe derjenigen Untersuchungen ein, die keine generelle Oberlegenheit von aus der Konzeption AUSUBELs abgeleiteten didaktischen Maßnahmen (meist beschränkt auf "advance organizers") gegenüber vergleichbaren anderen feststellten. Die Einschränkung "zunächst" wurde hier deshalb vorgenommen, weil in der bisherigen Darstellung noch nicht alle erfaßten Variablen (besonders noch nicht die beiden auf "kognitive Struktur" im eigentlichen Sinn abzielenden Verfahren) herangezogen wurden. Hierauf soll in einem gesonderten Abschnitt eingegangen werden.

Bei der Bewertung des obigen "weniger erfreulichen" Ergebnisses sollte man sich noch einmal daran erinnern, daß hier ein relativ fairer Test der AUSUBELschen Konzeption vorgenommen wurde, d.h. es wurde hier kein "maximal gutes" gegen ein "maximal schlechtes" Programm getestet; die beiden Programme unterscheiden sich im Gegenteil in inhaltlicher Hinsicht nicht sehr erheblich voneinander. Die dennoch bestehenden Unterschiede (im Grunde sind dies: hierarchische Serie von Organisationshilfen und damit zusammenhängend das Prinzip der progressiven Differenzierung) sind aber - dies muß hier auch noch einmal betont werden - im Hinblick auf die Konzeption AUSUBELs als wesentliche und kritische Unterschiede anzusehen. Diese beiden Unterschiede sind aber offensichtlich nicht in der Lage, für die hier berücksichtigten Variablen eine Überlegenheit des AUSUBEL-Programms sicherzustellen. Die Gemeinsamkeiten zwischen beiden Programmen, die - wie erwähnt - vor allem in einem inhaltlich relativ gleichen Textangebot und in den jeweiligen Übungsteilen bestehen, sind anscheinend für den Lernerfolg entscheidender.

Im Anschluß daran erscheint mir die Hypothese gerechtfertigt, daß gerade die Variable "Übung" (oder "Konsolidierung") die entscheidende Variable für den erreichten Lernerfolg ist. Leider läßt sich aufgrund der vorliegenden Untersuchung hierzu keine belegbare Aussage machen. Für zukünftige Untersuchungen scheint es mir allerdings wichtig zu sein, diese Variable einer systematischen Kontrolle zu unterziehen.[1)]

---

1) Im Rahmen der vorliegenden Untersuchung wäre dies nicht allzu schwer gewesen: man hätte z.B. zwei weitere Versuchsgruppen aufnehmen können, die etwa folgende Programmversionen zu bearbeiten gehabt hätten: Gruppe 3: wie "AUSUBEL"-Gruppe, aber ohne Übungsteile (bei ansonsten gleicher Programmlänge) und Gruppe 4: wie "Alternativ"-Gruppe, aber ohne Übungsteile. Wenn die Hypothese stimmt, daß die Variable "Übung" für den Lernerfolg entscheidend ist, dann hätte sich folgendes Ergebnis zeigen müssen: (Gruppe 1 = Gruppe 2) > (Gruppe 3 = Gruppe 4)

Aus Abbildung 86 kann man weiterhin entnehmen, daß bei der AUSUBEL-Gruppe im Verlauf des Lehrprogramms die Einstellung zur Physik signifikant positiver wird. Möglicherweise zeigt sich hier doch eine Wirkung des "advance organizer's" bzw. speziell des Teils, der eine Anregung des Kompetenzbedürfnisses (im Sinne der Arbeit von DAMMER 1975) beabsichtigt. Dies ist allerdings nur eine Vermutung; eine eindeutige Rückführung des beobachteten Effektes auf diesen Teil des "advance organizer's" ist sicher nicht möglich.

Die einzige weitere signifikante Veränderung in Abbildung 86 betrifft die signifikante Abnahme des allgemeinen Interesses an der Physik bei der Alternativgruppe. Eine Erklärung, die über bloße Spekulation hinausgeht, scheint mir aber hierfür kaum möglich zu sein.

Die bisher erfolgte Betrachtung über (zum Teil) signifikante Veränderungen vom Vortest zum Nachtest sagt noch nichts darüber aus, welches Niveau die Schüler am Ende des Programms erreicht haben. Es soll hier deshalb abschließend eine ähnliche Betrachtung wie in Abschnitt 5.3.3.1 angestellt werden; d.h. es soll um die Frage gehen, welcher Anteil der Schüler beider Gruppen im Nachtest das Lehrziel erreicht hat. In der folgenden Abbildung ist für die beiden Verfahren "Wissen" und "Probleme" angegeben, wieviel Schüler unter verschiedenen vorgegebenen "Zielfähigkeiten" das Lehrziel erreicht haben (welches als kritische Anzahl richtig gelöster Aufgaben näher definiert ist).

Aus Abbildung 87 kann man - unter Anlegung ähnlicher Maßstäbe wie im Abschnitt "Unterrichtsbegleitung" - folgendes entnehmen: Bei einer unteren akzeptierbaren Zielfähigkeit von .80 (vgl. Abschnitt 5.3.3.1) erreichen im Wissenstest gut 72 % der Schüler der AUSUBEL-Gruppe und knapp 56 % der Alternativgruppe das Lehrziel. Bei der Erklärung der Probleme lauten - unter gleichen Bedingungen - die entsprechenden Anteile: (gut) 41 % bei der AUSUBEL-Gruppe und (knapp) 67 % bei der Alternativgruppe.

Diese Zahlen sind nicht ganz leicht zu interpretieren und sie sollen im übrigen auch nicht überbewertet werden. Vielleicht sollte

Abb. 87: Anzahl der Schüler, die das Lehrziel erreicht haben

Ziel-fähigkeit Pz	"Wissen" (n = 15) Anzahl der Schüler kritische Grenze	Gruppe "AUSUBEL"	Gruppe "Alternative"	"Probleme"[1] (n = 10) Anzahl der Schüler kritische Grenze	Gruppe "AUSUBEL"	Gruppe "Alternative"
.95	k = 13	1	5	k = 8	3	5
.90	k = 11	12	9	k = 7	6	12
.80	k = 9	21	15	k = 6	12	18
.70	k = 7	28	2o	k = 5	15	19
.60	k = 6	28	23	k = 3	25	23

Anmerkung:

1) Bei den "Problemen" wurde eine Aufgabe dann als "richtig" bewertet, wenn die Antwort in die Kategorie 3 oder 4 eingestuft worden war. Dieses Verfahren der Dichotomisierung ist sicher kritisierbar, zumal sich die in der Abbildung angegebenen Schülerzahlen verständlicherweise erheblich ändern, wenn ein anderes Dichotomisierungskriterium herangezogen wird.

aber doch auf zwei Punkte hingewiesen werden: (1) Die Ergebnisse aus beiden betrachteten Verfahren zeigen kein einheitliches Bild. Während beim Wissenstest ein höherer Prozentsatz der AUSUBEL-Gruppe das Lehrziel erreicht ist dies bei den "Problemen" genau umgekehrt. Eine eindeutige Erklärung dieses Ergebnisses kann kaum gegeben werden; vermutlich wird man dabei aber zwei Faktoren in Betracht ziehen müssen: einmal die Tatsache, daß durch die beiden genannten Verfahren unterschiedliche Leistungen (bzw. Lehrziele) erfaßt werden und zum anderen die Tatsache, daß die Alternativgruppe bei den Problemen bereits im Vortest die besseren Leistungen zeigte (vgl. den vorangegangenen Abschnitt). (2) Das jeweils bessere Ergebnis der beiden Gruppen liegt etwa im Bereich der im Abschnitt "Unterrichtsbegleitung" beobachteten Ergebnisse (allerdings dort nur für zwei der drei Klassen). Ob dieses Ergebnis als "befriedigend" oder "unbefriedigend" bewertet werden soll, ist eine Frage, die hier kaum beantwortet werden kann; auf jeden Fall scheint es aber möglich zu sein, in relativ kurzer Zeit und sogar in rein textgebundener Form ähnliche Ergebnisse zu erzielen wie durch einen über längere Zeit erfolgenden "normalen" Schulunterricht.[1)]

Als Zwischenergebnis wird man also an dieser Stelle festhalten können, daß bei beiden Gruppen ein signifikanter Lernzuwachs (in den beiden kognitiven Variablen) eintritt; daß sich beide Gruppen im Ausmaß des Lernzuwachses und im schließlich erreichten Niveau kaum unterscheiden (mit der einen beschriebenen Ausnahme) und daß etwa bei 2/3 der Schüler eine "Zielerreichung" angenommen werden kann.

5.4.3.4 Vergleich der beiden Gruppen unter dem Aspekt der Veränderung kognitiver Strukturen

Bei der bisher erfolgten Betrachtung der beiden Gruppen bzw. der beiden Lehrprogramme wurde ausschließlich auf eher "konventionelle" Verfahren zurückgegriffen. Völlig ausgeklammert wurden dagegen bisher die beiden Verfahren, die speziell auf die Erfassung kognitiver Strukturen ausgerichtet sind. Die Ergebnisse dieser beiden Verfahren ("Assoziationen" und "Beziehungen") sollen jetzt näher betrachtet werden.

Analog zur Vorgehensweise in den vorangegangenen Kapiteln soll am Anfang der Darstellung über die abgegebenen Assoziationen eine kurze Betrachtung einiger "quantitativer" Ergebnisse erfolgen (d.h. "strukturelle" Überlegungen werden hier zunächst zurückgestellt). In der folgenden Abbildung sind für beide Gruppen die wichtigsten ableitbaren quantitativen Indizes vor und nach der Instruktionsphase zusammengestellt; eine Aufstellung der Häufigkeiten der einzelnen abgegebenen Assoziationen, auf denen diese Indizes beruhen, ist im Anhang 20 zu finden.

---

1) Hierbei sollte man allerdings zwei Dinge berücksichtigen: Zum einen könnte gerade die geringe Zeitdauer der Instruktionsphase in vorliegender Untersuchung Anlaß zur Kritik geben; zum anderen sollte man auch bedenken, daß der zeitliche Abstand zwischen Instruktionsphase und Lehrzielüberprüfung beim "Normalunterricht" sicher länger war als hier. Im Hinblick darauf und auch unter theoretischem Aspekt (Wichtigkeit des Vergessensprozesses in AUSUBELs Konzeption) hätte man für die vorliegende Untersuchung eine Nachbefragung (etwa nach einigen Wochen) einplanen sollen. Dies war aber aus organisatorischen Gründen leider nicht möglich.

Abb. 88: Quantitative Analyse der abgegebenen Assoziationen

Gruppe	Test		Kraft	Geschwindigkeit	Weg	Beschleunigung	Bewegung	Trägheit	Zeit	$\bar{x}$
AUSUBEL	Vortest	a) Schülerzahl	29	29	29	29	29	29	29	
		b) Anzahl aller Assoz.	207	208	183	127	175	119	210	175,6
		c) Anzahl der Assoz. pro Schüler	7,14	7,14	6,31	4,38	6,03	4,10	7,24	6,1
		d) Anzahl der verschied. Assoz	103	101	87	70	93	71	86	87,3
		e) α (d div. durch b)	0,50	0,49	0,48	0,55	0,53	0,60	0,41	0,51
		f) Summe der ersten fünf Assoz. in % von b)	21,3	24,5	20,2	27,6	23,4	26,9	29,0	24,7
	Nachtest	a) wie oben	29	29	29	29	29	29	29	
		b)	209	186	170	166	193	142	174	177,1
		c)	7,21	6,41	5,86	5,72	6,66	4,90	6,00	6,1
		d)	84	99	97	92	108	90	89	94,1
		e)	0,40	0,53	0,57	0,55	0,56	0,63	0,51	0,54
		f)	32,1	23,7	15,9	18,7	19,2	21,8	30,5	23,1
ALTERNATIVE	Vortest	a) wie oben	27	27	27	27	27	27	27	
		b)	187	198	150	159	175	135	222	175,1
		c)	6,93	7,33	5,56	5,89	6,48	5,00	8,22	6,5
		d)	88	82	68	90	100	83	105	88,0
		e)	0,47	0,41	0,45	0,57	0,57	0,61	0,47	0,51
		f)	27,3	27,8	23,3	20,8	25,1	26,7	32,0	26,1
	Nachtest	a) wie oben	27	27	27	27	27	27	27	
		b)	229	170	160	142	166	122	217	172,3
		c)	8,48	6,30	5,93	5,23	6,15	4,52	8,04	6,4
		d)	68	76	76	93	102	85	77	82,4
		e)	0,30	0,45	0,48	0,65	0,61	0,70	0,35	0,51
		f)	36,2	25,3	29,4	16,2	20,5	18,0	42,9	26,9

Zur Interpretation der obigen Abbildung ist es notwendig, sich noch einmal der Erwartungen zu erinnern, die mit bestimmten Indizes verbunden sind (vgl. Abschnitt 5.2.2.3 und 5.3.3.2). Danach sollten die mittlere Anzahl der Assoziationen pro Schüler und die sog. "response commonality" (Zeile f in Abb. 88) vom Vortest zum Nachtest zunehmen und die Heterogenität der Assoziationen (α) abnehmen.

Bereits ein oberflächlicher Blick auf die Abb. 88 zeigt, daß keine dieser Erwartungen erfüllt wird (was in voller Übereinstimmung mit den Ergebnissen der entsprechenden Analysen in den vorangegangenen Kapiteln steht). Diese Aussage gilt sowohl für die "AUSUBEL"-Gruppe als auch für die "Alternativ"-Gruppe, sowohl bezogen auf die Mittelwerte der Indizes als auch bezogen auf die Indizes der einzelnen Begriffe.[1)]

Für dieses erwartungswidrige Ergebnis können meines Erachtens zwei unterschiedliche (sich allerdings nur zum Teil widersprechende) Erklärungen gegeben werden: Man kann einmal annehmen, daß durch die beiden Lehrprogramme tatsächlich keine Veränderungen in den "Assoziationshierarchien" der Schüler bewirkt werden. Dies würde dann also bedeuten, daß die Stimulusbegriffe aus der Mechanik nicht bedeutungshaltiger (gemessen an der Zahl der assoziativen Verbindungen) und auch nicht über die Schüler gesehen) bedeutungseinheitlicher (gemessen an α und der "response commonality") geworden sind.

Zum anderen kann man aber auch annehmen, daß die hier benutzten drei Indizes selbst nur von begrenzter Validität bzw. Aussagekraft sind. Man kann sich unschwer bestimmte Veränderungen in den abgegebenen Assoziationen vorstellen, die sich nicht in diesen Indizes niederschlagen. So wäre es z.B. ohne weiteres möglich, daß die absolute Zahl der pro Schüler abgegebenen Assoziationen relativ unverändert bleibt (unter Umständen sogar abnimmt), daß aber inhaltlich völlig andere (evtl. sehr viel "sinnvollere") Assoziationen

---

1) Die einzige Ausnahme stellt hier der Begriff "Kraft" dar, ohne daß aber eindeutig erklärt werden könnte, wieso dies der Fall ist.

abgegeben werden. Dies soll - mit anderen Worten - ausdrücken, daß die in Abb. 88 aufgeführten Indizes gegenüber inhaltlich bedeutsamen Veränderungen vermutlich sehr wenig sensitiv sind. Daß solche inhaltlichen Veränderungen durch die Lehrprogramme tatsächlich bewirkt wurden, zeigt ein kurzer Blick in die Aufstellung der abgegebenen Assoziationen in Anhang 20; hierauf soll später noch eingegangen werden.

Ein weiterer Aspekt, dem die drei genannten Indizes sicher nicht gerecht werden (und von ihrem Anspruch auch nicht gerecht werden können), betrifft das Netz von Beziehungen zwischen den vorgegebenen Begriffen. Auf diesen strukturellen Aspekt (der vermutlich wichtiger ist als die auf die einzelnen Begriffe isolierten quantitativen Analysen) soll jetzt näher eingegangen werden.

Als Ausgangspunkt der strukturellen Analyse dient die Aufstellung der abgegebenen Assoziationen im Anhang 20. Analog zu der im Exkurs beschriebenen Vorgehensweise soll der Grad der Überlappung oder Vernetztheit der sieben vorgegebenen Begriffe auf zwei Arten berechnet werden: einmal mit Hilfe einer sogenannten "systeminternen" Analyse (hierbei wird gefragt, wie häufig jeder der Stimulusbegriffe als Assoziation auf jeden der übrigen Begriffe auftritt - unter Ausklammerung aller übrigen Assoziationen) und zum anderen mit Hilfe einer sogenannten "systemüberschreitenden" Analyse (hierbei wird jeweils die gesamte Assoziationshierarchie berücksichtigt).

In der folgenden Abbildung sind zunächst die Ergebnisse der "systeminternen" Analyse für beide Gruppen aufgeführt. Wegen der mit der folgenden Abbildung verbundenen Problematik (es wird nur ein geringer Teil der abgegebenen Assoziationen benutzt) soll hier zwar keine Überbewertung der Ergebnisse erfolgen; meines Erachtens kann man aber aus der Abb. 89 doch folgendes entnehmen:

- Beide Gruppen geben im Vortest etwa gleich häufig "systeminterne" Assoziationen ab.[1)]

---

1) Ein weiterer Hinweis auf die gute Vergleichbarkeit der beiden Gruppen vor der Instruktionsphase!

Abb. 89: Häufigkeiten "systeminterner" Assoziationen für beide Gruppen im Vortest und Nachtest

	Gruppe "AUSUBEL"							Gruppe "Alternative"							
vorgegebene Begriffe → Assoziationen	Kraft	Geschwindigkeit	Weg	Beschleunigung	Bewegung	Trägheit	Zeit	Kraft	Geschwindigkeit	Weg	Beschleunigung	Bewegung	Trägheit	Zeit	
Kraft	-			1				-	1		1	2	3		Vortest
Geschwindigkeit	1	-		5	2			1	-	1	2	1		2	
Weg			-							-					
Beschleunigung		2	1	-					3		-				
Bewegung	2	2		1	-	5		2	2			-	1		
Trägheit						-							-		
Zeit		1		1			-							-	
Σ	3	5	1	8	2	5	0	3	6	1	3	3	4	2	
Kraft	-	4	2	4	9	3	2	-	2		2	6	3		Nachtest
Geschwindigkeit	1	-	3	5	5	3	4		-	1	5	2	1	1	
Weg			-				4		1	-					
Beschleunigung	3	13	5	-	7	3	7	5	8	4	-	3	2	1	
Bewegung	4	2	3	3	-	5	1	2	1		2	-	6	1	
Trägheit	5	2		5	3	-	1	3			2	3	-		
Zeit		1	8	3	2	1	-		1			1		-	
Σ	13	22	21	20	26	15	19	10	13	5	11	15	12	3	

- Bei beiden Gruppen ist vom Vortest zum Nachtest eine deutliche Zunahme in der Häufigkeit "systeminterner" Assoziationen festzustellen.
- Diese Zunahme ist bei der Gruppe "AUSUBEL" wesentlich ausgeprägter als bei der Alternativ-Gruppe: im Nachtest geben die Schüler der AUSUBEL-Gruppe fast doppelt so viel "systeminterne" Assoziationen ab wie die Schüler der Alternativgruppe.[1)]

Akzeptiert man die Zahl "systeminterner" Assoziationen als Maß für die Vernetztheit oder Überlappung der sieben vorgegebenen Mechanikbegriffe, dann weist das obige Ergebnis auf den interessanten Sachverhalt hin, daß das Ausmaß der Vernetztheit der Begriffe im Verlauf der Instruktionsphase (durchaus erwartungsgemäß) größer wurde und daß dieser Effekt bei der AUSUBEL-Gruppe stärker ausgeprägt ist.[2)]

Eine mögliche Interpretation dieses Sachverhalts soll an dieser Stelle noch nicht erfolgen; stattdessen soll versucht werden, hierfür weitere Belege beizubringen.

Zum Abschluß der hier vorgenommenen "systeminternen" Analyse sei noch erwähnt, daß es prinzipiell natürlich möglich gewesen wäre, mit Hilfe der in Abb. 89 aufgeführten Häufigkeiten analog zum Exkurs sogenannte Intersektionskoeffizienten zu berechnen. Da diese Koeffizienten aber gegenüber der in Abb. 89 enthaltenen Information kaum einen neuen Aspekt liefern würden, soll auf deren Berechnung verzichtet werden.

Der Frage der Vernetztheit der Begriffe (und deren möglicher Veränderung im Verlauf der Instruktionsphase) soll jetzt mit einer "systemüberschreitenden" Analyse der abgegebenen Assoziationen weiter nachgegangen werden. Im Unterschied zu der bisherigen Betrachtung sollen dabei zwei zusätzliche Informationen herangezogen

---

1) Die absoluten Häufigkeiten der beiden Gruppen sind unmittelbar vergleichbar, da auch die Gesamtzahl aller abgegebenen Assoziationen beider Gruppen annähernd gleich ist.

2) Problematisch an diesen Ergebnissen ist natürlich, daß sie nicht statistisch abgesichert sind.

werden: Zum einen auch Assoziationen, die nicht gleichzeitig Stimulusbegriffe sind und zum anderen die Position einer abgegebenen Antwort in der Antworthierarchie. Aus der Diskussion der vorangegangenen Kapitel ist bekannt, daß genau diese beiden Informationen durch den sogenannten "relatedness"-Koeffizient von GARSKOF + HOUSTON (1963) verarbeitet werden. Ausgehend von der Aufstellung der abgegebenen Assoziationen in Anhang 20 wurden für sämtliche Begriffspaare (getrennt für beide Gruppen und jeweils für Vor- und Nachtest) solche Koeffizienten berechnet; diese sind in den folgenden Abbildungen aufgeführt.[1)]

Abb. 90: Beziehungen zwischen den Begriffen ("relatedness"-Koeffizienten) für die Gruppe "AUSUBEL"

		1	2	3	4	5	6	7
Kraft	1	X	0,07	0	0	0,04	0	0
Geschwindigkeit	2	0,05	X	0	0,51	0,05	0	0,01
Weg	3	0,06	0,22	X	0	0	0	0
Beschleunigung	4	0,18	0,17	0,04	X	0	0	0
Bewegung	5	0,23	0,21	0,09	0,28	X	0	0
Trägheit	6	0,03	0,13	0,07	0,22	0,25	X	0
Zeit	7	0,04	0,11	0,09	0,17	0,11	0,11	X

Vortest (oberhalb der Diagonale) / Nachtest (unterhalb der Diagonale)

---

1) Bei der Berechnung dieser Koeffizienten wurden zwei (kritisierbare) Entscheidungen getroffen:

- *Es wurden nur Assoziationen mit einer Häufigkeit > 3 (ca. 10 % der Schüler) herangezogen (die Aufstellung in Anhang 20 ist demnach nicht ganz vollständig).*
- *Der Gewichtungsfaktor p wurde gleich 1 gesetzt (vgl. Exkurs).*

Abb. 91: Beziehungen zwischen den Begriffen ("relatedness"-Koeffizienten) für die Gruppe "Alternative"

		1	2	3	4	5	6	7	
Kraft	1	X	0,01	0	0,08	0	0	0	Vortest
Geschwindigkeit	2	0	X	0,05	0,24	0,17	0,05	0,04	
Weg	3	0	0,01	X	0,08	0,10	0	0	
Beschleunigung	4	0,03	0,28	0	X	0	0	0	
Bewegung	5	0,19	0,10	0,02	0,04	X	0	0	
Trägheit	6	0,10	0	0	0	0,12	X	0	
Zeit	7	0	0,08	0	0	0	0	X	
					Nachtest				

Berechnet man für die beiden obigen Abbildungen jeweils die mittleren "relatedness"-Koeffizienten, dann ergibt sich folgendes Bild:

Gruppe "AUSUBEL": $\overline{RC}_{vor} = 0{,}03$ $\overline{RC}_{nach} = 0{,}14$

Gruppe "Alternative": $\overline{RC}_{vor} = 0{,}04$ $\overline{RC}_{nach} = 0{,}05$

Bezüglich des Grades der Vernetztheit der sieben Mechanikbegriffe kann man also auch hier ähnliche Ergebnisse feststellen wie bei der "systeminternen" Analyse: relativ gute Vergleichbarkeit der beiden Gruppen im Vortest; Zunahme der Vernetztheit vom Vortest zum Nachtest (hier beschränkt auf die AUSUBEL-Gruppe); höheres Ausmaß der Vernetztheit bei der AUSUBEL-Gruppe im Nachtest.

Bei der Bewertung dieses Ergebnisses wird man allerdings auch hier bedenken müssen, daß der Unterschied zwischen beiden Gruppen im Nachtest numerisch nur sehr gering ist und daß außerdem hierfür keine statistische Absicherung vorliegt.[1)]

---

1) Der Mangel an Information über die Zufallsverteilungen des "relatedness"-Koeffizienten und anderer vergleichbarer Indizes wurde ja bereits im Exkurs beklagt.

Eine grafische Veranschaulichung der obigen beiden Abbildungen (90 und 91) nach der Methode von WAERN (vgl. Exkurs) soll im übrigen hier vorerst noch unterbleiben; dies soll im Zusammenhang mit den Ergebnissen des Beziehungstests erfolgen.

Bei der Auswertung des Beziehungstests wurde eine relativ einfache Methode gewählt: Für jede der beiden Gruppen wurden zunächst (getrennt für Vortest und Nachtest) die relativen Häufigkeiten des Auftretens bestimmter Begriffskombinationen berechnet; diese relativen Häufigkeiten wurden dann unmittelbar als Ähnlichkeitsindizes zwischen den Begriffen interpretiert.[1] Diese Indizes sind in den folgenden Abbildungen aufgeführt.

Analog zur bisherigen Vorgehensweise sollen auch für die aus dem Beziehungstest abgeleiteten "Ähnlichkeitskoeffizienten" Mittelwerte - als Maß für den Grad der "Vernetztheit" der Begriffe - berechnet werden. Es ergibt sich

für die Gruppe "AUSUBEL": $\overline{X}_{vor} = 0{,}09$ $\overline{X}_{nach} = 0{,}09$

für die Gruppe "Alternative": $\overline{X}_{vor} = 0{,}10$ $\overline{X}_{nach} = 0{,}13$

Selbst wenn man die vorne erwähnten Probleme der Interpretation solcher Indizes berücksichtigt, muß man wohl doch feststellen, daß die bisherige Hypothese - größeres Ausmaß an Vernetztheit der Begriffe nach der Instruktionsphase bei der AUSUBEL-Gruppe - kaum

---

1) Eine alternative (aber wesentlich aufwendigere) Methode besteht darin, ausgehend von den absoluten Auftretenshäufigkeiten bestimmter Begriffskombinationen eine Art "Intersektionskoeffizient" (vgl. Exkurs) zu berechnen. Obwohl diese Methode zunächst ebenfalls angewandt wurde, soll hierauf bei der weiteren Darstellung aus zwei Gründen nicht weiter eingegangen werden:

- Diese Methode führt im Vergleich zu der hier präferierten einfacheren Methode zu relativ ähnlichen Ergebnissen (vor allem im Hinblick auf das durchschnittliche Ausmaß der Vernetztheit); der Mehraufwand erscheint daher kaum gerechtfertigt.

- Bei der Interpretation der aufgrund der Intersektionskoeffizienten erstellbaren grafischen Darstellungen kann man nicht immer unmittelbar auf die von den Schülern angegebenen Begründungen zurückgreifen.
Auf diesen wesentlichen Bestandteil des "Beziehungstests" sollte aber auf gar keinen Fall verzichtet werden.

Abb. 92: "Ännlichkeiten" zwischen den Begriffen des Beziehungstests (Gruppe AUSUBEL)

Vortest

	Beschleunigung 1	Bewegung 2	fest 3	flüssig 4	gasförmig 5	Geschwindigkeit 6	Gewicht 7	Körper 8	Kraft 9	Masse 10	Ruhe 11	Trägheit 12	Verformung 13	Volumen 14	Weg 15	Zeit 16
1		.28	0	0	0	.52	.03	.03	.41	.03	0	0	.03	0	.14	.48
2			.03	0	0	.24	.17	.17	.21	0	.10	.24	.03	0	.03	.07
3				.31	.14	0	0	.38	.07	.07	0	0	.03	0	.07	.07
4					.31	0	.03	.31	0	.03	0	0	.07	.07	0	0
5						.03	.10	.14	.03	.14	0	0	.03	.14	0	0
6							.03	.03	.14	0	.03	.07	0	0	.14	.07
7								.69	.24	.14	0	.14	0	.07	.03	0
8									.24	.21	.14	.03	.41	.41	0	0
9										.17	.03	.03	.03	.03	.03	0
10											0	.03	.14	.31	0	0
11												.24	0	0	.03	.23
12													0	0	0	.07
13														0	0	.14
14															0	0
15																.52
16																

Nachtest

	Beschleunigung 1	Bewegung 2	fest 3	flüssig 4	gasförmig 5	Geschwindigkeit 6	Gewicht 7	Körper 8	Kraft 9	Masse 10	Ruhe 11	Trägheit 12	Verformung 13	Volumen 14	Weg 15	Zeit 16
1		.38	0	0	0	.55	0	.14	.38	0	0	.07	0	0	.21	.31
2			0	.03	0	.28	.14	.14	.45	0	.03	.17	0	0	.03	0
3				.24	.03	0	.03	.45	0	.14	0	0	0	0	.03	0
4					.14	0	.03	.28	.03	.10	0	.03	.03	0	0	0
5						0	.03	.28	0	.10	0	0	0	.07	0	0
6							0	.10	.14	0	0	.03	0	.03	.10	.21
7								.59	.24	.17	.03	.03	.07	.10	0	0
8									.31	.24	.17	.28	.34	.41	0	0
9										.03	.07	.10	.41	0	0	0
10											.03	0	.28	.14	0	0
11												.14	0	0	.07	.14
12													.03	0	0	.03
13														0	0	.03
14															0	0
15																.52
16																

Abb. 93: "Ähnlichkeiten" zwischen den Begriffen des Beziehungstests (Gruppe ALTERNATIVE)

Vortest

	Beschleunigung 1	Bewegung 2	fest 3	flüssig 4	gasförmig 5	Geschwindigkeit 6	Gewicht 7	Körper 8	Kraft 9	Masse 10	Ruhe 11	Trägheit 12	Verformung 13	Volumen 14	Weg 15	Zeit 16
1		.44	0	0	0	.56	.07	.07	.19	.04	.04	.04	0	0	.07	.11
2			.04	.04	.04	.30	.15	.30	.19	0	.22	.04	0	0	.11	0
3				.59	.26	.04	.04	.37	0	.11	0	0	.07	.04	0	.04
4					.41	0	0	.19	0	.19	0	.04	.15	.19	0	0
5						0	.07	.22	0	.04	0	0	.07	.22	0	0
6							.07	0	.15	.04	.04	.04	0	0	.04	.37
7								.63	.22	.33	0	.07	.07	.07	0	.04
8									.19	.11	.07	.22	.41	.56	0	0
9										.15	.04	.04	.19	.07	.04	0
10											0	.11	.22	.26	.04	0
11												.15	0	0	.07	.22
12													.04	0	0	.11
13														.11	0	0
14															0	0
15																.59
16																

Nachtest

	Beschleunigung 1	Bewegung 2	fest 3	flüssig 4	gasförmig 5	Geschwindigkeit 6	Gewicht 7	Körper 8	Kraft 9	Masse 10	Ruhe 11	Trägheit 12	Verformung 13	Volumen 14	Weg 15	Zeit 16
1		.48	0	0	0	.63	.07	.07	.41	.04	.07	.04	.04	0	.30	.41
2			.04	.04	.04	.22	.07	.33	.33	.11	.07	.11	.07	0	.04	.04
3				.56	.26	0	.15	.59	.04	.26	.04	.07	.15	.19	0	.04
4					.33	0	.11	.30	.07	.19	.04	.07	.11	.19	.04	.04
5						0	.04	.30	0	.19	0	0	.15	.07	0	0
6							.07	.11	.19	.04	.11	0	.04	0	.15	.30
7								.63	.15	.33	0	.11	.15	.04	0	.04
8									.33	.15	.30	.48	.33	.52	.07	0
9										.15	0	.11	.56	.04	0	0
10											0	.19	.26	.26	.07	0
11												.22	0	0	0	.19
12													0	0	0	0
13														.07	.04	0
14															0	0
15																.52
16																

aufrechterhalten werden kann; hier zeigt sich sogar eher eine gegenläufige Tendenz.

Sucht man nach einer Erklärung für diese uneinheitlichen Ergebnisse, dann stößt man meines Erachtens auf folgende Punkte:

- Man muß zum einen damit rechnen, daß die aus den Assoziationsdaten und dem Beziehungstest abgeleiteten Ähnlichkeitsindizes nur zum Teil miteinander vergleichbar sind; unter Umständen erfassen sie recht unterschiedliche Aspekte von Ähnlichkeitsbeziehungen zwischen Begriffen. Um einen Eindruck über die Vergleichbarkeit bzw. mangelnde Vergleichbarkeit der verschiedenen hier benutzten Indizes zu erhalten, wurden die "relatedness"-Koeffizienten der Abb. 90 und 91 mit den entsprechenden der Abb. 92 und 93 korreliert (Rangkorrelationen).[1)]

  Es ergaben sich folgende Werte:

Gruppe "AUSUBEL":	Vortest: $r_s = 0,32$	$(p > 0,05)$
	Nachtest: $r_s = 0,54$	$(p < 0,01)$
Gruppe "Alternative":	Vortest: $r_s = 0,36$	$(p > 0,05)$
	Nachtest: $r_s = 0,48$	$(p < 0,05)$

  Es zeigt sich also, daß bei beiden Gruppen nur im Nachtest signifikante (numerisch allerdings nicht sehr hohe) Korrelationen zwischen den zwei verschiedenen Ähnlichkeitsindizes bestehen.

  Dieses Ergebnis bestätigt damit zumindest teilweise die oben geäußerte Vermutung einer mangelnden Vergleichbarkeit der Indizes; gleichzeitig liefert es jedoch den interessanten Hinweis, daß anscheinend durch die erfolgte Instruktion klarere und stabilere, durch verschiedene Methoden "abrufbare" Beziehungen zwischen den Grundbegriffen der Mechanik aufgebaut wurden.

---

1) Aus den Abb. 92 und 93 wurden also nur die 21 Koeffizienten ausgesucht, die die Beziehungen der sieben beim Assoziationstest vorgegebenen Begriffe betreffen.

- Man muß weiterhin feststellen, daß der Grad der Vernetztheit einer Wissensstruktur (ausgedrückt in einer einzigen Meßzahl) nur einen Aspekt (und vielleicht noch nicht einmal den wesentlichsten) einer Wissensstruktur darstellt. Im Zusammenhang mit der hier durchgeführten Untersuchung könnte man sich vorstellen, daß durch die Lehrprogramme zwar nicht der Grad der Vernetztheit der Begriffe beeinflußt wurde, daß sich aber in der Art der Beziehungen und in ihrer inhaltlichen Bestimmung sehr wohl etwas geändert hat;[1] unter Umständen könnte man sogar an zwei gegenläufige Prozesse denken, die sich insgesamt gesehen so überlagern, daß am Grad der Vernetztheit keine Veränderungen festzustellen sind, nämlich einmal ein Prozeß der "Verknüpfung" von zwei Begriffen (zwischen denen bisher noch keine Verbindung bestand) und ein Prozeß der "Entknüpfung" von zwei Begriffen (zwischen denen bisher eine relativ "naive" Beziehung bestand).

Dieser hier zuletzt geäußerten Vermutung wesentlicher inhaltlicher Veränderungen in den Beziehungen der Mechanik-Begriffe soll jetzt abschließend noch nachgegangen werden.

In einem ersten Schritt mußte hierzu die in den Abb. 92 und 93 enthaltene (zahlenmäßige) Information in eine andere, einer inhaltlichen Interpretation eher zugängliche Darstellungsform gebracht werden.[2] Hierbei wurde auf das (im Exkurs detaillierter beschriebene) Verfahren von WAERN (1972) zurückgegriffen.

Die Anwendung dieses Verfahrens auf eine Matrix von Ähnlichkeitsindizes (wie z.B. in Abb. 92 und 93) liefert ein Netz von Begriffen, die in bestimmter Weise zueinander in Beziehung stehen, wobei aber über die Art und inhaltliche Bestimmung dieser Beziehungen zunächst keine über die globale Kennzeichnung "Ähnlichkeit" hinausgehenden Aussagen möglich sind. Genau an dieser Stelle kommt der besondere Vorteil des "Beziehungstests" zur Geltung: Da die Schüler nicht nur angeben sollten, welche Begriffe "etwas miteinander zu tun haben"

---

1) Ein ähnliches Argument wurde ja auch im Zusammenhang mit der "quantitativen" Analyse der abgegebenen Assoziationen (vgl. Abb. 88) vorgebracht.

2) Auf die "relatedness"-Koeffizienten der Abb. 90 und 91 wird ebenfalls noch eingegangen.

(aus den relativen Häufigkeiten dieser Angaben wurden ja die Ähnlichkeitsindizes berechnet), sondern dieses "etwas" auch inhaltlich näher zu spezifizieren hatten, ist es jetzt möglich, die in der grafischen Darstellung auftauchenden Beziehungen zu "benennen".

Ein solches Netz mit benannten Beziehungen zwischen Begriffen würde dann ziemlich genau den im theoretischen Teil diskutierten Modellen der kognitiven Struktur (bzw. präziser: Wissensstruktur) entsprechen!

In den folgenden Abbildungen sind solche (gruppenbezogene) Wissensstrukturen dargestellt (jeweils getrennt für beide Gruppen und für die Zeitpunkte vor und nach der Instruktion).

Zum vollständigen Verständnis der vier Abbildungen (94 - 97) sind noch einige Erläuterungen notwendig:

- Die Enge der Beziehung zwischen je zwei Begriffen geht aus der Dicke der jeweils eingezeichneten Verbindungslinie hervor, wobei im Sinne der Methode von WAERN (1972) vier Abbruchkriterien (bezogen auf die relativen Häufigkeiten der Abb. 92 und 93) benutzt wurden: .50, .40, .30 und .20.

- Beziehungen zwischen jeweils zwei Begriffen, die bereits aufgrund eines höheren Abbruchkriteriums existieren, werden auf tieferen Stufen nicht noch einmal eingezeichnet (wobei eine "Beziehung" zwischen zwei Begriffen auch dann vorliegt, wenn einer oder mehrere andere Begriffe dazwischenliegen; vgl. Exkurs).

- Beziehungen zwischen Begriffen, die aus den Assoziationsdaten abgeleitet werden können (vgl. Abb. 90 und 91), sind als geschlängelte Linien eingezeichnet.

- Die Richtung einer Beziehung zwischen zwei Begriffen (durch Pfeile gekennzeichnet) und deren inhaltliche Spezifikation ("Benennung") wurden aus den von den Schülern angeführten Begründungen für die jeweils vorgenommenen Wahlen abgeleitet.

  Hierbei wurden nur Beziehungen interpretiert, die von den Schülern relativ eindeutig und einheitlich gekennzeichnet wurden. (Dies weist darauf hin, daß die obigen vier Abbildungen nur als "modale" Wissensstrukturen zu verstehen sind.)

- Die in den Abb. 94 bis 97 jeweils gewählte räumliche Anordnung der Begriffe ist natürlich immer nur eine von beliebig vielen Alternativen. Die zugrundeliegende Struktur ist allerdings gegen-

Abb. 94: Grafische Darstellung der Wissensstruktur der Gruppe AUSUBEL im Vortest

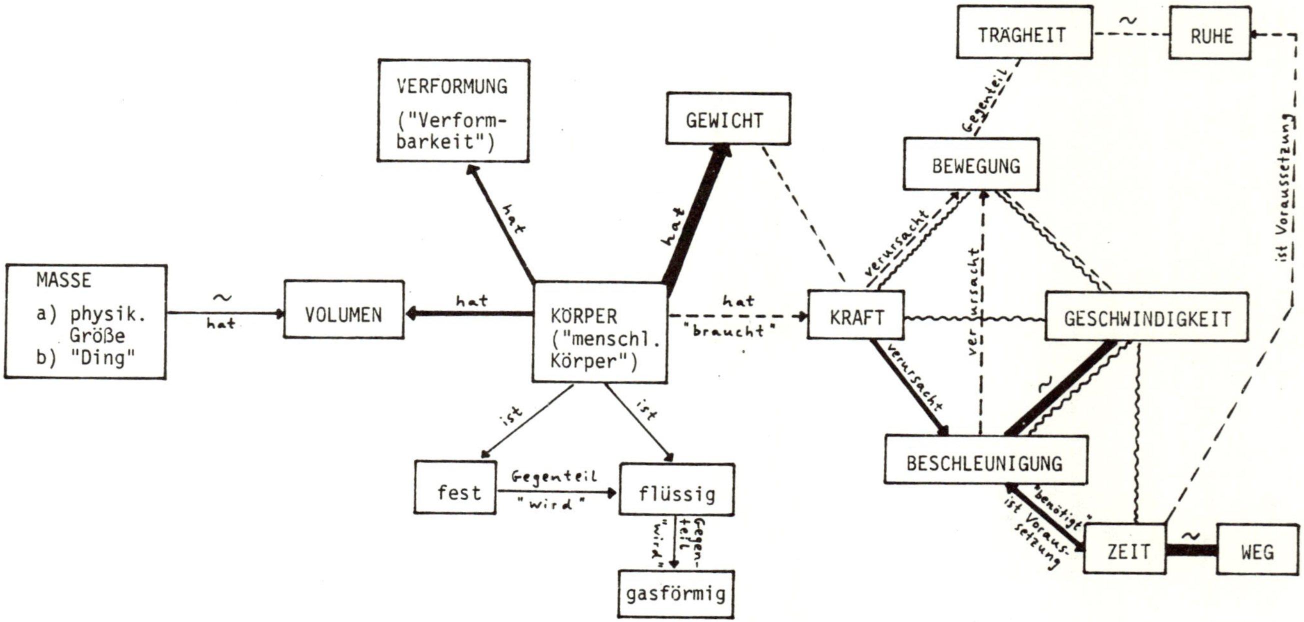

Abb. 95: Grafische Darstellung der Wissensstruktur der Gruppe AUSUBEL im Nachtest

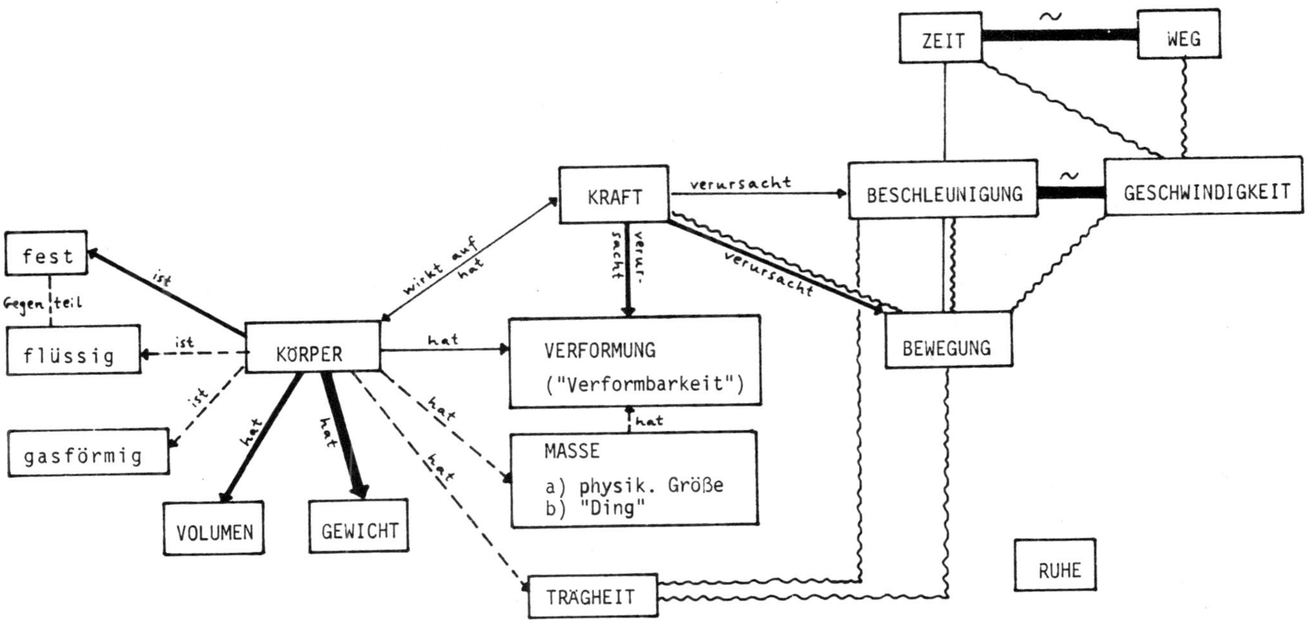

Abb. 96: Grafische Darstellung der Wissensstruktur der Gruppe ALTERNATIVE im Vortest

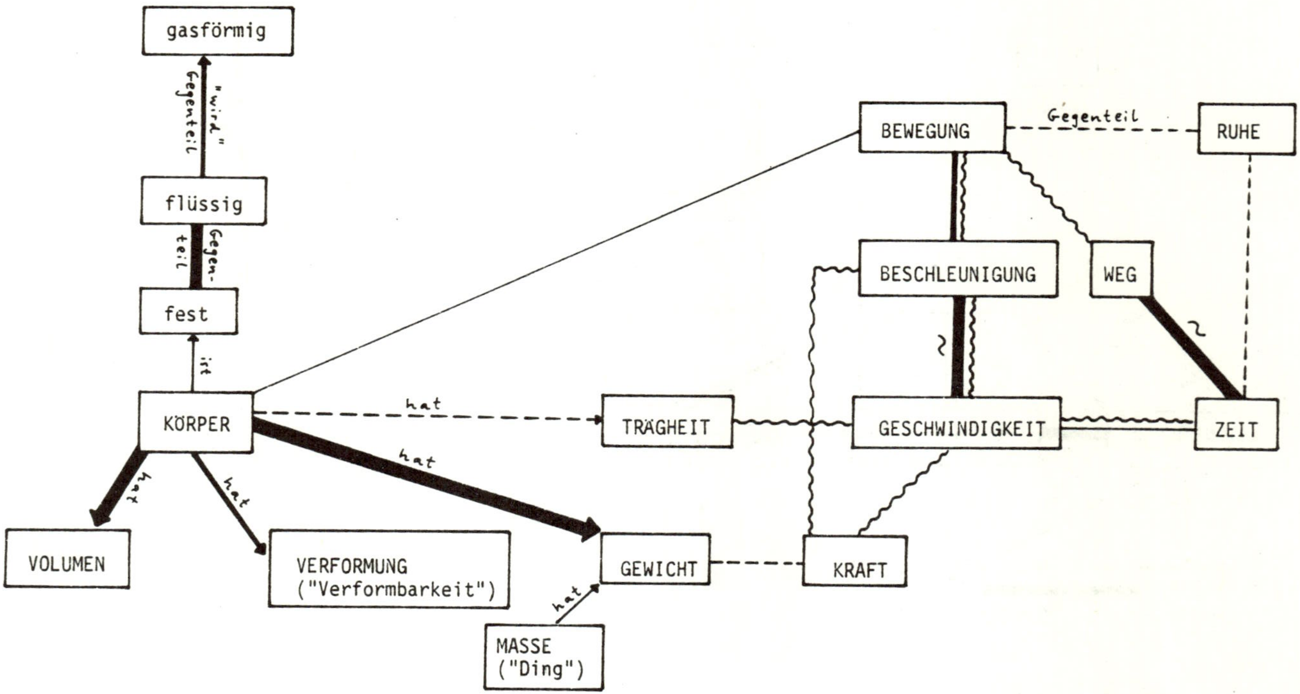

Abb. 97: Grafische Darstellung der Wissensstruktur der Gruppe ALTERNATIVE im Nachtest

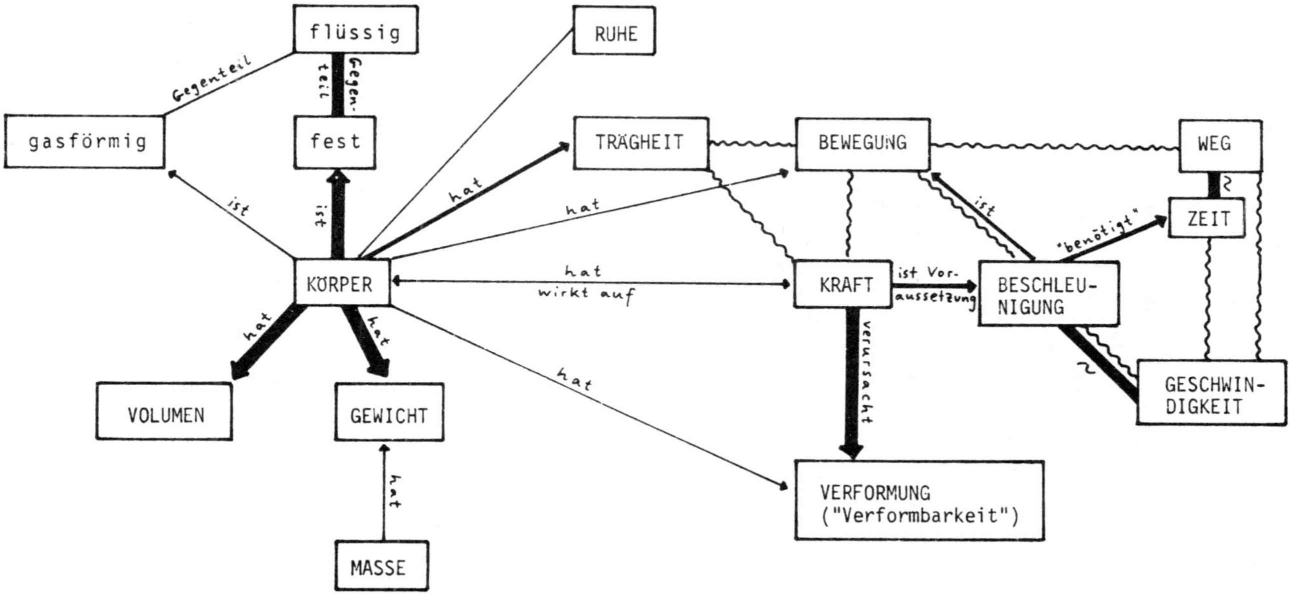

über solchen Veränderungen der räumlichen Anordnung invariant. Die hier jeweils gewählte Anordnung folgte dem reinen Zweckmäßigkeitskriterium "geringe Zahl von Überkreuzungen der eingezeichneten Verbindungen."

Im folgenden soll versucht werden, eine Interpretation der obigen vier Abbildungen zu geben, wobei die zwei wichtigsten hier interessierenden Aspekte - Veränderung der Wissensstruktur vom Vortest zum Nachtest und Vergleich der beiden Gruppen - im Vordergrund stehen sollen. Als "Bezugsrahmen" der Interpretation soll zunächst die "Nachtest-Struktur" der AUSUBEL-Gruppe (vgl. Abb. 95) dienen (dies wird noch zu begründen sein).

Zentraler Begriff in dieser Struktur (gemessen an der Zahl der Verbindungslinien) ist der Begriff "Körper". Von hier nehmen zwei unterschiedliche Arten von Relationen zu anderen Begriffen ihren Ausgangspunkt: eine "ist"-Relation und eine "hat"-Relation. Mit der "hat"-Relation sind hier bestimmte (meßbare) Eigenschaften eines (beliebigen) Körpers angesprochen, nämlich "Volumen", "Gewicht", "Trägheit", "Masse" und (was durchaus sinnvoll ist) "Verformbarkeit". Lediglich die Zuschreibung von "Kraft" zu "Körper" ("Ein Körper hat Kraft") kann als Rest einer relativ naiven Auffassung von "Körper" (im eingeschränkten Sinne von "menschlicher" Körper) und von "Kraft" (als "etwas", was ein Körper "besitzen" kann) angesehen werden. Die "ist"-Relation gibt hier bestimmte mögliche Zustandsformen eines Körpers an (fest, flüssig und gasförmig). Im Prinzip ist hier nichts anderes als die bekannte "Oberbegriff-Unterbegriff-Relation" ("ist ein") im Sinne von DÖRNER (1976) gemeint: ein flüssiger Körper ist ein Körper, ein gasförmiger Körper ist ein Körper, ein Festkörper ist ein Körper. Diese "ist ein"-Relation ließe sich in der Abb. 95 leicht verwirklichen, wenn man die Pfeilrichtung der "ist"-Relation umkehren würde. Da diese Richtung von den Schülern in ihren Begründungen aber nicht explizit angesprochen wurde, soll die hier gewählte Richtung beibehalten werden (die den Vorteil hat, daß sie sich in den Aussagen der Schüler unmittelbar wiederfinden läßt: z.B. ein Körper kann fest sein).

Eine weitere zentrale Rolle in der Struktur der Abb. 95 kommt dem Begriff "Kraft" zu. Dieser Begriff stellt sozusagen das Verbindungsglied dar zwischen den eben beschriebenen "körperbezogenen" Begriffen (auf der "linken" Seite der Abb. 95) und den "bewegungsbezogenen" oder "dynamischen" Begriffen (auf der "rechten" Seite). Dabei lassen sich (unter Berücksichtigung des oben erwähnten "naiven" Bedeutungsanteils) folgende "sinnvolle" Beziehungen feststellen: eine "Kraft" wirkt auf einen Körper ein und verursacht dadurch eine "Verformung" dieses Körpers oder eine "Bewegung" (präziser: eine Änderung im Bewegungszustand); da außerdem jede Bewegungsänderung eine "Beschleunigung" impliziert, ist auch die Relation "Kraft verursacht Beschleunigung" gleichermaßen sinnvoll. Die Beziehungen der vier Begriffe "Beschleunigung", "Geschwindigkeit", "Zeit" und "Weg" untereinander sind nicht ganz einfach zu interpretieren, da hierfür zum Teil eindeutige Begründungen der Schüler fehlen. Relativ gut erklärbar ist die direkte Proportionalität ($\sim$) zwischen "Zeit" und "Weg" ("je länger der Weg desto länger die benötigte Zeit"): hiermit ist eigentlich nichts anderes gemeint als die physikalische Definition des Begriffs "Geschwindigkeit". Die direkte Proportionalität zwischen "Beschleunigung" und "Geschwindigkeit" geht dagegen offensichtlich auf die eingeschränkte Auffassung von Beschleunigung als Geschwindigkeitsvergrößerung zurück ("je größer die Beschleunigung desto größer die Geschwindigkeit").

Auffällig, weil in gewisser Weise erwartungswidrig, erscheint mir an der Struktur der Abb. 95 die Isoliertheit des Begriffs "Ruhe". Hier hätte man wohl eine Verbindung etwa zu "Bewegung" (Ruhe als "Sonderform" der Bewegung) erwarten können.

Trotz dieses zuletzt angesprochenen Punktes und auch trotz der erwähnten "naiven" Restbestände scheint es mir alles in allem durchaus angebracht zu sein, die Behauptung aufzustellen, daß die "Nachtest-Struktur" der AUSUBEL-Gruppe mit der durch das Lehrprogramm "Mechanik" intendierten "Sachstruktur" (so wie sie etwa in dem Schema des "advance organizer's" niedergelegt ist; vgl. Anhang 18) weitgehend deckungsgleich ist.

Gegenüber der eben beschriebenen Struktur sind die übrigen drei abgebildeten Strukturen meines Erachtens sämtlich als "Mangelstrukturen" anzusehen, d.h. sie weichen alle (trotz natürlich bestehender partieller Übereinstimmungen) mehr oder weniger stark von der Struktur der Abb. 95 bzw. von der "Sachstruktur" ab.

Da die "Nachtest-Struktur" der AUSUBEL-Gruppe bereits ausführlich beschrieben wurde, soll im folgenden nur noch auf diese Abweichungen näher eingegangen werden.

Für den Vergleich der beiden Gruppen untereinander ist die "Nachtest-Struktur" der Alternativ-Gruppe (Abb. 97) von besonderer Bedeutung. Diese Struktur weist folgende Abweichungen auf (die sich teilweise als "Mängel" bezeichnen lassen):

- Die Begriffe "fest", "flüssig" und "gasförmig" treten nicht als gleichwertige Zustandsformen eines Körpers auf; die (eingeschränkte) Beziehung "Festkörper" scheint zu dominieren.
- Die verschiedenen Eigenschaften eines Körpers treten nicht ganz klar hervor: "Masse" als Eigenschaft eines Körpers fehlt völlig[1]; die Beziehung zu "Ruhe" ist nicht eindeutig bestimmbar.
- Die beiden möglichen Wirkungen einer Kraft, nämlich Verformung und Bewegungsänderung, kommen nicht deutlich zum Vorschein (eine Verbindung zwischen "Kraft" und "Bewegung" existiert nur aufgrund der Assoziationsdaten). Dieser Sachverhalt wird allerdings etwas dadurch "gemildert", daß "Kraft" (durchaus sinnvoll) als Voraussetzung für "Beschleunigung" genannt wird.

Daneben weist aber die Struktur der Abb. 97 (gegenüber der in Abb. 95) auch zwei (kleine) Vorzüge auf: einmal erscheint hier "Ruhe" nicht als isolierter Begriff (wobei aber die Beziehung zu "Körper" - wie erwähnt - nicht ganz klar ist); zum anderen ist hier die Beziehung der Begriffe "Beschleunigung", "Geschwindigkeit", "Zeit" und "Weg" untereinander etwas deutlicher (die Beziehung "Beschleunigung benötigt Zeit" geht z.B. unmittelbar in die Definitionsgleichung von "Beschleunigung" ein).

---

1) Ähnlich wie bei der AUSUBEL-Gruppe ist auch hier eine "Verdinglichung" von "Masse" festzustellen, d.h. "Masse" wird zum Teil mit "Körper" gleichgesetzt.

Betrachtet man rückblickend diese hier näher beschriebenen Unterschiede zwischen den Nachtest-Strukturen der beiden Gruppen, dann wird klar, daß die eingangs aufgestellte These - "die Nachtest-Struktur der AUSUBEL-Gruppe entspricht am besten der Sachstruktur des Mechanik-Programms" - nur aufgrund eines von erheblichen subjektiven Faktoren beeinflußten Urteils zustandegekommen sein kann. Die (sicher wünschenswerte) Ausschaltung solcher subjektiver Faktoren würde allerdings "objektive" (d.h. quantitative) Methoden des Vergleichs solcher Strukturen (mit unterschiedlich benannten Relationen!) erfordern, die meines Wissens noch nicht vorliegen.[1]
Auf die zweite wichtige Frage, die sich im Zusammenhang mit den Abb. 94 bis 97 stellen läßt ("Ergeben sich innerhalb jeder Gruppe Veränderungen in der Wissensstruktur?"), soll hier nicht mehr mit der gleichen Ausführlichkeit eingegangen werden. Auf dem Hintergrund der Art und Richtung der bisher vorgenommenen Interpretation scheinen mir die entsprechenden Abbildungen weitgehend für sich selbst zu sprechen. Es soll hier lediglich kurz auf die wichtigsten Tendenzen hingewiesen werden: Bei der AUSUBEL-Gruppe lassen sich u.a. folgende Veränderungen beobachten (vgl. Abb. 94 und 95):

- stärkeres Hervortreten der verschiedenen Merkmale eines Körpers (Masse, Trägheit usw.)
- Akzentuierung der drei verschiedenen Zustandsformen eines Körpers.
- Stärkere Betonung der zentralen Rolle von "Kraft" und gleichzeitiges Hervortreten der beiden wesentlichen Wirkungen von Kräften (Verformung und Bewegungsänderung)
- Verschwinden bestimmter, als "naiv" zu kennzeichnender Relationen (z.B. "Zeit ist Voraussetzung für Ruhe").

Bei der Alternativ-Gruppe (Abb. 96 und 97) lassen sich (in Übereinstimmung mit der vorausgegangenen Diskussion) nicht alle diese Veränderungen beobachten bzw. nur in abgeschwächter Form. Die wesentliche Veränderung scheint mir hier darin zu bestehen, daß der Begriff "Kraft" stärker in das Zentrum der Wissensstruktur rückt.

---

1) Eine im Exkurs demonstrierte Möglichkeit besteht darin, Korrelationen zwischen den Indizes zu berechnen, auf denen die Strukturen basieren. Dies kann allerdings nur ein Notbehelf sein, da die Benennung der Relationen unberücksichtigt bleibt.

Abschließend sollen die aus meiner Sicht wesentlichen Aussagen dieses Abschnitts noch einmal kurz zusammengefaßt werden:

- Mit der hier vorgeschlagenen Methode scheint es möglich zu sein, Wissensstrukturen (im Sinne eines Netzes von durch benannte Beziehungen verbundenen Begriffen) "sichtbar" zu machen.
- Diese Strukturen lassen sich (hier liegt ein Aspekt ihrer Validität) unter Rückgriff auf eine postulierte "Sachstruktur" sinnvoll interpretieren.
- In diesen Strukturen zeigen sich (als weiterer Aspekt ihrer Validität) Veränderungen im Verlauf einer Instruktionsphase (in Richtung der Sachstruktur).
- Am adäquatesten scheint die Sachstruktur des Lehrprogramms (die für beide Versionen als identisch angenommen wird) durch die "Nachtest-Struktur" der AUSUBEL-Gruppe abgebildet zu werden.

  Möglicherweise läßt sich dieses Ergebnis dadurch erklären, daß im AUSUBEL-Programm eine explizite Betonung der Sachstruktur erfolgte (durch "advance organizer" und "progressive Differenzierung"), in der Alternativ-Version dagegen nicht.
- Kritisch kann man meines Erachtens vor allem zwei Punkte anmerken:

  (1) das Fehlen objektiver Methoden des Vergleichs von solchen Wissensstrukturen;

  (2) die Tatsache, daß hier nur auf dem Hintergrund von "modalen" (d.h. gruppenbezogenen) Wissensstrukturen argumentiert wurde.

5.4.3.5 Überprüfung der theoretischen Annahmen AUSUBELs

Als letzter Aspekt der Auswertung soll noch - wie einleitend angekündigt - auf die Überprüfung der theoretischen Annahmen AUSUBELs eingegangen werden. Da diese Überprüfung im wesentlichen analog zur Vorgehensweise des Abschnitts 5.3.3.3 erfolgen soll (abgesehen von der Tatsache, daß hier die zentralen AUSUBELschen Variablen etwas anders operationalisiert wurden), brauchen hier kaum nähere Einzelheiten vorausgeschickt zu werden. Anzumerken bleibt lediglich, daß die Kriteriumsvariable "sinnvolles Lernen" auf zwei verschiedene Arten erfaßt wurde (Summenwerte für "Wissen" bzw. "Probleme").

Abb. 98: Ergebnisse der multiplen Regressionsanalysen (Kriterium: Summenwert "Wissen", Nachtest)

Prädiktoren	Gruppe "AUSUBEL"				Gruppe "Alternative"				Gesamtgruppe			
		alternative "beste" Lösungen				alternative "beste" Lösungen				alternative "beste" Lösungen		
	r_{pc}	β	β	β	r_{pc}	β	β	β	r_{pc}	β	β	β
Allgemeines Interesse	.40*				.55**				.43**			
Interesse an Mechanik	.17				.43*				.26*			
Einstellung zur Physik	.46*				.31				.35**			
kogn.Präferenz "Wissen"	.18				.32				.29*			
kogn.Präferenz "Prinzip"	.29				.25				.27*			
kogn.Präferenz "Anwendung"	.43*	.32		.34	.23				.29*	.29		
kogn.Präferenz "Kritik"	.42*		.35		.21		-.13		.28*	-.28		
Wissen	.20				.75*	.53	.57	.50	.60**	.49	.46	.44
Probleme	.14				.23				.12			
Physiknote	-.44*	-.54	-.52	-.66	-.59**			-.14	-.53**	-.40	-.36	-.27
Kurszugehörigkeit Physik	.10				.19				.16			
Mathematiknote	-.07			.23	-.70**	-.43	-.45	-.37	-.45**			-.17
Kurszugehörigkeit Mathem.	.13	.42	.45	.42	-.47*				-.27*			
Tendenzempfehlung	.01				.49**				.32*			
R		.66	.66	.69		.84	.85	.84		.71	.68	.70
R^2		.43	.43	.47		.70	.72	.71		.51	.46	.48
C_p		-4,37	-4,27	-3,53		2,93	3,72	4,01		1,39	1,58	1,59

Abb. 99: Ergebnisse der multiplen Regressionsanalysen
(Kriterium: Summenwert "Probleme", Nachtest)

	Gruppe "AUSUBEL"				Gruppe "Alternative"				Gesamtgruppe			
		alternative "beste" Lösungen				alternative "beste" Lösungen				alternative "beste" Lösungen		
Prädiktoren	r_{pc}	ß	ß	ß	r_{pc}	ß	ß	ß	r_{pc}	ß	ß	ß
Allgemeines Interesse	.52**				.50**				.51**			
Interesse an Mechanik	.32				.36				.35**			
Einstellung zur Physik	.45*				.36		.19	.24	.39**			.24
kogn.Präferenz "Wissen"	.34	-.65			.39*				.31*	-.23	-.19	-.18
kogn.Präferenz "Prinzip"	.53**	.68			.40*				.40**			
kogn.Präferenz "Anwendung"	.62**	.63	.40	.34	.38				.50**	.45	.43	.37
kogn.Präferenz "Kritik"	.52**	-.50			.43*				.46**			
Wissen	.27				.77**	.66	.57	.55	.53**	.34	.32	.29
Probleme	.14		-.17		.27				.27*			
Physiknote	-.65**	-.68	-.53	-.53	-.47*				-.52**	-.27	-.29	
Kurszugehörigkeit Physik	.33	.33	.33	.35	.09				.20			
Mathematiknote	-.41*	.25			-.56**				-.48**		-.19	
Kurszugehörigkeit Mathem.	-.23		.28	.21	-.55**	-.27	-.33		-.39**			
Tendenzempfehlung	.42*	.25	.41	.33	.52**			.34	.46**	.21		.42
R		.91	.89	.88		.81	.83	.83		.75	.75	.75
R^2		.83	.79	.77		.66	.69	.69		.57	.56	.56
C_P		5,59	5,65	5,81		-4,40	-3,90	-3,89		0,87	1,43	1,47

Die wichtigsten Ergebnisse der durchgeführten multiplen Regressionsanalysen sind in den beiden Abbildungen 98 und 99 zusammengefaßt. Bevor auf die Ergebnisse dieser beiden Abbildungen näher eingegangen wird, sollen (analog zur Abb. 54, vgl. Abschn. 5.3.3.3) die aus der Konzeption AUSUBELs ableitbaren Erwartungen in Termini der hier erfaßten Variablen formuliert werden:

Abb. 100: Operationalisierte Darstellung der Theorie AUSUBELs

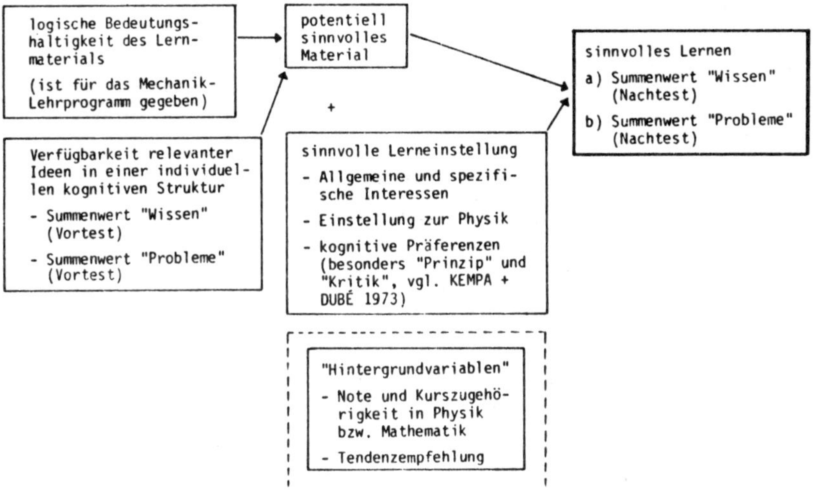

Betrachtet man sich die Ergebnisse der Abbildungen 98 und 99 unter dem Blickwinkel der in dieser Weise präzisierten Erwartungen, dann lassen sich meines Erachtens folgende Aussagen formulieren:

- Die hier aufgeführten "besten" Lösungen zeigen (über beide Gruppen und beide Kriteriumsvariablen gesehen) nur einen geringen Grad von Vergleichbarkeit.
- Bei der AUSUBEL-Gruppe läßt sich (bei beiden Kriteriumsvariablen) eine klare Rangreihe der relativen Bedeutsamkeit der hier beteiligten Variablengruppen angeben: die relativ größte Bedeutung kommt den sogenannten "Hintergrundvariablen" (und hier vor allem

der Physiknote) zu; eine vergleichsweise geringere Bedeutung besitzen die Variablen, die hier für "sinnvolle Lerneinstellung" stehen (wobei auffällig ist, daß die "anwendungsbezogene" kognitive Orientierung am durchgängisten auftritt); die "Verfügbarkeit relevanter Ideen" spielt (überraschenderweise) so gut wie gar keine Rolle.

- Bei der Alternativ-Gruppe erweist sich demgegenüber gerade die "Verfügbarkeit relevanter Ideen" (d.h. hier die Variable "Wissen") als dominierende Variable. Abgesehen von der "Mathematiknote" bei der Kriteriumsvariable "Wissen" besitzen die beiden anderen Variablengruppen nur eine geringe Bedeutung.

- Die "besten" Lösungen der Gesamtgruppe stellen in gewisser Weise eine Kombination der oben beschriebenen Lösungen der beiden Untergruppen dar.

  Obwohl hier noch am ehesten eine - zumindest teilweise - Bestätigung der Konzeption AUSUBELs abgeleitet werden könnte, erscheint es mir aber doch fraglich zu sein, ob eine gemeinsame Analyse der beiden Gruppen überhaupt zulässig ist.[1)]

- Schließlich ist noch bemerkenswert, daß durch die hier beschriebenen "besten" Lösungen zum Teil relativ hohe Varianzanteile in der Variable "sinnvolles Lernen" erklärt werden (vgl. auch Abschnitt 5.3.3.3).

Zusammenfassend kommt man also auch hier zu der Schlußfolgerung, daß das Modell des sinnvollen Lernens in der von AUSUBEL formulierten Form nicht bestätigt werden konnte. Die Ergebnisse deuten auch hier darauf hin, daß vor allem das allgemeine Hintergrundwissen bzw. die allgemeinen Fähigkeiten (die sich wahrscheinlich in Variablen wie "Note", "Kurszugehörigkeit", "Tendenzempfehlung" usw. manifestieren) explizit in ein solches Modell aufgenommen werden müssen. Gegenüber diesen "Hintergrundvariablen" verlieren zum Teil sogar die beiden "eigentlichen" AUSUBEL-Variablen ("sinnvolle Lerneinstellung" und "Verfügbarkeit relevanter Ideen") an Bedeutung.

Obwohl diese Ergebnisse damit durchaus auf der Linie der von TALISAYON (1972) berichteten Befunde liegen, sollte dennoch klar sein, daß sie nur auf dem Hintergrund der hier vorgenommenen Operationalisierungen gesehen werden dürfen.

---

1) Diese Analyse wurde hier mehr "der Vollständigkeit halber" durchgeführt.

6. ZUSAMMENFASSUNG DER ARBEIT

Die vorliegende Arbeit besteht - traditionellem Muster folgend - aus einem "theoretischen" und einem "empirischen" Teil.

Der erste ("theoretische") Teil verfolgte dabei im wesentlichen zwei Zielrichtungen:

- Entwicklung eines theoretischen Bezugsrahmens

und

- Darstellung verschiedener theoretischer Konzeptionen und empirischer Befunde auf dem Hintergrund dieses Bezugsrahmens.

Als Ausgangspunkt für die Entwicklung des theoretischen Bezugsrahmens wurde das "Modell des Begriffslernens und der Begriffsentwicklung" von KLAUSMEIER et al. (1974) herangezogen, welches - zumindest ansatzweise - über einige, für den vorliegenden Zusammenhang als wesentlich erachtete Merkmale verfügt.

Diese Merkmale sind im einzelnen:

- Berücksichtigung verschiedener (durch bestimmte "kognitive Operationen" definierter) "Ebenen" des Erwerbs eines bestimmten Begriffes)
- Berücksichtigung sowohl kurzfristiger als auch längerfristiger Zeiträume beim Erwerb eines Begriffes (lernpsychologischer und entwicklungspsychologischer Aspekt)
- Möglichkeit zur differenzierten Erfassung des Grades der Beherrschung eines Begriffes ("diagnostischer Aspekt")

und

- Möglichkeit zur Ableitung von Maßnahmen zur Vermittlung eines Begriffes ("Instruktionsaspekt").

Trotz dieser, grundsätzlich als positiv zu bewertender Merkmale war es notwendig, das Modell von KLAUSMEIER et al. in der von ihnen explizierten Form in einigen Punkten zu kritisieren. Diese Kritik bezog sich im wesentlichen auf folgende Aspekte:

- weitgehende Beschränkung des Modells auf Klassenbegriffe

- Beschränkung auf vorwiegend "künstliches" Stimulusmaterial ("Laborlastigkeit" des Modells)

- Vernachlässigung des Aspektes der Vernetztheit von Begriffen bzw. der Einbettung von Begriffen in Begriffssysteme; damit zusammenhängend auch vollständiges Ignorieren aller Modelle des "semantischen Gedächtnisses"

- Überbetonung der "Begriffsbildung" im Vergleich zur "Begriffsassimilation"

und

- Fehlen einer entwicklungspsychologischen Theorie.

Zumindest einige dieser Mängel sollten durch ein eigenes "verbessertes" Modell beseitigt werden. Die Grundannahmen bzw. Grundbestandteile dieses verbesserten Modells lassen sich folgendermaßen umreißen:

- Annahme einer in verschiedene Bereiche gliederbaren und beschreibbaren Realität

- Repräsentation dieser Realität in einer "kognitiven Struktur"

- Annahme einer "Vermittlungsinstanz", die in vielfältiger Weise zwischen "Realität" und "kognitive Struktur" treten kann

und

- Annahme einer Zeitdimension, die es erlaubt, Beschreibungen sowohl kurzfristiger als auch längerfristiger Veränderungen einer kognitiven Struktur vorzunehmen.

Die mit diesem "verbesserten Modell" verbundene Absicht bestand weniger darin, eine umfassende Theorie zu formulieren, als lediglich einen Rahmen zu liefern, der eine Integration, oder doch zumindest Einordnung verschiedener (normalerweise unverbundener) theoretischer Konzeptionen und empirischer Befunde erlauben sollte.

Ein solcher Versuch der Integration bzw. Einordnung wurde im folgenden anhand einiger zentraler, an den genannten Grundbestandteilen des verbesserten Modells orientierter Fragestellungen vorgenommen. Im einzelnen wurden folgende Punkte ausführlicher dargestellt:

- Erfassung und Beschreibung von Realitätsbereichen

  Hierbei wurde insbesondere versucht, die vielfältigen (und teilweise vieldeutigen) Verwendungsmöglichkeiten der Begriffe "Struktur" und "Sachstruktur" durch ein sog. "Strukturkontinuum" zu systematisieren. Inhaltlich erfolgte dabei eine Beschränkung auf den hier interessierenden Bereich der Naturwissenschaften bzw. Physik.

- Erfassung und Beschreibung kognitiver Strukturen

  Schwerpunktmäßig wurde hierbei (nach einer Übersicht über die Verwendung des Begriffes "kognitive Struktur") auf den Teilaspekt "Wissensstruktur" oder "epistemische Struktur" eingegangen. Der Darstellung der bekanntesten (hauptsächlich "propositionalen") Modelle der Wissensstruktur (bzw. des sog. "semantischen Gedächtnisses") folgte eine eingehende Diskussion der verschiedenen Methoden zur Erfassung kognitiver Strukturen.

- Ausprägung (physikbezogener) Wissensstrukturen und deren Entwicklung

  Hier erfolgte eine Zusammenstellung der vorliegenden (häufig "PIAGET"-orientierten) empirischen Befunde über die altersspezifische Ausprägung ("Entwicklung") von Wissensstrukturen zu bestimmten naturwissenschaftlichen bzw. physikalischen Konzepten bzw. Phänomenen.

- Gezielte Beeinflussung von Wissensstrukturen

  Neben einer auf der Konzeption von KLAUSMEIER et al. (1974) aufbauenden Strategie zur Vermittlung von Begriffen (MERRILL + TENNYSON 1977) wurde hier besonders auf die AUSUBELsche Theorie des sinnvollen Lernens und auf die daraus ableitbaren didaktischen Konsequenzen eingegangen.

Aus dieser im Rahmen des "verbesserten" Modells erfolgten Darstellung verschiedener theoretischer Konzeptionen und empirischer Befunde ergaben sich eine Reihe von Problemen und offenen Fragen, die sich als "Notwendigkeiten" etwa folgendermaßen formulieren lassen:

- Notwendigkeit einer vollständigen, sämtliche Aspekte umfassenden Umsetzung der didaktischen Vorstellungen AUSUBELs

- Notwendigkeit weiterer Überprüfungen der theoretischen Annahmen AUSUBELs

- Notwendigkeit einer Verbindung der Konzeption AUSUBELs mit den bekannten Modellen der Wissensstruktur

- Notwendigkeit der Entwicklung von Methoden zur direkten Erfassung von Wissensstrukturen (unter Berücksichtigung der entsprechenden Modellvorstellungen)

- Notwendigkeit von Untersuchungen über die Ausprägung von (physikbezogenen) Wissensstrukturen im Altersbereich der Sekundarstufe I (12 bis 16 Jahre) unter Berücksichtigung des in der Schule erfolgenden Unterrichts.

In dem zweiten ("empirischen") Teil der vorliegenden Arbeit wurde versucht, zumindest einigen dieser "Notwendigkeiten" durch eigene Untersuchungen nachzukommen. Entsprechend der Vielfalt und Verschiedenartigkeit der oben aufgeführten "Notwendigkeiten" lassen sich auch die durchgeführten Untersuchungen recht unterschiedlichen Aspekten zuordnen (wobei deren Verbindung untereinander allein durch den im theoretischen Teil entwickelten Bezugsrahmen begründet wird).

Zusammen mit einigen wichtigen Angaben über die Untersuchungen ist diese Zuordnung der folgenden Übersicht zu entnehmen:

5 methodischer Aspekt: Erfassung von Wissensstrukturen

1 entwicklungspsychologischer Aspekt
- nur indirekter Bezug zu erfolgtem Unterricht
- Untersuchung an 531 Schülern der Klassen 7 bis 9 (drei integrierte Gesamtschulen)
- sämtliche Inhaltsbereiche der Physik

2 pädagogisch-psychologischer Aspekt
- enge Anbindung an Unterricht
- drei Klassen (8. Schuljahr)
- Inhaltsbereich: Elektrizitätslehre
- Unterrichtsdauer: 1/2 Jahr

3 experimentalpsychologischer Aspekt
- theoriegeleitete Intervention (Dauer: ca. 3 Std.) Bezug: AUSUBEL
- Untersuchung an 56 Schülern der 9. Klasse
- Inhaltsbereich: Mechanik

4 theoretisch-psychologischer Aspekt
Überprüfung der AUSUBELschen Theorie sinnvollen Lernens

Die Ergebnisse der Untersuchungen lassen sich jetzt - entsprechend diesen Aspekten - in folgender Weise zusammenfassen:

(1) Bei den Schülern der Klassen 7 bis 9 ergaben sich so gut wie keine Altersdifferenzen hinsichtlich folgender Merkmale:

- "Güte" der Erklärung von ausgewählten physikalischen Problemstellungen
- "Güte" der Begründung beim Auffinden von Gemeinsamkeiten zwischen ausgewählten Gegenständen
- "Güte" der zu physikalischen Grundbegriffen abgegebenen Assoziationen
- quantitative Aspekte der abgegebenen Assoziationen (mittlere Anzahl pro Schüler; "Heterogenität"; "commonality")

Diese Ergebnisse zeigten auf allen Ebenen der differenzierten Betrachtung (Differenzierung nach Inhaltsbereichen, Schulen, Geschlecht) ein hohes Ausmaß an Übereinstimmung.

(2) Als Ergebnis des durch bestimmte ("AUSUBELsche") didaktische Maßnahmen "angereicherten" Unterrichts in drei Klassen des 8. Schuljahres ergab sich:

- Unter der Vorgabe einer "Zielfähigkeit" von P_z = .80 erfüllten in zwei der drei Klassen (nur) etwa 2/3 das Kriterium "Lernziel erreicht" in einer Klasse (Grundkurs) nur ein einziger Schüler!
- Bezüglich der zu Grundbegriffen der Elektrizitätslehre abgegebenen Assoziationen ließ sich eine signifikante Zunahme in der Güte ("Physiknähe") vom Vortest zum Nachtest feststellen. Bei den quantitativen und strukturellen Maßen zeigten sich keine Veränderungen.

(3) Der experimentelle Vergleich eines AUSUBELschen und eines "alternativen" Lehrprogrammes "Mechanik" erbrachte folgende Ergebnisse:

- Signifikante Veränderungen (im Sinne von Zunahmen) vom Vortest zum Nachtest bei beiden Gruppen in den "kognitiven" Variablen (Wissen, Erklärung von Problemen); Ausmaß der Zielerreichung etwa im Bereich des unter 2 angeführten Ergebnisses;
- kaum Veränderungen in den motivationalen Variablen (Interesse, Einstellung);

- keine Unterschiede zwischen den beiden Gruppen (im Vor- und Nachtest) bezüglich aller "konventioneller" Variablen (Wissen, Interesse usw.);

- Zunahme des Grades der Vernetztheit der Mechanik-Grundbegriffe (bei AUSUBEL-Gruppe deutlicher), wobei diesesErgebnis auf die Assoziationsdaten beschränkt war;

- keine Veränderungen und keine Gruppenunterschiede bei den aus den Assoziationsdaten ableitbaren quantitativen Indizes;

- deutliche Veränderungen der grafisch veranschaulichten Wissensstrukturen in Richtung auf die postulierte "Sachstruktur" des Lehrprogramms, wobei sich die "Nachtest-Struktur" der AUSUBEL-Gruppe als am "adäquatesten" erwies.

(4) Die beiden unabhängig voneinander vorgenommenen Überprüfungen der theoretischen Konzeption AUSUBELs ergaben folgende Ergebnisse:

- Die verschiedenen "besten" multiplen Regressionsgleichungen waren nur bedingt miteinander vergleichbar.

- Der Anteil der vorhersagbaren Kriteriumsvarianz war zum Teil sehr hoch (bis zu 80 %).

- Die (in der AUSUBELschen Konzeption nicht berücksichtigten) allgemeinen Hintergrundvariablen (z.B. Physiknote) erwiesen sich als am bedeutsamsten.

- Die Rolle der Variablen "sinnvolle Lerneinstellung" blieb weitgehend ungeklärt, teilweise erwies sie sich als relativ bedeutungslos.

(5) Als brauchbarste Methode zur Erfassung von Wissensstrukturen erwies sich der sogenannte "Beziehungstest" in Verbindung mit der grafischen Methode von WAERN. Im Gegensatz zu allen anderen Methoden (z.B. Assoziationstest) war es hierdurch möglich, die zwischen den Begriffen existierenden Relationen näher zu bestimmen, d.h. zu "benennen".

Diese Ergebnisse führten zu einer Reihe von Schlußfolgerungen, Aussagen allgemeiner Art, sowie einigen daraus ableitbaren Konsequenzen; diese sollen abschließend noch kurz zusammengestellt werden:

- Im Hinblick auf den Aufbau adäquater (d.h. hier "sachstrukturgemäßer") Wissensstrukturen kann dem Physikunterricht nur ein verhältnismäßig geringer Effekt zugesprochen werden (Kap. 5.2). Diese Aussage kann sogar (mit gewissen Abstrichen) für einen Unterricht aufrechterhalten werden, der unter optimierten Bedingungen (bezüglich Intensität der Vorbereitung, Fülle der Materialien usw.) durchgeführt wurde (Kap. 5.3).
  (Streng genommen besitzt diese Aussage natürlich trotzdem nur für das Fach Physik und für die drei hier untersuchten Schulen bzw. Klassen Gültigkeit; es steht aber zu befürchten - nicht zuletzt unter Berücksichtigung der in Abschnitt 3.3 zusammengestellten Befunde -, daß es sich hierbei um ein Ergebnis genereller Natur handelt, d.h. auch auf andere Schulen/Klassen und evtl. Fächer bezogen.)

- Als Hauptgründe für diesen geringen Effekt von Physikunterricht wurden vor allem zwei angeführt:

  - Einseitige Orientierung des entsprechenden Physikcurriculums an fachwissenschaftlichen Erwägungen (mit der daraus resultierenden stofflichen Überfrachtung); nahezu völlige Vernachlässigung anderer Kriterien bei der Auswahl unterrichtlicher Themen (z.B. Interessen der Schüler).

  - Der Zwang, eine (Über-)Fülle von Inhalten zu behandeln, führt zu einer "Versündigung" gegen das AUSUBELsche Prinzip der Konsolidierung: neue Ideen werden behandelt, nahezu ohne Rücksicht darauf, ob die alten Ideen als "klare, stabile, diskriminierbare" Bestandteile in die Wissensstruktur der Schüler eingebaut wurden oder nicht.

  In diesen beiden Punkten ist bereits die Richtung angegeben, in der meines Erachtens eine Veränderung von (Physik-)Unterricht stattfinden sollte; im Hinblick auf die tatsächliche Berücksichtigung dieser (sicher nicht neuen) Vorschläge wird man allerdings wohl eher pessimistisch sein müssen.

- Die Hoffnung, AUSUBELs Theorie des sinnvollen Lernens unter "normalen", d.h. vorgefundenen Bedingungen einfach "umsetzen" zu können, erfüllte sich nur in bescheidenem Umfang. Dieses Ergebnis weist

sicher auf die grundsätzliche Schwierigkeit der praktischen Umsetzung jeder psychologischen Theorie hin; auf gar keinen Fall sollte es zum Anlaß genommen werden, auf weitere ernsthafte Versuche der Umsetzung der AUSUBELschen (oder einer anderen) Konzeption zu verzichten. Hierbei sollten allerdings einige vorbereitende Maßnahmen (wie z.B. Lehrerinformation, evtl. Lehrertraining, Erstellung fertiger Materialien usw.) stärker berücksichtigt werden.
Offen bleibt aber die Frage, ob speziell die Konzeption AUSUBELs, die doch sehr stark (und einseitig) auf den Erwerb von Wissen ausgerichtet ist, mit den oben angeführten Forderungen völlig vereinbar ist.

- Unter eher "künstlichen", d.h. experimentellen Bedingungen erwies sich die Konzeption AUSUBELs als sehr gut umsetzbar. Allerdings konnte (in einem "fairen" Test) nicht gezeigt werden, daß die Konzeption AUSUBELs einer alternativen Konzeption deutlich überlegen ist.
  Dieses Ergebnis wurde hauptsächlich auf den in beiden Programmen sehr stark betonten Aspekt der Übung (oder "Konsolidierung") zurückgeführt, der anscheinend gegenüber den anderen AUSUBELschen Maßnahmen ("advance organizer", progressive Differenzierung) über die größte "Lernwirksamkeit" verfügt.

- Der Status der theoretischen Aussagen in AUSUBELs Konzeption des sinnvollen Lernens bleibt auch nach dieser Arbeit weitgehend ungeklärt; relativ deutlich wurde allerdings, daß bestimmten "Hintergrundvariablen" größere Beachtung (als bei AUSUBEL) geschenkt werden muß.
  Ein Hauptmangel in der Theorie AUSUBELs, der hier ziemlich deutlich wurde, aber sicher nur zum Teil behoben werden konnte, liegt im Fehlen von verbindlichen Definitionen (und Operationalisierungen) der zentralen Variablen, sowie in der fehlenden Berücksichtigung wichtiger anderer theoretischer Positionen (z.B. zur zentralen Variable "kognitive Struktur").

Insgesamt gesehen blieben in dieser Arbeit (wie so oft!) sicher mehr Fragen offen, als geklärt wurden.

Für empirische Untersuchungen in hinreichend "komplexen" Problemfeldern (hier: schulisches Lernen) scheint dies aber typisch zu sein.

LITERATURVERZEICHNIS

AEBLI, H.: Zur Einführung. In: NORMAN, D.A. et al.: Strukturen des Wissens. Stuttgart: Klett-Cotta, 1978, S. 9 - 12

AHRENS, H.J.: Multidimensionale Skalierung. Weinheim: Beltz, 1974

ANDERSON, J.R.: Language, memory, and thought. Hillsdale, N.J.: Lawrence Erlbaum, 1976

ANDERSON, J.R. & BOWER, G.H.: Human associative memory. Washington, D.C.: V.H. Winston, 1973

ANDERSON, O.R.: A refined definition of structure in teaching. J. Res. Sci. Teach., 1966, 4, 289 - 291

ANDERSON, O.R.: The effects of varying structure in science content on the acquisition of science knowledge. J. Res. Sci. Teach., 1967/68, 5, 361 - 366

ANDERSON, O.R.: A comparative analysis of structure in teacher communicated science content. J. Res. Sci. Teach., 1970, 7, 227 - 244

ANDERSON, O.R.: Quantitative analysis of structure in teaching. New York: Teachers College Press, 1971

ANDERSON, O.R.: Research on structure in teaching. J. Res. Sci. Teach., 1974, 11, 219 - 230

ANDERSON, R.D.: Children's ability to formulate mental models to explain natural phenomena. J. Res. Sci. Teach., 1965, 3, 326 - 332

ANGLIN, J.: The child's first terms of reference. In: EHRLICH, S. & TULVING, E. (Eds.): Special Issue of the Bulletin de Psychologie on Semantic Memory. July 1975

ARBINGER, R.: Zum Problem des entdeckenden Lernens. Gießen, 1975 (Arbeitsmaterial für das Projekt "Motivation im naturwissenschaftlichen Unterricht, Nr. 12)

ARBINGER, R., GEBELEIN, H., SEITZ, H. & TODT, E.: Fragebogen zur Erfassung naturwissenschaftlicher Interessen. Weinheim: Beltz, 1978

ARBINGER, R. & SEITZ, H.: Analyse von Erhebungsmethoden für die 1. und 2. Hauptuntersuchung. In: TODT, E. et al.: Vorbericht über den 2. Teil des von der Stiftung Volkswagenwerk finanzierten Forschungsprojektes "Untersuchungen über die Motivation zur Beschäftigung mit naturwissenschaftlichen Problemen". Gießen, 1974

ARBINGER, R., SEITZ, H., TODT, E. & WILDGRUBE, W.: Stabilität und Veränderung der Interessen von Schülern der 5. bis 9. Klassenstufe an Problemen der Physik un der Biologie. In: SPITZNAGEL, A. & TODT, E. (Eds.): Beiträge zur Pädagogischen Psychologie der Sekundarstufe. Gießen, Justus-Liebig-Universität, 1976, S. 115 - 142

ARNOLD, Edith, FRIEDRICH, Renate, FRUHRIEP, Barbara & ARBINGER, R. (Betreuer): Eine Untersuchung zum physikalisch-technischen Verständnis von Kindern im Alter von 6 bis 10 Jahren. Gießen, 1978 (unveröff. Semesterarbeit)

ASCHNER, Mary J.: Die Analyse der verbalen Interaktion im Unterricht. In: SPANHEL, D. (Ed.): Schülersprache und Lernprozesse. Düsseldorf: Schwann, 1973, S. 193 - 223

ASHTON, P.T.: Cross-cultural Piagetian research: an experimental perspective. Harvard Educ. Rev., 1975, 45, 475 - 506

AUSUBEL, D.P.: Some psychological considerations in the objectives and design of an elementary-school science program. Science Educ., 1963, 47, 278 - 284

AUSUBEL, D.P.: Psychologie des Unterrichts. Weinheim: Beltz, 1974 (2 Bde.), engl. 1968

AUSUBEL, D.P.: In defense of advance organizers: a reply to the critics. Rev. Educ. Res., 1978, 48, 251 - 257

AUSUBEL, D.P., NOVAK, J.D. & HANESIAN, Helen: Educational Psychology, A Cognitive View. New York: Holt, 1978 (2nd edition)

BANHOLZER, Agnes: Die Auffassung physikalischer Sachverhalte im Schulalter. Dissertation, Tübingen, 1936

BARNES, B.R. & CLAWSON, E.U.: Do advance organizers facilitate learning? Recommendations for further research based on an analysis of 32 studies. Rev. Educ. Res., 1975, 45, 637 - 659

BEARD, R.M.: The order of concept development; studies in two fields II. Conceptions of conservation of quantity among primary school children. Educ. Rev., 1963, 15, 228 - 237

BELLACK, A.A., KLIEBARD, H.M., HYMAN, R.T. & SMITH, F.L.: Die Sprache im Klassenzimmer. Düsseldorf: Schwann, 1974

BERZONSKY, M.D.: The role of familiarity in children's explanations of physical causality. Child Developm., 1971, 42, 705 - 715

BLACK, O.F.: The development of certain concepts of physics in high school students. Potchefstroom, South Africa: "Die Weste", 1930

BOLTON, N.: Concept formation. Oxford: Pergamon, 1977

BORMUTH, J.R.: On the theory of achievement test items. Chicago: Univ. of Chicago Press, 1970

BOURNE, L.E. Jr.: Knowing and using concepts. Psychol. Rev., 1970, 77, 546 - 556

BOWER, G.H. & TRABASSO, T.: Concept identification. In: ATKINSON, R.C. (Ed.): Studies in mathematical psychology. Stanford, Cal.: Stanford Univ. Press, 1964, Pp. 32 - 94

BRAINERD, C.J.: Judgments and explanations as criteria for the presence of cognitive structures. Psychol. Bull., 1973, 79, 172 - 179

BRAND, K.-J. & BRAUNER, R.: Auffassungen, Vorstellungen und Begriffe von Kindern im Zusammenhang mit Phänomenen der Wärmelehre. Naturwiss. im Unterr./Phys., Chem., 1978, 26, 105 - 116

BRANDWEIN, P.F., WATSON, F.G. & BLACKWOOD, P.E.: Teaching High School Science: A Book of Methods. New York, Burlingham, 1958

BRAUNER, R. & PETERS, A.: Auffassungen, Vorstellungen und Begriffe von Kindern im Zusammenhang mit der Elektrizität und dem elektrischen Strom (III). Naturwiss. im Unterr., 1976, 24, 323 - 327

BREDENKAMP, J. & WIPPICH, W.: Lern- und Gedächtnispsychologie, Bd. II. Stuttgart: Kohlhammer, 1977

BRIGGS, L.J.: Sequencing of instruction in relation to hierarchies of competence. American Institutes for Research Monograph, 1968 (No. 3)

BRUNER, J.S.: The process of education. Cambridge, Mass.: Harvard Univ. Press, 1960 (dt. 1970, 1972)

BRUNER, J.S.: The course of cognitive growth. Amer. Psychol., 1964, 19, 1 - 15

BRUNER, J.S., GOODNOW, J.J. & AUSTIN, G.A.: A study of thinking. New York: Wiley, 1956

BRUNER, J.S., OLVER, R.R. & GREENFIELD, P.M.: Studien zur kognitiven Entwicklung. Stuttgart: Klett, 1971 (engl. 1966)

CAMPBELL, D.T. & STANLEY, J.C.: Experimental and quasi-experimental designs for research on teaching. In: GAGE, N.L. (Ed.): Handbook of Research on Teaching. Chicago: Rand McNally, 1963, Pp. 171 - 246 (dt.: SCHWARZ, Elisabeth in: INGENKAMP, K. (Ed.): Handbuch der Unterrichtsforschung. Weinheim: Beltz, 1973)

CARROLL, J.B.: Words, meanings, and concepts. Harvard Educ. Rev., 1964, 34, 178 - 202

CARROLL, J.B. & CHANG, J.J.: Analysis of individual differences in multidimensional scaling via an N-way generalization of "Eckart-Young" decomposition. Psychometrika, 1970, 35, 283 - 319

CHESS, E.G.: The manner in which two samples of ninth-grade general science students analyze a number of selected problems. Science Educ., 1962, 46, 127 - 133

CLARK, D.C.: Teaching concepts in the classroom: a set of teaching prescriptions derived from experimental research. J. Educ. Psychol., 1971, 62, 253 - 278

CLARK, H.H.: Word associations and linguistic theory. In: LYONS, J. (Ed.): New Horizons in Linguistics. Harmondsworth: Penguin, 1970, Pp. 271 - 286

CLARK, H.H.: Semantics and comprehension. In: SEBEOK, R.A. (Ed.): Current trends in linguistics, Vol. 12. The Hague: Mouton, 1974

COLLINS, A.M. & QUILLIAN, M.R.: Retrieval time from semantic memory. J. Verb. Learn. Verb. Beh., 1969, 8, 240 - 248

COLLINS, A.M. & QUILLIAN, M.R.: Experiments on semantic memory and language comprehension. In: GREGG, L. (Ed.): Cognition and learning. New York: Wiley, 1972

CRAMER, Phebe: Word Association. New York: Academic, 1968

DAHNCKE, H.: Teilaspekte der Energieerhaltung. Dissertation, Kiel, 1972

DAHNCKE, H., DUIT, R. & NIEDDERER, H.: A hierarchy of concepts and principles, some types of learning and some results concerning the concept of energy for 5th graders in the IPN curriculum Physik. In: FREY, K. & LANG, M. (Eds.): Kognitionspsychologie und naturwissenschaftlicher Unterricht. Bern: Huber, 1973, S. 341 - 367

DAHNCKE, H. & NIEDDERER, H.: Ergebnisse über die Bildung des Energiebegriffs im fünften Schuljahr. Der Physikunterr., 1971, 5, 51 - 71

DAMMER, Inge: Verankerung und Beeinflußbarkeit von Physikinteressen. Gießen, 1975 (unveröff. Diplomarbeit)

DASEN, P.R.: Cross-cultural Piagetian research: a summary. J. cross-cultural Psychol., 1972, 3, 23 - 39

DEESE, J.: The structure of associations in language and thought. Baltimore: John Hopkins Univ. Press, 1965

DEUTSCHE, J.M.: The development of children's concepts of causal relations. In: BARKER, R.G. et al.: Child behavior and development. New York: McGraw Hill, 1943, Pp. 129 - 145 (unveröff. Manuskript 1937)

DIXON, T.R. & HORTON, D.L.: Verbal behavior and general behavior theory. Englewood Cliffs, N.J.: Prentice Hall, 1968

DIEDERICH, P.B.: Components of the scientific attitude. The Science Teacher, 1967, 34, 23 - 24

DÖRNER, D.: Grundmuster begrifflicher Strukturen und eine Strategie der Unterrichtsforschung. In: FREY, K. & LANG, M. (Eds.): Kognitionspsychologie und naturwissenschaftlicher Unterricht. Bern: Huber, 1973, S. 79 - 93

DÖRNER, D.: Die kognitive Organisation beim Problemlösen. Bern: Huber, 1974

DÖRNER, D.: Problemlösen als Informationsverarbeitung. Stuttgart: Kohlhammer, 1976

DÖRNER, D. & REITHER, F.: Über das Problemlösen in sehr komplexen Realitätsbereichen. Z. exp. angew. Psychol., 1978, 25, 527 - 551

DORAN, R.L. & NGOI, M.K.: Validation of a model for concept attainment levels with selected elementary school science concepts. Child Study J., 1976, 6, 21 - 32

DREVER, J. & FRÖHLICH, W.D.: dtv-Wörterbuch zur Psychologie. München: dtv, 1968, 1975 (9. Aufl.)

DUIT, R. & NIEDDERER, H.: Der einfache elektrische Stromkreis (III). Empirische Ergebnisse über Behaltensleistungen. Naturwiss. im Unterr., 1970, 18, 411 ff

EIGENMANN, J.: Sequenzen im Curriculum. Weinheim: Beltz, 1975

EIGLER, G.: Kognitive Struktur - Kognitive Strukturen. Zur Funktion des Konstrukts Kognitive Struktur in der Lehr-Lern-Forschung. Unterrichtswiss., 1978, 6, 277 - 290

ELKIND, D.: Children's discovery of the conservation of mass, weight, and volume: Piaget replication study II. J. genet. Psychol., 1961 a, 98, 219 - 227

ELKIND, D.: Quantity conceptions in junior and senior high school students. Child Developm., 1961 b, 32, 551 - 560

ELKIND, D.: Quantity conceptions in college students. J. soc. Psychol., 1962, 57, 459 - 465

FEIGENBAUM, K.D.: Task complexity and IQ as variables in Piaget's problem of conservation. Child Developm., 1963, 34, 423 - 432

FENKER, R.M.: The organization of conceptual materials: a methodology for measuring ideal and actual cognitive structures. Instr. Science, 1975, 4, 33 - 57

FILLENBAUM, S. & RAPOPORT, Amnon: Structures in the subjective lexicon. New York: Academic, 1971

FLAVELL, J.H.: Concept Development. In: MUSSEN, P.H. (Ed.): Carmichael's Manual of Child Psychology, Vol. 1. New York: Wiley, 1970 (3rd edition), Pp. 983 - 1059

FRANE, J.: P9R, All Possible Subsets Regression. In: DIXON, W.J. & BROWN, M.B. (Eds.): BMDP - 77. Biometrical Computer Programs P-Series. Berkeley: Univ. of California Press, 1977, Pp. 418 - 436

FRASE, L.T.: Structural analysis of the knowledge that results from thinking about text. J. educ. Psychol., Monograph, 1969, 60 (6, Part 2), 1 - 16

FRASE, L.T.: Advances in research and theory in instructional technology. In: KERLINGER, F.N. (Ed.): Review of Research in Education 3. Itasca, Ill.: Peacock, 1975, Pp. 43 - 73

FREDERIKSEN, C.H.: Effects of task-induced cognitive operations on comprehension and memory processes. In: FREEDLE, R.O. & CARROLL, J.B. (Eds.): Language comprehension and the acquisition of knowledge. Washington, D.C.: Winston, 1972, Pp. 211 - 245

FREY, K.: Theorien des Curriculum. Weinheim: Beltz, 1971

FREY, K. & HÄUßLER, P. (Eds.): Integriertes Curriculum Naturwissenschaft: Theoretische Grundlagen und Ansätze. Bericht über das 4. IPN-Symposion. Weinheim: Beltz, 1973

FURTH, H.G. & YOUNISS, J.: Formal operations and language: a comparison of deaf and hearing adolescents. Int. J. Psychol., 1971, 6, 49 - 64

GAGNÉ, R.M.: The conditions of learning. New York: Holt, 1970 (2nd edition)

GAGNÉ, R.M.: Science - A Process Approach. Purposes, Accomplishments, Expectations. AAAS Miscellaneous Publication 67 - 12, 1968 (dt. in: TÜTKEN, H. & SPRECKELSEN, K. (Eds.): Konzeptionen und Beispiele des naturwissenschaftlichen Unterrichts. Frankfurt/M.: Diesterweg, 1973, S. 111 - 124

GALLAGHER, J.J.: Teacher variation in concept presentation in BSCS programs. BSCS Newsletter, 1967, No. 30, 8 - 19

GARSKOF, B.E. & HOUSTON, J.P.: Measurement of verbal relatedness: an idiographic approach. Psychol. Rev., 1963, 70, 277 - 288

GEESLIN, W.E. & SHAVELSON, R.J.: Comparison of content structure and cognitive structure in high school students' learning of probability. J. Res. Math. Educ., 1975 a, 6, 109 - 120

GEESLIN, W.E. & SHAVELSON, R.J.: An exploratory analysis of the representation of a mathematical structure in students' cognitive structures. American Educ. Res. J., 1975 b, 12, 21 - 39

GELMAN, R.: Cognitive Development. Ann. Rev. Psychol., 1978, 29, 297 - 332

GENTILE, J.R. & SEIBEL, R.: A rating scale measure of word relatedness. J. verb. learn. verb. behav., 1969, 8, 252 - 256

GENTNER, Dedre: Der experimentelle Nachweis der psychologischen Realität semantischer Komponenten: Die Verben des Besitzes. In: NORMAN, D.A. et al.: Strukturen des Wissens. Stuttgart: Klett-Cotta, 1978, S. 213 - 247

GIBSON, E.J.: Principles of perceptual learning and development. New York: Appleton, 1969

GINSBURG, H. & KOSLOWSKI, Barbara: Cognitive Development. Ann. Rev. Psychol., 1976, 27, 29 - 61

GIPPER, H.: Die Kluft zwischen muttersprachlichem und physikalischem Weltbild. Physik. Blätter, 1956, 12, 97 - 105

GOEHRKE, R.: Eine Untersuchung über "Motivationsvariablen" im Physikunterricht bei Gesamtschülern der 7. und 8. Klassenstufe. Gießen, 1975/76 (unveröff. Diplomarbeit)

GRAVES, A.J.: Attainment of conservation of mass, weight, and volume in minimally educated adults. Developm. Psychol., 1972, 7, 223

GREITEN, B.: Untersuchungen zur Ausprägung und Struktur von Biologie-Interessen. Gießen, 1974 (unveröff. Diplomarbeit)

GUTTMAN, L.: A new approach to factor analysis: the radex. In: LAZARSFELD, P.F. (Ed.): Mathematical thinking in the social sciences. Glencoe, Ill.: Free Press, 1954

HÄUßLER, P.: Bisherige Ansätze zu disziplinübergreifenden naturwissenschaftlichen Curricula - eine Übersicht. In: FREY, K. & HÄUßLER, P. (Eds.): Integriertes Curriculum Naturwissenschaft: Theoretische Grundlagen und Ansätze. Bericht über das 4. IPN - Symposion. Weinheim: Beltz, 1973, S. 31 - 69

HADDAD, W. & PELLA, M.O.: Relationship between mental maturity and level of understanding of concepts of relativity in grades 4 - 8. J. exp. educ., 1972, 41, 22 - 32

HALFORD, G.S.: Introduction: the structural approach to cognitive development. In: KEATS, J.A. et al. (Eds.): Cognitive Development, Research based on a Neo-Piagetian approach. Chichester: Wiley, 1978, Pp. 1 - 25

HANEY, R.E.: The development of scientific attitudes. The Science Teacher, 1964, 31, 33 - 35

HARARY, F., NORMAN, R.Z. & CARTWRIGHT, D.: Structural Models: An Introduction to the Theory of Directed Graphs. New York: Wiley, 1965

HARRIS, M.L. & HARRIS, C.W.: A structure of concept attainment abilities. Madison, Wisconsin: Wisconsin Research and Development Center for Cognitive Learning, 1973

HARTLEY, J. & DAVIES, I.K.: Preinstructional strategies: the role of pretests, behavioral objectives, overviews and advance organizers. Rev. Educ. Res., 1976, 46, 239 - 265

HEATH, R.W.: Curriculum, cognition and educational measurement. Educ. Psychol. Measurement, 1964, 24, 239 - 253

HERBIG, M.: Praxis lehrzielorientierter Tests. Düsseldorf: Schwann, 1976

HERRMANN, T.: Psychologie der kognitiven Ordnung. Berlin: de Gruyter, 1965

HESSISCHER Kultusminister: Rahmenrichtlinien Sekundarstufe I, Physik

HILBERT, M.: Untersuchungen zur Physik des Schulkindes. Westermanns Päd. Beitr., 1953, 5, 19 - 28

HINRICHS, E.: Die "Struktur" der Strukturen - Eine zeitgemäße Glosse. Geogr. Rdsch., 1969 (zit. nach SAUER 1974)

HOBBS, E.D.: Adolescents' concepts of physical quantity. Developm. Psychol., 1973, 9, 431

HÖFLING, O.: Physik, Band I. Bonn: Dümmler, 1972

HÖFLING, O.: Physik, Band II, Teil 1: Mechanik - Wärme. Bonn: Dümmler, 1976

HÖRMANN, H.: Psychologie der Sprache. Berlin: Springer, 1970 (verb. Neudruck), 1977 (2. überarb. Aufl.)

HORVATH, W.J.: A stochastic model for word association tests. Psychol. Rev., 1963, 70, 361 - 364

HUANG, I.: Children's explanations of strange phenomena. Psychol. Forsch., 1931, 14, 63 - 182

HUANG, I.: Children's conception of physical causality: a critical summary. J. genet. Psychol., 1943, 63, 71 - 121

INBODY, D.: Children's understanding of natural phenomena. Science Educ., 1963, 47, 270 - 278

INHELDER, B. & PIAGET, J.: The early growth of logic in the child: classification and seriation. New York: Harper & Row, 1964 (frz. 1959)

JAIDE, W.: Über die Entwicklung des kindlichen Verständnisses für Natur und Technik. Schule und Psychol., 1954, 1, 78 - 88

JENNRICH, R. & SAMPSON, P.: P2V. Analysis of Variance and Covariance Including Repeated Measures. In: DIXON, W.J. & BROWN, M.B. (Eds.): BMDP - 77. Biomedical Computer Programs P - Series. Berkeley: Univ. of Calif. Press, 1977, Pp. 540 - 580

JOHNSON, D.M. & STRATTON, R.P.: Evaluation of five methods of teaching concepts. J. educ. Psychol., 1966, 57, 48 - 53

JOHNSON, P.E.: Associative meaning of concepts in physics. J. educ. Psychol., 1964, 55, 84 - 88

JOHNSON, P.E.: Word relatedness and problem solving in high-school physics. J. educ. Psychol., 1965, 56, 217 - 224

JOHNSON, P.E.: Some psychological aspects of subject-matter structure. J. educ. Psychol., 1967, 58, 75 - 83

JOHNSON, P.E.: On the communication of concepts in science. J. educ. Psychol., 1969, 60, 32 - 40

JOHNSON, P.E.: Experimental analysis of written instruction. In: ROTHKOPF, E.Z. & JOHNSON, P.E. (Eds.): Verbal Learning Research and the Technology of Written Instruction. New York: Teachers College Press, 1971

JOHNSON, P.E., COX, D.L. & CURRAN, T.E.: Psychological reality of physical concepts. Psychon. Sci., 1970, 19, 245 - 247

JOHNSON, P.E., CURRAN, T.E. & COX, D.L.: A model for knowledge of concepts in science. J. Res. Sci. Teach., 1971, 8, 91 - 95

JOHNSON, S.C.: Hierarchical clustering schemes. Psychometrika, 1967, 32, 241 - 254

JUNG, W.: Beiträge zur Didaktik der Physik. Frankfurt/M: Diesterweg, 1970

JUNG, W.: Grenzen der Integration der Naturwissenschaften im Curriculum: Disziplinspezifische Methoden und Theorien. In: FREY, K. & HÄUBLER, P. (Eds.): Integriertes Curriculum Naturwissenschaft: Theoretische Grundlagen und Ansätze. Bericht über das 4. IPN - Symposion. Weinheim: Beltz, 1973, S. 147 - 163

JUNG, W.: Zum Problem der "Schülervorstellungen". phys. did., 1978, 5, 125 - 146 (Teil 1) und 231 - 248 (Teil 2)

KAGAN, J., MOSS, H.A. & SIGEL, I.E.: Psychological significance of styles of conceptualization. Monograph for the Society for Research in Child Development, 1963, 28, (Whole No. 86), 73 - 112

KAMINSKI, G.: Ordnungsstrukturen und Ordnungsprozesse. In: BERGIUS, R. (Ed.): Handbuch der Psychologie, 1. Band: Allgemeine Psychologie, I. Der Aufbau des Erkennens, 2. Halbband: Lernen und Denken. Göttingen: Hogrefe, 1964, S. 373 - 492

KASS, Heidi: Structure in perceived relations among physics concepts. J. Res. Sci. Teach., 1971, 8, 339 - 350

KEATS, D.M. & KEATS, J.A.: Evidence significant in the language-thought relationship. In: KEATS, J.A. et al. (Eds.): Cognitive Development, Research based on a Neo-Piagetian approach. Chichester: Wiley, 1978, Pp. 115 - 167

KEATS, J.A. & KEATS, D.M.: The role of language in the development of thinking - theoretical approaches. In: KEATS, J.A. et al. (Eds.): Cognitive Development, Research based on a Neo-Piagetian approach. Chichester: Wiley, 1978, Pp. 87 - 113

KEMPA, R.F. & DUBÉ, G.E.: Cognitive preference orientations in students of chemistry. Brit. J. Educ. Psychol., 1973, 43, 279 - 288

KENDLER, T.S.: Concept formation. Ann. Rev. Psychol., 1961, 12, 447 - 472

KING, W.H.: The development of scientific concepts in children. Brit. J. Educ. Psychol., 1963, 33, 240 - 252

KINTSCH, W.: Models for free recall and recognition. In: NORMAN, D.A. (Ed.): Models of memory. New York: Academic, 1970, Pp. 331 - 373

KINTSCH, W.: The representation of meaning in memory. Hillsdale, N.J.: Lawrence Erlbaum, 1974

KLAHR, D. (Ed.): Cognition and instruction. Hillsdale, N.J.: Lawrence Erlbaum, 1976

KLAUER, K.J.: Zur Theorie und Praxis des binomialen Modells lehrzielorientierter Tests. In: KLAUER, K.J. et al. (Eds.): Lehrzielorientierte Tests. Düsseldorf: Schwann, 1972, S. 161 - 195

KLAUER, K.J.: Methodik der Lehrzieldefinition und Lehrstoffanalyse. Düsseldorf: Schwann, 1974

KLAUSMEIER, H.J., DAVIS, J.K., RAMSAY, J.G., FREDRICK, W.C. & DAVIES, M.H.: Concept learning and problem solving: A bibliography, 1950 - 1964. Madison: Wisconsin Research and Development Center for Cognitive Learning, Tech. Rep. No. 1, 1965

KLAUSMEIER, H.J., GHATALA, E.S. & FRAYER, D.A.: Conceptual learning and development: a cognitive view. New York: Academic, 1974

KLIX, F.: Information und Verhalten. Bern: Huber, 1971

KLOPFER, L.E.: Evaluation of Learning in Science. In: BLOOM, B.S. et al. (Eds.): Handbook on Formative and Summative Evaluation of Student Learning. New York: McGraw Hill, 1971, Pp. 559 -641

KLUWE, R.: Wissen und Denken. Stuttgart: Kohlhammer, 1979

KNOTE, H.: Zur Atomvorstellung bei Dreizehn- bis Fünfzehnjährigen. Der Physikunterr., 1975, 9, 86 - 96

KOFSKY, E.: A scalogram study of classificatory development. Child Developm., 1966, 37, 191 - 204

KRUSKAL, J.B.: Multidimensional scaling by optimizing goodness of fit to a nonmetric hypothesis. Psychometrika, 1964 a, 29, 1 - 27

KRUSKAL, J.B.: Nonmetric multidimensional scaling: a numerical method. Psychometrika, 1964 b, 29, 115 - 129

KUHN, T.S.: Die Struktur wissenschaftlicher Revolutionen. Frankfurt/M.: Suhrkamp, 1967 (engl. 1962)

LAURENDEAU, M. & PINARD, A.: Causal thinking in the child. New York: Int. Univ. Press, 1962

LAWTON, J.T. & WANSKA, S.K.: Advance organizers as a teaching strategy: a reply to Barnes and Clawson. Rev. Educ. Res., 1977, 47, 233 - 244

LIENERT, G.A.: Testaufbau und Testanalyse. Weinheim: Beltz, 1969 (3. Aufl.)

LINDSAY, P.H. & NORMAN, D.A.: Human information processing. New York: Academic, 1972

LOCKARD, J.D. (Ed.): Eighth Report of the International Clearinghouse on Science and Mathematics Curricular Developments. Univ. of Maryland, 1972

LOMPSCHER, J.: Theoretische und experimentelle Untersuchungen zur Entwicklung geistiger Fähigkeiten. Berlin: Volk und Wissen, 1972

LOVELL, K., HEALEY, D. & ROWLAND, A.D.: Growth of some geometrical concepts. Child Developm., 1962, 33, 751 - 767

LOVELL, K., KELLET, V.L. & MOORHOUSE, E.: The growth of the concept of speed: A comparative study. J. Child Psychol. Psychiatr., 1962, 3, 101 - 110

LOVELL, K. & OGILVIE, E.: A study of the conservation of substance in the junior school child. Brit. J. Educ. Psychol., 1960, 30, 109 - 118

LOVELL, K. & OGILVIE, E.: The growth of the concept of volume in junior school children. J. Child Psychol. Psychiatr., 1961, 2, 118 - 126

LOVELL, K. & SLATER, A.: The growth of the concept of time: A comparative study. J. Child Psychol. Psychiatr., 1960, 1, 179 - 190

LUKINSKY, J.S.: "Structure" in Educational Theory. Educ. Phil. Theory, 1970, 2, 15 - 31

MANTHEI, U.: Empirische Untersuchungen zum Denken 12- bis 13-jähriger Schüler bei der Lösung physikalischer Probleme. Physik i. d. Schule, 1966, 4, 61 - 64

MANTHEI, U.: Die Bedeutung der Anschauung bei der physikalischen Aussagebildung 14jähriger Schüler. Physik i. d. Schule, 1968, 6, 443 - 450 und 497 - 502

MARASCUILO, L.A. & McSWEENEY, M.: Nonparametric and distribution-free methods for the social sciences. Monterey, Calif.: Brooks/Cole, 1977

MARJORIBANKS, K.: Environment, social class, and mental abilities. J. educ. Psychol., 1972, 63, 103 - 109

MARKLE, S.M. & TIEMANN, P.W.: Really understanding concepts: or in frumious pursuit of the jabberwock. Champaign, Ill.: Stipes, 1969

MARTIN, C. & OLSON, D.: Variety of exemplars versus linguistic contexts in concept attainment in young children. Developm. Psychol., 1971, 5, 13 - 17

MARX, W.: Die Messung der Assoziativen Bedeutungsähnlichkeit. Z. exp. angew. Psychol., 1976, 23, 62 - 76

MERRILL, M.D. & TENNYSON, R.D.: Teaching concepts: an instructional design guide. Englewood Cliffs, N.J.: Educational Technology Publications, 1977

MILLER, G.A.: A psychological method to investigate verbal concepts. J. math. Psychol., 1969, 6, 169 - 191

MILLER, G.A., GALANTER, E. & PRIBRAM, K.: Plans and the structure of behavior. New York: Holt, 1960 (dt. 1973)

MOGAR, M.: Children's causal reasoning about natural phenomena. Child Developm., 1960, 31, 59 - 65

MOORE, R.W. & SUTMAN, F.X.: The development, field test and validation of an inventory of scientific attitudes. J. Res. Sci. Teach., 1970, 7, 85 - 94

MURRAY, F.B. & JOHNSON, P.E.: Relevant and some irrelevant factors in the child's concept of weight. J. educ. Psychol., 1975, 67, 705 - 711

NACHTIGALL, D. & SIEMSEN, F.: Konzeptuelle Darstellung der Physik. phys. did., 1977, 4, 117 - 121

NADEL, C. & SCHOEPPE, A.: Conservation of mass, weight, and volume as evidenced by adolescent girls in eighth grade. J. genet. Psychol., 1973, 122, 309 - 313

NASS, M.L.: The effects of three variables on children's concepts of physical causality. J. abn. soc. Psychol., 1956, 53, 191 - 196

NATIONAL SCIENCE TEACHERS ASSOCIATION (NSTA): Theory into Action... in Science Curriculum Development. Washington, D.C.: The Association, 1964

NEBER, H. (Ed.): Entdeckendes Lernen. Weinheim: Beltz, 1973

NEISSER, U.: Cognition and reality. Reading: Freeman, 1976

NELSON, Katherine: Cognitive Development and the Acquisition of Concepts. In: ANDERSON, R.C. et al. (Eds.): Schooling and the acquisition of knowledge. Hillsdale, N.J.: Lawrence Erlbaum, 1977, Pp. 215 - 239

NIEDDERER, H.J.: Sachstruktur und Schüler-Fähigkeiten beim einfachen elektrischen Stromkreis. Dissertation, Kiel, 1972

NORMAN, D.A. & RUMELHART, D.E. (& LNR-Group): Strukturen des Wissens. Stuttgart: Klett-Cotta, 1978 (engl. 1975)

NOVAK, J.D., RING, D.G. & TAMIR, P.: Interpretation of research findings in terms of AUSUBELs theory and implications for science education. Science Educ., 1971, 55, 483 - 526

OAKES, M.E.: Children's explanations of natural phenomena. New York: Teachers College, Columbia Univ., 1947

OLVER, R.R. & HORNSBY, J.R.: Über Äquivalenz. In: BRUNER, J.S. et al.: Studien zur kognitiven Entwicklung. Stuttgart: Klett, 1971, S. 97 - 116 (engl. 1966)

PAIVIO, A.: Coding distinctions and repetition effects in memory. In: BOWER, G.H. (Ed.): The psychology of learning and motivation, Vol. 9. New York: Academic, 1975, Pp. 179 - 214

PELLA, M.O. & CAREY, R.L.: Levels of maturity and levels of understanding for selected concepts of the particle nature of matter. J. Res. Sci. Teach., 1967/68, 5, 202 - 215

PIAGET, J.: The child's conception of physical causality. London: Routledge & Kegan Paul, 1951 (frz. 1927)

PIAGET, J.: The construction of reality in the child. New York: Basic Books, 1954 (frz. 1937)

PIAGET, J.: Die Bildung des Zeitbegriffs beim Kinde. Zürich: Rascher, 1955 (frz. 1946)

PIAGET, J.: The child's conception of movement and speed. London: Routledge & Kegan Paul, 1970 (frz. 1946)

PIAGET, J.: Piaget's Theory. In: MUSSEN, P.H. (Ed.): Carmichael's Manual of Child Psychology, Vol. 1. New York: Wiley, 1970 (3rd edition), Pp. 703 - 732

PIAGET, J. & INHELDER, B.: Die Entwicklung der physikalischen Mengenbegriffe beim Kinde. Erhaltung und Atomismus. Stuttgart: Klett, 1969 (frz. 1941, 1962)

PIAGET, J., INHELDER, B. & SZEMINSKA, A.: Die natürliche Geometrie des Kindes. Stuttgart: Klett, 1974 (frz. 1948)

PHILLIPS, D.G.: The development of the concept of displacement volume: a hierarchical model and its partial testing under two methods of presentation. J. Res. Sci. Teach., 1971, 8, 9 - 19

POSNER, G.J.: The extensiveness of curriculum structure: a conceptual scheme. Rev. Educ. Res., 1974, 44, 401 - 407

PRATOOMRAJ, S. & JOHNSON, R.C.: Kinds of questions and types of conservation tasks as related to children's conservation responses. Child Developm., 1966, 37, 343 - 353

PREECE, P.F.W.: Mapping cognitive structure: a comparison of methods. J. educ. Psychol., 1976 a, 68, 1 - 8

PREECE, P.F.W.: Associative structure of science concepts. Brit. J. Educ. Psychol., 1976 b, 46, 174 - 183

RANG, O.: Die Sprache als Hindernis beim Verstehen physikalischer Sachverhalte. Physik. Blätter, 1970, 26, 241 - 246

RANG, O.: Zur negativen Transferwirkung von Schultradition und Muttersprache auf das Physikverständnis. Der Physikunterr., 1975, 9, 65 - 71

RAPOPORT, Amnon: A comparison of two tree-construction methods for obtaining proximity measures among words. J. verb. learn. verb. behav., 1967, 6, 884 - 890

RAPOPORT, Anatol, RAPOPORT, Amnon, LIVANT, W.P. & BOYD, J.: A study of lexical graphs. Mental Health Research Institute, Univ. of Michigan, Preprint No. 176, 1966

RAVEN, R.J.: The development of the concept of momentum in primary school children. J. Res. Sci. Teach., 1967/68, 5, 216 - 223

RAVEN, R.J.: The development of the concept of acceleration in elementary school children. J. Res. Sci. Teach., 1972, 9, 201 - 206

RESTLE, F.: The selection of strategies in cue learning. Psychol. Rev., 1962, 69, 329 - 343

RIESCH, W. & WESTPHAL, W.: Modellhafte Schülervorstellungen zur Ausbreitung radioaktiver Strahlung. Der Physikunterr., 1975, 9, 75 - 85

RING, D.G. & NOVAK, J.D.: The effects of cognitive structure variables on achievement in college chemistry. J. Res. Sci. Teach., 1971, 8, 325 - 333

ROSCH, E.: On the internal structure of perceptual and semantic categories. In: MOORE, T.E. (Ed.): Cognitive development and acquisition of language. New York: Academic, 1973

RUMELHART, D.E., LINDSAY, P.H. & NORMAN, D.A.: A process model for long-term memory. In: TULVING, E. & DONALDSON, W. (Eds.): Organization of memory. New York: Academic, 1972, Pp. 197 - 246

RUMELHART, D. & NORMAN, D.: Accretion, tuning and restructuring: three modes of learning. Techn. Rep. No. 63, Center for Human Information Processing, Univ. of Calif., San Diego, 1976

RUMELHART, D.E. & NORMAN, D.A.: Das aktive strukturelle Netz. In: NORMAN, D.A. et al.: Strukturen des Wissens. Stuttgart: Klett-Cotta, 1978, S. 51 - 77

RUMELHART, D.E. & ORTONY, A.: The representation of knowledge in memory. In: ANDERSON, R.C. et al. (Eds.): Schooling and the acquisition of knowledge. Hillsdale, N.J.: Lawrence Erlbaum, 1977, Pp. 99 - 135

SAUER, K.: Struktur. Zur Problematik eines didaktischen Modewortes. Westermanns Päd. Beitr., 1974, 26, 21 - 30

SCHANK, R.C.: Conceptual information processing. Amsterdam: North-Holland Publ., 1975

SCHELTEN, A.: Lernstile im Unterricht. Dissertation, Gießen, 1976

SCHOTT, F.: Lehrstoffanalyse. Düsseldorf: Schwann, 1975

SCHOTT, F.: Lehrstoffanalyse mit einem normierten Beschreibungssystem - Schwerpunkt Mikroanalyse. Z. Päd., 1976, 22, 399 - 409

SCHOTT, F., NEEB, K.E. & WIEBERG, H.J.W.: PLANA I. Ein Verfahren der Lehrstoffanalyse und Lehrzielkonstruktion zur Unterrichtsplanung und -erfolgskontrolle (Version für sachkundliche Unterrichtsthemen). Gießen, 1979 (unveröff.)

SCHRADER, B.H.: Function and group as unifying themes in secondary school algebra. Unpubl. doctoral diss., SUNY at Albany, 1972

SCHREINER, G.: Schule als sozialer Erfahrungsraum. Frankfurt/M.: Athenäum Fischer, 1973

SCHWAB, J.J.: Structure of the disciplines: meanings and significances. In: FORD, G.W. & PUGNO, L. (Eds.): The structure of knowledge and the curriculum. Chicago: Rand McNally, 1964 a, Pp. 6 - 30 (dt. 1972)

SCHWAB, J.J.: The structure of the natural sciences. In: FORD, G.W. & PUGNO, L. (Eds.): The structure of knowledge and the curriculum. Chicago: Rand McNally, 1964 b, Pp. 31 - 49 (dt. 1972)

SCRAGG, G.W.: Beantworten von Fragen über Vorgänge. In: NORMAN, D.A. et al.: Strukturen des Wissens. Stuttgart: Klett-Cotta, 1978, S. 347 - 370

SEILER, T.B.: Die Bereichsspezifität formaler Denkstrukturen - Konsequenzen für den pädagogischen Prozeß. In: FREY, K. & LANG, M. (Eds.): Kognitionspsychologie und naturwissenschaftlicher Unterricht. Bern: Huber, 1973, S. 249 - 285

SHAVELSON, R.J.: Some aspects of the relationship between content structure and cognitive structure in physics instruction. Unpubl. Diss., Stanford Univ., 1971

SHAVELSON, R.J.: Some aspects of the correspondence between content structure and cognitive structure in physics instruction. J. educ. Psychol., 1972, 63, 225 - 234

SHAVELSON, R.J.: Learning from physics instruction. J. Res. Sci. Teach., 1973, 10, 101 - 111

SHAVELSON, R.J.: Methods for examining representations of a subject-matter structure in a student's memory. J. Res. Sci. Teach., 1974, 11, 231 - 249

SHAVELSON, R.J. & GEESLIN, W.E.: A method for examining subject-matter structure in instructional material. J. Structural Learning, 1975, 4, 199 - 218

SHAVELSON, R.J. & STANTON, G.C.: Construct validation: methodology and application to three measures of cognitive structure. J. educ. Measmt., 1975, 12, 67 - 85

SHEPARD, R.N.: The analysis of proximities: multidimensional scaling with an unknown distance function. Psychometrika, 1962, 27, 125 - 140 (a) und 219 - 246 (b)

SHULMAN, L.S. & KEISLAR, E.R. (Eds.): Learning by discovery: a critical appraisal. Chicago: Rand McNally, 1966

SHULMAN, L.S. & TAMIR, P.: Research on teaching in the natural sciences. In: TRAVERS, R.M.W. (Ed.): Second handbook of research on teaching. Chicago: Rand McNally, 1973, Pp. 1098 - 1148

SIEGEL, S.: Nonparametric statistics for the behavioral sciences. New York: McGraw Hill, 1956

SMEDSLUND, J.: The acquisition of conservation of substance and weight in children. II. External reinforcement of conservation of weight and of the operations of addition and subtraction. Scand. J. Psychol., 1961, 2, 71 - 84

SMITH, B.O. & MEUX, M.: A study of the logic of teaching. Urbana: Univ. of Illinois, 1962

SMITH, E.E.: Theories of semantic memory. In: ESTES, W.K. (Ed.): Handbook of Learning and Cognitive Processes, Vol. 6: Linguistic Functions in Cognitive Theory. Hillsdale, N.J.: Lawrence Erlbaum, 1978, Pp. 1 - 56

SMITH, E.E., SHOBEN, E.J. & RIPS, L.J.: Structure and process in semantic memory: A featural model for semantic decisions. Psychol. Rev., 1974, 81, 214 - 241

SMITH, F. & DOUGHERTY, J.H.: Natural phenomena as explained by children. J. educ. Res., 1965, 59, 137 - 140

SPRECKELSEN, K.: Strukturelemente der Physik als Grundlage ihrer Didaktik. Naturwiss. im Unterr., 1970, 18, 418 - 424

SPRECKELSEN, K.: Strukturorientierung in der Didaktik des physikalischen Lernbereichs. Westermanns Päd. Beitr., 1971, 23, 124 - 126

SUCHMAN, R.G. & TRABASSO, T.: Color and form preference in young children. J. Exp. Child Psychol., 1966, 3, 177 - 187

TALISAYON, V.M.: Some cognitive variables in meaningful learning of the physics concepts of work and energy: A study of Ausubelian learning model. Dissertation, Cornell Univ., 1972

TENNYSON, R.D., WOOLEY, F.R. & MERRILL, M.D.: Exemplar and nonexemplar variables which produce correct classification behavior and specified classification errors. J. educ. Psychol., 1972, 63, 144 - 152

THIEL, S.: Grundschulkinder zwischen Umgangserfahrung und Naturwissenschaft. In: WAGENSCHEIN et al.: Kinder auf dem Weg zur Physik. Stuttgart: Klett, 1973, S. 90 - 180

THRO, M.P.: Relationships between associative and content structure of physics concepts. J. educ. Psychol., 1978, 70, 971 - 978

TISHER, R.P.: "My father told me ...": Children's explanations of some natural phenomena. Austr. J. Educ., 1967, 11, 204 - 212

TISHER, R.P.: The nature of verbal discourse in classrooms. In: CAMPBELL, W.J. (Ed.): Scholars in context. Sydney: Wiley, 1970 a, Pp. 378 - 392

TISHER, R.P.: Association between verbal discourse and pupils' understanding in science. In: CAMPBELL, W.J. (Ed.): Scholars in context. Sydney: Wiley, 1970 b, Pp. 393 - 406

TODT, E.: Das Interesse. Bern: Huber, 1978

TODT, E., ARBINGER, R., SEITZ, H. & WILDGRUBE, W.: Bericht über den 1. Teil des von der Stiftung Volkswagenwerk finanzierten Untersuchungsprojektes: "Untersuchungen über die Motivation zur Beschäftigung mit naturwissenschaftlichen Problemen" (Sekundarstufe I, Klassenstufe 5 - 9, Biologie und Physik). Gießen, 1974 (unveröff.)

TODT, E., ARBINGER, R. & SEITZ, H.: Motivation von Schülerinnen und Schülern der Sekundarstufe I. Empirische Untersuchungen zu den Lernbereichen Physik und Biologie. In Vorbereitung

TRAUB, R.E. & HAMBLETON, R.K.: The effect of instruction on the cognitive structure of statistical and psychometric concepts. Canad. J. Behav. Sci./ Rev. Canad. Sci. Comp., 1974, 6, 30 - 44

TRAXEL, W.: Einführung in die Methodik der Psychologie. Bern: Huber, 1964

TRINDADE, A.L.: Structures in science teaching and learning outcomes. J. Res. Sci. Teach., 1972, 9, 65 - 74

TRUDEWIND, C.: Häusliche Umwelt und Motiventwicklung. Göttingen: Hogrefe, 1975

TÜTKEN, H.: Einleitende Bemerkungen zu den "neuen" naturwissenschaftlichen Elementarschulcurricula in den USA. In: TÜTKEN, H. & SPRECKELSEN, K. (Eds.): Zielsetzung und Struktur des Curriculum. Frankfurt/M.: Diesterweg, 1970, S. 7 - 28

TULVING, E.: Episodic and semantic memory. In: TULVING, E. & DONALDSON, W. (Eds.): Organization and memory. New York: Academic, 1972, Pp. 381 - 403

TYLER, R.W.: Basic principles of curriculum and instruction. Chicago: Univ. of Chicago Press, 1950

UNDERWOOD, B.J. & SCHULZ, R.W.: Meaningfulness and verbal learning. Chicago: Lippincott, 1960

UZGIRIS, I.C.: Situational generality of conservation. Child Developm., 1964, 35, 831 - 841

VOIGT, H.: Die Verbindung von physikalischer und polytechnischer Bildung als Beitrag zur Entwicklung praxisrelevanter Denkstrukturen. Wiss. Z. Humboldt-Univ. Berlin, Gesellsch. u. Sprachwiss. Reihe, 1972, 21, 577 - 583

VOLLMER, G.: Zur Aufdeckung von Begriffshierarchien im Fach Chemie. MNU, 1974, 27, 13 - 16

WAERN, Yvonne: Structure in similarity matrices. A graphic approach. Scand. J. Psychol., 1972, 13, 5 - 16

WAGENSCHEIN, M.: Die Sprache im Physikunterricht. In: BLEICHROTH, W. (Ed.): Didaktische Probleme der Physik. Darmstadt: Wiss. Buchgesellschaft, 1978, S. 313 - 336 (orig. 1968)

WAGENSCHEIN, M.: Kinder auf dem Wege zur Physik. In: WAGENSCHEIN et al.: Kinder auf dem Weg zur Physik. Stuttgart: Klett, 1973, S. 10 - 75

WAINER, H. & KAYE, K.: Multidimensional scaling of concept learning in an introductory course. J. educ. Psychol., 1974, 66, 591 - 598

WERNER, H. & KAPLAN, E.: Development of word meaning through verbal context: An experimental study. J. Psychol., 1950, 29, 251 - 257

WEST, L.H.T. & FENSHAM, P.J.: Prior knowledge or advance organizers as effective variables in chemical learning. J. Res. Sci. Teach., 1976, 13, 297 - 306

WESTPHAL, W.H.: Die Grundlagen des physikalischen Begriffssystems. Braunschweig: Vieweg, 1965

WHORF, B.L.: Sprache, Denken, Wirklichkeit. Reinbek bei Hamburg: Rowohlt, 1963 (engl. 1956)

WINER, B.J.: Statistical Principles in Experimental Design. New York: McGraw Hill, 1962

WIVIOTT, S.P.: Bases of classification of geometric concepts used by children of varying characteristics. Madison: Wisconsin Research and Development Center for Cognitive Learning, Techn. Rep. No. 143, 1970

YOUNG, D.: Atomic energy concepts of children in third and sixth grade. School Sci. Math., 1958, 58, 535 - 539

ZIELINSKI, W.: Verfahren zur Beurteilung des Unterrichts. In: WEINERT, F.E. et al. (Eds.): Funk-Kolleg Pädagogische Psychologie, Bd. 2. Frankfurt/M.: Fischer, 1974, S. 901 - 923

ZIETZ, K.: Kindliche Erklärungsversuche für Naturerscheinungen. Z. päd. Psychol. Jugendkunde, 1937 a, 38, 219 - 228

ZIETZ, K.: Physikalische Theorien bei Kindern. In: KLEMM, O. (Ed.): Ber. 15. Kongr. Dt. Ges. Psychol., Jena 1936. 1937 b, S. 232 - 238

ZIETZ, K.: Kind und physische Welt. München: Kösel, 1969 (3. Aufl.)

Anhang

1. Fragebogen aus der Untersuchung Juni 1978 an drei Gesamtschulen
2. Kategorien zur Beurteilung der Schülerantworten auf die vorgegebenen physikalischen Probleme (Untersuchung Juni 1978)
3. Untersuchung Juni 1978 "Erklärung physikalischer Probleme": Anzahl der auf die einzelnen Kategorien entfallenden Antworten
4. Untersuchung Juni 1978 "Erklärung physikalischer Probleme": Mediane der über die drei Schulen summierten Antwortverteilungen (inclusive Kategorie "0")
5. Untersuchung Juni 1978 "Erklärung physikalischer Probleme": Anzahl der auf die einzelnen Kategorien entfallenden Antworten (bezogen auf vier Inhaltsbereiche)
6. Kategorien zur Beurteilung der Schülerantworten beim Auffinden der "GEMEINSAMKEITEN" (Untersuchung Juni 1978)
7. Untersuchung Juni 1978 "Gemeinsamkeiten": Anzahl der auf die einzelnen Kategorien entfallenden Antworten
8. Untersuchung Juni 1978 "Assoziationen": Häufigkeiten der von den Schülern geäußerten Assoziationen (getrennt nach "Begriff", "Geschlecht", "Schule" und "Klassenstufe")
9. Unterrichtsbegleitung (2. Hälfte Schuljahr 1978/79): Zeitlicher und inhaltlicher Ablauf des Unterrichts in Elektrizitätslehre
10. Unterrichtsbegleitung (2. Hälfte Schuljahr 1978/79): Vortest
11. Unterrichtsbegleitung (2. Hälfte Schuljahr 1978/79): Nachtest, Version A
12. Unterrichtsbegleitung (2. Hälfte Schuljahr 1978/79): Nachtest, Version B
13. Unterrichtsbegleitung (2. Hälfte Schuljahr 1978/79): "advance organizer"
14. Unterrichtsbegleitung (2. Hälfte Schuljahr 1978/79): Beispiele für Übungsmaterialien
15. Unterrichtsbegleitung (2. Hälfte Schuljahr 1978/79): Kategorisierung der Assoziationen
16. Unterrichtsbegleitung (2. Hälfte Schuljahr 1978/79): Häufigkeiten der Assoziationen im Vor- und Nachtest
17. Testheft der Voruntersuchung (Exkurs)
18. Zwei Versionen des Lehrprogramms "Mechanik"
19. Testverfahren für das Lehrprogramm "Mechanik"
20. Häufigkeiten der von den Schülern abgegebenen Assoziationen (AUSUBEL vs. ALTERNATIVE)

1. Fragebogen aus der Untersuchung Juni 1978 an drei Gesamt-Schulen, bestehend aus folgenden Teilen:

- allgemeiner Teil (Deckblatt)
- Assoziationen zu Grundbegriffen (BEGRIFFE)
- BEDINGUNGEN DES INTERESSES
- Angabe eines gemeinsamen zugrundeliegenden Begriffs oder Prinzips (GEMEINSAMKEITEN)
- Bedingungen des Interesses an PHYSIKALISCHEn VERSUCHEn
- Erklärung von PROBLEMEn[1)]

(Die Teile "Bedingungen des Interesses" und "Physikalische Versuche" haben - wie erwähnt - für vorliegende Untersuchung keine weitere Bedeutung.)

---

1) Aufgrund eines Versehens wurde das Problem 1 fehlerhaft gedruckt - es fehlt der Teilsatz: ... (an Deinem Wollpullover) reibst und dann an die Decke (hältst) ... Obwohl bei der Durchführung der Befragung die korrekte Problemstellung angegeben wurde, ließen viele Schülerantworten erkennen, daß dieses Problem mißverständlich aufgefaßt worden war.

Auf die Auswertung dieses Problems wurde daher verzichtet.

Name: ----------------------------------

Alter: ☐ Jahre Junge ☐ Mädchen ☐

	sehr gern	gern	weder gern noch ungern	ungern	sehr ungern
Wie gern magst Du den Physik-Unterricht?	☐	☐	☐	☐	☐
Wie gern beschäftigst Du Dich mit physikalischen Dingen <u>außerhalb des Unterrichts?</u>	☐	☐	☐	☐	☐

Wie schätzt Du selbst Deine Leistungen in Physik ein?

Ich bin in Physik ...

sehr leistungsfähig	recht leistungsfähig	durchschnittlich leistungsfähig	wenig leistungsfähig	kaum leistungsfähig
☐	☐	☐	☐	☐

Welches war Deine letzte Physiknote? (Frühjahr 1978)

Note ☐

BEGRIFFE

Du findest hier einige Begriffe aus der Physik. Wir wollen dabei herausfinden, wie Schüler mit solchen Begriffen umgehen.

Du sollst bitte zu jedem Begriff so viele andere Wörter oder Begriffe hinschreiben, wie Dir in den Sinn kommen.

Bitte überlege nicht zu lange, sondern schreibe hin, was Dir gerade einfällt.

Beispiel: (nicht aus der Physik)

SCHULE
Unterricht__________
Lehrer__________
Klassenkameraden__________
Noten__________
Kurse__________
Klassenarbeiten__________
Pause__________
____
____

1. TEMPERATUR

2. LICHTBRECHUNG

3. KRAFT

4. SPANNUNG

BEDINGUNGEN DES INTERESSES

Für mein Interesse am Physikunterricht ist es (sehr wichtig; wichtig; einigermaßen wichtig; wenig wichtig; nicht wichtig) ...

	sehr wichtig	wichtig	einigermaßen wichtig	wenig wichtig	nicht wichtig	
1. daß viele Schülversuche gemacht werden	☐	☐	☐	☐	☐	1.
2. daß Filme oder Dias gezeigt werden	☐	☐	☐	☐	☐	2.
3. daß ich mit anderen Schülern in Gruppen zusammenarbeiten kann	☐	☐	☐	☐	☐	3.
4. daß die Schüler öfter ein Thema selbst auswählen dürfen	☐	☐	☐	☐	☐	4.
5. daß der Lehrer zwischendurch immer wieder einmal einen Scherz macht	☐	☐	☐	☐	☐	5.
6. daß die behandelten Probleme auch auf das alltägliche Leben anwendbar sind	☐	☐	☐	☐	☐	6.
7. daß möglichst wenige Hausaufgaben aufgegeben werden	☐	☐	☐	☐	☐	7.
8. daß die behandelten Themen an den eigenen Erfahrungen und Hobbies anknüpfen	☐	☐	☐	☐	☐	8.
9. daß man nicht so viel schreiben muß (Protokolle, von der Tafel abschreiben)	☐	☐	☐	☐	☐	9.
10. daß jeder Schüler ein Physikbuch besitzt	☐	☐	☐	☐	☐	10.
11. daß der Lehrer nicht zu lange (d.h. über zu viele Stunden hinweg) bei einem Thema bleibt	☐	☐	☐	☐	☐	11.
12. daß der Unterricht in Doppelstunden gegeben wird	☐	☐	☐	☐	☐	12.
13. daß der Lehrer den Stoff gut erklärt	☐	☐	☐	☐	☐	13.
14. daß der Lehrer nicht zu streng ist	☐	☐	☐	☐	☐	14.
15. daß man viele Zeichnungen anfertigen kann	☐	☐	☐	☐	☐	15.
16. daß der Lehrer beim Drannehmen und beim Verteilen von Aufgaben keinen Schüler bevorzugt	☐	☐	☐	☐	☐	16.

Für mein Interesse am Physikunterricht ist es ...	sehr wichtig	wichtig	einigermaßen wichtig	wenig wichtig	nicht wichtig
17. daß im Unterricht Arbeitsblätter benutzt werden	☐	☐	☐	☐	☐
18. daß nicht zu viele Formeln gelernt werden müssen	☐	☐	☐	☐	☐
19. daß der Lehrer Versuche vor der Klasse vorführt	☐	☐	☐	☐	☐
20. daß auch öfter Themen aus der Technik behandelt werden	☐	☐	☐	☐	☐
21. daß ich Gelegenheit habe, selbst etwas zu tun	☐	☐	☐	☐	☐
22. daß der Lehrer Geduld hat, wenn ein Schüler etwas nicht verstanden hat	☐	☐	☐	☐	☐
23. daß der Lehrer bereitwillig auf Schülerfragen eingeht	☐	☐	☐	☐	☐
24. daß der Lehrer gerechte Noten gibt	☐	☐	☐	☐	☐
25. daß Themen behandelt werden, über die ich schon immer etwas wissen wollte	☐	☐	☐	☐	☐
26. daß der Lehrer mir gute Leistungen zutraut	☐	☐	☐	☐	☐
27. daß der Lehrer genau erklärt, wie die Schüler einen Versuch durchführen sollen	☐	☐	☐	☐	☐
28. daß der Unterricht in Fachräumen stattfindet	☐	☐	☐	☐	☐
29. daß das Tafelbild klar und deutlich ist	☐	☐	☐	☐	☐
30. daß der Lehrer sich kameradschaftlich verhält	☐	☐	☐	☐	☐
31. daß ich merke, daß ich von Stunde zu Stunde etwas Neues hinzugelernt habe	☐	☐	☐	☐	☐
32. daß der Unterricht logisch aufeinander aufgebaut ist	☐	☐	☐	☐	☐
33. daß der Lehrer für mich ein Vorbild ist	☐	☐	☐	☐	☐
34. daß man ohne großen Aufwand gute Noten erreichen kann	☐	☐	☐	☐	☐
35. daß Probleme behandelt werden, deren Lösung ich mir auch zutraue	☐	☐	☐	☐	☐
36. daß der Lehrer bereit ist, auch vom Stoff der Stunde abzuweichen, wenn die Schüler auf eine interessante Frage gestoßen sind	☐	☐	☐	☐	☐
37. daß der Unterricht abwechslungsreich gestaltet wird	☐	☐	☐	☐	☐

Prüfe bitte noch einmal nach, ob Du auch alle Fragen beantwortet hast!

GEMEINSAMKEITEN

Auf den folgenden Seiten findest Du eine Reihe von Bildern, auf denen Gegenstände des täglichen Lebens abgebildet sind. Dabei bilden jeweils drei Gegenstände eine Aufgabengruppe. Aus einer solchen Gruppe von drei Gegenständen sollst Du zwei Gegenstände auswählen, die Deiner Meinung nach am besten zusammenpassen.

Hierbei gibt es keine richtigen oder falschen Lösungen; es kommt nur auf Deine Meinung an. Für Deine Wahl sollst Du allerdings eine Begründung angeben.

Beispiel (nicht aus der Physik):

1. Apfel

2. Baum

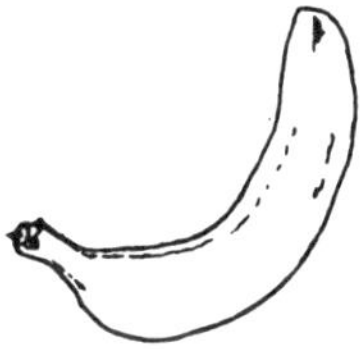

3. Banane

Nach Meinung eines Schülers passen Bild Nr. [1] und Bild Nr. [3] am besten zusammen.

Begründung: Ein Apfel und eine Banane kann man essen; es sind Obstsorten

Nach Meinung eines anderen Schülers passen Bild Nr. [1] und Bild Nr. [2] zusammen, weil ein Apfel auf einem Baum wächst. Auch das ist sinnvoll.

AUFGABENGRUPPE 1

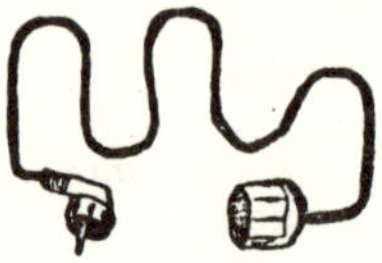

1. Bügeleisen *2. Tauchsieder* *3. Kabel*

Meiner Meinung nach passen Bild Nr. ☐ und Bild Nr. ☐ am besten zusammen.

Begründung: ....

....

....

....

....

AUFGABENGRUPPE 2

1. Korkenzieher mit Flaschenöffner *2. Schere* *3. Bohrer für elektrische Bohrmaschine*

Meiner Meinung nach passen Bild Nr. ☐ und Bild Nr. ☐ am besten zusammen.

Begründung: ....

....

....

....

....

AUFGABENGRUPPE 3

1. Thermoskanne

2. Herd

3. Kochtopf

Meiner Meinung nach passen Bild Nr. ☐ und Bild Nr. ☐ am besten zusammen.

Begründung: --

AUFGABENGRUPPE 4

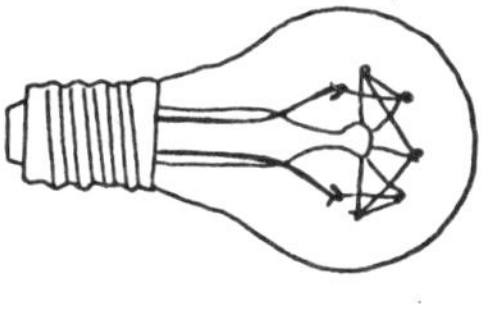

1. Glühbirne

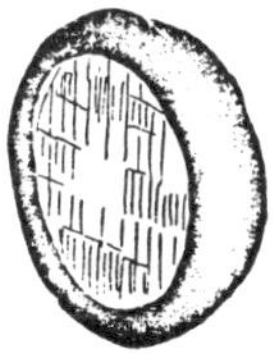

2. Autoschein-werfer

3. Autorück-spiegel

Meiner Meinung nach passen Bild Nr. ☐ und Bild Nr. ☐ am besten zusammen.

Begründung: --

PHYSIKALISCHE VERSUCHE

Physikalische Versuche sind für verschiedene Schüler bzw. Schülerinnen aus ganz verschiedenen Gründen interessant.

Wir haben unten mehrere Gründe aufgeführt, die von Jugendlichen Deines Alters genannt wurden.

Bitte gib bei jedem Grund an, wie wichtig er für Dein Interesse an physikalischen Versuchen ist:

	Physikalische Versuche interessieren mich ...	sehr wichtig	wichtig	einigermaßen wichtig	wenig wichtig	nicht wichtig
1.	weil Versuche einfach eine Abwechslung im Unterricht darstellen	☐	☐	☐	☐	☐
2.	weil Versuche spannend, aufregend sind: man weiß meist nicht, was herauskommt	☐	☐	☐	☐	☐
3.	weil man bei Versuchen mit anderen zusammenarbeiten kann	☐	☐	☐	☐	☐
4.	weil man in Versuchen mit anderen Wettkämpfe anstellen kann. Wer bekommt das richtige Ergebnis zuerst heraus?	☐	☐	☐	☐	☐
5.	weil man in Versuchen praktische Fertigkeiten erlernt, die man auch zu Hause anwenden kann	☐	☐	☐	☐	☐
6.	weil man mit Versuchen Behauptungen daraufhin prüfen kann, ob sie richtig sind oder falsch	☐	☐	☐	☐	☐
7.	weil man sich bei der Planung, beim Aufbau, bei der Auswertung und bei der Diskussion der Ergebnisse selbst betätigen kann	☐	☐	☐	☐	☐
8.	weil Versuche - im Gegensatz zu vielen, was geredet und geschrieben wird - anschaulich sind	☐	☐	☐	☐	☐
9.	weil Versuche wirklichkeitsnäher sind als alle Theorien	☐	☐	☐	☐	☐
	(Weitere Gründe, die hier nicht genannt wurden)					
10.	-- --	☐	☐	☐	☐	☐
11.	-- --	☐	☐	☐	☐	☐

PROBLEME

Auf den folgenden Seiten findest Du einige Probleme aus dem täglichen Leben, die alle etwas mit Physik zu tun haben. Du sollst versuchen, für jedes Problem eine Erklärung anzugeben. Hierbei kommt es aber gar nicht darauf an, daß Du die "richtige" Lösung findest, die es meistens gar nicht gibt.

Viel wichtiger ist es, daß Du versuchst, durch eigenes Nachdenken eine Erklärung zu finden, die Dir als sinnvoll erscheint

(1)

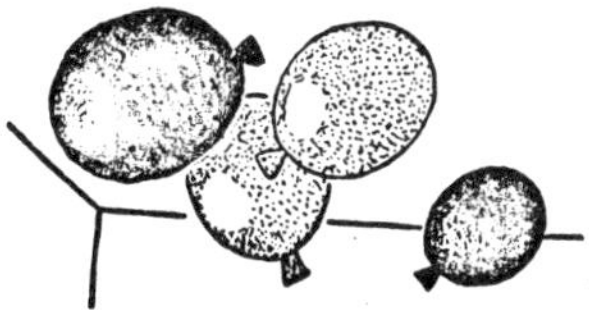

Wenn Du Luftballons aufbläst, sie zubindest und eine Weile an Deinem Wollpullover reibst und dann an die Zimmerdecke hältst, dann bleiben sie stundenlang dort haften.

Warum?

vgl. aber Anmerkung

Kennst Du ähnliche Erscheinungen? Welche?

(2)

Wenn Du ein Markstück unter ein baumwollenes Taschentuch legst und dann eine brennende Zigarette auf dem über die Münze gespannten Tuch ausdrückst, dann wird das Tuch nicht versengt.

Warum?

Kennst Du ähnliche Erscheinungen? Welche?

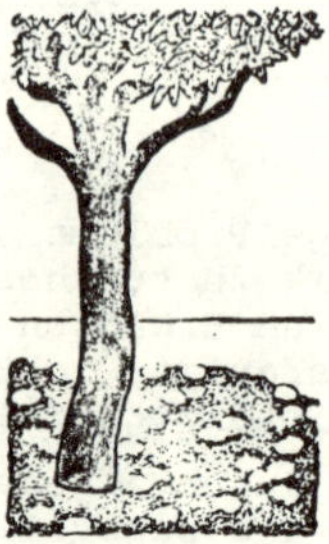

(3) Wenn die Sonne scheint, zeigen sich im Schatten hoher Bäume kreisrunde Lichtflecken auf der Erde. Warum sind diese Lichtflecken rund und nicht unregelmäßig geformt wie die Lücken zwischen den Blättern des Baumes?

Kennst Du ähnliche Erscheinungen? Welche?

(4) Ein Junge hackt Holz.
Warum schlägt er einmal mit dem Beilrücken und das andere Mal mit der Schneide nach vorne auf den Hackklotz?

Kennst Du ähnliche Erscheinungen? Welche?

----

(5)

In vielen Haushaltsgeräten (z.B. Elektroherd) sind Heizspiralen eingebaut, die beim Einschalten des elektrischen Stroms heiß werden.

Warum werden eigentlich die zuführenden Kabel nicht heiß?

Kennst Du ähnliche Erscheinungen? Welche?

(6)

Bei Stahlbrücken wird eine Seite in der Regel auf Rollen gelagert.

Welchen Zweck soll das haben?

Kennst Du ähnliche Erscheinungen? Welche?

(7)

Wenn man an heißen Tagen auf der Straße fährt, kann man häufig beobachten, daß die vor einem liegende Straße wie eine Wasserfläche aussieht.

Wie kommt das?

Kennst Du ähnliche Erscheinungen? Welche?

----

(8)

Ein Trinkglas wird voll Wasser gefüllt, und darauf wird eine Postkarte gelegt. Wenn Du jetzt mit einer Hand die Karte hältst und das Glas mit der Öffnung nach unten drehst, dann kannst Du die Postkarte loslassen, ohne daß das Wasser herausläuft. Warum?

Kennst Du ähnliche Erscheinungen? Welche?

9

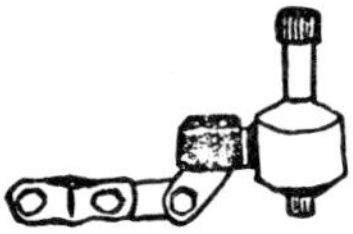

An den meisten Fahrrädern befindet sich ein sogenannter "Dynamo", der Strom erzeugt.

Kannst Du erklären, wie das vor sich geht?

Kennst Du ähnliche Erscheinungen? Welche?

10

Bergsteiger auf einem hohen Berg haben Schwierigkeiten, ihre Kartoffeln "gar" zu kochen, wenn sie einen normalen Topf benutzen. Sie müssen einen besonderen Kochtopf benutzen.

Warum?

Kennst Du ähnliche Erscheinungen? Welche?

----

(11) 

Bei Nebel soll ein Autofahrer mit Abblendlicht und nicht mit Fernlicht fahren.

Wäre es aber im Gegenteil nicht viel besser, das Fernlicht einzuschalten, damit man bessere Sicht hat?

Kennst Du ähnliche Erscheinungen? Welche?

----

(12) 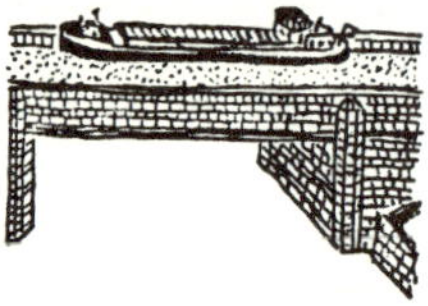

Manchmal werden Kanäle mit Hilfe von Brücken über Straßen oder Flüsse geleitet. Stell Dir vor, eine solche Brücke kann zusätzlich zu dem Gewicht des Wassers noch 500 Tonnen Belastung aushalten.

Was würde passieren, wenn ein Schiff von 1000 Tonnen über die Brücke fährt?

Kennst Du ähnliche Erscheinungen? Welche?

----

(13)

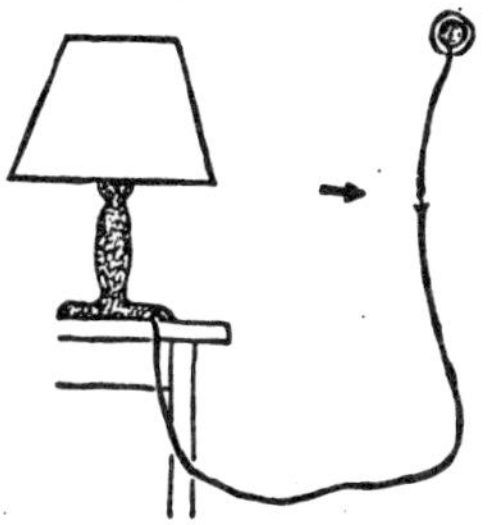

Wenn an elektrischen Leitungen die Isolierung beschädigt ist und sich die Drähte berühren, kommt es zu einem sogenannten Kurzschluß.

Kannst Du Dir vorstellen, warum der Kurzschluß so heißt und kannst Du erklären, was sich dabei eigentlich genau abspielt?

Kennst Du ähnliche Erscheinungen? Welche?

----

(14)

Als Schutz gegen das Erfrieren der Vorräte (Kartoffeln, Gemüse) werden in frostgefährdeten Kellern große mit Wasser gefüllte Gefäße aufgestellt.

Kannst Du Dir vorstellen, wie dadurch ein Erfrieren der Vorräte verhindert werden kann?

Kennst Du ähnliche Erscheinungen? Welche?

----

(15)

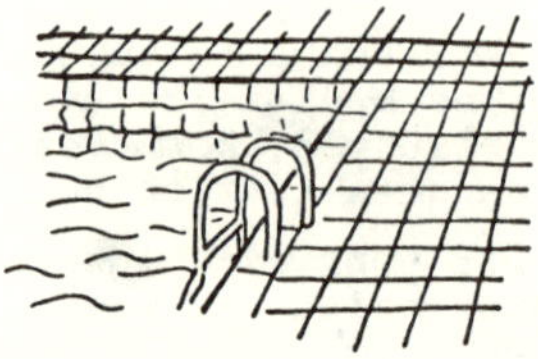

Die Stufen, die in ein Schwimmbecken hineinführen, erscheinen dort, wo sie die Wasseroberfläche berühren, geknickt.

Warum?

Kennst Du ähnliche Erscheinungen? Welche?

(16)

Wenn Du auf ein Modellsegelboot einen Ventilator montierst, so daß der Luftstrom gegen das Segel gerichtet ist, dann bläht sich zwar das Segel, das Boot bewegt sich aber überhaupt nicht.

Warum?

Kennst Du ähnliche Erscheinungen? Welche?

2.) Kategorien zur Beurteilung der Schülerantworten auf die vorgegebenen physikalischen Probleme (Untersuchung Juni 1978)

(Problem 1 wird - wie erwähnt - nicht berücksichtigt)

AUSWERTUNGSKATEGORIEN ZU PROBLEM NR. 2
(Taschentuch, Münze, Glut)

0: - Fehlende Antworten
- Unverständliche, nicht entzifferbare Antworten

1: - Naive, falsche Erklärungen
- Pseudoerklärungen, wobei jeglicher Bezug zur Lösung fehlt

Bsp.: a) Weil das Markstück aus Metall ist.
b) Weil das Markstück über das Tuch gespannt ist.
c) Münze speist die Hitze.
Die Münze drückt die Hitze ab.

2: - Die "Wärmeaufnahme" wird genannt bzw. umschrieben. Der Begriff "leiten" fällt nicht explizit. Auf die Wärmeleitfähigkeit von Metallen wird nicht Bezug genommen.

Bsp.: a) Die Münze nimmt die Wärme auf.
Die Münze zieht Wärme an.
b) Die Münze kühlt (... und dadurch ist es nicht heiß genug).

3: - Der Begriff "leiten" fällt. Die (gute) Wärmeleitfähigkeit von Metallen sollte angedeutet sein.
- Es fallen zwei wesentliche Aspekte (z.B. Wärmeaufnahme mit Konsequenz), ohne Verwendung des Begriffes "leiten".

Bsp.: a) Die Münze leitet die Hitze der Zigarette ab.
b) Die Münze ist ein solcher Wärmeanzieher, daß es die ganze Hitze der Zigarette zu sich zieht, bevor die Hitze so lange auf dem Tuch bleibt.

4: - Vollständige Erklärung des Vorganges. Der Begriff "leiten" muß fallen. Auf die Wärmeleitung (Wärmeleitfähigkeit von Metallen, Wärme wird abgeleitet) wird Bezug genommen und darüber hinausgehend auf die dadurch bewirkte Schutzfunktion der Münze für das Tuch.

Bsp: a) Da das Geldstück gut leitet, übertragt sich die Wärme auf das Geldstück statt auf das Taschentuch.

Lösungsvorschlag:

Die Glut der Zigarette erwärmt zunächst das Taschentuch, jedoch wird ein sehr großer Teil der Wärme, infolge der guten Leitfähigkeit (Wärme-,) von Metallen (hier Münze), abgeleitet. Die benötigte Temperatur, um das Taschentuch zu versengen, wird nicht erreicht.

AUSWERTUNGSKATEGORIEN ZU PROBLEM NR. 3
(Lichtflecken unter Baum)

0: - Fehlende Antworten
- Unverständliche, nicht entzifferbare Antworten

1: - Naive, falsche Erklärungen
- Pseudoerklärungen, es fehlt jeglicher Hinweis auf einen Lösungsaspekt

Bsp.: a) Wegen der Rundheit der Lichtstrahlen
b) Abstand Sonne-Baum bzw. Baum-Erde (ohne oder mit falscher Begründung)
c) Lichtbrechung, Reflexion, Spiegelung werden genannt
d) Wegen der Sonne (ohne auf ihre Form einzugehen)

2: - Ein wesentlicher Aspekt wird genannt, jedoch ohne nähere Erklärung.

Bsp.: a) Form der Sonne
b) Geradlinige Ausbreitung des Lichtes wird angeführt
c) Vergleich der Lücken mit Blende einer Lochkamera
d) Die Lichtflecken sind Projektionen der Sonne

3. - Zwei wesentliche Aspekte werden genannt, wobei enthalten sein sollte, daß es sich um Projektionen der Sonne handelt.

Bsp.: a) Weil die Sonne rund ist, und die Lücken der Blätter mit der Blende einer Lochkamera vergleichbar sind.

4. - Vollständige Erklärung der Lichtflecken (es werden mehr als zwei Aspekte genannt).

Lösungsvorschlag:

Nach dem Strahlenmodell breiten sich die Lichtstrahlen geradlinig aus. Von jedem Punkt eines angestrahlten Gegenstandes oder einer Lichtquelle (hier Sonne) gehen solche Lichtstrahlen aus. Diese treffen nun auf die kleinen Lücken, die u.a. durch die Überlappung von Blättern entstehen können. Im Bereich der Lücken kreuzen sich die unzählen Strahlen, wobei aber keine Störung der Lichtstrahlen auftritt und treffen auf dem Boden auf. Dort bewirkt jeder einzelne Lichtstrahl einen Lichtfleck, die Gesamtheit der Lichtflecken ergeben das Bild, kleine, runde Kreise, die ein Abbild der Sonne darstellen.

Das Ergebnis ist wie bei der Lochkamera nicht von der Lochart, d.h. von der Form des Loches (Lücke) abhängig, falls dieses nur klein genug ist. Die Größe des Loches beeinflußt nur die Schärfe des abzubildenden Gegenstandes und seine Helligkeit.

Anmerkung: Bei Sonnenfinsternis bilden sich sichelförmige Lichtflecken, da es sich ja um Abbildungen (Projektionen) der Sonne handelt (es sind keine Abbildungen der Lücken).

AUSWERTUNGSKATEGORIEN ZU PROBLEM NR. 4
(Holzhacken)

0: - Fehlende Antworten
- Unverständliche, nicht entzifferbare Antworten

1: - Naive Erklärungen, falsche Antworten
- Pseudoerklärungen, es fehlt jeglicher Hinweis auf die wesentlichen Aspekte einer physikalischen Erklärung.

Bsp.: a) Damit er den Klotz wieder loskriegt.
b) Wenn er mit der Rückseite schlägt, geht's leichter.
c) Bei dem großen Klotz reicht die Kraft des Beiles nicht aus, es durchzuhacken.
d) Unbedeutende Aspekte werden angeführt: Rückschlagprinzip ...

2: - Ein (wesentlicher) Aspekt der Lösung wird erwähnt oder angedeutet, wobei ein "nicht physikalischer Sprachgebrauch " verwendet werden darf.

Bsp.: a) Durch das schwere Klotz ist die Wucht (Schwung, ...) größer.
b) Hinweis auf das unterschiedliche Verhältnis der Massen Axt-Klotz
c) Die Bewegung des Beiles wird plötzlich abgebremst.

3: - Es werden zwei wesentliche Aspekte genannt.
- Der Begriff der "Trägheit der Masse" fällt.

Bsp.: a) Beil mit Klotz wird blitzartig gestoppt, so entsteht größere Kraft
b) Beil wird sofort abgebremst, der Schwung des Beiles erst etwas später, dabei spielt die Trägheit der Masse eine Rolle; so wird das Beil in das Holz getrieben.

4: - Vollständige Erklärung. Begriff "Trägheit der Masse" muß mit Erläuterung fallen

<u>Lösungsvorschlag:</u>

(Nach dem ersten Newtonschen Axiom (Trägheitsgesetz) verharrt jeder Körper im Zustand der Ruhe oder der gleichförmigen Bewegung, solange keine Kraft auf ihn wirkt. Jeder Körper setzt also der Änderung seiner Geschwindigkeit einen Widerstand entgegen, diese Eigenschaft bezeichnet man als die "Trägheit" bzw. als "Beharrungsvermögen" von Körpern; eine dafür charakteristische Größe bezeichnet man als "träge Masse").

a) Trifft nun das Beil mit einer bestimmten Geschwindigkeit auf das Holz, so wird es abgebremst, es ändert seine Geschwindigkeit, d.h. es muß eine Kraft auf das Beil wirken oder gewirkt haben, die die Geschwindigkeitsänderung hervorgerufen hat. Auf das Holz wirkt also die Kraft der "trägen Masse" (die Trägheitskraft) des Beiles, wobei sich die Kraft des Beiles in zwei Kraftkomponenten zerlegt, die senkrecht zu den Flächen des Keiles stehen, die nun den Klotz auseinanderdrücken. (Das Beil kann infolge seiner Bewegungsenergie Arbeit verrichten.)

b) Man schlägt mit dem Beil, das in einem wesentlich größeren Holz steckt, so auf den Hackklotz, daß der Beilrücken zuerst auftrifft. Es wird dabei die Tatsache ausgenützt, daß das Holz eine wesentlich größere Masse hat als das Beil, dadurch entsteht beim Auftreffen auf den Hackklotz eine wesentlich größere Kraft (Trägheitskraft), die die weitere Spaltung bzw. das Eindringen des Keiles bewirkt.

AUSWERTUNGSKATEGORIEN ZU PROBLEM NR. 5
(Elektroherd, Erwärmung des Kabels)

0: - Fehlende Antworten
- Unverständliche, nicht entzifferbare Antworten

1: - Naive, falsche Erklärungen
- Pseudoerklärungen, wobei jeglicher Bezug zur Lösung fehlt

Bsp.: a) Die Hitze wird am Herd gebraucht.
b) Die Isolierung des Kabels hält die Wärme ab.
c) Strom wird gestaut (ohne weitere Erklärung).

2: - Ein oder mehrere Aspekte werden genannt, der den Unterschied bzw. die Unterschiede der Drähte anspricht. Zu den von diesen Eigenschaften abhängigen Widerstandsänderungen wird nicht Stellung genommen.

Bsp.: a) Auf Materialunterschied oder Querschnitt oder Längsschnittunterschied wird hingewiesen.
b) Der Draht der Heizspirale besteht aus anderem Material.
c) Wegen dem Widerstand
d) Widerstand in der Spirale ist kleiner

3: - Der Begriff "Widerstand" oder "Leitfähigkeit" fällt explizit.
- Hinweis auf bestimmte Eigenschaften (Form, Art) des Kabels bzw. der Heizspirale, verbunden mit einer dadurch entstehenden Konsequenz für das Kabel, z.B. wird die Widerstandsänderung beschrieben.

Bsp.: a) Bei dem Kabel ist der Widerstand größer.
b) Die Heizspirale ist dünner, deshalb können die Elektronen nicht so leicht durch.

4: - Vollständige Erklärung. Dabei sollte auf die Form bzw. Art der Kabel hingewiesen werden, aber auch zusätzlich auf den Zusammenhang Widerstand und Erwärmung des Leiters.

Bsp.: a) Das stromzuführende Kabel (Kupfer) hat einen kleinen Widerstand, während die Spiralen einen sehr hohen Widerstand haben und dadurch vom Strom zum Glühen gebracht werden.

Lösungsvorschlag:

(Durch ein elektrisches Feld werden die Elektronen eines Leiters beschleunigt, können sich jedoch nicht ungehindert bewegen und stoßen gegen Atome, diese werden durch den Stoß zu Schwingungen angeregt und bewirken eine Erwärmung des Leiters. Die Elektronen werden also von dem Material in ihrem "Fluß" behindert, das Material leistet den Elektronen Widerstand, je höher dieser Widerstand ist, desto stärker wird das Material erwärmt.)

Die Temperaturerhöhung eines stromdurchflossenen Leiters hängt also von seinem Widerstand (R), d.h. von dem verwendeten Leitermaterial und dessen Form, ab. Der elektrische Widerstand eines Leiters ist proportional zur Leiterlänge (l) und umgekehrt proportional zum Leiterquerschnitt (s) und proportional zum spezifischen Widerstand (ρ) des Leitermaterials. So verwendet man für das stromführende Kabel dicke Kabel mit guter Leitfähigkeit, d.h. mit kleinem Widerstand. Die entstehende Wärme läßt sich nach dem Jouleschen Gesetz, dem Gesetz über die Elektronenwärme, berechnen: $Q = I^2 R t$.

AUSWERTUNGSKATEGORIEN ZU PROBLEM NR. 6
(Stahlbrücke, "Rollenlagerung")

0: - Fehlende Antworten
- Unverständliche, nicht entzifferbare Antworten

1: - Naive, falsche Erklärungen
- Pseudoerklärungen, wobei jeglicher Bezug zur Lösung fehlt

Bsp.: a) Damit sie etwas mitrollt, wenn ein Auto darüberfährt.
b) Wegen dem Eisen (ohne weitere Erklärung).

2: - Ein wesentlicher Aspekt wird genannt.
- Der Zusammenhang Temperaturänderung und Längenänderung wird falsch erklärt.

Bsp.: a) Stahl dehnt sich bei Kälte, bei Wärme zieht er sich zusammen.
b) Weil sich die Brücke ausdehnt oder zusammenzieht.
c) Wegen der Längenänderung der Brücke.
d) Wegen den Temperaturschwankungen.

3: - Zusammenhang Temperaturänderung und Längenänderung wird richtig erklärt.
- Zusammenhang Temperaturänderung und Längenänderung wird falsch erklärt, jedoch wird noch ein richtiger Aspekt bzw. eine Konsequenz angeführt.
- Es werden zwei Aspekte genannt (Längenänderung mit einer Konsequenz).

Bsp.: a) Im Winter zieht sich die Brücke wegen der Kälte zusammen.
b) Im Winter dehnt sich die Brücke wegen der Kälte aus, die Rollen ermöglichen eine solche Ausdehnung.
c) Die Rollen ermöglichen eine auftretende Längenänderung der Brücke.

4: - Vollständige Erklärung. Der Zusammenhang zwischen Temperatur- und Längenänderung wird richtig erläutert; außerdem wird explizit auf die Funktion der Rollen und/oder auf mögliche Konsequenzen beim "Nichtvorhandensein" der Rollen hingewiesen.

Bsp.: a) Bei Wärme dehnt sich Stahl aus. Die Rollen ermöglichen das Ausgleichen solcher Längenänderungen.

Lösungsvorschlag:

Feste, flüssige und gasförmige Körper dehnen sich beim Erwärmen aus, bzw. ziehen sich zusammen, wenn man sie abkühlt.

Auch die Brücke ist je nach Witterungsverhältnissen Temperaturschwankungen unterworfen, die eine Längenänderung hervorrufen. Durch die Rollen können solche Änderungen ausgeglichen werden. Auftretende Spannungskräfte werden verhindert, was zur Zerstörung der Brücke führen könnte.

AUSWERTUNGSKATEGORIEN ZU PROBLEM NR. 7
(Luftspiegelung, Fata Morgana)

0: - Fehlende Antworten
- Unverständliche, nicht entzifferbare Antworten

1: - Naive, falsche Erklärungen
- Pseudoerklärungen, kein Bestandteil der richtigen Erklärung ist genannt.

Bsp.: a) Teer sondert Dämpfe, Gase ab. Luft flimmert.
b) Erwähnung von Wärme, Hitze (ohne nähere Erklärung, z.B. der Dichte).
c) Sonne wird gespiegelt. Oder wegen Sonneneinstrahlung.
d) Optische Täuschung.

2: - Ein wesentlicher Bestandteil einer adäquaten Erklärung wird genannt.

Bsp.: a) (untere) Luftspiegelung - vgl. Fata Morgana
b) Beschreibung der entstehenden Luftschichten (Temperatur und Dichte)
c) Lichtstrahlen fallen von einem dichteren Medium auf die Grenzfläche zum dünneren (Begriff "gebrochen" fällt nicht)
d) Aspekt der Totalreflexion fällt (bzw. Lichtbrechung, Licht umgebogen)
e) Wasserfläche ist ein Abbild des blauen Himmels.
f) "Vorwissenschaftlicher" Sprachgebrauch sei zugelassen (Sehstrahl)

3: - Es werden zwei wesentliche Aspekte genannt.

Bsp.: a) Treffen zwei verschiedene Luftschichten aufeinander, kann es zu einer Fata Morgana kommen.
b) Zwei Luftschichten mit verschiedener Dichte wirken wie ein Spiegel.

4: - Vollständige Beschreibung des Vorganges. Es sollte über die verschiedenen Luftschichten, über die Totalreflexion und die Interpretation der Wasserfläche berichtet werden.

<u>Lösungsvorschlag:</u>

(Durch (starke) Sonneneinstrahlung wird die dunkle Straße stark erwärmt; ein Teil der Wärme wird wieder abgegeben und erwärmt, zusätzlich zu den Sonnenstrahlen, die angrenzende Luft. Es entstehen so Luftschichten von verschiedenen Temperaturen, also von unterschiedlicher Dichte (je kälter desto dichter liegen die Luftmoleküle zusammen). An der Grenzfläche zweier Medien mit unterschiedlicher Dichte werden Lichtstrahlen gebrochen.)

Fällt nun Licht aus dem optisch dichteren Medium unter einem genügend großen Einfallwinkel auf die Grenzfläche des dünneren Mediums, so wird das auf die Grenzfläche fallende Lichtbündel total reflektiert. (Da der Übergang von einer Luftschicht in die andere nur allmählich stattfindet, werden die Lichtbündel hier gleichsam "umgebogen"). Diese Flächen erscheinen besonders hell und glänzend, täuschen eine Wasseroberfläche vor, während in Wirklichkeit der blaue Himmel abgebildet wird. (Diese Erscheinung bezeichnet man auch als untere Luftspiegelung und ist mit einer Fata Morgana vergleichbar.)

AUSWERTUNGSKATEGORIEN ZU PROBLEM NR. 8
(Wasserglas, Postkarte, Luftdruck)

0: - Fehlende Antworten
- Unverständliche, nicht entzifferbare Antworten

1: - Naive, falsche Erklärungen
- Pseudoerklärungen, wobei jeglicher Bezug zur Lösung fehlt

Bsp.: a) Durch Schnelligkeit gelingt es.
b) Weil ein Vakuum entstanden ist.
c) Luftblase im Glas hält Karte fest - Karte saugt sich selbst fest.

2: - Ein oder mehrere Aspekte, die für die Lösung weniger bedeutungsvoll sind, werden angeführt. Der Begriff "Luftdruck" fällt nicht.
- Der Begriff "Luftdruck" fällt ohne weitere Aspekte.

Bsp.: a) Oberflächenspannung - Kohäsion - Adhäsion - Anziehung Glas-Karte.
b) Wegen dem Luftdruck.
c) Es darf keine Luft in das Glas eindringen.

3: - Die Bedeutung des Luftdruckes für die Postkarte und damit für das Wasser wird beschrieben.
- Die Bedeutung des Luftdruckes wird nicht beschrieben, stattdessen werden neben dem Luftdruck weniger bedeutungsvolle Aspekte genannt.

Bsp.: a) Luftdruck und die Oberflächenspannung verhindern das Herauslaufen.
b) Der Luftdruck drückt die Postkarte an das Glas.

4: - Vollständige Erklärung. Auf die wirkenden Kräfte wird hingewiesen, vor allem auf diejenigen, die durch das Gewicht des Wassers und durch den Luftdruck entstehen. Auf die weniger bedeutungsvollen Aspekte wie Oberflächenspannung und Kohäsionskraft u.a. kann nicht verzichtet werden.

Lösungsvorschlag:

Legt man eine Postkarte auf ein Wasserglas, so wird es von mehreren Kräften gehalten (Luftdruck, Kohäsionskraft, ...). Sobald nun das Glas umgedreht wird, sinkt zunächst die Wassersäule im Glas, wobei nun der Luftdruck im Glas wegen der kleinen Luftmenge nach dem Boyle M. Gesetz ($p\ V = const.$) rapide absinkt. Der Schwerkraft, die das Wasser und die Postkarte nach unten zieht, wirkt nun der äußere Luftdruck entgegen. Die Postkarte haftet infolge der Kohäsionskraft am Glasrand und läßt keine Luft hindurch. Zwischen den Unebenheiten (rauhe Oberfläche der Postkarte) der Postkarte und dem Glas kann das Wasser infolge der Oberflächenspannung nicht entweichen, es kann also auch keine Luft eindringen, da der Raum ja bereits ausgefüllt ist. Das Wasser bleibt also, indem die Postkarte durch den äußeren Luftdruck an das Glas gedrückt wird, solange im Glas, bis die vom Luftdruck ausgeübte Kraft auf die Postkarte kleiner wird als die Gewichtskraft des Wassers und Postkarte.

Anm.: Die vom Luftdruck ausgeübte Kraft: 10 N / cm^2
Vgl. Wassersäule 10 cm Höhe Kraft: 0,1 N / cm^2

Auswertungskategorien zu Problem Nr. 9
(Fahrraddynamo)

0: - Fehlende Antworten
- Unverständliche, nicht entzifferbare Antworten

1: - Naive Erklärungen, falsche Antworten
- Pseudoerklärungen

Bsp.: a) Der Strom entsteht im Dynamo (durch Reibung, ...)
b) Durch die Drehung des Kopfes des Dynamos (der Rändelschraube).

2: - Ein wesentlicher Aspekt wird genannt, jedoch ohne Erklärung bzw. mit falscher Erklärung

Bsp.: a) Vgl. Dynamo mit Innenpolmaschine oder mit Generator.
b) Das Induktionsgesetz wird angedeutet.
c) Die Energieumwandlung wird erläutert.

3: - Die Funktionsweise eines Dynamos wird annähernd richtig beschrieben, d.h. entweder wird der Aufbau oder das Induktionsgesetz genannt und beschrieben. Hier langt es nicht, den Dynamo mit einem Generator zu vergleichen, sondern dieser müßte auch beschrieben werden.

Bsp.: a) Durch drehende Magneten wird in Spulen Strom erzeugt.

4: - Hier wird eine vollständige Erklärung des Prinzips verlangt. Aufbau des Dynamos und das Induktionsgesetz müssen erläutert werden.

Bsp.: a) Im Dynamo wird ein Induktionsstrom durch die Bewegung eines Magneten in einer Spule erzeugt.

Lösungsvorschlag:

Die Drehbewegungen des Rades versetzen einen (vierpoligen) Permanentmagneten (der sich im Innern des Dynamos befindet) in eine Drehbewegung. (Der sich so drehende Permanentmagnet ist so aufgebaut, daß sich je zwei Nordpole bzw. zwei Südpole gegenüber stehen). Er erzeugt nach dem Induktionsgesetz (von Faraday: wird ein Leiter und ein Magnetfeld relativ zueinander bewegt, so wird eine Spannung induziert) in den vier gegenüberliegenden Spulen, die auf einen Eisenkern gewickelt und am Gehäuse befestigt sind, eine Spannung.

(Durch Induktionsvorgänge wird eine elektrische Spannung erzeugt, indem mechanische Energie in elektrische Energie umgewandelt wird.)

AUSWERTUNGSKATEGORIEN ZU PROBLEM NR. 10
(Bergsteiger, Kartoffel kochen)

0: - Fehlende Antworten
- Unverständliche, nicht entzifferbare Antworten

1: - Naive Erklärungen
- Pseudoerklärungen, es fehlt jeglicher Bezug zur Siedepunktserniedrigung und zu dem verminderten Luftdruck

Bsp.: a) Wegen der Luftfeuchtigkeit. - Zu geringer Sauerstoffgehalt.
b) Auf dem Berg ist es zu kalt. - Bezug auf Kochgerät (falsch ...)

2: - Ein wesentlicher Aspekt der Erklärung wird gebracht. Die Veränderung des Siedepunktes oder die Veränderung des Luftdrucks werden angeführt, jedoch noch nicht in (richtigem) Zusammenhang.

Bsp.: a) Auf dem Berg ist die Luft dünner.
b) Der Siedepunkt auf dem Berg ist "höher".
c) Luftdruck ist "größer" auf dem Berg.

3: - Die Faktoren Luftdruck und Siedepunkt werden in den richtigen Zusammenhang gebracht.

Bsp.: a) Auf dem Berg ist der Luftdruck niedriger.
b) Siedepunkt ist auf dem Berg niedriger.
c) Das Wasser kocht früher.

4: - Hier wird eine vollständige Erklärung verlangt. Hier wird sowohl der richtige Zusammenhang zwischen Luftdruck und Siedepunkt angeführt als auch auf Konsequenzen eingegangen, die die Problemstellung betreffen, außerdem sollte der "besondere" Kochtopf beschrieben sein.

Bsp.: a) Durch den niedrigeren Luftdruck kocht das Wasser schon wesentlich früher. Dadurch werden die Kartoffeln schlechter gar.

Lösungsvorschlag:

Erhitzt man eine Flüssigkeit (z.B. Wasser), so stellen wir fest, daß die Temperatur nur bis zu einem gewissen Punkt ansteigt, dem Siedepunkt. Hier ist der Dampfdruck gleich dem äußeren Druck, dem Luftdruck. Wird der Luftdruck niedriger, wie dies in höheren Bergen der Fall ist, so wird der Siedepunkt schon wesentlich früher erreicht, das Wasser wird nicht so heiß und die "Kartoffeln werden nicht gar".

Verwendet er jedoch einen Papirischen Topf, Dampftopf (Schnellkochtopf), so wird der Luftdruck im Topf, durch das verdunstende Wasser, erhöht, sogar wesentlich erhöht und man erreicht Tamperaturen, die sogar über 100° C liegen können.

AUSWERTUNGSKATEGORIEN ZU PROBLEM NR. 11
(Autofahren bei Nebel)

0: - Fehlende Antworten
- Unverständliche, nicht entzifferbare Antworten

1: - Naive Erklärungen
- Pseudoerklärungen, es wird kein Bestandteil der Lösung genannt

Bsp.: a) Fernlicht blendet andere - Fernlicht ist zu schwach.
b) Fernlicht ist besser - Abblendlicht ist besser

2: - Ein oder mehrere Aspekte, die für die Lösung eine weniger bedeutungsvolle Rolle spielen, werden angedeutet.

Bsp.: a) Nebel besteht aus kleinen Wassertröpfchen.
b) Die Wassertröpfchen wirken wie eine undurchsichtige, weiße Wand.
c) Die Wirkung ist um so stärker, je heller die Schweinwerfer leuchten.
d) Abblendlicht und Fernlicht leuchten unter verschiedenen Winkeln.
c) Selbstblendung ist um so stärker je stärker das Licht.

3: - Die Reflexion des Lichtes wird angeführt, evtl. noch verbunden mit Konsequenz.
- Es werden zwei wesentliche Aspekte genannt.

Bsp.: a) Durch die Nebelwand werden die Lichtstrahlen reflektiert und blenden dadurch den Fahrer.

4: - Vollständige Beschreibung des Problems. Es werden mehr als zwei Gesichtspunkte angeführt, wobei die Reflexion enthalten sein muß.

Bsp.: a) Licht wird durch die Wassertröpfchen reflektiert und blendet den Fahrer (er wird durch sein eigenes Licht geblendet).

Lösungsvorschlag:

Nebel besteht aus sehr kleinen Wassertröpfchen, an denen das einfallende Licht gebrochen, gestreut und reflektiert wird. Es entsteht eine relativ undurchsichtige helle Wand, die den Fahrer blendet; je stärker das Licht, desto stärker ist die Blendung (durch das eigene Licht).

Man fährt mit Abblendlicht, da hier die Strahlen nach unten gerichtet und wesentlich schwächer sind, es kann also auch nur weniger Licht reflektiert werden.

(Es kommt also auch darauf an, diese Wassertröpfchen zu "unterwandern", bzw. solches Licht zu nehmen, das sehr kleine Wellenlängen und damit sehr kleine Brechzahlen hat, man versucht damit die Bildung der hellen und undurchsichtigen Wand zu verhindern (vgl. rotes Licht der Nebelschlußleuchte).)

AUSWERTUNGSKATEGORIEN ZU PROBLEM NR. 12
(Schiff, Kanalbrücke)

0: - Fehlende Antworten
- Unverständliche, nicht entzifferbare Antworten

1: - Naive Erklärungen
- Pseudoerklärungen, bzw. falsche Vorhersagen

Bsp.: a) Das Wasser trägt ja das Schiff.
b) Die Brücke kracht.
c) Das Wasser läuft über.

2: - Es wird eine richtige Vorhersage getroffen, oder es wird ein wichtiger Aspekt angeführt.

Bsp.: a) Begriff Auftrieb fällt.
b) Prinzip von Archimedes wird zur Begründung genannt, jedoch noch nicht vollständig richtig beschrieben.
c) Wasser fließt an den Seiten ab (nicht über).

3: - Prinzip von Archimedes wird richtig beschrieben.
- Zwei wesentliche Aspekte werden genannt (z.B. richtige Vorhersage, verbunden mit annähernd richtiger Erklärung des Auftriebs).

Bsp.: a) Es würde nichts passieren, denn das Schiff erfährt einen Auftrieb, das Gewicht ist also nur noch 1/6.

4: - Vollständige Erklärung des Problems. Außer der richtigen Vorhersage wird eine exakte Begründung verlangt. Die Bedeutung des Gewichtes des Schiffes und der verdrängten Wassermenge muß hervorgehoben werden.

Lösungsvorschlag:

Nach dem Prinzip von Archimedes (ein in eine Flüssigkeit eintauchender Körper wiegt um so viel weniger, wie das von ihm verdrängte Flüssigkeitsvolumen ausmacht) verdrängt das Schiff eine seinem Gewicht entsprechende Wassermenge. Deshalb kommt es nicht zu einer zusätzlichen Belastung der Brücke, denn an der Stelle des vorher dort vorhandenen Wassers befindet sich jetzt der Schiffskörper mit dem gleichen Gewicht.

Der Kanal könnte also von noch viel schwereren Schiffen befahren werden, sofern Wassertiefe und Kanalbreite ausreichen. Die Belastung der Brücke würde dabei nicht erhöht werden.

Wäre jedoch der wasserführende Brückenabschnitt von dem Kanal abgetrennt, dann würde der Wasserspiegel beim Einfahren des Schiffes in dem betreffenden Abschnitt steigen, und das Wasser plus Schiff würde jetzt die Brücke belasten bzw. überbelasten. Ist der Kanal nicht abgetrennt, läuft das Wasser an den Seiten ab, der Wasserspiegel hebt sich nur unmerklich.

AUSWERTUNGSKATEGORIEN ZU PROBLEM NR. 13
(Lampe, Kurzschluß)

0: - Fehlende Antworten
- Unverständliche, nicht entzifferbare Antworten

1: - Naive Erklärungen
- Pseudoerklärungen, kein Aspekt einer richtigen Erklärung

Bsp.: a) Es ist kurz Schluß - Zwei Drähte berühren sich
b) Strom wird nicht verbraucht - Strom fällt weg
c) Sicherung fliegt raus

2: - Ein wesentlicher Aspekt wird genannt

Bsp.: a) Strom "wählt" kürzeren Weg; Weg des geringsten Widerstandes.
b) Es fließt jetzt ein sehr hoher Strom. Erhitzung der Drähte.
c) Um eine Erhitzung zu verhindern, "fliegt die Sicherung heraus".
d) Sicherung fliegt raus, weil zu viel Strom fließt.

3: - Es werden zwei wesentliche Aspekte genannt

Bsp.: a) Strom versucht, den kürzesten Weg zu nehmen. Strom fließt nicht mehr bis zur Lampe. Nun fließt aber zuviel Strom und es gibt einen Kurzschluß.

4: - Es werden mindestens drei wesentliche Aspekte genannt

Bsp.: a) Strom wählt den Weg des geringsten Widerstandes, fließt also nicht mehr durch Lampe. Nun fließt aber sehr viel Strom und die Drähte erwärmen sich, dies wird jedoch durch eine Sicherung verhindert, und der Strom wird unterbrochen.

Lösungsvorschlag:

Ist bei einem Verbraucher das stromzuführende Kabel defekt und berühren sich die beiden Zuleitungen, so fließt der Strom unter Umgehung des Elektrogerätes (welches einen sehr großen Widerstand hat) nur noch durch die Zuleitung, die ja fast keinen Widerstand hat. Der Strom wählt den Weg des geringsten Widerstandes. Da nun der Leitungsdraht fast keinen Widerstand hat, fließt sehr viel Strom, und die Stromstärke steigt erheblich an. Diese Stromstärke führt trotz des geringen Leitungswiderstandes zu einer vermehrten Umwandlung von elektrischer Energie in Wärmeenergie in der Zuleitung (vgl. Joulesches Gesetz). Der gesamte Leiterkreis erhitzt sich immer mehr, was katastrophale Folgen haben könnte (Brandgefahr). Durch eine Sicherung kann man nun bei Überbelastung den Strom unterbrechen und eine Brandgefahr ausschalten.

Auswertungskategorien zu Problem Nr. 14
(kalter Keller, Wasserschüsseln)

0: - Fehlende Antworten
- Unverständliche, nicht entzifferbare Antworten

1: - Naive Erklärungen
- Pseudoerklärungen, nicht entzifferbare Antworten

Bsp.: a) Erhöhung der Luftfeuchtigkeit
b) Hinweis auf Notwendigkeit einer zusätzlichen Beheizung
c) Hinweis auf konstante Temperatur des Eises

2: - Ein Aspekt wird in einem "vorwissenschaftlichen" Sprachgebrauch (Umgangssprache) angeführt.

Bsp.: a) Wasser gefriert früher

3: - Ein wesentlicher Aspekt wird genannt, mit Konsequenz
- Der Vorgang des Abkühlens von Wasser wird bezüglich der freiwerdenden Wärmemenge beschrieben.

Bsp.: a) Wärme wird abgegeben, was ein Abkühlen des Raumes verhindert.

4: - Vollständige Erklärung des Problems. Der Vorgang des Erstarrens von Wasser wird beschrieben, speziell muß auf die freiwerdende Wärmemenge eingegangen werden und die sich daraus ergebene Konsequenz bezüglich der Raumtemperatur oder der Früchte.

Lösungsvorschlag:

Wollen wir Eis zum Schmelzen bringen, müssen wir Wärme (Wärmeenergie) zuführen. Diese Energie müssen wir beim umgekehrten Vorgang "abführen", d.h. um einen Stoff aus dem flüssigen in den festen Zustand zu bringen, müssen wir Wärme abführen (z.B. Wasser abkühlen). Bei einer gewissen Temperatur tritt trotz Wärmeabgabe an die Umgebung keine Temperaturerniedrigung ein.

(Während des Abkühlens wird die Bewegungsenergie der Wassermoleküle immer geringer, ihre Schwingungen werden schwächer. Im Bereich der Erstarrungstemperatur können die Bindungskräfte von Molekül zu Molekül nicht mehr überwunden werden, die Moleküle lagern sich wieder zum Kristallgitter zusammen. Die innere Energie des flüssigen Zustandes ist höher als die des Kristalls. Im Augenblick des Erstarrens wird dieser Energieunterschied in Form von Wärmeenergie frei.)

Die frei werdende Wärmeenergie nennen wir Erstarrungswärme; sie ist bei Wasser besonders groß (334 kJ/kg).

Indem nun der unterkühlte Keller seine "Kälte" auch auf die Schüsseln überträgt, geben die Schüsseln beim Abkühlen eine relativ große Wärmemenge ab, die den Raum etwas erwärmen, so daß die Kartoffeln nicht erfrieren.

AUSWERTUNGSKATEGORIEN ZU PROBLEM NR. 15
(Schwimmbad, Wasser, Lichtbrechung)

0: - Fehlende Antworten
- Unverständliche, nicht entzifferbare Antworten

1: - Naive Erklärungen
- Pseudoerklärungen, es fehlt jeglicher Bezug zur Lösung (Lichtbrechung)

Bsp.: a) Reflexionsgesetze oder Spiegelungen werden genannt.
b) Durch die Wellen. - Damit man nicht abrutscht

2: - Ein wesentlicher Bestandteil der Lösung wird genannt. Lichtbrechung (oder z.B. auch "gebrochen") fällt nicht.

Bsp.: a) "Sehstrahl" wird an Grenzfläche Wasser-Luft geknickt.

3: - Der Begriff Lichtbrechung (bzw. Lichtstrahl wird gebrochen) wird explizit erwähnt.

Bsp.: a) Der Lichtstrahl wird an der Wasseroberfläche gebrochen

4. - Vollständige Klärung der "geknickten Treppen".

Bsp.: a) Der Lichtstrahl wird an der Grenzschicht Wasser-Luft gebrochen.

Lösungsvorschlag:

Trifft ein Lichtstrahl an die Grenzfläche zweier durchsichtiger Medien, die sich in ihrer Dichte unterscheiden, so wird er gebrochen. Dabei kann man beobachten, daß ein Strahl, der vom optisch dichteren Medium zum optisch dünneren verläuft, vom Einfallslot weggebrochen wird. Nun gehen von den Treppen, die unter dem Wasser liegen, Lichtstrahlen aus (durch Reflexion). Beim Übergang von dem dichteren Medium (Wasser) zum dünneren wird der Strahl gebrochen, und die Treppe erscheint gegenüber den Treppen, die nicht im Wasser liegen, geknickt, denn die Lichtstrahlen, die direkt in unser Auge fallen, werden nicht gebrochen und dadurch auch nicht verschoben.

AUSWERTUNGSKRITERIEN ZU PROBLEM NR. 16
(Boot, Segel, Ventilator)

0: - Fehlende Antworten
- Unverständliche, nicht entzifferbare Antworten

1: - Naive Erklärungen
- Pseudoerklärungen, falsche Antworten

Bsp.: a) Weil der Anker unten war.
b) Weil der Wind fehlt.

2: - Hier wird eine richtige Alternative beschrieben.

Bsp.: a) Segel und Ventilator dürfen nicht zusammen auf dem Boot sein.
b) Vergleich mit Münchhausen.

3: - Hier wird auf die Wirkungsweisen von Ventilator und Segel hingewiesen, oder daß sich die auftretenden Kräfte aufheben.

Bsp.: a) Weil sich zwei Kräfte gegeneinander aufheben.
b) Weil Boot und Ventilator verbunden sind und sich nun zwei Antriebe gegenüberstehen (im Vergleich zu 2 wird hier Erklärung gegeben).
c) Durch den Ventilator würde das Boot rückwärts fahren (Rückstoß).

4: - Eine ausführliche Beschreibung des Vorganges wird gegeben. Die Wirkungsweise des Ventilators und des Segels wird beschrieben, darüberhinaus wird zu den auftretenden Kräften Stellung genommen.

Bsp.: a) Durch den Ventilator würde das Boot rückwärts fahren, durch das Segel vorwärts. Die auftretenden Kräfte heben sich auf, das Boot bewegt sich nicht.

Lösungsvorschlag:

(Blasebalg, Segel und Kahn bilden ein abgeschlossenes System, dessen Gesamtimpuls gleich Null sein muß, daraus ergibt sich, daß sich der Kahn nicht bewegt.)

Der Ventilator bläst Luft in die eine Richtung. Nach dem Wechselwirkungsgesetz (actio = reactio) erfährt er einen Rückstoß, der sich auf das Boot überträgt und es nach rückwärts fahren läßt (ohne Segelwirkung). (Vgl. Propeller beim Flugzeug)

Die vom Ventilator in Bewegung gebrachte Luft prallt auf das Segel und gibt dem Boot einen Schub nach vorne. Die beiden entstehenden Kräfte (Schübe) heben sich auf, und das Boot bewegt sich nicht.

3. Untersuchung Juni 1978 "Erklärung physikalischer Probleme": Anzahl der auf die einzelnen Kategorien entfallenden Antworten

	Problem Nr.	2					3					4					5					6				
	Kategorien	0	1	2	3	4	0	1	2	3	4	0	1	2	3	4	0	1	2	3	4	0	1	2	3	4
Schule A	7 m (N = 20)	10	6	2	1	1	20	0	0	0	0	12	6	2	0	0	8	11	0	1	0	5	3	4	6	2
	8 m (N = 24)	14	4	5	1	0	13	7	4	0	0	10	9	4	1	0	10	7	3	3	1	10	3	3	2	6
	9 m (N = 42)	22	9	5	6	0	27	8	7	0	0	8	20	9	5	0	9	18	9	5	1	9	2	5	13	13
	7 w (N = 14)	5	8	1	0	0	13	1	0	0	0	9	4	0	1	0	10	4	0	0	0	12	0	0	1	1
	8 w (N = 29)	16	8	1	4	0	17	9	3	0	0	6	19	4	0	0	11	15	3	0	0	16	3	3	4	3
	9 w (N = 46)	25	12	5	4	0	21	19	6	0	0	22	21	3	0	0	6	30	6	4	0	19	7	5	7	8
Schule B	7 m (N = 37)	21	4	9	2	1	19	11	6	1	0	11	16	6	4	0	10	18	7	2	0	13	3	9	5	7
	8 m (N = 32)	17	5	8	2	0	20	9	3	0	0	11	8	9	4	0	10	16	3	2	1	3	1	8	11	9
	9 m (N = 17)	12	0	3	1	1	12	5	0	0	0	5	6	4	2	0	5	3	5	2	2	3	0	5	2	7
	7 w (N = 42)	16	13	6	3	4	29	10	1	2	0	13	19	4	6	0	13	22	5	2	0	18	1	2	7	14
	8 w (N = 37)	16	9	9	1	2	24	7	6	0	0	14	16	7	0	0	9	26	1	1	0	6	1	5	12	13
	9 w (N = 12)	5	3	3	1	0	8	3	1	0	0	4	5	3	0	0	4	5	1	1	1	4	2	2	0	4
Schule C	7 m (N = 42)	23	11	6	2	0	22	14	6	0	0	24	13	4	0	1	12	27	3	0	0	7	0	2	17	16
	8 m (N = 48)	22	12	7	7	0	27	15	6	0	0	16	18	12	2	0	13	24	7	4	0	11	2	2	13	20
	7 w (N = 39)	15	15	5	4	0	19	13	7	0	0	21	18	0	0	0	9	27	1	1	1	8	1	6	9	15
	8 w (N = 47)	25	12	2	8	0	31	13	3	0	0	22	20	5	0	0	9	33	3	2	0	16	3	3	13	12

3. Fortsetzung

Problem Nr.	7					8					9					10					11				
Kategorien	0	1	2	3	4	0	1	2	3	4	0	1	2	3	4	0	1	2	3	4	0	1	2	3	4
7 m (N = 20)	12	5	3	0	0	9	3	4	3	1	12	7	1	0	0	18	1	0	1	0	16	3	1	0	0
8 m (N = 24)	9	12	3	0	0	17	2	1	3	1	13	9	1	1	0	14	4	4	2	0	13	7	3	1	0
9 m (N = 42)	7	26	8	1	0	17	7	16	1	1	15	12	11	3	1	19	9	9	3	2	10	17	6	7	2
7 w (N = 14)	8	5	1	0	0	7	3	3	1	0	5	8	1	0	0	13	0	0	0	1	7	7	0	0	0
8 w (N = 29)	5	22	2	0	0	18	7	3	1	0	8	21	0	0	0	14	2	11	2	0	9	18	1	1	0
9 w (N = 46)	4	36	6	0	0	20	12	13	0	1	10	35	1	0	0	27	4	14	1	0	13	28	3	1	1
7 m (N = 37)	5	20	11	1	0	13	12	11	1	0	13	15	7	1	1	15	10	6	0	0	13	12	6	5	1
8 m (N = 32)	4	14	8	6	0	15	11	6	0	0	14	12	4	2	0	20	2	7	1	2	12	12	3	5	0
9 m (N = 17)	6	4	3	4	0	8	2	5	2	0	7	2	5	3	0	8	2	4	3	0	9	2	2	3	1
7 w (N = 42)	17	19	5	1	0	17	20	4	1	0	17	25	0	0	0	22	6	5	8	1	18	12	4	4	4
8 w (N = 37)	6	25	6	0	0	17	14	6	0	0	21	16	0	0	0	16	12	6	2	1	18	13	1	4	1
9 w (N = 12)	3	6	1	1	1	5	5	2	0	0	5	3	2	1	1	4	3	3	2	0	6	4	0	1	1
7 m (N = 42)	17	21	4	0	0	16	14	11	1	0	23	17	2	0	0	20	7	7	6	2	25	12	1	4	0
8 m (N = 48)	16	26	6	0	0	23	14	9	1	1	24	16	4	4	0	26	10	10	2	0	26	19	1	2	0
7 w (N = 39)	7	28	4	0	0	16	15	8	0	0	16	23	0	0	0	19	4	10	6	0	20	13	3	3	0
8 w (N = 47)	9	26	12	0	0	18	21	8	0	0	19	25	3	0	0	31	6	10	0	0	27	15	1	4	0

3. Fortsetzung

Problem Nr.	12					13					14					15					16				
Kategorien	0	1	2	3	4	0	1	2	3	4	0	1	2	3	4	0	1	2	3	4	0	1	2	3	4
7 m (N = 20)	14	3	2	1	0	13	3	4	0	0	20	0	0	0	0	15	0	1	4	0	16	1	1	2	0
8 m (N = 24)	7	11	3	3	0	13	8	3	0	0	19	3	2	0	0	12	4	1	7	0	15	1	3	5	0
9 m (N = 42)	10	23	3	6	0	18	13	5	6	0	24	13	5	0	0	13	6	1	22	0	26	8	5	3	0
7 w (N = 14)	12	1	0	1	0	11	2	1	0	0	13	1	0	0	0	10	1	0	3	0	13	1	0	0	0
8 w (N = 29)	15	7	6	1	0	20	8	1	0	0	18	10	1	0	0	11	12	3	3	0	20	6	3	0	0
9 w (N = 46)	19	20	6	1	0	27	18	1	0	0	28	12	1	5	0	12	17	1	15	1	29	12	5	0	0
7 m (N = 37)	6	28	2	1	0	11	10	16	0	0	21	13	2	1	0	9	11	1	14	2	24	5	5	2	1
8 m (N = 32)	10	14	6	1	1	14	14	2	1	1	20	9	2	1	0	6	5	5	15	1	20	6	4	1	1
9 m (N = 17)	7	4	3	3	0	9	2	5	1	0	10	5	0	2	0	4	4	0	5	4	7	1	4	4	1
7 w (N = 42)	22	12	8	0	0	19	11	9	3	0	24	16	1	1	0	24	16	1	1	0	30	9	1	1	1
8 w (N = 37)	19	14	2	2	0	25	6	5	1	0	24	11	2	0	0	13	6	0	14	4	25	8	2	1	1
9 w (N = 12)	4	3	4	1	0	6	3	1	2	0	7	5	0	0	0	2	3	1	6	0	5	5	2	0	0
7 m (N = 42)	25	11	4	2	0	34	6	2	0	0	29	11	0	1	1	23	14	2	3	0	33	6	3	0	0
8 m (N = 48)	26	18	1	3	0	35	5	7	1	0	35	11	1	1	0	24	5	2	14	3	36	8	2	1	1
7 w (N = 39)	24	7	8	0	0	30	9	0	0	0	32	5	2	0	0	19	17	0	3	0	30	5	4	0	0
8 w (N = 47)	30	14	3	0	0	30	14	2	1	0	43	4	0	0	0	30	4	6	6	1	40	3	4	0	0

4.) Untersuchung Juni 1978 "Erklärung physikalischer Probleme": Mediane der über die drei Schulen summierten Antwortverteilungen (incl. Kategorie 0)

	Jungen			Mädchen		
Problem Nr.	Kl. 7	8	9	7	8	9
2	0,42	0,48	0,37	0,82	0,49	0,47
3	0,31	0,37	0,26	0,28	0,28	0,50
4	0,57	0,93	1,13	0,61	0,76	0,62
5	0,85	0,90	1,24	0,79	0,87	1,04
6	2,63	2,85	2,87	2,44	2,52	1,17
7	0,84	0,94	1,05	0,80	1,00	1,02
8	0,90	0,45	1,00	0,70	0,58	0,74
9	0,54	0,53	1,04	0,67	0,64	0,87
10	0,43	0,37	0,73	0,38	0,43	0,44
11	0,42	0,53	1,05	0,58	0,55	0,81
12	0,61	0,71	0,96	0,32	0,38	0,76
13	0,35	0,34	0,67	0,29	0,25	0,38
14	0,21	0,20	0,37	0,19	0,16	0,33
15	0,60	1,21	2,56	0,83	0,61	1,25
16	0,18	0,23	0,39	0,15	0,16	0,35

5. Untersuchung Juni 1978 "Erklärung physikalischer Probleme": Anzahl der auf die einzelnen Kategorien entfallenden Antworten (bezogen auf vier Inhaltsbereiche)

		Wärmelehre					Optik					Mechanik					Elektrizitätslehre				
	Kategorien	0	1	2	3	4	0	1	2	3	4	0	1	2	3	4	0	1	2	3	4
Schule A	7 m	53	10	6	8	3	63	8	5	4	0	51	13	9	6	1	33	21	5	1	0
	8 m	57	14	14	5	6	47	30	11	8	0	49	23	11	12	1	36	24	7	4	1
	9 m	74	33	24	22	15	57	57	22	30	2	61	58	33	15	1	42	43	25	14	2
	7 w	43	9	1	1	2	38	14	1	3	0	41	9	3	3	0	26	14	2	0	0
	8 w	64	23	16	10	3	42	61	9	4	0	59	39	16	2	0	39	44	4	0	0
	9 w	99	35	25	17	8	50	100	16	16	2	90	65	27	1	1	43	83	8	4	0
Schule B	7 m	70	36	26	8	8	46	54	24	21	3	54	61	24	8	1	34	43	30	3	1
	8 m	60	17	25	15	11	42	40	19	26	1	56	39	25	6	2	38	42	9	5	2
	9 m	33	7	12	8	8	31	15	5	12	5	27	13	16	11	1	21	7	15	6	2
	7 w	80	36	14	19	19	74	49	13	16	16	82	60	17	8	1	49	58	14	5	0
	8 w	62	33	22	15	16	61	51	13	18	5	75	52	17	3	1	55	48	6	2	0
	9 w	20	13	8	3	4	19	16	3	8	2	18	18	11	1	0	15	11	4	4	2
Schule C	7 m	79	29	15	26	19	87	61	13	7	0	98	44	22	3	1	69	50	7	0	0
	8 m	94	35	20	23	20	93	65	15	16	3	101	58	24	7	2	72	45	18	9	0
	7 w	74	25	23	19	15	65	71	14	6	0	91	45	20	0	0	55	59	1	1	1
	8 w	115	25	15	21	12	97	58	22	10	1	110	58	20	0	0	58	72	8	3	0

(6.) Kategorien zur Beurteilung der Schülerantworten beim Auffinden der GEMEINSAMKEITEN (Untersuchung Juni 1978)

Aufgabengruppe 1: 1. Bügeleisen; 2. Tauchsieder; 3. Kabel

0: - Fehlende Begründungen
- Nicht entzifferbare Begründungen

1: - Falsche Aussagen
- Sehr naive, d.h. ohne jeglichen physikalischen Zusammenhang
- Ohne Begründungen

Bsp.: a) 1/2 Haushaltsgeräte
b) Küchengeräte
c) 2/3 erzeugen Wärme
d) 1/3 Man braucht Kabel dazu
e) 1/3 Mit Verlängerung kann man besser bügeln

2: - Unwesentlicher physikalischer Zusammenhang wird angeführt, zum Teil mit naiver Erklärung

Bsp.: a) 1/2 Elektrogeräte
b) 1/3 mit 3 wird 1 an Stromnetz angeschlossen
c) 1/3 zum Bügeln braucht man Strom

3: - Ein wesentlicher physikalischer Zusammenhang wird genannt.
- Mehrere unwesentliche Aspekte werden genannt.

Bsp.: a) 1/2 Stromverbraucher
b) 1/2 erzeugen Wärme
c) 1/2 geben Wärme
d) 1/2 Elektrogeräte, die sich erwärmen

4: - Ein wesentlicher physikalischer Zusammenhang wird genannt und näher beschrieben.
- Mehrere wesentliche Aspekte werden genannt.

Bsp.: a) 1/2 mit Hilfe des elektrischen Stroms werden beide Geräte erwärmt
b) 1/3 Strom erzeugt durch Kabel in 1 Wärme
c) 1/2 Stromverbraucher, die sich erwärmen
d) 1/2 erwärmen sich, Kabel transportiert nur Strom
e) 1/2 gleiches Prinzip, Wärmeentwicklung durch elektrischen Strom

Aufgabengruppe 2: 1. Korkenzieher; 2. Schere; 3.Bohrer

0: - Fehlende Begründungen
- Nicht entzifferbare Begründungen

1: - Falsche Aussagen
- Sehr naive, d.h. ohne jeglichen physikalischen Zusammenhang
- Ohne Begründungen

Bsp.: a) 1/3 haben gleiche Aufgabe
b) 1/2 bohren Löcher
c) 2/3 trennen, unterbrechen, spalten
d) 1/3 damit bekommt man alles auf
e) 1/2 notwendige Geräte
f) 2/3 Werkzeuge
2/3 Haushaltsgeräte

2: - Unwesentlicher physikalischer Zusammenhang wird angeführt, zum Teil mit naiver Erklärung.

Bsp.: a) 1/3 bohren Löcher
b) 1/2 haben nichts mit Elektrizität zu tun, sie werden mit Hand bedient
c) 1/2 "Einzelgegenstände", ohne weitere Bestandteile betriebsfähig

3: - Ein wesentlicher physikalischer Zusammenhang wird genannt.
- Mehrere unwesentliche Aspekte werden genannt.

Bsp.: a) 1/3 Gewinde - Windung - Spirale
b) 1/3 bei beiden Geräten spielt die Drehrichtung eine Rolle

4: - Ein wesentlicher physikalischer Zusammenhang wird genannt und näher beschrieben.
- Mehrere wesentliche Aspekte werden genannt.

Bsp.: a) 1/3 Gewinde (schiefe Ebene) dreht (bohrt) sich in Gegenstand
b) 1/2 Hebelwirkung wird hier ausgenutzt

Aufgabengruppe 3: 1. Thermoskanne; 2. Herd; 3. Kochtopf

0: - Fehlende Begründungen
- Nicht entzifferbare Begründungen

1: - Falsche Aussagen
- Sehr naive, d.h. ohne jeglichen physikalischen Zusammenhang
- Ohne Begründungen

Bsp.: a) 1/3 Haushaltsgeräte
b) 1/2 Wärmespender
c) 1/3 "etwas aufwärmen"
d) 1/3 Lebensmittelaufbewahrung
e) 2/3 Topf gehört auf Herd

2: - Ein unwesentlicher physikalischer Zusammenhang wird angeführt, zum Teil mit naiver Erklärung.

Bsp.: a) 1/2 haben mit Wärme zu tun
b) 3/2 3 wird auf 2 erhitzt

3: - Ein wesentlicher physikalischer Zusammenhang wird genannt.
- Mehrere unwesentliche Aspekte werden genannt.

Bsp.: a) 1/3 haben mit Wärmespeicherung zu tun
b) 1/3 keine elektrischen Geräte, es sind Haushaltsgeräte ohne Strom
c) 1/2 1 hält Wärme, 2 ist eine Wärmequelle

4: - Ein wesentlicher physikalischer Zusammenhang wird genannt und näher beschrieben.
- Mehrere wesentliche Aspekte werden genannt.

Bsp.: a) 2/3 durch Wärmeübertragung wird Topf durch Ofen erwärmt.
b) 1/2 Wärmeisolation spielt eine Rolle

Aufgabengruppe 4: 1. Glühbirne; 2. Autoscheinwerfer;
3. Autorückspiegel

0: - Fehlende Antworten
- Nicht entzifferbare Antworten

1: - Falsche Aussagen
- Sehr naive, d.h. ohne jeglichen physikalischen Zusammenhang
- Ohne Begründungen

Bsp.: a) 1/2 erzeugen Strom
b) 1/3 erzeugen Licht
c) 1/2 sind beide rund
d) 2/3 Teile des Autos

2: - Ein unwesentlicher physikalischer Zusammenhang wird angeführt, zum Teil mit naiver Erklärung.

Bsp.: a) 1/2 Lichtspender
b) 1/2 2 leuchtet ohne 1 nicht
c) 1/2 haben mit Elektrizität zu tun

3: - Ein wesentlicher physikalischer Zusammenhang wird genannt.
- Mehrere unwesentliche Aspekte werden genannt.

Bsp.: a) 1/2 Lichtquellen
b) 1/2 Stromverbraucher
c) 2/3 Spiegelwirkung

4: - Ein wesentlicher physikalischer Zusammenhang wird genannt und näher beschrieben.
- Mehrere wesentliche Aspekte werden genannt.

Bsp.: a) 1/2 beide erzeugen durch Strom Licht, während 3 nur Licht reflektiert
b) 1/2 durch Strom leuchten beide; selbstleuchtend
c) 1/2 leuchten, 3 reflektiert nur

7. Untersuchung Juni 1978 "Gemeinsamkeiten": Anzahl der auf die einzelnen Kategorien entfallenden Antworten

		Aufgaben-gruppe 1					Aufgaben-gruppe 2					Aufgaben-gruppe 3					Aufgaben-gruppe 4				
	Kategorien	0	1	2	3	4	0	1	2	3	4	0	1	2	3	4	0	1	2	3	4
Schule B	7 m (N = 37)	3	6	7	18	3	5	11	20	1	0	1	27	9	0	0	1	7	25	2	2
	8 m (N = 32)	0	5	4	18	5	1	9	19	3	0	1	20	7	4	0	0	7	21	2	2
	9 m (N = 17)	1	7	2	6	1	1	4	11	1	0	1	10	4	1	1	1	8	6	1	1
	7 w (N = 42)	1	11	10	19	1	1	17	18	6	0	0	32	8	2	0	0	20	18	1	3
	8 w (N = 37)	0	11	11	12	3	1	15	16	5	0	1	34	2	0	0	1	12	20	0	4
	9 w (N = 12)	0	3	2	4	3	2	2	8	0	0	0	8	2	1	1	1	3	7	1	0
Schule A	7 m (N = 20)	0	7	5	7	1	1	5	14	0	0	1	16	3	0	0	0	6	11	2	1
	8 m (N = 24)	2	7	6	7	2	3	5	14	2	0	1	13	10	0	0	1	4	17	0	2
	9 m (N = 42)	0	15	6	19	2	2	13	20	6	1	0	29	10	2	1	1	15	21	1	4
	7 w (N = 14)	0	4	5	3	2	0	6	7	1	0	0	11	1	2	0	0	6	7	1	0
	8 w (N = 29)	0	3	10	16	0	4	6	15	4	0	1	18	9	1	0	0	6	19	1	3
	9 w (N = 46)	0	22	12	11	1	8	18	16	4	0	1	35	9	1	0	1	21	23	0	1
Schule C	7 m (N = 42)	0	9	9	21	3	4	13	23	2	0	3	30	8	1	0	2	13	22	3	2
	8 m (N = 48)	0	15	11	18	4	2	14	29	2	1	0	39	9	0	0	0	17	20	4	7
	7 w (N = 39)	3	12	7	14	3	1	15	22	1	0	2	22	11	3	1	0	16	14	6	3
	8 w (N = 47)	1	12	9	24	1	2	25	16	4	0	0	41	6	0	0	0	22	20	3	2

(8.) Untersuchung Juni 1978 "Assoziationen": Häufigkeiten der von den Schülern geäußerten Assoziationen (getrennt nach "Begriff", "Geschlecht", "Schule" und "Klassenstufe")

Anmerkung: Innerhalb jeder Liste werden nur Assoziationen aufgeführt, deren Häufigkeit mindestens 10 % der entsprechenden Schülerzahl beträgt.

Begriff: T E M P E R A T U R

Schule: B

J u n g e n

7. Klasse		8. Klasse		9. Klasse	
Wärme	17	Hitze	12	Thermometer	9
Kälte	16	Wärme	12	Kälte	7
Hitze	13	Kälte	10	Sommer	6
Celsius	12	Thermometer	8	Hitze	5
Feuer	6	Celsius	7	Wärme	5
Grad	6	Sonne	7	kalt	5
hitzefrei	6	Eis	7	warm	4
Quecksilber	5	Grad	6	Feuer	4
kalt	5	heiß	6	Winter	4
warm	4	kalt	5	Sonne	3
Heizung	4	Schwimmbad	4	Eis	3
Winter	4	Quecksilber	4	Fieber	3
Sommer	4	Feuer	4	Celsius	2
		warm	3	Wasser	2
		Fieber	3	schwitzen	2
		hitzefrei	3	frieren	2
		Ausdehnung	3	heiß	2
				erhitzen	2
				Auspuff wird heiß	2

M ä d c h e n

7. Klasse		8. Klasse		9. Klasse	
Kälte	21	Kälte	25	Kälte	8
Wärme	20	Wärme	22	Hitze	6
Thermometer	17	Thermometer	16	Celsius	4
Celsius	15	Hitze	16	Wärme	4
Hitze	9	Celsius	11	Fieber	4
warm	8	Grad	11	Thermometer	3
kalt	8	Sonne	8	Grad	2
Grad	6	Skala	6	Gefrierpunkt	2
Sonne	5	Fieber	6	Siedepunkt	2
Schnee	5	Wetter	6		
heiß	5	-	4		
Eis	4	+	4		
Feuer	4	hitzefrei	4		
heißes Wasser	4	kalt	4		
Winter	4	Quecksilber	4		
Wetter	4	Fahrenheit	4		

Begriff: T E M P E R A T U R

Schule: A

J u n g e n

7. Klasse		8. Klasse		9. Klasse	
Thermometer	11	Thermometer	10	Thermometer	14
Celsius	9	Wärme	10	Wärme	13
Kelvin	8	Kälte	10	Kälte	13
Kälte	6	kalt	6	Hitze	11
Sonne	5	Hitze	6	Celsius	8
Hitze	5	warm	5	Kelvin	7
kalt	4	Sonne	5	kalt	6
Quecksilber	4	Celsius	4	Heizung	6
heiß	3	Schnee	4	absoluter Nullpunkt	6
Wärme	3	Wetter	3	schwitzen	5
Bimetall	2	Grad	3	hitzefrei	5
Feuer	2	heiß	3	Winter	5
- 273°C	2	Kelvin	2	Sommer	5
Grad	2	Fahrenheit	2	warm	5
Fahrenheit	2	Quecksilber	2	Grad	4
Flüssigkeit	2	Alkohol	2	Sonne	4
Ofen	2	Ofen	2	Fieber	4
Skala	2	Jahreszeiten	2	frieren	3
Kapillarrohr	2	was Kaltes zu trinken	2	Energie	3
		Regen	2	heiß	3

M ä d c h e n

7. Klasse		8. Klasse		9. Klasse	
Thermometer	10	Kälte	18	Kälte	24
warm	6	Thermometer	12	Thermometer	22
Kälte	6	Wärme	11	Wärme	19
Wärme	5	Hitze	9	kalt	15
Hitze	5	warm	6	Celsius	12
kalt	4	kalt	5	Sonne	12
Jahreszeiten	4	Fieber	5	Hitze	11
Fieber	3	Sonnenbrand	4	heiß	9
Skala	3	Sonne	4	Fieber	9
Sonne	3	heiß	3	Sommer	8
heiß	2	Celsius	3	warm	8
Sommer	2	Wetter	3	Wetter	7
Heizung	2	Schnee	3	Siedepunkt	6
Urlaub	2	hitzefrei	3	Winter	6
hitzefrei	2	Frost	3	Schnee	6
				Schmelzpunkt	5
				Klima	5
				Fahrenheit	5
				Eis	4
				Quecksilber	4

Begriff: T E M P E R A T U R

Schule: C

J u n g e n

7. Klasse

Thermometer	28
Kälte	13
Wärme	12
kalt	9
Hitze	9
Celsius	9
warm	8
Sonne	8
Schnee	7
Quecksilber	7
Winter	6
heiß	5
Grad	5
Fahrenheit	5
Reaumur	5
Heizung	5
Wasser	5
Skala	4
Ofen	4
Kohle	4
Siedepunkt	4
Regen	4
Eis	4

8. Klasse

Hitze	22
Thermometer	21
Kälte	17
Sonne	14
Sommer	12
hitzefrei	12
kalt	10
Schwimmbad	10
Celsius	10
Winter	9
Wärme	8
heiß	8
warm	7
schwitzen	6
Wetter	6
Quecksilber	6
Fahrenheit	5
Herbst	4
Physik	4
Schnee	4

M ä d c h e n

7. Klasse

Thermometer	32
Kälte	15
Wärme	14
Celsius	14
Fieber	12
Hitze	11
kalt	10
Grad	10
Eis	10
warm	9
Sonne	9
Quecksilber	7
Fahrenheit	7
Winter	6
Sommer	5
hitzefrei	5
Siedepunkt	5
Reaumur	4
Heizung	4
Wasser	4
Gefrierpunkt	4
kochen	4

8. Klasse

Thermometer	26
Kälte	22
Sonne	18
Hitze	17
Wärme	15
Schnee	11
Sommer	11
kalt	10
Schwimmbad	10
Winter	10
hitzefrei	9
Grad	8
warm	7
Celsius	7
Fieber	7
Eis	7
heiß	6
Wetter	5
Regen	5
Wasser	5

Begriff: L I C H T B R E C H U N G

Schule: B

J u n g e n

7. Klasse		8. Klasse		9. Klasse	
Wasser	8	Linse	5	Wasser	7
Spiegel	6	Prisma	5	Optik	4
Linse	6	Licht	4	Prisma	4
Sonne	5	Spiegel	4	Linse	3
Lot	5	Optik	4	Sonne	3
Grenzfläche	3	Brillen	4	Luft	2
Glas	3	Spektrumsfarben	4	Lichtstrahlen	2
Luft	3	Ausfallswinkel	3	Lupe	2
Lichtstrahlen	3	Einfallswinkel	3	opt. dünnes Medium	2
dünnes Medium	3	Reflexion	3	opt. dichtes Medium	2
dickes Medium	3				

M ä d c h e n

7. Klasse		8. Klasse		9. Klasse	
Wasser	10	Linse	7	Optik	3
Licht	7	Sonne	5	Lichtstrahlen	3
Sonne	7	Optik	5	Konkavlinsen	3
Optik	5	konvex	5	Wasser	2
Lot	5	konkav	4	Spiegel	2
Luft	4	Regenbogenfarben	4	Schatten	2
Einfallswinkel	4	Lichtbrechung	4	Konvexlinsen	2
Totalreflexion	4				
Brechungsgesetz	3				
Ausfallswinkel	3				
Winkel	3				
Glas	3				

Begriff: L I C H T B R E C H U N G

Schule: A

J u n g e n

7. Klasse		8. Klasse		9. Klasse	
Prisma	8	Prisma	13	Prisma	19
Linsen	6	Linsen	5	Linsen	7
Optik	3	Spiegel	3	Wasser	7
Lupe	3	Wasser	3	Spektralfarben	4
konkav	2	Spektralfarben	2	Lichtgeschwindigkeit	4
konvex	2	Lichtstrahlen	2	konkav	3
Zerstreuungslinse	2	Lichtquelle	2	konvex	3
Spiegel	2	Fotoapparat	2	Spektrum	3
Auge	2			UV-Strahlen	3
Lampe	2				
Sammellinse	2				

M ä d c h e n

7. Klasse		8. Klasse		9. Klasse	
Strom	5	Prisma	7	Prisma	7
Prisma	2	Linsen	3	Linsen	7
Linsen	2	Spiegel	3	Regenbogen	5
		Wasser	3	Sonne	5
		Rhombus	3	Lichtjahre	5
		Regenbogen	2	Regenbogenfarben	5
		Licht	2	Strahlen	3
		Lampe	2	Wasser	3
		Sonne	2	Glas	3
		Lichtgeschwindigkeit	2		
		Helligkeit	2		
		Kristalle	2		

Begriff: L I C H T B R E C H U N G

Schule: C

J u n g e n

7. Klasse		8. Klasse	
Spiegel	9	Linse	18
Licht	7	Wasser	16
Hohlspiegel	6	Spiegel	10
Regenbogen	5	Glas	8
Wasser	5	Laserstrahl	6
Einfallswinkel	4	Optik	6
Ausfallswinkel	3	Strahlen	6
Brennpunkt	3	Sonne	5
Sonne	3	Lupe	5
Diamanten	3	Lichtquelle	4
		Lampe	4
		Licht	3
		Brennpunkt	3
		Lichtstrahlen	3
		konvex	3
		konkav	3
		Brechungsgesetz	3
		Luft	3

M ä d c h e n

7. Klasse		8. Klasse	
Sonne	9	Linse	10
Wasser	9	Wasser	7
Regenbogen	7	Glas	7
Lampe	6	Licht	6
Lichtquelle	5	Lichtstrahlen	6
Licht	4	Strahlen	6
Helligkeit	4	Optik	5
Dunkelheit	4	Lichtquelle	5
Linse	3	Sonne	4
Spiegel	3	Lampe	4
Reflexion	3	Physik	4
Spiegelung	3	Sammellinse	4
Glas	3	Zerstreuungslinse	4
Lichtstrahlen	3	Luft	3
Diamanten	3	Brennweite	3
Strahlenverlauf	3	Strom	3
Farben	3	Regenbogen	3
		Brennpunkt	3

Begriff: K R A F T

Schule: B

J u n g e n

7. Klasse		8. Klasse		9. Klasse	
Muskeln	11	Stärke	7	Muskeln	8
boxen	6	Muskeln	6	Bewegung	3
Gewichtheben	6	Motor	5	$F = m \cdot a$	3
Stärke	5	Ausdauer	5	Gewicht	3
Schwerkraft	4	Energie	4	Newton	3
Wasserkraft	4	Bewegung	3	Energie	2
Muskelkraft	4	Magnet	3	Beschleunigung	2
Atomkraft	4	Antrieb	3	Rocker	2
Anziehungskraft	4			Sturm	2
Autos	4				
Muskelprotz	4				

M ä d c h e n

7. Klasse		8. Klasse		9. Klasse	
Muskeln	9	Stärke	15	Wasserkraft	3
Stärke	8	Strom	11	Atomkraft	3
stark	8	Muskeln	9	Muskeln	3
Atomkraft	7	Volt	4	Stärke	2
Energie	6			Energie	2
Wasserkraft	4			Newton	2
Elektrizität	4				

Begriff: K R A F T

Schule: A

J u n g e n

7. Klasse		8. Klasse		9. Klasse	
PS	5	Energie	5	Muskeln	13
Muskeln	5	Auto	4	PS	10
Motor	5	Muskeln	3	Stärke	7
Strom	3	PS	2	Motor	7
stark	3	Stärke	2	Energie	7
kW	3	Maschine	2	kW	4
Atomenergie	2	Leistung	2	Wind	4
Stärke	2			Bewegung	4
Lehrerin	2				
Schub	2				
Generator	2				
Batterie	2				
Auto	2				

M ä d c h e n

7. Klasse		8. Klasse		9. Klasse	
Muskeln	10	Muskeln	7	Energie	15
Stärke	7	Stärke	7	Muskeln	14
Energie	6	Maschine	7	Strom	8
Atomkraft	4	PS	5	Stärke	7
Strom	3	Strom	5	Leistung	6
stark	2	Gewichtheber	5	PS	5
Motor	2	Stärke	4	stark	5
		Energie	4	Anziehung	5
		Boxer	3	Maschine	4
		Batterie	3	Sport	4
		Tiere	3	schwer	4
		Volt	3	leicht	4

Begriff: K R A F T

Schule: C

J u n g e n

7. Klasse		8. Klasse	
Muskeln	18	Muskeln	12
Stärke	9	Strom	12
Energie	8	Autos	10
Motor	8	Motor	8
Magnet	8	PS	7
Autos	6	Gewichtheber	6
Strom	5	Energie	6
Elefant	5	Magnet	5
Maschinen	5	Kraftwerk	5
Erdanziehungskraft	5	Gewicht	5
Gewicht	4		
Gewichtheber	4		
Panzer	4		
heben	4		

M ä d c h e n

7. Klasse		8. Klasse	
Muskeln	14	Stärke	15
Magnet	13	Muskeln	13
Energie	11	Strom	13
Stärke	8	stark	7
stark	8	Magnet	6
Strom	6	Energie	5
Motor	5		
Boxer	4		
Anziehungskraft	4		

Begriff: S P A N N U N G

Schule: B

J u n g e n

7. Klasse		8. Klasse		9. Klasse	
Strom	17	Strom	5	Strom	7
Krimi	5	Ladung	5	Volt	6
Volt	5	Volt	4	Elektrizität	3
Elektrizität	4	Ampere	4	Krimi	3
Ampere	3	Krimi	4	Licht	3
Hochspannung	3	Energie	3	Widerstand	3
		Elektrizität	2	Stromstärke	3
		Notenbesprechung	2	Elektronen	2
		Stromkabel	2	Voltmeter	2
		Leistung	2		

M ä d c h e n

7. Klasse		8. Klasse		9. Klasse	
Strom	14	Strom	14	Volt	8
Elektrizität	6	Volt	9	Strom	6
Volt	4	Ampere	6	Krimi	3
Kurzschluß	4	Meßgerät	4	Ohmsches Gesetz	3
Hochspannung	3	Spannungsmeßgerät	4	Ampere	2
		Krimi	3		

Begriff: S P A N N U N G

Schule: A

J u n g e n

7. Klasse		8. Klasse		9. Klasse	
Strom	8	Krimi	7	Strom	22
Volt	4	Strom	5	Volt	14
Elektrizität	3	Volt	4	Trafo	7
Stromspannung	2	Steckdose	3	Steckdose	6
Hochspannung	2	Physik	3	Kraftwerk	6
Ampere	2	Western	3	Energie	6
Aufregung	2	Batterie	2	Krimi	5
Film	2	Ohm	2	Hochspannung	4
		Watt	2	Kraft	3
		Trafo	2	Batterie	3
				Voltaelement	3

M ä d c h e n

7. Klasse		8. Klasse		9. Klasse	
Strom	10	Volt	10	Strom	15
Leitungen	4	Krimi	10	Volt	12
Licht	4	Strom	9	Ampere	4
Stromleitungen	2	Ampere	6	Steckdose	4
Krimi	2	Western	6	Spannungsmesser	4
Morde	2	Abenteuer	4	Krimi	4
		Farad	4	Elektronen	4
				Kraftwerk	3
				Wechselspannung	3
				Gleichspannung	3
				elektr. Feld	3

Begriff: S P A N N U N G

Schule: C

J u n g e n

7. Klasse		8. Klasse	
Strom	22	Strom	28
Elektrizität	12	Volt	8
Krimi	9	Elektrizität	7
Hochspannung	8	Steckdose	7
Blitz	7	Transformator	7
Kino	6	Krimi	6
Steckdose	6	Kraft	6
Hochspannungsleitung	5	Hochspannung	5
		Kabel	5
		Physik	5
		Leitung	4
		Western	4
		Stromschlag	4
		Generator	4
		Widerstand	4
		Kraft	4

M ä d c h e n

7. Klasse		8. Klasse	
Strom	17	Strom	16
Elektrizität	7	Volt	8
Krimi	7	Elektrizität	7
Blitz	6	Transformator	7
Kabel	4	Hochspannungsleitung	5
Volt	4	Stromstärke	5
Hochspannungsleitung	3	Voltmeter	5
Film	3	Hochspannungsmast	4
		Hochspannung	4
		Krimi	4
		Glühbirne	4
		Amperemeter	4

9. Unterrichtsbegleitung (2. Hälfte Schuljahr 1978/79): Zeitlicher und inhaltlicher Ablauf des Unterrichts in Elektrizitätslehre

	Klasse 1 (Erweiterungskurs)	Klasse 2 (Grundkurs)	Klasse 3
1. Doppelstunde	6. 2. 79 V O R T E S T -elektrische Kraft -Ladung -Anziehung und Abstoßung	6. 2. 79 V O R T E S T wie Klasse 1	2. 2. 79 V O R T E S T - "advance organizer" - Wiederholung und Einordnung der bisher behandelten Themen - technische Bedeutung von Leitern und Isolatoren
2. Doppelstunde	13. 2. 79 -Elektroskop -Unterscheidung von Leitern und Nicht-Leitern -Neutralisation -Ladungstrennung -Influenz -FORMATIVE EVALUATION	13. 2. 79 wie Klasse 1 (ohne Influenz) -FORMATIVE EVALUATION	9. 2. 79 - Übung: Anwendungen von Leitungsphänomenen - Energiebegriff - Stromstärke. Einheit und Festlegung
3. Doppelstunde	20. 2. 79 Wiederholung der 2. Std. (in Form von Wettspielen) -FORMATIVE EVALUATION	20. 2. 79 wie Klasse 1 neu: Influenz -FORMATIVE EVALUATION	16. 2. 79 - Wiederholung und Weiterbehandlung "Stromstärke" - Energiebegriff. Spannung
4. Doppelstunde	27. 2. 79 -Elektronenmodell -Erklärung von Ladungstrennung, Influenz usw. mit diesem Modell	27. 2. 79 wie Klasse 1	23. 2. 79 - Messung der Stromstärke - Amperemeter
5. Doppelstunde	6. 3. 79 -Faraday-Becher -Bandgenerator -Ladungstransport -elektr. Spannung -Glimmlampe als Anzeigegerät -FORMATIVE EVALUATION	6. 3. 79 wie Klasse 1 -FORMATIVE EVALUATION	2. 3. 79 - Wiederholung "Strommessung" (Reihen- und Parallelschaltung) - Spannungserzeugung: Reibungselektrizität, Bandgenerator
6. Doppelstunde	13. 3. 79 -Wiederholung und Übung -Bauen einer Batterie -Def. der Spannungseinheit -FORMATIVE EVALUATION	13. 3. 79 wie Klasse 1 -FORMATIVE EVALUATION	9. 3. 79 - Spannungserzeugung auf chem. Wege - Aufbau einer Batterie
7. Doppelstunde	20. 3. 79 -ZWISCHENTEST "Elektrostatik" -Wiederholung "Volta-Element" -Experimente damit -Demonstration einer Reihenschaltung	20. 3. 79 -ZWISCHENTEST "Elektrostatik" -Wiederholung des gesamten bisherigen Stoffes	16. 3. 79 - Einheit der Spannung - Spannungsmessung. Voltmeter
8. Doppelstunde	24. 4. 79 -Wiederholung "Volta-Element" und "Reihenschaltung" -magn. Wirkung des elektr. Stroms. Elektromagnet	24. 4. 79 wie Klasse 1	23. 3. 79 - Generalwiederholung "Elektrizitätslehre"
9. Doppelstunde	8. 5. 79 -Magnetfeld einer stromdurchflossenen Spule -Morsetelegraf	8. 5. 79 wie Klasse 1	27. 4. 79 N A C H T E S T (Form B)

(9.) Fortsetzung

10. Doppel-stunde	15. 5. 79 -Magnetfeld eines stromdurchflossenen Leiters -Relais -Bau einer Alarmanlage	15. 5. 79 -Wiederholung "Elektromagnet", "Morsetelegraf" -Bau einer Alarmanlage -FORMATIVE EVALUATION	
11. Doppel-stunde	22. 5. 79 -Wiederholung "Elektromagnetismus"	22. 5. 79 -Wiederholung "Elektromagnetismus" -FORMATIVE EVALUATION	
12. Doppel-stunde	29. 5. 79 -rechte Hand - Regel -technische Anwendung eines Relais -FORMATIVE EVALUATION	29. 5. 79 -Wiederholung "Lasthebemagnet" (physikalisch und technisch)	W Ä R M E L E H R E
13. Doppel-stunde	19. 6. 79 -elektr. Gong -elektr. Klingel -Wiederholung und Übung "Elektrostatik"	19. 6. 79 wie Klasse 1	
14. Doppel-stunde	26. 6. 79 N A C H T E S T (Form A)	26. 6. 79 N A C H T E S T (Form A)	

(10.) Unterrichtsbegleitung (2. Hälfte Schuljahr 1978/79): Vortest

Name: --------------------	Vorname: ----------------	Klasse: --------

BEGRIFFE

Du findest hier einige Begriffe aus der Elektrizitätslehre. Du sollst bitte zu jedem Begriff so viele andere Wörter oder Begriffe hinschreiben, wie Dir in den Sinn kommen.

Bitte überlege nicht zu lange, sondern schreibe hin, was Dir gerade einfällt.

1. Stromkreis: --

----

2. Leiter: ---

----

3. Ladung: ---

----

4. Spannung: ---

----

5. Stromstärke: --

UNTERRICHTSFORM

Wenn man sich bei sehr trockenem Wetter - vor allem bei Frost - die Haare kämmt, so kann es vorkommen, daß die Haare im Kamm hängen bleiben und sich sträuben.

Weißt Du, wie sich das physikalisch erklären läßt?

Ich kenne diese Gesetzmäßigkeit (Erklärung) bereits: Ja ☐ Nein ☐

Ich möchte ... erfahren, warum dies so ist. (Ich möchte diese Gesetzmäßigkeit kennenlernen.):

sehr gern	gern	weder gern noch ungern	ungern	sehr ungern
☐	☐	☐	☐	☐

Man kann solche Probleme im Unterricht auf verschiedene Art behandeln. Nimm einmal an, dieses Problem sollte in Euer Physikunterricht behandelt werden. Was würdest Du dann bevorzugen und was ablehnen?

	sehr gern	gern	weder gern noch ungern	ungern	sehr ungern
Der Lehrer erklärt, und die Schüler werden aufgefordert, sich diese Erklärung aufzuschreiben und zu merken.	☐	☐	☐	☐	☐
Der Lehrer erklärt das Problem und fordert die Schüler auf, die Erklärung in eigenen Worten niederzuschreiben und sie sich durch eine eigene Zeichnung zu veranschaulichen.	☐	☐	☐	☐	☐
Der Lehrer erklärt das Problem und fordert die Schüler auf, selbst Anwendungsbeispiele aus dem täglichen Leben zu suchen und praktisch zu erproben.	☐	☐	☐	☐	☐
Der Lehrer erarbeitet mit der Klasse eine mögliche Erklärung und fordert die Schüler auf, Experimente auszudenken und durchzuführen, um die einzelnen Erklärungen selbständig zu überprüfen.	☐	☐	☐	☐	☐

	sehr gern	gern	weder gern noch ungern	ungern	sehr ungern
Der Lehrer erarbeitet mit den Schülern die Erklärung des Problems und fordert die Schüler auf, möglichst viele Probleme zu suchen, die in der gleichen Weise erklärt werden können.	☐	☐	☐	☐	☐
Der Lehrer gibt den Schülern bewußt eine falsche Erklärung für das Problem und fordert sie auf, ihm zu zeigen, welchen Fehler er gemacht hat.	☐	☐	☐	☐	☐
Der Lehrer berichtet den Schülern darüber, welcher Forscher die Erklärung für dieses Problem gefunden hat, und wie er zu seiner Erklärung gekommen ist.	☐	☐	☐	☐	☐

INTERESSEN

Du findest hier eine ganze Reihe von Tätigkeiten aus der Elektrizitätslehre.
Du sollst bitte bei jeder Tätigkeit angeben, wie gern Du sie ausführen möchtest. Bei Tätigkeiten, die Du bereits ausgeführt hast, gib bitte an, wie gern Du Dich weiterhin damit beschäftigen möchtest.

	Diese Tätigkeit habe ich				
	sehr gern	gern	weder gern noch ungern	ungern	sehr ungern
1. Untersuchen, wie eine Taschenlampenbatterie aufgebaut ist.	☐	☐	☐	☐	☐
2. In einer Schaltskizze mit Hilfe von Symbolen einen elektrischen Stromkreis darstellen.	☐	☐	☐	☐	☐
3. Mit Hilfe von Spannung und Stromstärke den elektrischen Widerstand eines Leiters berechnen.	☐	☐	☐	☐	☐
4. Lernen, was man unter Elektrolyse versteht.	☐	☐	☐	☐	☐
5. An einem Zähler ablesen, wieviel Kilowattstunden elektrischer Energie in einem Monat verbraucht wurde.	☐	☐	☐	☐	☐
6. Beschreiben, in welchen Geräten überall die Wärmewirkung des elektrischen Stromes benutzt wird.	☐	☐	☐	☐	☐
7. Lernen, was man unter elektromagnetischer Induktion versteht.	☐	☐	☐	☐	☐
8. Begründen, warum Elektromotoren wesentlich wirtschaftlicher sind als andere Motortypen.	☐	☐	☐	☐	☐
9. Die Wirkungsweise eines Akkumulators (Akkus) erklären.	☐	☐	☐	☐	☐
10. In einem Experiment einen einfachen Elektromagneten nachbauen.	☐	☐	☐	☐	☐

Diese Tätigkeit habe ich

	sehr gern	gern	weder gern noch ungern	ungern	sehr ungern
11. In einem Versuch die elektrischen Feldlinien sichtbar machen.	☐	☐	☐	☐	☐
12. Untersuchen, welche Stoffe den elektrischen Strom leiten und welche nicht.	☐	☐	☐	☐	☐
13. Überlegen, auf welche Weise bei der Montage von elektrischen Leitungen in einem Haus die Gesetze der Stromverzweigung beachtet werden müssen.	☐	☐	☐	☐	☐
14. Erklären, was man darunter versteht, wenn zwischen zwei Körpern eine elektrische Spannung herrscht.	☐	☐	☐	☐	☐
15. Beschreiben, wie ein Transformator (Trafo) funktioniert.	☐	☐	☐	☐	☐
16. Mit einem Meßgerät (Amperemeter) die elektrische Stromstärke messen.	☐	☐	☐	☐	☐

VORSTELLUNGEN

1. Was meint man mit dem Satz "Es fließt elektrischer Strom"? Woraus besteht Deiner Meinung nach der elektrische Strom?

----

2. Wenn man ein elektrisches Gerät z.B. einen Staubsauger benutzen will, muß man es an eine Steckdose anschließen. Der elektrische Strom muß dabei durch den Zuleitungsdraht des Staubsaugers fließen. Wie kann aber der elektrische Strom durch einen stabilen Draht fließen?

☐ a) Der Draht ist innen hohl, und so kann der elektrische Strom wie durch ein Rohr hindurchfließen.

☐ b) Der elektrische Strom fließt nicht im Draht, sondern außen am Draht entlang.

☐ c) Der elektrische Strom hat soviel Kraft, daß er durch alles hindurchfließen kann.

☐ d) Im Draht ist noch genügend leerer Raum, durch den der elektrische Strom fließen kann.

3.

In vielen Haushaltsgeräten (z.B. Elektroherd) sind Heizspiralen eingebaut, die beim Einschalten des elektrischen Stroms heiß werden.

Warum werden eigentlich die zuführenden Kabel nicht heiß?

----

4. Wenn man an eine Steckdose ein elektrisches Gerät anschließt, fließt ein elektrischer Strom. Warum kommt eigentlich aus einer <u>offenen</u> Steckdose kein Strom?

----

5. 

Wenn an elektrischen Leitungen die Isolierung beschädigt ist und sich die Drähte berühren, kommt es zu einem sogenannten Kurzschluß.

Kannst Du Dir vorstellen, warum der Kurzschluß so heißt und kannst Du erklären, was sich dabei eigentlich genau abspielt?

----

6. Wenn man einen blanken stromdurchflossenen Draht anfaßt, bekommt man "einen Schlag". Warum ist das so und was passiert da genau?

----

7. Was meint man eigentlich damit, wenn man von "Stromverbrauch" redet? Was wird da verbraucht?

KENNTNISSE

1. Hier ist ein Stromkreis abgebildet. Wie heißen die verschiedenen Teile?

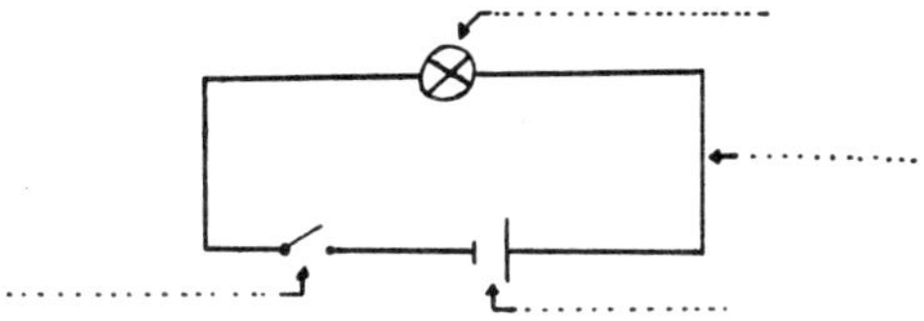

2. Hier ist eine Liste von verschiedenen Stoffen, die den elektrischen Strom verschieden gut leiten. Kreuze jeweils die richtige Spalte an.

Stoff	leitet den elektrischen Strom	leitet den elektrischen Strom nicht oder sehr schlecht
Kupfer		
Holz		
Gummi		
Eisen		
Salzsäure		
Glas		
Leitungswasser		
Luft		
Kohle		
Kunststoff		

3. Welche Skizze zeigt eine Parallelschaltung?

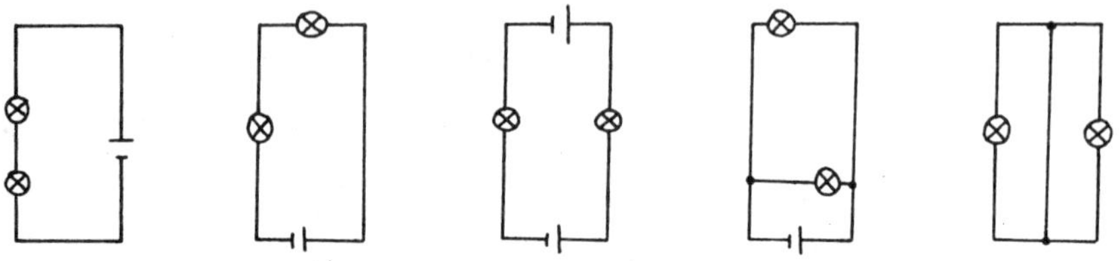

☐ a ☐ b ☐ c ☐ d ☐ e

4. In einem Elektroherd wird der elektrische Strom zur Wärmeerzeugung benutzt. Nenne 5 weitere Geräte, bei denen ebenfalls die Wärmewirkung des elektrischen Stroms benutzt wird.

1. ____________________________
2. ____________________________
3. ____________________________
4. ____________________________
5. ____________________________

5. In welchem der abgebildeten Stromkreise brennen beide Glühlampen?

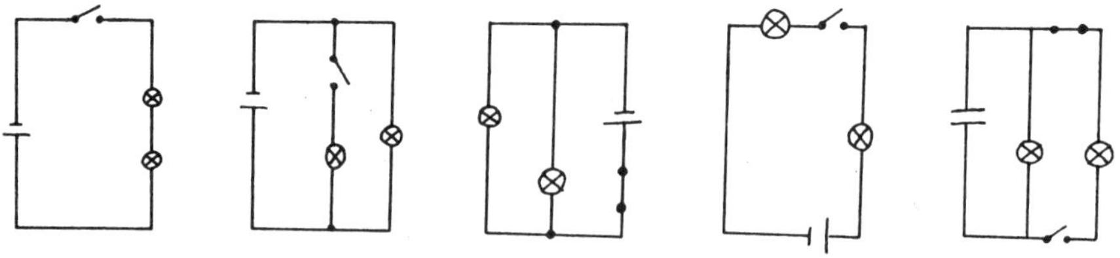

☐ a ☐ b ☐ c ☐ d ☐ e

(11.) Unterrichtsbegleitung (2.Hälfte Schuljahr 1978/79):
Nachtest, Version A

Name: ____________________ Vorname: ________________ Klasse: ________

B E G R I F F E

Du findest hier einige Begriffe aus der Elektrizitätslehre. Du sollst bitte zu jedem Begriff so viele andere Wörter oder Begriffe hinschreiben, wie Dir in den Sinn kommen.

Bitte überlege nicht zu lange, sondern schreibe hin, was Dir gerade einfällt.

1. Stromkreis: ____

____

____

2. Leiter: ____

____

____

3. Ladung: ____

____

____

4. Spannung: ____

____

____

5. Stromstärke: ____

____

____

INTERESSEN

Du findest hier eine ganze Reihe von Tätigkeiten aus der Elektrizitätslehre.
Du sollst bitte bei jeder Tätigkeit angeben, wie gern Du sie ausführen möchtest. Bei Tätigkeiten, die Du bereits ausgeführt hast, gib bitte an, wie gern Du Dich weiterhin damit beschäftigen möchtest.

Diese Tätigkeit habe ich

	sehr gern	gern	weder gern noch ungern	ungern	sehr ungern
1. Untersuchen, wie eine Taschenlampenbatterie aufgebaut ist.	☐	☐	☐	☐	☐
2. In einer Schaltskizze mit Hilfe von Symbolen einen elektrischen Stromkreis darstellen.	☐	☐	☐	☐	☐
3. Mit Hilfe von Spannung und Stromstärke den elektrischen Widerstand eines Leiters berechnen.	☐	☐	☐	☐	☐
4. Lernen, was man unter Elektrolyse versteht.	☐	☐	☐	☐	☐
5. An einem Zähler ablesen, wieviel Kilowattstunden elektrischer Energie in einem Monat verbraucht wurde.	☐	☐	☐	☐	☐
6. Beschreiben, in welchen Geräten überall die Wärmewirkung des elektrischen Stromes benutzt wird.	☐	☐	☐	☐	☐
7. Lernen, was man unter elektromagnetischer Induktion versteht.	☐	☐	☐	☐	☐
8. Begründen, warum Elektromotoren wesentlich wirtschaftlicher sind als andere Motortypen.	☐	☐	☐	☐	☐
9. Die Wirkungsweise eines Akkumulators (Akkus) erklären.	☐	☐	☐	☐	☐
10. In einem Experiment einen einfachen Elektromagneten nachbauen.	☐	☐	☐	☐	☐
11. In einem Versuch die elektrischen Feldlinien sichtbar machen.	☐	☐	☐	☐	☐
12. Untersuchen, welche Stoffe den elektrischen Strom leiten und welche nicht.	☐	☐	☐	☐	☐

	Diese Tätigkeit habe ich				
	sehr gern	gern	weder gern noch ungern	ungern	sehr ungern
13. Überlegen, auf welche Weise bei der Montage von elektrischen Leitungen in einem Haus die Gesetze der Stromverzweigung beachtet werden müssen.	☐	☐	☐	☐	☐
14. Erklären, was man darunter versteht, wenn zwischen zwei Körpern eine elektrische Spannung herrscht.	☐	☐	☐	☐	☐
15. Beschreiben, wie ein Transformator (Trafo) funktioniert.	☐	☐	☐	☐	☐
16. Mit einem Meßgerät (Amperemeter) die elektrische Stromstärke messen.	☐	☐	☐	☐	☐

1) Welche Kraft wirkt im jeweils beschriebenen Fall? Kreuze an:

	Magnetkraft	Schwerkraft	elektr. Kraft
a) Ein polierter Spiegel zieht Staubteilchen an.	☐	☐	☐
b) Ein Stahlnagel wurde in eine stromdurchflossene Spule gesteckt und zieht nun Büroklammern an.	☐	☐	☐
c) Beim Ausschalten des Stroms fällt die Last von einem Elektromagneten ab.	☐	☐	☐
d) Eine PVC-Folie haftet nach dem Reiben mit Wolle ohne Klebstoff an der Zimmerdecke.	☐	☐	☐

2) Ein Elektroskop ist schwach negativ geladen. Was muß man am besten tun, damit der Ausschlag auf 0 zurückgeht?

a) Mit dem Finger den Zeiger vorsichtig zurückschieben. ☐

b) Eine leitende Verbindung zum Wasserhahn herstellen. ☐

c) Mit einem negativ geladenen Stab den Teller berühren. ☐

d) Mit einem ganz stark positiv geladenen Stab den Teller berühren. ☐

e) Mit einem negativ geladenen Stab sich dem Teller nähern. ☐

3) Welche der beschriebenen Erscheinungen ist auf die elektrische Influenz zurückzuführen? Zutreffendes ist anzukreuzen

a) Eine Magnetnadel richtet sich aus. ☐

b) Eine Glimmlampe leuchtet auf, wenn sie eine Folie berührt. ☐

c) Zwei unterschiedliche Metalle tauchen in angesäuertes Wasser und erzeugen eine Spannung. ☐

d) Ein geladener Gegenstand bewirkt bei Annäherung an einen ungeladenen Gegenstand eine Ladungsverschiebung darauf. ☐

e) Die Pole einer Batterie werden leitend verbunden. ☐

4) Kreuze das Beispiel an, in dem keine Ladungstrennung stattfindet.

a) Frisch gewaschene Haare werden mit einem PVC-Kamm gekämmt. ☐

b) Ein Pullover wird ausgezogen. ☐

c) Zwei leitende Metallplatten werden gegeneinander gerieben und dann langsam getrennt. ☐

d) Zwei verschiedene Metallplatten werden in einen Elektrolyten gehalten. ☐

e) Zwei geladene Gegenstände werden einander genähert. ☐

5) Welches ist die beste Aussage über Nichtleiter? Kreuze die beste Aussage an.

a) Nichtleiter besitzen keine Elektronen und können auch nicht elektrisch geladen werden. ☐

b) Nichtleiter haben grundsätzlich Elektronenmangel. ☐

c) In einem Nichtleiter können sich Elektronen nicht bewegen. ☐

d) Nichtleiter haben grundsätzlich einen Elektronenüberschuß. ☐

e) Nichtleiter besitzen positive Elektronen. ☐

6) Zwei Plastikfolien, die gegeneinander gerieben wurden, werden wieder zusammengebracht. Dies bezeichnet man als

a) Ladungstrennung ☐
b) Influenz ☐
c) Neutralisation ☐
d) Induktion ☐
e) Reduktion ☐

7) Was versteht man unter elektrischem Strom? Zutreffendes ankreuzen!

a) Elektrischer Strom ist Elektronenfluß in einem Leiter. ☐

b) Elektrischer Strom ist Trennung von Ladung. ☐

c) Elektrischer Strom ist Verbrauch von Elektrizität. ☐

d) Elektrischer Strom ist Bewegung von Atomen in einem Stoff. ☐

e) Elektrischer Strom ist die Ladungsdifferenz zwischen zwei Polen. ☐

8) Entscheide, ob die jeweilige Aussage wahr oder falsch ist.

	wahr	falsch
a) Ladungsträger können nur in Kabeln transportiert werden.	☐	☐
b) Durch einen Löffel mit Holzgriff lassen sich Ladungen löffeln.	☐	☐
c) Unterschiedliche Ladungen gleichen sich aus, wenn eine leitende Verbindung besteht.	☐	☐
d) Ladungen können portionsweise transportiert werden.	☐	☐
e) Ein Mensch kann nicht elektrisch geladen werden.	☐	☐
f) Elektrische Ladung läßt sich wie Sand auf einem Gummiband transportieren.	☐	☐
g) Elektrische Ladungen sitzen auf den Außenseiten von Gegenständen.	☐	☐
h) Elektrische Ladungen sind für den Menschen immer gefährlich.	☐	☐
i) Ein Körper kann nur für kurze Zeit elektrisch geladen sein.	☐	☐
j) Das Innere eines Faraday-Bechers ist voller Ladung.	☐	☐

9) Was versteht man unter elektrischer Spannung? Zutreffendes bitte ankreuzen!

Unter Spannung versteht man
a) Ladungstrennung ☐
b) Elektronenüberschuß ☐
c) Elektronenmangel ☐
d) Ladungsausgleich ☐
e) Ladungsdifferenz ☐

10) Welche Skizze zeigt die Schaltung zu einem <u>funktionsfähigen Elektromagneten</u>? Kreuze die richtige Schaltung an.

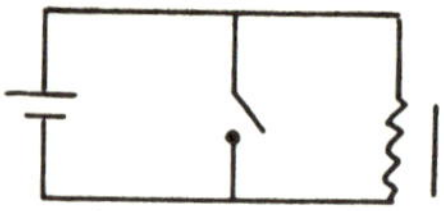
☐

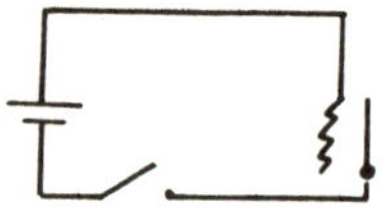
☐

☐

11) Beschreibe die Abfolge der Vorgänge beim Schließen des Schalters.
Beschrifte zuvor die Bauteile.

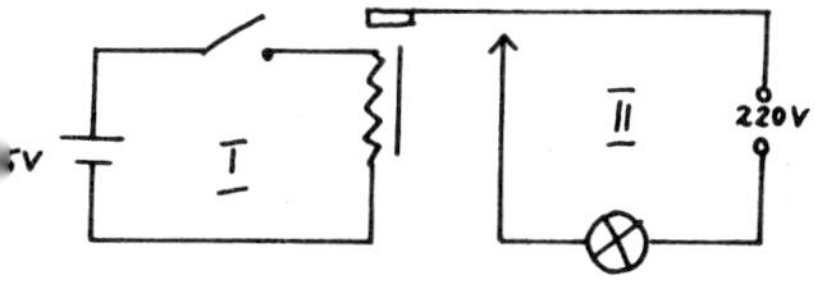

12) Zeichne die Schaltskizze zu einem Ausschaltrelais: Wenn der Stromkreis I geschlossen wird, soll sich Stromkreis II öffnen (=ausschalten) !
(vgl. Aufg. 11)

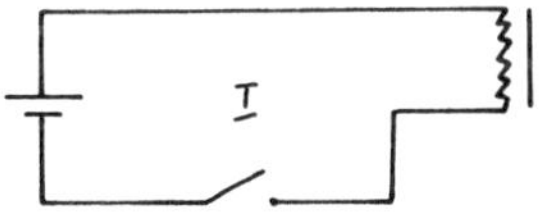

13) Welches Birnchen brennt, wenn a) Schalter S geöffnet bleibt? 1 ☐ 2 ☐

b) Schalter S geschlossen wird? 1 ☐ 2 ☐

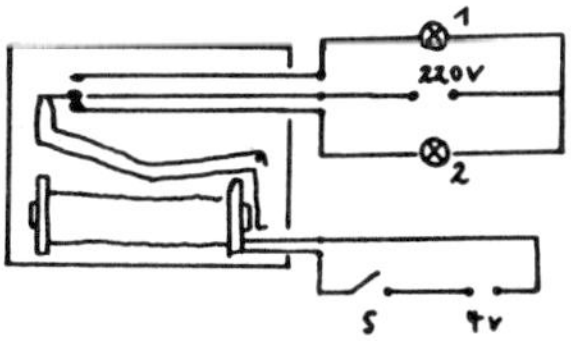

(12.) Unterrichtsbegleitung (2. Hälfte Schuljahr 1978/79):
Nachtest, Version B

2. Lernkontrolle: Physik - 8. Schj. - E-Lehre 1978/79

Name: ____________________ Klasse: __________ Datum: __________

1. Zu jedem der folgenden Begriffe sollst Du so viele andere Wörter oder Begriffe hinschreiben, wie Dir dazu einfallen.

1.1 Stromkreis

1.2 Leiter

1.3 Ladung

1.4 Spannung

1.5 Stromstärke

☐

2. Zeichne zu folgenden Begriffen aus der E-Lehre die Schaltsymbole:

a) Kabel ____________________

b) Glühbirne ________________

c) Batterie _________________

d) Wechselstromquelle ______________

e) Stromverzweigung mit Kontakt ______________

f) Schalter geöffnet ______________

g) Strommeßgerät ______________

h) Spannungsmeßgerät ______________

3. Zeichne eine <u>Reihenschaltung</u> und eine <u>Parallelschaltung</u> jeweils mit folgenden Bestandteilen:

Stromquelle 6 V ∿, 3 Lampen, Kabel

Wieviel Kabel braucht man mindestens?

<u>Reihenschaltung</u>	<u>Parallelschaltung</u>
Skizze:	Skizze:
Anzahl der Kabel ☐	Anzahl der Kabel ☐

4. Was passiert, wenn man in den Schaltungen der Aufgabe 3 ein Birnchen herausschraubt?

<u>Reihenschaltung</u>	<u>Parallelschaltung</u>
____________________________	____________________________
____________________________	____________________________
____________________________	____________________________
____________________________	____________________________
____________________________	____________________________
____________________________	____________________________

☐

5.

5.1 Ich habe folgende Schaltung: 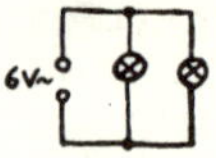

Ich schalte noch ein 3. Birnchen dazu und erhalte folgende Schaltung:

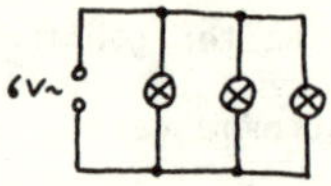

Beschreibe, was passiert!

5.1 Ich habe folgende Schaltung: 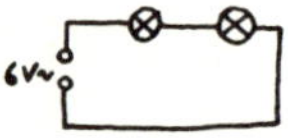

Ich schalte noch ein 3. Birnchen dazu und erhalte folgende Schaltung:

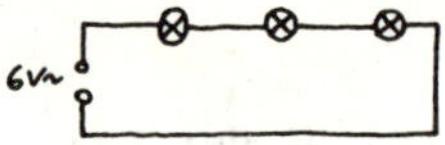

Beschreibe, was passiert!

----

6. Was passiert, wenn ich hier den Schalter schließe?

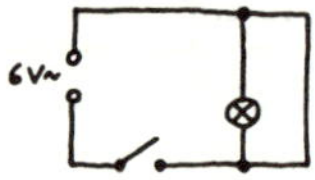

----

7. Alle Birnchen in der folgenden Schaltung haben die gleiche Aufschrift (6 V; 0,3 A). Was kannst Du über die Helligkeit der einzelnen Birnchen sagen? Begründe.

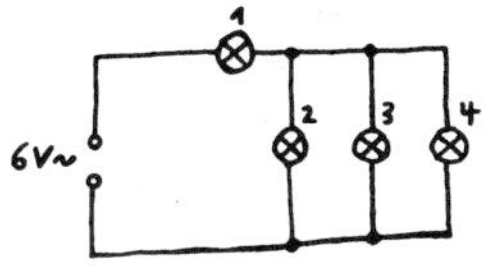

----

8. Nenne drei Gruppen von <u>Festkörpern</u>, die den elektrischen Strom <u>gut</u> leiten.

a) -------------- b) -------------- c) --------------

9. Nenne drei Gruppen von <u>Flüssigkeiten</u>, die den elektrischen Strom <u>gut</u> leiten.

a) -------------- b) -------------- c) --------------

10. Unter welchen Bedingungen kann ein Gas (z.B. Luft) den elektrischen Strom leiten?

----

11. Was versteht man unter einem <u>Isolator</u>? Beschreibe und nenne drei Beispiele!

Bsp. 1: --

Bsp. 2: --

Bsp. 3: --

12. Zwei Luftballons werden aufgeblasen und an einem Pullover gerieben. Wenn man sie an Fäden herabhängen läßt, schweben sie weit auseinander. Warum?

13. Beschreibe, was hier passiert. Was kannst Du über die Stromrichtung sagen?

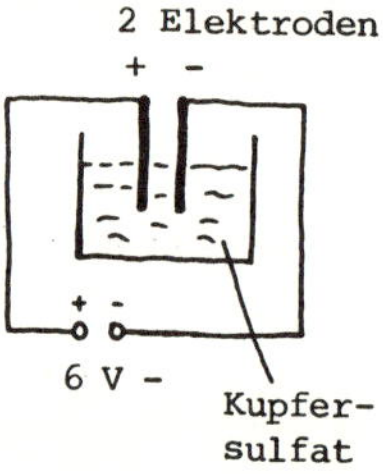

14. Beschrifte die Teile der Batterie. Zeichne den + und - Pol ein!

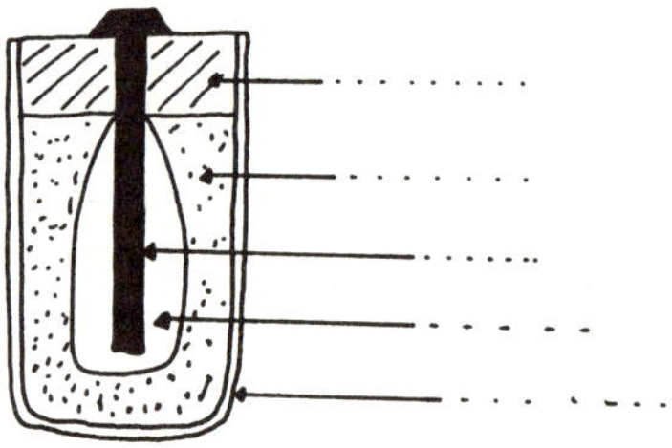

15. Was ist eigentlich damit gemeint, wenn man sagt: "Es fließt elektrischer Strom?" Was fließt? Woraus besteht der elektrische Strom?

16. In den folgenden Schaltskizzen sind Meßgeräte eingebaut. Gib jeweils an, ob mit dem Gerät <u>Spannung</u> oder <u>Stromstärke</u> gemessen werden!

16.1 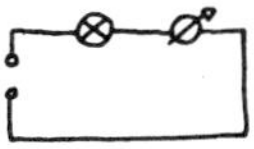

☐ Spannung

☐ Stromstärke

16.2 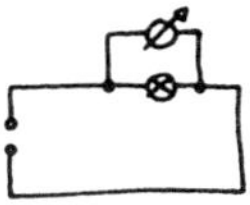

☐ Spannung

☐ Stromstärke

16.3 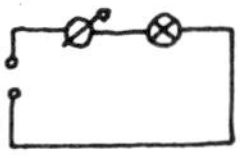

☐ Spannung

☐ Stromstärke

16.4 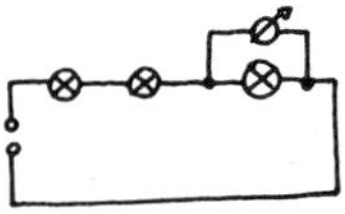

☐ Spannung

☐ Stromstärke

16.5 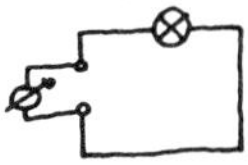

☐ Spannung

☐ Stromstärke

16.6 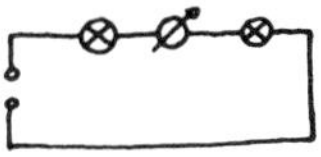

☐ Spannung

☐ Stromstärke

16.7 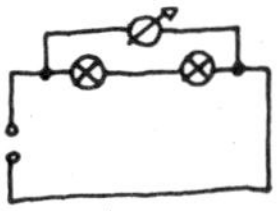

☐ Spannung

☐ Stromstärke

16.8 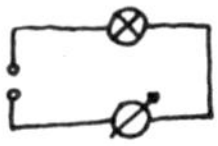

☐ Spannung

☐ Stromstärke

16.9 Ein Gerät zur Messung der Spannung heißt ____________________
und wird ______________ geschaltet.

16.10 Ein Gerät zur Messung der Stromstärke heißt _________________
und wird ______________ geschaltet.

17. 

Wenn an elektrischen Leitungen die Isolierung beschädigt ist und sich die Drähte berühren, kommt es zu einem sogenannten <u>Kurzschluß</u>.
Kannst Du Dir vorstellen, warum der Kurzschluß so heißt und kannst Du erklären, was sich dabei eigentlich genau abspielt?

____

____

____

____

____

☐

Seite	1	2	3	4	5	6	gesamt
Punkte							

Note ☐

(13.) Unterrichtsbegleitung (2. Hälfte Schuljahr 1978/79): "advance organizer"

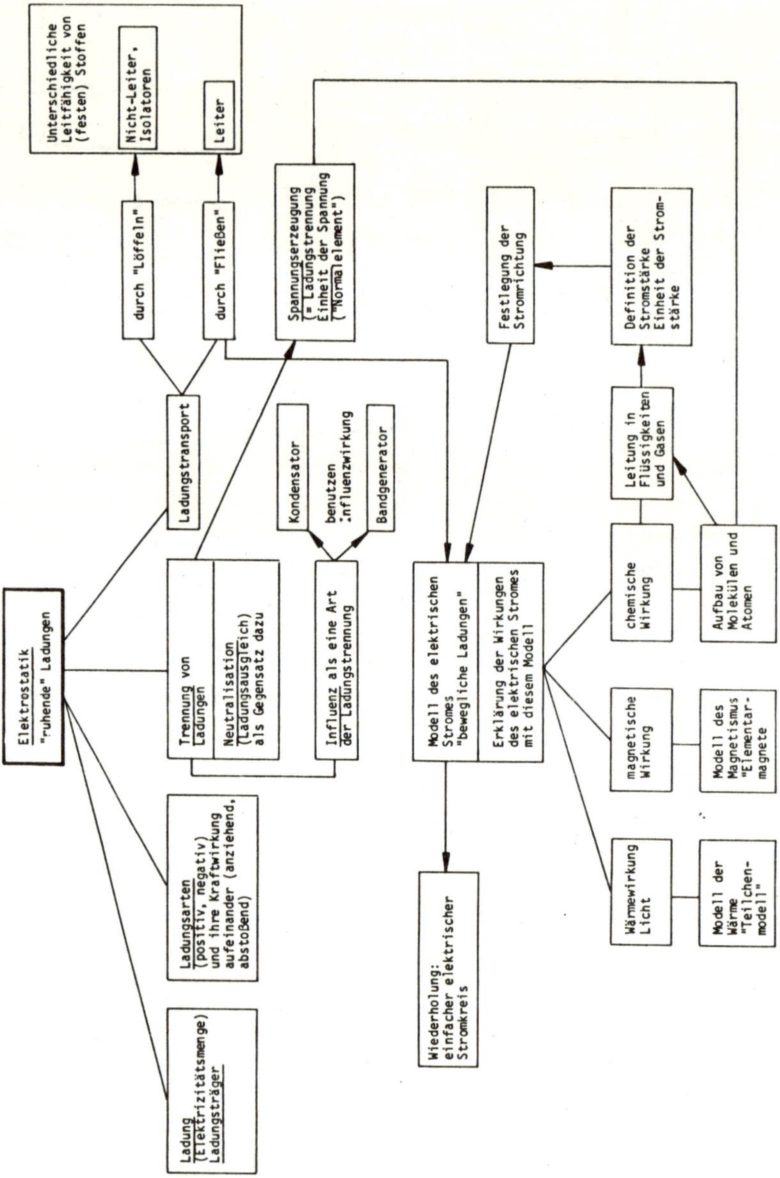

a) Klasse 1 und 2

b) Klasse 3

WELCHE THEMEN DER ELEKTRIZITÄTSLEHRE SOLLEN IN DIESEM SCHULJAHR BEHANDELT WERDEN?

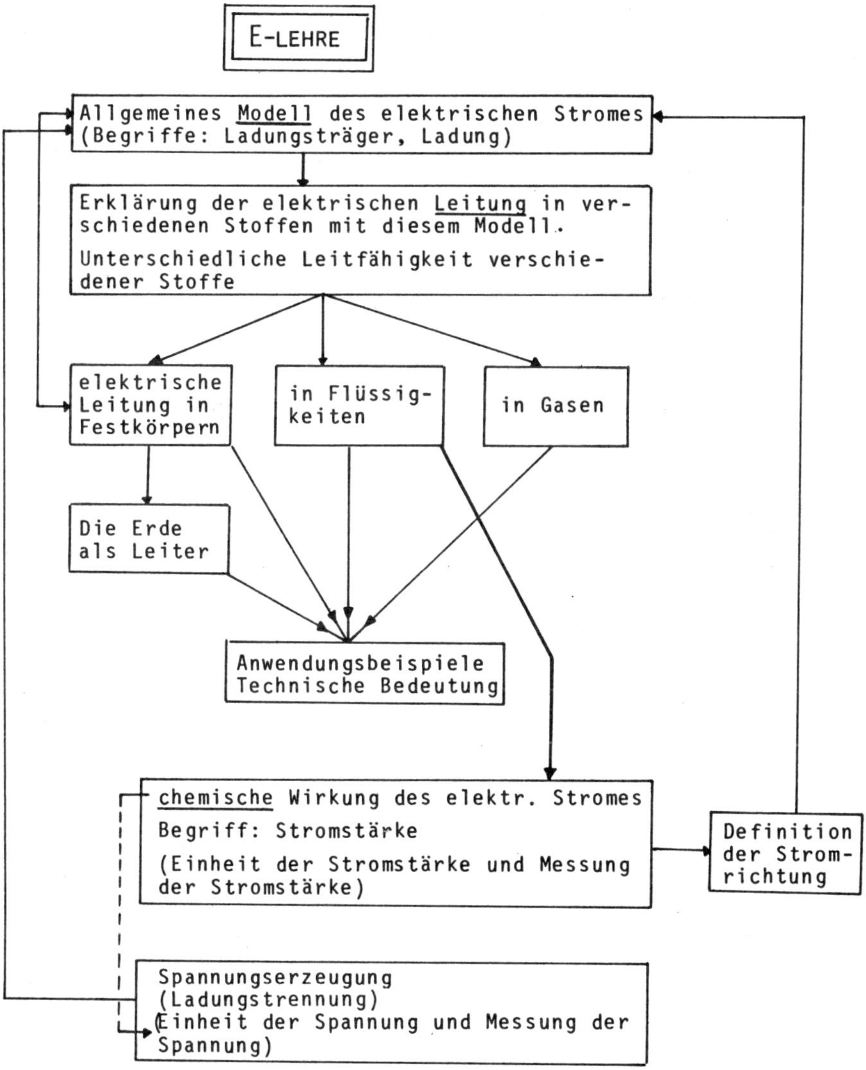

(14) Unterrichtsbegleitung (2. Hälfte Schuljahr 1978/79): Beispiele für Übungsmaterialien

Wettbewerbsgruppe I II III IV

Teilnehmer: ______________________________

1. Aufgabe: Feines Schwefelpulver (Schwefelblüte) und Bleischrot werden gemischt. Schüttet man das Gemenge auf eine Schale aus Metall, die sich auf dem Elektroskopteller befindet und bläst man den Schwefelstaub seitlich weg, so daß nur der Bleischrot in die Schale fällt, zeigt das Elektroskop einen Ausschlag.
Wie ist das Ergebnis dieses Versuches zu deuten?

____

____

____

Was geschieht, wenn man Bleischrot und Schwefelblüte zusammen auf die Schale schüttet?

____

____

2. Aufgabe: Einem positiv aufgeladenen Elektroskop wird ein negativ geladener Stab genähert. Was beobachtet man?
a) der Ausschlag nimmt zu
b) der Ausschlag nimmt ab
c) der Ausschlag bleibt unverändert

Begründung: ______________________________

3. Aufgabe: Einem aufgeladenen Elektroskop wird ein negativ aufgeladener Stab genähert. Man beobachtet eine Vergrößerung des Ausschlags.
Wie war das Elektroskop geladen?

____

____

4. Aufgabe: Ein geladener Stab wird einem positiv geladenen Elektroskop genähert. Man beobachtet einen Rückgang des Ausschlags. Wie war der Stab geladen?

____

____

5. Aufgabe: Ein ungeladenes PVC-Lineal wird auf den Metallteller des Elektroskops gelegt, gegebenenfalls jetzt erst noch entladen, dann gegen den Metallteller durch Drehen gerieben: Es zeigt keine Ladung an. Erst wenn man das Lineal entfernt, schlägt der Zeiger aus.
Wie heißt der physikalische Begriff für den Vorgang beim Abheben des Lineals?

____

Arbeitsblatt: Elektrische Leitfähigkeit

Anwendungsmöglichkeit oder technische Bedeutung	benutztes Material	Begründung für die Benutzung dieses Materials (guter Leiter/schlechter Leiter)
Beispiel 1: Stromkabel	Kupfer	Kupfer ist ein sehr guter Leiter
Beispiel 2: Ummantelung des Stromkabels	Kunststoff	Kunststoff ist ein Isolator
eigene Beispiele		
1.		
2.		
3.		
4.		
5.		
6.		
7.		
8.		
9.		
10.		

Kurzbefragung zum Physikunterricht "Elektrostatik" Kl. 8 E/G

Ziel der Stunde war es, Dir zu erklären,

- wie Ladungstrennung und Neutralisation vor sich gehen.

  Das habe ich vollkommen ☐ zum Teil ☐ nicht verstanden ☐

- wie eine geladene Kugel im Inneren eines Faraday-Bechers vollkommen entladen wird.

  Das habe ich vollkommen ☐ zum Teil ☐ nicht verstanden ☐

- wie der Van de Graaff - Generator Ladungen trennt.

  Das habe ich vollkommen ☐ zum Teil ☐ nicht verstanden ☐

- wie Ladungen ohne Draht transportiert werden können.

  Das habe ich vollkommen ☐ zum Teil ☐ nicht verstanden ☐

- was die Glimmlampe anzeigt.

  Das habe ich vollkommen ☐ zum Teil ☐ nicht verstanden ☐

- was elektrische Spannung ist.

  Das habe ich vollkommen ☐ zum Teil ☐ nicht verstanden ☐

Junge ☐ Mädchen ☐

Name: ______________________ Vorname: _____________ Klasse: ________

Du findest hier zwei Begriffe aus der Elektrizitätslehre. Du sollst bitte zu jedem Begriff so viele andere Wörter oder Begriffe hinschreiben, wie Dir in den Sinn kommen.

1. Ladung: ____

____

____

2. Spannung: ____

____

____

Du findest hier einige Probleme, die Du möglichst genau erklären sollst.

1. 

Ein Plastiklöffel wurde mit einem Wollschal gerieben. Wenn Du ihn im Waschbecken nahe an einen dünnen Wasserstrahl hältst, wird dieser in einem Bogen zum Löffel hingezogen.

Warum?

____

____

____

2. 

Zwei Luftballons werden aufgeblasen und an einem Pullover gerieben. Wenn man sie an Fäden herabhängen läßt, schweben sie weit auseinander.

Warum?

____

____

____

____

3. 

Auf ein trockenes Glas wird ein Tortenheber aus Metall gelegt. Dann wird auf den Tortenheber ein Stück Styropor gelegt, das zuvor kräftig an einem Pullove gerieben wurde. Wenn man jetzt mit dem Finger in die Nähe des Tortenhebergriffe kommt, zuckt ein Blitz herüber.

Warum?

----

4. 

Auf den Rand einer Schallplatte wird ein "Fußballspieler" aus Alufolie geklebt. Die Schallplatte wird kräftig mit einem Wollschal gerieben und auf ein trockenes Glas gelegt. In etwa 5 cm Entfernung wird eine Blechbüchse aufgestellt. Wenn man jetzt einen Ball aus Alufolie dazwischenhält, schießt er mehrmals vom "Fußballspieler" zur Dose und zurück.

Warum?

----

5. Was ist eigentlich damit gemeint, wenn man sagt: "Es fließt elektrischer Strom?"
Was fließt? Woraus besteht der elektrische Strom?

15.) Unterrichtsbegleitung (2. Hälfte Schuljahr 1978/79): Kategorisierung der Assoziationen

Kategorie 1: Assoziationen, die die größte Nähe zum Stimulusbegriff aufweisen, d.h. solche die Teile der Definition des Begriffs enthalten (Angabe relevanter Eigenschaften, Meßvorschriften usw.)

Beispiele:

SPANNUNG: U, Ladungsdifferenz, Volt, Spannungsquelle
LEITER: Angabe von Stoffen, die den elektr. Strom leiten
STROMKREIS: Zustandsformen (offen, geschlossen); Teile des Stromkreises
STROMSTÄRKE: I, Ampere, Amperemeter, I = Q/t
LADUNG: Elektrizitätsmenge, Q, Ladungsträger

Kategorie 2: Assoziationen, die in einer physikalisch "sinnvollen" Beziehung zum Stimulusbegriff stehen, aber weniger nah als in Kategorie 1

Beispiele:

SPANNUNG: Trafo, Batterie, Stromstärke, Ladung
LEITER: Kabel, Draht, Schutzleiter, Erdleiter
STROMKREIS: Kurzschluß, Reihenschaltung, Parallelschaltung
STROMSTÄRKE: Spannung, Widerstand, Kirchhoffsches Gesetz
LADUNG: Stromstärke, Spannung, Blitz, "Akku"

Kategorie 3: Sehr entfernte, allerdings noch physikbezogene Assoziationen

Beispiele:

SPANNUNG: Strom, Lampe, gefährlich, Energie, falsche Maßeinheiten
LEITER: beliebige Geräte; Angabe von Stoffen, die nicht leiten
STROMKREIS: Elektrizität; beliebige Geräte
STROMSTÄRKE: beliebige Geräte; falsche Maßeinheiten
LADUNG: Strom, beliebige Geräte, falsche Maßeinheiten

Kategorie 4: Beliebige, nicht physikbezogene Assoziationen (Da nur sehr wenige Assoziationen auf Kategorie 4 entfielen, wurde diese Kategorie bei der Auswertung meistens mit Kategorie 3 zusammengefaßt.)

Beispiele (für alle Stimulusbegriffe):

Versuche bei Herrn X; Formeln usw.

(16.) Unterrichtsbegleitung (2. Hälfte Schuljahr 1978/79): Häufigkeiten der Assoziationen im Vor- und Nachtest

K l a s s e 1

S T R O M K R E I S

Kabel (incl. Draht, Leitung)	17	Kabel	14
Lampe (incl. Birne)	14	Schalter	12
Schalter	12	Lampe	11
Stromquelle	11	Stromquelle	11
geschlossener Stromkreis	10	geschlossener Stromkreis	8
Trafo	8	Verbraucher	6
offener (unterbrochener) Stromkreis	8	(Umschreibungen)	6
Verbraucher	7	offener Stromkreis	5
(Umschreibungen)	7	Batterie	4
Batterie	3	Trafo	3
Strom	2	Strom	2

L E I T E R

Eisen	14	Eisen	15
Metall(e)	14	Metall(e)	15
Kabel	12	Nickel	12
(Salz-) Wasser	8	Kabel	11
(Umschreibungen)	8	Kobalt	10
Kupfer	6	(Umschreibungen)	7
Holz (= Nichtleiter)	6	Kupfer	7
Nichtleiter	5	(Salz-) Wasser	5
Gold	4	Nichtleiter	3
Silber	3		
Kunststoff (= Nichtleiter)	3		
Gummi (= Nichtleiter)	3		
Legierungen	2		
Blech	2		
Papier (= Nichtleiter)	2		
feuchte Erde	2		

L A D U N G

zusammengefaßte Elektrizität (Umschreibungen)	10	Elektronen	11
Ladungstransport (mit Konduktorkugel)	7	Ladungstrennung	8
Strom	6	Protonen	7
Konduktor-, Metallkugel	4	Elektroskop	6
(Auto-) Batterie	4	negative Ladung	5
Hochspannung	3	positive Ladung	5
Wattzahl	2	Reibung	3
		Influenz	2

S P A N N U N G

Volt(anzahl)	8	Ladungsdifferenz, -unterschied	21
Stromstärke	5	Strom	2
Batterie	4	Alessandro Volta, 1 V	2
(elektr.) Strom	4		
Hochspannung	3		
Stromkreis	3		
Kraft	2		
Starkstrom	2		

S T R O M S T Ä R K E

Volt	13	Volt	19
Watt	8	Ampere	6
Ampere	6	(Kilo-) Watt	3
Stärke des Stroms	4	Elektroskop	3
Spannung	2	Volta-Element	2
Kraft, die der Strom erzeugt	2		
Stromkreis	2		
Lichtstärke, Helligkeit	2		
Kabel	2		
ein elektr. Gerät braucht Stromstärke	2		

Klasse 2

STROMKREIS

Kabel (incl. Draht, Leitung)	10	geschlossener Stromkreis	6
Lampe (incl. Birne)	9	Batterie	3
geschlossener Stromkreis	8	Schalter	3
Trafo	4	Stromerzeuger	3
Pluspol	4	Kabel	2
Minuspol	4	nicht geschlossen	2
Batterie	3		
offen	3		

LEITER

Kabel	6	Nichtleiter	8
Metall	5	Eisen	7
Eisen	4	Kupfer	4
Nichtleiter	3	Kabel	2
Stromleiter	3	Metall	2
(Umschreibungen)	3		
Sprossen	2		

LADUNG

anziehen (incl. Anziehungskraft)	8	Ladungsträger	8
abstoßen	5	elektr. Ladung	5
Elektrizität	4	Ladungstrennung	5
Batterie	3	negative Ladung	3
Strom	2	positive Ladung	3
elektr. Ladung	2	Strom	2
Stromschlag	2		
keine Ladung	2		

SPANNUNG

Hochspannung	7	elektr. Spannung	4
Strom	3	Hochspannung	2
Stromstarke	2	Stromspannung	2

STROMSTÄRKE

Volt (incl. Angabe bestimmter Voltzahlen)	11	Volt	18
Watt	4	Watt	8
Dynamo	2	Ampere	2
		Kraft	2
		Batterie	2

Klasse 3

STROMKREIS

Lampe	15	Kabel	28
Kabel	14	Lampe	18
Trafo	11	Trafo	15
Schalter	9	Schalter	12
Pole (+ -)	8	Stromquelle	8
geschlossener Stromkreis	4	Batterie	6
Stromquelle	3	Parallelschaltung	2
Gerät	2	Reihenschaltung	2
offen	2	Strom	2
Steckdose	2	Fassung	2
Schaltbild	2	elektr. Gerät	2
		Anschluß	2

LEITER

Metall(e)	8	Kohle	21
Kabel	7	Metall(e)	13
Kupfer	5	Säuren	13
Flüssigkeiten	4	Eisen	11
Gold	4	Milch	8
Festkörper	3	Graphit	7
Kohle	3	(Salz-) Wasser	7
Eisen	3	Silber	6
Silber	3	Kupfer	6
Säuren	3	Laugen	6
Wasser	3	Gold	5
Gase	2	Kabel	4
		salzhaltige Flüssigkeiten	4
		Nickel	3
		Kupfersulfat	3
		Zink	3
		Edelmetalle	3
		Messing	2

LADUNG

Batterie	8	Reibung	6
Volt	4	Elektroskop	6
Akku(mulator)	2	Spannung	5
Watt	2	negativ und positiv	5
Blitz	2	positiv	3
Trafo	2	negativ	3
Strom	2	Glasstab	3
überladen	2	Bandgenerator	3
		Hartgummistab	2
		anziehen	2
		abstoßen	2

SPANNUNG

Volt (incl. Angabe best. Voltzahlen)	8	Volt	24
Wechselspannung	3	Voltmeter	15
"Gefahr"	3	Ladungstrennung	3
Steckdose	2	Ampere	3
Batterie	2	Amperemeter	3
Stromstärke	2	Meßgerät	2
Ampere	2	U	2
Watt	2		
Strom	2		
Hochspannung	2		

STROMSTÄRKE

Volt (incl. Angabe best. Voltzahlen)	12	Ampere	14
"Gefahr"	6	Amperemeter	14
Spannung	3	Volt	10
Watt	3	Meßgerät	3
Trafo	2	Voltmeter	2
		in Reihe	2
		I	2
		Lampe	2

17. Testheft der Voruntersuchung (Exkurs)

BASS / BÄHN

Auf den folgenden Seiten findest Du einige Wörter oder Begriffe aus der Physik. Wir wollen dabei herausfinden, wie Schüler solche Begriffe gebrauchen. Es handelt sich hier *nicht* um einen "Test", mit dem Dein Wissen oder Deine Leistungen in Physik geprüft werden. Natürlich gibt es auch keine Noten oder Punkte oder irgendeine andere Bewertung.
Wir wollen nur herausbekommen, wie Schüler Deines Alters mit solchen Physik-Begriffen umgehen. Dies kann man durch übliche Tests nicht herausfinden. Deshalb haben wir eine besondere Form gewählt, die Dir am Anfang vielleicht etwas seltsam vorkommen wird. Du wirst aber sehen, daß Du schnell damit zurechtkommst. Du mußt Dir nur genau die *Anweisungen* zu den *zwei* Teilen durchlesen.

Bitte blättere jetzt um und lies die Anweisung zum 1. Teil.

1. TEIL: ANWEISUNG

Im ersten Teil wollen wir sehen, wie viele Wörter oder Begriffe Dir in einer bestimmten Zeit zu einem Physik-Begriff einfallen. Auf jeder der nächsten Seiten findest Du einen Physik-Begriff (insgesamt 10 Stück), und Du sollst bitte so viele andere Wörter oder Begriffe hinschreiben, wie Dir zu diesem Physik-Begriff in den Sinn kommen.

Beispiel (nicht aus der Physik)

S C H U L E

1. Schule Unterricht
2. Schule Lehrer
3. Schule Pause
4. Schule Noten
5. Schule Kurse
6. Schule Klassenarbeiten
7. Schule Klassenkameraden
8. Schule ____________
9. Schule ____________
10. Schule ____________

Du mußt nicht *alle* leeren Zeilen auf jeder Seite ausfüllen; Du sollst aber doch so viele Wörter

oder Begriffe aufschreiben, wie Dir zu einem bestimmten Begriff einfallen.
Wenn Du ein Wort aufgeschrieben hast, dann denke bitte immer wieder an den Ausgangsbegriff (in unserem Beispiel: SCHULE) zurück; er steht deshalb auch immer noch einmal am Anfang jeder Zeile.

Für jede Seite hast Du 1 Minute Zeit.
Ich werde Dir immer sagen, wann Du zur nächsten Seite gehen sollst.

Wenn Du noch Fragen hast, dann stelle sie bitte jetzt.

Bitte noch nicht anfangen!

Warte bitte, bis ich das Zeichen zum Beginn gebe.

LINSE

1. Linse ____________
2. Linse ____________
3. Linse ____________
4. Linse ____________
5. Linse ____________
6. Linse ____________
7. Linse ____________
8. Linse ____________
9. Linse ____________
10. Linse ____________

BRENNWEITE

1. Brennweite ____________
2. Brennweite ____________
3. Brennweite ____________
4. Brennweite ____________
5. Brennweite ____________
6. Brennweite ____________
7. Brennweite ____________
8. Brennweite ____________
9. Brennweite ____________
10. Brennweite ____________

REGENBOGEN

1. Regenbogen ____________
2. Regenbogen ____________
3. Regenbogen ____________
4. Regenbogen ____________
5. Regenbogen ____________
6. Regenbogen ____________
7. Regenbogen ____________
8. Regenbogen ____________
9. Regenbogen ____________
10. Regenbogen ____________

AUGE

1. Auge __________
2. Auge __________
3. Auge __________
4. Auge __________
5. Auge __________
6. Auge __________
7. Auge __________
8. Auge __________
9. Auge __________
10. Auge __________

BRECHUNG

1. Brechung __________
2. Brechung __________
3. Brechung __________
4. Brechung __________
5. Brechung __________
6. Brechung __________
7. Brechung __________
8. Brechung __________
9. Brechung __________
10. Brechung __________

Abbildung		Lichtquelle	
1. Abbildung	______	1. Lichtquelle	______
2. Abbildung	______	2. Lichtquelle	______
3. Abbildung	______	3. Lichtquelle	______
4. Abbildung	______	4. Lichtquelle	______
5. Abbildung	______	5. Lichtquelle	______
6. Abbildung	______	6. Lichtquelle	______
7. Abbildung	______	7. Lichtquelle	______
8. Abbildung	______	8. Lichtquelle	______
9. Abbildung	______	9. Lichtquelle	______
10. Abbildung	______	10. Lichtquelle	______

Reflexion

1. Reflexion ____________
2. Reflexion ____________
3. Reflexion ____________
4. Reflexion ____________
5. Reflexion ____________
6. Reflexion ____________
7. Reflexion ____________
8. Reflexion ____________
9. Reflexion ____________
10. Reflexion ____________

Lichtstrahl

1. Lichtstrahl ____________
2. Lichtstrahl ____________
3. Lichtstrahl ____________
4. Lichtstrahl ____________
5. Lichtstrahl ____________
6. Lichtstrahl ____________
7. Lichtstrahl ____________
8. Lichtstrahl ____________
9. Lichtstrahl ____________
10. Lichtstrahl ____________

Schatten

1. Schatten ______________________
2. Schatten ______________________
3. Schatten ______________________
4. Schatten ______________________
5. Schatten ______________________
6. Schatten ______________________
7. Schatten ______________________
8. Schatten ______________________
9. Schatten ______________________
10. Schatten ______________________

2. Teil: Anweisung

Im zweiten Teil haben wir die gleichen Physik-Begriffe noch einmal aufgeschrieben. Die Begriffe sind jeweils in Paaren zugeordnet. Hinter jedem Begriffspaar findest Du eine Skala, die von "ähnlich" bis "unähnlich" reicht. Wir wollen damit herausfinden, wie ähnlich oder wie unähnlich für Dich die Begriffe jeweils eines Paares sind.

Wenn Du das Gefühl hast, daß die Begriffe eines Paares in gewisser Weise ähnlich sind, dann mache bitte ein Kreuz in ein Feld am "ähnlichen" Ende der Skala. Hast Du hingegen das Gefühl, daß die Begriffe eines Paares in gewisser Weise unähnlich sind, dann mache bitte ein Kreuz in ein Feld am "unähnlichen" Ende der Skala. Das Ausmaß der Ähnlichkeit oder Unähnlichkeit von 2 Begriffen ergibt sich daraus, wie weit Dein Kreuz vom "ähnlichen" oder "unähnlichen" Ende der Skala entfernt ist.

Beispiel: (nicht aus der Physik)

SPASS - FREUDE 1 X 3 4 5 6 7
ähnlich unähnlich

SPASS - TRAUER 1 2 3 4 5 6 X
ähnlich unähnlich

Hast Du noch irgendwelche Fragen?

Wenn nicht, kannst Du jetzt umblättern und anfangen.

1. Lichtquelle	-	Brennweite	ähnlich 1 2 3 4 5 6 7 unähnlich
2. Lichtstrahl	-	Regenbogen	ähnlich 1 2 3 4 5 6 7 unähnlich
3. Schatten	-	Auge	ähnlich 1 2 3 4 5 6 7 unähnlich
4. Abbildung	-	Linse	ähnlich 1 2 3 4 5 6 7 unähnlich
5. Reflexion	-	Brechung	ähnlich 1 2 3 4 5 6 7 unähnlich
6. Brennweite	-	Brechung	ähnlich 1 2 3 4 5 6 7 unähnlich
7. Linse	-	Reflexion	ähnlich 1 2 3 4 5 6 7 unähnlich
8. Auge	-	Abbildung	ähnlich 1 2 3 4 5 6 7 unähnlich
9. Regenbogen	-	Schatten	ähnlich 1 2 3 4 5 6 7 unähnlich
10. Lichtquelle	-	Lichtstrahl	ähnlich 1 2 3 4 5 6 7 unähnlich

11. Lichtstrahl - Brennweite 1 2 3 4 5 6 7
ähnlich unähnlich

12. Schatten - Lichtquelle 1 2 3 4 5 6 7
ähnlich unähnlich

13. Abbildung - Regenbogen 1 2 3 4 5 6 7
ähnlich unähnlich

14. Reflexion - Auge 1 2 3 4 5 6 7
ähnlich unähnlich

15. Brechung - Linse 1 2 3 4 5 6 7
ähnlich unähnlich

16. Brennweite - Linse 1 2 3 4 5 6 7
ähnlich unähnlich

17. Auge - Brechung 1 2 3 4 5 6 7
ähnlich unähnlich

18. Regenbogen - Reflexion 1 2 3 4 5 6 7
ähnlich unähnlich

19. Lichtquelle - Abbildung 1 2 3 4 5 6 7
ähnlich unähnlich

20. Lichtstrahl - Schatten 1 2 3 4 5 6 7
ähnlich unähnlich

21. Schatten - Brennweite 1 2 3 4 5 6 7
ähnlich unähnlich

22. Abbildung - Lichtstrahl 1 2 3 4 5 6 7
ähnlich unähnlich

23. Reflexion - Lichtquelle 1 2 3 4 5 6 7
ähnlich unähnlich

24. Brechung - Regenbogen 1 2 3 4 5 6 7
ähnlich unähnlich

25. Linse - Auge 1 2 3 4 5 6 7
ähnlich unähnlich

26. Brennweite - Auge 1 2 3 4 5 6 7
ähnlich unähnlich

27. Regenbogen - Linse 1 2 3 4 5 6 7
ähnlich unähnlich

28. Lichtquelle - Brechung 1 2 3 4 5 6 7
ähnlich unähnlich

29. Lichtstrahl - Reflexion 1 2 3 4 5 6 7
ähnlich unähnlich

30. Schatten - Abbildung 1 2 3 4 5 6 7
ähnlich unähnlich

31.	Abbildung	- Brennweite	1 2 3 4 5 6 7 ähnlich unähnlich
32.	Reflexion	- Schatten	1 2 3 4 5 6 7 ähnlich unähnlich
33.	Brechung	- Lichtstrahl	1 2 3 4 5 6 7 ähnlich unähnlich
34.	Linse	- Lichtquelle	1 2 3 4 5 6 7 ähnlich unähnlich
35.	Auge	- Regenbogen	1 2 3 4 5 6 7 ähnlich unähnlich
36.	Brennweite	- Regenbogen	1 2 3 4 5 6 7 ähnlich unähnlich
37.	Lichtquelle	- Auge	1 2 3 4 5 6 7 ähnlich unähnlich
38.	Lichtstrahl	- Linse	1 2 3 4 5 6 7 ähnlich unähnlich
39.	Schatten	- Regenbogen	1 2 3 4 5 6 7 ähnlich unähnlich
40.	Abbildung	- Reflexion	1 2 3 4 5 6 7 ähnlich unähnlich
41.	Reflexion	- Brennweite	1 2 3 4 5 6 7 ähnlich unähnlich
42.	Brechung	- Abbildung	1 2 3 4 5 6 7 ähnlich unähnlich
43.	Linse	- Schatten	1 2 3 4 5 6 7 ähnlich unähnlich
44.	Auge	- Lichtstrahl	1 2 3 4 5 6 7 ähnlich unähnlich
45.	Regenbogen	- Lichtquelle	1 2 3 4 5 6 7 ähnlich unähnlich

(18.) Zwei Versionen des Lehrprogramms "Mechanik"

MECHANIK

LERNPROGRAMM TEIL: I ("Ausubel")
bzw. Teil IV ("Alternative")

NICHT VERGESSEN!:

NAME: ____________________ VORNAME: ____________________

KLASSE: ____________________

nur AUSUBEL

Hier geht's lang!

Auf den folgenden Seiten findest Du einen Überblick über unser Lernprogramm. In diesem Überblick steht

- *Was Du lernen sollst*
- *Wie die einzelnen Punkte zusammengehören*
- *Was Du mit dem Gelernten praktisch anfangen kannst.*

Bitte lies jetzt den Überblick langsam und aufmerksam durch!

nur AUSUBEL

ÜBERBLICK

In dem folgenden Lernprogramm wollen wir uns mit dem Gebiet der MECHANIK beschäftigen.

In der Mechanik geht es hauptsächlich um die Beschreibung der Eigenschaften und des Verhaltens von KÖRPERN. Dabei ist Dir sicherlich bekannt, daß man verschiedene Arten von Körpern, nämlich Gase, Flüssigkeiten und Festkörper unterscheidet.
Wir wollen uns hier nur mit Festkörpern beschäftigen.

An allen Körpern kann man verschiedene Eigenschaften unterscheiden und messen. Zu diesen Eigenschaften gehören beispielsweise Volumen (Rauminhalt) und Gewicht eines Körpers. Eine für die Mechanik besonders wichtige Eigenschaft eines Körpers ist seine TRÄGHEIT (Beharrungsvermögen). Diese Eigenschaft aller Körper macht sich besonders dann bemerkbar, wenn der augenblickliche Bewegungszustand eines Körpers geändert werden soll. Unter Bewegungszustand verstehen wir dabei sowohl den Zustand der Ruhe als auch den einer beliebigen Bewegung. Zu einer Änderung des Bewegungszustandes ist eine ganz bestimmte KRAFT notwendig.
Wenn aber auf einen Körper keine Kraft wirkt, verharrt er in seinem augenblicklichen Bewegungszustand (also in Ruhe oder in Bewegung). Diese ziemlich einfache Aussage stellt das grundlegendste Gesetz der Mechanik dar. Mit ihm kann man fast alle Probleme der Mechanik erklären und lösen.

Eine Wirkung von Kräften (egal um welche Kraft es sich auch handeln mag) besteht also in der Änderung des Bewegungszustandes von Körpern. Eine andere Wirkung von Kräften, besteht in der Verformung von Körpern (Bsp.: Ein Boxer verformt durch einen Faustschlag die Nase seines Gegners). Auf diese verformende Wirkung von Kräften wollen wir hier nicht näher eingehen.

nur AUSUBEL

Um das auf der letzten Seite erwähnte Grundgesetz der Mechanik auf praktische Probleme anwenden zu können (und das wollen wir ja tun!), ist es notwendig, Bewegungen genau zu beschreiben. Hierzu brauchen wir hauptsächlich zwei Angaben, nämlich den Weg, den ein Körper zurückgelegt hat und die Zeit, die er dafür gebraucht hat.
Wie Dir vielleicht schon bekannt ist, kann man aus beiden Angaben die Geschwindigkeit eines Körpers bestimmen.

Eine besondere Form von Bewegung ergibt sich dann, wenn sich im Verlauf einer Bewegung die Geschwindigkeit vergrößert oder verringert. Diese Geschwindigkeitsänderung nennt man (positive bzw. negative) Beschleunigung.

Zusammenfassend kann man also sagen:

DIE MECHANIK BESCHÄFTIGT SICH MIT DER BESCHREIBUNG VON BEWEGUNGEN UND DEN EINWIRKENDEN KRÄFTEN!

In der folgenden Abbildung haben wir das, was wir eben mit vielen Worten gesagt haben, noch einmal dargestellt. Sieh Dir bitte diese Abbildung genau an und versuche das, was Du eben gelesen hast, wiederzufinden.

Wenn Du die Abbildung durchgegangen bist, lies Dir bitte noch einmal den Überblick durch, damit Du wirklich genau weißt, worum es in diesem Programm geht.

nur AUSUBEL

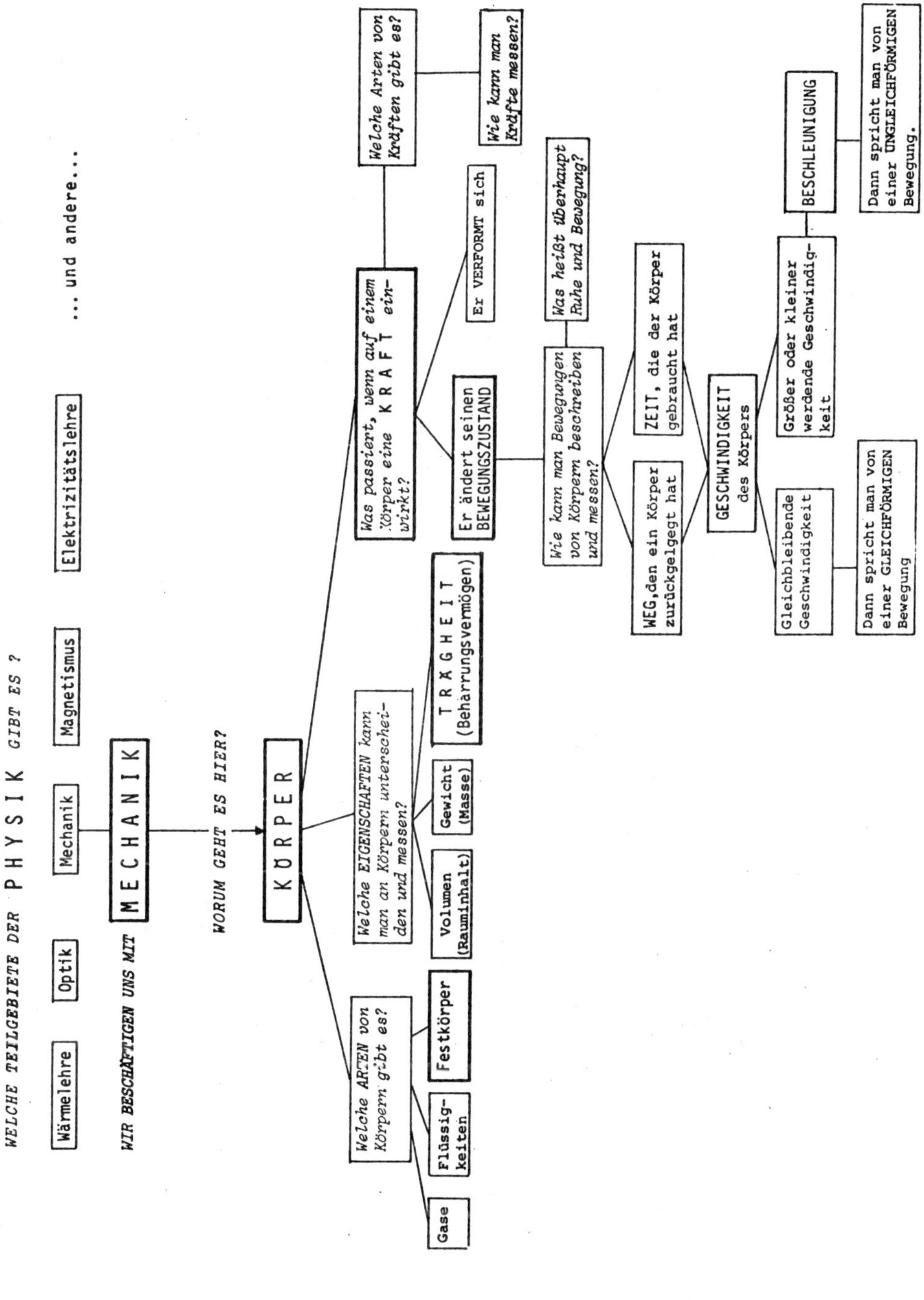

WELCHE TEILGEBIETE DER P H Y S I K GIBT ES ?
Wärmelehre
Optik
Mechanik
Magnetismus
Elektrizitätslehre
... und andere...
WIR BESCHÄFTIGEN UNS MIT
M E C H A N I K
WORUM GEHT ES HIER?
K Ö R P E R
Welche ARTEN von Körpern gibt es?
Gase
Flüssigkeiten
Festkörper
Welche EIGENSCHAFTEN kann man an Körpern unterscheiden und messen?
Volumen (Rauminhalt)
Gewicht (Masse)
T R Ä G H E I T (Beharrungsvermögen)
Was passiert, wenn auf einem Körper eine K R A F T einwirkt?
Welche Arten von Kräften gibt es?
Wie kann man Kräfte messen?
Er VERFORMT sich
Er ändert seinen BEWEGUNGSZUSTAND
Wie kann man Bewegungen von Körpern beschreiben und messen?
Was heißt überhaupt Ruhe und Bewegung?
WEG, den ein Körper zurückgelegt hat
ZEIT, die der Körper gebraucht hat
GESCHWINDIGKEIT des Körpers
Gleichbleibende Geschwindigkeit
Dann spricht man von einer GLEICHFÖRMIGEN Bewegung
Größer oder kleiner werdende Geschwindigkeit
BESCHLEUNIGUNG
Dann spricht man von einer UNGLEICHFÖRMIGEN Bewegung.

nur AUSUBEL

WELCHEN PRAKTISCHEN "NÄHRWERT" HAT UNSER PROGRAMM?

Wenn Du unser Programm durchgearbeitet hast, dann kannst Du das Gelernte z.B. in folgenden praktischen Situationen benutzen:

- Du kannst dann erklären, warum aus einem friedlichen Gepäckträger auf einem Autodach ein gefährliches "Geschoß" werden kann, wenn das Auto plötzlich bremsen muß.

- Du weißt dann, was es eigentlich heißt, wenn ein Mofa "raketengleich" in 20 Sekunden von 0 auf 25 beschleunigt.

- Du kannst dann leicht abschätzen, wie lange ein Oberholmanöver auf einer Landstraße (mit Gegenverkehr) dauern wird.

- Du kannst dann den Sinn des Werbespruchs "Erst Gurten, dann Starten" begründen.

- Du weißt dann, warum man sich in einer schnell anfahrenden U-Bahn gut festhalten sollte, um nicht umzufallen.

- Du kannst Dir dann ausrechnen, wir lange Ihr bei einer bestimmten Geschwindigkeit für Eure nächste Urlaubsreise nach Sizilien braucht.

- Du kannst dann erklären, warum nicht immer derjenige mit den dicksten Muskeln (und dem größten Mundwerk) die größte Kraft besitzt.

- Du weißt dann, was man im Straßenverkehr unter der zulässigen Höchstgeschwindigkeit versteht.

usw.

1. Auf dem Boden des Grundgesetzes...(der Mechanik)

In dem Überblick haben wir gehört, daß eine wichtige Eigenschaft von Körpern die Trägheit (oder auch Beharrungsvermögen) ist.
Hiermit wollen wir uns jetzt näher beschäftigen.

Diese Eigenschaft (Trägheit oder Beharrungsvermögen) haben alle Körper. Sie äußert sich darin, daß ein Körper seinen jeweiligen Bewegungszustand nicht freiwillig und ohne Zwang ändert, sondern nur unter dem Einfluß von Kräften, die von außen her auf ihn wirken. Wenn solche Kräfte fehlen, so bewegt er sich mit unveränderlicher Geschwindigkeit geradlinig weiter, oder falls er sich in Ruhe befunden hat, verbleibt er in Ruhe!

Diese grundlegende Aussage wollen wir Euch in einem Schema veranschaulichen.

SCHEMA 1

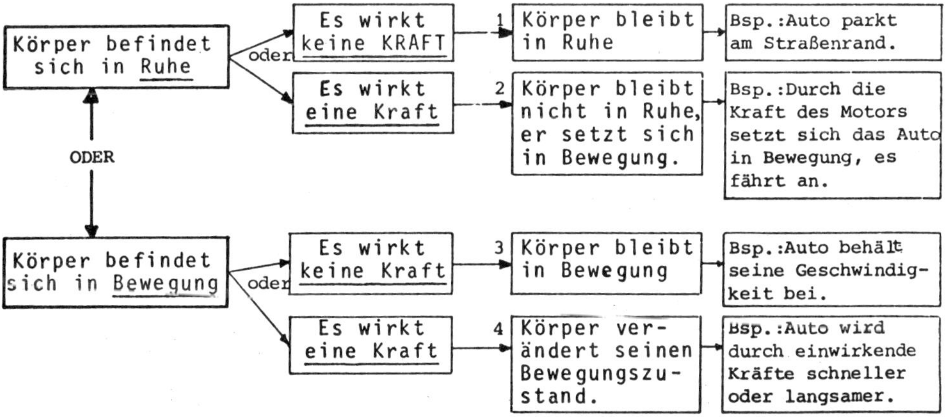

4. Auf dem Boden des Grundgesetzes... (der Mechanik)

Im letzten Kapitel haben wir gehört, daß eine Kraft notwendig ist, um den Bewegungszustand eines Körpers zu verändern.

Ein Körper ändert also seinen Bewegungszustand nicht freiwillig und ohne Zwang, sondern nur unter dem Einfluß von Kräften, die von außen auf ihn wirken. Wenn solche Kräfte fehlen, so bewegt er sich mit unveränderlicher Geschwindigkeit geradlinig weiter, oder falls er sich in Ruhe befunden hat, verbleibt er in Ruhe!

Diese grundlegende Eigenschaft aller Körper bezeichnet man mit Trägheit oder Beharrungsvermögen.

Dies wollen wir Euch noch einmal in einem Schema veranschaulichen:

SCHEMA 1

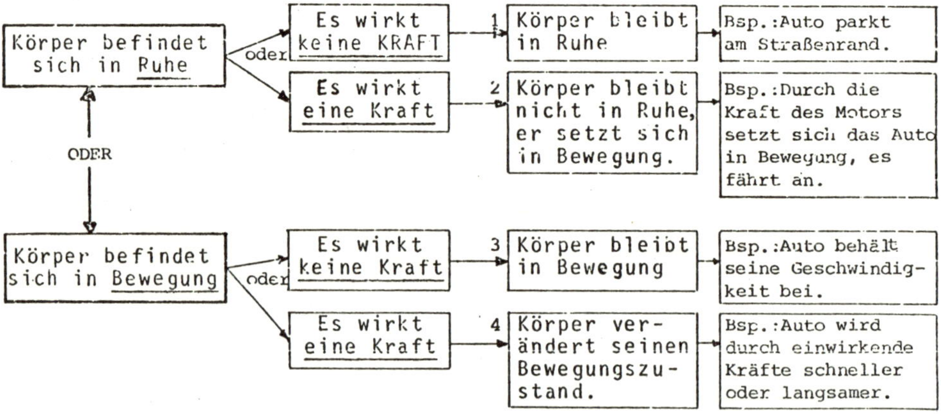

Es gehört also zu unseren alltäglichen Erfahrungen, daß wir eine Kraft aufwenden müssen, um einen ruhenden Körper in Bewegung zu setzen oder einen schon bewegten Körper zu verlangsamen oder gar zum Stillstand zu bringen. Ein Körper "wehrt" sich gegen beides, sowohl gegen eine Vergrößerung als auch gegen eine Verkleinerung seiner jeweiligen Geschwindigkeit. Er ist eben "träge", er will von sich aus in seinem Bewegungszustand unverändert verharren, und nur eine Kraft vermag ihn davon abzubringen.

Diese Erscheinungen sind schon sehr lange bekannt und wurden bereits von ISAAC NEWTON (1687) in einem Satz zusammengefaßt, der das Grundgesetz der Mechanik darstellt.

ALLE KÖRPER VERHARREN IM ZUSTAND DER RUHE ODER DER GLEICHFÖRMIGEN BEWEGUNG, SOLANGE KEINE KRÄFTE VON AUSSEN HER WIRKEN!

Dieses erste, grundlegendste Gesetz von Newton wird oft auch als das Trägheitsgesetz bezeichnet.

Aufgabe 1: *Kannst Du auf Grund dieser Beschreibung des Begriffes Trägheit ein Beispiel aus dem täglichen Leben angeben, bei dem die Trägheit eine Rolle spielt? Suche Dir dabei irgendeinen der vier möglichen Fälle aus dem vorangegangenen Schema 1 heraus.*

Unter Umständen ist es Dir schwer gefallen, auf Anhieb ein Beispiel zu finden. Deshalb wollen wir gemeinsam ein Beispiel ausführlich besprechen.

Wir betrachten folgendes Beispiel:

> *Ein Fußball liegt auf dem Elfmeterpunkt und wird durch einen Tritt eines Spielers ins Tor befördert.*

Ausgehend von dem Schema müssen wir zunächst erst einmal entscheiden, ob sich der Körper (hier Fußball) im Zustand der Ruhe oder in Bewegung befunden hat. Diese Antwort dürfte wohl niemandem schwer fallen, denn wenn der Fußball auf dem Elfmeterpunkt liegt, bewegt er sich nicht, er ist in Ruhe.
Nun bekommt er einen Tritt, d.h. es wirkt eine Kraft (Muskelkraft) auf ihn ein. Aus dem Schema 1 können wir nun entnehmen, daß der Fußball seinen Bewegungszustand verändern muß, er wird aus dem Zustand der Ruhe in Bewegung versetzt, er fliegt vom Elfmeterpunkt zum Tor.
Bei diesem Beispiel gelangen wir zu dem Kästchen 2 in unserem Schema 1: Körper bleibt nicht in Ruhe, er setzt sich in Bewegung.

Aufgabe 2: *Betrachte Dir jetzt folgende Beispiele. Gehe diese an Hand unseres Schemas durch und gib die Nummer des Kästchens an, in das Du gelangst.*

	Kästchen Nr.
a) Ein Fußballspieler stoppt einen herankommenden Fußball mit seiner Brust.	☐
b) Ein Schulranzen liegt in der Ecke.	☐
c) Eine Raumstation kreist mit gleichbleibender Geschwindigkeit um die Erde.	☐
d) Ein in der Zimmerecke stehender Schrank wird von einem Möbelpacker ein Stück zur Seite geschoben.	☐
e) Durch aufkommenden Wind wurde ein Segelboot schneller. ...	☐
f) Ein Lehrer ändert ausnahmsweise seine Meinung.	☐

Wenn Du die Beispiele an Hand des Schemas durchgegangen bist, mußt Du zu den folgenden Kästchen gekommen sein:

a) Kästchen 4 b) Kästchen 1 c) Kästchen 3

d) Kästchen 2 e) Kästchen 4

f) Dieses Beispiel läßt sich nicht in unser Schema 1 einordnen, es hat nichts mit dem Problem Trägheit zu tun (eher mit Sturheit).

Aufgabe 3: DER VERNÜNFTIGE - UNVERNÜNFTIGE ZECHER

Nach durchzechter Nacht fuhr ein Mann vernünftigerweise mit der Straßenbahn nach Hause. Da er es kaum erwarten konnte in sein Bett zu gelangen, sprang er aus der fahrenden Straßenbahn, noch bevor diese an der Haltestelle angehalten hatte.

Da er mit dem Rücken zur Fahrtrichtung herausgesprungen war, fiel er auf den Hinterkopf.

Frage: Warum haut es den Mann um?

- In diesem schwierigeren Beispiel haben wir es mit zwei Körpern zu tun: Straßenbahn und Zecher, der sich in ihr befindet
- Beide Körper (Straßenbahn und Zecher) bewegen sich mit der gleichen Geschwindigkeit.
- Beim Abspringen aus dem fahrenden Zug versucht nun der Körper des Zechers nach dem Trägheitsgesetz (jeder Körper verharrt im Zustand der Ruhe oder der gleichförmigen Bewegung, solange keine Kräfte wirken) seine Bewegung beizubehalten.
- Treffen die Füße auf dem Boden des Bahnsteiges auf, so werden diese plötzlich abgebremst, d.h. auf die Füße wirkt eine Kraft ein, die den ursprünglichen Bewegungszustand ändert.
- Auf den Rest des Körpers wirkt diese Kraft nicht ein, er bleibt nach dem Trägheitsgesetz in Bewegung. Unser Zecher fällt auf den Hinterkopf.

Was könnte unser Zecher trotz Promille tun, um seinen "dicken" Kopf vor Schaden zu bewahren?

Um nun nicht auf den Hinterkopf zu fallen, müßten sich seine Füße mit derselben Geschwindigkeit weiterbewegen wie der übrige Körper, d.h. er müßte in Fahrtrichtung der Straßenbahn laufen. Da er mit dem Rücken zur Fahrtrichtung herausgesprungen ist, müßte er hier also rückwärts laufen, was wohl mit erheblichen Schwierigkeiten verbunden sein dürfte.

Aufgabe 4: Der Kopf als Knautschzone oder: Erst Gurten dann Starten

Vor einigen Tagen hatte ich das Vergnügen, die Ente (GTI-Turbo) meines Freundes fahren zu dürfcn. Ich raste mit 50 Sachen über die Schnellstraße, neben mir mein Freund, der es wohl nicht nötig hatte, sich bei dieser Wahnsinnsgeschwindigkeit anzuschnallen. Plötzlich sprang eine verschreckte Oma auf die Straße, so daß ich voll auf die Bremsen latschen mußte.
Mein Freund knallte an die Windschutzscheibe. Glücklicherweise konnte er seinen Kopf als Knautschzone einsetzen, so daß ihm außer ein paar blauen Flecken nichts weiter passierte.

Frage: Warum knallte er an die Windschutzscheibe?

Du hast sicherlich erkannt, daß hier wieder das Trägheitsgesetz eine Rolle spielt.

Beifahrer und Auto haben die gleiche Geschwindigkeit.

Durch die Kraft der Bremsen wird der Bewegungszustand des Autos plötzlich geändert, es wird langsamer.

Der Körper des Beifahrers will wegen seiner Trägheit seinen ursprünglichen Bewegungszustand beibehalten. Nach dem Trägheitsgesetz behält er diese Geschwindigkeit solange bei, bis ihn Kräfte (hier die Trägheit der Windschutzscheibe) daran hindern.

Aufgabe 5: Trägheit schützt vor Strafe nicht! Oder doch?

Ein Fliesenleger wird mit seinem Wagen, der mit einigen Stapeln Kacheln beladen war, von der Polizei gestoppt. Er wird beschuldigt, er habe durch scharfes Bremsen einen Auffahr-Unfall nachfolgender Autos verursacht.
Der Fahrer beteuert, daß er ganz vorsichtig gefahren ist und nur behutsam gebremst hat?
Frage: Kann er einer Strafe entgehen?

Sicherlich hast Du bemerkt, daß die Stapel Kacheln im Laderaum des Autos gerade stehen.
Hätte der Fahrer scharf gebremst, wäre dies nicht möglich gewesen.

Bei einem plötzlichen Abbremsen des Wagens hätten die Kacheln, nach dem Trägheitsgesetz, ihre bisherige Bewegung beibehalten und wären nach vorne umgefallen.

Der Fahrer hat also Recht. Aber ob ihm die Polizisten glauben?

Aufgabe 6: *Unkraut vergeht nicht!*

Ein Mädchen muß zu Hause im Garten die ungeliebte Tätigkeit der Unkrautbeseitigung verrichten (obwohl sie lieber mit dem Freund spazieren gegangen wäre).
Dabei macht sie folgende Feststellung:

Wenn man an einem Unkraut ruckartig zieht, reißt es oberhalb der Wurzel (über der Erde) ab

Wenn man aber langsam an dem Unkraut zieht, kan man es mit der gesamten Wurzel aus der Erde ziehe (so wie es die Mama wünscht).
Wieso?

Wenn das Mädchen mit dem Freund spazieren gegangen wäre, hätte es dieses schöne Beispiel für das Trägheitsgesetz nicht kennengelernt.

Ziehen wir sehr schnell an dem Unkraut, so kann die Wurzel dieser Bewegung nicht folgen (dies auf Grund der Trägheit und weil die Wurzel von der Erde festgehalten wird). Es reißt oberhalb der Erde ab.

Aufgabe 7: Nottransport oder die Not mit der Trägheit

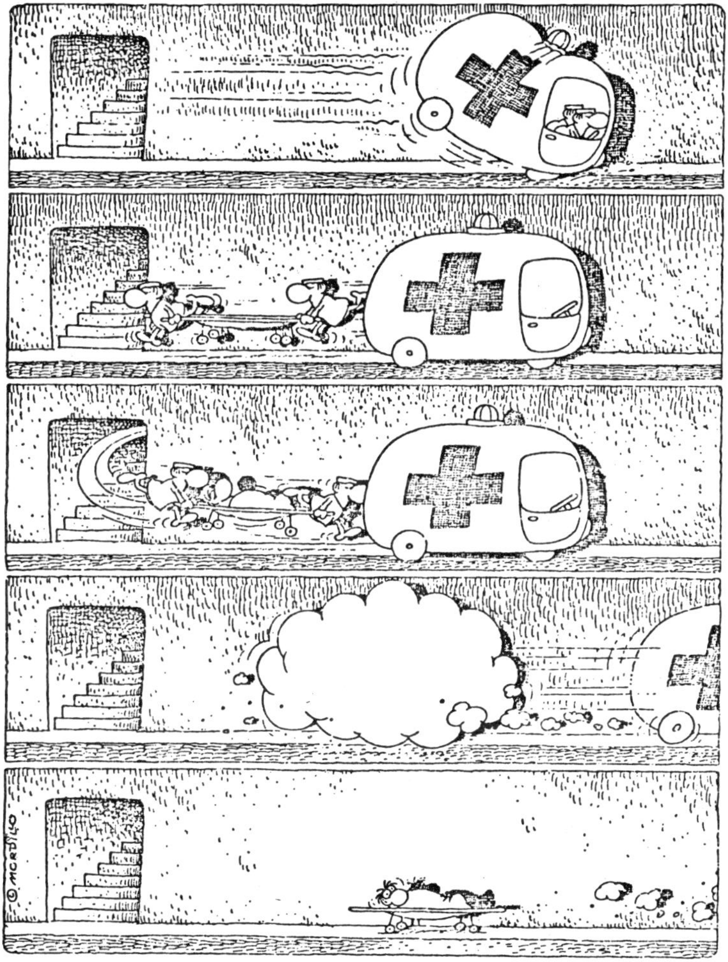

Erkläre:

Sicherlich hat es Dir keine Schwierigkeiten gemacht, diesen Comic (Bildergeschichte) zu erklären.

Die Bahre mit dem Schwerkranken, (der sich das linke Ohr geprellt hat), befindet sich zunächst im Krankenwagen in Ruhe.

Infolge seiner Trägheit kann er dem mit annähernd "Lichtgeschwindigkeit" startenden Krankenwagen nicht folgen, er bleibt zurück.

Wir haben an zahlreichen Beispielen kennengelernt, welche Bedeutung die Trägheit von Körpern in unserem Alltag hat.

Du wirst jetzt sicher in der Lage sein, folgende Aufgaben zu lösen.

Zusatzaufgabe 1:

Bei dem großen Preis von Aachen verweigert das Pferd eines Teilnehmers vor dem dritten Hindernis. Der Reiter fliegt im hohen Bogen in den Wassergraben.

Zusatzaufgabe 2:

Welche der vier angegebenen Möglichkeiten ist am besten geeignet, einen hammer am Stiel zu befestigen? Begründung!

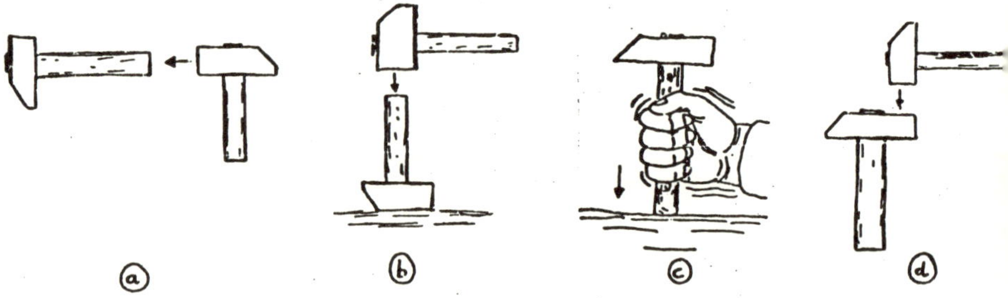

__Zusatzaufgabe 3:__ *Suche weitere Beispiele aus dem täglichen Leben, in denen die Trägheit eine Rolle spielt. Benutze dabei die beiden folgenden Schemata.*

Ein Körper "A" befindet sich in Bewegung.	Ein Körper "B", der mit A verbunden ist, bewegt sich mit der selben Geschwindigkeit.	Körper A wird plötzlich abgebremst.	Körper B bewegt sich mit unveränderter Geschwindigkeit weiter.
Ein Auto fährt	Beifahrer befindet sich in dem Auto	Auto wird plötzlich abgebremst.	Beifahrer will seine Bewegung beibehalten und knallt an die Windschutzscheibe.

Ein Körper "A" befindet sich in Ruhe.	Ein Körper "B", der mit A verbunden ist, befindet sich ebenfalls in Ruhe.	Körper A wird plötzlich in eine bestimmte Richtung beschleunigt, d.h. er wird schneller.	Körper B will in Ruhe verharren.
An einer Haltestelle steht ein Autobus.	In Autobus steht ein Mann.	Plötzlich fährt der Bus an.	Der Mann kann dieser Beweguns-änderung nicht folgen und kippt entgegen der Fahrtrichtung um.

MECHANIK

L E R N P R O G R A M M   T E I L :   II ("Ausubel")

bzw. Teil III   ("Alternative")

NICHT VERGESSEN!:

NAME: ____________________	VORNAME: ____________________
KLASSE: ____________________	

2. KRÄFTE

WER SCHAFFT, BRAUCHT KRAFT. ODER: WENN DIE KRÄFTE VERSAGEN....

Im vorangegangenen Kapitel haben wir uns mit einer grundlegenden Eigenschaft aller Körper, der Trägheit, beschäftigt.
Das hierauf aufbauende Grundgesetz der Mechanik (Trägheitsgesetz) besagt, daß zu jeder Änderung des Bewegungszustandes eines Körpers eine Kraft notwendig ist.

In diesem Abschnitt wollen wir uns näher mit Kräften beschäftigen.
Entsprechend unserem Überblick wollen wir dabei zunächst die Wirkung von Kräften betrachten (Änderung eines Bewegungszustandes oder Verformung) und uns dann überlegen, wie man auf Grund dieser Wirkungen Kräfte vergleichen oder messen kann.

KRAFT ODER NICHT KRAFT? DAS IST HIER DIE FRAGE!

Die beiden Jungen auf dem Bild streiten sich, wer mehr Kraft "hat". Dazu vergleichen sie die Dicke ihrer Oberarmmuskeln.
Obwohl solche Vergleiche sicher schon millionenfach durchgeführt wurden (bei Euch sicher auch), ist dieser Vergleich für die Physiker ziemlich sinnlos.
Sinnlos, weil man eine Kraft (hier Muskelkraft) leider nicht direkt sehen kann. Man kann nur auf Grund ganz bestimmter Wirkungen auf das Vorhandensein von Kräften und deren Größe schließen.

Eine Wirkung von Kräften haben wir im letzten Kapitel schon kennengelernt:

EINE KRAFT KANN EINE ÄNDERUNG DES BEWEGUNGSZUSTANDES VON KÖRPERN BEWIRKEN !

Dabei haben wir folgende Beispiele betrachtet:

- *Ein Schrank wird durch die Muskelkraft eines Mannes verschoben*
- *Ein Fußball wird gestoppt*
- *Ein Segelboot wird durch die Kraft des Windes schneller*
- *und andere ...*

Eine weitere Wirkung von Kräften wurde bereits in dem Überblick erwähnt:

EINE KRAFT KANN EINE VERFORMUNG
EINES KÖRPERS BEWIRKEN!

Dies könnte zum Beispiel folgendes sein:

- Boxer haut die Nase des Gegners platt.
- Ein Junge zieht einen Expander auseinander.
- Eine Badenixe drückt den Badeschwamm zusammen.

Die beiden Jungen auf unserem Bild müßten also eine dieser beiden Wirkungen heranziehen, um ihren Streit zu entscheiden. D.h. sie könnten z.B. ausprobieren, wer an einem Expander mehr Strippen auseinanderziehen kann oder wer einen schweren Gegenstand anheben kann.

Zusammenfassend können wir sagen:

EINE KRAFT KÖNNEN WIR NUR AN IHRER WIRKUNG ERKENNEN! DABEI UNTERSCHEIDEN WIR ZWEI WIRKUNGEN: VERFORMUNG - BEWEGUNGSÄNDERUNG

Diese Aussage wollen wir Euch wieder in einem Schema veranschaulichen:

SCHEMA 2

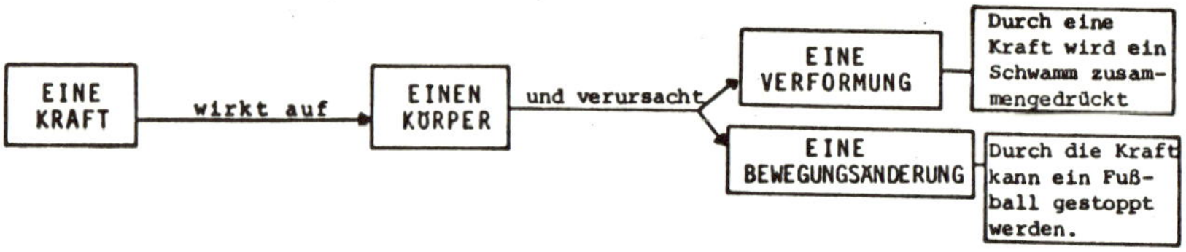

3. KRÄFTE

WER SCHAFFT, BRAUCHT KRAFT, ODER: WENN DIE KRÄFTE VERSAGEN ...

Im letzten Kapitel haben wir gesehen, daß man dann von Beschleunigung spricht, wenn in einem bestimmten Zeitraum die Geschwindigkeit eines Körpers größer oder kleiner wird, d.h. wenn sich die Geschwindigkeit ändert.

Um eine solche Geschwindigkeitsänderung oder Beschleunigung herbeizuführen, ist aber in jedem Fall eine Kraft notwendig.

Mit Kräften wollen wir uns jetzt näher beschäftigen.

ALTERNATIVE

KRAFT ODER NICHT KRAFT? DAS IST HIER DIE FRAGE!

Die beiden Jungen auf dem Bild streiten sich, wer mehr Kraft "hat". Dazu vergleichen sie die Dicke ihrer Oberarmmuskeln.

Obwohl solche Vergleiche sicher schon millionenfach durchgeführt wurden (bei Euch sicher auch), ist dieser Vergleich für die Physiker ziemlich sinnlos. Sinnlos, weil man eine Kraft (hier Muskelkraft) leider nicht direkt sehen kann. Man kann nur auf Grund ganz bestimmter Wirkungen auf das Vorhandensein von Kräften und deren Größe schließen.

Eine Wirkung von Kräften haben wir bereits angesprochen:

Eine Kraft bewirkt eine Geschwindigkeitsänderung oder Beschleunigung eines Körpers.

Hierbei müssen wir zwei Fälle unterscheiden:

a) Ein Körper befindet sich im Zustand der Ruhe (d.h. $v = 0 \frac{km}{h}$) und wird durch eine Kraft in Bewegung versetzt, d.h. beschleunigt.

Bsp.: Ein stehengebliebenes Auto wird von einem Mann angeschoben.

b) Ein Körper befindet sich in Bewegung (d.h. hat irgendeine Geschwindigkeit); durch eine Kraft wird die Geschwindigkeit vergrößert

Bsp.: Ein Segelboot wird durch die Kraft des Windes schneller

oder verringert, unter Umständen bis zum Stillstand (d.h. $v = 0 \frac{km}{h}$) .

Bsp.: Ein Fußball wird gestoppt.

ALTERNATIVE

Aus dem Alltag ist Euch sicher noch eine weitere Wirkung von Kräften bekannt:

EINE KRAFT KANN EINE VERFORMUNG
EINES KÖRPERS BEWIRKEN!

Dies könnte zum Beispiel folgendes sein:

- Boxer haut die Nase des Gegners platt.
- Ein Junge zieht einen Expander auseinander.
- Eine Badenixe drückt den Badeschwamm zusammen.

Die beiden Jungen auf unserem Bild müßten also eine dieser beiden Wirkungen heranziehen, um ihren Streit zu entscheiden. D.h. sie könnten z.B. ausprobieren, wer an einem Expander mehr Strippen auseinanderziehen kann oder wer einen schwereren Gegenstand anheben kann.

Zusammenfassend können wir sagen:

EINE KRAFT KÖNNEN WIR NUR AN IHRER WIRKUNG ERKENNEN!

DABEI UNTERSCHEIDEN WIR ZWEI WIRKUNGEN:

VERFORMUNG - BEWEGUNGSÄNDERUNG

Diese Aussage wollen wir Euch wieder in einem Schema veranschaulichen:

SCHEMA 2

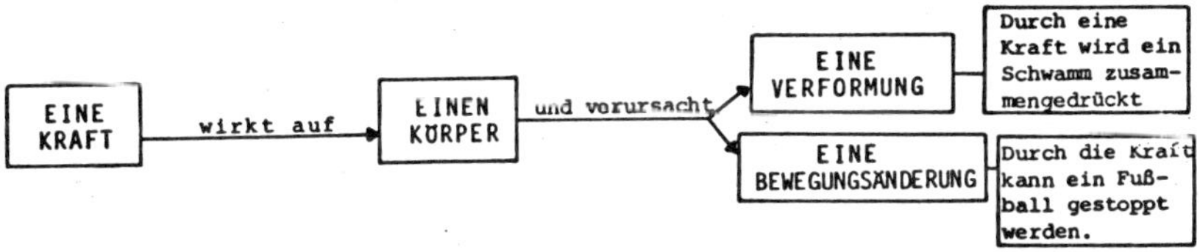

Aufgabe 1: *Kannst Du auf Grund dieser Beschreibung des Begriffes Kraft für jede der beiden möglichen Wirkungen ein eigenes Beispiel angeben?*

Verformung: ____

____

____

Bewegungsänderung: ________________________________

____

____

Diese Aufgabe ist Dir wahrscheinlich nicht allzu schwer gefallen. Wenn Dir nicht sofort Beispiele eingefallen sind, betrachte noch einmal unser Schema.

Aufgabe 2: *Wir haben hier eine ganze Reihe von "Kräften" aufgeführt; überlege Dir bei jeder einzelnen Kraft, ob mit ihr eine der beiden Wirkungen (Verformung - Bewegungsänderung) herbeigeführt werden kann.*

	hat eine dieser Wirkungen ja	nein
a) Durch die Muskelkraft wird ein Auto angeschoben.	☐	☐
b) Durch die Waschkraft von Persil wird die Jeans strahlend weiß	☐	☐
c) Durch die Gewichtskraft der Bücher verbiegt sich ein Regal.	☐	☐
d) Durch die Schubkraft der Rakete bewegt sie sich immer schneller. in die Höhe.	☐	☐
e) Durch die Magnetkraft wird ein Eisenstück angezogen.	☐	☐
f) Die Sehkraft des Auges nimmt mit zunehmenden Alter ab.	☐	☐
g) Die Lupe hat eine große Vergrößerungskraft.	☐	☐
h) Die Schauspielerin hatte eine große Ausdruckskraft.	☐	☐
i) Durch die Kraft des Wassers wird ein Wasserrad angetrieben........	☐	☐
j) Die Motorkraft versetzt einen VW in Bewegung.....................	☐	☐
k) Die Überzeugungskraft der 50 DM war so groß, daß ich jetzt hier sitze und schwitze.	☐	☐

Wahrscheinlich hast Du alle Kräfte, die eine Verformung oder Bewegungsänderung bewirken können, herausgefunden.

Dies sind:

a) Muskelkraft c) Gewichtskraft
d) Schubkraft e) Magnetkraft
i) Wasserkraft j) Motorkraft

Alle diese Kräfte (es gibt noch einige mehr), die eine Verformung oder Bewegungsänderung bewirken können, nennt man physikalische Kräfte.

Alle übrigen Kräfte werden zwar in unserer Umgangssprache mit Kraft in Verbindung gebracht, haben aber mit dem physikalischen Kraftbegriff nichts zu tun. Sie können keine Bewegungsänderung und keine Verformung von Körpern bewirken. D.h. selbst mit der größten Überzeugungskraft ist es unmöglich eine Feder anzuheben. (Es gibt allerdings Leute, die dies glauben!)

Solche Kräfte, die nichts mit der physikalischen Kraft zu tun haben sind:

b) Waschkraft f) Sehkraft
g) Vergrößerungskraft h) Ausdruckskraft
k) Überzeugungskraft und viele andere

Aufgabe 3: Suche nun weitere Beispiele aus dem täglichen Leben, in denen Kräfte und ihre Wirkungen (Verformung - Bewegungsänderung) eine Rolle spielen. Benutze dabei folgendes Schema:

Um welche Kraft handelt es sich?	Auf welchen Körper wirkt die Kraft?	Was bewirkt die Kraft an dem Körper?	Verformung	Bewegungs-änderung
Muskelkraft	Fußball	Durch die Kraft des Fußballers wird ein Ball in Bewegung ver-setzt.		X

Aufgabe 4: *In den folgenden Beisielen werden die beiden Wirkungen dazu benutzt, um die Größe von Kräften miteinander zu vergleichen (und zu messen).*

Kreuze bitte in jedem Beispiel an, wo die größere Kraft wirkt.

1 a) Adam stemmt einen Stein von einem Zentner

b) Eva stemmt einen Stein von zwei Zentnern

2 a)

b)

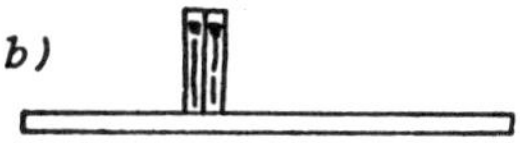

3 a)

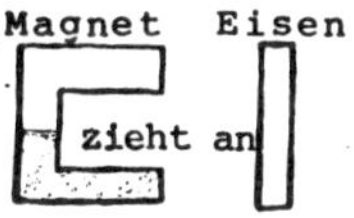

b)

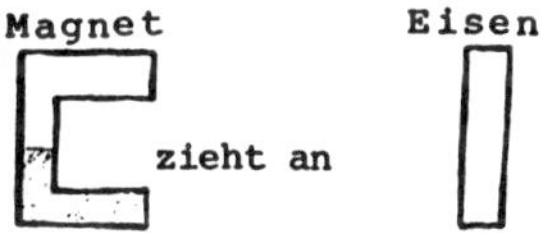

4 a) Ein Junge wirft einen Stein 100 Meter weit

b) Ein anderer Junge wirft den gleichen Stein 200 Meter weit

Wahrscheinlich hast Du die folgenden richtigen Antworten gegeben.

1 In diesem Beispiel wirkt im Fall b die größere Kraft, denn aus dem Alltag wissen wir, daß man um so mehr Kraft aufwenden muß, je schwerer die zu stemmende Last (Körper) ist.

2 Durch die Kraft (Gewichtskraft der Bücher) wird das Holz gebogen (verformt). Die Verformung ist in Bild a wesentlich größer. Aus dem Alltag wissen wir wieder, daß man um so mehr Kraft aufwenden muß, wenn man einen Körper (z.B. Latte) stärker durchbiegen will. Da nun in a eine stärkere Verformung bewirkt wurde, muß in diesem Falle auch eine stärkere Kraft (Gewichtskraft) wirken.

3 Durch die Kraft (Anziehungskraft) des Magneten wird ein Eisenstück angezogen. Auf das Eisenstück wirkt im Falle b eine größere Kraft, da es schon aus einer größeren Entfernung angezogen wird.

4 Aus dem Sportunterricht wissen wir, daß es immer schwieriger wird (d.h. daß wir immer mehr Kraft aufwenden müssen), um zum Beispiel einen Ball weiter zu werfen. So wirkt in diesem Beispiel im Falle b eine stärkere Kraft, denn es war eine stärkere Bewegungsänderung notwendig, um einen Stein über eine größere Entfernung zu werfen.

Genau diese Sache wird heute zur Messung von Kräften herangezogen:
Wenn der Bewegungzustand eines bestimmten Körpers um ein genau festgelegtes Maß geändert wird, spricht man von der Maßeinheit NEWTON. Die genauen Zusammenhänge sollen uns in dieser Lerneinheit nicht interessieren.

MECHANIK

LERNPROGRAMM TEIL: III ("Ausubel")
bzw. Teil I ("Alternative")

NICHT VERGESSEN!:

NAME: ____________________ VORNAME: ____________________

KLASSE: ____________________

3. GESCHWINDIGKEIT

Geschwindigkeit ist keine Hexerei

Das Grundgesetz der Mechanik besagt, daß durch eine Kraft der Bewegungszustand eines Körpers geändert wird.

In den bisherigen praktischen Beispielen haben wir immer nur ganz allgemein von Bewegungszustand und Änderung gesprochen.

Wir wollen uns jetzt überlegen, wie man Bewegungen und Bewegungsänderungen genauer beschreiben kann.

Hierzu brauchen wir zunächst einmal Angaben über den Weg, den ein Körper zurücklegt und über die Zeit, die er dafür braucht.
Aus beiden Angaben läßt sich dann die Geschwindigkeit eines Körpers bestimmen.

1. GESCHWINDIGKEIT

GESCHWINDIGKEIT IST KEINE HEXEREI !

Zu Beginn unserer Unterrichtseinheit über Mechanik wollen wir uns überlegen, wie man Bewegungen genau beschreiben kann.

Hierzu brauchen wir zunächst einmal Angaben über den Weg, den ein Körper zurücklegt und über die Zeit, die er dafür braucht.

Aus beiden Angaben läßt sich dann die Geschwindigkeit eines Körpers bestimmen.

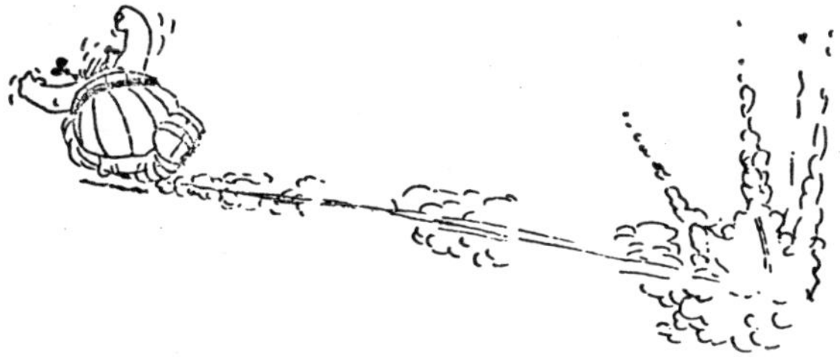

WAS VERSTEHT MAN UNTER GESCHWINDIGKEIT ?

Wir betrachten ein Beispiel:

Ein Kurzstreckenläufer braucht für die Strecke von 100 Metern 10,0 Sekunden, ein anderer 11,0 Sekunden.

Welcher Läufer war schneller, d.h. welcher hatte die größere Geschwindigkeit?

Diese Frage ist so einfach, daß wir Deine Antwort gar nicht abwarten wollen: Natürlich hatte der erste Läufer die größere Geschwindigkeit, da er für den gleichen Weg eine kürzere Zeit benötigte.

Nehmen wir ein anderes Beispiel:

Zwei Kurzstreckenläufer laufen um die Wette. Sieger soll diesmal derjenige sein, der in 10 Sekunden am weitesten gelaufen ist. Der erste Läufer läuft in 10 Sekunden 100 Meter (siehe oben), der zweite Läufer läuft in 10 Sekunden nur 90 Meter.

Auch hier ist klar, daß der erste Läufer eine größere Geschwindigkeit hatte, da er in der gleichen Zeit einen größeren Weg zurücklegte.

Schwieriger wird es erst, wenn wir entscheiden sollen, welcher Läufer in folgendem Beispiel die größere Geschwindigkeit hat:

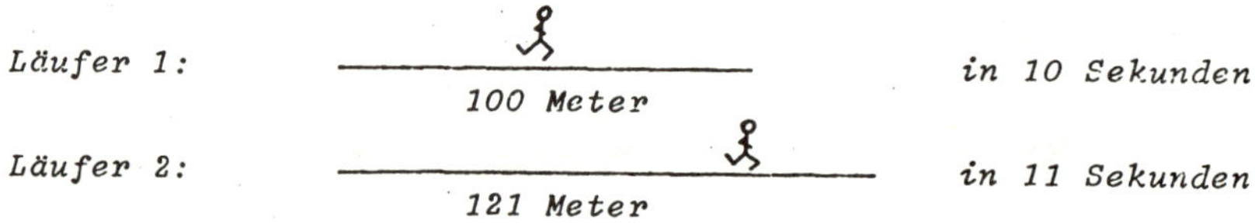

Läufer 1 hat zwar eine kürzere Zeit benötigt, er hat aber auch nur einen kürzeren Weg zurückgelegt.

Um dieses Beispiel zu entscheiden, ist es notwendig, sich zu überlegen, welchen Weg die beiden Läufer in einem ganz bestimmten Zeitabschnitt (Zeiteinheit) zurückgelegt haben.

Als Zeiteinheit wählen wir eine Sekunde. Dies wollen wir auf unser noch offenes Problem anwenden:

Läufer 1: *100 Meter / in 10 Sekunden*

Wieviele Meter legt dieser Läufer in einer Sekunde zurück?

____

Läufer 2: *121 Meter / in 11 Sekunden*

Wieviele Meter legt dieser Läufer in einer Sekunde zurück?

____

Sicherlich hast Du festgestellt, daß der Läufer 1 in 1 Sekunde nur 10 Meter zurücklegt,
dagegen Läufer 2 in derselben Zeit (1 Sekunde) 11 Meter.

(Denn wenn ein Mann in 10 Sekunden 100 Meter zurücklegt, kann er natürlich in 1 Sekunde nur den zehnten Teil der Strecke zurücklegen.)

Man kann also sagen, daß der Läufer 2 eine größere Geschwindigkeit hat!
Um das obige Problem zu lösen, mußtest Du den jeweils zurückgelegten Weg durch die jeweils benötigte Zeit dividieren.

Dieses Verhältnis von zurückgelegtem Weg und benötigter Zeit nennt man GESCHWINDIGKEIT.

Also:

$$\text{Geschwindigkeit} = \frac{\text{zurückgelegter Weg (gemessen in Kilometer oder Meter ..)}}{\text{benötigte Zeit (gemessen in Stunden, Minuten oder Sekunden)}}$$

Damit diese "Formel" etwas weniger umständlich ist, benutzt man für die darin enthaltenen Begriffe Abkürzungen (die meisten wirst Du sicher schon kennen):

Begriff	Abkürzung
Geschwindigkeit (engl.:velocity)	v
Weg (Strecke)	s
Zeit (engl.: time)	t
Kilometer	km
Meter	m
Stunde (engl.: hour ; lat.: hora)	h
Minute	min
Sekunde (engl.: second)	sec

Wenn wir diese Abkürzungen in unsere Formel einsetzen, erhalten wir:

$$v = \frac{s}{t}$$

Beispiel: Bis vor kurzem (heute auch noch?) lag der Weltrekord über 100 m bei 10 sec.

Wie groß war die Geschwindigkeit des Läufers?

$$v = \frac{s}{t} = \frac{100\ m}{10\ sec} = 10\ \frac{m}{sec}$$

Die Geschwindigkeit des Läufer betrug also $10\ \frac{m}{sec}$

(gesprochen : 10 Meter pro Sekunde)

Für diejenigen, die es ganz genau wissen wollen, sind dies "lächerliche" $36\ \frac{km}{h}$!

<u>Zusammenfassend</u> können wir also sagen:

UNTER DER GESCHWINDIGKEIT VERSTEHEN WIR DAS VERHÄLTNIS VON ZURÜCKGELEGTEM WEG UND BENÖTIGTER ZEIT.

$$v = \frac{s}{t}$$

GESCHWINDIGKEITEN WERDEN ANGEGEBEN IN :

$\frac{\text{Meter}}{\text{Sekunde}}$ $\left(\frac{m}{sec}\right)$

oder in $\frac{\text{Kilometer}}{\text{Stunde}}$ $\left(\frac{km}{h}\right)$

Hierzu erst einmal ein paar einfache Beispiele:

1) *Von Gießen nach München sind es ziemlich genau 500 km. Ein Porsche 928 braucht für diese Strecke 5 h (Stunden). Mit meinem VW-Käfer brauche ich nur 2,5 h (Ätsch!)*

Geschwindigkeit des Porsches:

____

Geschwindigkeit meines Käfers:

____

(Das ist vielleicht doch etwas übertrieben)

2) *Beim diesjährigen Weltpokal der Weinbergschnecken in Texas betrug die Rennstrecke 2 m.*
Die Schnecke des Texaners Joe Tex brauchte dafür die sagenhafte Zeit von 200 sec.
Die vorher mit Rotwein getränkte Schnecke des Italieners Luigi Vinotinto brauchte leider etwas länger, nämlich 400 sec.

Geschwindigkeit der texanischen Schnecke:

____

Geschwindigkeit der italienischen Schnecke:

____

3) *Neulich war ich beim großen Preis von Deutschland auf dem Nürburgring. Auf der Anzeigentafel war folgendes zu lesen:*

Gefahrene Runden: 20 (1 Runde = 1 km)

Wagen A (Fahrer: Fittibaldi) .... 6 min 5 sec
Wagen B (Fahrer: Baldifitti) .... 6 min 1 sec
Wagen C (Fahrer: Nichtsobaldi) .... 6 min 59 sec

Ohne meinen Bordcomputer (Taschenrechner) zu bemühen, konnte ich angeben, welcher Wagen die größte Geschwindigkeit hatte, nämlich Wagen ______.
Die kleinste Geschwindigkeit hatte Wagen ______.

Die Antworten zu diesen drei einfachen Beispielen sind Dir sicher nicht schwer gefallen (wenn Du richtig gerechnet hast, mußt Du auf folgende Ergebnisse gekommen sein):

Aufgabe 1: Porsche: $v = 100 \frac{km}{h}$
Käfer : $v = 200 \frac{km}{h}$ (wer's glaubt, wird selig)

Aufgabe 2: Texanische Schnecke: $v = 0{,}01 \frac{m}{sec}$
Italienische Schnecke: $v = 0{,}005 \frac{m}{sec}$

Aufgabe 3: Wagen B hat die größte Geschwindigkeit ($197{,}3 \frac{km}{h}$ wenn man es ausrechnet, was allerdings etwas umständlich ist.)
Wagen C hat die kleinste Geschwindigkeit ($171{,}7 \frac{km}{h}$)

An all diesen Beispielen konntest Du also sehen, daß die Geschwindigkeit immer dann größer wird, wenn bei fest vorgegebenen Weg die benötigte Zeit kleiner wird.
Ein Bruch (durch einen Bruch ist ja auch die Geschwindigkeit definiert) wird nämlich dann größer, wenn die im Nenner stehende Zahl (durch die dividiert wird) kleiner wird. (Das war extra für alle Mathematikliebhaber!).

4) *In der Leichtathletik gibt es einen sogenannten "Stundenweltrekord". Hierbei kommt es darauf an, wer in genau 1 Stunde den längsten Weg zurücklegt.*
Der Weltrekort lag bisher bei 20,123 km (Glaube ich jedenfalls).
Vor kurzem wurde der Weltrekord auf 20,131 km verbessert.

Wie groß war bei beiden Läufern die Geschwindigkeit?

Geschwindigkeit beim alten Weltrekord:
$v =$ ____________

Geschwindigkeit beim neuen Weltrekord:
$v =$ ____________

Obwohl die Zahlen ziemlich "krumm" sind, kann man ohne viel Rechnerei die Geschwindigkeiten angeben:

alter Weltrekord: $v = \frac{s}{t} = \frac{20{,}123\ km}{1\ h} = 20{,}123 \frac{km}{h}$

neuer Weltrekord: $v = 20{,}131 \frac{km}{h}$

An diesem einfachen Beispiel kannst Du erkennen, daß die Geschwindigkeit (v) immer dann größer wird, wenn bei fest vorgegebener Zeit der zurückgelegte Weg größer wird.

(Auch hier werden sich die "Mathematiker" unter Euch erinnern, daß ein Bruch größer wird, wenn der Zähler größer wird und der Nenner gleich bleibt).

5) *Stan und Olli veranstalten ein Fahrradrennen, um festzustellen, wer von beiden mit seinem Fahrrad die größte Geschwindigkeit erreicht. Gewinner soll der sein, der zuerst die "Wotaneiche" im Wald erreicht hat.*
Bis dahin sind es von Stan und Ollis Zuhause 15 km. Olli haut mächtig in die Pedale und hat schon nach 1 km einen großen Vorsprung. Stan hat jedoch die rettende Idee. Er fährt einen Seitenweg, der die gesamte Strecke um 5 km verkürzt und erreicht nach 30 Minuten als erster das Ziel. Als der siegessichere Olli (nach insgesamt 45 Minuten) angeradelt kommt, kann er es gar nicht glauben, daß er langsamer gefahren sein soll als Stan.
Was war falsch an der Vereinbarung von Stan und Olli?

Wie groß waren tatsächlich die Geschwindigkeiten der beiden?
Olli fährt in 45 Minuten (3/4 Stunde) 15 km :

v = ____________

Stan fährt in 30 Minuten (1/2 Stunde) 10 km :

v = ____________

Sicher hast Du sofort gemerkt, daß die Vereinbarung von Stan und Olli nur dann einen Sinn gehabt hätte, wenn sie vorher genau den Weg festgelegt hätten.
So aber haben sie unterschiedliche Wege in unterschiedlichen Zeiten zurückgelegt. Um ihren Streit zu entscheiden, hilft leider nur noch rechnen:

Geschwindigkeit von Olli: $v = \frac{15\ km}{45\ min} = \frac{15\ km}{\frac{3}{4}\ h} = 20\ \frac{km}{h}$

Geschwindigkeit von Stan: $v = \frac{10\ km}{30\ min} = \frac{10\ km}{\frac{1}{2}\ h} = 20\ \frac{km}{h}$

Wer hätte das gedacht?

6) Zwei Wandervögel wollen eine 10tägige Wanderung durch das singende klingende Hessenland unternehmen. Da sie sich nicht zu Tode wandern wollen, beschließen sie jeden Tag nur 6 Stunden zu wandern!
Wieviel Kilometer werden sie insgesamt wandern, wenn sie sich mit einer Geschwindigkeit von 5 $\frac{km}{h}$ fortbewegen? (Bei einer größeren Geschwindigkeit artet das Wandern schon in Laufen aus!)?

Wenn man die Geschwindigkeit kennt (hier $5 \frac{km}{h}$) und die benötigte Zeit (hier $10 \cdot 6\ h = 60$ Stunden), ist es relativ einfach, den zurückgelegten Weg zu bestimmten. Hierzu muß man nur die "Formel" $v = \frac{s}{t}$ so umformen, daß s "alleine" steht, also $\boxed{s = v \cdot t}$

Setze ich nun die Zahlenwerte ein, erhalte ich dann:

$$s = 5 \frac{km}{h} \cdot 60\ h = 300\ km$$

(Die armen Füße!)

7) Da die Frisörpreise immer teurer werden, habe ich beschlossen, meine Haare überhaupt nicht mehr schneiden zu lassen!
Das menschliche Haar wächst mit einer Geschwindigkeit von 7 mm (Millimeter) pro Monat.
Um wieviel länger werden meine Haare in 10 Jahren sein?

Sicher hast Du erkannt, daß man auch hier den "Weg" berechnen muß.

Also: $s = v \cdot t = 7\ \frac{mm}{Monat} \cdot 120\ Monate = 840\ mm = 84\ cm$

Eigentlich gar nicht so schlimm, oder ?

8) Vor einer Baustelle auf der Autobahn steht folgendes Schild:

Heißt das, daß die folgende Baustelle 60 km lang ist?
Oder darf ich hier höchstens 60 "Sachen" fahren?

Was ist an dem Schild falsch?

Natürlich ist Dir bekannt, daß dieses Schild die zulässige Höchstgeschwindigkeit angibt. Man darf also hier höchstens $60\ \frac{km}{h}$ fahren.

Die Angabe auf dem Schild ist aber unvollständig. Geschwindigkeiten werden nicht in km sondern in $\frac{km}{h}$ angegeben.

9) *Gleich hinter der Autobahnauffahrt Reiskirchen steht an einer Baustelle auch so ein Schild mit "60 km" d.h. in diesem Baustellenbereich darf man nur mit einer Geschwindigkeit von höchstens 60* $\frac{km}{h}$ *fahren.*
Da ich hier öfter fahren muß, weiß ich, daß die Baustelle genau 1 km lang ist. Als ich letzte Woche wieder diese Strecke befuhr, zeigte mein Tacho in der ersten Hälfte der Baustelle genau "30", in der zweiten Hälfte beeilte ich mich etwas mehr und fuhr genau "90".
Dummerweise stand ganz kurz vor dem Ende der Baustelle ein Radarwagen der Polizei.
Der sehr freundliche Kassierer im Polizeibus (der mir zum Abschied noch einen guten "Weiterflug" wünschte) wollte mir 50 DM abknöpfen.
So leicht war ich aber nicht einzuschüchtern, denn da ich dieses Programm hier geschrieben hatte, kannte ich mich mit Geschwindigkeiten gut aus. Ich sagte:

"Die Baustelle ist genau 1 km lang. Für diese Strecke brauchte ich genau 1 min. Das ergibt folgende Geschwindigkeit:

$$v = \frac{1}{1}\frac{km}{min} = \frac{1\ km}{\frac{1}{60}\ h} = 60\frac{km}{h}$$

ich habe mich also genau an das Schild gehalten!"

Meinst Du, daß ich den Polizisten damit überzeugen konnte?

Du kannst Dir sicher vorstellen, daß sich der Polizist durch mein physikalisches Gerede überhaupt nicht beeindrucken ließ. An der Stelle, an der der Radarwagen stand, hatte ich eine Geschwindigkeit von 90 $\frac{km}{h}$, und nur das interessierte den Polizisten.

Da ich meine Geschwindigkeit im Baustellenbereich geändert hatte (einmal 30 $\frac{km}{h}$, einmal 90 $\frac{km}{h}$), hatte ich dem Polizisten nichts anderes vorgerechnet als meine durchschnittliche Geschwindigkeit. Die betrug zwar 60 $\frac{km}{h}$, aber das war dem Polizisten mit Recht egal.
Bei Radarmessungen kommt es eben nicht auf die durchschnittliche Geschwindigkeit an (oder auch nicht auf die Geschwindigkeit, mit der ich gestern durch die Baustelle gefahren bin), sondern auf die augenblickliche Geschwindigkeit.

Weil wir in unseren bisherigen Beispielen immer davon ausgegangen waren, daß sich die Geschwindigkeit in der gesamten für einen bestimmten Weg benötigten Zeit nicht ändert, hatte ich also doch noch nicht alles über Geschwindigkeiten gelernt!

10) *Zum Abschluß noch ein paar kleine Rechenbeispiele:*

a) Eine Verkehrsmaschine fliegt in 4 Stunden von Frankfurt nach Teneriffa (3200 km). Wie groß ist ihre Geschwindigkeit?

v= ____________________

b) Ein guter Schwimmer schafft 100 m in 1 min. Seine Geschwindigkeit beträgt also:

*V =*____________________

c) Das Licht hat eine Geschwindigkeit von 300 000 $\frac{km}{sec}$.
Welchen Weg legt das Licht in einem Jahr zurück? D.h. wie groß ist ein Lichtjahr?
(1 Jahr hat etwa 31 500 000 sec!)

*s =*______________________________

(Ganz schön viele Nullen, was?!)

MECHANIK

L E R N P R O G R A M M   T E I L :   IV ("Ausubel")
bzw. Teil II ("Alternative")

NICHT VERGESSEN!:

NAME: ____________________	VORNAME: __________________
KLASSE: ____________________	

4. Beschleunigung

Und jetzt noch schleunigst die Beschleunigung.....

Im Oberblick haben wir gehört, daß durch eine Kraft der Bewegungszustand eines Körpers geändert wird.

Im letzten Abschnitt haben wir gesehen, daß sich der Bewegungszustand eines Körpers mit dem Begriff der Geschwindigkeit beschreiben läßt.
In unseren Beispielen sind wir in der Regel davon ausgegangen, daß der Bewegungszustand oder die Geschwindigkeit eines Körpers in einem bestimmten Zeitraum gleich (d.h. konstant) blieb.

In diesem Kapitel wollen wir uns mit Bewegungen beschäftigen, bei denen die Geschwindigkeit größer oder kleiner wird.
Es geht also hier um Bewegungen, bei denen auf Grund einer Kraft eine Geschwindigkeitsänderung oder Beschleunigung herbeigeführt wird.

2. BESCHLEUNIGUNG

UND JETZT SCHLEUNIGST ZUR BESCHLEUNIGUNG ...

In den Beispielen des letzten Kapitels sind wir in der Regel davon ausgegangen, daß die Geschwindigkeit eines Körpers während eines bestimmten Zeitraumes gleich (d.h. konstant) blieb.

In diesem Kapitel wollen wir uns mit Bewegungen beschäftigen, bei denen die Geschwindigkeit größer oder kleiner wird. Es geht also hier um Bewegungen, bei denen es in einem bestimmten Zeitraum zu Geschwindigkeitsänderungen kommt.

WAS VERSTEHT MAN UNTER BESCHLEUNIGUNG ?

Den Begriff "Beschleunigung" hast Du sicher schon einmal im Zusammenhang mit folgender Aussage gehört:

"Mein Auto hat eine Beschleunigung von 10 Sekunden"

Derjenige, der so was sagt, meint in der Regel damit, daß sein Auto innerhalb von 10 Sekunden aus dem Stand (d.h. 0 $\frac{km}{h}$) eine Geschwindigkeit von 100 $\frac{km}{h}$ erreicht.

Dieses Auto ist also in der Lage, eine Geschwindigkeitsänderung (d.h. hier eine Geschwindigkeitszunahme) von 0 $\frac{km}{h}$ auf 100 $\frac{km}{h}$ innerhalb von 10 Sekunden herbeizuführen.

Ein anderes Auto braucht für die gleiche Geschwindigkeitsänderung (also auch von 0 $\frac{km}{h}$ auf 100 $\frac{km}{h}$) nur 9 Sekunden.

Was meinst Du, bei welchem Auto ist die Beschleunigung größer?

Sicher hast Du hier richtig angegeben, daß bei dem zweiten Auto die Beschleunigung größer ist, da es für die gleiche Geschwindigkeitsänderung (Geschwindigkeitszunahme) eine kürzere Zeit benötigte.

Schwieriger wird es auch hier wieder, wenn wir zwei Autos vergleichen, bie denen die Geschwindigkeitsänderungen nicht gleich sind:

Auto 1 ändert in 10 sec seine Geschwindigkeit von 0 $\frac{km}{h}$ *auf 100* $\frac{km}{h}$

Auto 2 ändert in 11 sec seine Geschwindigkeit von 0 $\frac{km}{h}$ *auf 120* $\frac{km}{h}$

Bei welchem Auto ist die Beschleunigung größer?

Sicher kannst Du diese Frage nicht auf Anhieb beantworten. Ähnlich wie im vorigen Kapitel müssen wir uns hier überlegen, wie groß die Geschwindigkeitsänderung in einem ganz bestimmten Zeitabschnitt (Zeiteinheit) ist.

Hierzu müssen wir die Geschwindigkeitsänderung durch die für diese Änderung benötigte Zeit dividieren.

Also:

$$\text{Beschleunigung} = \frac{\text{Geschwindigkeitsänderung (das ist nichts anderes als Endgeschwindigkeit weniger Anfangsgeschwindigkeit)}}{\text{für diese Geschwindigkeit benötigte Zeit}}$$

Wenn wir für Beschleunigung die Abkürzung b wählen, erhalten wir also unsere zweite (und bereits letzte) "Formel".

$$b = \frac{v_{Ende} - v_{Anfang}}{t}$$

Wenn wir diese Formel ($b = \frac{V_E - V_A}{t}$) auf unser obiges Problem anwenden, erhalten wir folgende Beschleunigung:

$$b_{Auto\ 1} = \frac{100\ \frac{km}{h} - 0\ \frac{km}{h}}{10\ sec} = \frac{100\ \frac{km}{h}}{10\ sec}$$

$$b_{Auto\ 2} = \frac{120\ \frac{km}{h} - 0\ \frac{km}{h}}{11\ sec} = \frac{120\ \frac{km}{h}}{11\ sec}$$

Um diese beiden Brüche auszurechnen müssen wir $\frac{km}{h}$ in $\frac{m}{sec}$ umwandeln. Diese Rechenarbeit haben wir Dir freundlicherweise abgenommen!

Also:

$$b_{Auto\ 1} = \frac{100\ \frac{km}{h}}{10\ sec} = \frac{\frac{100000}{3600}\ \frac{m}{sec}}{10\ \ sec} = \frac{27{,}8\ \frac{m}{sec}}{10\ sec} = 2{,}78\ \frac{\frac{m}{sec}}{sec}$$

$$b_{Auto\ 2} = \frac{120\ \frac{km}{h}}{11\ sec} = \ \ldots\ = \frac{33{,}3\ \frac{m}{sec}}{11\ sec} = 3{,}03\ \frac{\frac{m}{sec}}{sec}$$

Unser Auto 2 hat also eine größere Beschleunigung, weil es in jeder Sekunde seine Geschwindigkeit um rund 3 $\frac{m}{sec}$ ändert, das Auto aber nur um rund 2,8 $\frac{m}{sec}$.

An einem Beispiel mit etwas "glatteren" Zahlen wollen wir noch einmal die Beschleunigung eines Körpers berechnen:

Ein Radfahrer läßt sich mit angelegten Ohren einen Hang hinunterrollen. Seine Geschwindigkeit beträgt nach 5 sec 7 $\frac{m}{sec}$. Wie groß ist die Beschleunigung, wenn er mit einer Geschwindigkeit von 2 $\frac{m}{sec}$ begann?

$b =$

Da die Endgeschwindigkeit $7\frac{m}{sec}$ betrug und die Anfangsgeschwindigkeit $2\ \frac{m}{sec}$, haben wir eine Geschwindigkeitsänderung (Zunahme) von $5\frac{m}{sec}$ (in 5 sec).

Also: $b = \dfrac{5\ \frac{m}{sec}}{5\ sec} = \dfrac{1\ \frac{m}{sec}}{sec}$ Alles klar?

Bisher haben wir nur Geschwindigkeitszunahmen betrachtet, wo also die Endgeschwindigkeit größer war als die Anfangsgeschwindigkeit.

Ihr kennt aber alle Beispiele, wo eine Geschwindigkeitsänderung auch eine Abnahme der Geschwindigkeit bedeuten kann:

Wenn ein Auto gegen eine dicke Eiche fährt, dann ist seine Endgeschwindigkeit erheblich kleiner, nämlich 0 $\frac{km}{h}$ *!*

Auch bei einer Geschwindigkeitsabnahme spricht man von einer Beschleunigung. Allerdings ist der Wert dieser Beschleunigung dann negativ.

Zu einer negativen Beschleunigung kann man auch VERZÖGERUNG sagen.

Wie groß ist die Beschleunigung in folgendem Beispiel?

Ein Mofa beginnt mit einer Geschwindigkeit von $10\ \frac{m}{sec}$ *(* $= 36\ \frac{km}{h}$ *) einen steilen Berg hinaufzufahren. Nach 10 sec beträgt die Geschwindigkeit des Mofas nur noch* $6\ \frac{m}{sec}$ *.*

Wie groß ist die Verzögerung?

b = ________

Du brauchst nur die folgenden Werte in die Formel für die Beschleunigung einzusetzen:

$$V_{Ende} = 6 \frac{m}{sec} \qquad V_{Anfang} = 10 \frac{m}{sec}$$

$(V_E - V_A)$ = Geschwindigkeitsänderung (Abnahme) $= - 4 \frac{m}{sec}$

$$b = \frac{-4 \frac{m}{sec}}{10\ sec} = -0{,}4 \frac{\frac{m}{sec}}{sec}$$

<u>Zusammenfassend</u> kann man also festhalten:

UNTER BESCHLEUNIGUNG VERSTEHT MAN EINE GESCHWINDIGKEITSÄNDERUNG PRO ZEITEINHEIT.

$$b = \frac{V_{Ende} - V_{Anfang}}{t}$$

DIE BESCHLEUNIGUNG KANN POSITIV ODER NEGATIV SEIN, JE NACHDEM, OB EINE GESCHWINDIGKEITSZUNAHME ODER GESCHWINDIGKEITSABNAHME VORLIEGT!

JETZT WIRD GEÜBT !!

1)

Unsere abgebildete Rakete hat 1 min nach dem Start eine Geschwindigkeit von 4200 $\frac{m}{sec}$.
Wie groß ist ihre Beschleunigung??

b = ____________

$$b = \frac{v_{Ende} - v_{Anfang}}{t} = \frac{4200\ \frac{m}{sec} - 0\ \frac{m}{sec}}{60\ sec} = 70\ \frac{\frac{m}{sec}}{sec}$$

Das hat Dir sicher keine Schwierigkeiten gemacht. Oder doch?

2) Ein physikbegeisterter Selbstmörder möchte zu gern wissen, welche Beschleunigung er hat, wenn er den Eiffelturm hinunterspringt. Nach knapp 8 sec (kurz vor seiner sanften Landung) hat er eine Geschwindigkeit von 80 $\frac{m}{sec}$.

Wie groß ist die Beschleunigung?

b = ______________________

Leider nimmt unser Selbstmörder sein Wissen mit ins Grab. Dabei hättet Ihr ihm leicht helfen können!

$$b = \frac{80 \frac{m}{sec} - 0 \frac{m}{sec}}{8 \ sec} = 10 \frac{\frac{m}{sec}}{sec}$$

Der Wert, den Du eben ausgerechnet hast ist übrigens ungefähr die sogenannte Fallbeschleunigung. Das ist die auf Grund der Erdanziehungskraft bewirkte Beschleunigung von fallenden Körpern.

3) Ein Autofahrer, der mit 122 "Sachen" durch eine geschlossene Ortschaft fährt (das gibt's wirklich!), erspäht gerade noch rechtzeitig den unauffällig parkenden Polizeibus am Straßenrand. Ein Tritt auf die Bremse und innerhalb von 4 sec fährt er mit "braven" 50 $\frac{km}{h}$ an der Radarkontrolle vorbei.

Welche Verzögerung hatte der gute Mann?

b = ____________

Da wir natürlich "glatte" Zahlen gewählt haben, ergibt sich:

$$b = \frac{V_{Ende} - V_{Anfang}}{t} = \frac{50\,\frac{km}{h} - 122\,\frac{km}{h}}{4\ sec} =$$

$$= \frac{-72\,\frac{km}{h}}{4\ sec} = -\frac{\frac{72000m}{3600\ sec}}{4\ sec} = -\frac{20\,\frac{m}{sec}}{4\ sec} = -5\,\frac{\frac{m}{sec}}{sec}$$

Na, wer sagt's denn!

Und zu guter Letzt:

4) *Als ich meinem Freund dieses Programm vorlegte, sah er zu, daß er so schnell davonkam, wie er nur konnte. Nach 5 sec war er in weiter Ferne verschwunden und hatte bereits die sagenhafte Geschwindigkeit von 40 $\frac{m}{sec}$ drauf.*

Wie groß war seine (blitzartige) Beschleunigung?

Ich hoffe Ihr verlaßt nicht ganz so fluchtartig das Lokal!!

$$b = \frac{40\,\frac{m}{sec} - 0\,\frac{m}{sec}}{5\ sec} = 8\,\frac{\frac{m}{sec}}{sec}$$

DAS WAR`S !!!

(19.) Testverfahren für das Lehrprogramm "Mechanik"

Deckblatt Vortest

V O R

Name: ____________________ Vorname: _______________

Klasse: __________________

Bevor wir mit dem eigentlichen Lernprogramm beginnen, wollen wir durch einen Fragebogen feststellen

- was Ihr bereits über Mechanik wißt
- welche Vorstellungen Ihr davon habt
- welche Meinung Ihr über Physik besitzt

  und
- wie sehr Ihr Euch für Physik interessiert.

Deckblatt Nachtest

N A C H

Name: ________________________ Vorname: _______________

Klasse: ______________________

Nachdem Du unser Lernprogramm über M E C H A N I K bearbeitet hast, sollst Du hier noch einmal einen Teil der Fragebögen beantworten, die Du bereits aus der Vorbefragung kennst.

ASS

Auf den folgenden Seiten findest Du einige Wörter oder Begriffe aus der Physik. Wir wollen dabei herausfinden, wie Schüler solche Begriffe gebrauchen. Es handelt sich hier nicht um einen "Test", mit dem Dein Wissen oder Deine Leistungen in Physik geprüft werden. Wir wollen nur herausbekommen, wie Schüler Deines Alters mit solchen Physik-Begriffen umgehen. Dies kann man durch übliche Tests nicht herausfinden. Deshalb haben wir eine besondere Form gewählt, die Dir am Anfang vielleicht etwas seltsam vorkommen wird. Du wirst aber sehen, daß Du schnell damit zurechtkommst.

Lies Dir jetzt bitte die Anweisung auf der folgenden Seite durch.

Anweisung:

Auf jeder der nächsten Seiten findest Du einen Physik-Begriff. Du sollst bitte so viele andere Wörter oder Begriffe hinschreiben, wie Dir zu diesem Physik-Begriff in den Sinn kommen.

Hier ein einfaches Beispiel (das allerdings nicht aus der Physik stammt):

SCHULE

1. SCHULE	Unterricht
2. SCHULE	Lehrer
3. SCHULE	Pause
4. SCHULE	Noten
5. SCHULE	Kurse
6. SCHULE	Klassenarbeit
7. SCHULE	Klassenkameraden
8. SCHULE	------------------------
9. SCHULE	------------------------
10. SCHULE	------------------------

Du mußt nicht alle leeren Zeilen auf jeder Seite ausfüllen; Du sollst aber doch so viele Wörter oder Begriffe aufschreiben, wie Dir zu einem bestimmten Begriff einfallen.

Wenn Du ein Wort aufgeschrieben hast, dann denke bitte immer wieder an den Ausgangsbegriff (in unserem Beispiel: SCHULE) zurück; er steht deshalb auch immer noch einmal am Anfang jeder Zeile.

Wenn Du noch Fragen hast, dann stelle sie bitte jetzt.

Alles klar? Dann geht's los!

Kraft

1. KRAFT --

2. KRAFT --

3. KRAFT --

4. KRAFT --

5. KRAFT --

6. KRAFT --

7. KRAFT --

8. KRAFT --

9. KRAFT --

10. KRAFT --

GESCHWINDIGKEIT

1. GESCHWINDIGKEIT ---------------------------------

2. GESCHWINDIGKEIT ---------------------------------

3. GESCHWINDIGKEIT ---------------------------------

4. GESCHWINDIGKEIT ---------------------------------

5. GESCHWINDIGKEIT ---------------------------------

6. GESCHWINDIGKEIT ---------------------------------

7. GESCHWINDIGKEIT ---------------------------------

8. GESCHWINDIGKEIT ---------------------------------

9. GESCHWINDIGKEIT ---------------------------------

10. GESCHWINDIGKEIT ---------------------------------

WEG

1. WEG --

2. WEG --

3. WEG --

4. WEG --

5. WEG --

6. WEG --

7. WEG --

8. WEG --

9. WEG --

10. WEG --

BESCHLEUNIGUNG

1. BESCHLEUNIGUNG ------------------------------

2. BESCHLEUNIGUNG ------------------------------

3. BESCHLEUNIGUNG ------------------------------

4. BESCHLEUNIGUNG ------------------------------

5. BESCHLEUNIGUNG ------------------------------

6. BESCHLEUNIGUNG ------------------------------

7. BESCHLEUNIGUNG ------------------------------

8. BESCHLEUNIGUNG ------------------------------

9. BESCHLEUNIGUNG ------------------------------

10. BESCHLEUNIGUNG ------------------------------

BEWEGUNG

1. BEWEGUNG ------------------------------------

2. BEWEGUNG ------------------------------------

3. BEWEGUNG ------------------------------------

4. BEWEGUNG ------------------------------------

5. BEWEGUNG ------------------------------------

6. BEWEGUNG ------------------------------------

7. BEWEGUNG ------------------------------------

8. BEWEGUNG ------------------------------------

9. BEWEGUNG ------------------------------------

10. BEWEGUNG ------------------------------------

TRÄGHEIT

1. TRÄGHEIT ------------------------------------

2. TRÄGHEIT ------------------------------------

3. TRÄGHEIT ------------------------------------

4. TRÄGHEIT ------------------------------------

5. TRÄGHEIT ------------------------------------

6. TRÄGHEIT ------------------------------------

7. TRÄGHEIT ------------------------------------

8. TRÄGHEIT ------------------------------------

9. TRÄGHEIT ------------------------------------

10. TRÄGHEIT ------------------------------------

ZEIT

1. ZEIT --

2. ZEIT --

3. ZEIT --

4. ZEIT --

5. ZEIT --

6. ZEIT --

7. ZEIT --

8. ZEIT --

9. ZEIT --

10. ZEIT --

B E Z

Auf der folgenden Seite findest Du eine Liste von Physikbegriffen. Wir wollen dabei herausfinden, welche Beziehungen Deiner Meinung nach zwischen diesen Begriffen bestehen. Dazu sollst Du jeweils zwei Begriffe aus der Liste auswählen und angeben, welche Beziehung Du zwischen diesen Begriffen siehst.

Beispiel: Liste von Begriffen (nicht aus der Physik)

1) FAHRZEUG 2) AUTO 3) FAHRRAD
4) REIFEN 5) LENKRAD 6) VW

Gewähltes Begriffspaar	Zwischen beiden Begriffen besteht folgende Beziehung
Nr. 1 und Nr. 2	Ein Auto ist ein Fahrzeug
Nr. 1 und Nr. 3	Ein Fahrrad ist ein Fahrzeug
Nr. 2 und Nr. 5	Ein Lenkrad ist ein Teil eines Autos
Nr. 2 und Nr. 6	VW ist eine bestimmte Automarke
Nr. 4 und Nr. 3	Ein Reifen ist ein Teil eines Fahrrads
Nr. 4 und Nr. 2	Ein Reifen ist ein Teil eines Autos
usw.	

Wie Du an dem Beispiel gesehen hast, kannst Du einen Begriff so oft verwenden wie Du willst, d.h. wie Du sinnvolle Beziehungen zu anderen Begriffen entdeckst.

Bitte wähle Dir aus der folgenden Liste so viele Begriffspaare aus, wie Dir sinnvoll erscheinen. Höre aber bitte erst dann auf, wenn Du überhaupt keine Beziehungen mehr zwischen zwei Begriffen entdecken kannst!

Liste der Begriffe (alphabetisch geordnet):

1) BESCHLEUNIGUNG 2) BEWEGUNG 3) FEST 4) FLÜSSIG 5) GASFÖRMIG
6) GESCHWINDIGKEIT 7) GEWICHT 8) KÖRPER 9) KRAFT 10) MASSE
11) RUHE 12) TRÄGHEIT 13) VERFORMUNG 14) VOLUMEN 15) WEG
16) ZEIT

Gewähltes Begriffspaar	Zwischen beiden Begriffen besteht folgende Beziehung:
Nr. __ und Nr. __	
Nr. __ und Nr. __	
Nr. __ und Nr. __	
Nr. __ und Nr. __	
Nr. __ und Nr. __	
Nr. __ und Nr. __	
Nr. __ und Nr. __	
Nr. __ und Nr. __	
Nr. __ und Nr. __	
Nr. __ und Nr. __	
Nr. __ und Nr. __	
Nr. __ und Nr. __	
Nr. __ und Nr. __	
Nr. __ und Nr. __	
Nr. __ und Nr. __	

Gewähltes Begriffspaar	Zwischen beiden Begriffen besteht folgende Beziehung
Nr. __ und Nr. __	
Nr. __ und Nr. __	
Nr. __ und Nr. __	
Nr. __ und Nr. __	
Nr. __ und Nr. __	
Nr. __ und Nr. __	
Nr. __ und Nr. __	
Nr. __ und Nr. __	
Nr. __ und Nr. __	
Nr. __ und Nr. __	
Nr. __ und Nr. __	
Nr. __ und Nr. __	
Nr. __ und Nr. __	
Nr. __ und Nr. __	
Nr. __ und Nr. __	
Nr. __ und Nr. __	
Nr. __ und Nr. __	
Nr. __ und Nr. __	

I N T

	sehr gern	gern	weder gern noch ungern	ungern	sehr ungern
Wie gern magst Du den Physik-Unterricht	☐	☐	☐	☐	☐
Wie gern beschäftigst Du Dich mit physikalischen Dingen außerhalb des Unterrichts?	☐	☐	☐	☐	☐

Du findest hier jetzt noch einige Tätigkeiten aus der Physik. Du sollst bitte bei jeder Tätigkeit angeben, wie gern Du sie ausführen möchtest.

	sehr gern	gern	weder gern noch ungern	ungern	sehr ungern
1. Erklären, wieso man im Winter durch Salzstreuen Schnee zum Schmelzen bringen kann.	☐	☐	☐	☐	☐
2. Untersuchen, welche Stoffe von einem Magneten angezogen werden und welche nicht.	☐	☐	☐	☐	☐
3. Erklären, wie eine Fata Morgana zustande kommt.	☐	☐	☐	☐	☐
4. Erklären, wieso ein Mensch auf dem Mond nur 1/6 seines Gewichtes auf der Erde wiegt.	☐	☐	☐	☐	☐
5. Untersuchen, welche Stoffe den elektrischen Strom leiten und welche nicht.	☐	☐	☐	☐	☐
6. Lernen, was man unter "Beschleunigung" versteht.	☐	☐	☐	☐	☐
7. Mit Hilfe einer Gleichung die Geschwindigkeit eines Autos berechnen.	☐	☐	☐	☐	☐
8. Lernen, was man unter der "Trägheit" von Körpern versteht.	☐	☐	☐	☐	☐

	sehr gern	gern	weder gern noch ungern	ungern	sehr ungern
9. Die Größe verschiedener Kräfte messen.	☐	☐	☐	☐	☐
10. Berechnen, welche Beschleunigung eine Rakete hat.	☐	☐	☐	☐	☐
11. Über den Sinn von Geschwindigkeitsbegrenzungen im Straßenverkehr diskutieren.	☐	☐	☐	☐	☐
12. Untersuchen, in welchen Bereichen des täglichen Lebens sich die Trägheit von Körpern besonders bemerkbar macht.	☐	☐	☐	☐	☐
13. Lernen, welche physikalischen Kräfte es gibt und wie sie sich auswirken.	☐	☐	☐	☐	☐
14. Erläutern, welchen Sinn das Anlegen von Gurten im Auto hat.	☐	☐	☐	☐	☐
15. Lernen, wie man die Entfernung eines Gewitters mit Hilfe der Schallgeschwindigkeit berechnen kann.	☐	☐	☐	☐	☐

E I N

Du findest hier einige Meinungsäußerungen über die Physik. Du sollst bitte angeben, in welchem Maße Du mit jeder dieser Aussagen übereinstimmst oder nicht.

Klar ist, daß es hier keine richtigen oder falschen Antworten gibt, da wohl jeder seine eigene Meinung zur Physik hat.

	Diese Aussage ist meiner Meinung nach ...				
	vollkommen zutreffend	zutreffend	etwas zutreffend	nicht zutreffend	überhaupt nicht zutreffend
1. Die Physik hat viele Anwendungsmöglichkeiten im täglichen Leben.	☐	☐	☐	☐	☐
2. In der Physik gibt es zu viele Fachausdrücke, die man sich merken muß.	☐	☐	☐	☐	☐
3. Für das, was ich später einmal vorhabe, ist Physik sehr wichtig.	☐	☐	☐	☐	☐
4. Physik ist ein sehr schwieriges Fach.	☐	☐	☐	☐	☐
5. In der Physik werden einfache Dinge viel zu kompliziert ausgedrückt.	☐	☐	☐	☐	☐
6. In der Physik wird zu viel mit Formeln gerechnet.	☐	☐	☐	☐	☐
7. Physik ist nicht schwerer zu verstehen als andere Fächer.	☐	☐	☐	☐	☐
8. In der Physik kommt es nur auf ein gutes Gedächtnis an.	☐	☐	☐	☐	☐

	Diese Aussage ist meiner Meinung nach ...				
	vollkommen zutreffend	zutreffend	etwas zutreffend	nicht zutreffend	überhaupt nicht zutreffend
9. Physik ist abwechslungsreicher als andere Fächer.	☐	☐	☐	☐	☐
10. Um sich in unserer technischen Welt zurechtzufinden, ist physikalisches Wissen unbedingt notwendig.	☐	☐	☐	☐	☐
11. Physik ist eher etwas für Jungen.	☐	☐	☐	☐	☐
12. Mit einer Fremdsprache kann man später viel mehr anfangen als mit der gesamten Physik.	☐	☐	☐	☐	☐
13. In der Schule sollte viel mehr Physikunterricht erteilt werden.	☐	☐	☐	☐	☐
14. Gewisse Grundkenntnisse in Physik sollte jeder Mensch besitzen.	☐	☐	☐	☐	☐
15. In der Physik wird zu wenig auf die praktische Bedeutung der Dinge hingewiesen.	☐	☐	☐	☐	☐

nur Vortest

PRÄF

Du findest hier einige Probleme aus der Mechanik. Diese Probleme sollst Du nicht beantworten (Glück gehabt!). Wir haben zu jedem Problem einige Informationen angegeben, die Dich mehr oder weniger interessieren werden. Du sollst bitte bei jedem Problem angeben, wie sehr (oder wie wenig) Dich die angegebenen Informationen interessieren.

	Diese Information ist für mich ...				
	sehr interessant	interessant	etwas interessant	nicht interessant	überhaupt nicht interessant
1. Warum kann man in den oberen Stockwerken eines Hauses Wasser zapfen, obwohl die Wasserleitung nur in den Keller führt?					
a) Beim Wasserleitungsnetz spricht man auch von verbundenen Gefäßen.	☐	☐	☐	☐	☐
b) In verbundenen Gefäßen steht eine Flüssigkeit überall gleich hoch.	☐	☐	☐	☐	☐
c) Bei Schiffsschleusen macht man vom Prinzip der verbundenen Gefäße Gebrauch.	☐	☐	☐	☐	☐
d) Das Gesetz der verbunden Gefäße gilt bei allen Flüssigkeiten, nicht nur bei Wasser.	☐	☐	☐	☐	☐
2. Wenn man im Schwimmbad einige Meter tief taucht, spürt man mit zunehmender Tiefe einen stärkeren Druck auf den Ohren, warum?					
a) Man bezeichnet diesen Druck als hydrostatischen Druck.	☐	☐	☐	☐	☐
b) Der hydrostatische Druck einer Flüssigkeit nimmt mit der Tiefe zu.	☐	☐	☐	☐	☐
c) Der hydrostatische Druck ist dafür verantwortlich, daß normale U-Boote nur bis etwa 200 m Tiefe tauchen können.	☐	☐	☐	☐	☐
d) Der hydrostatische Druck ist nicht bei allen Flüssigkeiten gleich.	☐	☐	☐	☐	☐

	Diese Information ist für mich ... sehr interessant	interessant	etwas interessant	nicht interessant	überhaupt nicht interessant
3. Obwohl die Oberkante des schiefen Turms von Pisa über 4 m über die Grundfläche hinaushängt, fällt er nicht um. Warum?					
a) Jeder Körper hat einen sog. Schwerpunkt oder Angriffspunkt der Schwerkraft.	☐	☐	☐	☐	☐
b) Ein Körper kippt dann um, wenn die Senkrechte durch seinen Schwerpunkt nicht mehr durch seine Unterstützungsfläche geht.	☐	☐	☐	☐	☐
c) Artisten machen bei ihren Balancierkunststücken praktischen Gebrauch von der Lage des Schwerpunktes bei Körpern.	☐	☐	☐	☐	☐
d) Es gibt auch Körper, bei denen der Schwerpunkt außerhalb des eigentlichen Körpers liegt.	☐	☐	☐	☐	☐
4. Warum kann man verschüttetes Wasser mit Löschpapier schnell aufsaugen?					
a) Löschpapier enthält zahlreiche sog. Kapillarröhren.	☐	☐	☐	☐	☐
b) In Kapillarröhren werden "benetzende" Flüssigkeiten emporgesogen.	☐	☐	☐	☐	☐
c) Bei Lampendochten z.B. in Petroleonlampen macht man von der Kapillarwirkung Gebrauch.	☐	☐	☐	☐	☐
d) Die Kapillarwirkung gilt nicht für alle Flüssigkeiten.	☐	☐	☐	☐	☐
5. Wenn man einen schweren Stein ins Wasser hält, stellt man fest, daß er beim Eintauchen scheinbar leichter wird. Warum?					
a) Diese Gewichtsverminderung bezeichnet man als Auftrieb.	☐	☐	☐	☐	☐
b) Der Auftrieb, den ein ganz oder teilweise in eine Flüssigkeit getauchter Körper erfährt, ist gleich dem Gewicht der von dem Körper verdrängten Flüssigkeitsmenge.	☐	☐	☐	☐	☐
c) Mit Hilfe eines Gerätes, das den Auftrieb ausnutzt, kann man den Säurestand in einer Autobatterie feststellen.	☐	☐	☐	☐	☐
d) Die Größe des Auftriebes ist von der Art der Flüssigkeit abhängig.	☐	☐	☐	☐	☐

W I S S

Kreuze jeweils die richtige Antwort an!
Wenn Du eine Frage nicht beantworten kannst, ist das nicht weiter tragisch, da Du das Lernprogramm ja noch vor Dir hast. Kreuze dann bitte das Kästchen mit dem Fragezeichen an.

1. Unter der "Trägheit" eines Körpers versteht man dessen Bestreben

   - ☐ a) sich in die Richtung einer wirkenden Kraft zu bewegen
   - ☐ b) in einen Gleichgewichtszustand zurückzukehren
   - ☐ c) einen Bewegungszustand beizubehalten
   - ☐ d) Masse in Energie umzuwandeln
   - ☐ e) alle anderen Körper anzuziehen
   - ☐ f) ?

2. Was versteht man unter "Beschleunigung"?

   - ☐ a) die Hälfte der durchschnittlichen Geschwindigkeit
   - ☐ b) eine Vergrößerung des zurückgelegten Weges
   - ☐ c) die Geschwindigkeit eines fallenden Körpers
   - ☐ d) die gesamte Veränderung der Geschwindigkeit
   - ☐ e) die Änderung der Geschwindigkeit in der Zeiteinheit
   - ☐ f) ?

3. Ein Omnibus benötigt auf der Autobahn für 20 km eine Viertelstunde. Wie lange braucht er für 400 km?

   - ☐ a) 5 Stunden
   - ☐ b) 10 Stunden
   - ☐ c) 4 Stunden
   - ☐ d) 8 Stunden
   - ☐ e) 16 Stunden
   - ☐ f) ?

4. In welchem der folgenden Beispiele ist eine <u>Einheit der Geschwindigkeit</u> angegeben?

- ☐ a) kmh
- ☐ b) km
- ☐ c) m/sec
- ☐ d) $\frac{\frac{m}{sec}}{sec}$
- ☐ e) m
- ☐ f) ?

5. Die Trägheit eines Körpers führt dazu,

- ☐ a) daß er immer langsamer wird
- ☐ b) daß er auf die Erdoberfläche fällt
- ☐ c) daß er sich einer Bewegungsänderung widersetzt
- ☐ d) daß er sich nur langsam bewegen kann
- ☐ e) daß er keine große Geschwindigkeit erreichen kann
- ☐ f) ?

6. Unter Geschwindigkeit versteht man

- ☐ a) die Zeit pro Wegeinheit
- ☐ b) das Produkt aus Weg und Zeit
- ☐ c) das Verhältnis aus Weg und Zeit
- ☐ d) das Verhältnis aus Zeit und Weg
- ☐ e) den Weg in der benötigten Zeit
- ☐ f) ?

7. Welcherder folgenden Begriffe bezeichnet <u>keine</u> physikalische Kraft?

- ☐ a) magnetische Kraft
- ☐ b) elektrische Kraft
- ☐ c) Gewichtskraft
- ☐ d) Erdanziehungskraft
- ☐ e) Waschkraft
- ☐ f) ?

8. Ein Auto fährt mit einer gleichbleibenden Geschwindigkeit von 100 Stundenkilometer. Wie lange braucht es für eine Strecke von 750 Kilometer?

- ☐ a) 7 Stunden
- ☐ b) 5 Stunden
- ☐ c) 6 Stunden 30 Minuten
- ☐ d) 7 Stunden 30 Minuten
- ☐ e) 6 Stunden
- ☐ f) ?

9. In welchem der folgenden Beispiele findet keine Beschleunigung statt?

- ☐ a) Ein Apfel fällt vom Baum
- ☐ b) Ein Auto muß plötzlich bremsen
- ☐ c) Ein Auto setzt zum Oberholen ein
- ☐ d) Ein Porsche fährt mit gleichbleibenden 200 Stundenkilometern von Hamburg nach München
- ☐ d) ein 100 m-Läufer schießt aus den Startblöcken
- ☐ f) ?

10. 

Eine Stahlkugel wird wie abgebildet aufgehängt. Wenn am unteren Faden sehr schnell gezogen wird, reißt der untere Faden ab. (Dagegen reißt der obere Faden ab, wenn langsam gezogen wird) Warum reißt im ersten Fall der untere Faden?

- ☐ a) weil die Kraft zu klein war, um die Kugel zu bewegen
- ☐ b) weil zu jeder Kraft eine gleichgroße entgegengesetzte Kraft existiert
- ☐ c) weil die Trägheit der Kugel nicht überwunden wurde
- ☐ d) weil die Reibung die Kugel zurückhielt
- ☐ e) weil die Kugel zu viel Energie besitzt
- ☐ f) ?

11. Warum sieht man bei einem Gewitter zuerst den Blitz und hört dann erst den Donner?

- ☐ a) Das Licht des Blitzes hat eine kleinere Energie als der Schall
- ☐ b) Der Schall hat eine kleinere Energie als das Licht
- ☐ c) Die Geschwindigkeit des Lichtes ist kleiner als die des Schalls
- ☐ d) Das Ohr reagiert langsamer als das Auge
- ☐ e) Die Geschwindigkeit des Lichtes ist größer als die des Schalls
- ☐ f) ?

12. Ein Radfahrer fährt mit einer Geschwindigkeit von 36 Stundenkilometern. Wieviel Meter fährt er in einer Sekunde?

- ☐ a) 10 m
- ☐ b) 12 m
- ☐ c) 36 m
- ☐ d) 3,6 m
- ☐ e) 20 m
- ☐ f) ?

13. Welches ist die <u>beste</u> Beschreibung für Kraft?

- ☐ a) Kraft hat jemand, der stark ist
- ☐ b) Kraft ist gespeicherte Energie
- ☐ c) Kraft ist vor allem dann notwendig, wenn schwere Gegenstände gehoben werden müssen
- ☐ d) Eine Kraft kann den Bewegungszustand eines Körpers ändern
- ☐ e) Eine Kraft macht sich erst ab einer bestimmten Größe bemerkbar
- ☐ f) ?

14. Bei welchem Beispiel ist beidesmal die gleiche Geschwindigkeit angegeben?

- ☐ a) 10 km/h = 10 m/sec
- ☐ b) 36 km/h = 10 m/sec
- ☐ c) 1 km/h = 1000 m/sec
- ☐ d) 66 km/h = 1 m/sec
- ☐ e) 10 km/h = 36 m/sec
- ☐ f) ?

15. In welchem der folgenden Beispiele wirkt keine Kraft

- ☐ a) Das Auto steht am Straßenrand
- ☐ b) Bei einem Unfall wird der Kotflügel des Autos eingedrückt
- ☐ c) Das Auto fährt an
- ☐ d) Das Auto bremst ab
- ☐ e) Das Auto fährt eine Ampel um
- ☐ f) ?

Erkläre die folgenden Probleme

1. 

Ein Junge hackt Holz.
Warum schlägt er einmal mit dem Beilrücken und das andere Mal mit der Schneide nach vorne auf den Hackklotz?

2. 

Auf einem anfahrenden LKW liegt eine lose Kabelrolle.

Was wird mit der Rolle beim Anfahren passieren und warum?

3. Ein Auto fährt auf ein stehendes Auto auf. Der Fahrer des auffahrenden Autos wird in Richtung der Windschutzscheibe geschleudert. Der Fahrer des Wagens auf den aufgefahren wurde, wird nach hinten geschleudert. Warum ist das so?

4. Hast Du schon einmal beobachtet (oder selbst gemacht) wie ein nasser Regenschirm ausgeschüttelt wird. Wie ist das physikalisch zu erklären?

nur Nachtest

5. Nenne 5 physikalische Kräfte.
Worin unterscheiden sie sich von anderen "Kräften"?

1.

2.

3.

4.

5.

6.

Was hat das Abreißen von Klopapier mit der Trägheit zu tun?
(mit Trägheit ist hier nicht die Darmträgheit gemeint!)

7. Warum müssen sich Astronauten beim Start ihrer Rakete in besondere, dem Körper angepaßte Schalensitze legen?

8. Bei einem Gewitter entstehen Blitz und Donner gleichzeitig, den Donner hört man aber erst später als man den Blitz sieht.
Die Schallgeschwindigkeit beträgt $300 \frac{m}{sec}$. Wie weit ist das Gewitter, wenn zwischen Blitz und Donner ein zeitlicher Unterschied von 20 sec besteht?

9. Bei einem Auto ist der "Tacho" ausgefallen. Bestimme aus folgenden Angaben die Geschwindigkeit des Autos:

zurückgelegter Weg: 5 km
Benötigte Zeit: 3 Min.

10. Ein Auto fährt mit einer Geschwindigkeit von 80 km gegen ein Hindernis und kommt nach 1,5 sec zum Stehen. Wie groß ist die Verzögerung?

nur Nachtest

Ganz zum Schluß möchten wir gern noch einmal <u>Deine Meinung</u> über unser Lernprogramm wissen.

Folgende Dinge haben mir <u>gut</u> gefallen: (außer Geld und Getränke!)	Folgende Dinge haben mir <u>nicht</u> gefallen:

(20) Häufigkeiten der von den Schülern abgegebenen Assoziationen (AUSUBEL vs. ALTERNATIVE)
(nur Assoziationen mi einer Häufigkeit 4)

Gruppe AUSUBEL

VORTEST

KRAFT		GESCHWINDIGKEIT		WEG		BESCHLEUNIGUNG		BEWEGUNG		TRÄGHEIT		ZEIT	
Energie	11	Auto	16	Straße	13	Auto	11	laufen	16	faul	9	Stunden	15
Muskeln	10	Motorräder	12	Radweg	6	Motorräder	8	schwimmen	8	langsam	9	Sekunden	14
Motor(en)	9	Flugzeuge	11	Länge	6	Rakete	6	tanzen	6	Müdigkeit	5	Minuten	13
Maschine(n)	7	Rennwagen	6	Strecke	6	von 0 auf 100	5	gehen	6	lahm	5	Uhr	13
Stärke	7	Raketen	6	Autobahn	6	Flugzeug	5	Sport	5	schlafen	4	Monat	6
Boxer	6	Schall	5	Bremsweg	6	Geschwindigkeit	5	trimmen	4	müde	4	Stoppuhr	6
Fliehkraft	6	Unfall	5	Fußgängerweg	6	Unfall	4	turnen	4	keine Bewegung	4	Jahr	6
PS	5	Geschwindigkeitsbegrenzung	5	Feldweg	6			Radfahren	4			Auszeit	6
Angeber	5	Motor	4	spazierengehen	5			Bewegungsfreiheit	4			Tag	5
Kondition	4	Rennen	4	Heimweg	4							Strafzeit	5
Sport	4	schnell	4	Gehweg	4							Schulzeit	5
Übersetzung	4	Mofa	4	Schulweg	4							Wartezeit	4
Gegenkraft	4	Moped	4									Hochzeit	4
Schwerkraft	4	Fallgeschwindigkeit	4									Steinzeit	4
												Freizeit	4
												Uhrzeit	4

NACHTEST

KRAFT		GESCHWINDIGKEIT		WEG		BESCHLEUNIGUNG		BEWEGUNG		TRÄGHEIT		ZEIT	
Muskelkraft	22	Beschleunigung	13	Straße	8	Auto	9	Kraft	9	Trägheitsgesetz	8	Sekunde	13
Magnetkraft	15	v = s/t	9	Autobahn	5	Ende - Anfang Zeit	7	laufen	9	faul sein	8	Minute	12
Anziehungskraft	11	Auto(s)	9	Beschleunigung	5	Geschwindigkeit	5	Beschleunigung	7	langsam	7	Stunde	11
Motorkraft	10	Geschwindigkeitsbegrenzung	7	Zeit	5	von 0 auf 100 km/h	5	schwimmen	6	Bewegungsänderung	4	Uhr	10
Schwerkraft	9	Schnelligkeit	6	Kilometer	4	von 0 auf 100	5	Handball	6	Faulheit	4	Beschleunigung	7
Wasserkraft	7	km/h	5	v = s/t	4	Raketen	5	tanzen	5			Jahr	5
Fliehkraft	7	Kraft	4	Strecke	4	Trägheit	5	Volleyball	5			Uhrzeit	5
Verformung	5	Unfall	4	Feldweg	4	negative Beschleunigung	4	Fußball	4			Stoppuhr	4
Schubkraft	5	PS	4	lange Straße	4	positive Beschleunigung	4					Geschwindigkeit	4
Gewichtskraft	4	Durchschnittsgeschwindigkeit	4	Fahrradweg	4	Kraft	4					Monat	4
Bewegung	4					Motorräder	4						
Boxer	4												
Waschkraft	4												
Trägheit	4												
Bewegungskraft	4												

Gruppe ALTERNATIVE

	KRAFT		GESCHWINDIGKEIT		WEG		BESCHLEUNIGUNG		BEWEGUNG		TRÄGHEIT		ZEIT	
VORTEST	Muskeln	20	Auto	21	Strecke	8	PS	8	laufen	15	langsam	15	Stunde	16
	Energie	10	Schnelligkeit	10	Entfernung	7	Autobahn	7	Gymnastik	8	faul	7	Uhr	15
	Schwerkraft	9	schnell	9	Pfad	7	Motorrad	6	tanzen	8	Faulheit	6	Sekunde	15
	Gewicht	7	laufen	8	wandern	7	Tacho	6	schwimmen	7	schlafen	4	Minute	13
	elektr. Kraft	5	Tempo	7	Richtung	6	Auto	6	Sport	6	Sicherungen	4	Jahr	12
	Stärke	5	Lichtgeschwindigkeit	7	Fahrradweg	5	überholen	5	fahren	5			Monat	10
	Training	5	Motorrad	6	Autobahn	4	Gas geben	5	Fußball spielen	4			Tag	8
	Ausdauer	4	Rennen	6	spazierengehen	4	Geschwindigkeitsbegrenzung	4	turnen	4			Jahrhundert	4
	PS	4	Schall	6			Flugzeug	4	wandern	4			Zukunft	4
			Flugzeug	5			Motocross	4	gehen	4				
			Stoppuhr	5										
			gehen	4										
			langsam	4										
			Fahrrad	4										
NACHTEST	Muskelkraft	26	km/h	11	Strecke	14	0 auf 100	8	laufen	11	Trägheitsgesetz	5	Stunde	22
	magn. Kraft	18	Auto	10	Straße	13	Geschwindigkeit	5	gehen	7	Müdigkeit	5	Minute	21
	Motor	16	Beschleunigung	8	Entfernung	7	bremsen	4	durch Kraft	6	langsam	5	sec	21
	Gewichtskraft	12	Schall	7	Kilometer	7			Sport	5	langsame Bewegung	4	Monat	15
	Schwerkraft	11	Licht	7	Meter	6			tanzen	5			Jahr	14
	Wasserkraft	10	Flugzeug	7	Zentimeter	6			schwimmen	5			Tag	13
	Schubkraft	10	Tempo	6	Pfad	5			rennen	5			Uhr	12
	Fliehkraft	9	Schnelligkeit	6	Autobahn	5			Gymnastik	4			Woche	8
	Erdanziehungskraft	8	schnell	5	zurückgelegte Strecke	4							Lichtjahr	4
	PS	7	m/sec	5	Millimeter	4							Stoppuhr	4
	elektr. Kraft	6	gleichbleibende Geschw.	5	Bremsweg	4							km/h	4
	Waschkraft	6	Motorrad	4									m/sec	4
	Antriebskraft	5	Tachometer	4										
	Energie	5	laufen	4										
	Beschleunigungskraft	4	Rakete	4										